出版博物馆·研究

铸以代刻

十九世纪中文印刷变局

苏精 著

中华书局

图书在版编目(CIP)数据

铸以代刻:十九世纪中文印刷变局/苏精著. —北京:中华书局,2018.5
ISBN 978-7-101-11959-6

Ⅰ.铸… Ⅱ.苏… Ⅲ.印刷史-研究-中国 Ⅳ.TS8-092

中国版本图书馆 CIP 数据核字(2016)第 145857 号

书　　名　铸以代刻:十九世纪中文印刷变局
著　　者　苏　精
责任编辑　贾雪飞
封面设计　刘　丽
书名题签　陈文波
出版发行　中华书局
　　　　　(北京市丰台区太平桥西里 38 号　100073)
　　　　　http://www.zhbc.com.cn
　　　　　E-mail:zhbc@zhbc.com.cn
印　　刷　北京市白帆印务有限公司
版　　次　2018 年 5 月北京第 1 版
　　　　　2018 年 5 月北京第 1 次印刷
规　　格　开本/920×1250 毫米　1/32
　　　　　印张 18¾　插页 2　字数 630 千字
印　　数　1-6000 册
国际书号　ISBN 978-7-101-11959-6
定　　价　78.00 元

苏　精　英国伦敦大学图书馆系哲学博士，台湾云林科技大学汉学资料整理研究所退休教授。主要研究领域为以基督教传教士为主的近代中西文化交流史，专著有《林则徐看见的世界：<澳门新闻纸>的原文与译文》(2016)、《铸以代刻：传教士与中文印刷变局》(2014)、《基督教与新加坡华人1819-1846》(2010)、《上帝的人马：十九世纪在华传教士的作为》(2006)、《中国，开门！——马礼逊及相关人物研究》(2005)、《马礼逊与中文印刷出版》(2000)、《清季同文馆及其师生》(1985)、《近代藏书三十家》(1983)等。

出版博物馆文库

目 录

代序：中国图书出版的“典范转移”

邹振环

第一次听说苏精教授的大名是在二十世纪九十年代初，其时我刚刚完成了一篇关于京师同文馆译书出版的论文。那些年与台湾地区的交流受限，尽管已从他人论文的引述中得知苏精教授在1978年和1985年先后完成出版了《清季同文馆》和《清季同文馆及其师生》两书，但仍然无法获取这些著作。记得学校参考阅览室的一位老师还郑重其事地告诉我，台湾有两个苏精，一个是研究同文馆的，还有一个是研究藏书家的，著有《近代藏书三十家》。若干年后才恍然大悟，其实研究同文馆和研究藏书家，是同一个苏精教授（为免繁琐，下均直呼大名）的两张学术面孔。

一、挑战自我的成果

苏精出生于1946年，1972年毕业于台湾师范大学社会教育系，1976年进入“中央”图书馆工作。由于不满意既有的关于晚清同文馆的研究，经过几年的努力，他首先完成了《清季同文馆》一书。该书分十一章，分别讨论同文馆成立的背景、京师同文馆的成立及其演变、馆务行政的经费、课程与教学、师资、学生、京师同文馆的问题、上海广方言馆、广东同文馆、清季同文馆的成效等。作者不仅全面梳理了同文三馆的数据，讨论了同文馆与四译馆、俄罗斯文馆之间的渊源关系，研究了同文馆的译书课程，并整理出非常翔实的《京师同文馆出版西学图书书目》。张朋园在该书序言中特别推荐，称该书的特点是重视京师同文馆、上海广方言馆和广东同文馆三馆的比较讨论。[①]1984年他又在旧作的基础上修订增补，进一步从同文三馆的师生生平和著述入手，完成了新作《清季同文馆及其师生》，使中国近代外语教育史的研究有了进一步的拓展。同时，在工作之余，他浏览馆藏善本古籍，每见书中历代藏书家累累钤印和朱墨圈点的题跋，发愿收集藏书家的资料予以整理介绍，经过大约五六年的努力，完成了《近代藏书三十家》。该书是一部清末民初藏书家的小传，从盛宣怀、叶昌炽、卢靖、李盛铎、梁鼎芬、叶德辉，一直讨论到张元济、董康、梁启超、丁福保、郑振铎，介绍其家世生平、藏书聚散经过、所藏内容特点、编印校勘或著述，以及与藏书有关的行实。各篇自1979年起陆续在《传记文学》、香港《明报月刊》、《中央图书馆馆刊》等杂志上连载，于1983年集结成书，由台湾传记文学出版社出版。直到20多年后的2009年，该书还被认为是"开近代藏书史研究之先河"的论著[②]，全书经作者修订，由北京中华书局重版，据说初印4 000册，五周内即销售一空，又加印了3 000册，可谓洛阳纸贵。

苏精不是那种一辈子满足于一亩三分地不断耕耘的学者，就在撰写近代藏书家故实的同时，他已经对中国书籍如何从传统的木刻线装转变为西式的活字平装产生了浓厚的兴趣。一方面因为工作上的困境，更重要的还是缘于学术兴趣的转换，1992年，他竟然辞去了安身立命的"中央"图书馆的优裕工作职位，以将近半百之年负笈英国利兹（Leeds）大学，攻读"书目、校勘与出版史"的硕士学位。英国的硕士仅仅一年，其中有一个学期撰写硕士论文，他选择了英国传教士麦都思和墨海书馆作为硕士论文的题目。期间还要兼顾上课、书面作业和印刷实习。一年回台后却无法找到合适的教职，于是他孤注一掷，卖掉了栖身的小屋和所有的藏书，于1994年初再赴英国伦敦大学攻读博士学位，成为无家可归的"过河卒子"。经过历时三年的博士训练，

① 苏精，《清季同文馆》，1978年苏精自印本，张朋园序。
② 苏精，《近代藏书三十家（增订本）》，中华书局，2009年，编后记。

1997年以伦敦传教会的中文印刷事业为论题，获得了博士学位。

回台后他先后任教于南华管理学院出版学研究所、淡江大学信息与图书馆系、云林科技大学汉学资料整理研究所、辅仁大学和清华大学历史研究所。他以西方传教士与中文印刷出版史专家的全新面貌出现在学界，2000年完成出版了《马礼逊与中文印刷出版》（台湾学生书局）、2005年和2006年香港基督教中国宗教文化研究社先后推出了他的《中国，开门！——马礼逊及相关人物研究》和《上帝的人马：十九世纪在华传教士的作为》两书，随后他又再接再厉，写出了《基督教与新加坡华人：1819—1846》（台湾清华大学出版社，2010年）。2014年7月台大出版中心推出了他厚达595页的新作《铸以代刻：传教士与中文印刷变局》（下文简称《铸以代刻》）一书。勇敢地面对人生的挑战，使他在退休前后的十多年里，留下了五本足以传世的佳作。

印刷史的研究，可以从传统的目录版本学入手，研究范围偏重于图书的形制、鉴别、著录、收藏等方面的考订和探讨；或可从书籍史的角度切入，注重图书发展的各种相关问题，如断代和地区性的刻书史，印刷工匠或刻书机构，活字、版画、套印、装订等专题的叙述和分析；难度最大的是从印刷文化的角度展开，从印刷技术的变化和影响加以分析，进而研究这种变化对学术、社会、文化等方面产生的后果，这就需要作者具有社会学、科技史、文化史等多学科的知识准备。苏精早年在图书馆积累了丰富的图书目录学的知识，后又系统接受过西方印刷史和书籍史的训练，并积累了深厚的基督教史和中外文化交流史的知识。正是因为有这些重要的学术准备，才能使他在《铸以代刻》这一精细之作中为我们勾勒出西方印刷术自西徂东和活字印刷技术由南而北转移的清晰画面。

二、档案如是说

《铸以代刻》一书主要探讨基督教传教士自1807年来华至1873年为

止的60余年间输入西式活字以取代木刻印刷中文的过程，详细地描述了传教士们创立与经营西式中文印刷所的活动过程。全书除“导言”外，分为十二章：一、从木刻到活字——马礼逊的转变；二、英国东印度公司的澳门印刷所；三、麦都思及其巴达维亚印刷所；四、中文圣经第一次修订与争议；五、初期的墨海书馆（1843—1847）；六、伟烈亚力与墨海书馆；七、香港英华书院（1843—1873）；八、美国长老会中文印刷出版的开端；九、澳门华英校书房（1844—1845）；十、宁波华花圣经书房（1845—1860）；十一、华花圣经书房迁移上海的经过；十二、姜别利与上海美华书馆；后附录参考书目和索引。作者在讨论这一“变局”的过程中突出独创性，略人所详而又详人所略，不仅对于别人的研究力求避免重复，对于自己以往的成果所涉及过的内容也不再重复讨论。如对伦敦会为主的墨海书馆的研究尽量避免和他人研究的重复，而于长老会部分，如澳门的华英校书房和宁波的华花圣经书房则详细展开，尝试绘制西方印刷术来华传播比较完整而清晰的画面。作者谨守专业，就题论说，甚少引申发挥，有一分材料说一分话，使全书的叙述格外严谨。

“档案如是说”是苏精博客的一个总标题。让“档案”来言说，充分运用中外档案，是苏精所有研究论著中最大的特色，《铸以代刻》第一个特色也是充分运用档案。早在1979年初，他在撰写《近代藏书三十家》过程中，在“中央”图书馆发现了一批1933年在南京创馆到1948年迁往台湾为止的旧档，其中有部分是关于当年购买古籍的记录。于是他以此旧档案为基础，并参照其他数据，撰写了《抗战时秘密搜购沦陷区古籍始末》一文，发表在1979年11月的第35卷第5期《传记文学》上，并作为《近代藏书三十家》初版的附录。[1] 在研究同文三馆的过程中，他也是利

① 苏精，《近代藏书三十家》，台湾传记文学出版社，1983年，页223—236。

用“中研院”近代史研究所所藏外交档案的“出使设领档”等。[①] 在英国留学期间，苏精几乎每天都与传教士的档案和手稿朝夕相对；1997年回台后，他继续沉浸在缩微胶卷的英文档案中，这些档案包括伦敦会档案、英国东印度公司档案、马礼逊父子档案，以及美国长老会外国传教部档案、美部会档案、圣公会传教会档案等，至2010年先后抄录了260多万字的传教士档案。上述《马礼逊与中文印刷出版》《中国，开门！——马礼逊及相关人物研究》和《上帝的人马：十九世纪在华传教士的作为》三书，都是他孜孜不倦地利用英国各图书馆档案机构保存的传教士档案，如伦敦会、英国东印度公司等机构的档案等，以及马礼逊等人的出版品，辨析相关史实，以多个崭新的角度呈现第一位来华的新教传教士马礼逊（Robert Morrison）与中文出版以及与亲友同工斯当东、米怜与马儒翰之关系；马礼逊施洗的华人信徒蔡轲、梁进德、屈昂等的生平行事及与马礼逊的关系；马礼逊在中国与英国中文教学的经验以及关于他的研究文献。而《基督教与新加坡华人1819—1846》一书，则是他利用在新加坡设立布道站的四个英美传教会档案，重新建构并解释了基督教传入新加坡的背景与经过，讨论传教士对华人的讲道、教育、出版与医药等事工内容，并从档案中发现这段时间共有13名华人受洗成为基督徒的事迹，从而更正了以往认为当时没有华人接受基督教信仰的误解。《铸以代刻》与作者之前所撰写的所有著作类似，均据第一手数据——传教士的手稿档案完成，所不同的是，他将视野范围从之前伦敦会和美部会的档案扩大到长老会的手稿档案，从中抄录了45万字的书信内容，透过对大量资料爬梳，发掘了许多鲜为人知的印刷机构的历史、印工的故事，探讨了传教士的印刷与铸字工作。

档案言说的主要功效，就是能够对很多史实作出较之前人更精细的

① 苏精，《清季同文馆及其师生》，台北上海印刷厂1985年自印本，自序。

结论和更准确的判断。麦都思和墨海书馆是苏精硕士论文的选题，也是他传教士中文出版研究的重要起点。该书第五章根据伦敦会档案提供了麦都思1843年12月24日抵达上海开始筹建书馆，1844年1月23日或24日将印刷机器带到上海，并于1844年5月1日正式印书的准确时间。也让读者知道了该馆印刷的第一种新书是《真理通道》，它是该馆初期"最重要的一种传教出版品"，总印数超过60万页。[①] 关于墨海书馆究竟停业在何时，学界至今争论不休，作者根据现存的伦敦会华中地区的档案中1865年12月8日慕维廉写给同会秘书梯德曼的信，说明墨海书馆在过去的五年里一直由自己经手管理，期间还印刷了十万部新约与《五车韵府》一书。1866年8月中，他还向穆廉斯在汇报结束这一书馆的进度，可见该馆结束在1866年，同时也证明《五车韵府》是由墨海书馆而非美华书馆重印。[②] 美华书馆从1860年创办至1932年结束，前后持续71年，这是近代传教士在华设立的最重要的新教出版机构之一，但遗憾的是至今尚无关于这一机构的专门学术论著，即使关于该馆初期的馆址究竟在哪里也众口不一，或说是大北门外，或说是大南门外。作者通过详细材料的比对，准确地说明了1860年该馆是设在上海虹口长老会上海布道站购买的紧邻克陛存住宅旁的一处房地上，1862年迁至小东门外的新馆舍，1875年10月迁往北京路。[③] 1867年该馆出版的《美华书馆汉文、满文与日文活字字样》一书中出现戴尔（Samuel Dyer，又译台约尔）活字，这一点很让专家感到困惑，作者通过长老会和伦敦会两个教会档案的比对，揭示了这个问题的来龙去脉。[④]

最有意思的是，我们都知道晚清天主教与新教曾经就基督宗教的

---

① 苏精，《铸以代刻》，页175、188。
② 苏精，《铸以代刻》，页225—227。
③ 苏精，《铸以代刻》，页473—478。
④ 苏精，《铸以代刻》，页510—511。

术语和圣号等的翻译，以及如何尽可能地关照输入地的文化语境和中国人的接受能力，而又能尽量保持基督宗教的本真性等问题，展开过激烈的论辩。《铸以代刻》通过档案告诉我们，作为新教传教机构附设的印刷所，墨海书馆初期的产品中，有以天主教书籍内容为本的《圣教要理》和《圣经史记》，而且一向对中文造诣自视甚高的麦都思还再三对《圣经史记》的“最纯粹的中国经典笔调”表示崇高的敬意，为此还引发了天主教江南教区主教罗类思的强烈抗议。[①]以往研究墨海书馆的学者，都很喜欢引用该馆用牛作为滚筒印刷机动力的事实，作者通过档案给出了美华书馆用牛拉动滚筒印刷机的形象画面：“两头牛轮班拉动转轮，转轮的皮带再发动印刷机，因此得雇佣一名工匠照料牛只、一名工匠在机器印刷时上纸，再一名领班照料整件事。”[②]档案中还保留了很多足以反映传教士品格的一些有趣的细节，如以往研究者很难找到这些来华传教士收入的材料，作者在该书第六章中以大量的档案说明伟烈亚力就婚后的年薪增加问题，以及如何与麦都思发生争执，甚至为了自己所遭到的不公平待遇使用了粗暴的语言并拒绝道歉，但最终传教士们还是宽容大量，彼此冰释前嫌。还有发生在1862年至1863年间因范约翰从事土地房屋投资被华人告进官府，轮值担任上海布道站主席的姜别利因为抨击范约翰的行为而遭到后者的反击，为此两人甚至“举拳相向”，争得不可开交，这些都为中国近代西人在华传教史提供了很多生动而又鲜为人知的历史事实。[③]《铸以代刻》中还有一些从档案中提取出来的宝贵材料。如记述1865年姜别利在美华书馆曾亲自教导没有西式两面印刷装订经验的女工学折纸和缝线，[④]表明19世纪60年代该馆已有从事印刷装订的女

---

① 苏精，《铸以代刻》，页189—190。
② 苏精，《铸以代刻》，页502。
③ 苏精，《铸以代刻》，页211—217、482—483。
④ 苏精，《铸以代刻》，页520。

工。目前仍作为中国近代工业史权威资料引用的孙毓棠所编的《中国近代工业史资料》中有关印刷业的资料，主要来自《上海研究资料》及其续编、贺圣鼐《三十五年来之印刷术》等二手的资料，[①]或以为中国最早的女工是出现在纺织业，认为1872年陈启沅创办继昌隆机器缫丝厂是近代中国第一个民族资本经营的机器缫丝厂，曾“容女工六七百人”。[②]1865年较之1873年要早8年，中国最早的女工是否可能首先出现在印刷出版业中呢？我以为很值得研究中国近代工业发展史的学者进一步研究。

宁波华花圣经书房是晚清出版史学者颇为注重的一个出版机构，该机构究竟出版了多少书，至今争论不休。熊月之的《西学东渐与晚清社会》一书指出1844年至1860年间该机构共出书刊106种，其中属于基督教义、教礼、教史、教诗的86种，占总数81%，属于天文、地理、经济、风俗、道德、语言等方面的有20种，占总数的19%。[③]而黄时鉴在熊月之统计的基础上有所增补，称从1845年至1859年的14年零4个月中，华花圣经书房出版的书籍确切可查的有132种，涉及了基督教教义、教礼、教史等，以及天文、地理、物理、历史、经济、风俗、道德、语言等，其中80%属于基督教内容。[④]龚缨晏则进一步修正了上述的数据，将种数增补为135种。[⑤]《铸以代刻》根据《长老会印刷所历年书目》等资料，统计出从1845年至1860年的15年半期间，该书房的出版物不下于210种，并认为如果将再版或多版都一并统计的话，出版物总数甚至高达326种以上。[⑥]这个数字

① 孙毓棠编，《中国近代工业史资料·第一辑（1840—1895年）》上册，科学出版社，1957年，页113—120。

② 孙毓棠编，《中国近代工业史资料·第一辑（1840—1895年）》下册，页957。

③ 熊月之，《西学东渐与晚清社会》，上海人民出版社1994年，页170—171。

④ 黄时鉴，《宁波华花书房刊本知见略述》，载宁波“海上丝绸之路”申报世界文化遗产办公室等编《宁波与海上丝绸之路》，科学出版社2006年，页353—362。

⑤ 龚缨晏，《浙江早期基督教史》，杭州出版社2010年，页188—189。

⑥ 苏精，《铸以代刻》，页408、411、426。

远远超过广州、福州、厦门，几乎可以和同一时期上海的墨海书馆相媲美，堪称是当时全国外国教会印刷出版中文书刊的重要中心，实在是宁波华花圣经书房研究上的一个重大突破。如果作者能够整理出一份关于宁波华花圣经书房出版物的简明书目和分类统计表的话，那么，对于读者进一步了解档案中所记录的那些出版物的具体名称和内容，我以为一定会大有裨益的。

充实的档案史料，是《铸以代刻》一书研究的前提，通过对大量英文传教档案艰苦和细致的爬梳剔理，整理资料，阐幽发微，来重构晚清印刷出版的史事，堪称该书的第一特色。不过由于作者所利用的主要是英文教会档案，据作者自述，教会档案中几乎很少涉及非传教作品，也很少涉及关于华人翻译和作者的记载，即使有些关于华人的记述，如王韬等，也是因为他协助翻译圣经并且受洗成为基督徒的缘故。所以，虽然作者已竭尽全力将档案中有关非传教性作品的材料予以析出，如关于1861年至1864年美华书馆非传教性书籍的分析[①]，但书中在讨论墨海书馆和华花圣经书房的过程中，涉及世俗的科学和人文书籍翻译出版的史实尚欠充分，而在中国走向近代化的过程中，这些非宗教读物的影响力往往要远远大于宗教读物，且中国学界，对于这些科技和历史译本的研究兴趣，也要大大超过基督教宗教读物。这可能是主要利用英文教会档案的《铸以代刻》一书，留给我们的一点小小的遗憾。另外，该书在西人译名汉译时所采用的方式亦有可商议之处，如美国传教士勃朗（Rev. Samuel Robbins Brown，1810—1880），中文文献中又译布朗、蒲伦等，但道光二十七年（1847）在其自著《致富新书》已采用“鲍留云”的汉名，一般似宜采用该人自定义的汉名为妥，类似例子还有Samuel Dyer的汉名，该书沿用旧译“戴尔”，但从澳门旧基督教坟场所见的Dyer墓碑，结合王韬论西国源流

① 苏精，《铸以代刻》，页526—538。

中所述，似应译“台约尔”为妥。[①] *

三、不疑处有疑

《铸以代刻》主要是据第一手英文传教士的档案史料展开的，作者有其自身讨论问题的线索，论著的特点是详人所略和略人所详。对于该书有关西方传教士与中文印刷“变局”之主题，学界并无直接的研究，而相关的论著，该书则以“参考书目”的形式予以著录，以示对前人研究成果的尊重，少许有关晚清印刷出版史和书籍史的研究，则以脚注的形式予以回应。

在晚清印刷出版史和书籍史的研究中，有若干公认的无可怀疑的权威论著，如1867年出版的伟烈亚力《1867年以前来华传教士列传及其著作目录》(*Memorials of Protestant Missionaries to the Chinese: Giving a List of their Publications, and Obituary Notices of the Deceased*)，该书是伟烈亚力亲历、亲睹和亲闻的“三亲”著作，一向被人视为第一手的最可信资料。该书曾经记述《遐迩贯珍》的创刊主编是麦都思，第二年由奚礼尔继任，1855年再由理雅各接手，编到停刊。由于伟烈亚力是与麦都思一起共事者，两人关系密切，尽管曾有王韬称“麦领事华陀主其事”，但不被学者重视，后人无从怀疑伟烈亚力这一说法的可靠性。但《铸以代刻》的第七章通过《北华捷报》等数据的考订，确认麦华陀才是《遐迩贯珍》的真正主编。[②]

晚清来华后转而替美国长老会服务的英国传教士金多士（Gilbert McIntosh，或译“麦根陶”“麦金托什”）所著的《在华传教印刷所》(*The Mission Press in China*)一书（美华书馆1895年版），也是流传甚广的有关宁波和上海长老会在华所办印书机构的权威论著。金氏长期专注于美华

---

① 参见浩然《台约尔牧师安葬马礼逊牧师墓旁》，载《基督教周报》第2219期（2007年3月4日），http://www.christianweekly.net/2007/sa14098.htm。

* 编者按：本书在西人译名汉译问题上采纳邹振环教授建议，对译名做了统核统改，特此致谢。

② 苏精，《铸以代刻》，页276—284。

书馆的研究，还撰写过美华书馆五十年、六十年和七十周年三本纪念性的文献，因此该书在学界也属无可置疑之作。金多士指出当时担任华花圣经书房主任的姜别利，鉴于上海已是中国商业与传教的中心，认为将书房迁至上海更适合长老会出版事业的发展，他的提议获得了宁波美国长老会传教士的支持，因而在1860年将书房迁至上海。[1]这一观点影响很大，为一些重要的印刷史著作沿用，如张树栋等《中华印刷通史》等。《铸以代刻》的作者利用美国长老会外国传教部的档案，包括姜别利在内的上海与宁波两地传教士与外国传教部通讯秘书娄睿之间的来往信函，指出迁往上海的建议并非首先出自姜别利，而是宁波长老会不少传教士的共识。早在1852年底，祎理哲就指出华花圣经书房所在位置的卢家祠堂附近是稻田和大片死水的大池塘，环境非常潮湿，有害健康，实在不适宜传教士长期居留。在上海布道站的传教士克陛存也有类似的看法，即认为迁沪的好处一是上海比宁波或其他通商口岸更易于接近内地；二是迁到上海后易于接受更多其他传教会的订单而降低印刷所的成本；三是较之宁波更易于收受从美国运来的油墨、铸字金属等材料。当然他也承认迁址面临的问题，即书房在宁波的专用房舍将被废弃、在沪需重建新址而增加开支；另外是迁沪后会面对来自墨海书馆的竞争等。[2]可见，当时在宁波和在上海的长老会传教士，似乎都认识到同时存在的对书房迁沪所存在的推力和拉力。华花圣经书房迁址上海之举，前后历经七年多，在宁波、上海和纽约三地之间进行讨论，这项迁移的原因和经过，绝非一般所谓姜别利鉴于上海的发展性而搬迁如此简单，这项迁移关系着长老教会在中国传教事业的布局，也牵涉到基督教各宗派扩充在华势力的合作与竞争。[3]作者力图通过繁复的档案数据来证明，历史所呈现出的面向，远

① 苏精，《铸以代刻》，页441。
② 苏精，《铸以代刻》，页442—444。
③ 苏精，《铸以代刻》，页454—469。

比我们想象得更复杂，从宁波到上海的空间转移，是一种历史的合力。

1921年问世的兰宁（G. Lanning）和库寿龄（S. Couling）所著的《上海史》（*The History of Shanghai*），长期以来都被认为是上海史研究中权威的汉学名著。该书认为麦都思仅仅只是草创了墨海书馆，而"真正的专业性工作"是伟烈亚力才开始的，特别强调了伟烈亚力在墨海书馆发展中的作用。①且以往学者多认为伟烈亚力来华前是学了六个月的印刷技术。其实即使六个月也实在太短，因为传统的手工印刷学徒需要经过三四年才能学成出师。《铸以代刻》根据档案，证明伟烈亚力在伦敦仅仅学习了三个月，而19世纪中叶的印刷工匠，绝非三个月所能培养成，于是作者就伟烈亚力印刷技术不内行的问题，再引出对兰宁和库寿龄《上海史》中错误结论的批评，就很令人信服。②

《铸以代刻》一书不仅为传教士的旧著纠错，对近人的研究，也多所采纳更正。如美国历史学家芮哲非（Christopher A. Reed）的《谷腾堡在上海：中国印刷资本业的发展（1876—1937）》（*Gutenberg in Shanghai: Chinese Print Capitalism, 1876—1937*）一书，自2004年由加拿大英属哥伦比亚大学出版社出版以来，颇受学界好评，被誉为"研究中国近代出版史的力作"，2005年获得了第四届国际亚洲学者大会"最佳亚洲人文科学研究奖"。该书的第一章讲述了一位宁波官员和当地美国长老会传教士在1846年发生的事，那位官员非常欣赏长老会宁波布道站的华花圣经书房西式中文印刷的品质，因此携来一部节录自中国史书的抄本，请求传教士以活字为他排印，不料最后传教士却予以谢绝了，理由是这将会有碍于华花圣经书房的非商业形象。《谷腾堡在上海》认为这件事代表着西式印刷技术传入中国的初期，不仅以大量生产为能事，让中国人惊叹不已，其良

---

① 兰宁（G. Lanning）、库寿龄（S. Couling），《上海史》（*The History of Shanghai*），上海别发洋行1921年，页444。

② 苏精，《铸以代刻》，页202—210。

好的生产品质同样让中国人心向往之。书中曾四次提到此事，可见芮哲非相当重视这件事的象征意义。[①]《铸以代刻》一书通过长老会档案中两件关于此事的函件，证明芮哲非对于这个故事的说法却和史实恰恰相反，传教士是同意为宁波官员印书的，反而是官员知道西式活字印刷的价格后打消了原意。[②]

《铸以代刻》一书的作者不为印刷出版史上的今昔中外权威论断所惑，在他人不疑处寻找疑点，用多种材料互相印证比对，在常人的不疑处存疑，与之进行批评和对话，亦是该书的一大特色。

四、“典范转移”的历史合力

印刷术在西方被誉为“文明之母”和“自由火炬”，社会文化转变的“推手”。金属活字印刷的发明创造出最早的可以复制齐一化的商品，最早的生产线和最早的批量生产模式，给西方文明中的思想生活带来了急遽的变革，为教育和思想的传播开辟了新的天地，印刷术比任何其他发明都更清楚地显示出“现代性”。[③]中国图书出版发展史上有几次重大的“典范转移”[④]，都与文献复制手段的变化有密切的关系。一是唐宋时期从之前印章、拓印基础上发展而来的雕版印刷技

---

① [美]芮哲非(Christopher A. Reed)的《谷腾堡在上海：中国印刷资本业的发展(1876—1937)》(*Gutenberg in Shanghai: Chinese Print Capitalism, 1876—1937*)，加拿大英属哥伦比亚大学出版社2004年，页43—44、73、83、84。

② 苏精，《铸以代刻》，页437—439。

③ 参见[美]麦克鲁汉著、赖盈满译，《古腾堡星系——活版印刷人的造成》，台湾猫头鹰出版2008年，页183；[美]伊丽莎白·爱森斯坦著、何道宽译，《作为变革动因的印刷机：早期近代欧洲的传播与文化变革》，北京大学出版社2010年，页16—17。

④ 所谓“典范转移”(paradigm shift)，又称“范式转移”，该词最早出现于美国科学史及科学哲学家托马斯·库恩(Thomas Samuel Kuhn)的代表作《科学革命的结构》(*The Structure of Scientific Revolutions*，1962年)一书中。这一术语原是用来描述在科学范畴里，一种在基本理论上从根本假设的改变，后来亦指凡是一个学科发展史上具有根本性意义的巨大转变，不同的领域有不同的“典范”，如建筑领域有“建筑典范”，图书印刷出版领域也有自己的“典范”，当一个稳定的“典范”如果不能提供解决问题的适当方式，它就会变弱，从而出现“典范转移”，在这种转移的过程中，会出现大大小小的许多“变局”。

术和活字印刷技术的发明和运用，使知识传播的媒介从写本转变为印本，而这一“典范转移”很可能与佛教的经文和道教符咒的刻印有关。图书复制流通数量增多，知识信息的传播交流加快，从而导致了阅读、研究、携带和流传等传播形式的根本性的变化；印本图书的发行数量庞大，使图书版本多元化，图书成本较之写本、抄本低廉易得，使真正的图书市场得以形成。印本图书的流通和典藏，对于知识的传播和接受，意义重大。中国图书出版史上的第二次“典范转移”是在晚清。中国印刷出版，直至十九世纪为止主要还是以雕版印刷为主。[①]第二次“典范转移”是以近代的石印术、西式活字取代木刻，机械印刷代替手工印制。这一巨大的转移还伴随着从“传统书业”至“现代出版”的转变，进一步引发图书文化一连串的变动，导致了印刷、装订等方面区别于古代出版的一系列的技术变革。首先是图书复制的速度大大加快，产量也明显增多，成本下降带来了书价的低廉而使知识普及范围空前拓展。其次，由于铅印本体积开本缩小，页数取代叶数，板框栏线消失，版面趋于简化，之后又采用洋纸两面印刷，不仅有助于节约图书的用纸量，也使图书的典藏空间大大缩小。再者，图书的面貌从此改观，线装都改为平装或精装，直立插架代替了平直存放，书脊朝外并印上书名作者。[②]

值得特别提出的是，如同中国图书出版的第一次“典范转移”与佛

---

① 肇始于北宋年间的布衣毕昇泥活字的发明和之后的运用，元朝王祯曾经制作过木活字及转轮排字架，南宋和元代也陆续出版过一些木活字印书，之后也出现过锡活字、铅活字、铜活字等金属活字。但这项技术没有得到普及，清末《增订四库简明目录标注》中著录的历代书籍7 748种，20 000部，其中活字印本仅220部。理论上讲，中文活字印刷较之雕版印刷效率要高，但汉字是表意文字，存在由大量同音的异义字，活字印书至少需要几万个字的字范，从技术经济学角度来看，成本过高，对于印刷量不大的书籍，反不如用雕版印刷合算。这也是活字印刷从宋代印本文化形成以来，一直没有从根本上取代雕版印刷的原因。

② 关于西方印刷术传入及其对中国影响的讨论，详见苏精《马礼逊与中文印刷出版》，台湾学生书局，2000年，页286—291。

教传教相关一般[1]，第二次“典范转移”也是与西方传教士的传教活动联系在一起。西方传教士引介西方印刷术原是为了便于传教，结果却远超出预定目的之外，不但改变了中国已有千年传统的图书形制，而且促成近代中文报刊的出现。传教士们把自己日常生活环境中理所当然的一种新的传媒形式——报刊，带到了中国。[2]晚清报刊虽也有采用木刻，但铅印和石印方式还是占了几乎一半以上。[3]产生了真正意义的近代化的图书出版业。这种转变还反映在图书出版管理体制的变化上，传教士出版机构一改传统中国书坊内部管理单一的形式，采取了较为现代的管理体系。[4]印刷技术的变化，也促发了中国出版业销售方式的

---

① 钱存训曾指出：“中国和世界其他地方相同，宗教最初也是鼓进印刷的推动力。但一俟印刷技术发展成熟，世俗印物遂逐渐取代以宗教为主的印书。宗教书籍产量日趋低落，亦如日后在欧洲的情况相似。早在十世纪后唐时，冯道借用刻佛经之术，又有鉴先此刻石经之举，校刻成儒家五代监本九经。自此刊印儒经、史书、杂著之风盛行。”雕版印刷发明于隋唐，就目前所见的印刷品实物均为佛教经文与咒语，如1966年在韩国境内新罗王国首都旧址的庆州佛国寺石塔中发现的大约刊刻于704至751年间的雕版《无垢净光大陀罗尼经》、日本称德朝间（764—770）纳置在百万小木塔中的四种不同的《陀罗尼经》咒本，唐懿宗咸通九年（868）王玠印制的《金刚经》。参见钱存训著、刘拓等译，《造纸及印刷》，台湾商务印书馆，1995年，页459；193、195、399、416。中国现存最早的12世纪初的木活字印刷品《吉祥遍□和本续》也是西夏文佛经。参见潘吉星《韩国新发现的印本陀罗尼经与中国武周时的雕版印刷》、牛达生《我国最早的木活字印刷品》，载第二届中国印刷史学术研讨会筹备委员会编《中国印刷史学术研讨会文集》，印刷工业出版社，1996年，页188—204、64—77。

② 近代第一种中文杂志《察世俗每月统记传》，虽以木刻印刷，但有时却随刊发行以铅字排印的《新闻篇》一页，内容包括时事消息、社会新闻，这是中文报刊与西方印刷术的第一项关系。见苏精《马礼逊与中文印刷出版》，页288。

③ 汤志钧曾分析过戊戌时期的36种报刊，指出其中铅印12种、石印9种、木活字5种、木刻3种、不详7种，铅印和石印合计，至少占全部的58.3%，参见氏著《戊戌时期的学会和报刊》，台湾商务印书馆，1993年，页105。

④ 从东印度公司的澳门印刷所开始，就采取三级制的管理体系，由印工管理工匠和印刷所的技术、排印与日常事务；上面是由二至三名商馆职员组成的印刷所委员会负责印工的工作，制定印刷所管理规则，审核印工的经费申请与结报等，最高一层是包括商馆大班在内的决策委员会来决定印刷内容与全盘业务，并将印刷所的重大人事的去留上报董事会。而从澳门迁至宁波的长老会印刷机构更是如此，华花圣经书房的出版业务有一个出版委员会（Publishing Committee）负责管理，主要职责是对印刷所的发展提供建议，遴选拟出版的书籍，决定印量、版式和发行，书籍的编辑和排印中校对，决定机构运营的费用等其他相关事项，委员会还有监督书房主任的职责。（苏精，《铸以代刻》，页41、357—358）

变化。[①] 这些都为中国图书的出版和传播带来了新的气象。在十九世纪以来中国社会近代化的过程中，西方印刷术扮演了重要的传播工具角色。如果说历经千年的手工制作的雕版印刷是中国图书文化的重要特征与技术基础的话，那么这一技术基础却在十九世纪内遭遇了西方传教士引进石印术和西式活字印刷的挑战，印刷生产方法的改变是近代中国图书文化发生变化的第一个环节。

《铸以代刻》所研究的是十九世纪第二次"典范转移"过程中，传统雕版印刷被传教士西式活字印刷普遍地取代而形成的"变局"。西方的铸字印刷术东传，不仅全面取代中国木刻印书传统，更深刻地影响百余年来的图书出版。西式活字印刷术自谷腾堡发明以来，在十九世纪传入中国之前，在西方已通行了四百年，但要将之应用于中文印刷却不是件容易的事。因为中西活字印刷术的不同，中国的活字是逐一以手工刻制而成，同一页文字内容出现几个同一字，就要刻几个同一字，因此每个字多多少少都有些不同，每个活字都是独一无二的存在。而西式活字与之不同，拼音文字只需打造一百多个字母、数字与符号的钢质字范（punch），再以字范在铜版上敲出字模（matrix），接着以字模铸出铅活字（type）即可。但拼音文字与西式字母不同，要在只有零点几公分见方的坚硬钢材上雕刻笔画复杂的象形汉字的字范，是几近不可能完成的任务，因此必须有所变通。一个方式是只打造常用字，伦敦会的传教士就耗费了三十年功夫铸造了大小两副活字，每副各有6 000个汉字，二是以部首偏旁拼合成字，如美国长老会美华书馆陆续拥有的巴黎、柏林、上海

① 中国传统的木刻印本原则是"一版多刷，每刷少量"，因为雕版可以储存，便于重复印刷，出版者可以根据市场情况决定印刷的数量，以免积压资金；而铅印和石印图书的出版形态不同，通常不留版再印，因此印量一版较大，为了避免积压资金和腾出仓储空间，印书机构就需要讲究营销宣传，创造市场和读者，出版者之间的竞争使传统的被动保守转变为主动出击，积极预先筹划，出版者与作者和读者之间也产生了新的互动关系。参见苏精《马礼逊与中文印刷出版》，页289。

等三副活字，每副各有4 000至7 000多个活字，分别可拼成2万多个汉字。两种方式各有无法避免的缺点，前者在遇到非常用字时则以木刻活字替代，有损版面的美观；而后者以机械生硬的部首活字拼合，也会牺牲汉字字形笔画的匀称。[①]这是活字印刷传入中国初期所遭遇的难题之一，也是为何初期在沿海口岸城市主要流行的是西方石印术的原因。

另一个难题是如何在中国推广使用西式活字印刷。《铸以代刻》讨论的就是基督教传教士自1807年来华至十九世纪七十年代为止，六十余年间引介西式活字取代木刻印刷中文的全过程，以及他们创立与经营西式中文印刷所的活动。作者将这个过程大致分成讨论与尝试（1807—1839）、准备与奠基（1840—1870）、发展和本土化（1871—1898）三个时期，在书中主要讨论前两个时期。第一个时期是从马礼逊来华到鸦片战争前，主要处理传教士在广州、澳门及东南亚各地尝试各种印刷中文的方式，这一段与作者之前的《马礼逊与中文印刷出版》一书主题相同，但范围内容有别，有相当的篇幅是研究麦都思及其巴达维亚印刷所，该所先后采用了中文雕版印刷、石印和西式活字印刷，具有丰富中文印刷经验的麦都思在1834年《中国丛报》上发表了比较三者的成本与优劣的长文，得出了西式活字印法最为合适的结论。[②]自鸦片战争到同治朝的约三十年间，西式中文活字进入了实用阶段，并因而奠定在华传播的基础，《铸以代刻》有将近一半以上的篇幅是讨论这一阶段的变化。从技术上看，传教士不仅继续以西方传统工序铸造中文活字，特别是姜别利从1863年起，在五年内陆续完成了香港活字、上海活字、柏林活字、戴尔活字、巴黎活字等大小六副活字的新创、改善和增补，也以价廉工省的先进电镀技术大量复制。[③]这一时期西式活字已充分具备了和木刻竞争的技术与生产条件，更重要的是西式活字印刷中文

① 苏精，《铸以代刻》导论，页2。
② 苏精，《铸以代刻》，页102—103。
③ 苏精，《铸以代刻》，页507—514。

的方法，终于引起了迫切需要学习西方长技的中国人的注意，有些官员和士绅阶层，如郭嵩焘、王韬和一位住在广州的翰林等，也对此感兴趣，太平天国的领袖人物之一洪仁玕也来商洽购买印刷机和活字，上海道台丁日昌甚至计划购买英华书院的字模，尽管传教士理雅各意识到这种出售可能给自己带来商业风险，但他还是愿意卖给丁日昌，因为他认为这是中国官员真心重视西方知识和实用的一个指标。①

近代的机械印刷代替手工印制，西式活字取代木刻、逐渐达到与石印术旗鼓相当，并最终取代石印术成为传播新知识的主要载体，这一过程构成了近代的第二次中国图书出版的“典范转移”。这一堪称“出版革命”和“知识革命”的“典范转移”，同时伴随着这些基督教出版机构在空间上由南而北的转移。《铸以代刻》的十二章描述，正巧呈现出从巴达维亚、澳门、香港、宁波到上海的空间移动。以西方传教士为主导带动的这一巨大的从“传统书业”至“现代出版”的转变，还有一个复杂的本土因素在起着重要的作用，即这一从麦都思巴达维亚印刷所到墨海书馆，从澳门校书房、宁波华花圣经书房到上海美华书馆的搬迁过程，同时伴随着这些印书馆如何从中国文化比较疏离的地区，向中国文化的核心地——江南的北上转移，而这一时期的上海，也正面临着江南腹地书业的区域移动，大批江南书业的商人迁来沪上，这种区域移动与外国传教士西式印刷技术由南而北的空间转移之间，究竟存在着怎样一种互动关系，有哪些复杂的历史合力，还有许多值得进一步展开的研究面向。

本文原题《中国图书出版的“典范转移”——读苏精〈铸以代刻：传教士与中文印刷变局〉》，原载《清华学报》（台湾新竹）新四十五卷第一期，2015年3月，页151—165。

① 苏精，《铸以代刻》，页294—296。

自　序

能够完成自己退休十年来的第四本书，内心真是充满了感恩与感怀。

本书的内容是基督教传教士自1807年来华至1873年为止，六十余年间引介西式活字取代木刻印刷中文的过程，以及他们创立与经营西式中文印刷所的活动。早自1970年代后期，我就对这样的主题感兴趣，当时热衷撰写近代藏书家故实，连带对中国书如何从传统的木刻线装变成西式的活字平装颇为好奇，不过也只约略知道这种转变和传教士密切相关而已。那时候的我绝对想不到，传教士三个字后来竟会在我的心头和笔下徘徊不去，以至于今。

我在1992年辞去图书馆的工作，负笈英国学习西方目录学与出版史，似乎很自然地选择以传教士麦都思和墨海书馆为题撰写硕士论文，由于只有一学期的撰写时间，还得同时兼顾上课、书面作业与印刷实习，而就读的里兹大学和麦都思手稿所在的伦敦距离又远，往返不便，结果我虽然初次接触了传教士的第一手史料，也只是浅尝辄止。

没想到英国归来后我却找不到工作，迫不得已之下孤注一掷，卖了栖身的小房在1994年初快快再赴伦敦大学攻读博士，并以伦敦传教会的中文印刷事业为研究主题。三年期间，无日不为自己年近半百竟前途茫然而惶惑，又深觉既已入传教士史料宝山岂能空返，于是为了忘忧解愁，也为偿多年宿愿，埋首拼命抄录传教士的书信手稿，成为一个落寞的过河卒子在异乡苦读中唯一的遣怀之举。

1997年初我赶在坐吃山空之前侥幸学成回台，得以任教大学，也开始了以传教士为主轴的近代中西文化交流史研究，虽然无法再与传教士的手稿真迹朝夕相对，但透过缩微胶卷或胶片继续在他们的字里行间探索寻思，成为我这些年来的生活写照。到2010年为止，我先后抄录了两百六十余万字的传教士书信手稿，也发表了一些相关论著，而传教士的印刷出版活动正是这些书信和论著中的重要部分。

回顾二十年来自己探讨传教士印刷出版活动的经验，先是以伦敦会为对象，后来扩及美部会，还是不够宽广周延，因为导致西式活字取代木刻印刷的要角，或者说十九世纪初中期在华从事中文印刷的主要传教会，还有始终坚持以西式活字印刷的美国长老会，要了解中国图书生产技术转变的过程和全景，长老会是不可或缺的一块拼图。

2011年12月，我决定进行长老会中文印刷的研究，并和以往探讨伦敦会和美部会一样，从抄录整理长老会的手稿档案着手，先以大约六个月时间，从缩微胶卷奋力抄录了四十五万字左右的书信内容，再从长老会中文印刷事业的起源开始，依序探讨其传教士在澳门、宁波和上海三地的印刷与铸字工作，直到1869年为止，写成五篇论文，再加上近年所写以伦敦会为主的七篇论文，构成本书的十二篇内容，其中的十篇是第一次出版。本书和我在2000年出版的《马礼逊与中文印刷出版》一书主题相同，但范围内容有别，将近本书篇幅一半的长老会部分是前书没有的，以伦敦会为主的部分也尽量避免重复，但愿两书合起来能构建西方印刷术来华比较完整与清晰的一幅图像，而不是我又一次祸枣灾梨的胡乱涂鸦。

西式活字取代木刻是一项似小而实不小的改变。十九世纪以前，中国人主要以木刻印刷图书，这是千余年来中国图书文化的重要特征与技术基础。但木刻印刷却在十九世纪内遭遇传教士引进西式活字印刷的挑战，并且就在同一个世纪内被普遍地取而代之。西式活字印刷进一步引发图书文化的一连串变动，例如图书的面貌从此改变，线装书的各项特点逐渐消失不见，连线装都改为平装或精装了；再如图书的出版传播有了新的模式，而图书的典藏保存从过去的封面朝上平放在架上，变成直立在书架上，书脊朝外并印上书名作者等。虽不能说这些变化都直接来自西式活字取代木刻的缘故，但印刷生产方法的改变是近代中国图书文化最先发生变化的一个环节。如此说来，研究十九世纪中文印刷技术的变局或新局，或许不是没意义的饾饤之事了。

从2010年的年中开始，本书的写作经过约三年半才得以完成，其中的前两年我还在清华大学人文社会中心担任约聘研究员，承蒙中心主任黄一农院士提供优越的环境让我得以专心研究和写作，同时人社中心亚洲季风计划历史组召集人徐光台教授也经常关注我的研究情况，都让我由衷感念。近一年多来，我离开了清华人社中心在家写作，其间曾应上海复旦大学历史系高晞教授与邹振环教授之邀，在2013年5月前往复旦进行相关的学术报告与交流，并实地探访了当年长老会美华书馆的几处旧址，又承中国近现代新闻出版博物馆（筹）林丽成女士邀约，与高晞教授、邹振环教授、冯锦荣教授及高明博士等，前往宁波考察长老会华花圣经书房与布道站等旧址，借与书面史料互相印证，实在是收获丰富的一趟学术之旅。哈佛大学哈佛燕京图书馆郑炯文馆长及"中研院"人文社会科学研究中心图书馆慨然同意我复制他们的珍藏图片，增加本书的光采，我十分感念。我也要谢谢赖芊卉小姐一直帮忙解决电脑方面的许多问题，让我得以顺利写作，并谢谢台大出版中心严嘉云小姐耐心仔细地看稿编辑，使得本书终能出版问世。

从最初约略知道传教士引进西式活字印刷术至今，已经荏苒过了三十多年光阴，我庆幸自己终于有机会写成本书，并期待学者方家对本书的指教。

2014年1月15日

台北斯福斋

导 言

图书文化包含图书的撰写著述、生产复制、传播流通、阅读利用和保存维护等连串互动的环节。中国有丰富而不断变化演进的图书文化，其中图书的生产复制方法，从最早的手工抄写开始，历经两次重大的改变，先是公元八九世纪左右出现的木刻印刷，其次是十九世纪引用的西式活字印刷。虽然两者都是印刷，但木刻和西式活字是原理、技术和材料都不同的印刷复制方法，而且这两次改变是在不同的情境下产生的，八九世纪的木刻印刷出自中国社会内部的需要，十九世纪的西式活字则是基督教传教士在西方势力的助长下在中国推动传播的。不过，这两次改变也有相同之处，那就是都从生产技术的改变开始，连带引发了从出版传播、阅读利用到保存维护各个方面的变化，因而发展出全新型态的图书文化。

传教士致力以西式活字印刷中文的目的，当然是为了他们自己印刷传教书刊的方便。可是，若论技术操作的简易和人工材料的费用，中国木刻印刷岂非远比西式活字简便易行？几乎每位传教士来华后，很快就了解了此种情形，并对木刻印刷大表惊叹，何以他们还要大费周章地推动西式活字印刷中文？症结就在于木刻印刷不论技术、价格和工匠，没有一项是传教士能够掌握的。鸦片战争前来华的传教士对此感受更为深刻，他们只能暗中雇用印工违法刻印传教书刊，即使远赴东南亚设立印刷所，中国工匠的雇用和管理仍是令人头疼的问题。传教士尝遍了木刻、逐字雕刻的活字、石印、铸版等方法后，觉得还是他们最熟悉的西式活字才是正确的选择。

西式活字印刷术自谷腾堡发明以来，到十九世纪已在西方通行了四百年，要应用于中文印刷却不是容易的事。拼音文字只需打造一百多个字母、数字与符号的钢质字范（punch），以此敲捶出铜质字模（matrix），再按各个字母常用的频率铸出数量不等的铅活字（type）即可。相形之下，汉字为数多达数万而且笔画复杂，要逐一在只有零点几公分见方的坚硬钢材上雕出字范，实在是难以克服的障碍，因此不能不采取较为可行的变通方式，第一是只打造常用字，如伦敦会的传教士费了三十年功夫铸造的大小两副活字，每副各有6 000个汉字；第二是以部首偏旁拼合成字，如美国长老会美华书馆陆续拥有的巴黎、柏林、上海等三副活字，每副各有4 000至7 000多个活字，分别可拼成2万多个汉字。只是，这两种方式各有缺点，前者在遇到非常用字时，必须暂停排印临时打造，若以木活字权充代用则有损版面整齐雅观；后者以机械生硬的部首活字拼合，经常得牺牲汉字字形笔画的匀称自然之美。在传教士主导西式活字印刷中文的时期，一直采取只造常用字与拼合成字两种铸字方式，也始终存在着上述无法完全避免的缺点。

铸造技术只是传教士面临的第一个难题，如何在中国推广使用西式活字印刷又是另一个难题。传教士以西式活字印刷中文的初衷，固然是为了印刷传教书刊的便利，但是他们当然也希望自己得来不易的成果能被中国人接受采用，并取代中国传统的木刻印刷。十九世纪中期被迫打开国门的中国有利于西式活字的发展，却不可能有一夜之间完成的革命，若从第一位基督教传教士抵达中国的1807年算起，经过将近百年的时光，西式活字才得以超越中国传统的木刻和同样是西式的石印，而取得中文印刷主流方法的地位。

十九世纪西式活字印刷在中国的发展过程，大致可分成讨论与尝试、准备与奠基、发展与本土化三个时期：

第一，讨论与尝试时期。从基督教传教士来华到鸦片战争前，传教士在广州、澳门及东南亚各地尝试各种印刷中文的方式，也比较了各种方式的优缺点与可行性。这些讨论与尝试，主要由最早来华并从事中文印刷的伦敦会和美部会传教士进行，并由伦敦会的传教士决定开始打造常用的西式活字；至于较晚来华的美国长老会，则决定购用法国人在巴黎铸造的拼合活字。但不论是常用活字或拼合活字，在这段时期内的成果都很有限，还不便于实用。

第二，准备与奠基时期。自鸦片战争到同治朝的约三十年间，西式中文活字进入了实用阶段，并因而奠定在华传播的基础。技术上传教士不仅继续以西方传统工序铸造中文活字，也以价廉工省的先进电镀技术大量复制，在这段时期西式活字已充分具备了和木刻竞争的技术与生产条件，更重要的是西式活字印刷中文的方法，终于引起了迫切需要学习西方长技的中国人注意，有些官员和士绅阶层对此感兴趣，并购买活字与印刷机开始使用。

第三，发展与本土化时期。从同、光之际到戊戌变法期间，中国内外情势的变化日亟，知识分子渴望获得及时讯息并表达意见，但传统木刻无法满足新式媒体大量而快速生产的需求，这让西式中文活字获得加速发展的机会，同时也有中国人开始自行铸造活字。中国印刷出版业者一项新的标榜是以西式活字与机器排印，中国人在这时期中取代传教士成为西式印刷在华传播的主力。到十九世纪结束前，西式活字已经明显取代木刻成为中文印刷的主要方法，并且连带引起近代中国图书文化在出版传播、阅读利用和典藏保存等各方面的变化。

本书讨论的时间起讫，从1807年到1873年为止，也就是上述的讨论与尝试、准备与奠基两个时期，即传教士主导西式活字印刷中文的六十余年，而以1873年中国人买下传教士经营的西式活字印刷中文的重镇香港英华书院为断，这项交易转手可以视为传教士的引介活动告一段落，同时是西式活字印刷本土化开端的象征。本书讨论的内容范围，一是传教士从讨论尝试到推动引介西式活字来华的过程，再是他们经营中文印刷出版机构的相关活动，包含这些机构的建立与沿革、管理与经费、工匠与技术、产品与传播反应等等，其中讨论所及的英国东印度公司澳门印刷所，虽然不是由传教士建立经营，却和传教士关系非常密切，并且在西式活字来华的过程中扮演重要的角色。同、光以后，西式活字印刷本土化的发展，主要的推动传播与使用者逐渐转为中国人，文献史料也以中文为主，其影响更超越了印刷生产方法的技术层面，直抵中国图书文化的各个面向。这些需要以更宽广的视野进行更细致深入的讨论与解释，不是本书可以容纳得下的研究课题了。

传教士在引介西式活字和从事中文印刷活动的过程中，也撰写或印制了许多相关的书信、日志、各种报告和统计等文献。这些文献档案大部分留传至今，也都相当程度地显示了传教士的观念、做法、面临的困难、解决的方式与获得的成果，以及传教士记载来自华人的种种反应与双方互动的体验等内容。这些无疑都是研究传教士引介与经营活动的第一手史料，也是本书论述分析与解释的主要依据，期盼能因此获得比较深入与比较全面的研究结果。

第一章
从木刻到活字——马礼逊的转变

绪论

中国人从八世纪前后开始使用印刷术，到十九世纪初已经超过千年，在使用的木刻与活字两种印刷术中，木刻远比活字普遍，一直是中文印刷的主流技术。这种情形到十九世纪时产生巨大的变化，由基督教传教士引介来华的西方活字印刷术[①]，逐渐取代传统的木刻印刷，并导致中国图书文化在生产、传播、利用与保存各个方面都随之改变。

这种变化历经一百年左右才完成。十九世纪初基督教传教士刚来华时，入境随俗地以木刻印刷，不久他们想以自己熟悉的西式活字印刷中文的念头开始萌芽，也进行了讨论和尝试行动；到十九世纪中期，大多数的传教士已使用西式的中文活字，也有少数的中国官方和民间印刷机构采用此种新方法，但直到十九世纪结束前中国人才普遍接受，并取代木刻成为中文印刷的主流技术。本文以第一位来华的基督教传教士马礼逊(Robert Morrison, 1782—1834)为对象，探讨他对于中文印刷方法从在华初期的适应与重视木刻，到后期提倡西式活字的改变经过，他的适应与改变可说是近代中文印刷以及中国图书文化连串改变的第一步。

---

① 中西活字印刷术不同：中国活字是逐一手工雕刻而成，同一页文字内容出现几个同一字，就要雕刻几个同一字，每个字多少都会有些不同；活字排版后以手工左右水平刷印，并使用无法双面印刷的水性墨和薄纸。西式活字则先打造钢质字范(punch)，再以字范在铜版上敲出字模(matrix)，接着以字模铸出铅活字(type)，同一页不论出现几个同一字，都自同一字模铸出整齐划一的活字，排版后以机器上下垂直压印，使用的是可以双面印刷的油性墨和较厚的纸。

第一节　马礼逊与木刻印刷

马礼逊在中文印刷方法上历经木刻与活字两个时期的转变：他自1807年来华后即关注木刻印刷，也从1810年起以此法印刷自己的译著，并在1823年印成全本中文圣经时达到他应用木刻的巅峰。此后马礼逊转为倡导以西式活字印刷中文，并在1834年过世前两年进一步打造活字，从逐字雕刻的中式活字着手，尝试以字模铸造西式中文活字。

马礼逊来华的27年间，在广州、澳门与马来半岛的马六甲三个地方出版共21种中文书，包含传教性18种：圣经《神天圣书》及单行各书、教义阐释、圣诗等；非传教性3种：《西游地球闻见略传》《大英国人事略说》以及出版三期的不定期刊《杂闻篇》等。在这21种书中，绝大多数木刻（19种），只有2种是在1833年以中式逐字雕刻的活字印刷。

作为第一位来华的基督教传教士，马礼逊面临比他早两个多世纪来华的初期天主教传教士迥然不同的处境。天主教传教士能结交官员，获得关照进入中国，并得以在京师居住下来，他们也很能适应中国的印刷术，利玛窦来华不久即注意到木刻印刷[①]，随后并以木刻印刷的书和地图获得许多中国知识分子的赞赏与信服，利玛窦也因此再三认为以图书传教比口讲还有效[②]。利玛窦以后的天主教传教士不但持续以木刻生产中

---

① 罗渔译，《利玛窦书信集》（上）（新庄：光启出版社，1986），页34。利玛窦对于中国的印刷术有详细的描述，见Louis J. Gallagher, *China in the Sixteenth Century: The Journals of Matthew Ricci: 1583—1610*（New York: Random House, 1953），pp.20–21。

② 罗渔译，《利玛窦书信集》（上），页291、367、369、388、412、415。

文图书，甚至还使用此法印刷西方语文的书[1]。到清初禁教以后，天主教的传播遭遇较大的困难，传教士除了木刻版印以外，又以逐字雕刻的中式活字印书，以备官府追查时可以迅速收拾转移到他处继续印刷[2]。这些情形显示天主教传教士不但非常适应木刻印刷，还能掌握其特性而灵活运用。很可能就是这样的缘故，利玛窦及其他天主教传教士在描述中国木刻印刷并称道其简易和低廉之余，都没有提到有何适应上的困难或者企图以西方印刷术取而代之的念头。有如利玛窦所说："他们〔中国人〕的印刷方法和欧洲使用的大不相同，由于中国字和符号数量极大的缘故，他们难以使用我们的方法。"[3]

马礼逊来华的时机非常不利于传教。在中国禁教已达百年而且教案频传之后，十九世纪初年来华的马礼逊，不可能如天主教传教士一般结交官员或进入内地，即使进入也没有信徒可协助他们立足于内地。就在马礼逊于1807年抵达中国的两年前（1805），发生了接二连三不利于传教的事件：御史蔡维钰奏请严禁西洋人刻书传教获得嘉庆皇帝接纳[4]；查获满洲官员佟澜等多人信教并予以惩处[5]；北京西堂传教士德天赐（Adeodato di Sant' Agostino, 1760—1821）违例请教民递送书信地图及编印30余种传教经卷，结果德天赐发往热河圈禁、教民发配边疆为奴，而管理西洋堂

---

① 博克舍（C. R. Boxer）曾列举讨论1662年至1718年间十一种在中国以木刻印刷的西方语文著作（C. R. Boxer, 'Some Sino-European Xylographic Works, 1662—1718,' in *Journal of the Royal Asiatic Society of Great Britain and Ireland* (1947), pp.199—215），例如耶稣会何大化（Antony de Gouvea, 1592—1677）的*Innocentia Victrix*，与多明我会万济国（Francisco Varo, 1627—1687）的*Arte de la lengua Mandarina*等等。

② 基督教传教士米怜（William Milne, 1785—1822）在1810年代于澳门College of St. Joseph见到大批木活字，天主教传教士告诉他，活字在官方追查时比笨重的刻板便于迁移，参见W. Milne, *A Retrospect of the First Ten Years of the Protestant Mission to China* (Malacca: The Anglo-Chinese Press, 1820), p.225。

③ L. J. Gallagher, *China in the Sixteenth Century*, p.20.

④《清仁宗嘉庆皇帝实录》（台北：华文书局影印，1964），卷142，叶20-21。

⑤《清仁宗嘉庆皇帝实录》，卷144，叶3-4；卷145，叶1-2；卷146，叶21-22。

事务大臣也为此易人，并重订《西洋堂事务章程》[1]；嘉庆皇帝还在亲自阅览教义书籍后特地下诏详加驳斥严禁[2]。马礼逊来华四年后(1811)，又有御史甘家斌奏请严定西洋人传教治罪专条，结果订立西洋人私刻书籍传教者绞决、绞候或发往黑龙江为奴等严厉处罚[3]，以及遣送四名在京西洋人回国，并通令各省查拿潜伏各地传教的西洋人[4]。尽管当时中国皇帝和官员还不知道基督教的传教士已经来到大门口，这些严厉的限制和处罚针对的是天主教而非基督教，但对于马礼逊当然具有同等的威胁性，他曾再三报道广东官员对付天主教传教士和华人教徒的各种行动，而他原已暗中进行的传教工作也不得不更为隐蔽小心。[5]

境况如此艰难，马礼逊只有设法突破，他觉得无声的文字可以作为弥补无法以语言公开传教的手段，认为“图书的效能是沉默但强有力的”(The effect of books is silent, but powerful)[6]，又再三表示“中国人是读书的民族”(The Chinese are a reading people)[7]，因此，“就中国而言，印刷几乎是唯一能运用的利器”([I]n reference to China, the Press is almost the only Engine that can be employed)[8]，所以马礼逊寄望自己印刷出版的中文圣经与传教小册子，能够穿过封闭的中国社会发挥影响力。1814年

---

① 参见《清仁宗嘉庆皇帝实录》，卷142，叶53–56；卷143，叶1–2；卷152，叶21–23。

② 参见《清仁宗嘉庆皇帝实录》，卷144，叶9–11。

③ 参见《清仁宗嘉庆皇帝实录》，卷243，叶32–33。

④ 参见《清仁宗嘉庆皇帝实录》，卷246，叶14–18。

⑤ LMS/CH/SC, 1.4.A., Robert Morrison to George Burder, Canton, 29 January 1815; ibid., 1.4.B., R. Morrison to J. Hardcastle, Canton, 9 October 1815; ibid., 1.4.B., a copy of a letter from R. Morrison to the President & Select Committee, Canton, 10 October 1815; ibid., 1.4.B., R. Morrison to G. Burder, Canton, 11 October 1815; ibid., 1.4.C., R. Morrison to G. Burder, Canton, 1 January 1816.

⑥ LMS/CH/SC/Journal, R. Morrison's Journal, 22 November 1812.

⑦ 马礼逊好几次有这样的说法，见：LMS/CH/SC, 2.1.B., R. Morrison to G. Burder, Canton, 24 January 1819; ibid., 2.3.C., R. Morrison to American Board of Commissioners for Foreign Mission, Canton, 20 November 1827; *The Missionary Register* (February 1821) , pp.42–43, 'China-Canton-London Missionary Society;' Eliza A. Morrison, *Memoirs of the Life and Labours of Robert Morrison* (London: Longman, 1839) , vol. 1, p.256.

⑧ LMS/CH/SC, 2.3.D., R. Morrison to W. Orme, Macao, 1 December 1829.

时，来华不久的第二位基督教传教士米怜（William Milne, 1785—1822）这样阐释马礼逊的想法：

> 在目前中国的政治情势下，我们不能获准进入内地，也不能口头传播救世的福音；但是，图书可以静静地渗透到帝国的深部，它们可以轻易地披上中式外衣（They easily put on a Chinese coat, [...] ），在这片土地上毫无困难地到处通行，这是传教士无法办到的。[①]

马礼逊的确非常重视自己所印书的"中式外衣"，而且讲究使用上乘的布料与做工，并不随便将就。早在1808年中，马礼逊有了印刷的念头并向人打听行情时，就是以中国经典的尺寸规格做为估价的标准[②]。1810年他着手印刷第一种中文书《耶稣救世使徒行传真本》时，和印刷行讲定的条件也是木板、刻工、纸张和装订都要求第一等的品质[③]，内容文字则由他工于书法的中文助手蔡轩（Tsae Hëen）楷书上板，由工匠刻印成一部纸幅天地宽广、字大疏朗优美、书品相当精良的线装书，他也自信基督教这第一种中文出版品的刻印和中国最上乘的书不相上下[④]。马礼逊如此讲究的目的，是希望从一开始就奠定基督教图书在中国人心目中的经典形象和地位，而此后到1813年的八册本新约《耶稣基利士督我主救者新遗诏书》为止，马礼逊所印的6种书都是一样的品质，在封面、书名叶、行格界栏等各方面也都符合中国传统木刻书的形式风格。

---

① LMS/CH/SC, 1.3.B., William Milne to the Committee of the Religious Tract Society, Canton, 7 February 1814. 在米怜于1820年出版的《中国布道团十年回顾》(*A Retrospect of the First Ten Years of the Protestant Mission to China*)书中，他再度阐释类似的观念（pp.263–264）。

② LMS/CH/SC/Journal, R. Morrison's Journal, 25 April 1808; LMS/CH/SC, 1.1.B., R. Morrison to the Directors, Macao, 3 July 1808.

③ LMS/CH/SC, 1.1.D., R. Morrison to J. Hardcastle, Macao, 28 December 1810.

④ Ibid., 1.3.C., R. Morrison, 'Review of the Mission to China sent by the Missionary Society of London in the year 1807,' dated Canton, 7 December 1814.

1813年以后，马礼逊印的木刻书外貌有明显的变化。第一是字形由楷体改为宋体，第二是纸幅、板框、行格和文字的尺寸缩小。由楷体改宋体的原因并不清楚，但应该和蔡轩不再受雇于马礼逊有关[①]；至于尺寸缩小，则是为了降低纸张成本和便于传播的缘故，木刻印刷的成本包含木板、刻字、纸张、刷印和装订等项，一种书的印量越大，纸张所占成本比例越高。马礼逊为了传教图书广为流通，印量经常成千上万部，纸张也因而是最大的单项成本[②]，若再使用宽大的纸幅，天头地脚多留空白，或行格文字疏朗，则成本更高；而且尺寸较大的书不便大量携带与分发，又多占存放空间，都不利于秘密印刷与传播的需要[③]。因此，从1813年刻印的四册本新约《耶稣基利士督我主救者新遗诏书》起，马礼逊所印书大都明显缩小尺寸，尽管外表精良的程度略逊从前，却仍相当可观。

图书外貌变化之后，马礼逊印书的地点也从广州、澳门转移到马来半岛上的马六甲（Malacca）。到1814年时，马礼逊已在广州、澳门两地印刷出版了新约在内的9种书，但如他自己所说，无一不是在“最秘密最小心而且不易被追踪到自己”的情况下而为的[④]，因为他深切了解自己印刷传教书一旦被中国官府发现，很可能自身遭到驱逐离华，而协助他的华人身家性命更将陷入困境。事实上，一名接受马礼逊委托寄存新约刻板的广州书商，在1814年底听到风声不利时立刻销毁了刻板[⑤]。在此前后正逢第

① 马礼逊在1816年1月1日写给伦敦会秘书柏德（George Burder）的信中说：“为新约写字上板的蔡轩已经不再受雇于我了。”LMS/CH/SC（1.4.C., R. Morrison to G. Burder, Canton, 1 January 1816）。

② Ibid., 1.4.B., R. Morrison to G. Burder, Canton, 11 October 1815.

③ Ibid., 1.3.C., W. Milne to the Directors, Macao, 24 September 1814.

④ Ibid., 1.4.B., A copy of a letter from R. Morrison to the President & Select Committee, Canton Factory of the British East India Company, dated Canton, 10 October 1815; E. A. Morrison, *Memoirs of the Life and Labours of Robert Morrison*, vol. 1, pp.416–417.

⑤ Ibid., 1.4.A., R. Morrison to G. Burder, Canton, 29 January 1815; ibid., 1.4.C., R. Morriso n to G. Burder, Canton, 1 January & 10 June 1816.

二位基督教传教士米怜抵达中国，但他来华前并未取得拥有英国对华贸易专利权的东印度公司同意，按英国法律不能来华，而澳门的天主教葡萄牙人也不准他在当地居留[1]，因此米怜只能接受马礼逊的建议，在1815年转往马六甲建立布道站并附设印刷所“英华书院”[2]，以免于中国官府、葡澳当局以及英国东印度公司三方面的威胁为难，而英华书院需要的中文印刷工匠、纸张和板片等，则由马礼逊在中国雇用与购买后运补南下。此后马礼逊的中文译著大都改在马六甲印行，到1834年他过世为止又出版的12种书中，在广州印刷的只有3种，而马六甲英华书院印刷的则有9种，都是木刻产品，包含全本圣经《神天圣书》1823年和1832年两种刻本。《神天圣书》是米怜于1822年过世后，马礼逊在1823年初南下马六甲善后，并在同年5月完成印刷出版的，这时可说是马礼逊以木刻印刷中文的巅峰时刻。

在以西式活字印刷图书的文化氛围中成长的马礼逊来华后很能适应木刻，也愿意以此法印出和中国经典形象相当的基督教图书，既然他乐于在中国严刑峻法的潜在威胁下秘密工作，也就必须忍受随之而来的一些现实上的困难。首先是高昂的价格，不但冒着违法风险为外国人刻印传教图书的中国工匠总会索取高价，让马礼逊相当无奈，连代他出面接洽的中国助手也要从中牟利，印刷第一种《耶稣救世使徒行传真本》时就是如此，他发觉后非常失望难过[3]。其次是保存与分发的问题，马礼逊将刻成的新约板片委托广州一名书商保存，结果如前文所述书商听说官府可能进行搜查时，紧急销毁了板片[4]；分发印好的书也相当困难，米怜记载自

① 马礼逊初来华时也有相同的居留问题，但他来华时先绕道美国设法取得美国护照，因此英国东印度公司无法将他驱离中国，稍后他又进入公司广州商馆任职，又得以公司人员身份居留澳门。

② 马六甲布道站的印刷所和设在布道站土地上的学校两者名称相同，都是英华书院。

③ LMS/CH/SC, 1.2.A., R. Morrison to the Directors, Macao, 7 & 18 January 1811.

④ Ibid., 1.4.A., R. Morrison to G. Burder, Canton, 29 January 1815; ibid., 1.4.C., R. Morrison to G. Burder, Canton, 1 January & 10 June 1816.

己于1817年访问广州期间，在晚上趁着夜色掩护，暗中将书放置于寺庙、学塾和家户的门口[①]。第三是雇用印工的麻烦，自1815年改到马六甲的英华书院印刷后，马礼逊经常雇用印工偷渡出洋前往当地工作，他不仅得预付高额工资与船费，能否顺利偷渡也完全不在他的掌握之内，例如1817年间代他出面处理此事的华人助手容三德（Yong Sam-tak）和四名受雇的印工发生纠纷，甚至还惊动官府逮人，让马礼逊损失大笔预付款，事情也没办成，他气愤得在写给伦敦会秘书的信上抱怨中国人都是说谎者[②]。这些在马礼逊的印刷行动中一再发生的困难，必然会在他考虑木刻或西式活字的优劣去取时，产生重要的作用。

第二节　从木刻到西式活字

其实就在马礼逊以木刻印刷期间，也不乏讨论、比较与使用活字的机会。他最早一次关于木刻与活字的讨论或者说是争论的对手，是和他竞争谁最先完成中文圣经翻译的马士曼（Joshua Marshman, 1768—1837，又译马煦曼），即英国浸信传教会（Baptist Missionary Society）在印度雪兰坡（Serampore）的传教士。从1804年起，雪兰坡的浸信会传教士进行20余种以印度各地语文为主的圣经翻译工作，也包含马士曼负责的中文在内，他先使用逐字雕成的木活字印刷译成的部分，但是印度工匠雕刻的中文活字很不美观，难以和中国的产品相提并论。马礼逊将1810

① R. Morrison, *Memoirs of the Rev. William Milne*(Malacca: The Mission Press, 1824), p.45.

② LMS/CH/SC, 1.4.E., R. Morrison to G. Burder, Canton, 13 December 1817. 又如1816年马礼逊送两名刻工到马六甲，预付两百元工资，另付每人一百元船费给船长，却因刻工和船长发生纠纷被赶下船而未出发，马礼逊也无法收回预付款（Ibid., 1.4.C., R. Morrison to G. Burder, Macao, 18 March 1816）。

年刻印的《耶稣救世使徒行传真本》寄给马士曼后，马士曼随即在1811年改用形体较小但仍是逐字雕成的金属活字，并曾将活字样本寄给马礼逊[①]，但没有引起马礼逊的注意。1812年起，马士曼又进一步以西法铸造中文活字，准备铸造常用的6 000个字。此事由雪兰坡浸信会布道站几次编印的报告书广为宣传，又一再声称品质超越而成本低于在中国本土木刻印刷的中文书[②]，显然有意借此对照映衬雪兰坡的突出成就，这可引发了马礼逊强烈的反应。

马礼逊不能认同马士曼的说法与做法，屡次在写给伦敦会秘书和司库的信中抱怨马士曼过于自以为是（pretension），成本计算错误又忽略间接成本，例如不计活字再版时必须重新排版的费用，也没有列入中文圣经印成后必须从印度运到中国或东南亚分发的运费等，难怪马士曼可以宣称自己的中文活字印刷成本只是在中国木刻费用的一半甚至更低[③]。马礼逊除了向所属的伦敦会抱怨马士曼言过其实，又在1816年2月投书到著名的《福音杂志与传教纪事》(*The Evangelical Magazine and Missionary Chronicle*)，公开讨论马士曼的错误说法，例如马士曼声称全本圣经的活字铸造成本只要400英镑，相当于木刻成本的四分之一，即木刻全本圣经需费1 600英镑；但马礼逊说明自己印的新约《耶稣基利士督我主救者新遗诏书》木刻成本只有140英镑，而新约篇幅约是全本圣经的四分之一，因此全本圣经的木刻成本当为560英镑而已，远远不及马士曼过于夸大

---

① LMS/CH/SC, 1.2.A., R. Morrison to the Directors, Macao, no day November 1811.

② *Periodical Accounts relative to the Baptist Missionary Society*, vol. 4(1812), pp.370–385, ‘A Third Memoir of the Translations Carrying on at Serampore, in a Letter addressed to the Society, Serampore. Aug. 20, 1811;’ ibid., vol. 5 (1815), pp.618–627, ‘Memoir of the Translations for 1814;’ *A Memoir of the Serampore Translations for 1813* (Kettering: J. G. Fuller, 1815), pp.16–17, 32–39; *Brief View of the Baptist Missions and Translations* (London: Button & Sons, 1815), pp.29–30.

③ LMS/CH/SC, 1.4.B., Robert Morrison to?〔suppose G. Burder or J. Hardcastle〕, Macao, 5 July 1815; ibid., R. Morrison to J. Hardcastle, Canton, 9 October 1815; ibid., R. Morrison to G. Burder, Canton, 11 October 1815; ibid., R. Morrison to G. Burder, Canton, 4 November 1815.

的1 600英镑等。[①]

除了辨正马士曼计算成本的错误，这篇投书也批评马士曼所称雪兰坡的中文活字比中国本土所刻者更为美观的说法，马礼逊认为在马士曼的英国人眼光和偏见看来或许是如此，但在中国人眼中是否也一样却大成问题。马礼逊又说，马士曼新铸的金属活字的确比先前的木活字好，却不能因此连带比附说铸造的活字比木刻更适合于中文印刷。马礼逊怀疑马士曼根本不知道中国人早已应用活字印刷，但中国活字印本却始终不如木刻印本赏心悦目，因此马礼逊认为中文经典还是以木刻印刷胜于活字。[②]

很有意思的是，马礼逊在投书的最后留下一个伏笔，说一旦证实活字印刷有助于中国传教工作，则他会加以利用，而且马六甲的米怜也正在建构（is forming）一副中文活字用于印刷一种月刊。

马礼逊的确没有排斥中文活字不用，只是主张圣经应出于木刻以示庄严郑重，至于其他篇幅较小的传教书刊则以活字印刷无妨[③]，而马礼逊所说米怜在马六甲建构中的一副中文活字，其实就是他自己在澳门订制后送到马六甲备用的。原来是马礼逊来华后，在学习中文之余，一面翻译中文圣经，一面编纂中英文字典。他进入东印度公司广州商馆担任翻译后，商馆大班（President）向公司董事会争取到印刷他的字典，由董事会雇用印工汤姆斯（Peter P. Thoms）于1814年从英国来华，在澳门设立印刷所。为了解决中文和英文一起印刷的问题，由马礼逊和汤姆斯研究后，决定先制造铸模，用以浇铸和英文活字的成分、尺寸都一致的金属小柱体，

---

① 这篇投书刊登于*The Evangelical Magazine and Missionary Chronicle*, September 1816, pp.352–353，至于马礼逊的原稿见LMS/CH/SC, 1.4.C., R. Morrison to G. Burder, Canton, 10 February 1816，他另抄一副本寄给J. Hardcastle，三者内容大同小异。

② Ibid.

③ Ibid., 1.4.B., R. Morrison to J. Hardcastle, Canton, 9 October 1815; ibid., R. Morrison to G. Burder, Canton, 11 October 1815.

再以人工在每一柱顶平面上逐字雕刻中文，如此字面虽是手刻，但中英文两种活字协调一致，可以夹杂排印[①]。于是从1815年起雇用工匠打造大小活字各一副，开始陆续排印马礼逊的中英文字典。

虽然这些活字是混合中西方法参半而成的，却毫无疑问地展现了实用性，尤其这是马礼逊生平第一次使用中文活字的经验，印刷的又是他自己的著作，印象更为深刻，因此产生如他在前述投书伏笔所说用于传教书刊的想法，于是在1816年六七月之际向汤姆斯订制一批以同样方法打造的活字[②]，并于1817年1月将制好的9 000个活字运往马六甲[③]。就逐字雕刻的活字而言，每个常用字必须准备多个，才足够排印同页中重复出现的同一字，因此总数9 000活字不够实用，英华书院收到后必须在马六甲当地设法补充，印工麦都思（Walter H. Medhurst, 1796—1857）报道说，以这批活字排印第1种产品马礼逊的小册子《问答浅注耶稣教法》，第1页需要新刻的缺字就多达100个[④]，以后才逐页减少，但仍持续需要补充，直到1825年马六甲布道站的账目中仍有新刻补充这些活字的支出记载。[⑤]

英华书院是木刻为主的印刷所，这批以马礼逊送去的9 000个为基础加上在当地增添的活字，担任的是零星次要的角色，有时米怜用于排印一两页时事新闻，附在他主编的月刊《察世俗每月统记传》之后[⑥]，或用于排印篇幅不多的小册子如1821年印他自己的《三宝仁会论》，16叶

① EIC/G/12/191, Canton Consultations, 28 December 1814, ‘First Report Respecting the Honble Company’s Press, Canton, 23 December 1814;’ ‘Second Report Respecting the Press, Canton, 26 December 1814.’

② LMS/CH/SC, 1.4.C., R. Morrison to?〔suppose G. Burder or J. Hardcastle〕, Canton, 10 June 1816.

③ Ibid., 1.4.D., R. Morrison to G. Burder, Macao, 21 January 1817. 米怜则说这批活字大约一万个（W. Milne, *A Retrospect of the First Ten Years of the Protestant Mission to China*, p.238）

④ LMS/UG/MA, 1.2.B., Walter H. Medhurst to the Directores, Malacca, 10 November 1817.

⑤ Ibid., 2.3.B., James Humphreys & David Collie to William A. Hankey, Malacca, 13 August 1823; 2.4.B., J. Humphreys to the Directors, ‘The London Missionary Society in account with the Malacca Station from 1st July to 31st December, 1825.’

⑥ Ibid., 1.2.C., W. Milne to the Directors, Malacca, 10 August 1818.

（32页）等。马礼逊恐怕想不到自己竟然也有机会使用这批活字，1823年他为处理米怜过世的善后问题前往马六甲期间，曾经报道说正以这批活字印刷一种他称为“周报”（a weekly paper）的单张出版品，每星期一页，内容在传播基督教义，并由他此行带往马六甲的华人蔡亚甘（Tsae-a-gan）负责排印[①]。马礼逊没有确切说明周报的内容文字是否由他所撰[②]，也没有说明为何要以活字而非木刻印刷这份周报，但很显然是因为当时英华书院正全力赶工刻印21册的《神天圣书》，希望在他离开马六甲回中国以前能够完成这件大事，所有的木刻工匠和设施都忙于此事，于是以活字印刷周报并由他带往马六甲的额外人力蔡亚甘排印，应当是最合理适当的安排。

1823年7月马礼逊告别马六甲回华，同年12月又返英国两年，这趟回英之行让马礼逊从此改变了对中文印刷方法的态度，从过去的以木刻为重、活字为辅，转而大力提倡以西式铸造的活字。他在回英期间经常参与证道、演讲、会议、拜访等行程，以及每星期固定时间的中文教学活动，目的都在激发英国公众注意中国与支持中国传教事业，并培育通晓中文人才。在这些活动中经常要使用或显示中国文字，但让他深觉不便的是除了由自己手写以外，几乎没有其他方法可行，最显著的例子是1825年伦敦会赞助他出版的《中国杂记》（*The Chinese Miscellany*）一书[③]，主要内容在介绍中国文字与文学，却因为当时的英国缺乏中文活字，不得不将

① LMS/CH/SC, 2.3.A., R. Morrison, J. Humphreys & D. Colie to W. A. Hankey, Malacca, no day March 1823; E. A. Morrison, *Memoirs of the Life and Labours of Robert Morrison*, vol. 2, pp.208–209, R. Morrison to Joseph Rayner, Malacca, 13 March 1823.

② 马六甲布道站的传教士柯利（David Collie）稍后写信给伦敦会的理事们，说是马礼逊授意他撰写的（Ibid., 2.4.A., D. Collie to the Directors, Malacca, 4 February 1824）；伟烈亚力（Alexander Wylie）编的《在华新教传教士纪念录》（*Memorials of Protestant Missionaries to the Chinese*（Shanghai: American Presbyterian Mission Press, 1867））也说是柯利的作品（p.46）；不无可能是先由马礼逊开头，再交给柯利继续撰写。

③ R. Morrison, *The Chinese Miscellany, Consisting of Original Extracts from Chinese Authors, in the Native Characters*（London: London Missionary Society, 1825）.

中文字手写石印后集中一处，而中文字的英文说明另外排印在他处，两者装订成书后中英文无法在同一页中对应，使用时极为不便，初学中文的人更可能会望而却步。

对此深觉遗憾的马礼逊，便在《中国杂记》一书的结论中有感而发地呼吁铸造西式的中文活字，他说印刷是最可能增进中国和欧洲之间知识交流的工具，但若要让更多的欧洲人认识中文，必须先拥有和西方活字一致的中文活字，没必要再如印刷他的中英文字典那样逐一雕刻数量众多的中文活字，因此他大声疾呼：

> 具有公义精神(public-spirited)的铸字匠能生产优美而便宜的中文活字，〔……〕有心于普世传教的慷慨朋友，或有心于文学的高贵赞助者，或两者联合一致，促使英国赢得最先铸造两三亿人口的中国语文活字的荣誉。[①]

马礼逊的呼吁有了回响。伦敦一位著名的铸字匠费金斯（Vincent Figgins, 1766—1844）表示愿意尝试，并请当时已回到伦敦的马礼逊字典印工汤姆斯指点自己的儿子，在1826年4月初铸造了一些活字，印成共53字的《主祷文》，这也是在英国第一次铸造的中文活字。费金斯将印成的《主祷文》送请马礼逊鉴定，获得他给予“正确而优美”的评语，马礼逊认为这正是在英国可以铸造优美的中文活字的确切证明[②]。不料，事情的发展令人意外，当时正向马礼逊学习中文并即将成为伦敦会对华传教士的台约尔（Samuel Dyer, 1804—1843，又译戴尔），对中文活字也深感兴趣，逐字计算《神天圣书》后得知含有3 600个不同的字，接着访查到

---

① R. Morrison, *The Chinese Miscellany, Consisting of Original Extracts from Chinese Authors, in the Native Characters* (London: London Missionary Society, 1825). p.52.

② *The Evangelical Magazine and Missionary Chronicle*, May 1826, pp.186-187, ‘Lord's Prayer in Chinese.’

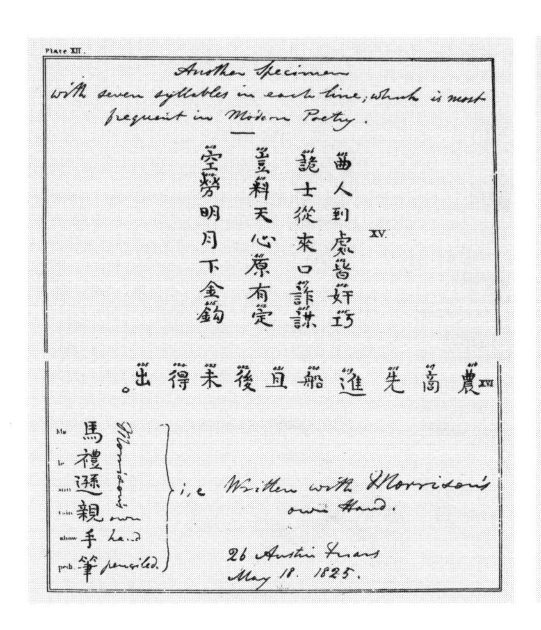

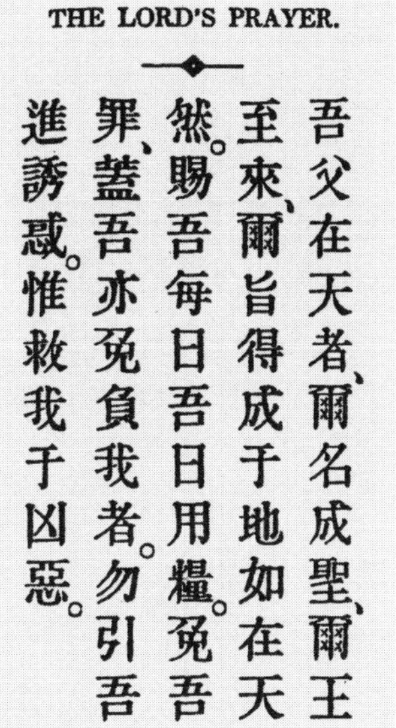

图1-1　马礼逊《中国杂记》书中手写石印的一页

图1-2　1826年伦敦铸字匠铸造的中文活字

一位据说不愿透露姓名的铸字匠，宣称愿以1 500至1 800英镑代价铸造这3 600个中文活字①。台约尔在《福音杂志与传教纪事》披露此事后，费金斯认为自己不可能以如此的低价和对方竞争，只好将自己尝试的经过、《主祷文》样张，和马礼逊给予评语的信函内容都公布于同一杂志，并且宣布放弃铸造②，而台约尔所称那位可以低价铸字的对手却也没有了下文，结果因为这件意外的插曲，英国终于没能赢得最先铸成中文活字的荣誉。

其实，马礼逊在向公众呼吁铸造活字以外，又写信给自己所属伦敦会的理事会，建议伦敦会能承担这项铸字工作，他说伦敦会既然已经造就了中英文字典与中文圣经两桩大事，如果能再实现中文活字的铸造，将会

① *The Evangelical Magazine and Missionary Chronicle*, April 1826, pp.144-145, 'On Chinese Metallic Type.'

② Ibid., May 1826, pp.186-187, 'Lord's Prayer in Chinese.'

锦上添花，成为长久受人赞叹的美事[①]。但理事会并没有接受马礼逊的建议，只表示愿意就此事听取社会各界提供的意见[②]，直到他于1826年4月离英再度来华前夕，由伦敦会司库和秘书联名写给他的信中，提到铸造中文活字相当重要，也已经有些人努力从事于此，伦敦会将乐意以捐助经费或其他可行的方式促其实现[③]。这封信没有明确指出是谁在进行此事，却客气而清楚地表明伦敦会不会视铸造中文活字为己任，只愿居于协助的地位，于是马礼逊的努力到此也只能暂告一段落了。

第三节　逆境中的新尝试

1826年底马礼逊再度抵华后，他中英文夹杂的著作由东印度公司印刷所以排印其字典的活字印刷，例如《广东省土话字汇》(*Vocabulary of the Canton Dialect*)[④]，而全是中文的书则由马六甲英华书院以木刻为他梓行，例如《英吉利国神会祈祷文大概翻译汉字》[⑤]，因此西式中文活字的必要性不再如他在英国期间那样地急迫，很可能就是这样的缘故。从1826年底直到1830年的四年间，马礼逊没有再着力于西式中文活字，只有广州出版的英文报《广州纪事报》(*The Canton Register*)刊登的两篇关

---

① LMS/HO/Incoming Letters, 4.7.B., R. Morrison to the Directors, 5 Grove Hackney, 8 December 1825.

② *The Evangelical Magazine and Missionary Chronicle*, October 1825, pp.443–444, 'Founts of Chinese Types for Printing.'

③ E. A. Morrison, *Memoirs of the Life and Labours of Robert Morrison*, vol. 2, pp.312–314, W. A. Hankey & G. Burder to R. Morrison, London, 14 April 1826.

④ R. Morrison,《广东省土话字汇》(*Vocabulary of the Canton Dialect*).(Macao: East India Company's Press, 1829).

⑤ 马礼逊,《英吉利国神会祈祷文大概翻译汉字》(马六甲：英华书院,1829)。

于中文活字的报道，极有可能是出于他的手笔。[①]

从1831年起的情况大为不同，马礼逊决定投入多年积蓄，倾力发展自己的印刷出版事业，并以活字为主、石印为辅进行，而主要的活字工作还包含逐字雕刻与铸造西式活字两者，但木刻并不在内，他不可能和华人竞争木刻事业，何况还有英华书院随时可以为他刻印。

促使马礼逊大举投入印刷事业的原因，是他再度来华后几年间面临的新困境。意外的是，让他处境为难的因素来自英国而非中国。原来他离开英国前出版《临别赠言》(*A Parting Memorial*)一书[②]，其中批评当时各传教会执事都以上司自居而视传教士如下属的现象，引起伦敦会的不快，加上他因旅费和在华房租等经费报销的问题又和伦敦会发生争执，双方的关系从他在英国期间的热烈密切竟然急转直下陷入隔阂疏离，伦敦会还拒绝补助印刷他的著作《古圣奉神天启示道家训》[③]；同时，向来非常支持与补助他中文印刷的两个重要机构——英国圣经公会(British and Foreign Bible Society)与宗教小册会(Religious Tract Society)，竟也因为经费的一些争议而和他疏远。[④]

在逆境中的马礼逊决定创立自己的印刷事业。他首先进行的是手头已有机器设备的石印。在英国期间，他为了印刷前述《中国杂记》一书而接触石印——该书也是最早的中文石印作品，他购置一台石印机并

---

① *The Canton Register*, 26 April 1828, p.26, 'Chinese Types;' 16 March 1829, 'Moveable Types in China.' 这两篇报道各约一百五十字和两百五十字，都没有署名，但马礼逊经常为这份报纸写稿，而且这两篇报道都涉及马六甲英华书院的近况，因此很可能是他撰写的。

② R. Morrison, *A Parting Memorial, Consisting of Miscellaneous Discourses*. London: Simpkin and Marshall, 1826.

③ LMS/CH/SC, 2.3.C., R. Morrison to W. Orme, Canton, 11 October 1828; ibid., 2.3.C., R. Morrison to J. Arundel, n. p., 26 November, 1828; ibid., 2.3.D., R. Morrison to W. Orme, Macao, 1 December 1829.

④ 关于马礼逊和伦敦会、英国圣经公会与宗教小册会之间的这些争执详情，参见苏精《福音与钱财：马礼逊晚年的境遇》，载《中国，开门！——马礼逊及相关人物研究》(香港：基督教中国宗教文化研究社，2005)，页65—107，特别是页78-84。

于1826年时携带来华，同年底在澳门试印一些传教单张[①]，成为引介石印到中国的第一人。但此后马礼逊即将石印搁置一旁，到1831年时他决定大举投入印刷后才再度启用，由儿子马儒翰（John R. Morrison, 1814—1843，又译"小马礼逊"）操作石印机，并传授技术给华人梁发和屈昂等，大量印刷传教单张，在广州一带分发，又交给郭实腊（Karl F. A. Gützlaff, 1803—1851）带往中国沿海各地连同其他传教书刊一起散发[②]。1834年初马礼逊父子将石印机搬移到广州，为外商印刷表单文件。[③]

不过，马礼逊还是比较关注活字印刷。他在1831年向伦敦以出版注释本圣经闻名的印刷商巴格斯特（Samuel Bagster, 1772—1851）订购一台英式活字印刷机（Albion Press）和一些英文活字，价值150英镑[④]。1832年9月印刷机运到，马礼逊立即在澳门住宅成立"马家英式印刷所"（The Morrison's Albion Press，下文简称"马家印刷所"），准备印刷中英文产品，因为手头尚无中文活字，只能先排印英文。第1种产品是1832年9月出版的马礼逊所撰抵华二十五周年纪念传单[⑤]；1833年5月，马礼逊创刊结合传教和新闻的不定期英文报纸《传教者与中国杂报》（*The Evangelist and Miscellanea Sinica*），每期四页，内容有中国伦理观念、宗教家传记，和广州时事为主的中国新闻等，在英文中夹杂他雇工手刻的中文活字，但出版四期后，葡澳当局于1833年6月以澳门不得私设印刷所为由下令停工，马家印刷所只好停止在澳门的英文印刷，专注于中文方面。

马家印刷所成立时，马礼逊也雇用四名华人工匠开始雕刻中文活字，

---

① E. A. Morrison, *Memoirs of the Life and Labours of Robert Morrison,* vol. 2, p.372.

② LMS/CH/SC, 3.1.C., R. Morrison to J. Arundel, Macao, 17 February 1832; ibid., a printed statement entitled, 'To the Churches of Christ, in Europe, America, and Elsewhere, [···]'

③ WE/PJRM/5827, J. R. Morrison to his father, Canton, 4 January 1834.

④ LMS/BM, 30 April 1832.

⑤ LMS/CH/SC, 3.1.C., a printed statement entitled, 'To the Churches of Christ, in Europe, America, and Elsewhere, [···]'

1833年6月底他报道已经完成3 600个活字[①]，三个月后数量增加至6 000个[②]，这一年即以这些活字印成3种产品：（1）《祈祷文赞神诗》，篇幅60叶，印量达1万份；（2）不定期刊《杂闻篇》，1833年6月16日创刊，每期4页，内容兼含宗教、一般知识和新闻，到同年11月29日出版第三期后停刊，每期印量多达2万份；（3）圣经诗篇或各书摘句的单张，中英文各占一面，印数千份，散发给华人及黄埔外国船上的水手。

马礼逊在和伦敦会等方面疏远的困境下，还能以一己之力大量印刷分发上述中文产品，让他感到极大的补偿和满足[③]。但是他也从经验中发觉，不论是经费或技术，逐字雕刻中文活字都是"最昂贵与无法令人满意的方法"[④]。在经费方面，十余年前东印度公司印刷他的字典也使用逐字雕刻的活字，大小两副活字共约7万4 000个，每个成本7分[⑤]，合计超过5 000元，这对规模庞大的东印度公司是微不足道的数目，对于年薪4 000元的马礼逊自行成立的马家印刷所而言，雕刻同样可用的活字却是完全不同的负担，何况还有纸张等其他的费用，因此他屡次表示经费的负担沉重，例如："虽然我很愿意以印刷侍奉救主的真福之道，但上个月的纸张、金属与雕刻活字的花费远超过我能继续负担的了。"[⑥]在技术方面，他的字典印刷完全由专业印工汤姆斯承担，马礼逊只负责供稿与校对，现在对

---

① WE/PJRM/5829, R. Morrison to his son J. R., Macao, 29 June & 22 July 1833.

② Ibid., R. Morrison to his son J. R., Macao, 30 September 1833.

③ Ibid., R. Morrison to his son J. R., Macao, 22 July 1833; LMS/CH/SC, 3.2.A., R. Morrison to William Ellis, Macao, 4 December 1833.

④ Ibid., R. Morrison to his son J. R., Macao, 1 October 1833.

⑤ Howard Malcom, *Travels in South-Eastern Asia*（Boston: Gould, Kendall and Loncoln, 1839）, vol. 2, p.163. Malcom受美国浸信传教会（American Baptist Board of Foreign Missions）派遣，从1835年至1838年到亚洲调查各地传教条件与现状，在1837年9月至11月在广州与澳门实地调查中国情况。另据卫三畏（S. Wells Williams）报道，他自己从1835年常借用这批活字，长达二十一年，其间陆续增刻，直到1856年第二次鸦片战争期间这些活字在广州十三行被火焚毁前，总数已达到二十万个之多（*The Chinese Recorder*, 6: 1 [January-February 1875], pp.22−30, S. Wells Williams, 'Movable Types for Printing Chinese'.）。

⑥ WE/PJRM/5829, R. Morrison to J. R. Morrison, Macao, 2 October 1833.

印刷不内行的他和儿子必须自行承担技术实务，情形就不一样了：不同的工匠从同一个模子铸出的却是大小不同的活字，必须再花工夫逐个捶打琢磨成一致的尺寸后才能使用[①]；同时，英式印刷机由技术不纯熟的工匠操作也时而发生故障[②]。

马礼逊觉得还是铸造西式活字才是根本之道，于是1833年九十月之际，由马儒翰在广州依照西方从字范、字模到活字三道工序尝试铸造中文活字，马礼逊对铸成的活字相当满意而决定继续进行[③]，这是在中国最早的铸字之举。尝试成功以后，马礼逊随即于同年10月10日在写给宗教小册会秘书的信中，对在中国进行的这项创举表示高度的乐观：

> 对于期待已久的低廉中文活字可望在不久以后实现一事，我充满了信心，这将会和欧洲发明印刷术一样的重要，因为中文木刻印刷很不适合用于传播即时而日常的出版品（new and daily literature）。[④]

其实，这时候的马礼逊不只认为“即时而日常的出版品”应该以活字印刷而已，他也已改变过去一直坚持圣经应以木刻印刷才够庄重的观念，当时美国圣经公会（American Bible Society）正要补助第一位来华的美国传教士裨治文（Elijah C. Bridgman, 1801—1861）印刷中文圣经，马礼逊知道后就表示最好是以活字而非木刻印刷，当然他更希望能由自己的马家印刷所承印[⑤]。因此他告诉马儒翰，“我将铸造活字视为第一等重要的事”（Type-founding I view of first-rate importance）[⑥]，并希望能在一两年内达

① WE/PJRM/5829, R. Morrison to his son J. R., Macao, 1 October 1833.

② Ibid., R. Morrison to his son J. R., Macao, 29 June 1833.

③ Ibid., R. Morrison to his son J. R., Macao, 25 September, 1 & 4 October 1833.

④ E. A. Morrison, *Memoirs of the Life and Labours of Robert Morrison*, vol. 2, pp.491−494, R. Morrison to the Secretary of the Religious Tract Society, China, 10 October 1833.

⑤ WE/PJRM/5829, R. Morrison to his son J. R., Macao, 19 & 24 October 1833.

⑥ Ibid., R. Morrison to his son J. R., Macao, 28 October 1833.

到可随时铸出任何需要的活字以备排印的地步。可以说，马礼逊对于中文印刷方法的态度已经完全改变了。

事情的发展却没有如马礼逊期待的顺利。他们父子的铸字事业才开始两个月左右，他就在1833年12月忙于送别妻子和马儒翰以外的六名子女搭船回英国后，为节省开支退掉了澳门租住的房屋，马家印刷所也因此在1834年1月搬迁到广州十三行的租屋中，由马儒翰照料经营[①]。马礼逊自己则留在澳门，等候这年东印度公司不再享有对华贸易专利权后，将取代公司大班的英国对华贸易监督律劳卑（W. J. Napier, 1786—1834）来华上任，以及马礼逊自己新职务的消息。他虽然持续频繁地以信函和在广州的马儒翰讨论铸字和印刷事宜，但马家印刷所既不在身边，同时妻小离华后他的健康情形也大不如前，因此难有作为，而马儒翰在广州又极为忙碌，他本是在华英商联合雇用的中文翻译，又忙于编印自己的《英华历书》（*The Anglo-Chinese Kalendar and Register*）及《中国贸易指南》（*A Chinese Commercial Guide*）两书[②]，马家印刷所的生意不论石印或排印又都得他亲自带领工匠动手，此外他又协助裨治文主编的英文月刊《中华丛论》（*The Chinese Repository*）和郭实腊的中文月刊《东西洋考每月统记传》等，以至于马家印刷所搬到广州后的半年间，马氏父子的来往信函都没有马儒翰曾继续中文铸字的迹象。如果他在这项马礼逊视为第一等重要的事情上有进一步的成果，肯定是会告诉父亲的。到1834年8月1日马礼逊病逝，马儒翰继任父亲遗留的对华贸易监督中文秘书兼翻译一职，也因而结束马家印刷所的事业，他们父子短暂的铸字事业也如昙花一现地消失了。

---

① WE/PJRM/5829, R. Morrison to his son J. R., Macao, 4 January 1834.

② John R. Morrison, *The Anglo-Chinese Kalendar and Register, for the Year of the Christian Æra 1833*(Canton: Albion Press, 1834); J. R. Morrison, *A Chinese Commercial Guide, Consisting of a Collection of Details Respecting Foreign Trade in China*(Canton: Albion Press, 1834).

结　语

印刷方法本是技术上的课题，但适应与选择利用一种印刷方法却往往超出单纯的技术层面，而牵涉其他诸如政治、宗教或心理等社会文化的因素，马礼逊的情况就是如此的一个事例。他在华的前半期尽管环境极为不利，却力求适应中国社会的木刻图书文化，以期达成自己来华的传教目标；等他又回到只有活字而无木刻的英国社会中，终于体会到西式中文活字的必要性，于是从重视木刻改变为倡导活字，而且他倡导活字的目的也从传播基督教福音扩大至一般知识的传播。不过，关于西式中文活字的效用，马礼逊生前还只想到单方面用以向中国人传播的便利性，不及想到数十年后中国人自己也接受了这种印刷方法，并在普遍使用后取代千年之久的木刻而成为中文印刷的主流；马礼逊应该更想不到，印刷方式的改变不仅使中国图书舍弃了本来“中式的外衣”，改穿起“西装”，还进一步在出版传播、阅读利用和保存维护各个环节都连带转变，结果产生了近百余年来全新的图书文化。

第二章
英国东印度公司的澳门印刷所

绪　论

英国东印度公司是规模庞大的商业机构，其作为都以营利为目标，也不惜动用政治与军事手段以遂行商业目的，即使有时在各国或地区内进行医药、慈善或文化的活动，也在借这些活动营造有利于公司商业的条件与环境。尽管如此，仍不能否认这些医药、慈善或文化活动有其正面积极的功能、效果与影响，医药方面如1803年起致力于引介种痘技术到中国并从事推广，慈善方面如对1811年及1818年澳门两次大火贫苦灾民的救济，至于文化方面如1820年代起按月补助马六甲英华书院的经费，以及本文讨论的澳门印刷所等等。

东印度公司澳门印刷所是十九世纪初年建立于中国本土的西式印刷所，专门生产中国相关的书刊，从1814年建立到1834年结束的二十年间，共生产了20种书刊，此印刷所及其产品是英国人开始了解与研究中国初期非常重要的一个环节。本文以东印度公司的档案为主要的史料来源，讨论澳门印刷所的成立宗旨与沿革始末、管理与经费、技术与工匠、产品与作者、流通与影响，希望能完整而深入地论述这个极具历史意义与影响力的印刷所。

第一节 设立与沿革

一、设立经过

东印度公司成立澳门印刷所的原因既单纯又特别，就是专为了印刷马礼逊编纂的中英文字典。从十七世纪开始有公司船只来华试图建立贸易关系起，语文沟通问题一直困扰着英国人，虽然陆续有公司来华人员学习中国语文，总因为中国官方的防范干预而不易成功，甚至如十八世纪中叶的洪仁辉（James Flint, 1720—?）遭到监禁驱逐的下场，到十八十九世纪之交只有斯当东（George T. Staunton, 1781—1859，又译“小斯当东”）一人学有所成。至于在自己学习的同时，还努力设法将中国语文知识传承给其他英人，只有在基督教传教士马礼逊于1807年抵华后，才开始编写文法、会话和字典等学习工具的行动。[①]

马礼逊既不为商业利益而来，已有别于其他英人，来华以后又在非常不利的环境下刻苦生活并致力学习语文，其目的除了对华人传教，并为其他英人学习中国语文铺路，因此深得东印度公司广州商馆人员赞佩，当时的商馆大班（President）罗伯赐（John William Roberts）不但没有依照英国法律将未获公司同意即来的马礼逊驱逐离华，还在1809年延揽马礼逊担任商馆的中文翻译，让他得以公司人员的身份继续居留中国[②]。其实罗伯

① 关于英国东印度公司人员学习中国语文的讨论，参见Susan R. Stifler, ‘The Language Students of the East India Company's Canton Factory,’ *in Journal of North-China Branch of the Royal Asiatic Society*, 69(1938), pp.46–82.

② EIC/G/12/269, China Select Committee's Secret Consultations, 27 February 1809.

赐自己曾在1790年代学习中文数年却半途而废①，非常了解其困难程度，因此早在延揽马礼逊任商馆翻译前，已明确表达协助他编纂字典之意，包括完成后的印刷出版在内。②

1810年罗伯赐离职，先后继任的大班布朗（Henry Browne）和益花臣（John F. Elphinstone）仍支持马礼逊。益花臣尤其积极，先于1811年将马礼逊的语法书《通用汉言之法》（*A Grammar of the Chinese Language*）送到印度出版③，又因马礼逊的字典日积月累持续进展，便授意马礼逊以书

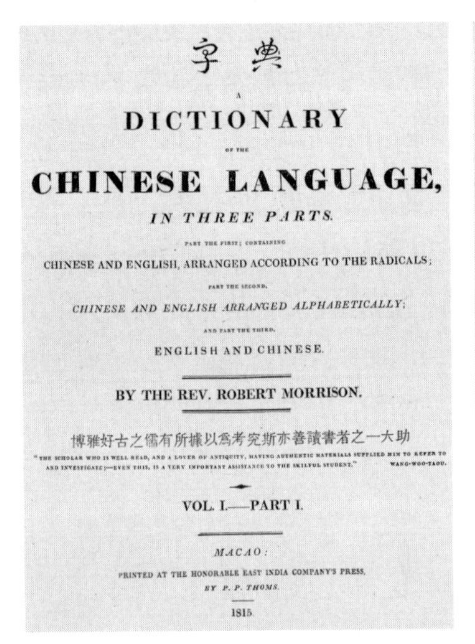

字典

A

DICTIONARY

OF THE

CHINESE LANGUAGE,

IN THREE PARTS.

PART THE FIRST; CONTAINING

CHINESE AND ENGLISH, ARRANGED ACCORDING TO THE RADICALS;

PART THE SECOND,

CHINESE AND ENGLISH ARRANGED ALPHABETICALLY;

AND PART THE THIRD,

ENGLISH AND CHINESE.

BY THE REV. ROBERT MORRISON.

博雅好古之儒有所據以為考究斯亦善讀書者之一大助

"THE SCHOLAR WHO IS WELL READ, AND A LOVER OF ANTIQUITY, HAVING AUTHENTIC MATERIALS SUPPLIED HIM TO REFER TO AND INVESTIGATE;—EVEN THIS, IS A VERY IMPORTANT ASSISTANCE TO THE SKILFUL STUDENT." WANG-WOO-TAOU.

VOL. I.—PART I.

MACAO:

PRINTED AT THE HONORABLE EAST INDIA COMPANY'S PRESS,

BY P. P. THOMS.

1815.

图2-1　东印度公司澳门印刷所印马礼逊字典封面

人 Jin.　VIII.　Ninth Radical.　130

見於上也 E le tsëë këen yu shang yay. "See superiors with proper attention to the requisite observances."

倣 FÀNG. S.C. R.H.

To imitate; to copy. 相倣 Seang fang, and 丨傚 Fang heaou, express "Like; in imitation of; according to." The two last occur written without Man by the side. 這物是我丨他的樣子做的 Chay wŭh she wo fang t'ha tëĭh yang tsze tso tëĭh. "I made this in imitation of his pattern."

値 CHE. S.C. R.H.

To manage, or transact; to occur; to take hold of. Read Chih, To be worth; the value of; the price. 大値事 Ta che sze. "The principal managers of an affair." 適丨這幾日有事 Shih che chay ke jih yew sze. "It has so happened, that I have been occupied these few days." 丨其鷺羽 Che k'he loo yu. "Take hold of, (and wave) the feathers of (the bird) Loo," as a signal. (She-king.) 丨凶禍 Che heung ho. "To meet with severe misfortune."

價丨 Kea chih. "The price." 是甚麽價錢 She shin mo kea tsëen. "What is the price of it?" 丨得十圓 Chih tih shih yuen. "It is worth, or cost, ten dollars." 不丨錢 Pŭh chih tsëen. "It does not cost much; it is not expensive." 不丨一錢 Pŭh chih yih tsëen. "Not worth a farthing." 不丨與他計較 Pŭh chih yu t'ha ke keaou. "It is not worth while to argue with him."

倥 K'HUNG. R.H.

倥侗 K'hung tung. "Ignorant; rude." In this sense, Syn. with 悾 K'hung. Read K'hùng. 丨傯 K'hung tsung. "Hurry of business; haste; urgent." Read K'húng. 丨傯 K'hung tsung. "Weary; fatigued." 愁丨傯於山陸 Chow k'hung tsung yu shan lŭh. "Pensive and weary amongst the hills."

倦 KEÚEN. S.C. R.H.

To desist. (Shwŏ-wăn.) Labour; fatigue; weariness; lassitude. 精神困倦 Tsing shin kwăn keuen. "The spirits flagged." 誨人不丨 Hwuy jin pŭh keuen. "In teaching unwearied." (Lun-yu.) 居之無丨 Keu che woo keuen. "To remain indefatigable in a pursuit." 樂善無丨 Lŏ shen woo keuen. "Unwearied delight in goodness." 不知厭丨 Pŭh che yen keuen. "Not know what fatigue is." 儒有博學而不窮篤行而不丨幽居而不淫 Yu yew pŏ heŏ urh pŭh keung; tŭh hing urh pŭh keuen; yew keu urh pŭh yin. "The scholar, (the wise man) possessed of extensive learning, does not desist; in solid virtuous conduct he is unwearied; in secret, he does not commit excess." (Le-king.) Occurs in the sense of 倨 Keu, "Proud." Al. Scrib. Keuen.

倧 TSUNG.

倧上古神人 Tsung, shang koo shin jin. "Tsung, a demi-god of high antiquity."

图2-2　东印度公司澳门印刷所印马礼逊字典内页

① EIC/G/12/264, Canton Consultations, 18 & 24, April 1793; EIC/G/12/110, Canton Consultations, 12 October 1795; Hosea B. Morse, *The Chronicles of the East India Company Trading to China 1635–1834* (Cambridge: Harvard University Press, 1926), vol. 2, p.209.

② LMS/CH/SC/Journal, Robert Morrison's Journal, 8–10 June 1808; Eliza A. Morrison, *Memoirs of the Life and Labours of Robert Morrison*(London: Longman, 1839), vol. 1, p.222.

③ Robert Morrison, *A Grammar of the Chinese Language* 通用汉言之法. Serampore: Printed at the Mission Press, 1815. EIC/G/12/269, Letter to the Secret Committee of the Court, 10 January 1812; LMS/CH/SC, 1.2.B., R. Morrison to the Directors, Canton, 27 February 1812.

面申请公司协助印刷出版字典。1812年11月9日马礼逊上书益花臣，先简略说明五年来字典编纂情形，其次提出可能的印刷方式，马礼逊认为若在印度或英国印刷，费用既贵，两地印刷中文的技术也有问题，他自己更不可能专为此事前往照料；若在中国印刷，中文活字可以廉价获得，英文部分则有困难，虽然这年有人运来一部印刷机，但尺寸太小、活字数量太少而字体又过大①；因此马礼逊请求益花臣转请公司董事会协助，从伦敦派一名排版工兼压印工，携带纸张与活字到中国印刷，马礼逊认为他的字典将会为公司带来声誉，最终也可能有利于公司在华生意。

益花臣将马礼逊的信件内容誊录在呈送给董事会备查的《会议纪录簿》(*Committee Consultations*)，并加注了长篇意见。相对于马礼逊只局限在印刷技术问题的说词，出身苏格兰世家大族、父亲是东印度公司董事的益花臣，在加注意见中展现出大为不同的视野和措辞：

> 这位先生〔马礼逊〕来华以后，我们已经许多次记录了他为公司所做的服务，让我们最为满意的是他在中国语文方面的用心、才智和知识，对于英国在华利益有立竿见影的用处，同时也为我国的文学声誉增添了荣耀。
>
> 长期以来已公认出版一部欧洲语文的中文字典的重要性，不仅是和中国贸易有直接关联的人，各国最杰出的有关机构同样热切指望能成为事实，所以我们认为，这件迫切的事若能在尊贵的公司董事会赞助下实现，对于展现东印度公司鼓励培养其

① EIC/R/12/181, Canton Consultations, 11 November 1812. 马礼逊只说这部印刷机是由一名Raper先生送到，经查1770到1780年代广州商馆一位货监(Supra Cargoe)名为Matthew Raper, Junior，可能即是此人，并为益花臣所知，因此马礼逊没多作说明。稍后广州商馆的记录显示，这部印刷机是送给斯当东的(EIC/R/12/191, Canton Consultations, pp.70–72, ‘First Report Respecting the Honble Company’s Press, Canton, 23 December 1814’)，斯当东在1817年离华后，将这部印刷机留给澳门印刷所的印工汤姆斯(P.P.Thoms)使用，成为印刷所的第二部印刷机(EIC/R/12/207, Canton Consultations, 3 May 1817)。

影响力所及之处的知识，将带来不小的荣耀。

印刷这部著作的好处虽然是一般性的，但也可能明显地有助于在华英人的主张，可因此消除长期以来阻碍学习中国语文的困难，具备广泛的中文知识将有可能导致公司代表更为接近熟识政府官员和有地位的人民，当经常的彼此往来会逐渐消除现有反对外国人的荒谬偏见的同时，我们在中国受到的待遇也可望因我们的品格较被了解而更受到尊重与注意，不论鼓励这项令人期望的目标会如何，我们认为予以特别的关怀是首要的责任。

马礼逊先生的计划显示印刷他的字典是完全可行的，而且接纳后可能只需有限的费用，我们在审查这位先生信中的要求时，对于他提请我们考虑的可佩计划毫不犹豫地表达最热切的支持，基于这部著作的价值及其明智的作者的才能，我们建议向尊贵的董事会推荐这部中文字典的出版。[①]

益花臣不仅巧妙地将马礼逊字典的必要性和价值与东印度公司的在华地位与商业利益结合一起，甚至进一步认为事关国家民族的荣耀象征，足以让大英帝国在西方诸国了解和研究中国的竞争中，占得有利的先机。益花臣除了在纪录簿中大力推崇马礼逊的字典，又在1813年1月初在给董事会的信中，说明商馆职员在马礼逊教导下学习中文成效显著，也再度请董事会接受马礼逊所提协助印刷字典的请求，派来排版工和压印工各一名进行印刷[②]。益花臣上述这些以高度信心和宽广视野所做的强烈推荐，终于赢得公司董事会的同意，在1814年4月1日董事

① EIC/R/12/181, Canton Consultations, 11 November 1812.

② EIC/G/12/184, Canton Consultations, General Letter to the Court of Directors, Canton, 1 January 1813.

会发给广州商馆的信中，从第134段至第142段明确地回应了赞助印刷的请求：

134 鉴于马礼逊先生编纂中的字典是值得东印度公司奖助的著作，我们决议接受他的奉献并以公司的经费印刷。

135 为执行此项决议，我们已雇用汤姆斯(Peter Perring Thoms)，他通晓排字和压印的工作，因而结合了你们期望派两名欧洲人到中国的所有好处。他搭乘汤玛斯·葛连威利号船(the Thomas Grenville)启程。有关他受雇的各项条件讯息，上述船只的邮袋中有一份他和公司的合约。你们要仔细执行合约的内容，付给他在华的薪水，但扣除他先在伦敦支领的70镑。他若生病时，你们要善加保护，让他受良好对待与适当照料。

136 我们也同意马礼逊先生的建议，提供一部印刷机、一副活字和其他零件，同船送往中国，但我们不认为有必要为此送出英国纸张，因为我们获得保证，此间试用中国所造较好纸张后，发现同样适合印刷之用，只要有最好的品质和适当的厚度，还具有印出的墨迹更为清晰的优点。

137 鉴于公司在任何情况下都不能冒着触怒中国政府的危险，我们达成以下关于印刷所的决议：

138 印刷所的运作只限于澳门一地。

139 绝不可以任何理由印刷任何欧洲人或其他人撰写的传教小册，借以在中国人民中传播任何特定教义或主张，或其他类别的中文或满文小册或作品，以图在该国中流通。但是很有可能出现印工有时不必整天忙于字典的现象，在此情况下希望他印刷其他有用的语文相关著作，或者印刷自中文或其他语文翻译的作品，或者由公司人员或当地其他人原创性的解说中国人历史、习俗、艺术和科学的作品，并以提供欧洲人使用或讯息者为限。

140 你们要特别注意执行这些决议，同时留意不可让未获得你们完全认可与同意的作品付印，也要通知马礼逊先生和印工两人，你们已接获我们的确切命令，对于违抗我们命令的人不予保护。

141 由于渴望这部字典能在制作各方面配称得上由本公司赞助，我们希望你们会特别留意邮袋中一份文件提到的制作建议。

142 我们让你们决定字典的印量，我们只要求保留100部给公司，一部分送给我们以及给我们在印度的几个省政府，其余都留给作者随其意愿处理。①

董事会的这份文件列举澳门印刷所成立的目的、印工汤姆斯的雇用和权益、印刷机具的项目，以及印刷所经营管理的各项规定等等。其中明白显示，为了赞助马礼逊的字典，公司董事会不惜花费要在澳门设立印刷所，但更重要的是绝不可为此衍生冒犯中国官府的任何意外，以免妨害了公司的商业利益，所以严格限制印刷品的性质与内容，董事会最在意的是防范马礼逊借此印刷中文传教出版品，因此详细规定可印与不可印的内容性质，还事先警告一旦马礼逊或汤姆斯违背规定将予以惩处等等。总之，董事会界定了这是一个设于澳门并专以西方人读者为对象的印刷出版机构。

1814年4月9日，汤姆斯搭乘的船只从朴茨茅斯（Portsmouth）起航，将近五个月后，在同年的9月1日抵达中国②。因当年贸易季尚未开始，公司广州商馆的人员仍在澳门，大班即向葡人租屋作为印刷所兼汤姆斯住处，地点在圣安东尼区（Campo de St. Antonio），每年租金250元，1819年

---

① EIC/R/10/45, Court's Letter to Select Committee of Supercargoes, London, 1 April 1814.

② EIC/R/12/190, Canton Consultations, 1 September 1814.

因加租屋旁一块空地，增租50元[1]。到1821年时，大班征得葡人富商阿雷格（Barão de São José de Porto Alegre）同意，由阿雷格购下印刷所房地与紧邻的大片空地，再由广州商馆付2 000元给阿雷格，设立永久性的基督教坟场，而正位于坟场入口处的印刷所房屋则单独划出订立新租约，每年125元，为期九年[2]。到1830年期满时，阿雷格已死，广州商馆一次付875元给新房东佩雷拉（Antonio Pereira）取得永久使用权[3]。从上述可知，从1814年设立到1834年结束的二十年间，东印度公司澳门印刷所的房屋产权数易其主，但房屋一直是由印刷所使用中。

二、沿革与结束

澳门印刷所生产马礼逊的字典，经过长达九年多时间终于在1823年完成四开本、六大册、将近5 000页的印刷，这时候的澳门印刷所可说到达了高峰，而完成任务的汤姆斯也在1825年初离华返英。从1814年中到1825年初汤姆斯在职的十年半，可说是以马礼逊字典为主的前期；从1825年初起到1834年底结束的将近十年间，则是澳门印刷所的后期。前后两期在人事、经费和生产上都有显著的差异。

先是董事会从广州商馆的纪录簿中发现字典即将完工的讯息，于是在1823年4月主动指示广州商馆：

> 澳门印刷所专为马礼逊博士所编中文字典的印刷而设，如果你们不觉得这机构还有其他用处的话，我们希望字典印刷一旦完毕，印刷所立即中止，印工汤姆斯结束雇用，印刷所也不要再有新增的费用。但是，如果你们觉得澳门印刷所还有其他用

[1] EIC/G/12/216, Canton Consultations, 6 July 1819; EIC/G/12/223, Canton Consultations, 11 June 1821.

[2] EIC/G/12/223, Canton Consultations, 18 June, 20 July & 21 August, 1821.

[3] EIC/G/12/244, Canton Consultations, 6 July 1830.

处，则可以保留这项“特殊利益”(privilege)，我们不反对继续维持印刷所，只要每年的费用不超过1 200两银，或最多1 500两银，同时印刷所只能用于印刷传单、命令与规则之类。[①]

对于董事会对书印刷经费与印刷类别的限制，广州商馆觉得1 500两银(约1 800余元)虽然大约只是原来费用的三分之一，但不必再负担汤姆斯1 000余元的年薪，而印刷传单等文件的成本既低于印书，也不需要如印书般讲究技术，由汤姆斯一手教导出来的葡人工匠应该足以应付，因此大班决定继续保留印刷所，并通知汤姆斯印完字典后在1824年初返英[②]。不料汤姆斯却自愿在经费限额内再留一年，目的在排印自己的作品，直到1825年3月才离华。[③]

汤姆斯离职后，澳门印刷所将近四年没有出书，到1827年时发现印刷所堆放中英文活字的地下室遭到白蚁的侵蚀，殃及马礼逊字典中使用的一些木质活字。广州商馆因此决议，将所有闲置不用的中英文活字都送给马六甲的英华书院[④]。1828年又发生三合会在印刷所与紧邻的基督教坟场聚众练武的事情，商馆大班觉得事态严重，主动将此事告知澳门同知，而同知担心督抚怪罪自己辖区治安败坏，竟然息事宁人而不了了之[⑤]。这些事件显示，汤姆斯的离职和经费不济，导致此后数年间管理松弛而发生了问题，成为澳门印刷所后期中的一段低潮。

1831和1832两年间，在新任的商馆大班马治平(Charles Marjoribanks, 1794—1833)主持下，澳门印刷所一扫过去数年的停滞，显得相当积极活

---

① EIC/R/10/65, Secret Committee's Letter to Select Committee of Supercargoes, London, 8 April 1823.

② EIC/G/12/229, Canton Consultations, 2 October 1823.

③ EIC/G/12/231, Canton Consultations, 24 February 1825.

④ EIC/G/12/280, Canton Consultations, 1 June 1827; ibid., Letter from the Select Committee to the Court, Canton, 15 November 1827. 笔者在东印度公司档案中查不到董事会对此项决议的回复，但应该没有同意，或广州商馆没有执行此项决议，因此澳门印刷所后来才能继续印书。

⑤ EIC/G/12/240, Canton Consultations, 22 & 31 October, 5 November 1828.

跃，共出版或开始排印了五种书，甚至还包含了一种前所未见的英文月刊《广东杂记》(*The Canton Miscellany*)。后期的澳门印刷所从汤姆斯离职后到关闭前的十年间，只印了八种书刊，却有五种是集中在1831和1832这两年，颇有一番振衰起弊的气象。但事情的发展显示这只是澳门印刷所关闭前的回光返照而已，因马治平行事作风过于激进，竟然派船北上探查中国沿海并分发书刊，引起各地一阵骚动[1]，东印度公司董事会为免刺激中国政府而妨害公司利益，将马治平免职，他的离去也带走了澳门印刷所复兴的希望。

事实上澳门印刷所也没有什么机会了，在1834年英国对华体制改变之际，东印度公司董事会各项交代中没有包括如何处理印刷所，而驻华贸易监督律劳卑在1834年7月15日抵华后也没有关注及此，澳门印刷所于是成了新旧体制交替中的孤儿。更尴尬的是印刷所排印伦敦会传教士麦都思的《福建方言字典》(*A Dictionary of the Hok-këèn Dialect of the Chinese Language*)，当时才完成300多页，还不到全书的一半，如何了结是个问题。1834年8月23日，久等不到董事会指示的公司两名职员在《纪录簿》中写下了关于印刷所命运的决议：

> 我们在此刻无从做成确切的安排，但是根据给我们的指令的精神，我们不认为尊贵的董事会有意继续印刷麦都思先生的《福建方言字典》，或以多年来为一般用途目的之同等费用额度来维持印刷所，从各方面情况而言，尊贵的董事会不会再继续一般用途的花费。
>
> 因此我们已指示中止上述字典的印刷，将中文活字细心包扎以等候国内指示如何处理；同时，由于印刷所房屋的租约即

① 关于阿美士德号(the Amherst)事件，参见苏精《马礼逊与中文印刷出版》，页113—130，《文本与意象——印刷出版在阿美士德号事件中的角色》。

将到期，我们会将印刷所移往广州，并且减少其费用到只保留两个人负责其事，仅印刷通知、广告或其他必要的文件，直到我们接获尊贵的董事会关于此事的进一步指示为止。那些有待付给款项的人，将会领到本月底为止的工资，加上三个月的遣散费。留用的排版工和助手两人每月的费用共是60元，他们的住处改到广州，必须为他们的生计增加一些补助费。由于没有把握董事会关于印刷所的指示会是如何，我们不想在接到消息前完全辞退他们。①

失去对华贸易专利的东印度公司，大幅删减了在华机构和花费的规模，连职员都只留下三名，其中之一还有待补实，难怪仅有的两名职员会振振有词地认为，公司没有必要也不可能再从事商业以外的活动，所以麦都思字典的印刷半途而废也是理所当然的事了。虽然他们没有完全结束印刷所，却只打算让印刷所在人员、经费和印刷内容各方面维持最低限度的活动，而且还要搬迁到广州，可说是时移势易，二十年前董事会只准在澳门印刷的严格命令到这时也完全抛诸了脑后。

印刷所大约是在1834年11月间搬到广州，因为账簿上当月的印刷所费用还有将近1 700元，而同年12月的费用已减少到只有70余元，这点钱应该就是搬到广州后仅有的两名工匠的工资了②。但是，印刷所的厄运却还没完结，公司的职员很快又发觉还有更干脆的处理方式，他们在1835年2月4日的纪录簿中记载：

比起其花费，在广州的公司印刷所目前是少有用处，在发现我们可以将需要的文件交给广州公开营业的印刷所之一承印

① EIC/G/12/258, Canton Agency Consultations, 23 August 1834.
② Ibid., 21 November 1834 & 2 January 1835.

后，我们已决议卖掉属于公司的印刷所。[1]

对公司职员而言，印刷所已经无足轻重，连印刷机和器材在何时以什么价格卖给何人都没有留下纪录，只在1835年4月的账目中有两笔记载："4月份印刷所费用60元、印工遣散费100元。"[2]在同年5月至7月的财务季报中也有相同的记载[3]，这是东印度公司的档案中关于印刷所的最后讯息，几个月前印刷所搬到广州后，已不能再称为澳门印刷所，到这时候更是完全消失了。

第二节　管理与经费

澳门印刷所属于广州商馆，其管理体系为三级制：印工汤姆斯负责管理华人、葡人与孟加拉工匠，以及印刷所的技术、排印与日常事务；上面是二至三名商馆职员组成的印刷所委员会（Press Committee），负责监督汤姆斯的工作，订定印刷所管理规则，审核汤姆斯关于经费的申请与结报或活字的订购等；最上层是包含商馆大班在内的决策委员会（Select Committee），决定印刷内容与全盘业务，并将印刷所重大事项如汤姆斯的去留等上报公司董事会。

汤姆斯是印刷所的基层管理者，本身也是一名工匠，他来华前的工作和生活经历不详，董事会也只如前文所述的告诉广州商馆，汤姆斯熟悉排版和压印两项工作而已，本节着重于讨论他和印刷所委员会与更上层的

① EIC/G/12/258, Canton Agency Consultations, 4 February 1835.
② EIC/G/12/259, Canton Agency Consultations, 2 May 1835, 'Treasury Report.'
③ Ibid., 31 July 1835, 'Quarterly Statement of the Honorable Company's Financial Accounts at Canton.'

决策委员会之间的关系与互动。

1814年印刷所成立初期，并没有同时成立印刷所委员会，而是由决策委员会要求斯当东个人负责管理印刷所事务[①]，当时他已是决策委员会的成员之一，又熟悉中国语文，适合管理生产中英文字典的印刷所，而董事会据报后也认可是合理的安排[②]。他也在马礼逊和汤姆斯的协助下，决定了中英文活字搭配印刷的方式、成本的估计，以及董事会要商馆自行决定的字典印数等重要事项，又负责审查字典开印前先行付印的两种书稿的内容，并决定其印数及分配方式。[③]

斯当东管理印刷所一年多后，在1816年初升任为商馆大班，不再直接管理印刷所，于是新成立了印刷委员会，由决策委员会以下的货监(supracargo)、书记(writer)或医生中的两人担任委员。可是，商馆是个阶级分明的组织，由决策委员会的成员或其次的货监负责管理印刷所不至于会有问题，若由基层的书记或者和印工同属于技术人员(technician staff)的医生负责管理，则汤姆斯的心中恐怕不会服气，如商馆助理医生李文斯顿(John Livingstone)因为常驻澳门，不必像另一名医生或其他职员一样在贸易季期间需前往广州，因此他从1816年设印刷委员会起就是成员，另一名成员先是货监，后来却换人由书记和李文斯顿搭配，到1821年时终于发生问题：汤姆斯不顾规定，没有先请求印刷委员会同意即为工匠加薪，又径自新雇工匠，也不理会印刷委员会的纠正，直到决策委员会接获印刷委员会呈报后下令汤姆斯提出报告，他才愿意向决策委员会说明加薪加人的必要性，结果是决策委员会接受了他的理由，但认为他在程序上不合规定，对印刷委员会成员的态度也不对，因此由大班予以口头训诫及书面警告：不得对商馆职员不敬、必须服从印刷委员会命令、增加

① EIC/G/12/191, Canton Consultations, 28 December 1814.

② EIC/R/10/47, Court's Letter to Select Committee of Supercargoes, London, 5 April 1816.

③ EIC/G/12/191, Canton Consultations, 5 January 1815.

开支必须事先获准、只能印刷事先获准的文件或图书等。[①]

在这次风波中，汤姆斯的态度是故意不理印刷委员会，却愿意向决策委员报告，而决策委员会又接受了他的说明理由，不过为了维持商馆纪律而给予训诫和警告，但警告的内容又只是重申本来就有的规定。在这样的情形下，原来的印刷委员会成员很难再维持管理的权威性，而决策委员会也决定改组印刷委员会，一面换掉和汤姆斯同属技术人员的李文斯顿，一面提升成员的层级以加强权威性，并增加人数至三人，由决策委员会的一名成员领头，希望如此“能达成确保权威与尊敬的最有利期待”[②]，再搭配货监和书记各一名，组成新的印刷委员会，也平息了这次管理上的风波。

可疑的是到了1825年汤姆斯离华回英以后，印刷委员会是否还继续存在？因为遍查此后的东印度公司档案中，不曾再出现过印刷委员会的踪影，很可能从1825年起因为印刷所的人员精简、经费缩编、出书减少，印刷委员会已经没有存在的必要了。

在经费方面，最初马礼逊在1812年申请公司补助及益花臣加注的意见中，都没有提到可能花费的数目，只以廉价、有限等字眼笼统地形容，并强调有助于公司的利益和英国的光荣，这样的对比说动了董事会决定设立澳门印刷所。到了1814年印刷所成立之初，负责管理的斯当东请马礼逊自行估计，究竟要花费多少钱才能完成字典的印刷。答案是以三年的时间印500部需要将近3 000英镑，包含刻10万个中文活字约1 500英镑、纸张约1 000英镑、杂费500英镑。[③]

1823年，董事会发觉字典即将完成印刷时，为澳门印刷所算了一次账，并按银两计算：

---

① EIC/G/12/223, Canton Consultations, 3, 4 & 6 July 1821.

② Ibid., 14 July 1821.

③ EIC/G/12/191, Canton Consultations, 28 December 1814.

表 2-1　英国东印度公司澳门印刷所费用(1814—1822)

贸易季	费　用
1814—1815	864两
1815—1816	3 406两
1816—1817	3 564两
1817—1818	2 700两
1818—1819	4 060两
1819—1820	6 164两
1820—1821	4 464两
1821—1822	3 600两
合　计	28 822两(9 607镑)

另外,在英国购买印刷机、活字和油墨的费用,1813—1814年为639镑、1817—1818年为84镑、1821—1822年为110镑,合计833镑。以上在中国和英国两地的费用总计是10 440镑。[①]再加上1822—1823年的费用,则东印度公司为印刷马礼逊字典实际付出的全部费用很可能超过11 500镑,已将近马礼逊估计的四倍之多。实际支出和估计相差如此巨大的主要原因,一者马礼逊的估计没有列入汤姆斯的薪水和印刷所的房租,汤姆斯的薪水一直是每年1 250元,而印刷所的房租则如前文所述有几次变化,在125元至300元之间;再者印刷的时间从当初预计的三年,延长三倍到将近十年才告完成,每项费用也随着累积大增。

至于印刷所后期的经费,董事会如前所述限制在每年1 500两以内,这在不出书或只出一种的年份没有问题,但1831年和1832年两年连着印刷《广东杂记》月刊在内的五种书刊,费用必然大为增加,只是公司档案

① EIC/R/10/65, Secret Committee's Letter to Select Committee of Supercargoes, London, 8 April 1823.

中并没有广州商馆报销这些经费的记录。反而是印刷所结束前几个月的费用记载得比较清楚，例如1834年11月是1 696.472元，12月却大幅减少至74.250元[①]，两者应该是印刷所分别在澳门最后一个月与搬到广州第一个月的费用；再如1835年1月欠缺印刷所的记录，2月至4月的费用分别是68.200元、61.330元与60.000元，但4月另有一项最后两名印工的遣散费100元。[②]

第三节　技术与工匠

澳门印刷所的定位是面向英文为主的西方读者，虽然马礼逊字典和其他图书多的是中文，但使用的技术是十五世纪谷腾堡（Johann Gutenberg）发明的西方活字印刷术，要解决的问题是如何让中文能和英文一起协调印刷。这在十九世纪初年是件难事，中国活字一向为逐字手工雕刻而成，常用字即多刻若干个备用，质地则以木活字最易雕刻也最低廉，因此最为常见，困难的是木活字若和金属活字夹杂排印，两者吸墨情况不一，页面无法美观整齐，而且木质活字经西式印刷机压印后容易损耗。至于西方活字的生产必经打造阳文钢质字范，翻制成阴文铜质字模，再铸出铅合金活字三道工序，前两道工序的过程相当费时，用于拼音文字时只需完成数量有限的字母即可，若要生产多达数万字的整套中文活字，在十九世纪初年是难以想象的事，尤其马礼逊字典的字数相当于康熙字典，再加上释文与例句，估计需要8万至10万个活字，若逐字按西方工序

① EIC/G/12/258, Canton Agency Consultations, 21 November 1834; 2 January 1835.
② Ibid., 2 March, 2 April & 2 May 1835.

铸造，不知何年才能完工。

1814年9月汤姆斯抵华设立澳门印刷所后，就和马礼逊研究这项开印前的先决问题并进行实验，到年底他们决定的方式是由汤姆斯制造铸模，用以浇铸形体一致并和英文活字尺寸搭配的金属小柱体，再以人工在每一柱顶平面上逐字雕刻中文，如此字面虽然仍是手刻，但活字的质地和英文一样，尺寸也协调搭配，虽然英文部分为迁就字体较大的中文字而疏行排版，浪费了不少空间，但至少中英文金属活字夹杂排印没有问题了[①]。于是从1815年起，根据马礼逊陆续交稿的字典内容，工匠开始雕刻活字以备印刷之用，大小活字各一套，以论件计酬的方式，每完成50个小字或20个大字的代价1元[②]，直到1823年10月才完成最后一批需要的活字[③]，加上此后随时零星补刻，总数达到20万个活字之多。[④]

出人意料的是澳门印刷所为制造中文活字而雇用的工匠中，除了华人以外，也包含葡人与印度的孟加拉人，而且这些工匠的雇用还牵扯到中国政府的干预，以及华人、葡人、孟加拉人之间的制衡关系。

澳门印刷所并没有一开始就雇工刻字，而是由广州的一家刻字行承包雕刻，但是刻字行太过于张扬，导致大约半年后引起南海县当局的怀疑，并逮捕了一些刻工，幸而刻工在知县审讯时都推说是接受外省的书铺委托刻字，没有涉及英人，加以县衙的书吏又收受了一些贿赂，结果总算

① EIC/G/12/191, Canton Consultations, 28 December 1814, ‘First Report Respecting the Honble Company’s Press, Canton, 23 December 1814;’ ‘Second Report Respecting the Press, Canton, 26 December 1814.’

② EIC/G/12/207, Canton Consultations, 10 April 1817.

③ EIC/G/12/229, Canton Consultations, 25 October 1823, P.P.Thoms to W. Fraser, Macao, 18 October 1823.

④ S. Wells Williams, ‘Movable Types for Printing Chinese,’ in *The Chinese Recorder*, 6: 1 (January-February 1875), pp.22–30. 这批活字从1835年起经卫三畏借用，直到1856年第二次鸦片战争期间，这些活字所在的广州十三行被火焚毁为止，在卫三畏手上长达二十一年。除了这20万个活字外，汤姆斯又曾在1816年接受马礼逊的委托，预计代为刻制4至5万个活字，因为下文所述中国官方搜查印刷所事件的缘故，只完成了9 000余个，马礼逊将这些活字运到马六甲供当地的伦敦会传教士米怜使用，参见本书第一章，页12。

没事，只耽误了一些印刷的进度。[1]

这场风波过后，澳门印刷所改为自行雇工在印刷所刻字，不到一年却又有了新的麻烦。1816年中，因为马礼逊陪同英国使节阿美士德（William P. Amherst, 1773—1857）进京的缘故，字典供稿与后续的刻字和排印都受到影响，印刷所为节省费用也解雇了部分刻工，等马礼逊回来再说。不料所有刻工联合一致要求全部留用，否则集体辞退。印刷所委员会不为所动而全部解雇，结果那些刻工前往广州却找不到工作，一部分人又回头请求印刷所雇用，经汤姆斯向印刷委员会说明，在马礼逊回来前手头的工作应该可以雇用六人，于是如数的工匠才又回到印刷所刻字。[2]

一波才平一波又起。1816年9月间，一名刻工和人发生纠纷，对方挟怨报复，持着印有中英文的样张向香山县丞告密，县丞有意搜查印刷所。广州商馆买办获得消息后告诉大班觅加府（Theophilies Metcalfe），大班下令汤姆斯收拾活字，严密看守印刷所门户，若有陌生人闯入应予抵抗，并通知住在附近的大班[3]。很可能是由于当时阿美士德使节团仍在北京的缘故，香山县丞不欲另生枝节而没有进行搜查，等到使节团南下广州并于1817年初离华后，突然发起搜查行动。这年2月10日县丞派二十四名差役持刀棍闯入印刷所，汤姆斯抵抗时受伤，华人工匠趁乱逃逸，有些中文活字、印刷品与刀叉衣服等被强行带走。[4]

这是澳门印刷所存在的二十年间，遭到中国当局最严重的干涉行动，当时正值贸易季期间，大班觅加府和马礼逊等人都在广州，据报后立即向两广总督蒋攸铦递禀抗议：

---

① EIC/G/12/271, Select Committee's Secret Consultations, 23 August 1815. 这项记载并没有说明是英人或谁对书吏送贿。

② EIC/G/12/202, Canton Consultations, 30 July 1816.

③ EIC/G/12/203, Canton Consultations, 12 September 1816.

④ EIC/G/12/205, Canton Consultations, 12 February 1817.

本月二十五日有二十四人手拿刀棍，强入本公班衙房屋一间，抢去东西，又说云，是人为香山县左堂派的。兹幸未伤人命，但如此办事，诚恐免不得生端大些。倘有问及何务，何不行文给身等，必将核实禀复。若再派人用刀强入，我们无奈用刀打推，亦属情理也。今救〔求〕大人施恩，令香山左堂送回所拿去之东西，加责因多事搅扰惹变。[1]

接着，澳门同知钟英的禀报也送到督署，内容却和大班的说法南辕北辙：

上年冬间，有人首告，内地奸民在澳门地方翻刻汉字夷字译文，当即饬差查拏。随于十二月二十五日据差役禀称，是日在澳内大街撞遇刻字多人，正欲上前拘拿，各匪闻风逃窜，随后尾追，至英吉利大班馆内，各匪躲匿无踪，见有翻刻已成汉番译文字页一箱起缴等情。卑职等当即检阅译文，俱系用汉文话语翻出夷字，并有记载广东省城日行事宜，大干例禁。查该差等因各匪逃至夷馆，尾追擒拿不及，到省送信，并无抄抢情事。[2]

总督依据澳门同知的报告，认定翻刻汉夷译文已经违例，而翻刻的工匠就是奸民，并在遭到追捕时即躲入夷馆，而馆内又搜获印成的一箱汉夷译文，可见是奸民和夷人串通的行为。总督进一步认为，这起事件都因大班在贸易季到广州处理买卖以前，不能慎选留守澳门的人，以致招来奸民刊刻违禁之物的结果，因此请粤海关监督要行商转告大班：

此事系由该国看馆之人容留奸民翻刻违禁之物，差役奉票

① NA/FO/1048/17/1，“英吉利国公班衙命在粤总理本国贸易男爵觅加府等禀”，嘉庆二十一年十二月二十七日。编者按，“本月二十五日”为农历计日，西历当日为1817年2月10日。

② NA/FO/1048/17/7，“督理粤海关税务详谕外洋行商人等知悉”，嘉庆二十二年一月十一日。

追拿，并非无故滋扰，亦未抢去馆中东西，该大班当自行查办，嗣后务须约束看馆之人，不得再与奸民串同翻刻，有干天朝禁令。[①]

大班接到行商的转达后，再度递禀，一面争取英人学习中国语文的权利，同时反驳钟英所谓尾追奸民入夷馆的说法“与实情不符”，并要求下令各地方官勿再派人持刀强进英人住屋：“盖依本国之道，一人住之屋，是自家圣所，有人强乱进入，杀死他亦算无罪。”[②]但总督再度通过粤海关监督下令行商传话，就事件本身仍重申前令，对于英人争取学习语文，认为“该国自行学习汉字，在所不禁，内地人刊刻夷字，即是奸民，例应拿究”。至于大班所谓杀死擅入房屋之人无罪的说法，总督批示：

在天朝禁令，凡夜无故入人家，登时杀死勿论，此指黑夜无故而言，若官司差人勾摄罪人，如敢拒捕，例应加等治罪。该大班禀内称杀死无罪，及差役入房时看馆夷人本应放枪打退等语，更不成话。〔……〕嗣后夷馆中不得容留此等人在内，则内地之兵差士民自不准无故进去也。[③]

总督既然严令不得容留“奸民”，大班不得不设法寻求华人以外的工匠。事实是自几个月前华人工匠集体辞退的风波之后，印刷所已开始雇用不懂印刷的葡人司汀（G. J. Steyn），由汤姆斯教导，每月工资8元，很快又提高至12元。[④]在这次搜查事件后，华人工匠全部离职，印刷所又雇用了三名葡人，仍由汤姆斯教导刻制中文活字，他们愿意接受华人工匠论件计酬每50个小字或20个大字代价1元，但商馆大班很体恤这些葡人一开始不熟悉中文，实际所得势必很少，特地改成按月支薪6元，熟练以后按程度提高；

① NA/FO/1048/17/7，“督理粤海关税务详谕外洋行商人等知悉”，嘉庆二十二年一月十一日。

② NA/FO/1048/17/8，“英吉利公班衙敬禀总督大人”，嘉庆二十二年一月十四日。

③ NA/FO/1048/17/12，“督理粤海关税务详谕外洋行商人等知悉”，嘉庆二十二年一月十四日。

④ EIC/G/12/202, Canton Consultations, 1 September 1816.

在活字刻工以外，印刷所又雇用两名葡人压印工，每人每月8元。[①]

大班一开始很满意这些葡人工匠的工作表现，认为“他们将在不久后的期间使得印刷所不再依赖华人”[②]。情势却转变得很快，英人一方面有些担心，中国官方可能会在搜查事件后要求葡澳当局干预印刷所雇用葡工，另一方面大班也发现：“葡人工匠觉得我们是在仰赖他们的劳力，便不时要挟除非增加工资，否则不干了。”[③]在这种情况下，大班觉得专用葡工并不可靠，于是打算雇用孟加拉工匠以制衡葡工。[④]

1817年3月19日，商馆决策委员会写信给印度大总督，说明马礼逊字典的缘由与搜查事件经过，请求大总督协助雇用四名孟加拉工匠送到中国，最好是从雪兰坡浸信会布道站印刷所为传教士马士曼刻制中文活字的工匠中挑选，每人每年工资200元，旅费由广州商馆负担。[⑤]

印度大总督将商馆的请求层层转发到马士曼手上，马士曼愿意协助，问题在于工匠畏惧路程遥远凶险，广州商馆所提工资也没有太多吸引力，好不容易在工资提高至300元后，才有两名生手应征，由广州商馆付费在马士曼教导下学习了一年七个月后，在1819年8月初搭船出发来华，约定的工作期限是三年[⑥]。意外的是广州商馆档案中竟从此失去了这两名孟加拉工匠的踪影，以致他们在华工作的情形如何，是否做满三年等都有待考证。

从决策委员会写信给印度大总督，到孟加拉刻工来华，经历了长达

---

① EIC/G/12/207, Canton Consultations, 10 April 1817.

② Ibid.

③ EIC/G/12/212, Canton Consultations, 5 April 1818.

④ EIC/G/12/206, Canton Consultations, 1 & 19 March 1817; EIC/G/12/212, Canton Consultations, 5 April 1818.

⑤ EIC/G/12/206, Canton Consultations, 19 March 1817. 马士曼在1799年抵达印度，1804年开始学习中文，并1809年起陆续出版中文译著。关于马士曼的中文事业以及他和马礼逊的关系，参见苏精《基督教中国传教事业第一次竞争》，《马礼逊与中文印刷出版》，页131—152。

⑥ EIC/G/12/212, Canton Consultations, 5 April & 10 September 1818; EIC/G/12/214, Canton Consultations, 20 February 1819; EIC/G/12/220, Canton Consultations, 27 May 1820.

两年半时间，人数又只有两名，这期间澳门印刷所还得依赖葡工进行刻印。从搜查事件以后直到印刷所结束，华人与孟加拉工匠虽然没有绝迹，但葡工一直是印刷所中占大多数的主力工匠。1821年时，印刷所至少有七名排版工，其中六名葡人，只有一名华人，另外有两名国籍不明的装订工①。到汤姆斯离华返英后，澳门印刷所就由司汀兄弟两人负责，直到结束为止。

第四节　产品与作者

不计零星的文件表单，澳门印刷所存在的二十年间共有20种产品，平均每年1种，但分布很不平均，以前、后期时间分野，印刷所前期的生产比较活跃，十年半中生产了12种，包含最重要而部头也最大的马礼逊字典，可说是在印这部字典的过程中，同时生产其他书刊；而印刷所后期将近十年有8种产品（包含只印成一部分的麦都思字典），其中5种集中在1832年，属于偏枯偏荣的现象。

以内容类别而言，20种产品中有18种专书和2种期刊。专书中有6种是供学习语文用的字典、词汇、句型、文法等，其次是中国语文作品的英译5种，其他5种为中国一览、历书、通商指南、论增开贸易口岸、澳门历史各1种，以及图书馆藏书目录两种。至于期刊，一种是为澳门当局代工印刷的葡文周报《蜜蜂华报》（*A Abelha da China*），另一种是公司商馆人员的英文月刊《广东杂记》。这些专书和期刊的内容性质，相当程度地符合前文所述公司董事会最初规定的印刷范围，“有用的语文相关著作”或者

① EIC/G/12/223, Canton Consultations, 6 July 1821.

“语文翻译的作品”或者“解说中国人历史、习俗、艺术和科学的作品”，并以“提供欧洲人使用或讯息者为限”，唯一以华人为对象的产品是马礼逊为马六甲英华书院学生编写的《英国文语凡例传》(*A Grammar of the English Language: for the Use of the Anglo-Chinese College*)，但或许是因为学校和学生都远在中国境外的缘故，董事会并未对这部明显违反规定的书有所意见。

在作者方面，澳门印刷所的专书来自七名作者：四名公司人员及三名其他作者。马礼逊当然是这些作者中最重要与最多产的一位，共有6种著作，将近印刷所全部产品的三分之一，其中5种是学习语文的字典和教材。产量次于马礼逊的作者是他的中文学生德庇时(John Francis Davis, 1795—1890)，有4种著作，包含3种文学译著和1种词汇。再其次是有2种作品的马礼逊长子马儒翰，历书和通商指南各1种。上述三人以外，波尔(Samuel Ball)、汤姆斯、麦都思和龙思泰(Andrew Ljungstedt, 1759—1835)等四名作者，各有1种作品。

表2-2　英国东印度公司澳门印刷所印刷出版目录

序　号	年　份	作　者	书　　名
1	1815	Robert Morrison	*Translations from the Original Chinese, with Notes*
2	1815	John F. Davis	三与楼 *San-Yu-Low: or the Three Dedicated Rooms. A Tale, Translated from the Chinese*
3	1815—1823	Robert Morrison	字典 *A Dictionary of the Chinese Language*
4	1816	Robert Morrison	*Dialogues and Detached Sentences in the Chinese Language*
5	1817	Robert Morrison	*A View of China, for Philological Purpose*

续 表

序号	年份	作者	书名
6	1817	Samuel Ball	*Observations on the Expediency of Opening A Second Port in China*
7	1819	—	*A Catalogue of the Library Belonging to the English Factory at Canton, in China*
8	1822—1823	—	*A Abelha da China*
9	1823	John F. Davis	贤文书 *Hien Wun Shoo: Chinese Moral Maxims*
10	1823	Robert Morrison	英国文语凡例传 *A Grammar of the English Language: for the Use of the Anglo-Chinese College*
11	1824	John F. Davis	*A Vocabulary, Containing Chinese Words and Phrases Peculiar to Canton and Macao*
12	1824	Peter P. Thoms	花笺记 *Chinese Courtship*
13	1829	Robert Morrison	广东省土话字汇 *Vocabulary of the Canton Dialec*
14	1831	—	*The Canton Miscellany*
15	1832	John R. Morrison	*The Anglo-Chinese Kalendar and Register, for the Year of the Christian Aera 1832*
16	1832	John R. Morrison	*A Companion to the Anglo-Chinese Kalendar; for the Year of Our Lord 1832*
17	1832	—	*A Catalogue of the Library Belonging to the English Factory at Canton, in China*
18	1832—1837	Walter H. Medhurst	*A Dictionary of the Hok-këèn Dialect of the Chinese Language*
19	1832	Andrew Ljungstedt	*Contribution to An Historical Sketch of the Portuguese Settlements in China*
20	1834	John F. Davis	汉文诗解 *Poeseos Sinensis Commentarii, On the Poetry of the Chinese*

马礼逊来华的第二年(1808)起开始编纂字典,当时他乐观地认为两到三年应可完成[①]。事实没有如此顺利,尤其他从担任广州商馆翻译和结婚成家后,只能在业余进行编纂,同时还得分心于圣经的中译,因此在澳门印刷所建立时,他已经奋斗了六年的字典距离完稿还早得很,此后也一直是在各种公务文件翻译、随同大班交涉的余暇断断续续地供稿,其间还经历随同阿美士德使节团入京、中国官府搜查事件,以及他的妻子和最得力的传教同工米怜相继病亡的打击等等,以致字典拖延至1823年才完成编印出版。不过,事务繁杂和编印延宕并未损及这历史上第一部中英字典的内容品质,马礼逊也对自己的成就充满自信:

> 伦敦传教会创建中国布道团的时候,英国关于中文的知识落在其他欧洲国家之后,也没有学习那种语言的工具;现在,借着伦敦传教会的人员和东印度公司的经费,英国在学习中文这方面已有进展,比所有的欧洲国家拥有更好的图书工具。[②]

令人惊讶的是马礼逊尽管忙于字典、圣经和公务翻译,却还能陆续编写其他作品供印刷所出版,甚至在字典开印前,因为需先行打造大量的中文活字,为了填补这段印刷机的空档时间,先印了他的2种作品。首先是他就手头公务翻译的现成材料整理付印的《中文原本翻译》(*Translations from the Original Chinese*),内容主要是嘉庆十八年(1813)《京报》所刊天理教徒侵入紫禁城及后续发展的九道上谕,以及唐代诗人杜牧《九日齐山登高》等两首英译诗,汤姆斯很快地在1815年2月初印出100部,成为澳门印刷所最早的产品[③],而公司董事会收到商馆送呈的本书,也非常

---

① LMS/CH/SC, 1.1.B., R. Morrison to J. Hardcastle, Canton, 29 May 1808.

② Ibid., 2.2.B., R. Morrison to A. Hankey, Canton, 12 November 1822.

③ EIC/G/12/191, Canton Consultations, 5 January 1815; EIC/G/12/193, Canton Consultation, 6 February 1815.

高兴地回复："我们认为这些是建立在中华帝国境内的第一个英国印刷所努力的好样本。"[①]其次是《中国语言对话》(*Dialogues and Detached Sentences in the Chinese Language*)，这是他教广州商馆人员学习中文的教材，也是近代西方人最早的中文教科书之一，内容都是实用性的中文会话与常用句子，依照不同的对谈者身份与主题分类，前者如官员、茶商、仆人、通事、学者、买办，后者如谈论或购买棉花、生丝、船只、盗贼等等主题，中国官府搜查印刷所时带走的就是此书的样张，因为其中有官员对谈办事内容，而被中方认定为违例的证据。

字典开印后，印刷所仍继续印马礼逊的其他作品，《中国一览》(*A View of China*)一书内容分为中国大事纪年、地理方域、政府系统、时间、节日、宗教信仰、英文索引等七部分，这些原来是预定作为字典的附录，后来考虑到此等内容可供经常查考的实用性而单独印行。不过，本书最引人瞩目或侧目的不是上述的内容，而是马礼逊在书中宣称，若在欧洲学习中文，因缺乏华人协助几乎无法克服困难，因此"没有人能在欧洲成功地学得任何程度的中文。"[②]

字典完稿后，马礼逊在1823年从中国南下访问马六甲，处理前一年米怜死后当地布道站和英华书院的问题，并亲自教导书院高年级学生，为他们编写英文语法教材，回到中国后将文稿交由印刷所排印成《英国文语凡例传》一书，这是第一部为中国人撰写的英文语法书，书中例句与说明都是中英文对照。

马礼逊在澳门印刷所出版的最后一部书是《广东省土话字汇》(*Vocabulary of the Canton Dialect*)。1828年，商馆大班要求马礼逊除了教商馆人员官话以外，增加广东方言会话，同时编写这部字汇。1829年2月

① EIC/R/10/47, Court's Letter to Select Committee of Supercargoes, London, 5 April 1816.
② R. Morrison, *A View of China*(Macao: The East India Company's Press, 1817), p.87.

马礼逊编完书稿并在同一年印成[1]，内容包含三部分：按英文字顺排列的条目与对应的中文、按中文罗马字拼音顺序的条目与对应的英文、分类词句。大班送呈本书40部给董事会时，说明第一部分对于英人特别有用，因此特地将这部分单独印发给当时在华的公司每艘船只，以便和华人交谈来往时随时查考；大班也不忘同时感谢马礼逊多年来在中国语文沟通上对于公司的巨大贡献。[2]

德庇时是产量仅次于马礼逊的作者，他从1813年成为广州商馆的书记后，开始向马礼逊学习中文，才一年多即译成李渔的小说《三与楼》(*San-Yu-Low: or the Three Dedicated Rooms*)，经斯当东审查后于1815年在澳门印刷所出版。此后由于学习中文的书记可以减轻分摊商馆的工作，并获得每年100镑的奖励津贴[3]，德庇时得以比较专心地学习长达十五年之久，当马礼逊于1823年起休假回英期间，公司董事会还主动任命德庇时代理广州商馆的翻译职务三年[4]，此后他在商馆的职位逐渐提升，到1832年时升任商馆大班，直到1834年商馆撤销，改任英国驻华商务副监督与正监督，及香港总督等。除了《三与楼》以外，德庇时陆续在澳门印刷所又出版了3种书，包含收录两百句英译中国格言的《贤文书》(*Hien Wun Shoo: Chinese Moral Maxims*)，关于广州与澳门通用的词汇*A Vocabulary, Containing Chinese Words and Phrases Peculiar to Canton and Macao*，以及中国诗学研究《汉文诗解》(*Poeseos Sinensis Commentarii, on the Poetry of the Chinese*)。德庇时上述这4种作品，加上他另外出版的一些关于中国的论著，可说是马礼逊的学生中在汉学研究上最有成果的一位。

澳门印刷所的第三位作者是商馆的茶叶检查员波尔，他在1805年来

---

① LMS/CH/SC, 2.3.D., R. Morrison to J. Arundel, Canton, 22 February 1829.

② EIC/G/12/281, Select Committee to the Court, Canton, 28 January 1830.

③ 关于商馆职员向马礼逊学习中文的情形，参见苏精《马礼逊的中文教学》，《中国，开门！——马礼逊及相关人物研究》，页43—64。

④ EIC/R/10/52, Court's Letter to Select Committee of Supercargoes, London, 2 April 1823.

华任助理检查员，特殊的是他的眼光并未局限于技术性的范围，在广泛地研究中国形势后，撰成书稿《开放中国第二港口利害刍议》(*Observations on the Expediency of Opening a Second Port in China*)，具体建议以往外人忽视的福州是最适宜争取的第二外贸港口。1816年7月初他将书稿送呈大班和决策委员会，希望有助于当时来华的阿美士德使节团和中国政府谈判之用，结果获准由印刷所排印30部[①]，在翌年出版。

第四位作者不是别人，正是印工汤姆斯。1823年大班通知他印完字典后离华返英，他自愿不计酬劳再留一年，以排印自己英译的才子佳人弹词小说《花笺记》(*Chinese Courtship*)，在1824年出版。书后还附一页声明，说自己已完成《三国志》英译稿，即可付印，但他多留一年期限届满，不及排印而离华。此后汤姆斯虽然又在英国出版一些关于中国的论著，却始终不见《三国志》的踪影，也许是有些书评认为《花笺记》的英文译笔不佳，甚至建议他研究中文前应该先学好母语英文[②]，影响了他出版《三国志》的意愿。

以上四名作者都是东印度公司的人员，另外还有三名作者则非公司人员。马儒翰的《英华历书》(*The Anglo-Chinese Kalendar and Register*)及其《附册》(*A Companion to the Anglochinese Kalendar*)两部书，是父亲马礼逊向大班推介的，而大班也认为就了解中国情势而言，此种关于中国各项统计数值与现状的书，比其他类的书都来得实用而重要，因此“毫不迟疑地”向马礼逊承诺要印刷这两部书[③]。马儒翰从十四岁起就在父亲的指点下，开始搜集这两部书内容相关的中国资料，到1832年这两部书出版时，他不过才十八岁而已，成为澳门印刷所最年轻的作者。

---

① EIC/G/12/202, Canton Consultations, 6 August 1816.

② *Quarterly Review*, 36:72(October 1827), pp.496–511; *Monthly Magazine*, 1:4(April 1826), pp.540–544; *The Oriental Herald and Journal of General Literature*, 9:28(April 1826), pp.17–26.

③ EIC/G/12/246, Canton Consultations, 15 February 1831.

麦都思的《福建方言字典》也是马礼逊介绍的。这部书的命运曲折坎坷，早在1823年即由马礼逊介绍给筹建中的新加坡学院（Singapore Institution）印行，结果学院停摆，字典书稿也搁置了七年后，在1830年初退还给麦都思，马礼逊再度推荐给广州商馆，大班接受的条件是马礼逊父子要负责校对，并在1830年底或1831年初开印[①]，到1834年广州商馆和印刷所结束时，如前文所述撒手不顾只印了一部分的字典，第二年麦都思从巴达维亚（Batavia）前来中国，还得自行募款将近1 000元，并借来马礼逊自家的印刷机和澳门印刷所闲置的中文活字，再委托美部会（American Board of Commissioners for Foreign Missions）在华的印工卫三畏（Samuel W. Williams, 1812—1884）续印剩下的500多页，直到1837年才印完拼凑成书，结果早几年就先印好的封面上，仍是1832年由澳门印刷所葡工司汀兄弟印刷的字样，这也是澳门印刷所的20种产品中，仅有的东印度公司为德不卒却享受其名的一种。

第三名非公司人员的作者是瑞典的龙思泰，他的《葡萄牙在华殖民地史稿》(*An Historical Sketch of the Portuguese Settlements in China*)一书，原是刊登在1831年英文月刊《广东杂记》第4、5期的三篇文章，因为杂志停刊，龙思泰将文章结集并增补成书，在1832年由澳门印刷所出版，印量不大，只有100部，当时在华的美国传教士裨治文随即在自己主编的《中国丛报》中分两期予以评论，并大量摘引龙思泰的原文，裨治文说这么做是为了推广此书内容以弥补印量太少的遗憾。[②]

澳门印刷所生产的专书中，有两种广州商馆图书馆的藏书目录（*A Catalogue of the Library Belonging to the English Factory at Canton, in*

① LMS/UG/SI, 1.2.B., R. Morrison to the Directors, Singapore, 13 April 1823; LMS/UG/BA, 3.B., W. H. Medhurst to the Directors, Batavia, 5 August 1830; LMS/CH/SC, 3.1.A., R. Morrison to W. A. Hankey, Canton, 14 November 1830; ibid., 3.1.B., R. Morrison to J. Arundel, Macao, 31 May 1831.

② 'Contribution to an Historical Sketch of the Portuguese Settlements in China,' in *The Chinese Repository*, 1:10(February 1833), pp.398–408; 1:11(March 1833), pp.425–446.

China)。商馆职员来华的目的是为了赚钱，但他们闲暇时也需要一些消遣的或严肃的图书，1806年12月他们自发建立以商馆职员为限的会员制图书馆，以捐赠个人藏书及合力购买新书共同分享阅读，入会费100元，每年会费25元，推举三人管理购书等事项，其中之一为馆长兼司库，并订立多达37条的图书馆经营管理规则[①]。1819年第一次出版藏书目录，分六大类，共约1 200种图书，其中以史地、传记与旅行类300余种为最多。1832年再度出版藏书目录，数量也增加至1 600种左右，但两年后商馆撤销，图书馆随之解散[②]。除了西文图书外，1822年广州商馆大班咸臣(James B. Urmston)又倡议建立中文图书馆，并请马礼逊协助购书与保管[③]，这项建议也获得公司董事会支持[④]，1825年时商馆还呈送一部中文图书馆藏书目录给董事会[⑤]。

就印刷的语文而言，董事会并没有限制非印英文不可，但澳门印刷所会代葡澳政府印刷当地第一份报纸《蜜蜂华报》(*A Abelha da China*)，仍可说是非常特殊的意外。1822年，澳门的立宪派与保守派葡萄牙人发生政争，8月间情势日趋激烈，同月19日立宪派掌握议事会(Senate)取得政权，并决议编印报纸，但这必须仰赖当时澳门唯一拥有印刷设备的英国东印度公司协助，于是议事会秘书裴雷拉(Carols Joze Pereira)在22日致函公司大班：

> 本月十九日就职的忠贞的议事会，向你们各位本城的绅士

---

① *A Catalogue of the Library Belonging to the English Factory at Canton, in China*(Macao: Printed at the East India Company's Press, 1819), pp.5-10, 'Rules and Regulations.'

② *The Chinese Repository*, 4:2(June 1835), pp.96-97, 'Dissolution of the Library of the British Factory in China.'

③ EIC/G/12/227, Canton Consultations, 15 & 16 October 1822.

④ EIC/R/10/65, Secret Committee's Letter to Select Committee of Supercargoes, London, 13 April 1824. 这部中文目录是抄本或印本不详。

⑤ EIC/R/10/66, Secret Committee's Letter to Select Committee of Supercargoes, London, 31 March 1826.

保证与葡萄牙君主政体一致的各项安全与自由。由于本城只有你们才拥有印刷机，皇家议事会希望你们各位绅士能借予印刷机使用。愿上帝长久保佑你们。①

公司大班认为没有什么理由拒绝葡澳新当局的要求，事实这也是公司和新当局建立关系的机会，因此同一天便答复议事会如下：

我们很荣幸地收到你们本日的信，通知我们关于你们在本月十九日就职为议事会议员，并要求尊贵的东印度公司在本地的印刷机协助一事。

我们的答复是向你们保证，我们非常乐于遵照你们的要求，同时我们也将立即指示我们的印工汤姆斯先生拜访澳门议事会的秘书，并遵行他接获的关于本公司印刷机的指示，以促进议事会的期望。

对古老而忠诚的澳门城市的福祉和繁荣，我们谨表达最诚挚的祝福。②

广州商馆除了答复葡人，也将此事呈报公司董事会，董事会同样认可印刷葡文，只是要求两项条件：一是澳门议事会应该负担因此而生的费用；一是要求大班特别小心防范，不要引起中国官方或其他人对印刷所生产的葡文或英文产品有所争议。③

在大班回复同意葡人请求的二十天之后，《蜜蜂华报》在1822年9月12日创刊，每逢周四出版，到1823年底第67期停刊，每期4页（有4期及一次增刊超过4页），每页双栏，第4页最后注明官印局（Na Typographia

---

① EIC/G/12/227, Canton Consultations, 22 August 1822.

② Ibid.

③ EIC/R/10/65, Secret Committee's Letters to Select Committee of Supercargoes, London, 13 April 1824.

do Governo)，其实是在英国东印度公司澳门印刷所生产的，1821年至1822年澳门印刷所账目的收入栏，也确实载有1822年9月18日收到澳门议事会使用活字的现金100元。①

在被动印刷的《蜜蜂华报》以外，澳门印刷所在1831年主动编印另一种期刊《广东杂记》英文月刊。当时的大班马治平非常重视印刷出版，澳门印刷所因而有一段虽然短暂却活动蓬勃的时期，马治平甚至不以出版专书为满足，《广东杂记》的发刊词（'Introduction'）开宗明义就说：

> 从印刷机出产的作品中，没有一类能和期刊出版品一样被人们如此普遍地阅读。在期刊所在的社群当中，它们会因包含地方性的讯息主题而必然变得更加趣味盎然，在中国有可能比在其他国家更会有这种现象。②

可见马治平要办的是一种以中国为主要内容的杂志，创刊以后虽然只出版了5期，合计391页，其内容不论是论著、散文、小说、诗作、翻译或读者投书，确实大都以中国为主题。《广东杂记》欢迎广州商馆人员以外的作者投稿，每篇文章都不具作者姓名，出版者也仅以"编辑者"（The Editors）代表，发刊词中声明其收入将捐作教育慈善用途，据马礼逊的记载，是捐给了他创办的马六甲英华书院③。马治平在第4期撰有一篇题为《马六甲》（'Malacca'）的文章，记叙他先前路经当地时，参观

① EIC/G/12/231, Canton Consultations, 1 March 1824, 'Press Committee in account current with the Company.'

② *The Canton Miscellany*, 1(1831), 'Introduction,' p.I.

③ LMS/CH/SC, 3.1.B., R. Morrison to W. A. Hankey, Macao, 26 September 1831.《广东杂记》的作者全部匿名，但马礼逊在此信中指明此文为马治平所撰。马治平在1831年初升任广州商馆大班后，立即以商馆经费补助书院每月100元（E. A. Morrison, *Memoirs of the Life and Labours of Robert Morrison*, vol. 2, pp.64-65），更早在1828年时便曾个人捐出200元，协助书院编印中文报纸（LMS/CH/SC, 2.3.B., R. Morrison to W. A. Hankey, Canton, 10 October 1828; LMS/UG/MA, 2.5.C., Samuel Kidd to William Orme, Malacca, 6 February 1829）。

英华书院而深为感动的经过[1]。《广东杂记》是最早在中国本土出版并以中国为主题的外文杂志，比后人熟知的《中华丛论》还早了一年，却几乎被人遗忘了。

第五节　传播与重要性

东印度公司是商业组织，属下的澳门印刷所却不是商业性质的印刷出版机构，既不讲究成本损益和盈亏，也不以一般商业印刷出版机构的作法进行产品的传播流通，甚至可说澳门印刷所只管生产，至于流通传播则由作者负责，已知的典型作法是一书印成若干部后，分成三部分：有些送交伦敦董事会；有些留在广州商馆备用；还有些则交付给作者自行处理，用以送人、自售或委托书店代销。

在澳门印刷所的20种产品中，确知印量的只有如下6种，其中又只有4种知道如何分配印量：

马礼逊《中文原本翻译》印100部，送董事会50部、作者20部、商馆30部。

德庇时《三与楼》印100部，送董事会50部、作者20部、商馆30部。

马礼逊《字典》印750部，送董事会100部、作者650部。

波　尔《开放中国第二港口利害刍议》印30部。

龙思泰《葡萄牙在华殖民地史稿》印100部。

麦都思《福建方言字典》印284部，送东印度公司24部、作者12部、

[1] *The Canton Miscellany*, 4(1831), pp.257–261, 'Malacca.'

准备出售约250部。①

上述六书还不到澳门印刷所全部20种的三分之一，但包含了最初和末期的书在内，也包含了最主要的产品马礼逊字典，因此可以推论澳门印刷所的产品印量都不大，就在30部到750部之间；而马礼逊字典印750部，应该是最大的印量，很可能也远多于其他产品，尤其在澳门印刷所全部产品中，唯有这部字典流通传播的途径比较清楚，马礼逊将获得的650部字典，大多数（500部）运到伦敦，一部分（150部）留在身边，循以下三种途径传播：

第一，在来华外国人社群中传播。1817年11月3日马礼逊请汤姆斯印发一份字典的广告传单，当时连字典第一部分都尚未完全印成，但传单上已列出共预订63部的34人名单，包含商馆人员及其他在华外人②。此后到1823年全部印完出齐前的六年之间，应当还有新增的预订者，而出齐后也会陆续有人订购。可以确定的是最迟到1830年时，马礼逊留在身边的150部都已或送或售完了，因为这年裨治文来华后，马礼逊不但为他向伦敦的经销书店订了一部，还在书到前向广州商馆图书馆先借来一部给裨治文使用。③

第二，赠送英国相关个人与机构。在运到伦敦的500部字典中，赠送的对象包含马礼逊的英国亲友，他就读过的神学院、伦敦传教会秘书和司库等人，他参加过的教会以及各学会图书馆等等，共36部；又送给汤姆斯10部作为酬谢，伦敦传教会也获赠20部，以备后来派往中国的传教士

---

① 接受麦都思委托补印完此书的卫三畏，在1837年写给他所属的美部会秘书的一封信中说明此书印量与分配，其中出售250部应为248部（ABCFM/Unit 3/ABC 16.3.8, vol. 1A, Samuel W. Williams to Rufus Anderson, Macao, 27 May 1837）。

② LMS/CH/SC, 1.4.E., a printed public notice printed by P.Thoms at Macao, 3 November 1817, ‘A List of Subscribers, received in China.’

③ ABCFM/Unit 3/ABC 16.3.8, vol. 1, E. C. Bridgman’s Journal, 27 February 1830.

可以参考[①]。1824年马礼逊回英国休假并教学中文期间，又送给学生每人1部，共约13部[②]。此后他至少又通过书店赠送了上述给裨治文在内的8部[③]。以上历次赠书合计87部，都是有文献可征的，也可能还有未知的其他赠书。

第三，委托伦敦书店经销。伦敦是英文书的出版与销售中心，马礼逊的字典开始出版后，他很快地想到应该有个伦敦的经销商，于是找上帕贝瑞（Parbury）公司合作[④]，因此在字典的后几册封面上都印有这家公司的名字，汤姆斯的《花笺记》也是同样做法，德庇时的《贤文书》则是和伦敦另一家慕瑞（John Murray）公司合作。帕贝瑞以专门出版和经销关于东方的图书闻名，并且是东印度公司出版品的经销商。马礼逊的字典既是前所未有的创举，他又在全部出齐的翌年回到英国频繁活动了两年，并以分册零售方式鼓励读者购买等因素，都很有利于字典的销售，因此运往伦敦的500部字典，扣除上述的赠书后，大约400部左右的销售很顺利，根据帕贝瑞和马礼逊的来往账目所列，到1826年4月马礼逊休假期满再度来华前夕，字典各册的存书最多的只有21册[⑤]。当时距全部出齐时间不过三年而已，也因为在主要市场伦敦销售成绩如此畅旺，即使在印度、巴黎、马六甲等地，马礼逊委托书店经销或请朋友代接订单的情况不见踊跃，印度方面几经殖民地政府在各地代为宣传，两年多期间只售出1部[⑥]，但并不

---

① 这些赠送对象名单参见LMS/CH/SC, 1.4.A., R. Morrison to G. Burder, Canton, 9 March 1815; ibid., 1.4.C., R. Morrison to G. Burder, Canton, 10 January 1816; ibid., 2.1.A., R. Morrison to G. Burder, Canton, 10 October 1818.

② LMS/HO/Incoming Letters, 4.7.B., R. Morrison to the Directors of LMS, 5 Grove Hackney [London], 8 December 1825.

③ 这8部赠书对象见LMS/CH/GE/PE, box 1, Rev. Dr. Morrison in Account with Parbury Allen & Co., dated London, April 27, 1829; 15 April 1830; 2 May 1831; 30 April 1832 & 23 April 1833.

④ 这家公司从1810年代起十余年间几经改组，名称也历经Kinsbury, Parbury and Allen、Black, Parbury and Allen及Parbury, Allen & Co.等，本文为叙述方便简称为帕贝瑞（Parbury）公司。

⑤ LMS/CH/GE/PE, box 1, Rev. Dr. Morrison in Account with Parbury Allen & Co., dated London, April 27, 1829.

⑥ LMS/CH/SC, 2.1.A., Morrison to Burder, Canton, 10 October 1818.

足以影响这部字典的流通传播。

澳门印刷所产品的传播,除了作者自行循上述三个途径流通外,期刊评论的媒介是不能忽略的一项因素。澳门印刷所位于中国,固然有印刷中文之便,却因远离英国与西方世界而不利产品的传播,又由于非营利性质而不宣传或广告,因此其产品若能获得期刊的评论或介绍,即有利于销售流通。十九世纪初年的英国,工业革命带来印刷技术的进步,新书出版的种数大增,因此期刊中报道新书讯息、指引读者阅读的篇幅增加,专门的评论刊物也大行其道,尤其英国人刚在拿破仑战争中获胜,扫除海上航行安全的阴霾之后,许多英国人对中国与东方的文学也和商业同样感兴趣,于是期刊中出现了澳门印刷所产品的消息或评论。1815年7月,《每季评论》(*Quarterly Review*)开始刊登澳门印刷所产品的评论时还特地宣称:"本刊是唯一会偶尔登载欧洲的中国文学进展情形的期刊。"[①]但其他杂志和报纸很快地也加入了中国相关图书这个评论的新领域。

澳门印刷所的产品中,最受到评介媒体注意的仍是马礼逊的字典。从1814年到1820年的七年中,不计传教性质的刊物,已知至少有9种杂志的13次评论或介绍这部字典[②],包含著名的《每季评论》、《折衷评论》(*Eclectic Review*)、《英国批评家》(*British Critic*)、《批判评论》(*Critical Review*)等专门性的评论刊物,以及《绅士杂志》(*Gentleman's Magazine*)和《每月杂志》(*Monthly Magazine*)等一般性的杂志,其中《折衷评论》和《绅士杂志》甚至各刊登了三次,这些评介应当是很有助于字典销售顺利的重要因素。

澳门印刷所其他产品受到评介注意的程度都不如马礼逊字典,有些还遭遇负面的批评。例如1817年出版的马礼逊《中国一览》,先被1818

---

① *Quarterly Review*, 13: 20(July 1815), p.408, 'Translations from the Original Chinese.'
② 这些数目是笔者在British Periodicals(Chadwyck-Healey, UK)资料库中搜寻的结果。

年11月的法国评论刊物《学人杂志》(*Journal des Savans*)指责错误过多和说法不当(即前文所述马礼逊宣称没有人能在欧洲成功学得中文),这篇评论译成英文后刊登于1819年1月的《文学公报》(*The Literary Gazette*)[①],结果造成本书销售的停滞。本书内容原本是字典的附录,后来决定单行,其印量不详,极有可能就是和字典同样的750部,而由马礼逊分得650部,而且也委托给帕贝瑞经销[②],却和字典有相当悬殊的销售记录,在帕贝瑞和马礼逊的来往账目中,1826年4月时《中国一览》的库存量还有406部之多,当时本书出版已将近十年之久,再到1833年4月时库存量仍有390部[③],也就是说七年中仅仅售出16部而已。

又如1824年出版的汤姆斯《花笺记》(又称《花笺》),在已知的6篇评论中,评论者除了大量引述译本内容并抒发对于中国人思想与行为的意见感受,多数的评论者都表达对汤姆斯的译笔不敢恭维,也嘲讽他的英文程度相当低劣。这些负面批评是否像《中国一览》一样妨碍了《花笺记》的销售尚无可考,但此书即使接连遭到负面批评,却还能远销到德国的图书馆,进一步于1827年初被歌德(Johann Wolfgang von Goethe)借回家四个多月,并在阅读后从中选择部分转译成德文,也引发他对中国文学和文化的更多想法。[④]

从以上澳门印刷所这些书的情形可知,一家印刷所(或出版者)与产品的重要性或影响力,和其产品的种数、印量、销售量以及获得正面评论的多寡固然有关,却不是绝对的。澳门印刷所印量最少的波尔《开放中国第二港口利害刍议》一书,本是为1816年阿美士德使节团争取英国利

---

① *The Literary Gazette*, 9 January 1819, pp.20–21, 'Analysis of the Journal des Savans, for November 1818, Art. IV – Morrison's View of China, for Philological Purposes.'

② LMS/CH/SC, 1.4.E., R. Morrison to G. Burder, Canton, 14 September 1817.

③ LMS/CH/GE/PE, box 1, Rev. Dr. Morrison in Account with Parbury Allen & Co., dated London, 23 April 1833.

④ 关于歌德和《花笺记》间的关系和影响,参见谭渊《歌德笔下的"中国女诗人"》,《中国翻译》2009:5,页33—38。

益而撰写的，30部的印量只够在使节团和广州商馆人员中分发，并未在图书市场销售，也没有获得任何评论介绍，在使节团任务失败后本书随即沉埋。到了十五年后的1832年，广州商馆派遣另一名职员胡夏米（Hugh H. Lindsay, 1802—?）乘坐阿美士德号船（the Lord Amherst）探查中国沿海形势，便按此书索骥，前往波尔书中极力推荐的福州实地勘查。再往后到1840年，英人议论鸦片战争后索求通商港口时，仅存2部在人间的本书成了人们瞩目的焦点之一①，皇家亚洲学会（Royal Asiatic Society）特地重印波尔本书，使之广为流通，主编还加上导言，提醒读者本书丝毫不失其时效性，以及书中独具一些不见于其他类似讨论的观点②。福州所以会成为战后通商五口之一，与波尔此书大有关系。

花 箋

CHINESE COURTSHIP.

IN VERSE.

TO WHICH IS ADDED,

AN APPENDIX,

TREATING OF THE REVENUE OF CHINA,

&c. &c.

BY

PETER PERRING THOMS.

LONDON:

PUBLISHED BY PARBURY, ALLEN, AND KINGSBURY, LEADENHALL-STREET; SOLD BY JOHN MURRAY, ALBEMARLE-STREET; AND BY THOMAS BLANSHARD, 14, CITY-ROAD.

MACAO, CHINA:

PRINTED AT THE HONORABLE EAST INDIA COMPANY'S PRESS.

1824.

图2-3 澳门印刷所的印工汤姆斯译印《花笺》封面

衡量商业性印刷出版机构的各项数值既然不适用于澳门印刷所，只有探索其历史意义和角色才能了解澳门印刷所的重要性与影响力。十九世纪初年澳门印刷所建立时，英国已是西方霸权国家，亟欲扩张全球贸易以增加自身的利益，中国市场是其主要目标之一，因此争取英国在华地位与利益成为当代英国人的一项重要课题。而争取地位与利益应先了解中

① *The Literary Gazette*, 4 April 1840, p.218, 'Royal Asiatic Society.'

② *The Journal of the Royal Asiatic Society of Great Britain and Ireland*, vol. 6(1841), pp.182-221.

国才容易着手，但这方面英国向来落后于其他欧洲国家，直到十九世纪初年为止，英国人主要得仰赖欧陆语文的作家和作品为媒介以了解中国，1790年代马戛尔尼（George Macartney, 1737—1806）使华前，必须远赴意大利寻觅中文翻译，1800年代基督教的马礼逊来华前，也只能经由欧陆天主教传教士的著作吸收经验进行准备，而作为英国在华地位与利益象征的东印度公司广州商馆，更长期借助葡萄牙或西班牙的天主教士担任主要的交涉翻译工作，直到1808年英军占领澳门期间仍然如此。

也就是从十九世纪初年起，这种让英国人颇为尴尬不便的情形开始有所转变。在印度的英国殖民当局、国教会高级教士和浸信会传教士三方面，曾经结合起来学习和研究中国语言文化，也有了初步的结果，却因缺乏有利的环境和条件，在进一步深化前便结束了[①]。印度短暂的中国研究显示，英国人若要直接而有效地了解与研究中国，还得求诸于中国本土才易于成事，而关键性的人物与机构就是当时的斯当东、马礼逊、澳门印刷所以及赞助机会与挹注资源的东印度公司广州商馆与董事会。这些人物与机构形成一个学习、教育、研究与传播中国知识的网络，摆脱以往英国只能从欧陆获得二手知识的窘境，开始自行生产与利用关于中国的知识。

在这个网络中，澳门印刷所承担的是传播的角色，以马礼逊为中心的英国初期汉学家或中国通，包括他的儿子马儒翰、他的中文学生德庇时与波尔、他的传教同工麦都思，以及本为印刷他的字典而来的汤姆斯等人，都借着澳门印刷所出版他们的著作，不仅在广州、澳门与南洋各地传播，大部分还回传到英国与欧美其他国家，再加上他们和一些相关的传教士在澳门印刷所以外出版的其他著述，很快地在鸦片战争前已累积到足以

---

① 参见Elmer H. Cutts, 'Political Implications in Chinese Studies in Bengal 1800-1823,' in *The Indian Historical Quarterly*, 34:2(June 1958), pp.152-163.

在汉学或关于中国知识的体系中，向世人展现英文或英国流派的形成。而澳门印刷所以第一家专出中国相关书刊的印刷出版机构，在英国建立关于中国知识的过程中适时发挥了传播的作用。

《每季评论》在1815年评论澳门印刷所最早的产品，即马礼逊的《中文原本翻译》和德庇时的《三与楼》时，曾犀利地表达，如果法国和德国的汉学家真的渴望世人能从他们的研究中确实获益的话，他们应该放下伏羲的八卦图形等远古又难懂的课题，和马礼逊等人一样研究较为近代与更易理解的课题，才能对知识界有所贡献[①]。这名评论者对欧陆汉学家的批评不免过苛，却敏锐地指出英国人刚开始的汉学奠基工程不同于欧陆的方向和旨趣，而澳门印刷所也果真如这位评论者的预料，其产品不论翻译作品、语文学习教材、参考工具书以及期刊，都具备了内容近代而功能实用的特色。这些产品在出版当时都是英文读者了解与研究中国的基本重要书刊，而出版多年后也成为历史、语言、文学、文化等等学门研究取资的史料来源，其中更不乏有些书刊本身如马礼逊与麦都思的字典和《蜜蜂华报》等等，都成为后人研究的对象。

结　语

建立在中国并专门印刷出版中国相关书刊的澳门印刷所，尽管在前期曾遭遇中国官府的干预，后期又有产量偏枯偏荣的不正常情形，但仍能从专为赞助印刷单一图书的目的进展到在其经历的二十年间总共出版了20种书，并且在不讲求宣传广告行销的情况下，成为英国人建构其中国

① *Quarterly Review*, 13:26(July 1815), p.410.

知识初期非常重要的一个环节，这样的结果是远远超出了澳门印刷所成立之初的预期。这家十九世纪初年在特定的中外关系环境中成立、经营与结束的印刷出版机构及其产品，不仅在印刷出版史，也在中外关系史、文化交流史与汉学史都深具意义与贡献。

第三章

麦都思及其巴达维亚印刷所

绪 论

基督教一向重视印刷出版，十六世纪宗教改革时已相当程度地借助当时发明不久的印刷技术，以传扬信念并拓展势力。到十八世纪末年，英国基督教界开始大规模地向国外异教徒传教，印刷出版同样扮演着重要的角色，遍布世界各地的布道站往往设置印刷所，和医治病患的医院及教育人才的学校鼎足而立，成为协助传教士宣讲教义、感化信徒的三大辅助事工。

在十九世纪初年展开的对华传教也没有例外，而且到鸦片战争为止的最初三十余年间，印刷出版在对华传教活动中的角色，不但远比医疗及教育两者重要得多，甚至是必要的媒介。被拒于中国大门之外的传教士，认为唯有借着印刷出版，才能穿透封闭的中国社会，因此他们耗费极多的时间、金钱和心思从事这项工作。本文讨论的伦敦传教会传教士麦都思，不论鸦片战争的前后都是非常活跃的对华传教士，战争前他在巴达维亚建立的印刷所已以产品多和产量大而著名①，战争后他将印刷所的机具和部分工匠迁移到上海，称为“墨海书馆”，在十九世纪中叶对华传教与传播西学两方面，都有非常重要的角色和影响。因此，探讨麦都思先前在巴达维亚的活动，有助于对墨海书馆的了解；同时，历时千余年传统的中文印刷出版，于十九世纪在西方影响下产生变化，到二十世纪时以完全不同的面貌出现，而麦都思正是引起此种变化的关键人物之一，因此探讨他

① 麦都思不曾为其印刷所取有中文名称，他出版的一些英文书封面印有 Batavia: Printed at the Mission Press，有时则是 Batavia: Printed at Parapattan（巴达维亚东南郊外的Parapattan是布道站所在地名），本文称其为“巴达维亚印刷所”。

在巴达维亚的活动，也有助于了解中文印刷出版改变初期的景象。

本文以他所属的伦敦会现存档案为主要的史料来源，辅以麦都思著译各书，探讨他何以前往巴达维亚？他在荷兰殖民地的环境下如何进行印刷出版活动？应用何种印刷技术与出版的范围种类？以及他和华人社群的互动关系，尤其是他的印刷出版活动造成他和华人关系恶化的原因、经过与结果等。

第一节　麦都思东来背景与初期工作

伦敦会是最早进行中国传教的基督教团体，成立于1795年，以派遣传教士前往英国以外地区向异教徒传播基督教福音为宗旨，在十九和二十世纪一直是有数的大规模传教团体之一，但有别于其他传教会多由各教派自行组成并派遣同一教派的传教士，伦敦会最显著的特征是由各教派的神职人员和一般信徒共同组成，并接纳各教派的信徒担任该会的传教士[①]。成立十二年之后，伦敦会于1807年派遣马礼逊抵达中国，是为第一位来华的基督教传教士[②]。此后同会的中国传教士接踵而至，即使其他传教会在1830年代陆续加入中国传教行列，但直到鸦片战争结束为止，伦敦会是基督教对华传教最重要的主力，传教士与布道站的数目最

---

① 伦敦传教会初期的历史，参见William Ellis, *The History of the London Missionary Society* (London: John Snow, 1844)；C. Silvester Horne, *The Story of the L. M. S., 1795–1895* (London: London Missionary Society, 1894)；Richard Lovett, *The History of the London Missionary Society, 1795–1895* (London: Henry Frowde, 1899)。

② 关于马礼逊，参见E. A. Morrison, *Memoirs of the Life and Labours of Robert Morrison*；苏精，《中国，开门！——马礼逊及相关人物研究》；Christopher Hancock, *Robert Morrison and the Birth of Protestantism in China* (London: T & T Clark, 2008)。

多，印刷出版与学校教育两方面的活动规模，也远胜于其他各传教会。[1]

不过，当马礼逊最初抵达中国时，面临的却是中国禁止传教的困境，他既无法公开传教，只能设法迂回而行，于是印刷出版成了可能扭转困境的利器。这样的想法其来有自。马礼逊成长于十八十九世纪之交，当时英国的印刷出版文化蓬勃发达[2]，图书早已不是社会少数人的专属品，而报纸和杂志也已是一般人信息和知识的重要来源，人们日常就生活在种类多样、内容繁杂的出版品影响之下，自幼习于此种生活文化的马礼逊，认为如果自己能出版中文书刊，在中国也会有同样的功能，加以从前天主教传教士带给欧洲人一种深刻的印象，中国人是个重视图书的民族，何况天主教传教士确也相当程度地依赖书籍进行传教[3]，因而马礼逊认定唯有借着他称为“无声却有效”（silent but powerful）的图书[4]，才能穿透封闭的中国社会，达到传教的效果。

问题是马礼逊要实现以书传教的想法非常困难，他若在中国印刷与分发传教书刊，不但很容易遭受官府追究，而且印刷业者也会借机索取高价。于是他要求1813年来华的第二位传教士米怜，转往马来半岛上的马六甲，在当地英国殖民政府的保护下建立布道站，从事宣讲礼拜、学校教

---

① 鸦片战争结束前，从事对华人传教的团体，还有英国浸信传教会（Baptist Missionary Society）、美国海外传教委员会（即美部会American Board of Commissioners for Foreign Missions）、英国圣公会传教会（Church Missionary Society）、美国长老会外国传教部（Presbyterian Church in the USA, Board of Foreign Missions），及美国浸信会国外传教会（American Baptist Board of Foreign Missions）等。其中大多曾从事华人教育或中文印刷，但只有美部会在这两方面有比较可观的活动，参见苏精《基督教与新加坡华人（1819—1846）》（新竹：清华大学出版社，2010），第五章《新加坡坚夏书院》、第六章《新加坡美部会寄宿学校》、第七章《新加坡女学的开端》。

② 十八十九世纪之交英国印刷出版的情况，参见John Feather, *A History of British Publishing* (London: Routledge, 1988)，特别是Chapter 8, ‘The Expanding Trade;’ Chapter 9, ‘Periodicals and Part Books;’ 及Chapter 11, ‘The Book Trade and the Industrial Revolution’。

③ 利玛窦及其他天主教传教士，在他们写回欧洲的书信中，再三描述如何借着书籍和中国人交往，并在传教上获得成功的事。参见罗渔译《利玛窦书信集》（下），页258, 269, 291, 324, 359, 366, 367, 369, 388, 392, 399, 410, 412, 522, 544等等。

④ E. A. Morrison, *Memoirs of the Life and Labours of Robert Morrison*, vol. 1, p.346.

育及印刷出版等各项华人传教活动[1]，以等候中国“开门”之日。马礼逊一面要求米怜设法从印度购置印刷机具[2]，一面接连写信给伦敦会秘书，希望派专业印工前往马六甲[3]，于是有麦都思东来之举。

麦都思于1796年4月29日出生在伦敦，少年就读圣保罗大教堂（St. Paul Cathedral）开办的语法学校（grammar school），十四岁离校后前往葛罗斯特（Gloucester）一家印刷所担任学徒，期满升为熟工，同时也成为当地一间不属于国教会的独立教派（Independents）教会基督徒，并在业余担任巡回讲道人。二十岁（1816）时，麦都思见到伦敦会招募一名前往非洲南部担任印工的广告，即前往应征，因竞争者多至六人而未如愿，适逢马礼逊数度从中国写信，要求伦敦会派遣印工到刚成立的马六甲布道站，伦敦会于是征得麦都思同意改往马六甲，并先入伦敦近郊的哈克尼神学院（Hackney College）短期研读一二个月神学后，于1816年9月间启程。[4]

1817年2月，麦都思抵达印度马德拉斯（Madras），在等待季风变换的三个月期间，麦都思开始学习中文，并与一名印度上尉军官遗孀伊丽莎（Eliza Browne）结婚，同年5月两人及伊丽莎前夫之子登船东行。[5]1817年7月12日，麦都思一家抵达目的地马六甲，他也开始负责管理布道站印刷所。[6]

按照马礼逊的蓝图，马六甲是伦敦会在印度之东以中国为主的传教

---

① 米怜建立马六甲布道站及其印刷出版等活动，参见W. Milne, *A Retrospect of the First Ten Years of the Protestant Mission to China*；苏精《米怜：马礼逊理念的执行者》，《中国，开门！——马礼逊及相关人物研究》，页129—168。

② LMS/UG/MA, 1.1.D., W. Milne to the Directors, Malacca, 31 December 1816; W. Milne, *A Retrospect of the First Ten Years*, p.180.

③ LMS/CH/SC, 1.4.B., R. Morrison to G. Burder, Canton, 27 & 28 November 1815; ibid., 1.4.D., R. Morrison to G. Burder, Canton, 1 January 1816.

④ 以上麦都思早年经历与加入伦敦会经过，参见LMS/BM, 29 April, 3 May 1816; LMS/CM/CE, Minutes, 20 May & 10 June 1816; LMS/CP, ‘W. H. Medhurst;’ John O. Whitehouse, *London Missionary Society Register of Missionaries, Deputations, etc., from 1796 to 1896* (London: London Missionary Society, 1896, 3rd ed.), pp.37−38, ‘Walter Henry Medhurst.’

⑤ LMS/UG/MA/1.2.A., W. H. Medhurst to G. Burder, Madras, India, 11 February, 12 & 20 May 1817.

⑥ Ibid., 1.2.B., W. H. Medhurst to G. Burder, Malacca, 21 July 1817.

中心，当地布道站拥有各项完善的设施，当然也包含他称为“强力发动机”（powerful engine）的印刷所在内。由于主持布道站的米怜尽力执行马礼逊的构想，当麦都思抵达马六甲时，布道站设立才不过两年，却已经大有规模。中文印刷从一开始（1815）便积极展开中，英文印刷也在第二年从印度购得活字、机具并雇到印工，加上麦都思随身携来的印刷机等，形成了综合中西技术与工匠于一处的印刷所。米怜于1818年8月报道马六甲布道站印刷所的情况，共有十八名工匠，从事中西文各样书刊的印刷及装订工作。[①]

麦都思到职当年才二十一岁，但已有印刷学徒和熟工合计六年的经历，英文印刷自然驾轻就熟，至于初次见识到的中文印刷，他只负责管理而不需动手刻板刷印。他在照料规模可观的印刷所和学习中文以外，还尽力承担兼管布道站几间华人义学、协助米怜出外讲道、访问华人家庭，以及分发传教书刊等工作。同时他也开始展现语文天分，抵达马六甲才两年多，便在1819年11月出版了自己的第一种中文作品《地理便童略传》，21页，附有地球、中国、亚洲、欧洲四张地图，内容以问答方式概述四大洲各国史地，共七十问，作为华人义学学生的地理读本，印刷1 100本。[②]

年轻、能干又传教热忱洋溢的麦都思，其实在到达马六甲的第一天，就已立志要成为传教士[③]，并在忙碌的各项工作外，用功研读神学。他出自以注重希腊文与拉丁文等古典学而闻名的圣保罗大教堂语法学校，远比十八十九世纪之交英国海外传教初期许多未曾进过正式学校的传教士具有更好的学识基础和深造的条件。1819年4月27日，麦都思获得马六甲的传教弟兄按立他为传教士[④]。米怜不能阻止麦都思个人上进的志向，

---

① LMS/UG/MA/1.2.C., W. Milne to the Directors of the LMS, Malacca, 10 August 1818.

② Ibid., 1.3.C., W. H. Medhurst to the Directors, Malacca, 23 November 1819.

③ Ibid., 1.2.B., W. H. Medhurst to G. Burder, Malacca, 21 July 1817.

④ Ibid., 1.3.C., W. H. Medhurst to the Directors, Malacca, 23 November 1819.

只好向理事会要求补派一名“次等资质”(of inferior talents)的印工到马六甲，并特地要求理事会向新的印工清楚交代，必须以印刷为唯一职志，不可另有所谋。[①]

不幸的是马六甲布道站从1818年起陆续增加七名传教士后，由于资深的米怜采取家长式的管理，有违传教士彼此弟兄相待的一般原则，引起其他弟兄不满导致严重失和，双方争执对抗的结果，资浅传教士纷纷出走另立布道站，马六甲也终究没有成为预期的传教中心[②]。麦都思未能自外于此次纠纷，结果在1820年9月离开了工作满三年的马六甲，到马来半岛北边的另一处英国殖民地槟榔屿，他曾在1819年初前往该岛传教数月，这次重来打算长期留驻，先在首府乔治镇(George Town)和先他而至的两名弟兄共处，数月后弟兄们以他未先行会商即向印度订购印刷机具而大为不满[③]，他只好搬离到约10至12英里外的小地方杰姆斯镇(James Town)。问题是槟榔屿自1786年开埠成为英国殖民地，到三十年后的1818年人口调查时，欧洲人以外的居民总共也只有3万200人[④]，大多数在首府所在的北部，而包含杰姆斯镇在内的南部仅约4 000至5 000人，华人更只占一部分而已[⑤]，麦都思局处一隅不免有些难以施展，其间他又丧一子[⑥]。此时从马六甲出走到爪哇岛上巴达维亚的弟兄司雷特(John Slater, 1789—1825)，向理事会请求增派人手帮忙，理事会则要既有的弟兄自行调整决定，麦都思于1821年底获悉此事，立即把握机会携家带眷连同四名华人少年，离开了居住和工作四年多的马来半岛，前往华人众多

---

① LMS/UG/MA/1.2.C., W. Milne to the Directors, Malacca, no day May 1818. 米怜特地在“次等资质”的字样下画线强调。

② 关于此次内部纷争，参见苏精《中国，开门！——马礼逊及相关人物研究》，页161—167。

③ LMS/UG/PN, 1.2.A., Thomas Beighton to G. Burder, George Town, Penang, 5 January 1821.

④ Ibid., 1.3. C., T. Beighton to G. Burder, George Town, Penang, 31 August 1821.

⑤ Ibid., W. H. Medhurst to G. Burder, James Town, Penang, 22 November 1820.

⑥ LMS/UG/BA, 1.D., W. H. Medhurst to G. Burder, Batavia, 15 January 1822.

的荷兰东印度殖民地首府巴达维亚落脚。[①]

第二节　在巴达维亚的处境

巴达维亚于十七世纪初（1619）被荷兰人占领，到十九世纪初已经两百年，自1811年起由英国控制，到拿破仑战争结束后于1816年归还荷兰，因此麦都思抵达时，已不是英国殖民地。当地长期以来是华人在东南亚的主要聚居地之一，英国人曾在1815年举行爪哇全岛人口普查，总数460余万人中，华人将近10万人（94 441），其中巴达维亚及郊区就超过了半数（52 394）[②]。不仅如此，华人一向在巴达维亚及荷属东印度的经济体系中占有重要的地位，一名经济史家形容："土著卖给欧洲人的每样物品，都通过华人卖出；土著向欧洲人买的每样物品，也通过华人买得。"[③]另一名历史学家更说："从经济而言，巴达维亚基本上是荷兰人保护下的一个华人殖民城市。"[④]相对于地小人少的槟榔屿，或早已衰退中落的马六甲，或1819年才开埠成为英国殖民地的新加坡，巴达维亚可说是伦敦会在东南亚四个布道站中，空间较为宽广而对象最为众多的传教领域。

1822年1月7日，麦都思抵达巴达维亚[⑤]，比他早两年多到的司雷特，

① LMS/UG/BA, 1.D., W. H. Medhurst to G. Burder, Batavia, 15 January 1822.

② Thomas S. Raffles, *The History of Java*(London: John Murray, 1830, 2nd ed.), p.70, 'Table exhibiting the population of Java and Madura, according to a Census taken by the British Government in the Year 1815.'

③ J. S. Furnivall, *Netherlands India*: *A Study of Plural Economy*(Cambridge: Cambridge University Press, 1944), p.213.

④ Leonard Blusse, *Strange Company: Chinese Settlers, Mestizo Women and the Dutch in VOC Batavia*(Dordrecht: Foris Publications, 1986), p.74.

⑤ LMS/UG/BA, 1.D., W. H. Medhurst to G. Burder, Batavia, 1 June 1822.

已在城郊的帕拉帕丹（Parapattan）地区建立布道站。麦都思一家先暂住司雷特家中，数月后才搬入在布道站内另建的竹造新屋，并开始访问华人、讲道、分发书刊和管理华人学校等工作。同年6月米怜在马六甲过世，司雷特和麦都思两人虽然和米怜闹翻而出走，仍觉得他编印的《察世俗每月统记传》等书刊，如果就此中断非常可惜，因此决定在巴达维亚接续米怜未竟的印刷出版事业，并征得马礼逊同意在中国代办印刷材料和雇用工匠[①]。不料，麦都思在巴达维亚的第一年，司雷特就因病远赴马来半岛三个布道站休养，紧接着又因故在1823年辞去了传教士职务[②]，麦都思从此一肩担起巴达维亚布道站所有各项工作。

荷兰早自十六世纪以来就是欧洲主要的印刷出版国家之一[③]，东印度殖民当局无疑十分了解这项传播利器的功效，因此从1667年巴达维亚设立第一间印刷所起，总督就任命由律师出任的检查官（Censor），会同殖民地政府秘书长（Secretary General）执行严格的管制政策[④]。麦都思很聪明地申请建立一个专限于印刷中文传教小册的“小”印刷所，等候了约半年后，终于在1823年8月获得总督批准，附带两个条件：第一，必须事先将出版品内容的荷文或英文译本送呈政府秘书长；第二，必要时需为政府有偿代印。麦都思得意地向伦敦的理事会报告，以往在爪哇的英国浸信会传教士以及加入英国传教会的荷籍传教士，都曾提出同样的申请，却

---

① LMS/UG/BA, 1.D., W. H. Medhurst & J. Slater to G. Burder, Batavia, 22 October 1822; ibid., 2.A., J. Slater to G. Burder, Singapore, 1 March 1823; LMS/CH/SC, 2.2.C., R. Morrison to W. A. Hankey, Canton, 5 January 1823.

② 司雷特先因蓄养及虐待奴隶而被人非议，又因买卖鸦片遭到起诉而辞去传教士（ibid., 2.A., W. H. Medhurst to G. Burder, Batavia, 23 August 1823; ibid., 2.B., W. H. Medhurst to G. Burder, Batavia, 4 May 1824; ibid., 2.C., W. H. Medhurst to G. Burder, Batavia, 3 June 1825）。

③ S. H. Steinberg, *Five Hundred Years of Printing*(London: The British Library, 1996, new edition, rev. by John Trevitt), pp.84–89, ‘The Netherlands.’

④ Katharine S. *Diehl, Printers and Printing in the East Indies to 1850*, vol. 1, Batavia(New York: Aristide D. Caratzas, 1990), pp.xiv, 7.

都遭到驳回。[①]

一旦获准成立，印刷出版立即成为巴达维亚布道站仅次于讲道的重要部门，从1823年到1843年迁往上海为止的二十年间，印刷的书刊越来越多，从单张到巨著，从中文到马来、爪哇、英、日、韩文及一些方言，又应用了木刻、活字和石印等三种印刷技术，印刷所的人手增加、机具设备等规模扩大，年产量甚至达到最高183万余页的惊人数量。[②]这种盛况和他最初申请限印中文的小印刷所截然不同，更令人讶异的是他从未遭遇荷兰当局的干预责问，相对于当局严格处理其他印刷出版者的态度[③]，麦都思能获得如此宽容自由的待遇显得极不寻常，难怪会有研究者质疑，他是否因为外国人的身份而有此特殊例外[④]。

荷兰和英国虽然同属基督教国家，但两个海权国家在东南亚地区基于战略形势的考量和商业利益的纠葛，彼此间互有疑虑和钳制，即使拿破仑战争结束后，两国订立条约重划势力范围，双方互信基础仍然薄弱，英国在1819年据有新加坡，引起双方争议长达五年，就是个明显的事例，因此麦都思不可能只因是外国人而获得优待。详细检视现存麦都思留下的颇多书信内容，可以就此种情形得到比较合理的解释，那就是他处在政治和商业敏感的荷兰东印度殖民地环境中，为便于传教工作，用心而周到地经营和统治当局、荷兰教会与当地英人社群三方面的良好关系，而且难得的是每一方面还有助于他和另两方面的关系，形成他在各方面都能逢源

---

① LMS/UG/BA, 2.B., W. H. Medhurst to the Directors of LMS, Batavia, 1 January 1824, ‘Extracts of the Proceedings and Resolutions of the Governor General in Council. Batavia, 26 August 1823.’

② Ibid., 4.C., William Young to the Directors, Batavia, 2 December 1835, ‘Report of the Mission at Batavia for 1835.’

③ 1831年，一名曾经投效伦敦会又脱离的荷兰籍独立传教士布拉讷（Gottlob Bruckner），因为大量分发圣经遭到官员传讯后，全数遭到没收，又要他觅人保证自己未来行为端正（LMS/UG/BA, 3.C., W. H. Medhurst to the Directors, 30 January 1832）。此次事件也见于H. J. de Graaf, *The Spread of Printing: Eastern Hemisphere, Indonesia*（Amsterdam: Vangendt & Co., 1969）, p.51.

④ H. J. de Graaf, *The Spread of Printing,* p.51.

的有利情况。

巴达维亚在1811年至1816年英人统治期间，当地英国商人的数量和影响力都有增长，即使英国官员在麦都思到当地前数年已经撤离，英人的影响力并未消除，而他在布道站工作以外，又主动而义务地主持中断了数年的英人教会礼拜活动，因此深得英人赞赏，在1823年初集会决议请他继续担任牧师，并每年致送1 500银元的酬劳[①]，随后在他申请印刷许可时，为他向总督范德凯伦（Godert van der Capellen, 1816—1826年在职）美言说项，麦都思自己也认为英商的影响力是总督批准的关键之一[②]。等到总督卸任回国时，麦都思上书表达去思，感谢总督对传教事业的协助，尤其是对他个人的关照，并特地指出许可他成立印刷所，及授予他永久居留身份等事；同时他又致函伦敦会，请理事们在总督回国途经伦敦时予以接待。[③]

对麦都思有好感的荷兰总督还不止一位。1830年他募款建造布道站教堂，当时的总督范·登·波许（Johannes Van den Bosch, 1830—1834年在职）也相当慷慨地捐了500荷币（florin），连麦都思都觉得这数目是意外的大手笔。这也带动了当地荷兰居民的踊跃乐捐。政府还免费提供价值500荷币的木材共襄盛举，使教堂得以顺利完工[④]。而

① LMS/UG/BA, 2.A., W. H. Medhurst to the Directors, Batavia, 30 May 1823. 麦都思此信附有一份由十一名当地英人联名的文件，内容为1823年1月29日的一次会议纪录，其中再三感谢麦都思义务主持礼拜，并发起募捐经费。麦都思则向理事会表明，他接受这笔牧师酬劳后，会相对减少支领同等数目的传教士薪水，伦敦会因此可省下一笔经费。三年后由于商业不振，不少英商离开巴达维亚，捐款作为牧师酬劳数目大为减少，麦都思恢复支领传教士薪水（Ibid., 2.D., W. H. Medhurst to the Directors, 20 May & 6 October 1826），但仍继续主持英人教会直到1843年离开巴达维亚为止。

② Ibid., 2.B., W. H. Medhurst to the Directors of LMS, Batavia, 1 January 1824.

③ Ibid., 2.D., W. H. Medhurst to the Directors, Batavia, 20 January 1826, enclosure: ‘Copy of a letter sent to the Governor on his leaving Batavia.’

④ Ibid., 3.B., W. H. Medhurst to the Directors, Batavia, 5 August 1830; ibid., 3.C., W. H. Medhurst to the Directors, Batavia, 7 March 1831.

麦都思除了在给伦敦会的信中表达自己的感谢之情[①]，也投桃报李将自己在同一年出版的《英日、日英字汇》(*An English and Japanese and Japanese and English Vocabulary*)一书，呈献给范・登・波许，在献词中感念他的慈善义举。[②]1834年，范・登・波许调回荷兰担任殖民部大臣，麦都思也准备前往中国沿海探查后回英国一趟，因此请求伦敦会派遣一名传教士到巴达维亚替补，为求替补者到荷兰办理签证顺利，麦都思先代理事会拟妥一封致范・登・波许的荷文信，并很有自信地告诉理事会，范・登・波许"无疑"(doubtless)将会同意此事。[③]事实上麦都思建立关系的对象，还不只东印度殖民地总督而已，他曾经将自己的著作送呈荷兰国王，冀望能获得国王青睐而有助于传教工作。[④]

除了政府官员，麦都思因为传教工作而来往更频繁密切的是荷兰教会。他到巴达维亚不久，听说在距离各二三十余公里外的两个地方，分别存在着两百余年和一百余年前荷兰传教士前辈成立的葡萄牙人后裔与马来人教会，到十九世纪初年因为荷兰教会疏于照顾的缘故，教务情况很差，有些基督徒甚至改信回教，于是热忱有余的麦都思，决定隔周一次轮流骑马前往两地主持礼拜讲道，但第二次便遭到挡驾，理由是他没有事先取得巴达维亚荷兰教会的许可。[⑤]到了1823年底，荷兰教会鉴于两地教会情况实在过于废弛，终于改变了态度，不仅同意麦都思使用两地的教堂，甚至转而"迫切地"(urgently)请他尽可能常去照料两地基督徒的福音需求[⑥]，还请政府让他免费搭乘邮递马车，以免骑马日晒

① LMS/UG/BA, 3.B., W. H. Medhurst to the Directors, Batavia, 5 August 1830.

② W. H. Medhurst, *An English and Japanese and Japanese and English Vocabulary*(Batavia, printed at the Mission Press, 1830), 'Dedication.'

③ LMS/UG/BA, 4.B., W. H. Medhurst to William Ellis, Batavia, 31 December 1834.

④ LMS/HO/Incoming letters, 7.2.B., W. H. Medhurst to William Ellis, Hackney, 14 May 1838.

⑤ LMS/UG/BA, 2.B., W. H. Medhurst to the Directors, Batavia, 1 January 1824.

⑥ Ibid.

雨淋之苦。[①]

这件事决定了此后麦都思和荷兰教会神职人员的良好关系。1825年，巴达维亚的圣经公会获得一部石印机，很可能是没有人会使用的缘故，而麦都思正请求伦敦会运来一部，圣经公会即将石印机慷慨地借给他使用。[②]荷兰教会甚至还求助于有印刷工具在手的麦都思，1831年教会筹划在巴达维亚设立四所学校，其他驻在区（residency）各一所，随即由荷兰圣经公会和传教会合派代表两度拜访麦都思，请他代为选编这些学校用的读本，包含罗马字与阿拉伯文字两种版本，送请政府审核后印刷出版。[③]此外，巴达维亚的学校委员会（School Committee of Batavia）也曾向他订购1 000部学校用书。[④]

和麦都思友好的荷兰牧师不乏其人。例如郭实腊最初以荷兰传教会的传教士身份，与三位同会弟兄于1827年1月初抵达巴达维亚时，就是由麦都思接待住在伦敦会布道站，而且郭实腊开始学习中文与马来文，正是麦都思为他启蒙的[⑤]。再如前述1830年麦都思晋见总督范·登·波许获得捐款建盖教堂，安排此事并陪同晋见的是荷兰教会的牧师连汀（Dirk Lenting, 1789—1877），麦都思几度在写给伦敦会的书信中提到，连汀和自己在荷兰教堂轮流讲道，一起编印学校教科书，翻译马来文圣经等，直到1835年连汀返回荷兰时，麦都思还细心地以理事会名义写信给他，感谢他长期向荷兰殖民政府关照自己和布道站的利益[⑥]。又如知名的“巴达维亚艺术与科学协会”（Batavia Society for the Promotion of Arts and

---

① LMS/UG/BA, 3.B., W. H. Medhurst to the Directors, Batavia, 5 August 1830.

② Ibid., 2.D., W. H. Medhurst to the Directors, Batavia, 20 January & 20 May 1826.

③ Ibid., 3.C., W. H. Medhurst to the Directors, Batavia, 7 March 1831.

④ Ibid., 4.C., W. H. Medhurst to the Directors, Batavia, 1 April 1835.

⑤ Ibid., 2.D., W. H. Medhurst to the Directors, Batavia, 15 January 1827; A. Wylie, *Memorials of Protestant Missionaries to the Chinese*, p.54.

⑥ LMS/UG/BA, 3.B., W. H. Medhurst to the Directors, Batavia, 22 July 1829, 5 August 1830; ibid., 4.C., W. H. Medhurst to the Directors, Batavia, 1 April 1835.

Sciences)会长侯维尔牧师(Wolter R. van Hoëvell, 1812—1879)[①],1840年在教会的档案中发现一部无人能识的文献,委请麦都思加以考订,他从各种线索反复探讨,发觉是在台湾的荷兰传教士哈帕特(Gilbertus Happart)在1650年编成的台湾土著语字典。[②]侯维尔先将字典内容刊登在巴达维亚艺术与科学协会会报[③],麦都思再译成英文出版。[④]

1839年9月21日伦敦会布道站教堂修建完成举行的礼拜仪式,可视为麦都思和荷兰教会良好的关系达到巅峰的象征。当天教堂内坐满了英、荷两国基督徒,麦都思先以英语和马来语讲道,侯维尔接着以荷语讲道,而驻在巴达维亚的四名荷兰牧师则是全部到场。荷兰人还向麦都思提出要求,在他们自己的教堂装修期间使用伦敦会的教堂,并在他们每周出版的教会公报中,刊登借用伦敦会教堂礼拜的消息,麦都思对于这些场景和荷兰人的态度举动都大感欣慰。[⑤]

公务之谊还能进一步演化成私人交情。1834年底麦都思将儿子送回英国读书,因为巴达维亚少有直接来往伦敦的船只,小麦都思只能先到荷兰鹿特丹(Rotterdam)再候船转往英国,麦都思便请托在鹿特丹的荷兰传教会理事李迪博(Ledeboer),安排照料小麦都思滞留荷兰期间的生活。[⑥]

麦都思在荷兰殖民地经营出上述良好的人际关系,自己又具备为荷兰教会或个别牧师解决问题的印刷工具和语文能力,则他的印刷所从限

---

① 侯维尔于1836年到巴达维亚任职,1848年返回荷兰,成为国会议员,以揭发殖民地政商剥削土著权利的事实而著名,生平参见 Robert Nieuwenhuys & E. M. Beekman, *Mirror of the Indies: A History of Dutch Colonial Literature*(Amherst, MA: University of Massachusetts Press, 1982), pp.59-66, 'Wolter Robert, Baron van Hoëvell;' *Encyclopædia* Britannica, 15th edition(2007), vol. 5, p.965, 'Hoëvell, Wolter Robert, Baron van'。

② LMS/UG/BA, 5.A., W. H. Medhurst to the Directors, Batavia, 12 April 1841.

③ 这份会报和侯维尔创办的报纸 *Het Tijdschrift* 都由麦都思的印刷所代印。

④ W. H. Medhurst, tr., *Dictionary of the Favorlang Dialect of the Formosan Language, by Gilbertus Happart: Written in 1650.* Batavia: Printed at Parapattan, 1840.

⑤ LMS/UG/BA, 4.D., W. H. Medhurst to the Directors, Batavia, 9 Ocotber 1839.

⑥ Ibid., 4.B., W. H. Medhurst to the Directors, Batavia, 1 & 31 December 1834.

印中文小册逐年蓬勃壮大，历时二十年而未受到荷兰当局的干预为难，这应该不是太令人意外难解的事。

第三节　印刷技术与产品

鸦片战争前，伦敦会在东南亚建立马六甲、槟榔屿、新加坡和巴达维亚四个布道站，每站先后都附设印刷设施，其中规模较大的是马六甲和巴达维亚两地。以最主要的中文出版品而言，马六甲从1815年至1842年共生产108种书刊[①]，巴达维亚从1823年至1843年的产量更胜于马六甲，有135种之多，而新加坡和槟榔屿两地只各生产13种与5种而已，再加上马礼逊在中国印出的26种[②]，到1843年为止，伦敦会的传教士合计共印出287种、近100万（991 373）[③]册的中文书刊。

鸦片战争前伦敦会所有的对华传教士中，麦都思是唯一出身专业印工者[④]，这是他主持下的巴达维亚印刷所在伦敦会四个印刷所中最为活跃的主要原因，不仅产品种数最多，将近占四个印刷所全部的一半（约47%），而且独具特色地同时以木刻、石印和活字三种技术进行生产。

---

① 传教士惯于从印刷出版立场，将一书的不同版本及圣经各书的单行本都各计为一种，此处也依此方式计算。

② Ching Su, 'The Printing Presses of the London Missionary Society among the Chinese' (Ph.D. dissertation, University of London, 1997), Appendix, 'A List of Chinese Works Printed by the LMS Missionaries, 1810–1873.'

③ W. Ellis, *The History of the London Missionary Society*, p.577. 此项统计数字包含少数的马来文出版品。

④ 麦都思也可说是当时西方基督教传教士中唯一印工出身的对华传教士，因为美部会的卫三畏（S. W. Williams, 1812—1884）虽然也出身印工，但他不是按立的传教士，而是传教士待遇的印工，也就是平信徒传教士或俗家传教士（lay missionary）。

一、木刻

其实，麦都思初到巴达维亚时，手头并没有印刷工具，他和司雷特决定从木刻开始，因为这是当时印刷中文最简便的方式。司雷特前往新加坡养病期间，雇用了两名华人刻字匠[①]，1823年4月抵达巴达维亚。麦都思向总督申请印刷许可，在约半年的等待结果期间，他认为虽然不能动手刷印，总该可以写稿刻板，而且即使申请遭到拒绝，刻成的板片仍可运到新加坡印刷，不至于有何损失[②]。他最先着手的是《特选撮要每月纪传》（下文简称《特选撮要》）期刊，1823年5月底时已经备妥3期的内容和图片，随时可以付印；三个月后，进展到备妥10期的篇幅，这时也获得总督许可印刷了，立即将创刊号（道光癸未年六月，1823年7月）印刷1 700部，第2、3两期各印200部，交给随着季风返华的贸易帆船带往中国[③]。关于《特选撮要》的印量，麦都思在1824年初简略地报道，过去几个月中《特选撮要》每月印刷2 000部[④]；同年9月再度报道时，他详细地列举创刊以来13期的印量，每期数目不一，最少2 000部，最多3 800部。[⑤]

《特选撮要》是巴达维亚印刷所初期三年最重要的产品，也是继《察世俗每月统记传》之后的近代第2种中文期刊[⑥]。本刊创刊号的序文明白告诉华人读者，本刊是米怜在马六甲编印的《察世俗每月统记传》继续

---

① LMS/UG/BA, 2. A., John Slater to G. Burder, Singaproe, 1 March 1823.

② Ibid., 2.A., W. H. Medhurst to the Directors, Batavia, 30 May 1823.

③ Ibid., 2.A., W. H. Medhurst to the Directors, Batavia, 23 August 1823.

④ Ibid., 2.B., W. H. Medhurst to the Directors, Batavia, 1 January 1824.

⑤ Ibid., 2.B., W. H. Medhurst to the Directors, Batavia, 1 September 1824.

⑥ 《特选撮要》已知仅有3期存世：伦敦大英图书馆（The British Library）存道光癸未年（1823）6月创刊号与8月第3号，美国哈佛燕京图书馆（Harvard-Yenching Library）存道光乙酉年（1825）11月号。

之作，内容范围将以“神理”为主，“人道”次之、再次为天文、地理和其他[1]；在创刊一年后，麦都思也说明，每期先有4叶（8页）严肃的神理，接着2叶（4页）较有趣的奇闻轶事或博物史[2]。麦都思是《特选撮要》唯一的稿源作者，但他还要兼顾中、英、马来语讲道及学校等等工作，可用于写稿的时间很有限而且零碎，因此仿效米怜的前例，采取一个题目分期撰写刊登，最后再集结成书[3]，而中文木刻印刷远比西方活字排版适合此种出版模式，木板逐一刻成付印后，可以长期保存等待最后集结重印成书，若西方活字则排版付印后，通常即拆版归字，要重印时需重新排版，极耗时间、工夫与成本。米怜编印

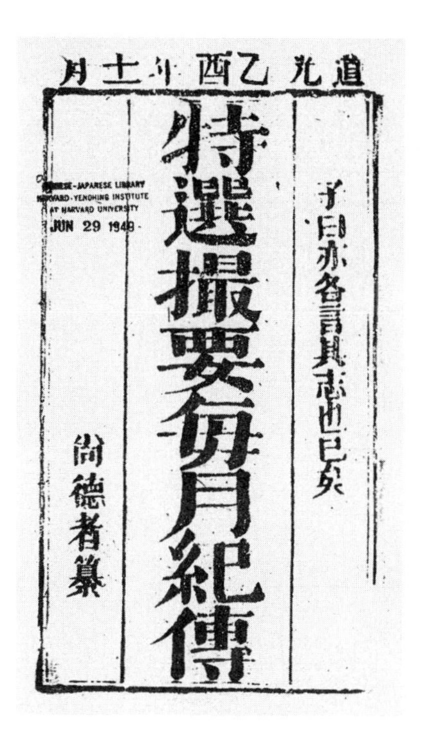
道光乙酉年十一月
子曰亦各言其志也已矣
特選撮要每月紀傳
尚德者纂

图3-1　麦都思编印的《特选撮要每月纪传》
（哈佛大学哈佛燕京图书馆藏品）

《察世俗每月统记传》时发现木刻印刷出版的模式正合自己的需要，而麦都思加以模仿，也先后以连载方式出版了6种图书：《咬嚁吧总论》《道德兴发于心篇》《兄弟叙谈》《耶稣赎罪之论》《乡训》以及《论善恶人死》，都是在《特选撮要》上分期连载后成书。其中篇幅最多、连载最久的《咬

① 麦都思说此篇序文是司雷特辞去传教士职务前撰就的（LMS/UG/BA, 2.A., W. H. Medhurst to the Directors, Batavia, 30 May 1823）。戈公振《中国报学史》（北京：生活读书新知三联书店，1955）收录此篇序文（页372—374），为戈氏早年在伦敦抄录者，但其中有些错误缺漏。关于《察世俗每月统记传》，参见苏精《近代第一种中文杂志：察世俗每月统记传》，《马礼逊与中文印刷出版》，页153—170。

② LMS/UG/BA, 2.B., W. H. Medhurst to the Directors, Batavia, 1 September 1824.

③ Ibid., W. H. Medhurst to the Directors, Batavia, 1 January 1824.

嚼吧总论》，是他为吸引当地华人注意而编写的作品，内容经常提到“唐人”如何如何，作为爪哇人行为习惯的对照，主要取材自来佛士（Thomas S. Raffles, 1781—1826）的《爪哇史》（*History of Java*）一书，加上一些华人的记述[①]，从1823年7月《特选撮要》创刊号起刊登，直到1825年12月仍未结束，最后成书有85叶（170页）。《咬嚼吧总论》的内容无关传教，但据麦都思表示，连载时却是《特选撮要》受到巴达维亚华人欢迎的主要因素，偶尔《特选撮要》迟了些出版，有些华人还会向他探询其故。[②]

在《特选撮要》杂志以外，巴达维亚印刷所初期三年出版的木刻图书包含两类：学校读本（3种）与华人节俗小书（6种）。

麦都思和其他传教士一样，都重视华人义学，却很不满意华人传统的教材与教法，总想设法改变，或至少加上基督教义的内容。麦都思准备《特选撮要》用稿的同时，也为布道站开办的义学编写读本，第一种是《耶稣遗训》（*Sayings of Jesus*），1823年完成时他尚未获准设立印刷所，只得将书稿送到马六甲由英华书院代为刻印[③]。第二种是《三字经》，模仿中国著名的传统童蒙读本，三字一句，内容则全是基督教义，麦都思写成时已得到印刷许可，《三字经》因而成为巴达维亚印刷所第一种木刻图书，

---

① 麦都思没有说根据哪位华人著作，但很可能就是王大海的《海岛逸志》，因麦都思后来于1849年在上海出版了自己英译的这部书 *The Chinaman Abroad: or a desultory account of the Malayan Archipelago, particularly of Java*, by Ong Tae-hae, in *The Chinese Miscellany*（Shanghai: printed the Mission Press, 1849）。

② LMS / UG / BA, 2.B., W. H. Medhurst to the Directors, Batavia, 1 September 1824; ibid., 2.C., W. H. Medhurst to the Directors, Batavia, 4 January 1825.

③ Ibid., 2.A., W. H. Medhurst to the Directors, Batavia, 30 May 1823. 此书书名系笔者译自英文。早自十九世纪中叶伟烈亚力（Alexander Wylie）编印《来华基督教传教士纪念集》（*Memorials of Protestant Missionaries to the Chinese*）时已未见此书，因此未能列出中文书名，伟烈亚力也不知此书初版是1823年刻于马六甲，只记为1826年出版于巴达维亚（p.28）。经查马六甲的传教士在1822至1823年账目中，确实列有“代刻麦都思教义小册 — 爪哇卢布（Java Rupee）15.6.8”一项，指的应该就是本书（LMS/UG/MA, 2.3.B., James Humphreys & David Collie to W. A. Hankey, Anglo Chinese College, Malacca, 13 August 1823, ‘Accounts, August 1, 1822-August 1, 1823’），既然1823年版已刻成，很难想象会迟至1826年才刷印出版。伟烈亚力又说此书曾于1834和1836年重印于巴达维亚，但笔者在麦都思留下的历年书信报告中，未能查得他再度提起此书，也许后来改了书名或并入他书。

1823年初版印300部，以后麦都思自己一再重印与修订，也被伦敦会弟兄及其他在华传教士模仿改编，到1860年代为止大约四十年间，已有将近20种版本问世[①]，成为麦都思最知名的作品之一。麦都思编写的第三种读本为《小子初读易识之书课》，1824年出版，四字一句，从简单易识的字句，逐渐加深道德与宗教意识的内容，初版印1 000部，部分送往其他布道站使用，麦都思说因为有些押韵的缘故，学童喜欢背诵内容，有时彼此接续或当众背诵，麦都思还要求学生以马来语口述文意，以测试其了解程度。[②]

1825年，麦都思决定有计划地针对华人年节习俗，出版一系列的小书，从这年的华人新年起，他以"尚德"为笔名先后撰写印刷了《中华诸兄庆贺新禧文》《清明扫墓之论》《上帝生日之论》《普度施食之论》《妈祖婆生日之论》5种小书，以及单张的端午节告示，每种内容大略先描述节俗来历与发展演化，接着批评这些节俗迷信偶像与浪费不当，再劝华人应当信仰耶稣上帝方能得救永生等等。麦都思每逢这些节日，便带着书前往华人公墓、寺庙、普度及划龙舟场所或沿街分发，并且当场和华人辩难，劝阻华人不要迷信及扫墓等[③]。1825年以后，麦都思一再以旧板重印这6种小书散发，而美国传教团体美部会在新加坡的印刷所"坚夏书院"，也在1835年重刻这些小书并在此后数年间重印分发，每种印量自7 000至14 000余部不等。[④]

巴达维亚印刷所的木刻印刷显得相当顺利，却并非没有问题，而且问题就出在木刻印刷的技术关键——刻工。司雷特从新加坡雇来的两名刻工亚新（Asin）和亚习（Aseih），每人每月工资折合28.31荷币，比麦都

① A. Wylie, *Memorials of Protestant Missionaries to the Chinese*列举这些版本（p.27），可以参考。

② LMS/UG/BA, 2.B., W. H. Medhurst to the Directors, Batavia, 1 September 1824.

③ Ibid., 2.B., W. H. Medhurst to the Directors, Batavia, 3 June 1825.

④ ABCFM/Unit 3/ABC 16.2.1, vol. 1, Ira Tracy to Rufus Anderson, Singapore, October 12, 1836; ABCFM/Unit 3/ABC 16.2.4, vol. 1, G. W. Wood to R. Anderson, Singapore, 1 February 1840, 'List of All Books Printed up to Jan. 31, 1840.'

思的中文老师月薪21荷币高得多，亚新兼任写工又多10荷币，而两人到巴达维亚的船资也由布道站代付[①]。麦都思觉得布道站的负担太重，希望辞退一人，可是两人坚持合约两年就是两年，麦都思非常不满却也只能接受。为了不浪费金钱人力，他采取两项措施：一是尽量要两人干活儿，占满他们的时间；一是派学徒向他们学功夫，准备两年期满接任刻工[②]。于是麦都思在两年间尽量找时间写稿供稿，他一再报道自己每天至少写成1页中文稿，有时甚至2页[③]，到一年半的时候，他报道共约刻成木板300叶（600页）[④]。1825年4月两名刻工离开巴达维亚时，还应麦都思的要求签署文件，声明系期满离职而且在职期间受到良好对待。精明的麦都思说，此举是为了预防两人日后有不利于布道站的怨言。[⑤]

接任刻工的两名华人青年，当年从马六甲跟随麦都思先到槟榔屿，再到巴达维亚，由麦都思指派为刻字学徒，冀望他们学成后，可免于中国刻工以技术为难布道站。不料他们接任刻工才一年稍多，便在1826年6月中因伪造当地钱钞被捕，一人被荷兰当局驱逐出境，麦都思也不敢再用声名扫地的另一人，印刷所的木刻印刷一度停顿数月之久。[⑥]

这次事件后，麦都思不再雇用他视为麻烦难以管教的华人刻工，但印刷所的木刻印刷并没有受到太大的影响，因为木刻印刷的特征之一，就是可以拿旧板重复刷印备用，麦都思的定期报告中一再提及，以旧板印了几

---

① LMS/UG/BA, 2.C., W. H. Medhurst to the Directors, 8 September 1825. 此封信附有麦都思自1825年1月至6月的账目。

② Ibid., 2.B., W. H. Medhurst to the Directors, 1 January 1824.

③ Ibid., 2.A., W. H. Medhurst to the Directors, Batavia, 23 August 1823; ibid., 2.B., W. H. Medhurst to the Directors, Batavia, 1 January 1824; ibid., 2C., Medhurst to the Directors, Batavia, 3 June 1825.

④ Ibid., 2.C., W. H. Medhurst to the Directors, Batavia, 4 January 1825.

⑤ Ibid., 2.C., W. H. Medhurst to the Directors, Batavia, 3 June 1825.

⑥ Ibid., 2.D., W. H. Medhurst to the Directors, Batavia, 6 October 1826 & 15 January 1827; LMS/UG/JO, W. H. Medhurst's Journal, 18 June 1826.

千部书分发的事[①]；其次，他也可以委托马六甲布道站的印刷所代刻，例如1832年代刻的《神天十条圣诫注明》一书，到1835年时他以其板印了1 063部、每部92页，多达近100万页（971 796页）[②]，准备带到中国沿海散发。此外，麦都思不雇华人刻工，对自己此后的各种中文著述出版也没有影响，因为他既具备印刷技术专长，在用心研究尝试后，干脆就改以下述的石印或活字技术生产，实现了他在1823年开始中文木刻印刷时，即已期待的有朝一日能完全摆脱（independent of）中国刻工的地步。[③]

二、石印

1824年9月24日，麦都思在写给伦敦会的一封信中，请求理事会送一部石印机到巴达维亚：

> 我觉得石印机非常适于中文印刷，特别是像《特选撮要》之类的期刊，而且可节省大量的时间和金钱；我认为石印机远比木刻或活字好用，如果能送一部到此间，将会开启中国传教事业的一个新时代。[④]

由于巴达维亚和伦敦之间的交通联系缓慢，来回一趟需时一年左右，因此麦都思在接下来的两封信中，再接再厉提出同一请求和类似的看法，还特地强调自己已经熟悉了石印技术[⑤]。但自德国人赛尼斐德（Aloys

① 例如LMS/UG/BA, 2.D., W. H. Medhurst to the Directors, Batavia, 15 January & 20 July 1827; ibid., 3.A., W. H. Medhurst to the Directors, Batavia, 22 July 1828; ibid., 3.B., W. H. Medhurst to the Directors, Batavia, 22 July 1829等等。

② LMS/UG/MA, 3.2.C. Jacob Tomlin and Josiah Hughes to the Directors, Malacca, 1 November 1832; LMS/UG/BA, 4.C., W. H. Medhurst, 'Report of the Mission at Batavia for 1835.' 此书原名《神天十条圣诫注解》，分期刊登于《特选撮要每月纪传》，1826年结集成书，经麦都思增订后委托马六甲代刻，参见A. Wylie, *Memorials of Protestant Missionaries to the Chinese*, p.29。

③ LMS/UG/BA, 2.A., W. H. Medhurst to the Directors, Batavia, 30 May 1823.

④ Ibid., 2.B., W. H. Medhurst to the Directors, Batavia, 20 September 1824.

⑤ Ibid., 2.C., W. H. Medhurst to the Directors, Batavia, 4 January & 3 June 1825.

Senefelder, 1771—1834）在1798年发明石印，并于1800年到英国申请获得专利，在最初十余年间没有多少英国人注意及此，更无人能切实掌握这项新技术，直到1815年拿破仑战争结束，欧洲恢复和平，才有英人前往德国学习石印，而赛氏著作的英译本也在1819年出版，引起英国人较广泛的注意[①]。这已经是麦都思东来数年之后的事，因此他所谓熟悉石印，应该只是为了争取石印机的说法，尤其是在1825年和1826年之交，巴达维亚的荷兰圣经公会借给他一部石印机，他却无法印出良好的成品，不得不函请伦敦会暂停送出石印机，等自己能运用自如再说。[②]

伦敦会的理事会确实在听到麦都思自称熟悉石印后，决议购买一部机器准备送到巴达维亚[③]，也依照他暂停的要求行事，直到他在1826年5月再度写信通知理事会，已经能印出良好的成品[④]，理事会于是在同年底送出了机器。[⑤]

麦都思收到石印机后，还是经过一番努力尝试，才在1828年7月22日写了一封长信，报道技术和产品两方面的好消息。在技术方面，他首先提到品质，说是在巴达维亚热带气候下的石印作品，可能不如北方地区的品质良好，但已足以达到清楚明晰的要求；其次是材料，若要积极进行石印，需有大量石版，为免无以为继，他专程进入爪哇内陆山区寻觅，结果找到了合适的石材，运到巴达维亚切割打磨处理后，试印结果非常清晰；第三是机器，除了理事会送来的一部，他另行打造一部木制印机，又以很便宜的价格买到一部铁制印机与所有零件。因此，只有经费一项因试印初期缺乏经验，又要多存石材，所费较高，以后应相当于木刻印刷或较为便

---

① Michael Twyman, *Lithography 1800–1850*(London: Oxford University Press, 1970), pp.26, 37–40; M. Twyman, *Printing 1770–1970: An Illustrated History of Its Development and Uses in England*(London: The British Library, 1998), pp.25–26.

② LMS/UG/BA, 2.C., W. H. Medhurst to the Directors, Batavia, 20 January 1826.

③ LMS/BM, 8 August 1825, 27 March 1826.

④ LMS/UG/BA, 2.D., W. H. Medhurst to the Directors, Batavia, 20 May 1826.

⑤ LMS/BM, 13 November 1826.

宜，“又一项优点是我们可以自行掌握，摆脱中国刻工，他们不是雇不到，就是成为布道站的一个大麻烦”。[①]

麦都思对于石印马来书的效果同样深具信心。他认为马来人一向只有抄本书，传教士整齐划一的活字印本在外观上已难获得马来人认同，更无论其内容，手写的石印本外观则类似抄本；再者马来人习于按断句符号（point）阅读，但活字印本很难插入断句符号，若以手写上版石印，则句读毫无困难，凡此都很有可能吸引马来人的眼光注意到书的内容。[②]

在石印产品方面，麦都思在同一封信中报道，已经印了五种书：中文二种和马来文三种。他没有写出第一种中文石印产品的书名，只说是马六甲的伦敦会弟兄柯利（David Collie, ?—1828）的学校用书修订本，27叶[③]；第二种中文书为《东西史记和合》，37叶，将中西历年大事分上下两栏，按年代对照排列作为比较，上为“汉土帝王年代”，下为“西天古传历记”，麦都思编撰此书的目的，在于破除华人自诩源远流长，轻视西方只从耶稣降生才有历史的误解，因此有一半内容是关于中国，也取自中国史书。麦都思依先前《咬噌吧总论》的经验，认为《东西史记和合》的内容与编排应该也会吸引华人阅读的兴趣，“若只有外国人名、年代和事件，华人会弃之不顾。”[④]本书直到第二年（1829）才全部印完。麦都思显然很重视此书，因为他在石印以外，又请马六甲布道站以木刻印行，也在1829年出版。

石印的技术和材料都在1828年解决后，麦都思一方面以石印取代木刻印刷中文，另一方面将石印推广应用到他形容的“任何语言与任何文字”[⑤]，于是巴达维亚布道站印刷所雇用的石印工匠也逐年递增，1831年

① LMS/UG/BA, 3.A., W. H. Medhurst to the Directors, 22 July 1828.

② Ibid.

③ A. Wylie, *Memorials of Protestant Missionaries to the Chinese* 也没有列出麦都思此书中文书名（p.30），可知伟烈亚力亦未见此书，却记本书有16叶，与麦都思1828年7月22日信中所记的27叶有别。

④ LMS/UG/BA, 3.A., W. H. Medhurst to the Directors, 22 July 1828.

⑤ Ibid.

至1832年间因为当地工匠技术较差，还特地雇用了一名德国籍石印工[①]。到1834年时，石印部门有中文、马来文写字各一人，印工五人[②]；1838年时增加印工一人[③]；到1839年时再增加地方性的马度拉文（Madurese）写字一人，合计石印部门达到九人，为历年最多，也远多于活字部门的三人[④]。至于石印机，麦都思在1834年告诉伦敦会的理事会，他有三部石印机在运转，其中之一是荷兰圣经公会自1825年起出借的，其他两部经常需要修理，因此希望理事会再送他一部能印全开大张的新印机[⑤]，但似乎没有获得同意。

从1828年至1843年的十五年间，巴达维亚布道站的中文石印产品有45种，马来文与爪哇文合计40种[⑥]。以篇幅而言，单张散叶者如韩愈的《谏迎佛骨表》（1829），麦都思石印此文的目的在"以华制华"，他在韩文之末加上一些警语，提醒华人古代早有圣贤反对佛教，借此劝诫华人莫再信佛，他表示巴达维亚华人乐于接受、急于阅读并谈论这份传单，引起不小的一阵骚动[⑦]。又如布道站附近市场接连三次火灾，每次烧毁六七十间房屋，谣言四起，华人及土著各自求神问卜祈福消灾，麦都思很快地撰成将近700字的《告白》，火灾翌日即石印分发，劝告华人莫言怪力乱神，信奉耶稣。麦都思得意地说，此篇《告白》出版之速让华人大感意外，也消弭了谣言，他特地检寄一份《告白》给理事会，附上英文翻译，作为布道站石印迅速工整的代表作。[⑧]

---

① LMS/UG/BA, 3.C., W. H. Medhurst to the Directors, 30 January & 2 November 1832.

② Ibid., 4.B., W. H. Medhurst to the Directors, 10 April 1834.

③ Ibid., 4.D., W. H. Medhurst to the Directors, 25 March 1839.

④ Ibid., 4.D., W. H. Medhurst to the Directors, 9 October 1839.

⑤ Ibid., 4.B., W. H. Medhurst to the Directors, Batavia, 27 October 1834.

⑥ 这两项数字为笔者自伦敦会档案的麦都思历年书信中勾稽，加上A. Wylie, Memorials of Protestant Missionaries to the Chinese中的资料等合计而得，包含同一书的不同版本在内。

⑦ LMS/UG/BA, 3.B., W. H. Medhurst to the Directors, Batavia, 22 July 1829.

⑧ Ibid.

巴达维亚布道站石印产品的一项特色，是九种超过200页（100叶）甚至1 000页的长篇巨著，中文、马来文、英文各三种。中文的《神理总论》《福音调合》《新遗诏书》三种都是传教用书，其中《新遗诏书》是1835年麦都思到中国沿海探查期间，在广州、澳门和郭实腊、裨治文及马礼逊之子马儒翰等修订中译本圣经，新、旧约分别由麦都思和郭实腊主要负责。他回到巴达维亚后又于1836年3月底返英，留下新约在巴达维亚石印，三部石印机全力赶工，不到八个月即在1836年底印成，分两本，共325叶，印1 000部[①]，这也是所有中文圣经中唯一石印的版本。

至于超过200页的3种英文石印，则是日文、朝鲜文与中文字典：《英日、日英字汇》（1830）、《朝鲜伟国字汇》（*Translation of a Comparative Vocabulary of the Chinese, Corean and Japanese Languages*, 1835）、《汉英字典》（*Chinese and English Dictionary*, 1843）。麦都思极富于语言天分和兴趣，在巴达维亚致力为英语读者编辑了6种字典[②]，其中4种（含前文所述台湾土著语字典）由巴达维亚印刷所出版：

《英日、日英字汇》：1827年2月，荷兰驻日本长崎商馆前主管狄斯特（Colonel De Sturter）借予麦都思一批日文书籍，他雇用十二名华人在数月中抄录8种日荷、日中等双语字典及其他图书，并开始自学日本语文准备将来日本传教之用[③]。1828年麦都思向荷兰当局申请搭乘贸易船前往日本不成；1829年初他获悉前驻长崎职员费雪（Johan F. van Overmeer Fisscher）有一种日荷字典，抄满800页、四开大本，附有其他字典所无的发音说明，麦都思以500爪哇卢布高价商得限期一月抄录一部的权利，还

① LMS/UG/BA, 4.D., William Young to the Directors, Batavia, 29 December 1836.

② 这6种字典，除前文所述台湾土著语字典及下文讨论的3种外，《福建方言字典》（*A Dictionary of the Hok-këèn Dialect of the Chinese Language*）先由英国东印度公司澳门印刷所承印一部分，再由美部会华南布道站印刷所于1837年印完出版，《英华字典》（*English and Chinese Dictionary*）则晚至1848年由上海墨海书馆印完出版。

③ LMS/UG/BA, 2.D., W. H. Medhurst to the Directors, Batavia, 20 July 1827.

得具结不再供他人抄录，也不得在三年内公开出版。麦都思和一名华人日夜抄写，抄至700页时，知悉其事的荷兰高官传讯费雪，质问何以提供外国人学习日本语文工具，费雪立刻毁约向麦都思要回字典[①]。麦都思感到挫折之余，决定自行编辑日文字典，以备将来有志传教士学习之用，至1830年3月以石印完成《英日、日英字汇》，344页，他在献词中如前文所述将本书献给荷兰总督范·登·波许。因本书和麦都思的传教工作无关，他自行负担印费，印完后运300本至英国寄售[②]。麦都思在导论中说，负责在石版上抄写本书的付印者是一名不懂英文也不知日文的华人[③]。

《朝鲜伟国字汇》：麦都思以朝鲜人原编日文字典《倭语类解》为本，加上英文、中文、日文与朝鲜文读音，分五十三类编排，末附《千字文》与英文索引，136叶，1835年石印完成，准备将来有志传教士之用，仍由麦都思自费付印，作者则署笔名“Philo Sinensis”翻译[④]。本书内文石印于中国竹纸，前有橙色中文封面，索引则活字排印于英国纸张，另有英文封面，合订成一书，加上内文手写的四种语文，构成风貌非常特殊的多元文化和技术混于一编的图书。

《汉英字典》：麦都思鉴于巴达维亚等地布道站学校的学生，合计约200人，都需要汉英字典等工具书协助学习，而当时唯一可得的马礼逊字典四开本6大册，定价20英镑，过于庞大而昂贵[⑤]，因此立意编印一部“简明而廉价”的字典，包含马礼逊字典的每个字与例句。麦都思在内容编

---

① LMS/UG/BA, 3.B., W. H. Medhurst to the Directors, Batavia, 22 July 1829.

② Ibid., 3.A., W. H. Medhurst to the Directors, Batavia, 22 July 1828; ibid., 3.B., W. H. Medhurst to the Directors, Batavia, 22 July 1829, 1 February 1830 & 5 August 1830; ibid., 3.B., a written ‘Memorandum’ on this vocabulary, no day, no name.

③ W. H. Medhurst, *An English and Japanese and Japanese and English Vocabulary*(Batavia: 1830), ‘Introduction.’

④ LMS/UG/BA, 4.A., W. H. Medhurst to William Ellis, Batavia, 2 April 1833 & 24 December 1833. 关于本书的讨论，参见陈辉《麦都思〈朝鲜伟国字汇〉钩沉》，《文献》2006年第1期，页175—182。

⑤ 关于马礼逊字典的编辑、印刷与出版，参见苏精《马礼逊与英国东印度公司澳门印刷所》，《马礼逊与中文印刷出版》，页79—111。

辑上毫无困难，问题是他不像马礼逊有英国东印度公司投注1万余英镑巨款支持，也没有整套数万个中文活字可供排印，于是麦都思决定结合活字与石印两种技术进行印刷：先以活字排印英文部分，中文部分则留下空白；其次将排好的英文部分以石印油墨打样在石印用纸上，再在空白处分别写上中文，然后交付石印[①]。麦都思设想出来此种罕见的二合一印刷技巧，虽然无法达到完美的品质，但已经足以让他公开宣称："符合迅速、低廉和清晰的目标。"[②]只因本书篇幅多达1 543页，巴达维亚印刷所自1841年初开印，直到1843年5月（即麦都思离开巴达维亚前往中国的一个月前）才全部印完，而他自费印的这部字典售价也只有10西班牙银元[③]，是马礼逊字典的八分之一而已。

麦都思比马礼逊晚了一年多应用石印技术于印刷中文，但是马礼逊、马儒翰父子与他们的华人助手，以及1830年代初在华几部石印机的使用者，大都只能印出单张散页的表格或插图，而且难以控制品质[④]。相对于此，麦都思在巴达维亚不但能因应不同气候自行调制油墨，可就地取材开采适用的石版，并将原来适于绘画图形的石印转成印刷文字，甚至结合活字和石印两种技术印于一书，运用自如地发挥这项新颖的印刷技术，他不仅以石印取代木刻出版中文图书，若连同其他语文并计，则其石印规模之大还超过了木刻印刷。

三、活字

巴达维亚印刷所采用的三种生产技术中，活字是最后的一种，直到

① LMS/UG/BA, 5.A., W. H. Medhurst to the Directors, Batavia, 12 April 1841.

② W. H. Medhurst, *Chinese and English Dictionary* (Batavia: Printed at the Mission Press, 1842), Preface.

③ *The Chinese Repository*, 12:9(September 1843), p.499, 'Chinese and English Dictionary.'

④ 马礼逊父子的石印，参见苏精《中文石印1825—1827》，《马礼逊与中文印刷出版》，页171—189。

1832年才有活字印书问世，此后也经常用于生产马来文、爪哇文或英文等书，至于中文则迟至1836年才印出第1种活字书，但此后至1843年的七年间，合计也不过5种而已，远不如其他语文，也远不如木刻及石印的中文书。此种情形对出身活字专业印工并以华人为主要传教对象的麦都思而言，显得不相对应。

导致此种现象的原因是缺乏可用的中文活字。中国的活字向为逐字手刻，一叶中同一字重复出现若干次，即需手刻若干个同一字；西方则以打造阳文钢质字范，翻制阴文铜质字模，再铸出活字三道工序造字，字模可快速重复铸出同一字。到1830年初，西方人只有两套比较完整可用的中文活字：一为印度雪兰坡英国浸信传教会布道站，为印刷传教士马士曼的中文圣经等译著所用的活字；另一套为英国东印度公司澳门印刷所为印刷马礼逊字典，雇用中国工匠逐字手刻的活字。不过，这两套活字各有限制，不便他人使用。雪兰坡活字以西方正常铸字工序制造，但只限常用字，较不常用者则随时手刻铅活字或木活字应急[1]，因此难以整套复制供应他人，而且其字形体并不匀称美观，华人不易接受，以致在1822年印成中文圣经后整套活字形同闲置；英国东印度公司的活字远比雪兰坡者美观，但字体极大，耗费纸张，而且全系手刻，只此一套无法复制。

进入1830年代后，关切中文印刷的西方人增多，美国传教士裨治文编印的月刊《中华丛论》成为发表相关意见的主要论坛，麦都思也参与其中，并在1834年发表一篇比较中文木刻、石印和活字三种方法成本与优劣的长文，结论是西式活字印法最为合适[2]。以麦都思的印工背景和中文

---

① John Clark Marshman, *The Life and Times of Carey, Marshman, and Ward* (London: Longman, 1859), vol. 2, p.63.

② *The Chinese Repository*, 3:5(September 1834), pp.246-252, Typographus Sinensis, 'Estimate of the Proportionate Expenses of Xylography, Lithography, and Typography, as Applied to Chinese Printing; View of the Advantages and Disadvantages of Each.' 此文只署麦都思笔名，但收在其《中国：现状与展望》一书，页559—565。

印刷经验，他的分析和结论自然具有权威性的说服力。其实伦敦会在槟榔屿的传教士台约尔已在稍早宣布，自己将致力于以西方铸字方法造就一套中文活字，因此麦都思的论证等于是为台约尔背书，并呼吁大家尽力支持台约尔的铸字计划。麦都思除了以文章公开支持台约尔，并在理事会征求他关于台约尔计划的意见时，同样表达称道与支持之意[①]，又以巴达维亚布道站之名向台约尔预订一套活字，成为台约尔最早的两个订户之一[②]，麦都思还率先付了半数价款50英镑。[③]

十五世纪西方印刷术发明初期，印工均自行铸造活字，虽十六世纪以后逐渐分家，成为铸字与印刷两项专门手艺，毕竟还是关系密切、互相依赖的上下游行业，因此若论铸造活字，麦都思本应是传教士中最适合的人选，何况他不久前也有一次铸字经验。1828年荷兰传教士布拉纳（Gottlob Bruckner）付费请他铸造一套爪哇文活字，准备用来印刷圣经；铸字完成后，布拉纳的补助者才指定要在雪兰坡印刷，此套爪哇文活字即送给麦都思，他又自行打造一部活字印刷机与所有配备，并得意地在1828年7月宣称："在木刻和石印之外，我们现在又新增了活字设施。"[④]不过，即使有此次铸字经验，但爪哇文字和所有拼音文字一样，需要铸造的字母和各种符号数量都只有100余个，而象形的中文数量多达4万字以上，即使只计常用字也要6 000字左右，和拼音文字相去极为悬殊，加上中国文字笔画多于拼音字母，因而手工打造中文字范与字模的难度也较高。专业又精明的麦都思肯定了解这些难题，不会贸然投入需要长期奋斗的铸造中文活字的工作中，从他的书信中也看不出曾有过这样的念头。台约尔则早在1825年成为伦敦会传教士后，在伦敦向

---

① LMS/UG/BA, 4.B., W. H. Medhurst to the Directors, Batavia, 23 June 1843.

② LMS/UG/PN, 3.7.A., Samuel Dyer to William Ellis, Penang, 9 January 1835. 另一个订户是美部会的新加坡布道站。

③ LMS/UG/BA, 4.B., W. H. Medhurst to the Directors, Batavia, 10 April 1834.

④ Ibid., 3.A., W. H. Medhurst to the Directors, Batavia, 22 July 1828.

休假回英的马礼逊学习中文时，已深受其影响而注意到对华传教的中文印刷问题，尤其对于应用活字的可能性更感兴趣，终于在东来后立志献身于铸字之举[①]。出身高级文官家庭与剑桥大学的台约尔，本是上层社会子弟，却愿意纡尊降贵从事铸字工匠技艺，确实令人佩服，麦都思当然给予鼓励与大力支持。

台约尔的铸字行动得到伦敦会同意和经费支持，却意外地遭遇了一名远在巴黎的强力竞争对手。巴黎是十九世纪初年欧洲的汉学中心，当地的铸字师傅李格昂（Marcellin Legrand）在汉学家包铁（Pierre-Guillaume Pauthier, 1801—1873）的协助下，从1834年起开始打造中文字范。为了减少成本和时间，李格昂对大多数的字采取按部首偏旁拼合的方式，只有无法拆解拼合的字才逐一打造，因此只要4 200余个活字，即可组合成3万个不同的中文字[②]，足够排印一般图书，却可以省下打造字范、翻制字模的大量成本和时间，尤其李格昂是铸字专家，进行速度很快，到1838年中已经完成1 500个活字，也有了两个客户。[③]

相比之下，台约尔的字体虽然美观，但逐字打造的方式，成本既高，工时又长，平均每天只能完成一个字，尽管他将铸成的活字陆续运交给巴达维亚布道站，至1836年3月麦都思回英国之前，到手的活字数量仍不足以派上用场，直到这年年底麦都思的助手杨（William Young, ?—1886）撰写布道站年度报告时，才在活字印书（letter press）项下出现“500本中文

---

① 关于台约尔和中文活字的前因后果，参见苏精《戴尔与中文活字》，《马礼逊与中文印刷出版》，页191—202。

② Marcellin Legrand, *Caractères Chinois, gravès sur Acier par Marcellin Legrand*(Paris: Marcellin Legrand, 1836); *Spécimen des Caractères Chinois, gravès sur Acier, et Fondus par Marcellin-Legrand*(Paris: Marcellin Legrand, 1837).

③ LMS/UG/BA, 4.D., W. H. Medhurst to the Directors, On board the George the Fourth off the North Forelands, 31 July 1838. 这两个客户是法国皇家印刷所（Imprimerie empériale）和美国长老会外国传教会（Board of Foreign Missions of the Presbyterian Church in the U. S. A.）。

《十诫》，每部18页”字样，这是巴达维亚印刷所第1种中文活字书。[①]

麦都思回到英国后，几度应邀向理事会报告印刷在内的中国传教事宜，并忙于出席伦敦会各地后援会接连为他安排的宣传与劝募活动，但他觉得实在有必要前往巴黎亲自检视李格昂活字的状况，终于在回巴达维亚一个月前的1838年6月间成行。检视的结果让他相当满意，认为足以迎合欧洲人和中国人双方的法眼，唯一缺点是拼合成字的两半，往往在大小、部位和美观上不成比例和匀称，他也面告李格昂如何进行改善[②]。问题是伦敦会自家的台约尔活字又该如何处理呢？1836年麦都思回英国之初已向理事会提过，台约尔活字的问题在于字体过大，耗费纸张等印刷成本，而且印成圣经后篇幅过大不便携带，更无法运入封闭的中国分发，希望台约尔能打造另一套字体较小的活字[③]；理事会虽转达了麦都思的看法，只是请台约尔参考而已[④]。现在面临巴黎拼合字的强力竞争，麦都思主张应该打造比巴黎更小的活字，以降低印书的成本，印成后也方便分发与携带，才能在未来的中文活字市场占据优势；理事会终于接受他的论点，要求台约尔打造大小两套活字。[⑤]

麦都思在1838年底回到巴达维亚后，到1843年结束布道站迁往上海以前，间歇性地以台约尔的活字印出4种中文书，只是尚未铸出的字太多了，麦都思经常得修改书稿内容的用字遣词，以迁就手头现有的活字[⑥]，

---

① 杨没有对此书多做描述，A. Wylie, *Memorials of Protestant Missionaries to the Chinese* 中也没有对应的书，比较接近的是多达94页的木刻本《神天十条圣诫注解》(p.29)，也有可能活字印的十诫是木刻本的一部分内容。

② LMS/UG/BA, 4.D., W. H. Medhurst to the Directors, On board the George the Fourth off the North Forelands, 31 July 1838.

③ 台约尔的活字以1827年伦敦会马六甲布道站木刻印刷的中文圣经宋体大字为蓝本，因此字体较大。

④ LMS/UG/BA, 4.C., W. H. Medhurst to the Directors, London, 29 August 1836, ‘General View of the Missionary Operations in China and the Eastern Archipelago;’ LMS/BM, 12 February 1838.

⑤ Ibid., 4.D., W. H. Medhurst to the Directors, On board the George the Fourth off the North Forelands, 31 July 1838; LMS/BM, 23 December 1839.

⑥ Ibid., 4.D., W. H. Medhurst to the Directors, Batavia, 9 October 1839.

或者以郭实腊放在麦都思处的一些中文活字填补[①]。台约尔活字的进展确实比李格昂缓慢得多,新增的小字又只有原来大字的四分之一,打造的技术难度更高,以致初期市场不如李格昂。但台约尔活字在1850年代达到可供实用的5 000字以后[②],市场规模也超越了形体不自然的李格昂拼合字,尤其在最主要的中国市场更是如此,使用者还扩大至传教士以外的报社、政府与民间印刷业者,这说明了台约尔按部就班逐字打造是正确而根本的作法,拼合字只是一时权宜的速成偏方。巴达维亚印刷所的中文活字印刷,虽然由于活字供应的客观条件不够成熟而乏善可陈,但麦都思仍积极参与了中文活字印刷近代化的初期发展,并且有所贡献。

第四节　分发流通与反应

一、传播方式

巴达维亚印刷所的大量产品中,除了麦都思编纂的字典、其他传教士或团体委托印刷的图书,以及承印的一些零星文件以外,都是准备免费分发用于传教的。分发的地区很广,巴达维亚当地固然是主要的分发场所,荷属东印度群岛其他地方、伦敦传教会在东南亚其他布道站所在地、暹罗与中国等地,都在传播的范围之内。送往外地的书刊,有的由麦都思或其助手赴外地巡回传教时随身携带分发,有的就寄给外地的传教士代劳,或

① LMS/UG/BA, 5.B., W. H. Medhurst to the Directors, Batavia, 16 October 1842; 10 April 1843. 麦都思认为郭实腊这批中文活字得自普鲁士国王,而其字形和铸造品质远不如台约尔。不过,根据当时在广州的美部会印工卫三畏表示,郭实腊雇用一名本地华人工匠,省略打造字范的工序,直接打造字模,再从字模铸出约3 000个活字,但品质相当低劣,见ABCFM/Unit 3/ABC 16.3.8., vol. 1, Samuel W. Williams to Rufus Anderson, Canton, 28 December 1833。

② LMS/CH/SC, 6.1.A., John Chalmers to A. Tidman, Hong Kong, 14 October 1857.

交由回华的贸易船带回中国。同时，巴达维亚布道站也接受其他地方运来的各种语文书刊在本地分发。

对巴达维亚布道站而言，积极主动地分书活动有其必要性，因为布道站位于距离巴达维亚城区东南六七公里外的帕拉帕丹，当地的华人不多，麦都思承认在布道站教堂聆听讲道的人，都是他雇用的工匠、仆役，以及学校师生等，一般华人或马来人不可能会到布道站来，他只有主动寻觅对象分书，经常还得加上分发医药以吸引人[①]。麦都思分书的主要场所是城内的华人区(China Campong)[②]和城外的几个市集，他除了主持布道站的英文、中文和马来文礼拜等事，大致每周进城两天分书，其他日子则前往市集，麦都思常去的三个市集距离布道站都在一英里之内，每周赶集两次，都有成千的人到场，也是麦都思分书的好日子[③]。不论是华人区或市集，每次分书来回约两个小时，也只能在上午尽早进行，避开炎热的时刻。

在华人区和市集两个地方分书的区别，在于前者他每次访问的店铺或住家有限，每家或每人谈话时间较长，因此只要带十来部书就足够，都是他先主动和人攀谈，问候对方的生意、身体或年纪等，逐渐引入宗教的主题，宣讲基督教义，劝诫对方放弃迷信或和对方论辩，最后再赠以随身携带的书，叮嘱对方仔细阅读；至于市集分书，他经常公开朗诵书的内容，吸引路人注意进而聚集听讲或和他论辩，围观群众较多，他总要携带

---

① LMS/UG/BA, 2.A., W. H. Medhurst to the Directors, Batavia, 23 August 1823; ibid., 3.C., W. H. Medhurst to the Directors, Batavia, 30 January 1832; LMS/UG/JO, Medhurst's Journal, 30 June 1825.

② Campong或Kampong为村落的马来语音，华人称为“监光”，麦都思经常简称为China Camp。巴达维亚城内以河分东西两半，华人区在河西岸，据包乐史(Leonard Blussé)、吴凤斌《吧城公馆档案研究：18世纪末吧达维亚唐人社会》(厦门：厦门大学出版社，2002)，第二章，《吧达维亚的唐人监光》称，十八世纪末年时华人区繁荣热闹，有690间商店、1 341间房屋(页53)。

③ LMS/UG/BA, 3.C., W. H. Medhurst and W. Young to the Directors, Batavia, 2 November 1832, 'Report of the Mission at Batavia.'

上百部书当场散发[1]。麦都思分书一向是只要有人要就给，但到1839年时发觉索取的人增加许多，于是他采取先确认对方有阅读能力才送的新策略，结果意外发现许多马来人都能读，尤其是巴达维亚地区，起码半数马来人多少识字，其中数千人是流利的读者；至于华人，他觉得几乎所有来自广东者都能了解书的内容，而福建人则约有半数理解。[2]

麦都思从1823年印刷所建立开始，已将部分产品送往外地，不过都以伦敦会在马六甲、槟榔屿和新加坡的三个布道站为主。从1826年起情况大有不同，麦都思自己表示，经过数年的广泛分发后，巴达维亚一带的华人和土著都已十分了解传教书刊的内容，因此他觉得应该向爪哇东部地区拓展分发对象才是[3]；同时这一年8月，他和从英国休假回华路过爪哇东端的马礼逊会面，马礼逊建议他应更扩大范围，以巡回方式遍及婆罗洲等荷属东印度殖民地各处，甚至远及暹罗等地传教分书[4]。于是麦都思在1826年10月进行了往东边的三宝垄（Samarang）、泗水（Sourabaya）等地之行，沿途各地华人第一次眼见操华语的红毛鬼子，无不感到新鲜称奇并围观听讲，他也到处口说指画宣讲教义，送出的图书则毫无例外地受到欢迎接受，他自己觉得是前所未有的鼓舞[5]。此后麦都思陆续前往各地进行十天至一个月的巡回传教，每次都带着大批各种语文图书沿途分发。例如1841年他又一次前往泗水等地，携带的书超过万部（10 131部），其中以中文2 800余部最多，其次爪哇文（阿拉伯字母）2 400部，马来文（阿拉伯字

---

① LMS/UG/BA, 2.A., W. H. Medhurst to the Directors, Batavia, 30 May 1823; ibid., 2.B., W. H. Medhurst to the Directors, Batavia, 4 May 1824; ibid., 3.C., W. H. Medhurst to the Directors, 7 March 1831 & 2 November 1832; ibid., 4.A., W. H. Medhurst to the Directors, Batavia, 24 December 1833.

② Ibid., 4.D., W. H. Medhurst to the Directors, Batavia, 9 October 1839.

③ Ibid., 2.D., W. H. Medhurst to the Directors, Batavia, 6 October 1826.

④ Ibid., 2.D., W. H. Medhurst to the Directors, Batavia, 15 January 1827. 马礼逊则说是麦都思自己提出的建议（LMS/CH/SC, 2.2.E., R. Morrison to W. A. Hankey, HC Ship Orwell, Straits of Sunda, 7 August 1826）。

⑤ LMS/UG/BA, 2.D., W. H. Medhurst to the Directors, Batavia, 15 January 1827.

母)1 900部,荷兰文也有1 600余部等等。①

除了这些巡回传教外,麦都思还有几次特地运送大量图书到中国在内的其他地方。1833年9月,他运送4 500余部书给在澳门的郭实腊②。翌年3月又送了6 600余部③,合计12 000余部,供郭实腊沿中国海岸航行分发之用。1835年麦都思自己也北上中国沿海探查④,事先从巴达维亚运出的书更多,这年2月先送8 000余部,4月再接再厉又送出8 300余部⑤,合计多达16 000余部。至于从1842下半年到1843年上半年,麦都思又有三次各运了一万余部书到中国⑥,这应该是结束巴达维亚布道站的一部分措施了。

二、华人的反应

麦都思所以会如上所述从1826年起经常前往外地进行巡回传教,其实还有一项更重要的原因,那就是他和巴达维亚当地华人社群的关系,竟然陷入了严重尴尬的僵局,而其导火线正是前文提及他批评中国年节习俗的系列小书,以及他过于激进而被华人视为冒犯的分发行动,不仅引发他和华人之间一连串的争论风波,甚至导致他在当地对华人传教长达二十年而一无所获,这肯定是他始料未及的后果。

麦都思从1823年开始印刷出版,到1824年底为止,为了吸引华人的

---

① LMS/UG/BA, 5.A., W. H. Medhurst to the Directors, Batavia, 7 October 1841.

② Ibid., 4.A., W. H. Medhurst to William Ellis, Batavia, 24 December, 'Report of the Mission Station at Batavia for 1833.'

③ Ibid., 4.B., W. H. Medhurst to the Directors, Batavia, 27 October 1834, 'Report of the Mission at Batavia for 1834.'

④ 麦都思这次探查经过,详见W. H. Medhurst, *China: Its State and Prospects*(London: John Snow, 1838), pp.361–497。

⑤ LMS/UG/BA, 4.C., W. H. Medhurst to the Directors, Batavia, 1 April 1835; ibid., W. H. Medhurst to the Directors, 'Report of the Missions at Batavia for 1835.'

⑥ Ibid., 5.B., W. H. Medhurst to the Directors, Batavia, 16 October 1842, 10 April 1843 & 24 June 1843.

目光，在选材、编辑和内容撰写各方面下了许多功夫，他也再三报道华人喜爱阅读《特选撮要每月纪传》和《咬噌吧总论》的各种现象，还有人养成每月准时期待《特选撮要》出版的习惯，可以说他的用心已经达到了预定的目标。但这毕竟不是麦都思最终的目标，他和当时所有传教士的想法一样，文明和知识的传播都只是他们领人信教的工具，有如他要仿效继承的前辈米怜对于《察世俗每月统记传》的看法："宣扬基督教是本刊的首要目标，也不忽略从属于此的其他目标，知识和科学是宗教的附庸（hand-maids），能发挥辅助性的功效。"[①] 当《特选撮要》的分发量达到3 000部时，麦都思也在1825年初表示："大量宗教知识如此广泛的分发，不可能毫无所获；能做的都做了，只待上帝施其恩典。"[②]

问题是麦都思有办法借着经常在书中提及"唐人"如何如何，吸引华人阅读《特选撮要》和《咬噌吧总论》，却无法保证华人也会接受他同时传播的基督教信仰。对华人而言，这几乎是完全陌生的宗教，而且是"番鬼"或"红毛"的信仰，更何况基督教有着和华人思想行为大相径庭的一神崇拜、不拜祖先、生而有罪等教义。麦都思虽然有坚强的信念与毅力，认为自己必可感化华人归主，但他东来将近十年，到巴达维亚也已三年，在传教上却迟迟没有收获，他在1825年1月的日志中[③]，先是一再抱怨华人无心听他宣讲教义[④]，或是在他宣讲时争先恐后插嘴或高声反对[⑤]，有时则是"我走遍华人区却找不到机会做善工（doing good）"[⑥] 等等，随后在2月2日的记载显示麦都思似乎已经失去了耐心：

---

① W. Milne, *A Retrospect of the First Ten Years of the Protestant Mission to China*, p.154.

② LMS/UG/BA, 2.C., W. H. Medhurst to the Directors, Batavia, 4 January 1825.

③ 伦敦会现存档案中，麦都思的日志是从1825年1月起至1826年12月止（LMS/UG/JO, Medhurst's Journal），当年他是否撰有其他年份的日志并无可考。

④ LMS/UG/JO, Medhurst's Journal, 6 & 17 January 1825.

⑤ Ibid., 26 January 1825.

⑥ Ibid., 28 January 1825.

前往鲜嫩市场(Bazaar Senen),我坐在一群人当中教导他们福音,他们注意听讲并且似乎显得赞同。但是,令人痛苦的是每当他们回答或说话,总是误会我的意思,回答也不着边际,将最崇高的真理归诸最愚蠢想象的来源,也将听到的教义说成最不可思议的结果。和他们谈话必须有最大限度的耐心和容忍,因为随时会遇到他们话中出现的错误,我忙着纠正了这个,另一个马上又出现了,到最后我以为他们总该多少了解一点了,他们想着的却显然是另一回事。[①]

半个月后的2月18日是华人的新年,麦都思四点即起床,摸黑前往华人区最大的一间庙宇,向络绎不绝来烧香拜拜的华人分发他特为此日撰写印刷的小书《中华诸兄庆贺新禧文》(7叶)。书的内容先是向华人拜年,接着劝诫华人四件事:戒奢侈、戒酒醉、戒赌博、戒淫邪,并提醒他们新年期间宜算账看簿、洗净厝宅、排物齐整、衣服鲜丽等。全文没有批判华人迷信,也几乎没有传教的内容,仅在结束前顺带一笔要华人祈求神天饶恕罪过,免受刑罚,日后可得平安。麦都思离开庙宇后,又在巴达维亚城内各处总共散发了1 500部[②]。在此后的十几天内,陆续有华人向他提及此书,还有一名华人劝告他不必抱怨没人相信福音,因为分发这么大量的书,谁能说不会结出许多善果呢?或许想做坏事的人,无意中看了他的书而打消了歹念。麦都思承认,居然会有异教徒如此安慰自己,真令他感动。[③]

麦都思决定再接再厉继续下去,并且开始批判华人宗教信仰与习俗。同年(1825)4月5日清明节,他又起个大早,赶在所有人之前到达华人义

① LMS/UG/JO, Medhurst's Journal, 2 February 1825.
② Ibid., 18 February 1825.
③ Ibid., 24 February 1825.

冢(公墓),等到华人陆续前来扫墓,他开始分发特地为此撰写的《清明扫墓之论》(6叶),先叙述清明节的由来,批评介子推:

> 虽为廉士,然不忠不孝,无父无君,何能为善哉?〔……〕正是名教之罪人也,且后人以其不忠不孝,反以有德,禁火以赞其志,寒食以记其廉,岂非愚人之为乎?①

接着又批评孔子教人祭拜父母之礼:

> 或有人言曰:〔……〕孔子有云,生事之以礼,死葬之以礼,祭之以礼,岂不可从乎?答曰:彼一时,此一时也。当孔子之时,世人尚愚,天理不明,王道不顺,连孝父母都不晓悟,故孔子尽心以彰五伦之道,而或有句言略略过分,不得尽从。〔……〕总是不得执迷泥古,因古人侵礼祭祀,不可妄从之。〔……〕惟不可祭亲,不可拜墓,因此侵犯神天之礼也。②

麦都思在公墓当场分发了500至600部《清明扫墓之论》,接着转往另一处公墓,又分发了约900部,他表示华人都相当乐于接受。③

勇往直前的麦都思,又选定了4月20日的玄天上帝生日作为第三个目标。他先打听到由屠夫自剖其腹、摘弃恶心而成神的玄天上帝传说,随即撰写印成《上帝生日之论》(5叶),认为:

> 所言之屠夫,未必有其人,都无姓名,亦无来历,书册无讲,无所可考,不过在人口说而已。或者只系虚浮之事,一端谎言,和尚道士做出骗人,而中取利。〔……〕盖天堂上帝,永远常有,自然而

---

① 尚德〔麦都思〕,《清明扫墓之论》(新加坡:新加坡书院,1835),叶1。麦都思在巴达维亚刻印的本书已难得一见,此处引述的是1835年美部会的新加坡书院覆刻本的内容,以下引述的年节各书也一样。

② Ibid.,叶3、4。

③ LMS/UG/JO, Medhurst's Journal, 5 April 1825.

然，至大至尊，安有一个杀猪之人，可为上帝，岂有此理乎？[1]

玄天上帝生日当天，麦都思带了数百部《上帝生日之论》，前往离城六七公里供奉玄天上帝的庙宇[2]，分发给善男信女，还在道士为信徒举行过火仪式时，揭穿信徒未受伤是自然现象而非神迹。[3]

接着第四个目标是5月10日的妈祖生日，麦都思撰写《妈祖婆生日之论》(5叶)小书，在城内妈祖庙向福建人分发[4]。他先叙述妈祖信仰的来历，然后批评其事不可能，即使林默娘所梦与事实相合，也只是偶然巧合：

> 此小女诚有救船，则不知其嘴如何阔大，能包含船，免其沈水。这样的嘴必大过虎口，阔过城门，〔……〕何故大家专想妈祖，而望女神保佑平安乎？一坏木头，不得行动，不识好歹，都像死物，安能保佑船只而免失事也？[5]

麦都思第五个目标是端午节，他原本以为华人参与此日祭典者不多，未决定选为目标，在有些华人问他是否"循例"逢节再出书后，决定改印单张的告示分发[6]。文中告诉华人，在屈原死后千余年仍在寻觅他的躯体，而且是在千余英里外的巴达维亚而为，岂非愚昧？[7]

在端午节告示后，麦都思停笔一年，到翌年(1826)华人中元节时，又出版最后一种年节小书《普度施食之论》(7叶)，书中严厉攻讦佛教和尚，同时又以英国与荷兰为榜样：

---

① 尚德〔麦都思〕,《上帝生日之论》(新加坡：新加坡书院，1835)，叶3、4。

② 包乐史、吴凤斌《吧城公馆档案研究：18世纪末吧达维亚唐人社会》，称此庙在丹绒(Tandjoeng)地区，建于1669年(页77)。

③ LMS/UG/JO, Medhurst's Journal, 25 April 1825.

④ Ibid., 10 May 1825. 包乐史、吴凤斌,《吧城公馆档案研究：18世纪末吧达维亚唐人社会》一书，谓此庙位在船只聚集的运河边，建于1784年(页79)。

⑤ 尚德〔麦都思〕,《妈祖婆生日之论》(新加坡：新加坡书院，1835)，叶2、4。

⑥ LMS/UG/JO, Medhurst's Journal, 30 May 1825.

⑦ Ibid., 20 June 1825.

> 佛教和尚创此法度，想要赚钱，意欲取利，〔……〕如今之和尚，多乃恶人，会嫖赌饮，无所不至，庙内养女，佛前行淫，污秽恶毒；这样之人，本该责打，不准为和尚，则何能容之祈求于天？①
>
> 盖红毛荷兰，无拜阴鬼，无施食孤魂，无普度七月半之礼，而那些人都无分外之苦，鬼无烦闹，魂无讨食，乃其日夜平安，国事兴旺，而百姓富矣。②

麦都思在出版这些小书期间，仍继续日常到城里和各市场访问、分书和宣讲教义的行程，当然也奋战不懈地随时和华人争辩。有些华人劝他，既然他的目的在赢得华人之心，则出版的书应先赢得华人喜爱才是，如此攻击他们的神祇只会惹来华人之怒。麦都思回答自己东来不在探求华人好恶，而在给予真理，华人自可选择去取，但他们如果决定迎向光明，则必须背弃黑暗。他觉得一名传教士主要应致力于引导罪人到救主之前，但如果能做的都不遗余力地做了，仍无法激起太多注意，那么他"必须尽力动手拆除撒旦的巢穴"（"[I]t became necessary to endeavour to pull down some of the strong holds of Satan, [...]"）。他援引圣经中以强烈用词谴责异教徒为训，所以自己也毫不犹疑地同样对待华人。③

麦都思是主动挑起争论的一方，因此总是有备而来，例如华人指责他不该贬斥华人诸神，他答以自己深为华人的迷信感到焦虑，因此旨在为华人指出一条正道，接受与否由华人自行决定。华人如果表示愿意信奉耶稣，但继续供奉原来的神明，麦都思就将此比喻成一女事二夫，或者说既然接受真理，如何可能不先抛弃错误④。不过，他也有词穷的时候，例如鸦

---

① 尚德〔麦都思〕，《普度施食之论》（新加坡：新加坡书院，1835），叶1、4。

② Ibid.，叶7。

③ LMS/UG/BA, 2.C., W. H. Medhurst to G. Burder, Batavia, 3 June 1825; LMS/UG/JO, Medhurst's journal, 19 April & 30 May 1825.

④ LMS/UG/JO, Medhurst's journal, 30 May & 9 November 1825.

片和赌场两项，华人说麦都思既然是为了他们好，就请他向荷兰殖民当局要求关闭戕害华人的特许烟馆和赌场[①]；也有华人质疑他总说华人是错的，天主教也是错的，难道只有英国人全是对的？[②]还有人质问他说华人是罪人，但西方人来到东方占人土地、使人为奴，难道就不是罪人？还建议他先劝化了这些西方人，再来面对华人。[③]

华人最无法忍受的是麦都思对祭拜祖先和孔子言教的批评，因此双方关系的紧张程度，从清明节起迅速升高。当天他的分书行动还没结束，已发现在一间华人集会所的前后门，各挂上了一部《清明扫墓之论》，还附有华人领袖甲必丹（Captain）署名的告示：[④]

> 此书攻击圣人教诲之处，最为可恶，凡读此书者，非真华人。
>
> （"These attacks on the doctrines of the sages are most abominable. – Whoever peruses this book is no true Chinaman."）[⑤]

乍见华人此种前所未有的公开反应，麦都思当下颇觉困窘，但他坚持自己的书并没有特别冒犯之处，只是抨击华人最重视的孔子教训与祭拜父母两件事而已，他还强硬地回应：

> 从来不曾听说华人在我们提到上帝对他们的仁慈时哭泣，或者在告诉他们救主耶稣代他们而死的爱时拭泪，中国哲人与民众对此最为淡薄轻视，却将孝道扭曲至不适当与不合理的境界。[⑥]

---

① LMS/UG/JO, Medhurst's journal, 6 January and 16 March 1825.

② Ibid., 27 December 1825.

③ Ibid., 19 September 1825.

④ 麦都思没有指出这间集会所的名称，可能就是华人甲必丹议事的公堂或公馆。关于甲必丹的历史、地位与权责等研究，参见包乐史、吴凤斌《吧城公馆档案研究：18世纪末吧达维亚唐人社会》页1—50，第一章《东印度公司与吧城唐人》；包乐史、吴凤斌校注，《吧城华人公馆（吧国公堂）档案丛书．公案簿（第二辑）》（厦门：厦门大学出版社，2004）页1—15，袁冰凌《吧城公馆档案与华人社会》。

⑤ LMS/UG/JO, Medhurst's Journal, 5 April 1825.

⑥ Ibid.

在一次各说各话没有交集的激烈争论最后，华人表示你我各有其道，华人之道已有数千年之久，不可能改变。麦都思则说他的责任在为华人指点正道，去取由华人抉择。华人干脆表示，原来还认为他有可取之处，自从他反对孝道最高境界的祭拜祖先，已将人贬低为畜生，正显示他的无知。①

言辞交锋以外，华人也采取行动反制麦都思。先是有富人口头警告他，甲必丹非常气愤他的系列小书②。五天后市面便出现了一份匿名告示，指名道姓地攻击麦都思，说他若再多读一两年中文书，或许就不致如此批评孔子或诋毁华人习俗；并说基督教义不过痴人说梦而已，不可能说服华人改变千古以来习俗而听从英国人法度，只可能以夏变夷，不可能用夷变夏；还劝麦都思不必再白费心思于天朝百姓，只需用心于无知愚昧的马来人或爪哇人即可。麦都思说告示的文笔很好，作者还抄写了好几份四处张贴③。麦都思则还以颜色，以一名华人和一名英国人对谈的形式，写了一份12页的回应，华人说的即是匿名告示的内容，而英国人说的当然就是麦都思的反驳了。④

第二年（1826），麦都思每逢上述的年节，依旧带着他的小书分发给华人，也遭到华人一些反对，例如清明节他在公墓分书时，遇到华人对他说“华人过华人的习俗（Chinamen would follow Chinese customs）”，干扰他的宣讲⑤。他到玄天上帝庙时，庙公脸色很难看地催赶围观麦都思讲道的华人散去，又故意敲锣打鼓掩盖了他说话的声音⑥。同一年6月19日，荷兰人盛大隆重地举行滑铁卢（Waterloo）战役胜利纪念仪式，当天麦都思访问华人区时，便遭到华人讽刺，说西方人开始接受华

---

① LMS/UG/JO, Medhurst's Journal, 21 March 1825.

② Ibid., 16 September 1825.

③ Ibid., 21 September 1825.

④ Ibid., 27 December 1825; LMS/UG/BA, W. H. Medhurst to G. Burder, Batavia, 9 November 1825.

⑤ LMS/UG/JO, Medhurst's journal, 5 April 1826.

⑥ Ibid., 8 April 1826.

人影响，也祭拜起战死的亡魂，因此他再也不能责怪华人扫墓祭祖之举了！[①]

甚至在这些年节习俗小书出版三年之后(1828)，麦都思还表示华人正"有系统地"(systematically)展开反对行动，特别是和尚道士和有钱有势的支配阶层。由于前述他在书中尖锐地攻讦和尚，各寺庙几乎都禁止他进入，有一次他进去了还被要求退出，他说对方从来没有过类似的举动，何况当时他也没和人争论或指摘迷信的言语。至于富人，麦都思说他们都住在深宅大院，常人无从一见，必须事先约定获邀才有机会登堂入室，当他要求拜访他们时，几乎每个人都故意避不见面，不准他和从前一样进入他们的屋子，也拒绝接受他分发的书[②]。到1831年时麦都思又报道，前一年交由中国帆船运往暹罗给郭实腊的两箱书，在巴达维亚一些华人的唆使下，半路上被丢入海中了[③]。直到八年后的1833年底，麦都思在布道站的年度报告中，仍在概述华人前述反对他的一些方法和理由。[④]

此后麦都思未再提起和华人之间的争论，也不再有关于华人反对行动的记载，但从他多年坚持原则的态度看来，不再提起这些争论绝不意味着他已和华人化解了僵局。事实上从1834年起，他的注意力已从巴达维亚转移到中国本土了，这一年起中英关系体制从东印度公司变成英国政府直接面对中国，是所有和中国事务有关的外国人注意的大事，传教士也不例外。同时基督教的中国传教形势也有所变化，伦敦会第一位来华传教士马礼逊在这一年过世后，伦敦会没有了常驻中国的传教士，而郭实腊和美国的传教士却在华积极活动中，麦都思和同会的其他弟兄则仍在遥远的东南亚继续等待，身为最资深的伦敦会传教士，他自然深感焦虑，在

---

① LMS/UG/JO, Medhurst's journal, 19 June 1826.
② LMS/UG/BA, 3.A., W. H. Medhurst to the Directors, Batavia, 22 July 1828.
③ LMS/UG/BA, 3.C., W. H. Medhurst to the Directors, Batavia, 7 March 1831.
④ LMS/UG/BA, 4.A., W. H. Medhurst to W. Ellis, Batavia, 24 December 1833.

给伦敦会的书信中再三讨论中国情势，并要求到中国沿海探查，终于获得伦敦会同意并在1835年成行，接着又回到英国报告此行经过与结果，直到1838年底才回到巴达维亚。1840年鸦片战争爆发，麦都思前往中国之路也不远了。1843年6月，麦都思先将印刷机、活字和大量图书运往香港，他自己也在同月稍后离开了巴达维亚。

结　语

在十九世纪初年英国基督徒海外传教热潮下东来的麦都思，1822年抵达巴达维亚，翌年建立布道站印刷所，到1843年为止的二十年间，进行了非常活跃的印刷出版活动。专业印工的技术背景，加上充沛的传教热情和干练的工作能力，麦都思得以在中国文化的边陲地带，发展出内容多彩多姿、技术求变创新的印刷事业。在鸦片战争以前基督教对华传教工作亟需印刷出版辅助之际，麦都思及其巴达维亚印刷所适时承担起这项任务，也在传统的中文印刷出版受到西方影响开始近代化的初期，扮演了突出的角色，尤其在中文石印发展史上有非常重要的一席之地。

不过，印刷只是图书文本传播过程中，偏重技术层面的复制生产阶段。图书文本的传播至少包含撰写内容、复制生产、分发流通，与接受反应等过程，每一阶段都直接关系传播的效果。令人意外的是麦都思非常用心地建立和荷兰人的良好关系，借以营造包含印刷出版在内的良好传教环境；另一方面他却十分坚持己见，在撰写内容与分发流通两者，以强硬的态度和自己传教对象的华人针锋相对，即使形成难解甚至无解的僵局也在所不惜，以至于他擅长的印刷未能发挥辅助传教的积极效果，反而导致他在巴达维亚长期传教却一无所获的窘境，只曾经为别人在外地带领的华人施洗而已。[①]

麦都思身为最早来华的传教士之一，充满着传播基督教福音的使命感，但他自己还不够深入了解对方的传统文化，先已极力贬斥其他非基督教信仰为异教徒迷信，不但形诸文字和言语，也不讲求沟通传播之道，以激进冒犯的态度和行动，激起华人不满与反制，可说是欲速则不达，劳而无功。

---

① 1841年9月，麦都思前往泗水巡回传教期间，为在当地传教的英国女性平信徒阿德希(Mary A. Aldersey, 1797—1868)带领的华人杨邦基(Yang Pang-ke)施洗(LMS/UG/BA, 5.A., W. H. Medhurst to the Directors, Batavia, 7 October 1841)。1842年，阿德希将两名华人父亲与爪哇母亲的女孩阿娣(Ruth Ati)与纪德(Christiana Kit)送至巴达维亚，请麦都思照料并转送至新加坡与香港，女孩在巴达维亚期间接受麦都思施洗成为基督徒(LMS/UG/BA, 5.B., W. H. Medhurst to the Directors, Batavia, 16 October 1842)。关于阿德希、杨邦基及两名女孩，参见苏精《阿德希及其宁波女学》,《中国，开门！——马礼逊及相关人物研究》，页103—143。

第四章
中文圣经第一次修订与争议*

* 本文曾刊载于《编译论丛》第5卷第1期(2012年3月),页1—41。

绪　论

1807年基督教第一位来华传教士马礼逊抵达后，开始学习语文，不久又展开翻译圣经、编纂字典和撰写语法书等工作。他在1813年印刷出版新约，接着又和第二位来华传教士米怜翻译旧约，到1823年印刷出版了全本中文圣经。由于马礼逊开始学习中国语文不久即着手翻译圣经，并采取直译的方式，又缺少字典等辅助工具，种种因素造成译文佶屈聱牙、晦涩难懂，不利于传播当时中国人陌生的基督教。马礼逊自己有意修订[①]，但没有成事，后来的传教士也有修订之议，并在1834年他辞世前不久付诸行动，于1836年完成新约付印，是为基督教中文圣经第一次修订。但是，这次修订工作虽然进行得迅速而顺利，却引起未参与其事的传教士不满与反对，因而引发争议，以致未能获得英国圣经公会认可与补助，成为此后中文圣经连串修订与不断争议的开端。本文旨在重新建构这次修订的史实，探讨修订的缘起、经过、争议及余波等。

此次修订既是中文圣经历史上的第一次，又引发争议，而且还是同一传教会的传教士之间的争议，理应会成为许多论著的研究对象，但事实却并非如此，笔者所知仅有两篇：韩南（Patrick Hanan）的论文《作为中国文学的圣经：麦都思、王韬与委办本圣经》（“The Bible as Chinese Literature: Medhurst, Wang Tao, and the Delegates’ Version”）[②]，以及尤

① E. A. Morrison, *Memoirs of the Life and Labours of Robert Morrison*, vol. 2, pp.361–363, R. Morrison to the Chairman and Committee of the British and Foreign Bible Society, Canton, 7 November 1826.

② Patrick Hanan, “The Bible as Chinese Literature: Medhurst, Wang Tao, and the Delegates’ Version,” in *Harvard Journal of Asiatic Studies*, 63:1(June 2003), pp.197–239.

思德（Jost Oliver Zetzsche）专书《和合本与中文圣经翻译》（*The Bible in China*）的第三章《第二代圣经翻译者》（“The Second Generation of Bible Translators”）[①]。韩南的论文充分利用伦敦传教会的档案，但讨论重点在1840年代的麦都思、王韬与委办本圣经，关于1830年代第一次修订的讨论相对简略而不完整。尤思德一书的主题在和合本，而以第三章专门讨论第一次修订，但他在此章只是很有限地参考伦敦会档案，更完全不曾参考美部会的档案，史料运用的缺陷导致他在叙述和解释上的不少错误，例如他再三强调裨治文在修订中无关紧要的角色[②]，又以为麦都思是马礼逊亲自挑选的继承人[③]，以及指称麦都思在英国受挫后拟求助于美国[④]，又罗织英美传教士间的歧见争议，强为1840年代的译名之争预设线索等等[⑤]。由于尤书甚获好评，又有中译本[⑥]，影响很大，其错误有必要予以澄清，但本文限于篇幅只能选择尤书的部分错误进行辨正。

第一节 修订缘起与开始

第一次修订很明显以1835年6月麦都思到达中国的分为前后两个阶段。前一阶段由裨治文和马礼逊的儿子马儒翰两人在广州修订，后来郭实腊也加入，麦都思则在巴达维亚单独进行；后一阶段是以上四名参与

① Jost Oliver Zetzsche, *The Bible in China*: *The History of the Union Version or The Culmination of Protestant Missionary Bible Translation in China*(Sankt Augustin: Monumenta Serica Institute, 1999), pp.59–71, ‘The Second Generation of Bible Translators.’

② J. O. Zetzsche, *The Bible in China*, pp.61, 62, 63.

③ Ibid., p.59.

④ Ibid., p.67.

⑤ Ibid., pp.62, 74.

⑥ 参见尤思德著、蔡锦图译《和合本与中文圣经翻译》（香港：国际圣经协会，2002）。

者齐聚在广州和澳门从事修订。

在前一阶段中，裨治文是修订的发起与组织者，他所以会这么做是美部会决定扩大中文印刷出版活动的缘故。裨治文是美部会在广州的传教士，也是第一位来华的美国传教士，他来中国是马礼逊于1827年底写信邀请美部会建立中国传教事业的结果[①]，而1830年初裨治文抵达广州后，也受到马礼逊极大的关照，两人来往非常密切。裨治文从一开始就是在马礼逊的指导协助下学习中国语文，并接下马礼逊原来主持的英文礼拜和讲道，又受到马礼逊的直接影响而着手印刷出版中英文书刊。

从十六世纪宗教改革以来，印刷出版一直是基督教用以传教的重要工具，十九世纪初年基督教来华后也不例外，尽管中国政府禁止传教，也不准外人刻印中文图书，马礼逊仍然暗中进行印刷出版活动，并要后来的米怜前往马来半岛的马六甲建立布道站，附设规模可观的印刷所，企图借着大量生产的中文书刊突破封闭的中国社会[②]。裨治文到广州的最初三年间，也在马礼逊和华人基督徒梁发的协助下，编印和分发了《圣书日课初学便用》一书和四种中文小册[③]。此外，裨治文从1832年5月起创刊《中华丛论》英文月刊，他为此忙于撰稿、编校、印行，投入了远多于中文图书和其他工作的时间与心力，达到他自己说的“几乎没时间吃饭和睡觉”的地步[④]，因此他三度在写回美部会的信中承认，自己在中文图书方

① 马礼逊邀请美部会派传教士来华的信函，见ABCFM/Unit 3/ABC 16.3.3, vol. 1, Robert Morrison to the Board of Commissioners for Foreign Missions, Canton, 20 November 1827；美部会的答复见ABCFM/Unit 1/ABC 2.01, vol. 1, Jeremiah Evarts to R. Morrison, Boston, 17 June 1828；裨治文来华经过，参见Eliza J. G. Bridgman, ed., *The Life and Labors of Elijah Coleman Bridgman* (New York: Anson D. F. Randolph, 1864)一书第二至四章。

② 关于马礼逊的中文印刷出版活动，参见苏精《马礼逊的中文印刷出版活动》，《马礼逊与中文印刷出版》，页11—53；苏精《米怜：马礼逊理念的执行者》，《中国，开门！——马礼逊及相关人物研究》，页129—168。

③ ABCFM/Unit 3/ABC16.3.8, vol. 1, E. C. Bridgman's journal, 24 February 1831; ibid., E. C. Bridgman to Rufus Anderson, Canton, 5 April 1833.

④ Ibid., E. C. Bridgman to R. Anderson, Canton, 8 December 1832.

面的努力和成果都很有限，同时他也没有忘记要求美部会增援人手。[①]

对于裨治文的要求，美部会从发展中国传教事业整体考虑，一面增派习于为报刊写稿的传教士帝礼士（Ira Tracy, 1806—1875）和专业印工卫三畏来华，协助《中华丛论》的编辑与出版；一面决定大幅度加强中文印刷出版工作，促成美国圣经公会（American Bible Society）和美国宗教小册会（American Tract Society）补助大量经费，并仿照伦敦会在马六甲的前例，准备在东南亚觅地建立大规模的印刷设施，避免中国政府的干预。从1832年底到1833年底的一年间，美部会秘书安德森（Rufus Anderson, 1796—1880）接连写了六封信给裨治文[②]，每封信都以高亢迫切的语气宣示上述这些观点、策略安排以及给裨治文的指示，以下引述的是其中一封信的内容片段：

> 我们必须设法在某处迅速地大规模进行中文印刷，我们必须即刻动手，〔美国〕国内兴起一股向异教徒广传圣经和宗教小册的风气，尤其是圣经；〔……〕我希望你能自觉对此善尽责任，尽可能快速地每年运用大量的经费印刷中文圣经和小册。美国宗教小册会已经拨来15 000元，美国圣经公会最近也已决议补助3 000元。记住，我亲爱的弟兄，这些只是一条巨河的开头而已，我确信美国圣经公会即将每年拨款10万元用于海外流通圣经。[③]

安德森向裨治文表明，迅速而大量地生产圣经为主的中文图书是理

① ABCFM/Unit 3/ABC 16.3.8, vol. 1, E. C. Bridgman to R. Anderson, Canton, 5 May 1832; ibid., 31 January 1833; ibid., 5 April 1833.

② ABCFM/Unit 1/ABC 2.01, vol. 1, R. Anderson to E. C. Bridgman, Boston, 17 October 1832; ibid., vol. 2, R. Anderson to E. C. Bridgman, Boston, 9 March, 15 May, 1 June, and 2 November 1833.

③ Ibid., vol. 2, R. Anderson to E. C. Bridgman, Boston, 15 May 1833.

事会“断然与决定性”(peremptory & decisive)的期望[1]，要求他照办并向马礼逊请教相关事宜。裨治文则请教了马礼逊、马儒翰及郭实腊等人，他们都推荐美部会前往新加坡建立大规模的印刷设施，至于大量生产中文圣经一事，他们却认为：“目前已有完整的两套圣经刻板存于马六甲，在经文修订前，不应再有新的一套刻版。”[2]1834年4月裨治文又重申同样的看法：“马礼逊博士父子、郭实腊先生及此间其他弟兄，意见一致地认为，在原来的译文经过修订前，最好不要刊刻新板(即另一套新刻版)。”[3]其实，裨治文在1832年谈论马礼逊圣经出版情况的一封信中，就有过几分相近的看法：

> 以我的判断，就第一次尝试将圣经译成像中文这样困难的语文而言，〔马礼逊的〕翻译是非常好的，和我一起读过圣经的本地人通常了解经文，却对于文体有些异议。毫无疑问的是文体可以随着岁月而大为改善。[4]

因此，裨治文对于先修订再刻印的意见并不感到意外，而且还觉得应尽快进行修订，以便执行理事会迅速而大量生产的既定政策。问题是谁来修订呢？到1834年初裨治文来华已满四年，这期间他除了学习中文外，忙于主持礼拜和讲道、教导华人少年、为美国刊物撰写中国报道，以及编印《中华丛论》等等，全是英文方面的工作，肯定不利于学习中国语文。他在1833年11月时承认自己不曾开口对华人讲道[5]，五个半月后又表示还没想过要出版自己的中文作品[6]，可见裨治文非常了解自己的中文水

① ABCFM/Unit 1/ABC 2.01, vol. 1, R. Anderson to E. C. Bridgman, Boston, 2 November 1833.
② ABCFM/Unit 3/ABC 16.3.8, vol. 1, E. C. Bridgman to R. Anderson, Canton, 19 December 1833.
③ Ibid., 26 April 1834.
④ Ibid., 3 December 1832.
⑤ Ibid., 11 November 1833.
⑥ Ibid., 26 April 1834.

平仍然不足。但是前述安德森接连多达六封信的催促形成强大的压力，他不能没有具体的回应，就在1834年4月14日裨治文写给安德森的信中，提及麦都思来函说正撰写《福音调和》一书并重新翻译经文，裨治文接着宣布自己已开始修订工作了：

> 我们也在从事类似的事，但以缓慢而战栗的步伐前进，我们从路加福音着手，力求翻译得更为文义清楚，也与中文的惯用形式更为一致，同时尽量在每处都严格遵循希腊文本。[①]

裨治文以“缓慢而战栗的步伐”描述自己的修订工作，应该是相当真切的写照，因为十二天后他再度写信给安德森，就一连以“最重要”、“最困难”和“最挂虑”等字眼，形容对他而言实在是过于困难的这项任务，最后不得不坦承：“此事若没有他人协助，您们的传教士真的很不适合承担。”[②]

在可能协助的其他人中，原来的译者马礼逊当然最为合适，可是到1834年初时他的身体状况已经很差，难以承担需要费心费力的修订任务，何况他还担任东印度公司翻译的全职工作；至于郭实腊则正随着鸦片烟船频频在中国沿海南北往返，不可能专心而全力地修订圣经，裨治文也无法提供能和鸦片商人的出价相提并论的酬劳给郭实腊。

裨治文中意的人选是马儒翰。在宣布自己开始修订的一个多月前，裨治文先于1834年3月初告诉安德森，马儒翰将和自己一起修订[③]，但这应该是裨治文初步试探马礼逊意见后的乐观报告，因为一个多月后的1834年4月24日，马儒翰才从广州写信给在澳门的父亲：“昨天裨治文提议，他说先前已告诉过您，就是我应该帮忙美国圣经公会，以大部分时间

① ABCFM/Unit 3/ABC 16.3.8, vol. 1, E. C. Bridgman to R. Anderson, Canton, 14 April 1834.
② Ibid., 26 April 1834.
③ Ibid., 3 March 1834.

从事修订您的圣经。”[1] 当时马儒翰刚满二十岁，但裨治文认为他从小受父亲熏陶教导，中文造诣已经达到“当今无人比他更适合修订圣经译本的重要工作”[2]；同时，裨治文觉得由马儒翰修订还有一项好处，就是修订后的译文必可获得其父的审查校订。事实上裨治文是先征求当时人在澳门的马礼逊意见后，再向在广州的马儒翰提出邀请[3]，而马礼逊在四年前马儒翰十六岁（1830）开始就业担任英国东印度公司以外的在华英商共同雇用的中文翻译时，已表示希望儒翰将来能修订自己的中文圣经[4]，因此对于裨治文征询邀请儒翰一事，马礼逊虽然说应由儒翰自行决定接受与否，但又分别写信给儒翰与裨治文，积极地表示乐观其成（ [I]t has my hearty concurrence.）。[5]

但是，邀请马儒翰承担修订任务并不是没有问题的。第一是工作与酬劳，他担任在华英商的共同中文翻译，虽然工作并不繁重，每年1 200元的待遇也不高，大约只是马礼逊在东印度公司担任翻译的四分之一，但修订圣经总是有期限的工作，不可能要求马儒翰放弃原来的职务和待遇，裨治文只能希望他以至少一半的时间用于修订，再向美部会与美国圣经公会争取每年给予800至1 000元的酬劳[6]。第二是圣经翻译与修订者必备的希伯来文和希腊文条件，马儒翰不是神职人员，也没读过神学院，因此这两样语文的知识很有限，但裨治文认为修订时自己和其他美部会弟兄都会在场参与，可以弥补马儒翰的这项不足。[7]

裨治文和美部会弟兄以及马礼逊父子分别商量过后，在1834年4月底将上述经过与计划呈报给安德森，同时很清楚地说明裨治文自己和马

---

① WE/PJRM/5827, John R. Morrison to his father, Canton, 24 April 1834.
② ABCFM/Unit 3/ABC 16.3.8, vol. 1, E. C. Bridgman to R. Anderson, Canton, 26 April 1834.
③ WE/PJRM/5827, J. R. Morrison to his father, Canton, 24 April 1834.
④ E. A. Morrison, *Memoirs s of the Life and Labours of Robert Morrison*, vol. 2, p.440.
⑤ ABCFM/Unit 3/ABC 16.3.8, vol. 1, E. C. Bridgman to R. Anderson, Canton, 26 April 1834.
⑥ Ibid.
⑦ Ibid., E. C. Bridgman to [suppose R. Anderson], Canton, 27 April 1834.

儒翰在修订工作上的关系："我们很高兴他〔马礼逊〕的儿子马儒翰先生已在修订工作上和我们共事，更恰当地说是我们和他共事，因为他在这件事上是领导者。"[①]不过，马儒翰毕竟没有翻译圣经的经验，裨治文的中文水平也还不高明，初期的修订进度相当缓慢，开始修订后一个月美部会印工卫三畏报道，进度只达到路加福音第1章第15节而已[②]。同年7月中，裨治文再度说明修订工作时，没有提到明确的进度，只说每天都有一点进展，也确信再慢也会有完成的一天。[③]

尽管裨治文有信心，意外还是难以避免。1834年正逢英国对华关系体制改变，代表英国政府的商务监督取代了东印度公司大班，马礼逊也转换身份成为商务监督的中文秘书兼翻译，却不幸在上任半个月后于这年8月1日病卒，马儒翰随即获派继任父亲的遗职，这不只是马家父子的变故，才开始不久的圣经修订也大受影响。裨治文原来期望由马礼逊审定译文已经不可能，而刚接下父亲遗职的马儒翰，因商务监督要求和两广总督平等往来引起双方极大争执，为此忙于口头和书面的翻译，无法再如过去数月来每日以半天时间从事圣经修订。即使发生如此的波折，裨治文还是得以在1835年1月初写信向安德森报告：

> 圣经的修订（或重译）是过去六个月来我们首要注意的事务，〔……〕修订进行得很顺利，几个月前已将福音书之一送到广州一家印刷行，但外人探查闽江的行动引起所有官府的警戒，我们的印刷工作也立即停顿。从那以后我们一直努力要送人到新加坡去印刷。[④]

裨治文没有说明完成送印的是哪部福音书，有可能就是他们最先开

① ABCFM/Unit 3/ABC 16.3.8, vol. 1, E. C. Bridgman to R. Anderson, Canton, 26 April 1834.
② Ibid., S. W. Williams to R. Anderson, Canton, 21 May 1834.
③ Ibid., E. C. Bridgman to [suppose R. Anderson], Canton, 14 July 1834.
④ Ibid., E. C. Bridgman to R. Anderson, Canton 9 January 1835.

始的路加福音。同一个月稍后，裨治文和卫三畏又报道修订的人力增加了："目前住在澳门的郭实腊弟兄用全部时间和精力在这件事上。"[①]他们没有提到郭实腊加入的原因，但显然是几个月前郭实腊获得任命为英国商务监督的第二名中文翻译，既有了公务身份，生活衣食有保障，不必也不便再为鸦片商人效力，因此有余暇参与修订，并适时弥补了因马儒翰减少参与而产生的缺口。

1835年3月底，裨治文再度向安德森报告修订状况，表示进展仍然缓慢，还得承受尽速动用美国圣经公会继续累积的补助款压力[②]。不过，这时候情况已有或即将改善：一者，美部会在新加坡的印刷所已在1834年建立，并派在华的帝礼士前往主持，自1835年初起开工印刷中文，在广州新雇的工匠也陆续抵达新加坡，随时可以生产修订过的圣经各书[③]；再者，修订人力即将再度增加，裨治文在1835年2月通过自己担任会长的"在华基督徒联盟"（Christian Union in China），决议向伦敦会请求让麦都思来华参与修订[④]，结果请求函还未发出，先收到了麦都思来信，说是已获得伦敦会同意即将北上，目的之一就是参与修订的工作。[⑤]

本文以上的讨论显示，中文圣经第一次修订缘于美部会决定扩大中

---

① ABCFM/Unit 3/ABC 16.3.8, vol. 1, E. C. Bridgman & S. W. Williams to R. Anderson, Canton, 20 January 1835.

② Ibid., E. C. Bridgman to R. Anderson, Canton, 26 March 1835. 裨治文没说圣经公会的补助款数额，但根据1835年1月安德森的通知，圣经公会已经分三次共汇款1万元给裨治文（ABCFM/Unit 1/ABC 2.01, vol. 3, R. Anderson to the Brethren of the China Mission, Boston, January 28, 1835）。

③ 关于美部会在新加坡的印刷所，参见苏精《新加坡坚夏书院》，《基督教与新加坡华人1819—1846》，页97—130。

④ LMS/CH/SC, 3.2.B., E. C. Bridgman to William Ellis, Canton, 25 February 1835. "在华基督徒联盟"成立于1831年11月，成员一直不满十人，主要是当时在华传教士及少数商人，初时目标有三：（1）成立基督教书库（book depository）和图书馆，（2）和各布道站进行联系，以及（3）出版裨治文编译中的《圣书日课初学便用》一书。1832年裨治文创编的《中华丛论》，也列为联盟的出版品，1835年时又将修订圣经列为联盟工作项目（ibid., J. R. Morrison to W. Ellis, Canton, 15 February 1835）。

⑤ ABCFM/Unit 3/ABC 16.3.8, vol. 1, E. C. Bridgman to R. Anderson, Canton, 26 March 1835.

国传教事业的印刷出版活动，促使裨治文发起修订，并邀请马儒翰领导修订工作，由于两人的语文能力各有不足，也欠缺修订圣经的经验，加上马儒翰接任父亲遗职的缘故，以致进行一年多期间没有明显的成果，只确定完成了一部福音书，整体修订工作有待麦都思到来加速进行。

第二节　麦都思：马礼逊挑选的继承人？

1817年麦都思以印工身份抵达马六甲伦敦会布道站的第一天，就立志要成为传教士①，下功夫研读两年神学后，于1819年获得按立为牧师，从1822年起在巴达维亚向华人与马来人传教，直到鸦片战争后才于1843年前往上海。

麦都思极有语言天分，伦敦会决定派他为马六甲印工时，已发觉此项特质并通知马礼逊②。麦都思到马六甲一年半后，就能以中文撰写讲道词及《三字经》③《地理便童略传》等作品，其讲道词还获得马礼逊“文情并茂”的好评（of which I judge very favorably, both as to style & sentiment）④。除了福建方言和中文官话，麦都思在东南亚期间又陆续学会马来和荷兰语文，甚至自修日本和高丽语文，并分别有这几种语文的著作。⑤

① LMS/UG/MA, 1.2.B., W. H. Medhurst to G. Burder, Malacca, 21 July 1817.

② LMS/CH/SC, 1.4.C., George Burder to R. Morrison, London, no day December 1816.

③ LMS/CH/SC, 2.1.B., R. Morrison to G. Burder, Canton, 24 January 1819. 伟烈亚力误以为《三字经》最早在1823年印于巴达维亚（A. Wylie, *Memorials of Protestant Missionaries to the Chinese*, p.27.）

④ LMS/CH/SC, 2.1.B., R. Morrison to G. Burder, Canton, 24 January 1819.

⑤ 麦都思中文以外的著作，见A. Wylie, *Memorials of Protestant Missionaries to the Chinese*, pp.36–38.

麦都思用力最多的还是中文，尤其是圣经。他很早就注意到马礼逊圣经需要修订的问题，不料却一开头就遇到了挫折。1826年，马礼逊通知所有在东南亚的伦敦会对华传教士，他正每日检查校正自己所译的中文圣经，也要求弟兄们记下他们察觉到的任何错误或不完备的翻译（error or imperfection in the translation）[①]。于是麦都思向马礼逊指出原译一些文体（style）方面的缺失，也指出译文应以中文而非英文惯用方式表达的重要性，同时又将自己修订的马太福音前五章送请马礼逊参考，麦都思认为自己的修订可以弥补与改善马礼逊原译的文体问题。不料，马礼逊的答复却说麦都思会错了意，马礼逊只是希望弟兄们记下错误和省略未译（errors and omissions）的部分而已，并进一步说，麦都思的观点和自己的差异过大，两者无法合而为一，因此要麦都思最好另起炉灶重新翻译自己的圣经版本。马礼逊既然不认同他的修订意见，麦都思说自己只好默然无语（silent），既不便和中国传教与中国语文的双重前辈马礼逊争辩，更不可能贸然自行动手翻译了。[②]

直到1834年马礼逊过世后，麦都思心中藏放多年的这件尴尬旧事才得一吐为快，而且吐露了三次。第一次是他接获马礼逊死讯后写给伦敦会理事们的信中，他还表示既然马礼逊已经长眠，"低层次的顾虑（inferior ideas of delicacy）不应再干扰将圣经翻译得让华人尽量可以理解和接受的上乘想法"。[③]麦都思没有说什么是"低层次的顾虑"，但毫无疑问他是认为马礼逊固然值得尊敬，更重要的是将圣经修订完备，不可只顾虑会损及马礼逊的权威和地位而放弃修订他的中文圣经。第二次是

① E. A. Morrison, *Memoirs of the Life and Labours of Robert Morrison*, vol. 2, p.362; W. H. Medhurst, 'Memorial Addressed to the British & Foreign Bible Society on a New Version of the Chinese Scriptures,' in W. H. Medhurst, et al., *Documents Relating to the Proposed New Chinese Translation of the Holy Scriptures*(London: London Missionary Society, 1837), p.4.

② LMS/UG/BA, 4.B., W. H. Medhurst to the Directors, Batavia, 27 October 1834; ibid., 4.C., W. H. Medhurst to the Directors, Batavia, 1 April 1835; W. H. Medhurst, *Documents*, p.4, note 3.

③ LMS/UG/BA, 4.B., W. H. Medhurst to the Directors, Batavia, 27 October 1834.

1835年4月麦都思写给理事们的信中，除了以极长的篇幅详列马礼逊圣经翻译的一些缺陷，也再度提到所有可能干扰到修订马礼逊圣经的敏感因素都不会再有了[①]。第三次是他和裨治文等人完成第一次修订本新约后，于1836年由他具名请求英国圣经公会认可与补助的建议书中，提及这件遭到马礼逊拒绝的尴尬旧事。

值得注意的是麦都思在给圣经公会的建议书中，将马礼逊要他最好重新翻译这件事，写成是马礼逊“邀请”他尝试（This he invited the writer to attempt [...]）[②]。于是尤思德在其《和合本与中文圣经翻译》一书中，即据此而断言“麦都思是马礼逊挑选的修订与翻译圣经的继承人”[③]，而且尤氏还以此作为其书讨论第一次修订的起点。其实，麦都思所写马礼逊邀请他尝试的“这件事”（This），是承接前一句的“全新而不同的翻译”（an entirely new and different translation），麦都思写的只是“翻译”，他没有也不可能写出马礼逊邀请自己“修订和翻译”的字句，因为马礼逊早就如前所述拒绝了他的修订意见，尤思德却自行加上“修订”而扩大解释。至于所谓“全新而不同的翻译”，麦都思或任何人只要自认有能力都可以动手，并不需要马礼逊的邀请。就在1826年至1828年间，马六甲两名对华传教士柯利（David Collie, ?—1828）和吉德（Samuel Kidd, 1799—1843）准备修订马礼逊的圣经[④]，也不是出于他的邀请。然而，麦都思第一、二次吐露这件尴尬事时都不说是马礼逊“邀请”，何以第三次在建议书中却出现这一用词？很可能是前两次都是伦敦会内部信件，第三次则是对外行文，麦都思为了争取圣经公会认可与补助的可能性，特意使用

① LMS/UG/BA, 4. C., W. H. Medhurst to the Directors, Batavia, 1 April 1835.

② W. H. Medhurst, *Documents*, p.4, note 3.

③ J. O. Zetzsche, *The Bible in China*, p.59.

④ LMS/UG/MA, 2.5.A., Samuel Kidd to W. A. Hankey, Malacca, 5 April 1827; ibid., 2.5.C., S. Kidd to William Orme, Malacca, 6 February 1829. 这项修订计划因柯利在1828年2月病卒而没有实行。

委婉地说法。无论如何，马礼逊既说麦都思会错了意，并表明两人观点差异过大而无法合一，甚至马礼逊直到过世的两个多月前仍在批评麦都思，说他想要以较好的文体将圣经译成适合中国异教徒胃口的轻松读物（parlour-book）[①]。马礼逊都这么说了，又如何可能像尤思德所说挑选麦都思作为自己的继承人？

1834年是麦都思修订与翻译圣经的重要转折点，不只是“低层次的顾虑”已随着马礼逊过世而消失的缘故，而是在马礼逊过世前，麦都思为自己遭到压抑的修订与翻译圣经理念找到了出口，也就是他从这年初开始撰写的《福音调和》一书：“在这书中，我可以尝试一种更适合华人品味的翻译文体，而不致逾越或干扰了我们高度尊敬的朋友〔马礼逊〕的作品。”[②]

《福音调和》一书将圣经的《四福音书》内容重组，同一主题者归纳在一起，麦都思重新翻译经文，直接从希腊文本译出后，以马礼逊的译文对校，再参照中文老师的意见后才定稿，又对华人陌生的人、地、事、物、引喻等等加批注释。他翻译经文的原则是要让华人容易理解（intelligible）与可以接受（acceptable），只要能充分表达经文的意味（sense），并不拘泥于西方语文的文法结构，也不坚持无关紧要的字或虚字都得照译，这些也正是翌年他和裨治文等人在华修订时的原则。至于《福音调和》的注解，则开头较多，以后随着读者越来越熟悉圣经内容而逐渐减少。麦都思希望这样的译文和注解，能让一名全然陌生的人第一眼就可了解文义，而且因为文体符合中文的惯用形式，希望华人不仅能懂，还会喜欢本书而重复阅读。[③]

麦都思对于《福音调和》感到非常满意，1834年5月他写信给英国

① E. A. Morrison, *Memoirs of the Life and Labours of Robert Morrison*, vol. 2, p.517.
② LMS/UG/BA, 4.B., W. H. Medhurst to the Directors, Batavia, 27 October 1834.
③ Ibid.

圣经公会报道自己这项成果，请求补助印刷出版费用，他说自己知道圣经公会规定圣经不得有注解或评论，但只要圣经公会的理事们了解海外的异教徒要明白圣经内容有多么困难，相信他们不会坚持圣经非白文不可。有趣的是麦都思还要求圣经公会的理事们换个角色情境考虑，如果他们拿到一部没有任何注解或评论的儒家四书，也没有其他人的帮助，则他们是否同样难以理解其内容①。麦都思恐怕要失望了，圣经公会并没有为他破例或同意补助印刷费。不过，1834年与1835年两年间，麦都思仍在巴达维亚石印了《福音调和》三版，各1 000部，每部8卷、200叶(400页)；1840年和1842年以木刻印两版，各500与1 000部；马六甲的伦敦会和新加坡的美部会传教士也分别于1835年和1837年以木刻各印一版，前者印数不详，后者印500部；以上合计《福音调和》共印了七版②，超过5 000部。

马礼逊也收到了麦都思寄来的《福音调和》③，马礼逊如何回复并无可考，但他在日志中记下："他〔麦都思〕寄来一部中文的《福音调和》，刻意颠倒和改变句子的写法，以便让句子调和一致。这么做本身好得很，但是这么做和圣经翻译是完全不同的事。"④

麦都思当然不至于分不清这两者，他只是在尊重第一位译者和第一次译本的"低层次顾虑"下，找到了多少能实现自己修订和翻译理念的替代品而已。他在1834年10月底报道马礼逊死讯的长信中就说，一

---

① LMS/UG/BA, 4.B., 'Extract of a letter from the Rev. W. H. Medhurst dated Batavia, 1 May 1834 addressed to the British & Foreign Bible Society.'

② 伟烈亚力的*Memorials of Protestant Missionaries to the Chinese*关于此书的记载(p.31)，遗漏了巴达维亚的木刻两版。

③ 马礼逊在1834年5月收到的《福音调和》应该是抄本或只是先印的一部分，因为前一个月麦都思才说此书只印成前20页(LMS/UG/BA, 4.B., W. H. Medhurst to W. Ellism Batavia, 10 April 1834)。直到同一年10月底，麦都思仍说："《福音调和》即将问世。"(LMS/UG/BA, 4.B., W. H. Medhurst to W. Ellis, Batavia, 27 October 1834.)

④ E. A. Morrison, *Memoirs of the Life and Labours of Robert Morrison*, vol. 2, p.517.

且华人认为《福音调和》值得一读再读，而欧洲的汉学家也认为他的翻译不失圣经文本的意义和精神，那么他不但要将书再版，还要进一步翻译全部新约。[①]

个性非常积极的麦都思动作很快，五个月后的1835年4月1日，他在又一封致伦敦会理事们的长信中报道，《福音调和》的第二版已经完成一半，而《四福音书》也已几乎完成翻译，预计全部新约可在几个月内重译完毕[②]。在同一封信里，麦都思比较详细地讨论马礼逊的圣经翻译。麦都思先综合华人对圣经的批评，包含文体生硬而浅陋、文句过长而夹缠，以及大量音译字词显示的洋相（foreign appearance）甚至一副粗野的样子等，导致许多人翻阅一两页后即鄙弃而不顾。麦都思认为所以会有这三项缺失，是因为新约中译完成并出版于马礼逊来华仅仅六年之后（1813），此后二十年间虽然数度重新刻印，内容却几乎完全不变，仅更正了很少数的字词而已，或许马礼逊忙于东印度公司的职务而无暇修正，又因为他开创中国传教事业上的权威和崇高地位，后来的传教士也无人在他生前尝试修订，而既然马礼逊已矣，不再有妨害其圣经价值的任何顾虑，因此麦都思要指出马礼逊圣经如下的缺点及改善之道，以期中国人一看到圣经就感受到吸引力并且开卷有益。

第一，过于生硬与过分小心的忠实。麦都思认为翻译圣经最应忠于原文，宁可失之过于逐字照译，也不可过于松散，但仍以遵守两者间的中道（medium）为宜，对原文亦步亦趋将会牺牲文体风格与清晰明白，马礼逊圣经的文体风格就有许多问题，而不清不楚的文句也不少，夹杂着许多虚字和赘字也导致文义不明。麦都思觉得圣经特有的文体所以被视为神圣，一方面是基督徒理所当然的心理因素，一方面是基督徒从小习于圣经

---

① LMS/UG/BA, 4.B., W. H. Medhurst to W. Ellis, Batavia, 27 October 1834.

② Ibid., W. H. Medhurst to the Directors, Batavia, 1 April 1835.

的希伯来词汇。但是中国人不具有这些条件，所以要在中国建立圣经的神圣形象，就得采用古代中文经典或中世纪注经的文体，句子短、简洁而意涵丰富。因此麦都思主张删削马礼逊的译文，精简文字，每句五或六字，并依中文惯用形式重组句中的字词顺序，如此不但文体大幅改善，文义也清晰可解。

第二，大量充斥没有译出意义的字词。麦都思认为马礼逊对于没有中文相对意义的字词，都使用希腊文甚至英文的对音，例如方舟（ark）译为亚耳革，魔鬼（devil）译为氐亚波罗，海绵（sponge）译为士本至，逾越节（Passover）译为巴所瓦，经匣（phylactery）译成富拉革氐利，以及将一些银钱的单位分别音译成大林大（talent）、氐拿利以（denarius）、瓜氐兰（kodrans）等等，而且多数音译字左边又加上口字偏旁，结果造成大量看来别扭碍眼，读来更拗口不顺的译文，若没有解释或加上附注，中国读者根本无法理解。

第三，过于拘泥希伯来式的用语（Hebraism）。此种用语置于英文中有时已难免不顺，用于中文则更为牵强，麦都思认为如果译者能比较自由地以优美清楚的措辞表达出原文意味，实在不必拘泥于原文用语而以辞害义，徒然使本已不明就里的中国读者更为茫然。例如《旧约·出埃及记》第13章第1—2节，马礼逊译文："且神主谓摩西曰，凡初生者别圣之与我，在以色耳子辈之中，凡开胎者，连人、连牲口，皆属我。"麦都思认为"开胎"（open the womb）为希伯来文用语，中文读者不可能了解是第一胎之意。

第四，以英文而非希腊文或希伯来文的发音表达圣经中的名称。麦都思认为最明显不当的一个例子，是马礼逊将James依照英文发音译为者米士，而非雅各，麦都思说这个名称及其他类似的例子，足以让他怀疑马礼逊的翻译主要是以英文圣经为依据，只偶尔参考希腊文本，而非如同所有圣经译者应当做的直接从希腊文翻译，再偶尔参考英文本，以免偏离了圣经的真义。

麦都思进一步说，自己就是鉴于上述的四个缺失，以及来自华人的抱怨，而决心撰写《福音调和》并重新翻译经文，到1834年底《福音调和》出版后，他感受到此书相当受华人读者欢迎，因此决定继续翻译全部新约。麦都思同时表示已和广州的裨治文等人通信，对方完全同意他翻译圣经的理念原则，他自己也准备扬帆北上中国了。

修订圣经并不是麦都思前往中国的唯一目的。1830年代中国传教情势和从前已有很大的不同：裨治文代表的美国传教士在1830年抵达中国，不仅常驻下来，并编印《中华丛论》月刊向英语世界传播中国讯息；普鲁士籍的前荷兰传教会传教士郭实腊也在1831年来华，而且经常在沿海南北进出，还打着"中国已经打开"（"China Opened"）的口号在欧美各国大肆宣传；相形之下，最早开展中国传教的伦敦会像是一筹莫展，马礼逊的精神体力已经大不如前，而伦敦会其他弟兄也只能远在东南亚一带徘徊。为此颇感焦虑的麦都思于1833年底写信回英，要求并获得伦敦会同意他到中国一行，实地探查有何可为之处[①]。等到马礼逊过世后，伦敦会在中国本土已无传教士，因此对华传教士中最为资深的麦都思中国之行显得更为迫切，他在1834年12月拟定此行三个目标：一是探访马礼逊病故后梁发等华人基督徒的情况；二是和裨治文等人商量修订圣经事宜；三是乘船到中国沿海探查形势及分发书刊[②]。目标已定，却因当时冬天东北季风强劲，不利北上，麦都思只能等到翌年季风改变后才启程。

---

① LMS/UG/BA, 4.A., W. H. Medhurst to the Directors, Batavia, 24 December 1833. 伦敦会同意麦都思中国之行的复函见LMS/UG/OL, W. Ellis to W. H. Medhurst, London, 1 July 1834.

② LMS/UG/BA, 4.B., W. H. Medhurst to the Directors, Batavia, 1 December 1834.

第三节 聚会广州、澳门进行修订

1835年6月中旬麦都思抵达澳门[1]，第一次的圣经修订工作也进入后一阶段，直到1836年1月10日麦都思离开中国为止，进行了将近七个月。这一阶段修订工作的进行和前一阶段相当不同，也和一般圣经修订的方式有别，因为修订的地点和时间并不固定，有时在广州、有时在澳门进行，这是为了配合郭实腊和马儒翰随着英国商务监督在贸易季外移住澳门，同时麦都思从8月底到10月底停止修订北上沿海各地探查，而他在1836年初离华前又是在澳门赶工修订，直到上船前夕为止。

不过，最显著的不同是参与修订者角色和彼此关系的变化。原来由裨治文发起和组织以及马儒翰担任主要修订的模式，在麦都思加入后大为改变，由他和郭实腊两人担任主要的修订者，马儒翰退居次要的校订者，而裨治文也转为参与和协助的角色。这样的变化应是麦、郭两人积极任事的个性与马儒翰谦让的缘故。麦都思钻研中文已近二十年，远比其他三人长久，而他在马礼逊过世前不久从《福音调和》一书得到的翻译心得，在马礼逊过世后增强为修订圣经的使命感，成为他到中国的主要目的之一；而且如前文所述，他启程前已经完成新约《四福音书》的修订，远多于原来马儒翰与裨治文完成的篇幅，这两人也都认同他的翻译原则，

[1] 1835年8月24日麦都思写信给伦敦会秘书，开头就说他在同年6月30日已写过一信，报告自己抵达中国的消息与修订工作的进展（LMS/CH/SC, 3.2.B., W. H. Medhurst to W. Ellis, Macao, 24 August 1835）。但现存伦敦会档案中并无此信。此处是根据马儒翰于1835年9月1日写给伦敦会秘书的信，提到麦都思于同年6月中旬抵达澳门（ibid., J. R. Morrison to W. Ellis, Macao, 1 September 1835）；而裨治文于1835年6月13日写给安德森的信，也提到一艘船刚自巴达维亚抵华，听说麦都思就在船上（ABCFM/Unit 3/ABC 16.3.8, vol. 1, E. C. Bridgman to R. Anderson, Canton, 13 June 1835）。

因此他来华后顺理成章地成为新约的主要修订者。其次，郭实腊虽然直到1835年1月才加入修订工作，但他在不久前将全部圣经分别译成暹罗、老挝(Laos)与柬埔寨语文[①]，已有翻译圣经的经验，而且他中文娴熟，从1835年底到1836年初的几个月间就供应多达10种新撰的中文书稿，交由裨治文转给美部会的新加坡印刷所刻印[②]，因此聪明自负的郭实腊当仁不让地承担起旧约主要修订者的责任。再者，已有商务监督中文秘书兼翻译职务在身的马儒翰，觉得自己比麦、郭两人年轻十余岁，研习中文的年资既不如麦都思，关于圣经和其他语文的知识也不如两人，因此自愿退居次要的校订工作[③]。至于中文经验居四人之末的裨治文，尽管在新的修订阶段成了参与和协助的角色，仍然非常认真，曾写信向安德森报告，自己从早到晚都和麦都思从事修订。[④]

各人的角色和关系虽有变化，不变的是麦都思主导的翻译原则，就是让华人易于理解与接受，只要能充分表达经文的意味，不必固守西方语文的文法结构，无关紧要的字和虚字也不一定照译。在这样以中文情境为主的原则下，新阶段的修订工作进行地相当顺利，开工两个多月后麦都思北上沿海探查前，他在1835年8月24日写信向伦敦会秘书报告：

> 《四福音书》已由此间所有熟悉中文的传教士重复地修订过，也已送给几位有学问的本地人检阅过了。马儒翰先生正从头到尾再看一遍，然后付印。《使徒行传》也已译成，《使徒书信》进行到《罗马书》，而郭实腊则已完成《创世纪》和《出埃及记》。[⑤]

---

① ABCFM/Unit 3/ABC 16.2.1, vol. 1, Stephen Johnson and Charles Robinson to Secretaries of the ABCFM, Singapore, 8 May 1834.

② ABCFM/Unit 3/ABC 16.3.8, vol. 1, E. C. Bridgman to R. Anderson, Ship Roman at Whampoa, 7 April 1836.

③ LMS/CH/GE/PE, box 2, J. R. Morrison to Thomas Fisher, Macao, 2 December 1835.

④ ABCFM/Unit 3/ABC 16.3.8, vol. 1, E. C. Bridgman to R. Anderson, Canton, 14 July 1835.

⑤ LMS/CH/SC, 3.2.B., W. H. Medhurst to W. Ellis, Macao, 24 August 1835.

麦都思探查回来后，他在1835年11月1日再度报道，自己正和郭实腊及马儒翰对《四福音书》做最后的校读，同时《使徒书信》也已进行到《雅各书》末尾[①]。又过了两个多月，到1836年1月9日，麦都思离华前夕最后一次报告进度：

> 我们已经审慎地两度修订了全部新约，及旧约的《出埃及记》。今天晚上完成这些事后，明天我将启程往巴达维亚，并携带大部分的新约，交付给我的石印工。至于旧约，郭实腊先生和我同意分摊工作，各自修订一部分，然后再度会面比较彼此的工作，进行整体的最后修订。[②]

麦都思的报道很清楚地显示，扣除沿海探查的两个月以外，他在其他三人的协助下，很积极地以五个月时间完成了新约的修订事宜。这样的速度后来在争议发生后被人批评为轻率（precipitancy）或仓促（haste）[③]，但是这些批评者恐怕不知道，麦都思在前一年已经出版过《福音调和》，来华前又先完成了《四福音书》的修订稿，而其他三人也已积累了半年至一年多的修订经验。

相对于新约的顺利修订，郭实腊负责的旧约却极为缓慢。上述1835年8月24日麦都思报告说郭实腊已完成《创世纪》和《出埃及记》，到1836年初麦都思最后一次报告时，旧约的进度仍然只到出《埃及记》而已。即使1836年下半年郭实腊邀请英国圣经公会驻华代表李太郭（George Tradescant Lay, ?—1845）在希伯来文方面协助[④]，但旧约翻译仍

---

① LMS/CH/SC, 3.2.B., W. H. Medhurst to W. Ellis, Macao, 1 November 1835.

② Ibid., 3.2.C., W. H. Medhurst to W. Ellis, Macao, 9 January 1836.

③ Ibid., 3.3.A., a copy of J. R. Morrison's letter to Andrew Brandram of the Bible Society, dated Macao, 25 July 1837; LMS/UG/MA/ 3.3.C., John Evans & Samuel Dyer to Joseph Jowett, Malacca, 27 April 1836.

④ LMS/CH/SC, 3.2.C., 'Extract of a letter from Mr. G. T. Lay to the Rev. A. Brandram, dated Macao, 10 October 1836.'

然迟迟没有《出埃及记》以外的新成果，裨治文在1836年9月报道：

> 全部新约早已付印，旧约在麦都思离华前也已大有进展，但是由于一些不必在此叙述的特定缘故，旧约还没有任何一部分付印，我们认为最好是缓一缓，以便再多些检阅，所以我们已将《出埃及记》送往新加坡，要求马六甲和新加坡的弟兄修订后再送回广州来。[①]

虽然裨治文无意说明什么是"一些不必在此叙述的特定缘故"，原因却不难索解。裨治文在1832年创办《中华丛论》后，郭实腊一直是最主要的作者之一，但裨治文相当苦恼的是自己"必须逐行重写他的文稿，确定他提到的所有日期、名字等等，因为他极少检查或校阅自己稿件的内容，有时候我们花费比他还多的时间在他的文稿上"。[②]英文如此，中文也一样，裨治文在1836年4月报道将郭实腊的10种书稿送到新加坡刻印时说：

> 郭实腊弟兄以自己的方式大量写作，他经常是写得很好，有些还很优美，但是我从没见过他写的任何东西是完稿的状态，他很少重写或改正错误，《中华丛论》中的每一行文字不但都经过我的改错，而且费了比原稿更多力气来重写。我送到帝礼士弟兄处的这些中文书稿，有些可以不必改动，其他的我已经仔细尽我所能地修改得像个样了。[③]

批评郭实腊的还有马儒翰。1835年7月，一位住在伦敦的父执长辈费雪（Thomas Fisher, 1781—1836）写信给马儒翰，质疑郭实腊的为人行

---

① ABCFM/Unit 3/ABC 16.3.8, vol. 1, Edwin Stevens, Peter Parker, E. C. Bridgman & S. W. Williams to R. Anderson, Canton, 8 September 1836, enclosure: Document A, written by Bridgman to Anderson, dated Canton, 7 September 1836.

② Ibid., E. C. Bridgman to R. Anderson, Canton, 26 March 1835.

③ Ibid., E. C. Bridgman to R. Anderson, Ship Roman, at Whampoa, 7 April 1836.

事，包含他参与修订圣经的资格[①]。马儒翰在回信中说：

> 关于中文知识与能力，他是有资格修订圣经，但是他一向的轻率（imprudence）也表现在这件事上，我担心的是如果让他自行用字遣词，他决定用的不会是最适当的，甚至出乎我们所知的范围之外。不过，您早已知道，麦都思先生和我在这方面对他是重要的同工，裨治文先生也有一点帮助。[②]

除了下笔轻忽草率，郭实腊和同侪共事的态度同样令人困扰。1836年11月，马儒翰在又一封答复费雪关于修订新约的信中谈到郭实腊："如果没有麦都思加入这件事，我肯定不会积极参与修订，因为没有麦都思就无法有效节制郭实腊的过度放肆。"[③]

不论如何，郭实腊只完成了一小部分的工作。在修订后发生争议期间，英国圣经公会秘书在写给马儒翰的信中，误以为此次修订新旧约都已完成，马儒翰回信时特地说明：

> 只有新约已经完成，目前旧约没有任何部分可以付印，我并不是说没有任何部分译成，而是译成的部分并没有经过大家的校读、再校读、订正与评鉴。[④]

旧约没有多少成就，麦都思等人决定先印完成的新约，并且在巴达维亚、新加坡和马六甲三地同时印刷三个版本。其中以巴达维亚的动作最快，麦都思在1836年2月回到巴达维亚后，即以石印开始印刷，这也是历史上唯一石印生产的中文新约。由于麦都思在华期间已接获伦敦会要

---

① LMS/CH/GE/PE, box 2, Thomas Fisher to J. R. Morrison, London, 30 July 1835.

② Ibid., J. R. Morrison to T. Fisher, Macao, 2 December 1835.

③ Ibid., Canton, 18 November 1836.

④ LMS/CH/SC, 3.3.A., a copy of J. R. Morrison's letter to A. Brandram of the Bible Society, dated Macao, 25 July 1837.

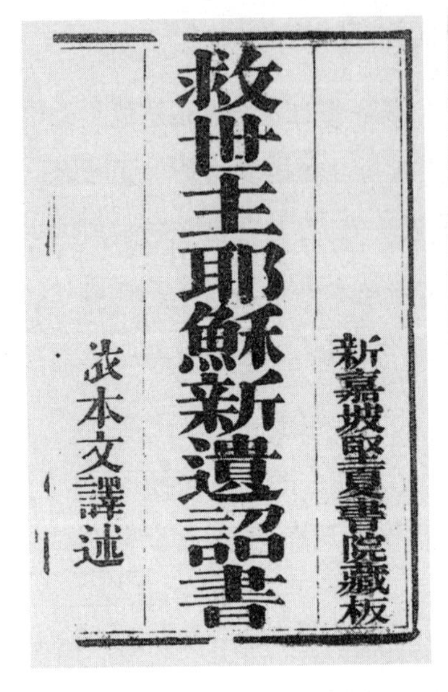

新嘉坡堅夏書院藏板

救世主耶穌新遺詔書

[illegible]本文譯述

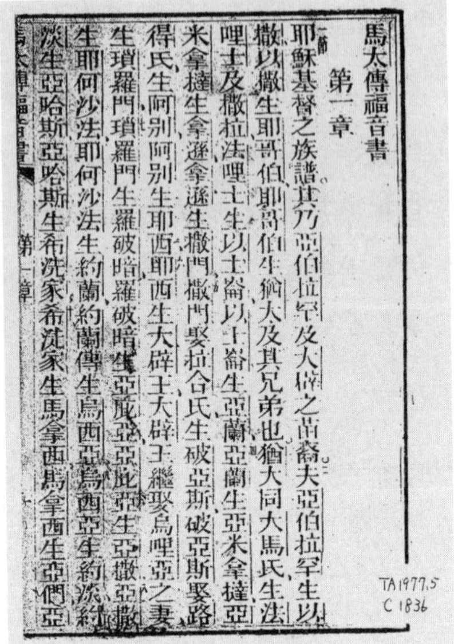

馬太傳福音書

第一章

一節 耶穌基督之族譜。其乃亞伯拉罕及大闢之苗裔。夫亞伯拉罕生以撒，以撒生耶哥伯，耶哥伯生猶大及其兄弟也。猶大同大馬氏生法哩士及撒拉，法哩士生以士崙，以士崙生亞蘭，亞蘭生亞米拿達，亞米拿達生拿遜，拿遜生撒門，撒門娶拉合氏生破亞斯，破亞斯娶路得氏生阿別，阿別生耶西，耶西生大闢王，大闢王繼娶烏哩亞之妻生瑣羅門，瑣羅門生羅破暗，羅破暗生亞庇亞，亞庇亞生亞撒，亞撒生耶何沙法，耶何沙法生約蘭，約蘭生烏西亞，烏西亞生約淡，約淡生亞哈斯，亞哈斯生希洗家，希洗家生馬拿西，馬拿西生亞們亞

馬太傳福音書 第一章

图4-1 1836年新加坡刻印的中文圣经封面与内页
（哈佛大学哈佛燕京图书馆藏品）

求他尽快回英国一趟，报告中国之行经过并分析中国传教的形势，他为此在1836年4月底起程，新约印刷与布道站事务交给助理传教士杨照料。1836年底杨报道说，布道站的三部石印机依照麦都思的指示全力赶工印刷新约，已经完成第一版的1 000部，每部325页，装订成两册，半数运交给郭实腊以备在中国沿海分发，另外运往槟榔屿、马六甲和新加坡各100部，巴达维亚自留200部，而第二版也已经印成了一部分[①]。到1838年10月，杨又报道第三版已经完工，仍是1 000部，不过由于修订引起争议的缘故，杨已接获伦敦会的理事会和麦都思的通知，第三版和尚未分发的部分第二版都停止分发。[②]

在新加坡方面；到1836年为止裨治文承受尽速印刷圣经的压力已经

① LMS/UG/BA, 4.D., William Young to the Directors, Batavia, 29 December 1836.

② Ibid., 18 October 1838.

三年，早已从广州雇用十余名印工前往新加坡准备刻印，因此他很快地将新约修订稿送往新加坡。不料却有些意外，帝礼士阅读后颇有意见，认为有些修订未能正确表达原文真义，并为此写信给裨治文表示反对；后来帝礼士又考虑到圣经翻译恐怕无法一次求其完美，只能逐次修订改善，于是再度写信给裨治文收回先前的反对意见，认同这次的修订已经比马礼逊旧译大有改进，也是在当时条件下能够达成的最好结果[①]。在美部会新加坡布道站的1836年度报告中，修订稿经过帝礼士许多改正后，新约刻板已经完成[②]。到1840年初为止，共生产了八开（357页）和较小的十六开（430页）两种版本，前者印量5 800余部，后者可能才刻完试印的缘故，只印了39部，1840年内才又加印1 000部；除了完整的新约，单行各书少者印800部，多者达7 900部[③]。从新加坡印刷情况可知，这次修订引发的争议限于英国方面，美部会并不受影响，还持续大量印行，整体印量远多于巴达维亚。

在马六甲方面却是完全不同的发展。当地的伦敦会传教士伊文思（John Evans, 1801—1840）和台约尔两人收到修订稿后，大为不满，不但没有照广州弟兄请他们在修订后即付印的希望行事，反而在1836年4月25日写信给郭实腊，两天后又写信给英国圣经公会编辑委员会（Editorial Sub-Committee）的编辑主任（Editorial Superintendent）乔维特（Joseph Jowett, 1784—1856）表示坚决反对，终于掀起了一场争议，导致中文圣经第一次修订功败垂成。

---

① ABCFM/Unit 3/ABC 16.3.8, vol. 1, E. Stevens, P.Parker, E. C. Bridgman & S. W. Williams to R. Anderson, Canton, 8 September 1836, enclosure: Document A, written by Bridgman to Anderson, dated Canton, 7 September 1836; ibid., ABC 16.2.1, vol. 1, Ira Tracy to R. Anderson, Singapore, 26 October 1836.

② ABCFM/Unit 3/ABC 16.2.1, vol. 1, Second Annual Report of the Singapore Mission 1836.

③ ABCFM/Unit 3/ABC 16.2.4, vol. 1, G. W. Wood to R. Anderson, Singapore, 1 February 1840; ibid., ABC 16.2.5, vol. 1, Minutes, 6 January 1841.

第四节　修订后的争议

1836年8月5日，麦都思抵达伦敦，因为生病不适直到同月15日才应邀出席伦敦会东方委员会（Eastern Committee）会议，报告回英之行三项目的：休养复原身体、完成旧约中译、为中国传教事业争取更多人手与经费。[①]

回英初期，麦都思应伦敦会要求口头报告及撰写中国与东南亚传教意见书[②]。接着，为了向圣经公会请求认可与助印他和其他三人的修订版新约，麦都思开始撰写"为新译中文圣经致英国圣经公会建议书"（Memorial Addressed to the British & Foreign Bible Society on a New Version of the Chinese Scriptures），长约三万字，包含正文与三个附录，写了将近两个月时间，到1836年10月28日才完成。[③]

这份建议书的正文阐述这次修订的情形，篇幅超过一万字，并未分章节，但其内容明显分为前言、旧译的历史与检讨、新译的必要性、新译者和新译的原则、新译进度与成果、结语等六个部分。

首先，麦都思在前言中表示，新译中文圣经的建议可能会惊吓了许多

---

① LMS/BM, 6 August 1836; LMS/UG/CM, 15 August 1836.

② LMS/UG/CM, 15 August 1836. 麦都思为此撰成近3 000字的意见书，见LMS/UG/BA, 4.C., 'General View of the Missionary Operations in China and the Eastern Archipelago'。

③ W. H. Medhurst, *Documents*, pp.1–44, 'Memorial Addressed to the British & Foreign Bible Society on a New Version of the Chinese Scriptures.' 三个附录是："旧译马太福音评论"（Occasional Remarks on the Former Version of the Gospel of Matthew）、"新旧译路加福音与歌罗西书第1章对照"（Comparative Specimen of the Old and New Version, Taken from the First Chapters of Luke and Colossians），与"四书大学直译与意译对照"（Specimen of a Literal and Free Translation of the First Section of the 'Four Books'）。

尊崇马礼逊和米怜的基督徒，但他声明自己对两人绝无不敬之意，而是此事关系世界三分之一人口皈依基督教的重大问题，因此他要公正客观地就事论事。

其次，麦都思追溯马礼逊翻译圣经的经过，并再三引用马礼逊屡次表示旧译不够完美需要修订的言论，也已进行修订的准备工作，甚至在过世前不久建议马儒翰从事修订的行动，说明马礼逊自己确实认为旧译需要修订，当然也是为了显示不论修订或新译，都不是麦都思在马礼逊过世后的突兀之举。

第三，麦都思接着讨论新译的必要性，他根据自己和其他传教士的经验，归纳出华人不愿阅读圣经或不懂圣经文义的原因，主要在于旧译的文体和惯用语（idiom）两项问题，而注释虽可解决部分问题，但圣经公会根本禁止如此作法，因此唯有新译，以彻底解决文体与惯用语问题。

第四，麦都思介绍自己和郭实腊、马儒翰和裨治文四名参与新译者，同时讨论四人对于圣经翻译的共同理念与原则，主张只有依据华人的思维与表达方式和中国语文的各项特征，才能译出华人可懂也愿读（agreeable）的圣经。

第五，麦都思说明新译的进度，新约已经完成，也在三地付印中，旧约则正由他和郭实腊分头进行，他也带了一名华人抄书手朱德郎（Choo Tih Lang）到伦敦协助。

最后，麦都思在结论中再度声明，先前马礼逊与米怜的成就值得尊崇，但为了当时对基督教仍然陌生的中国人能了解而接受圣经，最聪明的策略就是从头至尾以中文惯用语尽量译得简单明了，而他两年前出版的《福音调和》获得华人接受是个成功的先例。

在回英国前，麦都思对于自己和其他三人就马礼逊圣经的所作所为都称为“修订”（revise, revision），但在这份建议书中，除了提及马礼逊本人有关旧译的修订言论或行动外，麦都思不再使用“修订”一词，对于他们完成的新约也不再如以前称为“修订版”（revised edition, revised version），而改称“新版”（new version），从建议书的名称到内容一概如此，同时他在建议书中也一直称呼自己等四人的身份是新版的作者或译者，而非修订者。麦都思改变这些用词和身份不会只是出于偶然，新约的“新版”已经完成付印了，从翻译原则到内容译文都和他称为“旧版”（old version）的马礼逊圣经显然有别，而有待完成的旧约应当也是如此，因此回到英国的麦都思决定，要在世人脑海中烙下新旧版中文圣经是两个不同翻译作品的印记，而非只是初译与修订版的关系而已。

只是，事情并没有朝着麦都思预期的方向发展。就在他写完建议书的半个月后，圣经公会在1836年11月15日收到了台约尔和伊文思来信，附有一封他们写给郭实腊的信。台约尔和伊文思在给郭实腊的信中，表示已收到修订过的《四福音书》和《使徒行传》，不幸的是他们几乎每翻一页都会感受到两种挥之不去的干扰：第一，许多译文没有仔细用心翻译；第二，采用的翻译原则显得极为散漫。接着他们列举了修订版五个例子证明这两项失误，并拒绝将修订版付印。他们进一步表示本来无意公开张扬此事，但从远在印度的浸信会传教士给他们的信得知，郭实腊也要求印度方面印刷修订版，他们因此决定致函圣经公会，以阻止修订版流传于世。[①]

在给圣经公会的信中，台约尔和伊文思以非常强烈的措辞批评修订版：

> 不论身为圣经译者的马礼逊可能有什么样的缺失，我们确信修订版的作者们都不能指责他的翻译缺乏忠实，因为世上若有号称忠实而其实却是最不忠实的翻译，那就是我们在中国边

① LMS/UG/MA, 3.3.C., ‘Copy of a Letter to the Rev. Charles Gutzlaff, Malacca, 25 April 1836;’ W. H. Medhurst, *Documents*, pp.48–51, ‘Copy of a Letter to the Rev. Charles Gutzlaff, &c. &c., Canton.’

境的弟兄们的中文新译本。[1]

台约尔、伊文思两人指责修订版是以散漫的翻译原则在短促时间中快速完成的作品，两人认为以“我们在同样工作上的经验”，这件事需要更多时间才行。接着他们又列举了六个例子，说明修订版的错误或不当，并声明他们同意中国语文有其独特性，翻译时不能不顾及惯用语或省略添加等等权宜措施，但是他们也表示完全反对修订版中充斥的意译、解释与虚饰。台约尔、伊文思两人的结论是：第一，他们自己无法认可修订版；第二，他们主张在认同圣经公会基本原则者仔细地检查过修订版以前，英国或美国圣经公会不应给予赞助；第三，他们认为修订版仓促完成，欠缺马礼逊、米怜及印度的浸信会传教士在翻译中文圣经上的细心。[2]

这是一封全盘否定修订版的信，圣经公会一旦接受台约尔、伊文思两人的见解，也将拒绝认可与补助印行修订版。然则，他们两人何以向没有隶属关系的圣经公会如此严厉指控同会弟兄主导的修订版，却不愿先和麦都思直接商榷，或至少先向彼此共同所属的伦敦会陈报反对的意见？两人在信中表示麦都思已在返英途中，可是他们当然也知道奉召返英的麦都思抵达后必定要向伦敦会报到。如前文所述，美部会在新加坡的传教士帝礼士对修订版也有不满，可他是直接向裨治文抱怨，后来裨治文向美部会秘书安德森提到帝礼士的抱怨，帝礼士才对安德森有所说明，但一直没有牵扯到美国圣经公会。另一方面，台约尔不是寻常一般的传教士，他的父亲是伦敦会的理事，岳父则长期是圣经公会的助理秘书与会计主任，有着如此家世背景的台约尔，理应更清楚自己的严厉指控势将导致如

---

① LMS/UG/MA, 3.3.C., ‘Copy of Letter to Rev. J. Jewett on the Revision of the Chinese Scriptures, from Messrs. Evans & Dyer, Malacca, 27 April 1836;’ W. H. Medhurst, *Documents*, pp., 45–48, ‘Copy of a Letter from the Rev. Messrs. Evans and Dyer to the Rev. Joseph Jowett.’

② Ibid. 关于在印度的浸信会传教士翻译中文圣经一事，参见苏精《基督教中国传教事业第一次竞争》，《马礼逊与中文印刷出版》，页131—152。

何的后果。他和伊文思在信中告诉圣经公会的编辑主任乔维特，此举是为了阻止印度方面印刷修订版，但他们同时表示，修订版已在巴达维亚和新加坡两地印刷中，因此事实上无法阻止修订版的印刷流传，尤其新加坡的美部会更在英国圣经公会影响力范围之外。

仔细阅读台约尔、伊文思这封信的内容，其中“我们在同样工作上的经验”一句是非常关键的线索。伊文思于1833年8月从英国抵达马六甲，到1836年4月联署这封信时是两年八个月，他的中文不可能达到足以修订圣经的程度，因此信中对于修订版的批判主要应是出于台约尔之笔。台约尔早在东来以前，于1825年在伦敦向休假回英的马礼逊学习一年多的中文，1827年起先后在槟榔屿和马六甲传教，到1836年时钻研中文已长达十一年，在槟榔屿期间他日益了解到修订马礼逊圣经的必要性，也着手修订了马太福音，1835年初见到麦都思的《福音调和》后，大感契合地和自己的修订比较如下：

> 两个完全各自进行的修订会在文体和惯用语如此的相似，是多么的不寻常，这无疑是我们在中文方面处于类似的情境，同时我们的希求也完全一致的结果。[①]
>
> 麦都思先生正在出版中文的《福音调和》，此书非常符合我的修订想要达到的目的，所以我打算延迟出版我的修订版，但还没下定决心，可以确定的是我想要有和《福音调和》一样忠实的翻译。[②]

《福音调和》的形式虽不同于新约，主要的内容仍是《四福音书》的经文，因此台约尔可以如此比较。没想到仅仅一年稍多以后，他却联合伊文思痛陈修订版是号称忠实而最不忠实的翻译，也强烈希望圣经公会不予

---

① Evan Davies, *Memoir of the Rev. Samuel Dyer* (London, John Snow, 1846), p.203.
② Ibid., p.204.

认可和赞助出版。可是,从《福音调和》到修订版新约,麦都思翻译圣经的原则并未改变,也获得参与修订的其他三人赞同,究竟台约尔何以会先极力推崇《福音调和》,甚至要因此延迟自己作品的出版,不久却又前恭后"拒",全面否定了麦都思的修订版新约,实在令人不解。由于他在态度上的改变相当突兀,采取的手段也十分激烈决绝,不无可能是因为他一向以修订圣经为职志,也已完成马太福音的修订,却没有机会参与麦都思等人的修订活动,未获尊重而如此强烈反对,如同在争议的胜负揭晓后,马儒翰在接连写给圣经公会和伦敦会秘书的两封信中,明显意有所指地说:"我承认在送请马六甲的弟兄看过以前就要付印是有些仓促的,更遗憾的是我们是如此做了。"[①]"修订后的措施或许应该多尊重马六甲弟兄的意见。"[②]

不论台约尔改变态度的原因为何,乔维特收到他和伊文思的信后,要求麦都思提出答辩。麦都思认为,任何直率公正的人读了上述的信后都会觉得,写信的人必然是处于兴奋的状态下笔,过度地宣泄情绪,而且泛泛而谈的内容多于具体之论。麦都思认为自己只要答复具体的部分即可,也就是对方给圣经公会和郭实腊两封信中合计十一项错误或不当翻译,麦都思在逐项答复后又总结说,在这些问题中,属于台约尔、伊文思自己的错误有四项,双方各自见解有异的有五项,而对方言之成理的不过两项而已。[③]

1836年11月25日,圣经公会的编辑委员会举行会议,讨论修订版的认可赞助问题与争议,还特地邀请伦敦会派出理事和秘书共五名代表列席。经过详细讨论后,会议达成五点结论:第一,反对修订版以人为意译取代圣经的单纯记载;第二,建议暂时继续使用马礼逊中文圣经;第三,请伦敦会根据历来和圣经公会共同接受的原则,着手修订马礼逊中文圣

① LMS/CH/SC, 3.3.A., J. R. Morrison to A. Brandram, Macao, 25 July 1837.

② Ibid., J. R. Morrison to W. Ellis, Macao, 31 July 1837.

③ W. H. Medhurst, *Documents*, pp.52–54, 'Remarks of Mr. Medhurst on the Letters of Messrs. Evans and Dyer, contained in a Letter to the Rev. J. Jowett.'

经，并本于伊文思和台约尔的建议以及马礼逊生前的构想进行，所需费用由圣经公会支付；第四，所有以圣经公会经费印成的修订版不得流通；第五，以上决议经理事会通过后抄送伦敦会及其广州、马六甲的传教士。[①]

12月5日，圣经公会的理事会通过追认上述决议，修订版争议的胜负到此底定，乔维特随即在翌日进行他自称是"不受人欢迎的任务"，除了通知麦都思相关的决议外，还向他转述了前一天会议的"实况"，以下是其中主要的部分：

> 我有必要同时说明，在本会的理事会议中，有很强烈的情绪关切马礼逊博士的后继者将本会对于马博士的信任自行转嫁到自己身上。本会非常熟知马博士的才智、观点与习惯，所以放心赋予他在修订圣经时自行判断任何需要的决定。他的辛劳才因过世而结束，有些人随即占据其位置，一开始声称只是修订其圣经，却生产了自认为必将取代原译本的新翻译，并以原来赋予一位久经考验而极具价值的老朋友的信任，自行印刷和石印，用的却是英国圣经公会的经费！以上是本会数位理事表达的情绪，我要让你确实了解，这些理事是屡经人劝说才打消将此种情绪化为强烈的决议，〔……〕[②]

这些在会议中指责麦都思等人自以为是的言论，其实和修订版翻译原则与内容争议的关系不大，却是对于争议失败的麦都思补上了一道不留情面的难堪重锤。争议的胜负虽已底定，麦都思面临的困难却还没结束，因为到这时候为止，争议的双方虽然都是伦敦会的传教士，争议的现

---

① LMS/UG/MA, 3.3.C., 'Resolutions &c. of the British and Foreign Bible Society on the Preceding Papers;' W. H. Medhurst, *Documents*, pp.54–55, 'Resolutions &c. of the British and Foreign Bible Society on the Preceding Papers.'

② LMS/UG/CM, 21 November 1836, 'Joseph Jowett to W. H. Medhurst, Bible Society House, 6 December 1836.'

场却在圣经公会，直至1836年11月25日圣经公会的编辑委员会开会这天，伦敦会才得参与此事，也只是列席协助而已，再到12月5日圣经公会的理事会通过决议，要伦敦会着手修订马礼逊中文圣经，并本于台约尔、伊文思的建议及马礼逊生前构想进行后，伦敦会实在不能不对修订版及自家传教士间的争议表明态度了。

1836年12月19日，伦敦会的东方委员会听取了乔维特几封相关来函的内容，也由麦都思宣读他在前一天完成的给伦敦会的建议书后，东方委员会决议伦敦会应该表明乐于回应圣经公会的期待，尽早着手修订马礼逊的中文圣经[①]。不过，伦敦会的理事会没有立即同意东方委员会之议，而是决定先将篇幅累积已多的相关文件付印，包含麦都思新完成的给伦敦会的建议书在内，分发给本会理事们私下不公开（private and confidential）阅读后再行开会讨论。[②]

麦都思给伦敦会的建议书约6 000余字，他首先辩解圣经翻译不是全部直译或意译的问题，而是直译或意译的程度问题，没有两种语文可以直接对译，希腊文和希伯来文两种圣经间就有许多差异，英文钦定本圣经也不是直译，马礼逊坚持直译原则造成难读不易解的中文圣经，形成中国传教事业的一大困难，这也是他和其他人努力翻译中文化的修订版圣经的缘故。其次，麦都思检讨此次的争议问题，认为马六甲弟兄以既定的成见和过分的态度反对新版，主要在批评修订版不用心修订和过于自由意译，但他们列举的十一项问题，自己错了四项，双方见解不同五项，只有两项言之成理，而他们指责别人不用心修订，自己却在十一项中误引和误用各一项。最后，麦都思讨论伦敦会即将承担的新修订版问题，他表示很想知道所谓圣经公会的原则究竟是什么，圣经公会和伦敦会之间历来共同接

① LMS/UG/CM, 19 December 1836.
② LMS/BM, 26 December 1836.

受的原则又是什么；同时，麦都思也具体建议，马六甲的弟兄和他都参与新修订版的工作，双方先各自进行，将完成的修订寄给对方，并在修订处注明原因和理由，然后双方在新加坡或其他地方集会当面商讨辩论，也邀请马儒翰、裨治文与前伦敦会驻马六甲传教士吉德等人参加集会，并以投票多数决方式最后决定意见不同的部分。[①]

伦敦会所印关于争议的文件中，还有吉德对于麦都思先前提交给圣经公会的建议书的评论，其篇幅甚至比麦都思的建议书还多出约一半[②]。吉德自己还在马六甲时，于1826年至1829年间声称将修订甚至重译马礼逊的圣经，他告诉伦敦会秘书："我确实觉得有义务在我的职责中尽我所能完成一部正确的译本。[③]"结果却一事无成而不了了之。1836年，已离开传教工作的吉德接受圣经公会邀请评论麦都思的建议书，他强烈反对修订版，也反对麦都思建议书中的各项观点，他说"最权威的人士"告诉他，马礼逊不会愿意自己的圣经受到干扰，因此麦都思所谓马礼逊希望自己的圣经获得修订的说法是绝对的错误。吉德严词批评修订版，不论是视为文学创作或翻译，都是完全失败的（a complete failure），其内容有许多不一致性，既不是上帝话语的翻译，也不是上乘的中文作品，做为中文圣经而言，实远逊于马礼逊旧译等。尽管吉德不遗余力地批判麦都思与修订版，但是他的评论却迟至1836年12月23日才写成，当时圣经公会早已达成不利于麦都思的决议，因此吉德的意见来不及对圣经公会的决定产生影响，圣经公会的决议中也根本没有提及他的姓名及其评论。但在一部台约尔的传记中，作者或许是为了减轻台约尔在这次不愉快争议事件中的分量，竟错误地宣称圣经

① W. H. Medhurst, 'Memorial Addressed to the Directors of the Missionary Society on the Projected Revision of the Chinese Scriptures,' in W. H. Medhurst, *Documents*, pp.56–65,

② Samuel Kidd, 'Remarks on the Memorial Addressed to the British & Foreign Bible Society on a New Version of the Chinese Scriptures,' in W. H. Medhurst, *Documents*, pp.1–61. 在伦敦会付印的 *Documents* 中，吉德的评论和麦都思建议书的页码都各自起迄。

③ LMS/UG/MA, 2.5.C., Samuel Kidd to William Orme, Malacca, 6 February 1829.

公会是因吉德的影响才强烈反对麦都思的修订版。[①]

由于麦都思建议书和吉德评论等文件的篇幅很长，印刷与阅读都需要时间，伦敦会的理事会直到1837年2月13日才讨论本案。但是，在台约尔、伊文思两人的反对和圣经公会的拒绝以外，又新增了吉德的负面批判，理事会其实也没有多少考虑的空间了，结果还是达成决议，接受圣经公会在去年12月5日的前三项决议：反对意译的修订版中文圣经、尽早修订马礼逊的中文圣经、暂时仍继续使用他的版本[②]，也就是说伦敦会追随圣经公会之后拒绝了麦都思等人的修订版。理事会同时又有一项决议，表示乐于借此机会对勤奋而忠诚的麦都思表达信任之意，也希望他长保生命和健康以继续拓展传教工作[③]，这项决议当然只是为了顾及麦都思颜面而采取的一项安慰措施了。

伦敦会的决议等于再度判定了他在争议中的失利，麦都思无疑又遭到一次沉重的打击，但他也只能接受这最后的结果，并且停止进行中的旧约翻译。他在一年后出版的《中国：现状与展望》(*China: Its State and Prospects*)书中，论及修订圣经是中国传教事业亟需进行的工作时，对于这次功败垂成的修订只有非常简略而模糊的描述："几位传教士和中国信徒曾经尝试〔修订〕，但是由于缺乏周全的协力合作计划，他们的努力没有深远的良好成果。"[④]麦都思所谓缺乏周全的协力合作计划，不会是说他和裨治文等人的修订工作，指的应该是他们没能兼顾到未参与修订的其他传教士的感受与反应，尤其是那些同属伦敦会的弟兄！

---

① 张陈一萍、戴绍曾，《虽至于死——台约尔传》(香港：海外基督使团，2009)，页122。
② LMS/BM, 13 February 1837.
③ Ibid.
④ W. H. Medhurst, *China: Its State and Prospects*, p.562.

第五节　余波荡漾

麦都思尽管失望，接下来还是得和每位回英的伦敦会传教士一样，巡回各地演讲自己的传教经验，以争取公众对于中国传教事业的热情和捐献。此外，他陆续提交给伦敦会关于派遣医药传教士、购置传教船只、铸造中文活字等各项建议书，又接连参加1837年和1838年的伦敦会年会并发表演说，以及安排自己的《中国：现状与展望》一书出版事宜，又向理事会申请到50镑购买翻译圣经的相关书籍，为接下来参与伦敦会主导的新修订工作而准备等[1]，直到1838年7月底搭船离英。但他并未如尤思德书中所谓打算前往美国寻求美国圣经公会支持修订版[2]，尤氏书中如此揣测麦都思的一段文字与附注，似乎是要塑造一名挫折中带着怒意的英国传教士，不识大体也不择手段转向美国求援的形象，事实并非如此。

由于麦都思在巴达维亚经常接待美部会派往东南亚的传教士，还代为处理该会遇害的传教士善后问题，因此美部会当局对他颇为尊敬与倚重[3]。1835年在华修订圣经期间，裨治文对他也相当有好感，因此在麦都

---

① LMS/HO, Incoming Letters(extra), 2.4.C., W. H. Medhurst to the Directors, Hackney, 23 July 1838; LMS/BM, 23 July 1838.

② J. O. Zetzsche, *The Bible in China*, pp.67–68.

③ 从1831年起美部会的传教士陆续到东南亚巡回或常驻，在途经巴达维亚时都由麦都思接待，1834年美部会两名传教士被土人杀害，也由麦都思代为善后，因此美部会秘书安德森屡次写信和他联系，见ABCFM/Unit 1/ABC 2.01, vol. 2, R. Anderson to W. H. Medhurst, Boston, 6 June & 13 September 1833; vol. 3, R. Anderson to W. H. Medhurst, Boston, 27 January, 3 April, 10 July & 13 July 1835；同时，美部会传教士也常在写给安德森的信中提到麦都思的接待与协助；而麦都思著作《中国：现状与展望》的美国版，正是委托安德森代表和美国出版商接洽出版事宜，见*ibid*., vol. 2, R. Anderson to W. H. Medhurst, Boston, 10 March 1838。关于麦都思处理美部会遇害传教士后事，见帝礼士给安德森信件中转述麦都思信的内容（ABCFM/Unit 3/ABC 16.2.1., I. Tracy to R. Anderson, Singapore, 16 September 1834）。

思于1836年初离华前向他建议，回英国后再度东来时绕道美国访问，裨治文随即向美部会秘书安德森建议邀请麦都思访美①。当麦都思还在回英途中时，安德森于1836年7月5日写信到伦敦邀请他赴美，以便当面请教中国与东南亚传教事宜②。但麦都思若要前往美国，必须先获得伦敦会的理事会同意，而理事会的纪录中并没有他申请赴美一事。而且就在安德森发出邀请函约一年半后，由于美国经济严重不景气，美部会的收入大量减少而陷入财务困境，安德森不得不于1838年1月13日再度发函给麦都思，表示难以负担接待访客的费用而取消上述邀请③。由于当时包含中国与东南亚在内的美部会所有布道站，确实都奉命必须大幅度缩减开支④，可知并非因修订版遭到英国圣经公会拒绝，安德森才借口经费困难而取消邀访，在安德森邀请和取消的两封信函中也无一语及于修订版或争议事件。

麦都思协助美部会传教士及合作修订圣经是一回事，而双方传教会的竞争又是另一回事。1834年10月间，麦都思眼见美部会大力发展中国与东南亚传教事业，曾向伦敦会报告此种情势，提醒莫将中国与东南亚华人传教事业让与美部会⑤；1836年8月他回到英国后，再度提出相似的呼吁⑥。如果他因修订版圣经在英国圣经公会及自己所属的伦敦会受挫，而打算转向竞争中的美方求助，岂不是显示了他只为一己之私而不顾大局的心胸？何况，他主导的修订版圣经已由美部会以美国圣经公会经费

① ABCFM/Unit 3/ABC 16.3.8, vol. 1, E. C. Bridgman to R. Anderson, Canton, 29 January 1836.

② ABCFM/Unit 1/ABC 2.1, vol. 1, R. Anderson to W. H. Medhurst, Boston, 5 July 1836.

③ Ibid., vol. 2, R. Anderson to W. H. Medhurst, Boston, 13 January 1838.

④ ABCFM/Unit 1/ABC 2.1, vol. 1, R. Anderson to the Brethren of the Canton Mission, Boston, 20 May 1837; ibid., R. Anderson to the Missionaries of the ABCFM, at Canton, Boston, 30 June 1837.

⑤ LMS/UG/BA, 4.B., W. H. Medhurst to the Directors, Batavia, 27 October 1834.

⑥ LMS/UG/BA, 4.C., W. H. Medhurst, 'General View of the Missionary Operations in China and the Eastern Archipelago,' dated London, 29 August 1836.

在新加坡印刷出版中，他还要向该会寻求什么支持？美国圣经公会在其1838年年报中的报道，是说英国方面已拒绝赞助修订版，美国圣经公会正在考虑自己的立场当中，由于据悉麦都思可望访美，美国圣经公会因而将延后做相关的决定[①]。这则报道的内容丝毫没有提及麦都思将寻求该会支持之意，尤思德却曲解了这项报道的内容，错误地塑造了损害麦都思人格的负面形象。

尤思德又认为，裨治文和麦都思后来于1840年代第二次修订圣经时的译名之争，早在1830年代第一次修订时已经显现[②]。尤氏的根据是麦都思在写给英国圣经公会的建议书中，介绍参与修订的四人时，说裨治文对每件事都非常仔细严谨，经常对马礼逊旧译如何修订提出建议，而且所提的还不是其他人一开始就想得到或以为然的[③]。麦都思介绍裨治文的这些文字，是赞美他虽然不是主要的修订者，却也有他人所不及的高明见解。既然是请求圣经公会认可和赞助的建议书，麦都思称许参与修订的同工唯恐不及，怎么可能反其道而行？连前文所述当年马礼逊不接受麦都思的修订意见，告诉他自行另译新版一事，麦都思在建议书中都婉言说成是马礼逊"邀请"自己重译，则他更不可能以负面文字形容裨治文。在裨治文方面，如果当时他对麦都思已有不满或芥蒂，应该是不会主动邀请他访问美国了。在四人讨论翻译圣经的过程当然会有不同的意见，但尤思德先是加重说成是裨治文在重要的翻译原则上和其他人不合[④]，进一步再扩大解释为裨治文代表的美国和麦都思代表的英国双方冲突（conflict）的开始[⑤]，显然尤氏是在为第二次修订的名词之争预埋本来没有的导火线。

---

① 这则报道的内容见J. O. Zetzsche, *The Bible in China*, p.67, note 49。

② Ibid., pp.61–62, 74.

③ W. H. Medhurst, *Documents*, p.7.

④ J. O. Zetzsche, *The Bible in China*, p.62.

⑤ Ibid., p.74.

参与修订的四人在争议中的处境，郭实腊的情况不明，麦都思遭逢严重挫折已如前述，裨治文则没有遇到什么困扰，修订本新约在新加坡顺利生产，他至少已相当程度地达成最初倡议修订圣经的目标，也消除了美国圣经公会经费累积待用的压力；至于马儒翰的处境则最为尴尬，他身为马礼逊之子，却赞同以易读易懂的翻译原则取代父亲遵守的直译原则，结果被英国圣经公会拒绝认可与赞助，还在前文所述的圣经公会的理事会议中，被指责为一群自以为是的马礼逊后继者之一。马儒翰又如何看待自己在这次修订中的角色及争议事件，是一个很值得注意的问题。

由于马儒翰的血统身份，以及他在父亲过世后积极参与传教活动的缘故，英国圣经公会和伦敦会持续和他密切联系，两会秘书都在争议结束后分别知会他经过和结果。马儒翰觉得事情固然已无可挽回，有些事却不能不说清楚，因此在给两会秘书的回信中表达自己的看法[①]。他非常在意别人批评他和其他三人的修订举动是对他父亲的冒犯（presumption）和贬低（depreciation），因此两封回信的主要内容都从自己和同工的资格与作法两方面回应。

在修订资格方面，马儒翰表示麦都思关于旧版新约完成于他父亲来华七年后的说法是正确的，而主导此次新约修订的麦都思研习中文年资已不只一倍于此，其他人也有多年研习中文经验，并有当年他父亲所无的字典等参考工具。至于马儒翰自己，虽然他自称是修订版的次要人手（secondary labour），只校订而不翻译，但他很有自信地表示：

> 我不会因为名字和修订版连在一起而感到羞愧，而且还要进一步地说：马儒翰在不同的教师之下，特别是在他敬爱的父亲之下研习十年的中文之后，不会虚矫地认为自己目前的中国

① LMS/CH/SC, 3.3.A., J. R. Morrison to A. Brandram, Macao, 25 July 1837; ibid., J. R. Morrison to W. Ellis, Macao, 31 July 1837. 其中写给伦敦会秘书Ellis的一封注明不公开（private）。

语文知识低于他的父亲二十多年前在缺乏帮助下仅仅学习了六年的程度。[①]

马儒翰强调以自己和同工的中文知识能力从事修订之举，实在不至于冒犯或贬低了父亲，他认为父亲当然最有资格自行修订，但既然没有实行，而新约自译成后又没修订过，因此他说：

> 我们并非和1834年时的汉学家马礼逊博士竞争，而是和1812年时吃力奋斗（heavily burdened）的中文学生罗伯特·马礼逊竞争，这当然不是冒犯贬低。[②]

同时，马儒翰也赞同麦都思批评马六甲传教士的中文不正确与不地道的说法。麦都思在前述写给圣经公会的建议书中，论及历来的马六甲传教士们，都是从前辈传教士所写的中文基督教书刊入手学习中国语文，相对轻忽了研读中国人的著述，结果造成在传教士和华人助手圈内流通的许多中文词汇，却是一般华人不用也不了解的[③]。马儒翰以自己曾在马六甲住过数年的经验，"证实"确有此种不纯正的方言（corrupt dialect）存在，不但他自己曾受到过影响，甚至连中国助手梁发也不例外，经常在对传教士说写时使用此种不纯正的中文表达方式。[④]

在修订工作方面，马儒翰先说明他父亲早想修订自己的圣经，限于时间和体力未能进行，在他过世后，一群后继者随即诚挚地承担修订工作，实在不能苛责这些人是仓促从事。其次，马儒翰又表示父亲并未坚持绝对严格的直译，并举父亲于1834年4月13日写给他的信为证：

> 要清晰易懂地将欧洲人的思想译成中文，有时候必须改变

---

① LMS/CH/SC, 3.3.A., J. R. Morrison to W. Ellis, Macao, 31 July 1837.

② Ibid.

③ W. H. Medhurst, *Documents*, pp.2−3, note(1).

④ LMS/CH/SC, 3.3.A., J. R. Morrison to A. Brandram, Macao, 25 July 1837.

或颠倒观念在句子中的顺序，我曾在改善路加福音前几节的翻译时如此做。[1]

马儒翰认为，父亲这样的翻译原则也正是麦都思和同工们据以修订的翻译原则，他说："能有中文新约第一位翻译者最后意见的支持，我们感到非常满意。"[2]马儒翰又认为，若圣经公会也持相同的原则，那么在伦敦会未来负责的修订工作中，要和马六甲弟兄达成折衷之道不是太困难的事。至于经文内容的修订细节，马儒翰承认修订版必然有许多错误，亟待改正，他觉得本当如此，因为他和同工的唯一目标，就是完成一种既忠实又语法完全自然并易于理解的中文译本。马儒翰也坦承，修订版没有请教马六甲弟兄的观点和意见的确不够周到，但即使如此，他仍表示无法接受马六甲弟兄的批评内容与来自英国的责难[3]。只是尘埃落定，修订版遭到拒绝已是无从改变的事实了。

结　语

中文圣经第一次修订工作于1834年由美部会的裨治文发起，第二年经伦敦会的麦都思接手主导后，进展顺利，在1836年初完成新约修订版后付印流通。

麦都思个性积极，勇于任事，强烈的使命感促使他在马礼逊过世不久即加速修订，甚至进一步以重新翻译取代修订，这难免被视为是挑战第一

① LMS/CH/SC, 3.3.A., J. R. Morrison to A. Brandram, Macao, 25 July 1837.
② Ibid.
③ LMS/CH/SC, 3.3.A., J. R. Morrison to W. Ellis, Macao, 31 July 1837.

位来华新教传教士马礼逊及其圣经的权威与历史地位的轻率行动，再加上没考虑到未参与修订的其他传教士的感受与反应，以致面临同属伦敦会的台约尔和伊文思的强烈反对而引起争议。

对于正要争取圣经公会认可与补助修订版的麦都思而言，竟有来自同会弟兄的反对已极为不利，争端又从翻译原则、方法与实务扩大至挑战马礼逊及其圣经的问题，情势更为严峻，而掌握权力的圣经公会理事们，虽然无能为力从中文比较判断修订版的优劣，但他们既不满麦都思看似贬抑马礼逊及其中文圣经的轻率之举，又有麦都思同会弟兄的强烈反对，终于拒绝了修订版。

在马礼逊过世后，麦都思认为唯恐损及马礼逊权威和地位等“低层次的顾虑”已经消失，而修订甚至重译都可以从此顺利无碍地进行。但是，不论是翻译或修订圣经，毕竟都是基督教的大事，尤其关系到世上最多人口的中国传教事业。马礼逊来华开教已是前所未有的成就，他翻译的中文圣经也是福音满人间的重要象征，何况到1836年时，他的中文圣经出版才不过十三年，他的过世更是才刚发生的事，传教界还在为这位历史性人物的辞世感到震惊与悼念的情绪当中，却突然冒出要取代其圣经的修订版，难免无法接受。麦都思操之过急的结果，还是让“低层次的顾虑”在中文圣经的第一次修订中，成为决定成败的重要因素。

第五章
初期的墨海书馆（1843—1847）*

* 本文曾刊载于关西大学文化交涉学教育研究中心、出版博物馆合编，《印刷出版与知识环流：十六世纪以后的东亚》（上海：上海人民出版社，2011），页153—180。收入本书时已修订。

绪 论

十九世纪中叶的墨海书馆是伦敦传教会上海布道站的印刷所，先后以活字、木刻、石印与铸版大量印刷出版传教与非传教性的书刊文件，是伦敦会上海站的讲道礼拜、印刷出版及医疗治病等三个主要部门之一，也是当时的上海以至中国设备最新与产量最多的近代化印刷机构，不仅其生产技术引起许多中国人惊叹瞩目，出版内容也吸引许多人信仰向往，因而成为十九世纪中叶在华展示西方印刷技术、传播基督教义和引介近代知识的重要窗口。

从成立到结束的二十三年期间，墨海书馆的发展演变可分成三个阶段：初期自1843年12月底创办人麦都思抵达上海，至1847年底先进的滚筒印刷机（cylinder press）开工，为时将近四年；接着从滚筒印刷机开工到1856年底麦都思离华返英，约九年时间为中期；再从1857年到1866年底结束的十年为后期。本文的讨论以奠定墨海书馆基础的初期为范围，探讨其成立经过与初期将近四年间的经营发展，包含管理与经费、工匠与技术、产品与作者、流通与影响等等。

第一节 从巴达维亚到上海

墨海书馆是鸦片战争导致中外关系巨变的产物，但并非完全新生，而是以战争前麦都思在荷兰东印度殖民地巴达维亚创办的印刷所为基础而建立的，两者在人事、经费和技术等方面有一脉相承的连带关系。

鸦片战争前，巴达维亚印刷所和其他基督教中文印刷所一样，都是传教士企图借着印刷出版突破封闭的中国的重要措施。在进行中文印刷出版或设立印刷所的基督教传教会中，从事最早、持续最久而规模最大的伦敦会，陆续建有马六甲、巴达维亚、槟榔屿和新加坡四个印刷所。其中巴达维亚印刷所由麦都思创立于1823年，是鸦片战争前所有基督教中文印刷所中，唯一以木刻、石印、活字三种方法生产的印刷所，而且生产的图书种数和印量都很可观，从1823年至1843年的二十一年间共生产135种图书（含一书的不同版本），年印量最多时（1835）达到183万余页。[①]

在东南亚各地建立布道站与印刷所，原是传教士无法进入中国的不得已之计，因此当鸦片战争双方胜负已定，中国开放五口通商，麦都思便撤离巴达维亚前往中国，他先出售布道站的土地、教堂、印刷所房屋、仓库和校舍等，共得2 571元[②]；接着将所有活字、石印、木刻等印刷机具和大批图书打包，再从印刷所工匠中挑选了两名青年，和他及家人一起在1843年6月底上船离开了巴达维亚。这些金钱、工匠和机具，就是墨海书馆最初的基础。

1843年8月7日，麦都思一行抵达刚成为英国殖民地的香港，随即参加攸关伦敦会和整体基督教在华传教事业的两个会议。第一个是伦敦会面对中国新局面的部署会议，由伦敦会的传教士参加，结果决议建立四个布道站：香港、厦门、福州，再加上从上海和宁波两地中择一而定，并请麦都思、美魏茶（William C. Milne, 1815—1863）和雒魏林（William Lockhart, 1811—1896）三人共同决定在上海或宁波建站后常驻；至于印

① LMS/UG/BA, 4.C., William Young to the Directors, Batavia, 2 December 1835, 'Report of the Mission at Batavia for 1835.' 关于巴达维亚印刷所的详情，参阅本书第三章《麦都思及其巴达维亚印刷所》。

② Ibid., 5.B., W. H. Medhurst to the Directors, Batavia, 10 April & 24 June 1843; LMS/CH/CC/ 1.1.B., W. H. Medhurst & William Lockhart to Arthur Tidman, Shanghai, 27 December 1845.

刷所则设立三处：香港、福州、上海或宁波[①]。第二个会议是关于修订中文圣经，由伦敦会和其他传教会的传教士共同参加，决定了翻译的原则及进行方式，规定由所有在华传教士组成总委员会（general committee），以下是五个地区委员会（local committee of stations）分担翻译的工作，并任命麦都思为总委员会的秘书[②]。这两个会议的结论，一是伦敦会上海布道站及墨海书馆成立的依据；一是后来麦都思推动修订和出版中文圣经的基础，和墨海书馆密切相关。

两个会议结束后，麦都思将家眷留在香港，自己和美魏茶依照第一个会议的结论于1843年9月底搭船北上舟山，准备和先已前往当地的雒魏林会合，商定在上海或宁波建站事宜，不料船离香港后遭遇台风，船只严重损坏，勉强驶入马尼拉（Manila）避难，因修护费时，麦都思设法搭上一艘荷兰战船，先到澳门再转回香港[③]。同年11月，麦都思再度北上，但美魏茶打算回英国结婚而未同行，麦都思则安全抵达舟山与雒魏林会合。两人就近先到宁波考察后，终于在1843年12月23日或24日抵达了上海。[④]

---

① LMS/CH/SC, 4.3.B., Samuel Dyer to A. Tidman, Hong Kong, 26 August 1843. 后来因为预定派往福州的台约尔死亡而取消该地，只设三个布道站，印刷所也只设香港与上海两处。

② Ibid., 4.3.D., a printed two-page Minutes. 这份会议记录由时任香港会议主席麦都思和秘书台约尔共同署名。后麦都思担任总委员会秘书。

③ Ibid., W. H. Medhurst to A. Tidman, Hong Kong, 11 November 1843.

④ LMS/CH/CC/1.1.A., W. H. Medhurst to A. Tidman, Shanghae, 26 December 1843. 麦都思在信中只说自己在数日前抵达上海，并没有确指哪一天。他和雒魏林后来所写的各项书信文章，也没有记载两人到上海的日期。但是，美部会传教士裨治文于1847年6月从广州到达上海参与修订圣经，他在同年9月写信给美部会秘书详细报告上海各传教会情形时，逐一列举伦敦会每名传教士抵达上海的日期，其中麦都思为1843年12月24日（ABCFM/Unit 3/ABC 16.3.8, vol. 3, E. C. Bridgman to R. Anderson, Shanghai, 9 September 1847），裨治文应该是问过麦都思等人，才有可能知悉伦敦会每位传教士抵达上海及相关行事的日期。

但是，1889年出版的《上海旧事》(J. W. *Maclellan, The Story of Shanghai: From the Opening of the Port to Foreign Trade* (Shanghai: North China Herald Office, 1889), p.18），称麦都思于1843年12月23日抵达上海，此书作者久居上海，也说明写作时曾参考许多相关文献，但未指明此处的数据源，且作者在同页称雒魏林先于同年11月5日抵达上海，却与雒魏林自己当年所记的11月8日有所出入。

第二节　建立上海布道站

麦都思和雒魏林对上海都不太陌生。麦都思早在1835年到中国沿海探查时，就已到过上海一带，因接待问题和地方官发生争执而被阻止入城[1]。雒魏林1843年初在香港考虑未来的驻地时，已表达最希望前往上海之意[2]。事实上在他和麦都思抵达上海的一个多月前，当英国第一任驻上海领事巴富尔（George Balfour, 1809—1894）从香港上任途经舟山时，雒魏林即加入随行队伍，于1843年11月8日抵达上海，住到20日才回舟山，目睹了上海开埠最早的一幕。身为医生的雒魏林特地考察了上海的气候、环境、排水和卫生情况，感到很满意，认为优于宁波[3]。麦都思和雒魏林到上海后，也觉得中国官方和英国领事都没有反对传教士常驻之意，因此两人很快地在1843年12月26日开会，决议建立伦敦会上海布道站[4]，这也是上海的第一个基督教布道站。麦都思内心充满感慨地表示："天恩保佑我至今，我实现了四分之一世纪以来渴望能住到一个人口众多的中国城市的目标。"[5]

大计已定，两人分头进行后续工作：雒魏林到舟山携来家眷及麦都思留在当地的印刷工匠和设备，麦都思则留在上海寻觅布道站需要的房屋。他费了好一番功夫，才以一年250元代价租到县城东门外的一户房

① W. H. Medhurst, *China: Its State and Prospects*, pp.460–473.

② LMS/CH/SC, 4.3.A., W. Lockhart to A. Tidman, Hong Kong, 13 January 1843.

③ LMS/CH/CC, 1.1.A., W. Lockhart to A. Tidman, Shanghai, 20 November 1843.

④ Ibid., 1.1.A., W. H. Medhurst to A. Tidman, Shanghai, 26 December 1843. 这项决议在1844年7月8日获得伦敦会理事会的认可（LMS/BM, 8 July 1844）。

⑤ LMS/CH/CC, 1.1.A., W. H. Medhurst to A. Tidman, Shanghai, 1 May 1844.

屋作为布道站,又用了比租金还高一些的费用进行装修[①]。1844年1月下旬回到上海的雒魏林也和麦都思在此同住,一楼作为印刷和医疗之用,也就是墨海书馆和仁济医馆最初的所在,二楼则是住家和礼拜聚会处。不久,麦都思的家眷从香港北上,雒魏林于1844年6月初迁到在小南门外另租的一户房屋,兼做住家和医馆。[②]

尽管有了暂时安顿之所,拥有土地和房屋显然才是建立永久性布道站的首要基础。一开始麦、雒两人都觉得上海开埠伊始,未来发展难料,因此租屋比自行建造妥当。一年后两人的想法改变了,上海的情势持续稳定发展,外商开始大兴土木营造西式建筑,麦、雒两人也认为中式房屋不适合他们居住和传教用途,长期付出租金也不合算,因此希望以出售巴达维亚布道站得款在上海租界中购地建屋,包含印刷所和学校在内[③]。事实上在1845年12月接到理事会的同意函前[④],他们已经购买(永久租用)两块相邻的土地,第一块为13亩3厘1毫,作为布道站与印刷所,第二块为11亩,建造仁济医馆与雒魏林的住宅[⑤]。在当时外人购用的土地中,在租界边上的这两块地距离黄浦江边的商业区最远,但最接近华人,距县城北门也只约半英里之遥,附近有两条从上海经嘉定通往苏州的大路。麦都思与雒魏林特意选择这样的位置,他们的想法是布道站坐落在靠近华人的租界边上,有利于传教,而且和租界环境有效区隔,但必要时又便于和租界联系。[⑥]

---

① LMS/CH/CC, 1.1.A., W. H. Medhurst to A. Tidman, Shanghai, 1 May 1844.

② Ibid., W. Lockhart to A. Tidman, Shanghai, 6 June 1844.

③ Ibid., 1.1.B., W. H. Medhurst & W. Lockhart to A. Tidman, Shanghai 31 March 1845.

④ LMS/BM, 8 September 1845.

⑤ 参见蔡育天主编《上海道契》(上海:上海古籍出版社,2005),卷1,页35—37,英册道契第21号第61分地;卷1,页37—39,英册道契第22号第62分地;LMS/CH/CC, 1.1.B., W. H. Medhurst & W. Lockhart to A. Tidman, Shanghai, 27 December 1845; ibid., 1.1.C., W. H. Medhurst & W. Lockhart to A. Tidman, Shanghai, 10 April 1846。麦都思和雒魏林在信中告诉伦敦会秘书,第一笔土地中将近两英亩将建造布道站大屋,约半英亩建造墨海书馆(1英亩=6.07亩)。

⑥ LMS/CH/CC, 1.1.C., W. H. Medhurst & W. Lockhart to A. Tidman, Shanghai, 10 April 1846.

除了这些租界内的土地，麦都思和雒魏林又积极在上海城内觅地建造教堂。因为外人无法在租界外租购土地，他们在1845年借用一名正学习教义准备受洗的华人名义，买下城内五老峰地方的半亩地，再以相当于地价利息的数目租给麦都思和雒魏林兴建教堂。他们报道说地方官很满意这样的买卖承租方式，因为产权仍握在华人手中。①

经过麦都思和雒魏林两人四年的努力，伦敦会上海布道站到1847年时已显现出基础坚实而成长迅速的气象。从外表上看，这种气象最显而易见的是新建的布道站大屋、墨海书馆、仁济医馆和城内的礼拜堂等建筑，都在1846年中相继落成，奠定了布道站未来进一步发展的空间。另一方面，到1847年为止，布道站的三项主要传教事业都开展得十分顺利：

一、讲道方面，1844年刚开始对华人讲道时，因为担心会引起中国官民的疑虑，还得关上布道站大门。到了1847年，单是在固定时间和地点举行的公开聚会讲道，每周已有八次，每次听众人数平均300人，有时还多达500人②。此外，传教士每周深入上海周围10至20英里范围各村镇巡回讲道，而雇用的中国分书人（colporteur）的活动范围，更远达杭州和南京等地。到1847年底，已有五名华人受洗成为基督徒，其中还有一名秀才③，对照先前麦都思在巴达维亚超过二十年毫无所获，转到上海不过四年即有如此的成果，足以让他大感欣慰了。

二、医疗方面，雒魏林从1844年2月开始看诊，到1845年3月为止的一年多期间，病人已有12 000人④；从1845年7月到1846年6月的一

① LMS/CH/CC, 1.1.C., W. H. Medhurst & W. Lockhart to A. Tidman, Shanghai, 10 April 1846.

② Ibid., W. H. Medhurst, W. Lockhart & W. C. Milne to A. Tidman, Shanghai, 10 April 1847.

③ 1845年11月13日，最早的两名信徒江永哲（Tseang Yung-che，秀才）和邱天生（K' hew T' heen-sang, i.e. Kew Teen-sang）受洗（LMS/CH/CC, 1.1.B., W. H. Medhurst & W. Lockhart to A. Tidman, Shanghai, 27 December 1845）；1846年5月9日，第三、四名信徒黄守义（Wang Show-yih）和蔡喜（Tsae He）受洗（ibid., 1.1.C., W. H. Medhurst & W. Lockhart to A. Tidman, Shanghai, 14 October 1846）；1847年12月19日，第五名信徒一位来自周浦（Chow-poo）的医生受洗（ibid., 1.2.A, W. C. Milne to A. Tidman, Shanghai, 11 April 1848）。

④ *Statement Regarding the Building of the Chinese Hospital at Shanghai* (Shanghai: 1848), p.1.

年间，也有10 140人[1]；从1846年7月到1847年6月，进一步增至15 217人[2]。1846年雒魏林募款兴建仁济医馆的宽敞房舍，在这年7月乔迁开张，并由捐款的上海英国人组成管理委员会管理，成为上海地区为华人服务的代表性西式医院。

三、出版方面，墨海书馆每半年的生产量从1844年5至10月的37万页[3]，跃升至1847年4至9月的1 569 600页[4]，而英国圣经公会购赠的一部先进滚筒印刷机，也已在1847年8月抵达上海。关于印刷出版的进展，详见下文的讨论。

除了在上海当地的传教士努力以外，伦敦会的理事会对于中国传教事业的态度，也从中国"开门"以前的保守变得非常积极。理事会一面发动英国的基督徒公众为中国祈祷，并捐款支持在华传教工作，同时又几次决议增派传教士到中国，加强已有的三个布道站[5]，到1847年8月，上海布道站的传教士已从最初的两人增至六人。此外，理事会对于麦都思和雒魏林两人的屡次请求，从选择布道站地点、租用土地到建筑经费等，也都有求必应。

麦都思和雒魏林到上海将近两年后，从1845年起伦敦会不再是上海唯一的基督教代表了，英国圣公会传教会（Church Missionary Society）的传教士在这年4月也来到上海，到1847年底，上海共有五个传教会设立布道站[6]，其中仍以来得最早也最有经验的伦敦会规模和成果最为可观。

---

① *Report of the Medical Missionary Society in China for the Year 1847* (Victoria, Hong Kong: Printed at the Hongkong Register Office, 1848), p.16.

② Ibid., p.21.

③ LMS/CH/CC, 1.1.A, W. H. Medhurst & W. Lockhart to A. Tidman, Shanghai, 15 October 1844.

④ Ibid., 1.1.C., W. H. Medhurst & W. Lockhart to A. Tidman, Shanghai, 14 October 1846.

⑤ LMS/BM, 11 & 25 August, 8 September 1845, 20 April 1846, 15 January 1847.

⑥ 其他三个传教会是美国圣公会（American Protestant Episcopal Mission, 1845）、耶稣教安息日浸礼会（Seventh Day Baptist Mission, 1847）、美南浸信传教会（American Southern Baptist Convention, 1847）。

第三节　初创墨海书馆

1843年底麦都思刚到上海时，并未随身携带印刷机具，而是由雒魏林前往定海携带家眷时，在1844年1月23日或24日将机具一并带到上海[①]，结果却让麦都思大出意外：

> 忙完了房屋的事儿，我接着要安排印刷所和藏书就绪，却发现这真是一桩艰巨无比的任务(a Herculean task)，〔……〕印刷机和活字运到上海时极其混乱，虽然我们离开巴达维亚时特别小心地包装，却因途中再三转船装运，在仓库中又被任意抛置，许多箱子都破碎了，印刷机各部分零散得乱七八糟，活字也从原来放置的盒中散出，搅成了印工所称的混杂一堆的“派”(pie)。真难为了雒魏林在舟山奋力保存它们不致完全损毁，而且还将这些破碎杂乱的机具全带到了上海。[②]

由于从巴达维亚带来的两名年轻工匠还不很内行，对中文活字更毫无办法，麦都思面对这些混乱的情形只能一人独自奋斗。到1844年5月1日，麦都思终于报道：

> 经过三个月不断地努力，印刷所终于大致整理就绪，我们即将开始印刷，只要各样东西就位了，两名年轻人即可开工，不

① 雒魏林在1844年1月18日从定海写信给伦敦会秘书，说他已订妥两天后(20日)起航的帆船船票，预计在三或四日后抵达上海(LMS/CH/SC, 4.4.A., W. Lockhart to A. Tidman, Tinghai, 18 January 1844)。

② LMS/CH/CC, 1.1.A., W. H. Medhurst to A. Tidman, Shanghai, 1 May 1844.

会有什么问题，我也可以照料其他更重要的事情。[①]

墨海书馆位在县城东门外布道站楼下的时间可能只有一年左右。在1845年4月至10月的账目中，有笔租赁和修理一户作为印刷所房屋的支出63.69元[②]，麦都思并未对此有所说明，但布道站成立后，参加礼拜聚会聆听讲道的人数越来越多，不得不设法容纳更多的人，他在1845年10月报道，已经拆掉一些隔间以扩大一楼大厅[③]，而原在一楼的墨海书馆应该就是此时从布道站迁出到附近另租的房屋。1846年10月，在租界边上新建的布道站大屋、墨海书馆和仁济医馆落成乔迁，坐落在布道站大屋后面的墨海书馆，为63英尺长、22英尺宽的两层楼建物，有良好的玻璃窗，给予检字排版工作充足的光线[④]，有如王韬于1848年到上海探望协助麦都思修订圣经的父亲时，对所见墨海书馆的描述："书楼俱以玻璃作窗牖，光明无纤翳，洵属琉璃世界；字架东西排列，位置悉依字典，不容紊乱分毫。"[⑤]

以下分别就管理与经费、人员与技术、产品与作者、流通与影响等方面，分析讨论1844年至1847年将近四年间墨海书馆的经营情形。

---

① LMS/CH/CC, 1.1.A., W. H. Medhurst to A. Tidman, Shanghai, 1 May 1844.

② Ibid., 1.1.B., W. H. Medhurst, W. Lockhart, & W. Fairbrother to A. Tidman, Shanghai, 7 October 1845, enclosure, 'W. H. Medhurst in account with London Missionary Society from April 1st to October 1st, 1845.'

③ Ibid., 1.1.A., W. H. Medhurst & W. Lockhart to A. Tidman, Shanghai, 15 October 1844.

④ Ibid., 1.1.C., W. H. Medhurst & W. Lockhart to A. Tidman, Shanghai, 14 October 1846.

⑤ 王韬，《漫游随录》（长沙：湖南人民出版社，1982），页51。

第四节　管理与经费

巴达维亚印刷所由麦都思一手创立与管理，墨海书馆也是如此，即使1847年伟烈亚力（Alexander Wylie, 1815—1887）以墨海书馆主任（superintendent）的身份到职后，情况仍然没有改变。这是因为麦都思是按立的传教士，地位高于非传教士的印工（printer）伟烈亚力，而且麦都思出身印刷专业，远比来华前才短期学习印刷的伟烈亚力更为内行[①]，何况资深干练的麦都思还是上海布道站和墨海书馆的创始者，上海站其他传教士都了解和尊重他的领导地位。巴达维亚印刷所会成为鸦片战争前产量最大的对华传教印刷所，以及墨海书馆会在1840与1850年代成为最具规模的在华传教印刷所，麦都思的领导管理是主要的因素。

相对于管理方面的单一简明，墨海书馆在经费方面显得多元而复杂。墨海书馆是伦敦会上海站的一部分，上海站的经费主要来自伦敦会，但墨海书馆的大部分经费却来自伦敦会以外的团体或个人，只在特殊的情况下，例如其他来源的经费未能及时到账，才动用或暂时借用伦敦会的钱。不过，墨海书馆的这种现象并不特殊，而且在鸦片战争前就已行之有年，原因是英国在各传教会以外，还有“英国圣经公会”和“宗教小册会”两个专门协助出版传播的传教团体[②]，前者以圣经为主，后者则是圣经以外

① 伟烈亚力应征伦敦会印工时，填写的职业是家具木工（cabinet maker）（LMS/CP, Answers to Printed Papers, no. 200, Alexander Wylie.

② 英国圣经公会成立于1804年，其历史与会务参见George Browne, *The History of the British and Foreign Bible Society*（London: British & Foreign Bible Society, 1859）; William Canton, *A History of the British and Foreign Bible Society*（London: John Murray, 1904-1910）；宗教小册会成立于1799年，其历史与会务参见Samuel G. Green, *The Story of the Religious Tract Society for One Hundred Years*（London: Religious Tract Society, 1899）。

篇幅较小的书，各传教会和所属传教士都可以向两会申请补助印刷与出版的费用，伦敦会对华传教士从马礼逊开始，就经常获得两会补助[①]，甚至大部分书刊都是借着两会补助款才付印出版，墨海书馆也不例外。

伦敦会上海站的档案显示，1844年至1847年间，宗教小册会三次补助墨海书馆出版费用：第一次200元[②]，第二次464元[③]，第三次则是英国一名善心人士（William Peek）通过宗教小册会捐赠50金币（guinea）[④]。至于圣经公会，则是两次各补助100英镑和150英镑[⑤]。此外，墨海书馆曾罕见地获得美国宗教小册会一次补助，印刷米怜的《张远两友相论》一书，但数目不详。[⑥]

在上海本地代工印刷（job printing）是墨海书馆的另一项经费来源。上海开埠后陆续前来的外国公司行号，有时会请当地唯一的西式印刷所墨海书馆代印一些表格文件。1845年4月1日至10月1日的账目中，收入栏内和印刷有关的两笔账：一是前述宗教小册会补助的464元，另一就是为不同人士代工印刷的60元[⑦]。麦都思在1845年10月的一封信中也表示："代工印刷的利润，使我们得以订制25 000个小号的中文金属活字与

---

① 马礼逊和这两会关系的简略叙述，参见苏精《中国，开门！——马礼逊及相关人物研究》，页278—280。

② LMS/CH/CC, 1.1.B., W. H. Medhurst & W. Lockhart to A. Tidman, Shanghai, 31 March 1845.

③ Ibid., 1.1.B., W. H. Medhurst, W. Lockhart, & W. Fairbrother to A. Tidman, Shanghai, 7 October 1845, enclosure, 'W. H. Medhurst in account with London Missionary Society from April 1st to October 1st, 1845.'

④ Ibid., 1.1.C., W. H. Medhurst & W. Lockhart to A. Tidman, Shanghai, 10 April 1846.

⑤ Ibid., W. H. Medhurst & W. Lockhart to A. Tidman, Shanghai, 10 April & 14 October 1846; ibid., 1.1.D., William C. Milne to A. Tidman, Shanghai, 11 October 1847; ibid., 1.2.B., W. C. Milne to A. Tidman, Shanghai, 29 June 1849.

⑥ Ibid., 1.1.C., W. H. Medhurst, W. Lockhart & W. C. Milne to A. Tidman, Shanghai, 10 April 1847.

⑦ Ibid., 1.1.B., W. H. Medhurst, W. Lockhart, & W. Fairbrother to A. Tidman, Shanghai, 7 October 1845, enclosure, 'W. H. Medhurst in account with London Missionary Society from April 1st to October 1st, 1845.' 伦敦会规定各传教士每半年结报账目一次，目前所存巴达维亚布道站档案中，仍然保存着麦都思的大部分账目，但上海站档案中的麦都思账目不知何故仅存两次而已。

1 000个大号活字，用于印刷传教小册。”①

圣经公会和小册会的补助，加上代工印刷的收入，究竟能否维持墨海书馆的运作呢？麦都思曾一再表示印刷经费不足或用尽了，请伦敦会的理事会要求两会增加补助款，又表示两会的钱只能勉强应付工匠的工资、材料的消耗和房屋的成本而已②。事实上，墨海书馆虽是一家不以营利为宗旨的传教印刷所，但是在能干的麦都思经营下，才建立不久却已有了相当可观的利润，他在1845年11月前后举债购买作为印刷所的土地，以及兴建墨海书馆的新屋，这两项费用共约1 000元，但他却能在仅仅半年后报道，已经以印刷的利润偿还了三分之一的债务③；一年后再度报道又还了300元④；到了1847年4月，也就是购地建屋的一年半后，他终于宣告墨海已经完全免除了债务（the office is now free from debt）⑤；有办法让墨海书馆具备如此快速丰厚的获利能力，当然也强化了麦都思在管理和主导上的权威性。

第五节　工匠与技术

麦都思离开巴达维亚时，从十来名印刷工匠中挑选了两名年轻人带到中国，成为上海最早的两名近代印刷技术工匠：巴达维亚的土生华人邱天生（Kew Teen-Sang, K’hew T’heen-Sang），以及荷兰人费斯保

① LMS/CH/CC, 1.1.C., 1.1.B., W. H. Medhurst, W. Lockhart, & W. Fairbrother to A. Tidman, Shanghai, 7 October 1845.

② Ibid., W. H. Medhurst & W. Lockhart to A. Tidman, Shanghai, 10 April 1846; ibid., W. H. Medhurst, W. Lockhart & W. C. Milne to A. Tidman, Shanghai, 10 April 1847.

③ Ibid., W. H. Medhurst & W. Lockhart to A. Tidman, Shanghai, 10 April 1846.

④ Ibid., W. H. Medhurst & W. Lockhart to the Directors, Shanghai, 14 October 1846.

⑤ Ibid., W. H. Medhurst, W. Lockhart & W. C. Milne to A. Tidman, Shanghai, 10 April 1847.

(William Velsberg)。两人都是孤儿，在麦都思于当地创办的孤儿院成长和读书，1839年进入印刷所当学徒[①]，因此两人在1844年初到达上海时，已有约四年的印刷经验，每人每月的工资约5元[②]。麦都思应该是相当信任他们，才会带两人到中国，并在前述印刷机和活字刚到上海时一塌糊涂的情况下，麦都思一面亲自整理，一面表示整理完毕后两人即可顺利接手开工，不致有何困难。

费斯保在巴达维亚时已经受洗成为基督徒，而邱天生虽然自幼生活在基督教的环境中，熟悉基督教义，却直到1845年才决志成为基督徒，在当年11月13日和一名秀才江永哲（Tseang Yung-che）同时接受洗礼，是上海布道站最早收获的两名基督徒，麦都思还表示天生的英语说得相当好（[H]e speaks English well, [···]）[③]。邱天生于1848年结婚成家[④]，他最为人所知的事迹，是在1850年和1851年，两度被麦都思选派偕同江永哲长途跋涉前往开封，探访传闻中的当地犹太人后裔，并成功地完成任务，带回一些希伯来文经卷和两名犹太后裔。这两次传奇式的任务经《北华捷报》（*North China Herald*）三度大幅报道[⑤]，而天生以英文撰写的行程日志也公开出版[⑥]，他的名字从此和中国犹太人历史的研究结下不解之缘而

---

① LMS/UG/BA, 4.D., W. H. Medhurst to the Directors, 9 October 1839. 在麦都思1842年的账目中，有一笔是付给装订学徒费斯保的工资59.1荷兰盾。（ibid., 5.B., W. H. Medhurst to the Directors, Batavia, 22 April 1842, enclosure: ‘W. H. Medhurst in account with the LMS, 1st October to 1 April 1842.’）

② 麦都思从1843年10月到1844年3月的账目中，有一笔60.51元是付给两名印工的工资和费用。

③ LMS/CH/CC, 1.1.B., W. H. Medhurst & W. Lockhart to A. Tidman, Shanghai, 27 December 1845.

④ 其妻纪德（Christiana Kit）亦为爪哇土生华人基督徒，于1842年由英国女传教士阿德希（Mary Ann Aldersey, 1797—1868）带到中国，1844年起协助阿德希在宁波开办的女子寄宿学校，其事迹参见苏精《阿德希及其宁波女学》，《上帝的人马：十九世纪在华传教士的作为》（香港：基督教中国宗教文化研究社，2006），页103—143。

⑤ *North China Herald*, 18 January 1851, pp.97–98; 12 July 1851, p.198; 26 July 1851, p.206.

⑥ *The Jews at K'ae-Fung-Foo: Being a Narrative of a Mission of Inquiry...* Shanghae: Printed at the London Missionary Society's Press, 1851.

流传至今。[①]

墨海书馆在1844年5月间开工以后，工匠人数随着印务的发展而增加，麦都思1845年4月1日至10月1日的账目显示，墨海书馆雇有两名木刻印工、一名中文活字排版工、一名英文排版工、三名压印工（pressman）、两名折纸工，合计达到九名，工资总共约200元，但除了邱天生和费斯保，其他都不知姓名。[②]

前文述及巴达维亚印刷所应用木刻、石印和活字三种印刷技术，而墨海书馆初期应用的技术还多于巴达维亚，除木刻、石印和铸造的活字三种，又加上逐字雕刻的活字和铸版两种。不过，令人惊讶的是墨海书馆初期最常使用的印刷方式，是铸造的和雕刻的两种活字混合排印，其次是木刻，而石印和铸版都仅仅偶一为之而已。墨海书馆和巴达维亚都是麦都思主持管理的印刷所，两者前后一脉相承，但主要使用的技术却大异其趣：巴达维亚以石印为主，而墨海书馆则以活字为主。

麦都思并没有说明过如此改变的原因，但因地因时制宜应当是合理

---

① 麦都思书信中不曾提过邱天生的中文姓名，但两处提及其英文姓名，一次称为K'hew T'heen-sang(LMS/CH/CC, 1.1.B., W. H. Medhurst & W. Lockhart to A. Tidman, Shanghai, 27 December 1845)，另一次称为Kew Teen-sang(ibid., 1.1.C., W. H. Medhurst & W. Lockhart to A. Tidman, Shanghai, 10 April 1846)。查蔡育天主编，《上海道契》，卷1，页250，英册道契第195号第202分地，两亩大小，给契年份为咸丰六年（1856），租用人姓名为邱天生，英文权状中的姓名正是Kew Teensang，应该就是墨海书馆的邱天生，至于契文中英国领事称他为"本国商人"，可能是1843年离巴达维亚到中国时，麦都思为他办理英国护照的缘故。又查王韬咸丰五年八月二十六日（1855年10月6日）日记："至天生家赴宴，因伊生子弥月也。是日锣鼓喧阗，宾朋毕集，〔…〕肴馔丰盛，足供大嚼。"（见吴桂龙整理《王韬〈蘅华馆日记〉（咸丰五年七月初一～八月三十日）》，《史林》1996年第3期，页53—59）。

1857年的英文《上海年历》（*Shanghai Almanac for the Year 1857* (Shanghai: Printed at the N.-C. Herald Office, 1857)登载英国驻上海领事馆"大英衙门"（List of Foreign Hongs & Residents at Shanghai: Foreign Consulates – British）职员名单，在英人翻译官（interpreter）以外，还有通事（linguist）一职，正是由邱天生担任。或许是麦都思在1856年10月离开上海返英后，邱天生也离开了墨海书馆，因为1856年的《上海年历》中，英国领事馆的通事另有其人，可见他是1857年起才上任的。

② LMS/CH/CC, 1.1.B., W. H. Medhurst, W. Lockhart & W. Fairbrother to A. Tidman, Shanghai, 7 October 1845, enclosure, 'W. H. Medhurst in account with London Missionary Society from 1st April to 1st October 1845.'

的解释。巴达维亚印刷所的石印几乎可以不假外求，由麦都思自行调制油墨，石材也取自当地，甚至还能自行打造木制的石印机。到上海以后情况大不相同，尤其关键的是无法取得能适当吸收油墨的石材，上海附近不产石，英国领事又规定若离开租界必须当日返回，因此无法往远处山区调查有无可用石材，更不必谈持续性的供应了，若从英国或巴达维亚进口，印刷成本提高并不合算。石印既有困难，麦都思再度展现如同在巴达维亚时期求变创新的才能，运用自如地掌握不同印刷技术，他一面混合使用铸造与雕刻的活字，同时也恢复了木刻印刷，因为他在巴达维亚不得不受制于从中国出洋而高价居奇的少数刻工，到了上海后自然不会再有同样的困扰。

活字印刷的先决条件是足够的一套活字，包含不同的字数和每字的适当数量。麦都思离开巴达维亚前，手头的活字主要是向台约尔订购的约1 500个不同的大活字，加上郭实腊寄放的一些为数不多的活字[1]，但数量还是不够，麦都思经常得修改书稿内容的用字遣词，以迁就现有的活字[2]，初到上海时窘况依旧：

> 两者合计连印刷一页中文都不够，除非大幅度改动内容文字，有时还因迁就这些不足的活字，改用了作者本来无意采用的字，结果扭曲了原意。[3]

麦都思立即采取补救措施，雇用中国工匠铸造一致的空白金属柱体，再在柱顶逐字雕刻，大小如同台约尔的小活字。这项工作进行得相

---

① 麦都思认为郭实腊的这些活字在柏林刻制，为普鲁士国王给郭实腊的赠品，其字形和品质远不如台约尔（LMS/UG/BA, 5.B., W. H. Medhurst to the Directors, Batavia, 16 October 1842）。但根据当时在广州的美部会印工卫三畏所说，是郭实腊雇用一名广州的华人工匠，省略了打造字范的工序，直接打造字模，再从字模铸出总数约三千个活字，品质相当低劣（ABCFM/Unit 3/ABC 16.3.8., vol. 1, Samuel W. Williams to Rufus Anderson, Canton, 28 December 1833）。

② LMS/UG/BA, 4.D., W. H. Medhurst to the Directors, Batavia, 9 October 1839.

③ LMS/CH/CC, 1.1.A., W. H. Medhurst to A. Tidman, Shanghai, 1 May 1844.

当顺利，1844年5月初他报道，已订制了这样的1 500个不同的活字，总数6 000个，每个代价是半个便士(penny)，其品质几乎和铸造的活字一般，只可惜同一字雕刻两个以上的活字时，字形无法完全一致[①]。两年后的1846年4月，麦都思再度报道，墨海书馆不同的活字数量已经倍增为3 000字，总数更扩大为3万个[②]。又过了整整一年的1847年4月，墨海书馆的活字总数更可观了，不同的活字已大幅增加到11 000字，总数也多至4万个[③]，都已远超过一般常用的字数[④]，麦都思撰写作品时，再也不必更改用字遣词而扭曲文义了。

从1844年至1847年的四年间，已知墨海书馆出版了修订版在内共34种图书(见表5-1墨海书馆印刷出版书目1844—1847)，其中活字本16种、木刻本11种、铸版2种[⑤]、石印本1种，以及印法不明者4种。木刻本虽比活字本少了5种，若扣除4种英文活字书，两者中文书种数约略相当，而木刻印刷的特色之一就是板片印过可以保留，便于日后以旧板重刷。在这四年期间，墨海书馆至少有6种书即如此重刷，有的还一再重刷，这是讨论墨海书馆各种印法时不能忽略的特点。不过，同样值得注意的是墨海书馆的木刻书篇幅都小，只有《神天十条圣诫注解》一种超过50页，而且是巴达维亚带到上海的旧板，也就是说初期的墨海书馆没有印过篇幅较大的木刻新书；另一方面，在16种活字书中却有多达11种的篇幅超过50页，即使扣除英文书后，12种中文活字书有超过半数的7种是长篇的产品，两相对照，显示了麦都思到上海后注重活字印书的趋向。

初期的墨海书馆就以活字为主，其次木刻，偶尔加上铸版和石印

---

① LMS/CH/CC, W. H. Medhurst to A. Tidman, Shanghai, 1 May 1844.

② Ibid., 1.1.C., W. H. Medhurst & W. Lockhart to A. Tidman, Shanghai, 10 April 1846.

③ Ibid., W. H. Medhurst, W. Lockhart & W. C. Milne to A. Tidman, Shanghai, 10 April 1847.

④ 例如同属伦敦会的香港英华书院铸造的活字，在1865年达到6 000个不同的字后，仅有零星的增加，参见本书《香港英华书院1843—1873》一章。

⑤ 这两种铸版分别在英、美两国制作后运到上海印刷。

技术，在1844年5至12月间印刷生产了3 800部、37万页各种出版品；1845年全年产量激增至28 150 部、1 143 200页；1846年再跃升为35 400部、2 999 600页；而1847年前九个月也有46 600部、226 300页①，以上合计113 950部、6 773 100页。等到英国圣经公会购赠的滚筒印刷机于1847年8月抵达上海，同年底开工，生产能力惊人，半年间墨海书馆即印了55 200部、3 383 700页②，远超过初期各年的产量，这部滚筒印刷机的意义，不仅是墨海书馆增加了一种生产力强大的新技术，也将墨海书馆的经营以及对中国人心理上的冲击和影响力，带上了一个新的时代。

表5-1　墨海书馆印刷出版书目（1844—1847）

	书　名	著译者	年 份	印法	备　　注
1	真理通道	麦都思	1844—1845	活字	含74篇讲道词，部分重印单行或改写
2	圣教要理	麦都思	1844—1845	活字	
3	三字经	麦都思	1844	木刻	以巴达维亚旧板重印。1846年再度重印
4	神天十条圣诫注解	麦都思	1844	木刻	以巴达维亚旧板重印
5	*Chinese Dialogues*	麦都思	1844	活字	
6	幼学浅解问答	米　怜	1845	活字	

① 以上四年的数目是将传教士每半年一次的印刷报告相加而得，这些报告在LMS/CH/CC, 1.1.A., W. H. Medhurst to A. Tidman, Shanghai, 1 May 1844; ibid., 1.1.B., W. H. Medhurst & W. Lockhart to A. Tidman, 31 March 1845; W. H. Medhurst, W. Lockhart & W. Fairbrother to A. Tidman, Shanghai, 7 October 1845; ibid., 1.1.C., W. H. Medhurst & W. Lockhart to A. Tidman, Shanghai, 10 April & 14 October 1846; ibid., W. H. Medhurst, W. Lockhart & W. C. Milne to A. Tidman. Shanghai, 10 April 1847; ibid., 1.1.D., W. C. Milne to A. Tidman, Shanghai, 11 October 1847.

② Ibid., 1.2.A., W. C. Milne to A. Tidman, Shanghai, 11 April 1848.

续 表

	书 名	著译者	年 份	印法	备 注
7	论上帝差子救世	麦都思	1845	木刻	真理通道no. 25单行。1846、1847重印
8	Sheet Almanack	?	1845	木刻	单张历书。Wylie's *Memorials* 失载此书
9	*English & Chinese Dictionary*	麦都思	1845—1848	活字	
10	耶稣教略	麦都思	1845	活字	
11	祈祷式文	麦都思	1845	活字	Wylie's Memorials称为祈祷真法注解
12	祈祷式文(上海土白)	麦都思	1845	石印	
13	三字经	麦都思	1845	木刻	修订版
14	十条诫著明	麦都思	1845	木刻	修订版
15	*Ancient China*	麦都思	1845—1846	活字	
16	十条诫著明	麦都思	1846	活字	
17	耶稣降世传	郭实腊	1846	木刻	
18	Brief Exposition of Ten Commandments	?	1846	木刻	中文书名不详。作者非麦都思。1847年重印
19	鸦片速改七戒文	帝礼士	1846	木刻	
20	论悔罪信耶稣	麦都思	1846	木刻	真理通道no. 66单行本。1847年重印两次
21	论勿拜偶像	麦都思	1846	木刻	真理通道no. 53单行本。1847年重印
22	三字经	麦都思	1846	铸版	
23	三字经	麦都思	1846	活字	
24	圣经史记	麦都思	1846	活字	

续 表

	书 名	著译者	年 份	印法	备 注
25	讲上帝差儿子救世界上人（上海土白）	麦都思	1847	活字	真理通道no. 25改写
26	讲头一个祖宗作恶（上海土白）	麦都思	1847	活字	真理通道no. 20改写
27	张远两友相论	米 怜	1847	铸版	
28	*A Dissertation on the Theology of the Chinese*	麦都思	1847	活字	
29	讲自家个好处靠弗着（上海土白）	麦都思	1847	?	真理通道no. 24改写
30	讲上帝告诉人知识（上海土白）	麦都思	1847	?	真理通道no. 26改写
31	约翰传福音书（上海土白）	麦都思	1847	活字	
32	天理要论	麦都思	1847	?	麦都思《神理总论》第一册修订本
33	Paul's Epistles, Corin. – Coloss.	麦都思	1847	活字	中文书名不详
34	Separate Text	?	1847	?	单张，中文篇名不详

资料来源：(1) 伦敦会上海布道站麦都思信件；(2) Alexander Wylie, *Memorials of Protestant Missionaries to the Chinese*（Shanghai: American Presbyterian Mission Press, 1867.）[①]。

① 伟烈亚力一书页32所列麦都思撰著目录第43种《杂篇》，谓系1844年印于上海。但麦都思从未在墨海书馆印刷出版书单中列出此书，也从未提及自己撰有此书。事实此书为施敦力亚力山大所著的《论善恶人生死》，1845年以活字印于新加坡，见LMS/UG/SI, 2.3.C., A. Stronach to A. Tidman & J. J. Freeman, Singapore, 5 July 1845；此书封面写明"道光乙巳〔1844〕年集"、"士多那撰"，其内容、各篇名称、叶数都和伟烈亚力书目页32所述完全相同，而所印活字整齐划一，和当时墨海书馆夹杂铸造活字与雕刻活字印书且形体混杂的情形截然不同，显然伟烈亚力见到的是一册失去封面的本书，并将施敦力的书误成麦都思的了。

第六节　产品与作者

墨海书馆是传教印刷所，其出版品的类别自然以传教为主。已知的初期34种图书中，30种中文书全是传教性质，包含从巴达维亚带到上海的《三字经》《神天十条圣诫注解》两种旧板。不过，麦都思在巴达维亚时曾撰写6种关于华人年节习俗的小册，批评华人迷信并劝诫华人不要祭祀祖先，也不要尽听孔子的教诲，还不断将这些小册重刷分发给华人，导致他和当地华人严重对立，他到上海后再也没有印发这些小册[①]，显示他已从经验中得到没有必要与自己的传教对象激烈针锋相对的教训，决定将所有的不愉快都留在巴达维亚了。

就作者而言，墨海书馆初期的产品和巴达维亚印刷所一样，大部分都是麦都思的作品。在已知的34种图书中，27种是麦都思撰写、译注、编辑或改写前人的书，5种是其他传教士的作品，但多少都经麦都思修订过，其他2种作者不明。

墨海书馆的第1种新书《真理通道》，是麦都思每礼拜日讲道词的总书名，每周一回（篇），每回各有篇名，前后彼此连续或相关，长度也一样都是4叶（8页）[②]。累积了一年后，他继续撰写十诫与祈祷式文的主题，仍算是《真理通道》的一部分，连前共有74回、超过600页，成为墨海书馆初期的传教书中篇幅最大的巨著。这种就一个主题分期分篇撰写付印，再

---

① 关于这些小册引起的麦都思和巴达维亚华人的对立，见本书〈麦都思及其巴达维亚印刷所〉一文的内容。麦都思在1854年要求刚受洗入教的王韬，将这些小册中的《清明扫墓之论》改写成《野客问难记》出版，不仅篇幅增加三分之二，内容与词藻也与原著大为不同。

② 有4篇各为8叶（16页）。

集结成书的著述方式，是麦都思早年在马六甲当印工时，跟主持当地布道站的米怜学得，到巴达维亚后是如此写法，到上海后仍然持续，他认为这种写作出版型态，很适合传教士这种同时得兼顾多样工作而写作时间非常有限且零碎分散的人。[①]

《真理通道》不仅篇幅多，印量也大，每回印1 000份，总印量超过60万页，而且其中有数回重刷单行，也有数回改写成上海方言，结果在墨海书馆初期的新书中，有10种左右或是《真理通道》的一部分，或是从《真理通道》衍生而成，因此本书可说是墨海书馆初期最重要的一种传教出版品。麦都思说明撰著这系列讲道词的原因，是他初到上海时说的是官话，唯恐许多只说方言的民众听不懂，若有讲词文字在手可以协助他们了解他说的内容，而且听众将讲词带回家后，可以随时再度阅读而受益。雒魏林进一步认为麦都思的这些作品作用很大，不仅维系了听众的注意力，而且印刷美观大方，各阶层的华人都愿意阅读，还可做为其他传教士学习中文写作的范本。[②]

为求在面对妇孺和下层社会民众时，自己的讲道和讲词都能更有效果，麦都思努力学习以求尽快掌握上海方言（土白），他说自己随时都以遇到的苦力为师[③]。结果他在1845年报道，已经开始以方言讲道，听众也因较能听懂而人数有所增加，同时他以方言写成的小册也开始出版了[④]。麦都思原来以为方言只能口说，无法以文字表达其音，但他到上海后却发现有些以文字写成的方言书，足以让识字程度不高的人自行了解文义，而

---

① 米怜关于此种写作方式的叙述讨论，见LMS/UG/MA, 1.2.C., William Milne to the Directors, Malacca, 10 August 1818; W. Milne, *A Retrospect of the First Ten Years of the Protestant Mission to China*, pp.156–157. 至于麦都思承认自己学自米怜，见LMS/UG/BA, 2.B., W. H. Medhurst to the Directors, Batavia, 1 January 1824.

② LMS/CH/CC, 1.1.B., W. Lockhart to A. Tidman, Shanghai, 1 February 1845.

③ Ibid.

④ Ibid., 1.1.B., W. H. Medhurst, W. Lockhart & W. Fairbrother to A. Tidman, Shanghai, 7 October 1845.

这些书朗读起来也如口说的方言一般，于是他请说上海话的中文教师，就既有的传教图书依样改写成方言付印①。第一种《祈祷式文》在1845年出版，在1847年一年内接连印了5种，包含4种出自《真理通道》的讲道词，以及将近200页的《约翰传福音书》，并随即开始改写《马太福音》。

令人意外的是墨海书馆的初期产品中，竟会出现以天主教书籍内容为本的两种书。首先是1844年出版的《圣教要理》，原书是天主教的慕道者学习教义以备领洗时问答用的《圣教要理问答》。麦都思在1843年离开巴达维亚前不久获得一部，觉得颇为适用，于是删除了部分不符基督教的内容，即在当地以活字印了1 000部②，带到上海后，再度以活字印了1 000部分发，成为墨海书馆最早的产品之一。麦都思没有料到，上海一带的天主教徒收到此书后转送到神父和主教手上，而且原书正是当时天主教通用之书，这当然引起不快和紧张，天主教南京教区署理主教罗类思（Ludovico Maria De Besi, 1805—1871）警告麦都思，如果继续分发此书，将会受到公开谴责与全体天主教徒的抵制。麦都思自知理屈，只能停止公开流通。③

其次是1846年出版的《圣经史记》。这是一部取自圣经旧约的故事集，麦都思没有指出天主教传教士原作者的姓名，但是一向对中文造诣自视甚高的麦都思，却惊叹佩服此书有“最纯粹的中国经典笔调”（‘the purest style of the Chinese Classics’）④，而再三表示对这位不知名的天主

---

① LMS/CH/CC, 1.1.D., W. C. Milne to A. Tidman, Shanghai, 11 October 1847. 美魏茶没有指出中文教师的姓名，但很可能就是王韬的父亲王昌桂，因为王昌桂当时正是麦都思的中文教师，极受麦都思的尊重（苏精《马礼逊与中文印刷出版》，页247），另一位传教士雒魏林也非常推崇王昌桂，对他的学问和工作有颇多的描述（W. Lockhart, *The Medical Missionary in China: A Narrative of Twenty Years' Experience* (London: Hurst and Blackett, 1861), pp.21–22）。

② LMS/UG/BA, 5.B., W. H. Medhurst to the Directors, Batavia, 10 April 1843; LMS/CH/CC, 1.1.A., W. H. Medhurst & W. Lockhart to A. Tidman, Shanghai, 15 October 1844.

③ LMS/CH/CC, 1.1.A., W. H. Medhurst & W. Lockhart to A. Tidman, Shanghai, 15 October 1844.

④ Ibid., 1.1.C., W. H. Medhurst & W. Lockhart to A. Tidman, Shanghai, 10 April 1846. 但1848年麦都思又修订出版了第三种以天主教书籍内容为本的《天帝宗旨论》。

教前辈的崇高敬意。麦都思补充了一些天主教与基督教在华传播的重要史迹，并以1845年道光皇帝下诏信教民人不予治罪一事作为全书结尾。《圣经史记》出版流通后，罗类思主教不得不再度发布告示予以谴责，并要求所有天主教徒拒绝接受或阅读此书：

> 近来上海等处有人广发影射圣教书本，余甚哀痛，因书中虽有合圣教书本道理处，内蓄异端，毒害人灵，关系非浅。〔……〕凡教友如得此书，该速烧去，或呈于本堂神父。①

墨海书馆以引介西学闻名，但墨海书馆初期的出版品中并无西学图书，反而有四种麦都思编撰关于中国的汉学图书。第一种是1844年出版的《中文对话》(*Chinese Dialogues*)，内容是中英文并列对照、由简单至逐渐复杂的各类主题的会话，宗旨在协助中国开埠通商后，人数日增的来华外人学习中文会话。麦都思在前言中对本书的活字印刷做了一些很有意思的说明：

> 本书是在上海印刷的第一种欧洲语文图书，全体本土工匠得要从头学习这项新技术，因此无法讲求匀称与完美。本书印到接近一半时，油墨不够了，有些页面显得不很清晰，但是在本地自制油墨的努力终于成功，结果页面也较清晰了。②

第二种是1846年出版的《书经》(*Ancient China: The Shoo King, or the Historical Classic*)。麦都思对十八世纪宋君荣(*Antoine Gaubil*)、德经(*Joseph De Guignes*)的书经法文译本很不满意，因此重新翻译此书献给英语读者。本书和《中文对话》在印刷上的差别，是改用麦都思雇工刻制的中文小活字，和英文活字对应，因此节省不少篇幅，但仍多达400余页，

---

① LMS/CH/CC, 1.1.C., W. H. Medhurst, W. Lockhart & W. C. Milne to A. Tidman, Shanghai, 10 April 1847; LMS/CH/GE/PE, box 16, 'Lockhart's Records.'

② W. H. Medhurst, *Chinese Dialogues, Questions, and Familiar Sentences, Literally rendered into English,...* (Shanghai: Printed at the Mission Press, 1844), p.iv, 'Preface.'

而且所附的二十八星宿等大张木刻插图相当精美。

第三种是麦都思平生所编六种字典的最后一种《英华字典》(*English and Chinese Dictionary*),主要以康熙字典为本,篇幅多达1 400余页,从1845年开始印刷,费了三年功夫到1848年才完成。他在巴达维亚所印的《华英字典》,结合了西式活字和石印两种技术,而《英华字典》则是以逐字刻制的中文活字结合铸造的英文活字,麦都思在前言中对此也有一番说明:

> 比起先前出版的《华英字典》,作者印刷本字典获得了比较清晰的页面,这是因为作者居住在中国的城市中,可专为此目的订购逐字刻制的活字,并借着活字印刷而完成本字典。这需要大约15 000个不同的字和总数将近10万个活字,全部都为此目的而逐一刻制,这耗费了一大笔金钱,也耽搁了一些时间。[1]

第四种是1847年麦都思为翻译中文圣经而准备的*A Dissertation on the Theology of the Chinese*,主要在引用中国经典内容探讨应以"上帝"或"神"来中译基督教教义中的最高主宰者。不料在这一年召开的修订中文圣经委员会会议中,果真为这两个词争执不下而形成僵局,这应当是麦都思稍早撰写本书时预料不及的事。

第七节　流通与影响

除了麦都思自费印刷出版的四种英文书外,墨海书馆初期的30种中

① W. H. Medhurst, *English and Chinese Dictionary* (Shanghai: Printed at the Mission Press, 1847), vol. 1, p.v, 'Preface.'

文传教书刊及其重刷产品，都是免费分发的。从数量上说，除英文书不计，1844年至1847年的四年间，墨海书馆合计生产了111 750部的传教图书[1]。可是，传教士分发图书之快却更甚于墨海书馆生产的速度，1845年3月麦都思和雒魏林告诉伦敦会秘书："过去六个月中，分发的小册数量（包含送往其他布道站者）不下于25 000部。"[2]以此推论，初期这四年他们分书的总数约是20万部，几乎比墨海书馆的产量多出一倍，即使麦都思在离开雅加达前曾三次共寄运3万余部到中国[3]，还是不敷分发，难怪他会如前文所述一再要求圣经公会与宗教小册会尽速补助墨海书馆印刷，同时他也提高墨海书馆每一种书的印量，1844年出版的每种书都印1 000部，至1847年出版的10种书中，有3种的印量已提高至6 000部，2种为3 000部[4]。有时候墨海书馆也赶印一些单页的传单[5]，或将圣经分剖成各书甚至各章来应急分发[6]，而参加查经班的人也只能两人共用一部圣经。[7]

这些书究竟是如何分送到华人手上的？传教士分送书主要有两类场合，第一是定时定点的礼拜聚会，地点在布道站、仁济医馆与城内的五老峰礼拜堂；第二是在上海及其他地方的巡回讲道，地点包含街道与拜访的家户、店铺，以及前往上海周围的各处城镇或乡村。

在定时定点的礼拜聚会方面，1844年初开始在东门外麦都思住屋二楼举行闭门的主日崇拜时，参加者除仆人外，只有两三名邻居，逐渐增加至三四十人[8]；同时麦都思每星期到仁济医馆讲道两三次，他在1844年7

① 这个数字是以四年间墨海书馆所印图书总册数减去英文书册数而得。

② LMS/CH/CC, 1.1.B., W. H. Medhurst & W. Lockhart to A. Tidman, Shanghai, 31 March 1845.

③ LMS/UG/BA, 5.B., W. H. Medhurst to the Directors, Batavia, 16 October 1842, 10 April 1843 & 24 June 1843.

④ LMS/CH/CC, 1.1.C., W. H. Medhurst & W. Lockhart to A. Tidman, Shanghai, 10 April 1846.

⑤ Ibid., 1.1.D., W. C. Milne to A. Tidman, Shanghai, 11 October 1847.

⑥ Ibid., 1.1.C., W. H. Medhurst, W. Lockhart & W. C. Milne to A. Tidman, Shanghai, 14 October 1846 & 10 April 1847.

⑦ Ibid., W. H. Medhurst & W. Lockhart to A. Tidman, Shanghai, 10 April 1846.

⑧ Ibid., 1.1.A., W. H. Medhurst to A. Tidman, Shanghai, 1 May 1844.

月和10月报道，参加在他住屋和仁济医馆聚会的平均人数，已分别达到100人[①]。从一开始，麦都思就希望他的听众同时又是读者，因此每次总会将印好的讲道词如《真理通道》发给现场听众，以加深他们对内容的了解和印象。麦都思仔细而感性地报道他讲道时的场景，听众手持当回的《真理通道》边听边看：

> 听众小心地跟着传教士的讲道，每翻过一页时，发出一阵沙沙作响，这也是整场讲道唯一的声音。我们不记得曾在英国见过比这更为专心的听众。[②]

随着上海布道站的发展，麦都思讲道的地点、场次和参加的人数也迭有增加。1846年8月可容纳400人的城内五老峰礼拜堂完工启用，紧接着租界边的新布道站大屋和仁济医馆也相继落成，麦都思和新到的美魏茶在这三处来回穿梭，每星期讲道八场，每场听众平均300人[③]。这等于是每星期分发2 400部，每月近1万部，每年即超过10万部；即使如传教士估计，扣除重复者后每星期合计也有超过1 000名以上不同的听众[④]，每年总要5万部左右才够分发。不过，这是上海布道站初期最后一年多才有的盛况，在1846年8月以前的两年多期间，定时定点的讲道场次和听众人数较少，分发的图书数量当然也少些。

在街头和各地巡回讲道方面，传教士从1844年一开始就进行这两种方式的讲道，但是每当他们出现在上海城内的街道上，很快便招来大批好奇的群众围观，争先恐后地抢夺他们分发的图书，堵塞了交通，而且总想

---

① LMS/CH/CC, W. H. Medhurst to A. Tidman, Shanghai, 11 July 1844; ibid., W. H. Medhurst & W. Lockhart to A. Tidman, Shanghai, 15 October 1844.

② Ibid., W. H. Medhurst & W. Lockhart to A. Tidman, Shanghai, 15 October 1844.

③ Ibid., 1.1.C, W. H. Medhurst, W. Lockhart & W. C. Milne to A. Tidman, Shanghai, 10 April 1847.

④ Ibid.

挤进传教士入内访问的商家看热闹，反而带给商家困扰。传教士不得不很快地在同一年决定，除了到江边给运米北上的漕船分书以外，停止上海街头的宣讲与分书活动，以免引发意外事故[①]，这当然是初到上海的麦都思和雒魏林态度比较保守的缘故。但是，另一方面他们却又非常积极地深入上海周围各地巡回讲道与分书，而且至少在此后的二十余年间持续这项活动，成为伦敦会上海布道站的特色之一。

由于英国领事规定，英人离开租界不得逾二十四小时，而传教士足迹所至距离上海越来越远，并设法要突破这项规定。最初他们步行来回，最远不过12英里左右，等到比较熟悉江南水乡地势，他们购买了一条小船代步，天色未亮即已出发，沿着港汊水道而行，一日之内可达20英里之遥[②]。上海建站后一年稍多，雒魏林在1845年4月报道他们到过的地方，已包含吴淞、闵行、宝山、川沙、南翔、嘉定、青浦等等较大城镇，以及无数的村庄[③]。1847年4月，传教士检讨这些巡回活动时说：

> 我们发现走得更远更频繁，民众对我们越熟悉，我们也会更安全，因此我们期待借着再三的访问，祛除民众大部分的偏见，为更大规模的传播福音铺路。每次我们一出现，民众比以前更加索取我们的小册，友善和熟悉也取代了怀疑和恐惧。[④]

不管是定点定时或出外巡回讲道时，传教士都说他们的分书活动受到华人欢迎，从没遭遇反对或拒绝。尽管传教士了解那些争抢分书的人只是看热闹的群众，许多人也只是礼貌性地收下传教士递出的书，而那些边听讲道边看手上讲词的听众，也可能只是出于好奇想知道内容究竟而

---

① LMS/CH/CC, 1.1.A., W. H. Medhurst & W. Lockhart to A. Tidman, Shanghai, 15 October 1844.

② Ibid., 1.1.B., W. H. Medhurst & W. Lockhart to A. Tidman, Shanghai, 31 March 1845.

③ Ibid., 'Extract letter from Mr. Lockhart, Shanghai 3 April 1845.'

④ Ibid., 1.1.C., W. H. Medhurst, W. Lockhart & W. C. Milne to A. Tidman, Shanghai, 10 April 1847.

已，但刚刚因鸦片战争受到屈辱的天朝子民，并未拒绝接下传递基督教信息的书，这样的反应已让传教士感到意外与满意，有如麦都思抵达上海九个月后所说：

> 我们现在还谈不上讲道和配合分发的系列小书的效果，但是如果我们从稳定增加而且经常连续几个礼拜日都到场的听众，以及他们在讲道中安静认真的态度来判断，我们的努力并非完全无效。①

传教士更关注的对象，是一些主动到布道站索书或愿意谈论书中内容的人。由于在单纯收到（receive）信息和愿意接受（accept）信仰两者之间，毕竟有着太大的距离，图书虽是传递福音、协助传教的重要媒介，若无传教士当面个别教导，单凭图书实在难以显现效果。尤其对1840年代的中国人而言，基督教是陌生的“新”宗教，其一神信仰及不拜祖先父母等要求，非常不易为中国人理解与接受，因此传教士都把握有人主动上门的机会，亲切地向他们解说教义，也送予更多的图书，希望他们带回家中仔细阅读，再前来和传教士继续讨论并接受指导。这种个案一再出现在传教士的报道当中，至少包含两名秀才、一名有官衔的人和两名“可敬的人”（respectable man）在内②，而最终在1844年至1847年间受洗成为基督徒的五个人，除了邱天生本来就是墨海书馆的印工，另外四人接受信仰重生的过程，大致就是这样的经历，他们也都阅读了墨海书馆的出版品。或许会有人说将近四年只得到五名基督徒未免过少，但是如果考

---

① LMS/CH/CC, 1.1.A., W. H. Medhurst & W. Lockhart to A. Tidman, Shanghai, 15 October 1844.

② 传教士报道华人主动上门接触请教例子，见LMS/CH/CC, 1.1.A., W. Lockhart to A. Tidman, Shanghai, 6 June 1844; ibid., 1.1.B., W. H. Medhurst & W. Lockhart to A. Tidman, Shanghai, 15 October 1844; ibid., W. Lockhart to A. Tidman, Shanghai, 1 February 1845; ibid., W. H. Medhurst & W. Lockhart to A. Tidman, Shanghai, 31 March 1845; ibid., 1.1.C., W. H. Medhurst, W. Lockhart & W. C. Milne to A. Tidman, Shanghai, 10 April 1847; ibid., W. C. Milne to A. Tidman, Shanghai, 11 October 1847.

虑当时中国在战争新败之余的情境下，还会有获得科举功名的读书人和拥有官衔者等人，敢于接触甚至接受和中国社会传统思想言行不同的基督教信仰，这五名信徒应该可说是得来不易，何况他们还只是后续连串果实的开头而已。

结　语

墨海书馆一开始建立在巴达维亚印刷所原有的基础上，却也很快地在上海发展出新的角色、功能、生产模式与传播效果，以新的面貌因应鸦片战争后基督教在华新局面的需要。

在角色与功能方面：鸦片战争前传教士无法在中国直接面对民众传教，因而巴达维亚印刷所与所有传教士的印刷出版活动，在对华传教事业中扮演了特殊而重要的"突破"角色。战后传教士进入中国直接面对民众讲道，印刷出版似乎不复战前的重要性，事实却是传教士在中国本土面对广大的人民，其人数之众为东南亚的华人无法相提并论，即使来华传教士从战前的56人，到战后二十五年间增加了近300人[①]，但相对于中国人口仍是极其微小的比例，因此传教士必须讲求以有限人力发挥最大效果，于是墨海书馆等印刷出版活动又承担起"广传"的重要角色，以弥补传教士的人手不足或前往传教士足迹不到之处。仁济医馆的远道病人出院时，传教士会多给他们一些墨海书馆的书，希望他们回家后分给亲戚朋

---

① 基督教史家赖德烈（Kenneth Scott Latourette）统计，1807年至1841年间合计来华传教士56人，1842年至1857年间新来142人，接着1858年至1867年间又新来150人，见K. S. Latourette, *A History of Christian Missions in China* (London: Society for Promoting Christian Knowledge, 1929), p.405。

友[1]；也有南京的知识分子在朋友处看到这些书，随后在自己到仁济求医时主动索书并求教[2]。这些事例都显示了墨海书馆的新角色与功能。

在生产与传播方面：巴达维亚印刷所和初期墨海书馆的生产规模，都冠于同时代的中文传教印刷所，但墨海书馆开工第三年（1846）几乎300万页的产量，已远超过巴达维亚印刷所最高年产量的180余万页。不仅产量大，墨海书馆更注重活字技术，尤其是篇幅较大的书全部以活字生产，这个现象一者说明传统的中文木刻印刷，再也不能应付承担"广传"角色的墨海书馆快速大量生产的需求，再者显示传教士多年来追求以西式活字印刷术取代木刻生产中文书的目标，已经有了初步的成果，紧接着滚筒印刷机上场，木刻和西式活字印刷的消长差距，在华人的惊叹声中又拉开了一大步。

技术与生产毕竟只是文本传播的上游，接下来还有重要的分发与接受的传播过程。在战败屈辱的中国，尤其是曾被英军占领过的上海一带，没有人拒绝接受墨海书馆的产品，或因其内容和华人传统思想不同而公开反对，更没有如巴达维亚华人般的激烈抵制，初到上海的麦都思对此已感到非常满意，何况还有人主动索书，愿意和他讨论求教，甚至领洗接受了基督教信仰，这和他在巴达维亚的窘境甚至困境确实大不相同。可以说，初期的墨海书馆还没有出版西学图书，却是相当称职地扮演"广传"基督教的角色，印刷出版有效发挥了辅助传教的功能。

---

① LMS/CH/CC, 1.1.A., W. H. Medhurst & W. Lockhart to A. Tidman, Shanghai, 15 October 1844.

② Ibid., W. Lockhart to A. Tidman, Shanghai, 6 June 1844.

第六章
伟烈亚力与墨海书馆

绪 论

1844年建立的墨海书馆，是伦敦传教会上海布道站的印刷出版部门，至1866年关闭前的二十三年间，既是规模名列前茅的基督教在华印刷出版机构，也是十九世纪中国师夷长技以谋自强初期引介西学的重要机构。墨海书馆有两名关键性的人物，一是创办并掌握决策权力的传教士麦都思，经营墨海书馆十二年，至1856年底返英，旋即病卒；一是负责日常管理的主任伟烈亚力，在墨海书馆建立三年半后于1847年来华，到1860年返英为止，在墨海工作十三年。伟烈亚力在墨海书馆的职位在麦都思之下，但因致力引介西学来华的缘故，受到研究者的注意反而大于麦都思，但历来关于伟烈亚力的论著都着重于他的西学译著或汉学活动，至于他在墨海书馆的情形则缺漏待补者犹多，这是因为少有研究者参考伦敦会的档案史料所致。本文以伦敦会的档案为主要的史料来源，探讨对伟烈亚力非常重要却经常被研究者所略的三件事：他来华的背景与经过，他在墨海书馆的地位与角色，他离开墨海书馆的原因和过程，并兼及墨海书馆由盛而衰以至关闭的经过。

第一节 伟烈亚力来华的背景与经过

伟烈亚力会来中国，是出于麦都思向伦敦会要求购置滚筒印刷机，并派印工照料这部机器的结果。而麦都思的这项要求，则是为了因应在华传教士合作完成中文圣经的修订后，墨海书馆势必会大量印刷分发的需要。

基督教在华各宗派传教士在上海合作修订圣经之举，起于1843年八九月间，传教士齐聚香港等候前往中国新开各埠的机会时，共同连续开会商定的决议，希望集合所有在华传教士的心智，产生一部适用的中文圣经广为分发，取代过去不完备的版本，以适应中国“开门”后新形势的需要。麦都思在香港的会议中被推选为修订总委员会的秘书以推动其事，因此他在建立了伦敦会上海布道站后，即开始筹划召集各地选出的修订代表齐集上海进行修订工作，他同时也考虑到修订完成后的印刷出版事宜。

既然基督教已经得以在中国本土公开传播，和鸦片战争前局限于海外各华人侨居地的情况大为不同，则中文圣经与传教图书的需要量也大为增加，各布道站原有的印刷生产条件恐怕不足应付。以墨海书馆而言，麦都思一向重视以活字印刷中文传教书刊，篇幅较大的书都不用木刻印刷，以免技术上必须仰赖中国工匠，价钱成本也难以控制，至于石印在材料上得仰赖进口，而铸版更得完全在英国制成后运来，都不适合篇幅较大的圣经印刷。问题是墨海书馆在活字印刷方面，仅有一台从巴达维亚带来的哥伦比亚（Columbian）手动印刷机[①]，印圣经以外还得兼顾各种传教小册的生产需要，因此势必要增加印刷机，才能因应大量印刷圣经的需求。而当时英国在工业革命的浪潮下，各种蒸汽动力的新式印刷机陆续上市，进行快速、低廉而大量的生产，因应大为扩张的图书、报刊及各种宣传品的出版市场。麦都思早在1830年代已两度表达以蒸汽印刷机用于中国传教事业的愿望[②]，到了1840年代中国“开门”后，配合修订与

① 这台铁制印刷机是麦都思于1836年至1838年回英期间，向伦敦会请求购置获得同意而带到巴达维亚，再于1843年带往上海（LMS/BM, 23 July 1838; LMS/CH/NC, 1.1.A., William Lockhart to Arthur Tidman, Blackheath, London, 2 October 1860）。

② LMS/UG/BA, 4.B., W. H. Medhurst to the Directors, Batavia, 1 December 1834; ibid., 4.C., W. H. Medhurst to the Directors, London, 29 August 1836.

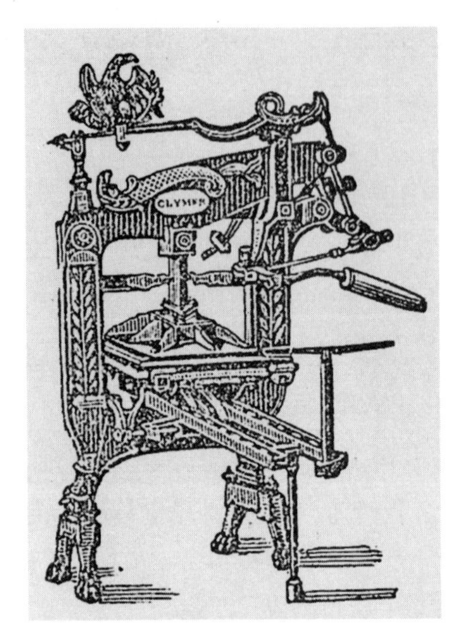

图6-1　哥伦比亚印刷机

(*Typographia; or, the Printer's Iinstructor, p. 267*)

分发圣经而争取新式印刷机的理由更为充分而正当，于是麦都思在1845年12月27日写信给伦敦会秘书梯德曼（Arthur Tidman, 1792—1868），报告新约修订状况，同时要求理事会为墨海书馆购置一部滚筒印刷机，加上油墨、活字、备用零件，以及操作这部机器的印工。①

伦敦会收到麦都思的信后，在1846年9月底决议请英国圣经公会助一臂之力②。圣经公会非常了解修订中文圣经对于基督教在华传播的重要性，在此以前已承诺将负担从翻译修订、印刷出版、分发流通等整个过程所需的大部分经费③，因此在接到伦敦会请求后，很快地答复补助伦敦会1 000英镑，购买滚筒印刷机和活字等，作为印刷中文圣经之用④。至于印工，圣经公会本也有意负担其薪水，因此在1846年的圣经公会年报上，已刊出补助伦敦会印刷修订本圣经的费用，或协助派遣印工并支付其费用，只要印工以全部或主要时间用于印刷圣经即可⑤。但麦都思认为若由圣经公会派人并支薪，可能会产生不易指挥管理的问题，因此主张应由伦敦会自行派遣印工为宜⑥。伦敦会的理事会也接受了麦

① LMS/CH/CC, 1.1.B., W. H. Medhurst & W. Lockhart to A. Tidman, Shanghai, 27 December 1845.

② LMS/BM, 28 September 1846.

③ *The Forty-Second Report of the British and Foreign Bible Society* (1846), p.100.

④ LMS/BM, 6 October 1846.

⑤ *The Forty-Second Report of the British and Foreign Bible Society* (1846), p.100.

⑥ LMS/CH/CC, 1.1.C., W. H. Medhurst & W. Lockhart to A. Tidman, Shanghai, 10 April 1846.

都思的见解[1]，因此伟烈亚力一开始是由伦敦会雇用并支薪，直到1856年伦敦会向圣经公会申请，才改由圣经公会支付薪水，并追溯自1854年开始[2]。伟烈亚力的忘年好友汤玛斯（James Thomas, 1843—?）后来在为他撰写并流传极广的传略中，说他的薪水由圣经公会支付，所以他自始是圣经公会事实上的雇员[3]，这种说法是错误的。

但是，本来是一名橱柜木匠（cabinet maker）的伟烈亚力，究竟是如何步向来华之路的？而伦敦会何以竟然派遣木匠远赴上海担任墨海书馆主任？有如汤玛斯在伟烈亚力的传略中所说，伟烈亚力和中国的因缘，始于他购得伦敦会马六甲布道站刻印出版的耶稣会士马若瑟（Joseph H. M. de Prémare）《汉语札记》（*Notitia Linguæ Sinicæ*）一书后，开始自学汉语[4]，但汤玛斯没能指出这是哪一年的事。根据1846年伟烈亚力在填答伦敦会传教士的报名问卷中自述，他是在1844年时因积极参与所属公理派（Congregationalists）的伦敦阿尔巴尼教会（Albany Chapel）的圣经研究和主日学教学等活动，而萌生前往海外传教的念头，并计划先充实自己的条

---

① LMS/UG/OL, A. Tidman to W. H. Medhurst & W. Lockhart, London, 13 July & 9 October 1846.

② LMS/HO/Incoming letters, 11.2.A., H. Knolleke's letter, London, 10 March 1856.

③ James Thomas, 'Biographical Sketch of Alexander Wylie,' in A. Wylie, *Chinese Researches* (Shanghai, 1897), pp.1–6. 汤玛斯先后任职伦敦会与圣经公会，是伟烈亚力在中国和英国两地的好友，又引据圣经公会1847年的年报内容而有此说，而且这篇传略就冠在伟烈亚力著名的《中国研究》（*Chinese Researches*）书前行世，成为迄今论述伟烈亚力的研究者不可或缺的史料来源，影响力很大。但是，圣经公会1847年年报的内容说的是以1 000英镑购买印机、活字以及支付其他和印刷圣经有关的协助；紧接着在下一段文字说伟烈亚力和印机已在不久前离英，但都未提到支付伟烈亚力薪水一事。汤玛斯是便宜行事地将年报上下两段文字串在一起，附会引申而成伟烈亚力自始由圣经公会支薪的错误说法。

④ James Thomas, 'Biographical Sketch of Alexander Wylie,' pp.1–6. 本书为1824年第一位来华基督教传教士马礼逊回英国休假期间，由一名贵族兼上院议员Viscount Kingsborough将所藏抄本相赠，并捐款1 500英镑刻印此书，而在1831年出版，参见Eliza A. Morrison, *Memoirs of the Life and Labours of Robert Morrison*, vol., 2, pp.317–318; *A Report of the Anglo-Chinese College, with an appendix, from January 1830 to June 1831* (Malacca: Printed at the Mission Press, 1831), pp.9–13.

件后再行申请[①]，因此自学汉语应该就是他充实自我的计划之一。

鸦片战争之后，传教士随着中国开放口岸通商而开始登陆中国本土传教，最早来华传教的伦敦会也屡次宣示增派传教士来华，并扩大公开招募人手，不料因应征人数不多而成果远不如预期，伦敦会颇为尴尬[②]；另一方面，伦敦会主要是由公理派基督徒组成的传教团体，伟烈亚力自然易于获悉伦敦会招募人手的消息，因此在1846年10月下旬报名担任传教士，并附上阿尔巴尼教会牧师李昂（W. P. Lyon）和当时从香港回到英国的伦敦会传教士理雅各（James Legge, 1815—1897）两人的推荐函[③]。伟烈亚力和理雅各认识是经由后者的岳父莫理森（John Morison, 1791—1859）的介绍[④]，莫氏为伦敦著名的公理派牧师，也是伦敦会的理事之一。理雅各在了解伟烈亚力自学汉语的情形后，即为他出具推荐函。

但是，伟烈亚力的报名却给伦敦会的理事们带来一些困扰。因为他没有大学学历，也没有受过正式的神学教育。十八十九世纪之交英国开始大规模海外传教初期，因为缺乏传教士人手，不得不降格以求，只要有传教热忱，略识之无的小贩、园丁、裁缝之流都可以担任传教士的情形，到1840年代已经不复见；伦敦会派往中国的传教士也不例外，从1804年任命的第一位传教士马礼逊开始，初期二十年任命的九名传教士都未上过大学，但他们至少都读过神学院[⑤]；到了1846年伟烈亚力报名传教士的前十年间，伦敦会任命的十二名来华传教士（包括和他一起来华的两人）已

---

① LMS/CP, Answers to Printed Paper, no. 200, Alexander Wylie.

② 1842年中英签订《南京条约》后，当年12月伦敦会理事会即决议增派十至十二名传教士到中国（LMS/BM, 12 December 1842），此后至少又三度重申增派人手（ibid., 11 August & 8 September 1845, 20 April 1846），并为此发起募款，但到1846年中为止，仅能加派三名而已。

③ Ibid., 26 October 1846.

④ J. Thomas, ‘Biographical Sketch of Alexander Wylie.’

⑤ 这九名传教士依序为马礼逊、米怜、麦都思、司雷特（John Slater）、恩士（John Ince）、米尔顿（Samuel Milton）、傅雷明（Robert Fleming）、柯利（David Collie），以及吉德（Samuel Kidd）。

全部是大学毕业生，而且都是合格的医生或按立过的牧师[①]。尽管如此，资格不符的伟烈亚力却能获得身为伦敦会理事的莫理森青睐，和著名的中国传教士理雅各与曾任印度传教士的李昂介绍不无关系，连伦敦会秘书梯德曼都得承认，这确是“强有力的推荐”（strong recommendation）。[②]

在这种情况下，墨海书馆的主任（Superintendent of the Mission Press）一职成了伟烈亚力和伦敦会理事们双方的折衷点。就在伟烈亚力报名传教士的同一个月稍早，英国圣经公会如前文所述通知伦敦会，补助1 000英镑让伦敦会购买滚筒印刷机送到上海印刷中文圣经[③]。梯德曼也很快地转告麦都思这项好消息，并保证将立即觅雇一名具备操作能力的印工，和印刷机一起到上海[④]。稍后即有伟烈亚力的报名，1846年11月9日梯德曼在“传教士选试委员会”（Committee on Candidates Examination）会议中报告，“由于和本案关联的一些特殊与迫切的情况”（“of some peculiar and pressing circumstances connected with the case”），他先已作主发给伟烈亚力报名表[⑤]。会议记录没有说明究竟什么是“一些特殊与迫切的情况”，但显然不外是伟烈亚力不具传教士资格却有强力的推荐、中国传教需人孔急，以及正在寻觅墨海书馆的印工等等。选试委员会随即听取伟烈亚力已填答的报名问卷内容，接着在会议室外等候的伟烈亚力也被召入面试，委员会和伟烈亚力双方在面试中折衷同意，而由委员会作成决议，雇用他担任墨海书馆的主任，但他必须在出发前接受三个月的印刷实

① 这十二名传教士依序为施敦力约翰（John Stronach）、施敦力亚力山大（Alexander Stroanch）、雒魏林（William Lockhart）、理雅各（James Legge）、美魏茶（William C. Milne）、合信（Benjamin Hobson）、纪理斯禅（William Gillespie）、费布瑞（W. Fairbrother）、柯理兰（John F. Cleland）、贺旭柏（Henri J. Hirschberg），以及和伟烈亚力同来的慕维廉（William Muirhead）、邵斯伟（Benjamin Southwell）。

② LMS/BM, 9 November 1846.

③ Ibid., 6 October 1846.

④ LMS/UG/OL, A. Tidman to W. H. Medhurst & W. Lockhart, London, 9 October 1946.

⑤ LMS/CM/CE, 9 November 1846.

务训练[①]。这项决议接着在同一天稍后召开的理事会批准而定案[②]，于是本是木匠的伟烈亚力申请担任传教士不成，却意外地从此成了印工。一个多月后的1847年1月初，理雅各应邀列席理事会，报告关于修订中文圣经的状况，认为滚筒印刷机运抵上海时，应该正好赶上圣经修订完成付印的时机；而梯德曼也当场表示，印刷机业已订购，印工（即伟烈亚力）也已雇妥，将于春间会合其他新派的中国传教士同时启程。[③]

伟烈亚力依照伦敦会的要求与安排，前往伦敦新闻出版业集中地舰队街（Fleet Street）的波特大院（Bolt Court），在承印伦敦会文件图书的"泰勒与瑞德"（Tyler & Reed Co.）印刷公司学习了三个月[④]。三个月时间实在太短，传统的手工印刷学徒需要经过三四年才能学成出师，而工业革命期间的十九世纪中叶机器印刷工匠，也绝不是三个月就能学成的，原来不懂印刷的伟烈亚力无论如何不可能学得熟练。但由于前述为了及时将印刷机带到上海印制修订后的中文圣经，伦敦会决定让他尽早启程，他也只能尽量地学习。理事们或许认为，虽然伟烈亚力只是初学印刷而已，但深谙此道的麦都思应该足以应付技术上的任何问题。

1847年3月2日晚上，伦敦会在瑟瑞教堂（Surrey Chapel）为伟烈亚力和另四名即将赴华的传教士举行欢送礼拜仪式[⑤]。这是鸦片战争后伦敦会宣示扩大中国传教四年多来，第一次同时欢送如此多的赴华传教士，因此盛况空前，报道这次仪式的媒体说，宽敞堂皇的瑟瑞教堂经常举行类

---

① LMS/CM/CE, 9 November 1846.

② LMS/BM, 9 November 1846.

③ Ibid., 5 January 1847.

④ 一说伟烈亚力离英前学了六个月的印刷技术（J. Thomas, 'Biographical Sketch of Alexander Wylie,' p.2），事实不可能，因为伦敦会理事会在1846年11月间决议雇用他后，至1847年4月间辞离英国前，只有五个月而已，其间他还得准备来华各项事务及参加伦敦会相关活动。

⑤ 其他四名传教士为合信、贺旭柏、慕维廉、邵斯伟。前两人往香港，其中合信并非新派，后两人则和伟烈亚力前往上海。

似的欢送会，但都比不上这次与会的人数众多[①]。会上由理雅各主讲中国传教形势，随后致词的梯德曼谈到伟烈亚力时，除了表示在中国印刷传播圣经的工作，其重要性甚至更大于口头讲道，同时也当众表扬他自学中文的才智和毅力，认为伟烈亚力三年来善用每天忙于衣食外仅有的两小时余暇，既无老师，也缺乏参考图书，却能拥有相当的中文阅读能力，而获得理雅各的赏识与推荐，足为有志年轻人的模范等等。[②]

1847年4月6日，伟烈亚力一行和滚筒印刷机从利物浦启程东来，当天正值伦敦会理事召开定期会议，出席的理事特地由莫理森带头为伟烈亚力一行的平安和前途祈祷[③]。经过四个多月的航行，伟烈亚力一行在8月26日抵达上海，受到麦都思等弟兄的欢迎与接待，伟烈亚力暂时安顿在麦都思的住宅中。[④]

第二节　伟烈亚力在墨海书馆的地位与角色

伟烈亚力抵达上海，不仅是他个人生涯新阶段的开始，也是墨海书馆新时期的开始，因为他带来的滚筒印刷机使得墨海书馆进入机器生产的时代，这同时又是中文传教书刊以至所有中文印刷出版进入机器生产时代的开端。或许就是此种开历史先河的象征性，加上伟烈亚力后来致

---

① *The Evangelical Magazine and Missionary Chronicle* (April 1847), p.211, ‘China. Departure of Five Missionaries.’

② Ibid., pp.214–215.

③ LMS/BM, 6 April 1847.

④ LMS/CH/CC, 1.1.D., Alexander Wylie to A. Tidman, Shanghai, 27 August 1847.

图6-2 墨海书馆的产品《六合丛谈》
（哈佛大学哈佛燕京图书馆藏品）

力译印西学书刊的缘故，让迄今关于他和墨海书馆的论述者，几乎没有例外地都抬高了伟烈亚力在墨海书馆工作期间的地位与角色，甚至错误地说麦都思只是草创了墨海书馆，而“真正的专业性工作”（‘real professional work’）直到伟烈亚力到上海后才开始等等。[①]

就在1846年10月伟烈亚力应征传教士的同一个月稍前，伦敦会秘书梯德曼在发给麦都思和雒魏林的一封信中，已明确界定了未来的墨海书馆主任的身份地位：“这名印工将以本会付薪职员的身份派出，同时将在你们的指令之下（acting under your instructions）从事和他的部门有关的布道站任何工作。[②]”其次，在伟烈亚力启程前，伦敦会的理事会给予一封工作指示（letter of instructions），交代一些工作与现实生活的重要事宜，内容包含他在上海布道站的地位和其他传教士的关系、薪水与其他待遇等等。由于伟烈亚力并非传教士，不能和传教士相提并论，理事会给伟烈亚力的工作指示规定，他从属于所有传教士组成的站务委员会（mission committee）之下，必须听从委员会的决定行事；同时他的单身年薪150英镑，也低于单身传教士的200英镑，而且每位传教士都各自直接向伦敦会支领薪水，他却每次

① G. Lanning & S. Couling, *The History of Shanghai* (Shanghai: Kelly & Walsh, 1921), p.444.
② LMS/UG/OL, A. Tidman to W. H. Medhurst & W. Lockhart, London, 9 October 1846.

得向站务委员会申请转发才行[1]。这些规定清楚地显示,身为墨海书馆主任的伟烈亚力在布道站的地位低于传教士。

因此,在伟烈亚力到职以后,墨海书馆的经营管理分成决策与执行两个层级:前者由伦敦会上海站实际领导人及站务委员会的主席兼司库麦都思继续掌握全局,并通过站务委员会决定印什么书和如何印法,再交付伟烈亚力具体执行;伟烈亚力负责管理工人与采购保管原料器材等。也就是说,伟烈亚力是在麦都思与站务委员会之下的墨海书馆事务性主管。[2]

墨海书馆分成两个管理层级的新模式,运作上相当顺利,尤其当时麦都思正专注于修订中文圣经,并为此陷入长达数年和美国传教士针锋相对、争论不已的困境中,伟烈亚力在墨海书馆的日常事务上为麦都思分劳,减轻了麦都思不少的工作负担。不料,新模式经过两年的运作,到1849年时伟烈亚力不仅强烈挑战麦都思的领导权威,甚至以一人对抗上海站所有传教士,形成布道站的一个大问题。

问题的起因是伟烈亚力的薪水。伦敦会规定单身传教士结婚后,年薪增加100英镑,伟烈亚力来华前已先和曾在南非传教七年的韩森(Mary Hanson)订婚,韩森在1848年8月到达上海后与伟烈亚力成婚,伟烈亚力即请求增加年薪100英镑。但是,担任司库的麦都思认为,理事会给伟烈亚力的单身年薪比传教士少了四分之一,结婚后增加的数目也应按此比例由100英镑减为75英镑,即年薪225英镑,而非伟烈亚力希望的250英镑。而且由于伦敦会从当年起删减所有新进传教士薪水的缘故,麦都思进一步表示,如果按照新规定行事,伟烈亚力婚后的年薪甚至只能有

---

① LMS/CH/CC, 1.2.C., W. H. Medhurst, et. al., to A. Tidman, Shanghai, 12 October 1849.

② 伟烈亚力初到上海不久,站务委员会于1847年11月6日决议由麦都思、雒魏林和伟烈亚力成立三人小组,考虑伟烈亚力的计划与各项建议(ibid., 1.1.D., W. C. Milne to A. Tidman, Shanghai, 18 November 1847)。但上海站的档案中没有这个小组运作的任何资料,而小组即使曾经开会,在麦都思精于印刷出版绝非其他两人可比的情况下,也必然是由他强势领导。

200英镑而已[①]。站务委员会讨论后决议报请理事会裁定伟烈亚力婚后的年薪。

麦都思的主张让伟烈亚力大为不满，因而在1849年2月初的站务委员会议中抨击麦都思"蛮横又无情"(unchristian and unkind)，又指控传教士施敦力约翰(John Stronach)稍前和自己谈论此事时"出言不逊"(used vile language)[②]。其他传教士一面向伟烈亚力说明，麦都思是本于司库的职责而有如上的建议，一面要伟烈亚力举证施敦力的不当言词，否则必须为自己的粗暴用语向两人道歉。伟烈亚力一概拒绝，并且不顾其他弟兄的规劝，愤而从委员会议退席。

接下来的两个月，由站务委员会秘书美魏茶持续和伟烈亚力沟通此事。伟烈亚力一直拒绝道歉，坚持自己才是"受害的一方"(the injured party)和"被错待的人"(a badly used man)[③]，又说他的退席及此后不再出席委员会议，是出于同情(sympathy for)弟兄们，因为他不在场会让大家觉得轻松舒服些。

从1849年4月起，双方形成了僵局，只能等候理事会核定伟烈亚力婚后年薪的结果。理事会在1849年6月间就此决议，果然正如麦都思先前所料，是按照新规定的200英镑[④]。但在这项对伟烈亚力更为不利的结果到达上海以前，他已先在1849年9月初径自写信给梯德曼，表示无法和弟兄们继续相处，要求调往其他布道站，否则不惜辞职离开伦敦会：

> 我无法在基督徒弟兄们当中享有我所期盼的信任与同情。〔……〕我奉命前来担任墨海书馆的主任，这项职务却从来不曾赋予我承担；我经常得屈从于烦恼与困扰，也看不出有改

---

① LMS/CH/CC, 1.2.C., W. C. Milne to A. Tidman, Shanghai, 12 October 1849.
② Ibid.
③ Ibid.
④ LMS/BM, 11 June 1849.

善的希望，〔……〕我一直努力尽可能承受此种困难，却发觉徒然牺牲了幸福。[①]

不料，伟烈亚力写此信的一个月后，他的妻子竟在产下一女后死亡，伟烈亚力结婚仅一年稍多即丧偶，还增加了抚养幼女的负担。当时不知他已发出上述信件的上海站传教士，还纷纷慰问他遭逢的不幸，结果伟烈亚力有所感念而透露其事，也出示了信件内容，传教士们转而大为愤慨，因为前此的薪水之争，算是伟烈亚力争取个人权益，即使他在言语上对其他弟兄有些过分，都还可以谅解，站务委员会也没有将这部分的误会呈报给理事会。但他请求调职一事却完全不同，已经涉及公务的范畴，不该越过站务委员会径自发信给秘书，何况信中批评传教士对他不信任也不同情，进一步牵连到上海站的所有传教士，至于他所称自始被剥夺承担墨海书馆主任的职责，更是严重的指控，因此美魏茶要求伟烈亚力道歉并撤回发给梯德曼的信件。伟烈亚力拒绝后，站务委员会在1849年10月10日一致决议，向理事会详细呈报事件的缘由经过。[②]

报告的内容分为两大部分：一是关于过去的误会，即伟烈亚力婚后至1849年4月期间，因要求增加年薪和其他传教士间的争议，已如前文所述；二是关于指控传教士未赋予伟烈亚力承担墨海书馆主任职责一事，站务委员会不但没有否认伟烈亚力的指控，还干脆摊开来说明不让他承担的缘故："直截了当的原因就是他没有能力承担其事（The short and simple reason is his incompetence to take charge of it.）。"[③]接着就数说伟烈亚力到上海以后的工作状况，包含他的专业能力、态度，以及和麦都思之间的互动情形：

① LMS/CH/CC, 1.2.C., A. Wylie to A. Tidman, Shanghai, 7 September 1849.
② Ibid., W. C. Milne to A. Tidman, Shanghai, 19 October 1849.
③ Ibid., W. C. Milne to A. Tidman, Shanghai, 12 October 1849.

伟烈先生刚到职时，委员会〔……〕放手让他自主管理墨海书馆的事务，麦都思只偶尔提点一下而已；伟烈先生得以自行决定如何装置滚筒印刷机，以及如何印制需要的部分圣经与传教小册。可是，这样安排的结果，就是整版一万册的《张远两友相论》全都印得模糊不清，尽管使用的全新铸版是才由“宗教小册会”在英国制造运来的；不仅如此，印时因为纸张未在机器上放置妥当，滚筒也未调整到适当位置，油墨又没有均匀涂布，印出来的许多字迹难以辨识，也浪费了大量的纸张。

就机器印刷而言，伟烈先生是为管理这部分而派来的，理当特别熟练这项工作，所以传教士尽量减少干涉。就一般印刷而言，包括排版、压印、校对在内，我们很快地察觉伟烈先生完全不懂，工匠们比他内行得多，因此让他管理比自己懂得多的人是荒谬不合理的，而且他可能会要求他们去做错的而非对的事。他没有印工的巧手，也没有印工的锐眼，更没有印工的判断力（He had not a printer's hand, nor a printer's eye, nor a printer's judgment.）。一阵子后麦都思发觉自己必须每天前往墨海书馆，以期每件事都正常进行，凡重要的事都得经过他〔麦都思〕最后调整过才能开印。

伟烈先生有次向麦都思抱怨未让他承担墨海书馆主任的职责，麦都思建议伟烈先生向站务委会陈述此事。伟烈先生表示无意如此做，麦都思向他保证很乐意将墨海书馆的全盘工作交到他手里，但所以没有完全托付给他，是因为他不能胜任，他不是一个有经验的印工，而且除非实际动手，他也永远不会是。[1]

由于伟烈亚力给秘书的信中，批评上海站的整体情况并非和谐一致，

① LMS/CH/CC, W. C. Milne to A. Tidman, Shanghai, 12 October 1849.

委员会在报告后又补充说明，除了伟烈亚力这件事以外，上海站从建立以来，始终处于最美好而无裂痕的和谐状态。委员会又补充说，伟烈亚力在婚前的确积极参与分发小册和劝告华人听讲道的工作，但婚后却完全放弃了分书，从1849年2月起也不参加布道站的中文礼拜。

报告书最后附上1849年10月15日站务委员会议的决议："本委员会一致决议，请求理事会接受伟烈亚力[调职]的要求，也希望理事会派来替补的人时，选派一名富有经验的人。"在报告书结尾有上海站所有六名传教士的亲笔签名。①

有些奇怪的是理事会的会议记录中，并没有记载收到或处理伟烈亚力要求调职与上海站务委员会的报告书。不过，梯德曼在1849年12月底写信给伟烈亚力，除了慰问他的悼亡之痛，也告诉他没有另外的布道站可调，如果他要回英国，必须自行设法，又郑重建议他立即重拾和传教士的弟兄之谊和信任关系，以及造就自己的印刷技能②。1850年3月15日，伟烈亚力回信感谢梯德曼的慰问，同时表示已遵命寻求恢复和传教士的关系，并获得了成功，"只要弟兄们认为现状是最有利的安排，我不会再对自己在墨海书馆的处境有所抱怨。"③同一天美魏茶也给梯德曼回信，报告伟烈亚力已和大家恢复和好的事。④

上海布道站建立以来的第一次内部纷争，历时一年多终于落幕，这也是墨海书馆存在的二十余年间，仅有的管理上出现的问题。这次纷争的起因和墨海书馆的管理没有什么关系，但风波扩大以后，冲击并凸显了墨海的决策和执行两个管理层级之间的矛盾，执行事务的伟烈亚力企图挑战

---

① LMS/CH/CC，这六名传教士为麦都思、约翰施敦力、雒魏林、美魏茶、慕维廉与艾约瑟（Joseph Edkins）。此份报告书先由美魏茶撰于1849年10月12日，三天后（15日）再加上补充说明与站务委员会的决议，都作为当月19日美魏茶另封信的附件一并发出。

② LMS/CH/GE/OL, A. Tidman to A. Wylie, London, 22 December 1849.

③ LMS/CH/CC, 1.2. D., A. Wylie to A. Tidman, Shanghai, 15 March 1850.

④ Ibid., W. C. Milne to A. Tidman, Shanghai, 15 March 1850.

掌握决策权力的麦都思，但是伟烈亚力自身的基本专业技能不足，既不谙机器印刷，也不懂手工印刷，和麦都思的印刷专业素养与资深传教士的地位完全不能相提并论，再加上伟烈亚力只为争取对己有利的薪水而借题发挥，根本无法撼动墨海书馆既定的两级管理制度和麦都思掌握全局的权威。

考察麦都思与伟烈亚力日后的互动，这次风波后双方并没有留下芥蒂。例如伟烈亚力自丧偶以后，年薪又降为单身的150英镑，但他多出一个幼女需要抚养，生活不免拮据，麦都思在1853年主动写信给梯德曼，希望能提高伟烈亚力的年薪50英镑①；同一年，因为伟烈亚力过于忙碌，麦都思要求理事会增派一名印工到沪协助伟烈亚力，并称赞伟烈亚力足以领导墨海书馆，但事务繁杂，需要有助理照料细节②。另一方面，伟烈亚力自此次风波以后，确实尽心尽力工作，例如1854年墨海书馆赶印英国圣经公会出资的115 000部新约，足有十五天之久，每天从清晨五点忙至半夜两三点钟，工匠与拉动印刷机的牛轮流换班休息，只有身为主任的伟烈亚力无人可以替换，竟然不间断地工作，撑过这段忙碌期。③

第三节　伟烈亚力离开墨海书馆的经过

伟烈亚力和滚筒印刷机在1847年抵达上海，虽然开启了墨海书馆及中文印刷的机器时代，但是修订圣经的工作由于上帝或神的译名问题产

① LMS/CH/CC, 1.4.B., W. H. Medhurst to A. Tidman, Shanghai, 14 September 1853. 结果理事会只同意伟烈亚力加薪25英镑（LMS/CH/GE/OL, A. Tidman to A. Wylie, London, 19 January 1854）。

② Ibid., 1.4.B., W. H. Medhurst to A. Tidman, Shanghai, 29 December 1853. 理事会并没有答应增派印工。

③ Ibid., 1.4.C., A. Wylie to the Directors, Shanghai, 26 June 1854; ibid., W. H. Medhurst to A. Tidman, Shanghai, 27 June 1854.

生争论而拖延下来，因此为印刷圣经而来的伟烈亚力和滚筒印刷机在最初几年少有施展的机会。1850年8月修订圣经的代表决议，由印行者自行决定使用上帝或神的译名，墨海书馆开始排印使用上帝译名的版本，伟烈亚力和滚筒印刷机也终于有了大显身手的机会，在1852年初完成《新约全书》修订后的印刷出版，这是他和机器东来印刷圣经的第一种成果。此后圣经的印刷成为墨海书馆最主要的工作，甚至同时进行几种版本圣经的排印，例如伟烈亚力在1854年6月报道：

> 我的全部时间都在墨海书馆中，除了进行中的几种书以外，我们正忙着印一版5 000部的旧约全书，进行到《历代志》；5 000部的大字本新约全书，进行到《约翰福音》；5 000部的大字本官话口语新约全书，进行到《马太福音》；115 000部的小字本新约全书，进行到《马可福音》。①

在同一封信中，伟烈亚力描述墨海书馆的忙碌情况：

> "现在我们都从黎明即以牛动力来发动机器，直到翌日清晨二三点方歇，我们必须如此才能使当前的工作赶上令人满意的进度。"②

从印刷修订后的新约开始，墨海书馆逐年进入生产的高峰期，并在1855年10月至1856年9月的一年中，总共印刷多达3 700余万页③，达到历年产量的巅峰。此后几年虽然没有进一步突破，但从1857年4月至9月的半年产量将近1 770万页④，而1858年10月至1859年9月的全年产

① LMS/CH/CC, 1.4.C., A. Wylie to A. Tidman, Shanghai, 26 June 1854.

② Ibid.

③ Ibid., 2.1.B., Griffith John to A. Tidman, Shanghai, 5 October 1856.

④ Ibid., 2.1.D., W. Muirhead to A. Tidman, Shanghai, 5 October 1857, enclosure, A. Wylie, 'Chinese Printing done at the LMS Press Shanghai from 1 April to 30 September 1857.'

量也有3 170余万页[①]，都是非常可观的数目。若和当时美国长老会在宁波的印刷所相比，后者的产量虽然从1855年的460万余页，成长到1859年的739万余页[②]，但和墨海书馆仍有多达数倍的极大差距。

令人讶异的是就在墨海书馆持续大量生产的情况下，伟烈亚力却在1860年11月离开了中国返回英国，两年多以后他再度东来，身份已从墨海书馆主任变成了英国圣经公会的驻华代表。伟烈亚力为何以及如何离开墨海书馆和伦敦会？汤玛斯在他的传略中只是非常含混笼统地谈到此点，迄今所有关于伟烈亚力的论述也都没有解释过这个问题。

原来，在1850年代墨海书馆大量生产圣经的背后，存在着严重的分发流通问题。从1852年出版修订本新约全书以后，到1860年止墨海书馆又印了将近10种不同版本的圣经，每种数量少者5 000部，多者达到15 000部，合计总数相当可观。到1855年时还不成为问题，当年4月传教士慕维廉（William Muirhead）甚至报道说，墨海书馆的生产速度赶不上需求，因此上海站还得向同属伦敦会的香港站以及圣公会的宁波站调借圣经才够分发[③]。可是三年后的1858年4月，慕维廉却又报道说，上海站的传教地域很广，印刷生产条件也够，可是分发流通条件不足，圣经的传播无法达到太大的范围，以致上海站已经累积了大量库存的圣经[④]。同一个月稍后，伟烈亚力也呼应慕维廉的说法，报道说延续数年的生产圣经，已经累积了大批的库存，可是除了上海站本身以及在宁波的“中国布道会”（Chinese Evangelization Society）的传教士以外，并没有其他人在分发墨海书馆生产的圣经[⑤]。即使生产和发行已经大有落差，墨海却没有就此停止

---

① LMS/CH/CC, 2.2.C., W. Muirhead to A. Tidman, Shanghai, 12 October 1859, enclosure, A. Wylie, ‘Chinese Printing done at the London Mission Printing Office during the past 12 months.’

② Gilbert McIntosh, The Mission Press in China(Shanghai: American Presbyterian Press, 1895), pp.17, 18, 20.

③ LMS/CH/CC, 2.1.A., W. Muirhead to A. Tidman, Shanghai, 5 April 1855.

④ Ibid., 2.2.A., W. Muirhead to A. Tidman, Shanghai, 1 April 1858.

⑤ Ibid., 2.2.B., A. Wylie to A. Tidman, Shanghai, 26 April 1858.

生产，又一年多后的1859年9月，伟烈亚力再度报道，“圣经分发目前已完全停顿，同时我们的库存也在继续累积当中，我即将开印另外10万部新约。”[①]

两个因素造成墨海书馆的圣经供过于求的现象：经费过多而分发有限。英国圣经公会一向慷慨补助中文圣经的翻译与印刷出版，当修订新约引起的译名争论在1850年暂告一段落后，1852年麦都思等人完成旧约的修订，紧接着太平天国运动又引起英国基督教界对于中国可望基督教化的高度期待，又逢1854年将是圣经公会创立五十周年大庆，在这些因素的相互激荡下，公会在1853年10月发起印刷100万部新约送中国的运动，结果英国基督徒的捐款远远超过印刷100万部新约所需，八个月后已累积达33 954镑，足够印刷200万部新约，到1854年底时捐款更增加至38 346镑[②]，于是接下来的数年中圣经公会补助印刷各种版本中文圣经的钱源源而至，墨海书馆也就不停地生产。但相对于生产持续增加，同一时期的分发却受到严重的阻碍，这主要是太平天国运动与第二次鸦片战争的形势造成，尤其是太平军攻入浙江，也逐渐逼近上海，传教士和中国助手的活动范围受到限制，不能再如以往一般经常深入内地巡回讲道分书。

在面临墨海书馆产销失衡的困境时，慕维廉想到的解决之道却是让伟烈亚力改由圣经公会雇用，冀望如此能整体解决圣经分发的问题。1858年4月，慕维廉写信给梯德曼表达此意，认为传教士重在讲道，难以有效兼办分发圣经，而雇用华人分发的成果也无法令人满意，因而最好是由一名通晓中文、熟悉华人的西人专责分发工作，而伟烈亚力正是最适合

① LMS/CH/CC, 2.2.C., A. Wylie to A. Tidman, Shanghai, 2 September 1859.

② William Canton, *A History of the British and Foreign Bible Society*, vol. 2, pp.448–449. 关于这项运动的详情，参见苏精《百万新约送中国：十九世纪的一项出版大计划》，《上帝的人马》，页203—223。

的人选；至于墨海书馆的继任主管，慕维廉认为应该比分发圣经一职容易觅人递补才是。[①]

慕维廉写上述信件前已和伟烈亚力谈过此事，因此伟烈亚力稍后也写信给梯德曼，认同圣经公会应该雇人专责分发中文圣经的看法，只要伦敦会和圣经公会都认为他适合，他自己也愿意接受新的工作挑战。[②]

梯德曼的想法却和慕维廉与伟烈亚力不尽相同，他赞同应该有专人负责分发圣经，也和圣经公会的人讨论过此事，但他认为伟烈亚力在墨海书馆的工作表现优秀，不易找到同样的人递补，因此无法同意让伟烈亚力离开墨海[③]。伟烈亚力收到梯德曼的回信后，虽然承认自己对分发圣经的工作不无期待，但也接受继续留在墨海书馆，只希望能够回到英国休假一趟，因为他已在上海工作了十三年[④]。这项请求获得理事会的同意[⑤]，他也在印完前文所述的10万部新约后，接受上海站站务委员会对他工作成就与传播西学的肯定，于1860年11月初乘船离开了上海。[⑥]

早在伟烈亚力离开上海这年的2月初，伦敦会和圣经公会双方代表在讨论彼此相关事务时，已经为伟烈亚力的事谈判过一回了。伦敦会表示，虽然圣经公会支付了伟烈亚力过去四年半来的薪水，但伦敦会希望圣经公会自行雇用专人在华负责分发圣经，让伟烈亚力得以专心为伦敦会工作。[⑦]

1861年2月初，伟烈亚力返抵英国，一个月后伦敦会的理事会通过决议，在他停留英国期间，每年给予160英镑的生活补助费[⑧]。伦敦会的档案

---

① LMS/CH/CC, 2.2.A., W. Muirhead to A. Tidman, Shanghai, 1 April 1858.
② Ibid., 2.2.B., A. Wylie to A. Tidman, Shanghai, 26 April 1858.
③ LMS/CH/GE/OL, A. Tidman to A. Wylie, London, 3 November 1858.
④ LMS/CH/CC, 2.2.C., A. Wylie to A. Tidman, Shanghai, 3 March 1859.
⑤ LMS/BM, 28 November 1859.
⑥ LMS/CH/CC, 2.3.A., R. Dawson to A. Tidman, Shanghai, 3 November 1860.
⑦ LMS/BM, 23 January & 13 February 1863.
⑧ Ibid., 11 March 1861.

中并没有伟烈亚力回英期间的活动纪录，只有伦敦会的理事会在1862年6月9日通过决议，指示他回华以后要利用大部分时间分发圣经，并授权他雇用一名西人或华人在他的监督之下经营墨海书馆。[①]

1863年4月，鉴于伟烈亚力即将回华，伦敦会和圣经公会决定由双方的秘书面商关于伟烈亚力的未来动向，梯德曼于6月初报道达成了三项协议：一、伟烈亚力转由圣经公会雇用；二、圣经公会付费使用伦敦会的墨海书馆与仓库，数额待伦敦会和上海站的传教士联系后再定；三、伟烈亚力回英期间的400余英镑各项费用，由两会平均负担[②]。这些协议经双方理事会通过后，伟烈亚力终于确定了离开伦敦会，不再是墨海书馆的主任，而成为圣经公会的驻华代表。

第四节　墨海书馆的结束

由于《天津条约》给予外国人更多的利权，1860年代基督教在华传教事业范围更广也更方便，也需要更多的基督教书刊以协助传教人手的不足；同时，随着上海的商业兴盛与交通频繁的枢纽地位，非传教性的印刷出版事业也日趋发达，美国长老会因此将原来在宁波的印刷所迁到上海以便于竞争发展。作为上海第一家新式印刷所而且多年产量远超同类机构的墨海书馆，却令人意外地反其道而行，急遽中落而关门结束了。这是历来的研究者极为关注却一直无解甚至误解的疑问。

墨海书馆中落而关门的主要原因是人事变动与人谋不臧。创办人麦

① LMS/BM, 9 June 1862.
② Ibid., 8 June 1863.

都思在1856年返英与去世是严重的损失，主任伟烈亚力在1860年的离职更使馆务雪上加霜，而墨海书馆失去这两位关键性的重要人物后，迎来的主持人却是没有能力也无意愿承担经营责任的传教士慕维廉，人事上的变动得失使墨海书馆从此衰落，到1866年时终于关门结束。

印刷是技术性非常强的专门行业，没有多少传教士有意愿或有能力从事于此，但在出身印刷专业而精明干练的麦都思经营下，墨海书馆不仅自给自足并有盈余，也能在大量生产时还得以掌握印刷品质和时限。不过，麦都思在完成圣经的修订和印刷出版后，自己觉得疲累需要休息，因此在1855年申请回英国休假并在翌年成行[①]，不幸抵达英国时已陷入昏迷而病故。

墨海书馆正是在麦都思离华后不久就出现生产和分发严重失衡的问题，而接管墨海书馆决策的慕维廉没有印刷出版的背景，也无法解决墨海书馆的困境，更无继续经营墨海的意愿，还主动将撑持墨海书馆的伟烈亚力送给了圣经公会。在伟烈亚力于1860年离华返英后，慕维廉连基本的每年印刷统计数字都无意编报，或只给个笼统的总数，对墨海书馆的管理更显得意兴阑珊。上海的美国长老会美华书馆主任姜别利（William Gamble, 1830—1886）于1863年报道：

> 自从伟烈亚力离去后，墨海书馆已停工了，过去因应需要而大量印刷的圣经，目前就堆置在潮湿的房间里任其腐败。[②]

两年后（1865），姜别利进一步报道墨海书馆即将关闭的消息时，又提到墨海书馆产品的品质：

---

① LMS/CH/CC, 2.1.A., W. H. Medhurst to A. Tidman, Shanghai, 6 September 1855; ibid., 2.1.B., W. Muirhead to A. Tidman, Shanghai 6 September 1856.

② BFMPC/MCR/CH, 199/8/51, William Gamble to Walter Lowrie, Shanghai, 19 August 1863.

我希望永远不会和他们一样以滚筒印刷机生产如此低劣的印刷品，前几天一名德籍的圣经公会分书人告诉我，当他卖圣经给中国人时，他们常将书送回来，说他卖这么无法卒读的书，是欺骗了他们。[①]

姜别利不是墨海书馆管理与品质的唯一批评者。伦敦会内定将接任梯德曼秘书职务的穆廉斯（Joseph Mullens, 1820—1879）于1865年的下半年到中国视察，在上海停留期间对墨海书馆的情况极为不满：

没有人管理墨海书馆，英文活字老旧，中文活字很差，中国纸张更糟。我坦白告诉伟烈先生，不要付墨海书馆以每部8便士为英国圣经公会印的几千部新旧约，它们根本就是墨海之耻。（They are simply a disgrace to the establishment.）[②]

其实，慕维廉接管墨海书馆期间，机器设备继续有所新增，麦都思时期有两台滚筒印刷机，此后圣经公会又为墨海书馆添购了一台，伦敦会上海站的传教医生雒魏林形容这是一台很好的机器，是圣经公会为了汰换原来一台旧的滚筒印刷机而送给墨海书馆的[③]。因此，墨海书馆产品的品质竟会成为墨海书馆之耻，正是"没有人管理"的后果。可是，慕维廉实在对墨海书馆没有什么兴趣，他早在1862年1月初报道，三台滚筒印刷机已经停用了，只使用一台小型的手动印刷机而已[④]。接下来他又接二连三地写信给梯德曼抱怨，表示要摆脱印刷俗务，全力奉献于直接的讲道工作。[⑤]

---

① BFMPC/MCR/CH, 196/7/210, W. Gamble to W. Lowrie, Shanghai, 8 November 1865.

② LMS/HO/Odds, box 8, Deputation Letters, no. 10, Joseph Mullens, dated Peking, 26 October 1865.

③ LMS/CH/NC, 1.1.A., W. Lockhart to A. Tidman, Blackheath, London, 2 October 1860.

④ LMS/CH/CC, 2.3.E., W. Muirhead to A. Tidman, Shanghai, 9 January 1862.

⑤ Ibid., 3.1.D., W. Muirhead to A. Tidman, Shanghai, 9 December 1863; ibid., 3.2.B., W. Muirhead to A. Tidman, Shanghai, 7 January & 8 December 1865.

穆廉斯视察期间，和慕维廉及其他传教士讨论了结束墨海书馆的问题，并由上海布道站的站务会议一致通过决议，只要伦敦会同意就关闭墨海书馆，出售活字，连馆舍也一并拆除[①]。慕维廉欢迎这样的结果，他在1865年12月8日写信给梯德曼，报道已经印成10万部新约和500部马礼逊字典的第二部分《五车韵府》，同时表示：

> 我不愿再继续负责墨海书馆了，过去五年它完全由我照料，其间进行了10万部新约和《五车韵府》的印刷，现在既然都已印完，关闭墨海书馆应该是一桩明智的事，如此我也可以抽身从事其他适当的工作。[②]

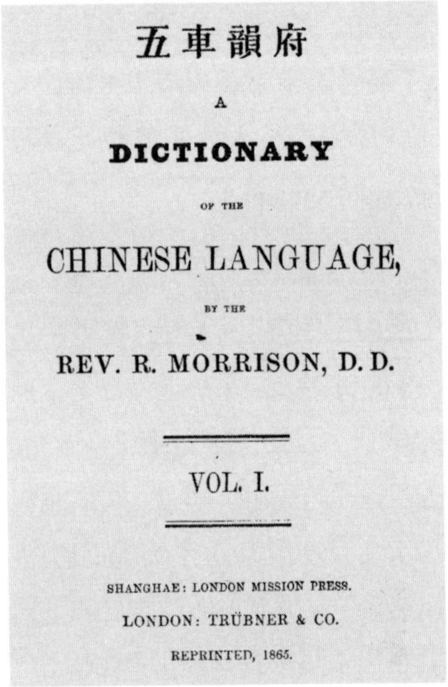

五車韻府

A

DICTIONARY

OF THE

CHINESE LANGUAGE,

BY THE

REV. R. MORRISON, D.D.

VOL. I.

SHANGHAE: LONDON MISSION PRESS.

LONDON: TRÜBNER & CO.

REPRINTED, 1865.

图6–3 墨海书馆重印马礼逊字典第二部分《五车韵府》

慕维廉在这封信中又说，已经卖掉了大批的印刷材料，也将继续为剩下的部分寻找买家。在慕维廉写这封信的一个月前，姜别利向自己所属的美国长老会秘书报道，慕维廉已将活字全卖给了上海道台丁日昌，而墨海书馆的滚筒印刷机都已运回英国[③]。姜别利报道的内容应当不完全正确，因为1866年8月中，慕维廉又向穆廉斯报道结束墨海书馆的进度，表示全部的英文活字和印刷机已卖得300

① Joseph Mullens, *Report on the China Mission of the London Missionary Society* (London: 1866), p.33.

② Ibid., W. Muirhead to A. Tidman, Shanghai, 8 December 1865.

③ BFMPC/MCR/CH, 196/7/210, W. Gamble to W. Lowrie, Shanghai, 8 November 1865.

元，中文的大活字也卖得500元，另外姜别利和理雅各也分别买走100元的活字，至于中文小活字则还在和买家讨价还价中，由于数量多达40万至50万个之间，因此不太容易脱手等。即使如此，慕维廉又表示，预计再一个月左右完成最后一批新约的装订后，就可以了结墨海书馆的账目。①

慕维廉没有再提到如何处理掉小活字的事，不过这已经不重要了。几年前才以新式的滚筒印刷机让中国人惊叹不已，并成为西学西艺在华象征之一的墨海书馆，就在1866年由慕维廉送进了历史。令人有些不解的是慕维廉自己是多产的作者②，应该是很乐于或需要有印刷出版工具在手的，但是他宁可采用也许他认为更方便而适当的两种方式：第一，付钱请别人为他印刷出版，单是1867年，也就是墨海书馆结束的下一年，姜别利的美华书馆就出版了慕维廉的3种作品③；第二，以中国传统木刻印刷，就在上述慕维廉表示再一个月了结墨海书馆账目的同一封信中，他说自己正以木刻印刷几种传教小册，并对木刻感到十分满意！④

结　语

伟烈亚力从原来必须听命于传教士的墨海书馆主任，变成协调联系

---

① LMS/CH/CC, 3.2.C., W. Muirhead to Joseph Mullens, Shanghai, 15 August 1866. 慕维廉信中说英文活字和印刷机卖得300元，其中的印刷机可能指手动印刷机，而非滚筒印刷机。后者或许如姜别利所说都运回了英国。

② 在A. Wylie, *Memorials of Protestant Missionaries to the Chinese*（Shanghai: American Presbyterian Mission Press, 1867）书中，列举了慕维廉39种中文作品（pp.168—172）。

③ BFMPC/MCR/CH, 199/8/229, ‘Annual Report of the Presbyterian Mission Press at Shanghai, from October 1st 1866 to October 1st 1867.’ 这三种书是《救灵先路》《耶稣降世传》与《天道入门》。

④ Ibid.

各宗派传教士分发圣经事务的圣经公会代表，这项新职务大幅提升了他在中国传教界的地位与声望，也和他传播西学和研究汉学的双向成就更为相得益彰。但是，对墨海书馆而言，伟烈亚力的离开却是难以承受的损失，伦敦会不再派人递补墨海书馆的主任，而勉强接掌馆务的慕维廉既无专业能力也无意愿致力于此。当美国长老会的印刷所在1860年从宁波搬到上海后，有专业印工负责，也应用低廉的制造活字新法，显得欣欣向荣之际，一度为中国士人赞叹称羡的墨海书馆却急遽中落，终于在1866年关闭了。

第七章

香港英华书院（1843—1873）

绪　论

十九世纪中叶的香港英华书院指的可以是伦敦传教会的香港布道站，也可以是布道站开办的寄宿学校，又可以是布道站经营的印刷所，而三者也都在同一处，本文所称的英华书院专指印刷所而言[①]。在十九世纪中文印刷由木刻转变成西式活字的过程中，英华书院在1850至1860年代扮演非常重要的活字供应者角色，生产的活字供应中国内外的需要，特别是其姊妹印刷所上海墨海书馆若无英华书院的活字支持，单凭滚筒印刷机不可能会有中国人叹为观止的巨大产能。但是，英华书院的活字遭到同行长老会美华书馆以电镀技术复制后，在市场上无法和后者大量、迅速而便宜生产的活字竞争，成为英华书院在1873年让售而结束的关键因素之一，又因为英华书院活字与机具的承购者是中国人，这项交易可视为西式活字印刷术在华推广的重要里程碑，具有历史性的象征意义。

本文讨论香港英华书院建立的经过，其管理与经费、工匠与技术、产品与传播等各方面的发展演变，以及最后结束出售的原因和经过等等。

① 英华书院印刷的《遐迩贯珍》月刊1854年12月号《遐迩贯珍小记》(叶1—3)，称“英华书院印字馆”；1855年1月号起屡次刊登的《论遐迩贯珍表白事款编》(叶1)，称“英华书院之印字局”。

第一节　建立经过

关于英华书院的建立，历来的研究者都说是1843年传教士理雅各从马六甲移驻香港时一并迁来。但事实并非如此，马六甲时期的理雅各不喜印刷，自称为这项工作所苦[①]，结果他在1842年主动将印刷机具送给了同会的新加坡布道站[②]，因此当他在一年后离开马六甲，并于1843年7月10日抵达香港时，并没有带来什么印刷机具。

鸦片战争后，中国开放五口给外国人通商居住，又割让香港岛给英国，基督教各传教会也在考虑如何就这六处地方建立布道站和部署传教士。1843年8月10日起，包括理雅各在内的伦敦传教会对华传教士齐聚香港连日开会，讨论建站与部署等相关事宜，决定成立香港、厦门、福州，以及上海或是宁波等四个布道站，其中的香港布道站有理雅各和医生合信（Benjamin Hobson, 1816—1873）两名传教士。[③]

接着，伦敦会的传教士会议又通过建立三个印刷所：

一、原在槟榔屿布道站的印刷所迁到香港，称为“香港伦敦会印刷所”。

二、原在马六甲但已移到新加坡的印刷所迁往福州，称为“福州伦敦会印刷所”。

---

① LMS/CH/GE/PE, box 8, James Legge to his brother John, Malacca, 3 October 1842; H. E. Legge, *James Legge, Missionary and Scholar* (London: The Religious Tract Society, 1905), pp.16-17.

② LMS/UG/MA, 3.5.A., J. Legge to the Directors, Malacca, 8 March 1841; LMS/UG/SI, 2.2.C., Samuel Dyer to A. Tidman, Singapore, 15 October 1842.

③ LMS/CH/SC, 4.3.B., S. Dyer, Acting Secretary of the General Committee of the Chinese Mission of the LMS, to A. Tidman, Hong Kong, 26 August 1843.

三、原在巴达维亚的印刷所迁往上海或宁波，称为“上海（或宁波）伦敦会印刷所”。[①]

这些决议显示，传教士要香港布道站承接的是本来在槟榔屿的印刷所，而原来马六甲的印刷所既已移到新加坡，就由在新加坡负责管理的传教士台约尔迁往他的新驻地福州。不料，台约尔在会议结束后不久猝死，伦敦会不得不调整部署的计划，先取消了在福州建立布道站的构想，而印刷所的设置也随着改变，槟榔屿的印刷所本由当地西方人捐助成立，他们反对迁离，但伦敦会在当地的布道站即将撤销，双方折衷后改为迁到新加坡[②]，而理雅各也改变了从前不喜印刷的态度，要求新加坡布道站归还他自己先前不要的印刷机。[③]

新加坡的传教士施敦力兄弟亚力山大（Alexander Stronach, 1800—1879）和约翰（John Stronach, 1810—1880）虽然同意理雅各的要求，但是香港布道站在拥有土地和房屋前，没有接纳印刷所的条件。1844年初，理雅各和合信购下位于香港中环由史丹顿街（Staunton Street）、鸭巴甸街（Aberdeen Street）、荷里活道（Hollywood Road）和伊利近街（Eligin Street）围绕的两块连接土地，合并整地后开始建筑布道站房舍[④]。在新加坡方面，留守在当地的施敦力亚力山大于1846年接获伦敦会的指示，在这年5月1日离开新加坡前往他在中国的新驻地厦门，并顺道将印刷机具带到香港。[⑤]

---

① LMS/CH/SC, 4.3.B., S. Dyer, Acting Secretary of the General Committee of the Chinese Mission of the LMS, to A. Tidman, Hong Kong, 26 August 1843.

② LMS/UG/SI, 2.3.B., John Stronach to A. Tidman & J. J. Freeman, Singapore, 14 June 1844. 伦敦会对于新加坡布道站的存废几度举棋不定，直到1848年才完全撤离新加坡，参见苏精，《基督教与新加坡华人1819—1846》，页72—76。

③ LMS/CH/SC, 4.3.D., J. Legge & B. Hobson to A. Tidman, Hong Kong, 23 December 1843.

④ Ibid., 4.4.A., J. Legge & B. Hobson to A. Tidman, Hong Kong, 6 March 1844; ibid., J. Legge & B. Hobson to A. Tidman & J. J. Freeman, Hong Kong, 25 May 1844.

⑤ LMS/UG/SI, 2.4.A., Alexander Stronach to A. Tidman & J. J. Freeman, Singapore, 1 May 1846.

1846年6月6日，施敦力搭乘的船只“夏绿蒂号”（the Charlotte）抵达香港，这也是作为印刷所的英华书院真正建立的一天，施敦力带给香港布道站先前理雅各不要的一台印刷机，也是开创马六甲布道站的米怜在1816年从印度购得，连续使用已达三十年的老旧手动印刷机，更重要的是施敦力还带来大小两副中文活字的字范、字模与活字，以及铸字设备和工匠，这些都是过去十多年台约尔先后在槟榔屿、马六甲和新加坡辛苦累积，他过世后又由施敦力兄弟接手两年多的成果[①]。施敦力抵达香港时，理雅各和合信两人都因为自己或妻子生病的缘故而先返回英国，香港站只有纪理斯禆（William Gillespie）一名传教士，施敦力在港停留三个月，其间他于1846年6月22日写信告诉伦敦会秘书梯德曼，再过一两天铸字设备即可在布道站中布置妥当并开工[②]。纪理斯禆也在同年8月中写信，铸字工作已经在施敦力的监督下积极展开，印刷则还在等候从新加坡运来的一些零件而尚未开工，工匠都已安置在布道站中住宿与工作。[③]

从1846年建立到1873年出售为止的二十六年多期间，英华书院曾两度迁建新房舍，但地点一直位于伦敦会香港布道站的土地范围内。1854年，管理英华书院的传教士湛约翰（John Chalmers, 1825—1899）鉴于书院建成已历十年，破旧渗漏难免，装订室甚至倒塌，因此提议重建，却遭到伦敦会的理事会驳回[④]。事隔三年后，湛约翰于1858年再度争取建新印刷所，并且联合理雅各一起向理事会要求，终于获得理事会同意拨款600镑新建，于1859年初落成启用，旧印刷所则改为布道站华人牧师何进善的

---

① LMS/UG/SI, 2.4.A., Alexander Stronach to A. Tidman & J. J. Freeman, Singapore, 1 May 1846.

② LMS/CH/SC, 4.5.A., A. Stronach to A. Tidman & J. J. Freeman, Hong Kong, 22 June 1846.

③ Ibid., 4.5.A., W. Gillespie to A. Tidman, Hong Kong, 18 August 1846.

④ Ibid., 5.3.E., John Chalmers to A. Tidman, Hong Kong, 21 June & 21 July 1854; ibid., 5.4.B., J. Chalmers & J. Legge to A. Tidman, Hong Kong, 12 January 1855; LMS/BM, 23 October 1854.

住屋[①]。两年后,理雅各认为香港地价上涨可观,而布道站土地相当宽广,准备出售英华书院在内的部分土地,结果在1862年出售17 550平方英尺土地,换得26 325元,并以部分得款用于新建英华书院房舍[②],这次新建的房舍地址门牌为鸭巴甸街22号,并维持到1873年英华书院出售为止,出售后房舍都完全拆除消失了。[③]

第二节　管理与经费

一、管理

英华书院的管理为两级制:日常与技术事务由书院的主任负责[④],主任之上则有传教士监督。这样的制度看来单纯,但由于是西式印刷在中国的初期阶段,在实施过程中仍有不少意想不到的争议与波折,人事问题尤其如此。主任一职先由西方专业印工承乏,短暂过渡到由两名中国人分别负责印刷与铸字,再由一名中国人统其成,而监督的传教士也从初期的集体监督改为由个别的传教士负责。

① LMS/CH/SC, 6.1.C., J. Chalmers to A. Tidman, Hong Kong, 13 January 1858; ibid., 6.1.B., J. Legge to A. Tidman, 27 Montpelier Square, Brompton, 18 June 1858; ibid., 6.1.B., J. Chalmers to A. Tidman, Hong Kong, 29 November 1858; ibid., 6.1.C., J. Chalmers to A. Tidman, Hong Kong, 29 March 1859; LMS/BM, 12 July 1858.

② Ibid., 6.3.B., J. Legge to A. Tidman, Hong Kong, 25 July & 14 October 1861; ibid., 6.3.D., J. Legge to A. Tidman, Hong Kong, 14 March 1862.

③ Ibid., 7.3.A., Ernst J. Eitel to Joseph Mullens, Hong Kong, 5 February 1873; ibid., 7.3.B., E. J. Eitel to J. Mullens, Hong Kong, 17 May 1873; ibid., 7.3.C., E. J. Eitel to J. O. Whitehouse, Hong Kong, 10 November 1873.

④ 传教士们对于英华书院主任职称的用词不一,有Type-Founder & Superintendent of the Printing Establishment、Printer and Superintendent of the Printing Establishment、Superintendent of the Mission Press、Superintendent of the Printing Establishment、Superintendent of the Printing Office and Type Foundry等,为行文方便,本文统称为英华书院主任或简称主任。

从1846年到1847年底的最初一年多，英华书院没有设置主任一职，就由施敦力、纪理斯裨和新来的柯理兰（John F. Cleland）三名传教士先后管理，伦敦会还指示一名将于1848年初出发来华的传教士纪斐兰（Thomas Gilfillan）抵达香港后接手管理英华书院，因为他早年曾经当过排版学徒，有些印刷经验[①]。但是，1847年9月间出现了一名意想不到的人——刚刚离开美国长老会宁波布道站印刷所主任一职的专业印工柯理（Richard Cole）[②]。柯理自认为受到长老会上下不公平的对待而离职，转到香港另谋出路，希望能受雇于伦敦会负责英华书院。

对于不懂印刷与铸字技术的伦敦会香港布道站传教士而言，柯理的出现确是意外的惊喜，他们立即写信向宁波长老会的传教士探询柯理离职的原因，在获得和柯理自己一样的说法后，向伦敦会的秘书梯德曼呈报此事，表示柯理将有助于英华书院、香港站及伦敦会的利益，建议能雇用他负责英华书院[③]。但由于伦敦会已派定纪斐兰接管英华书院，所以只同意先雇用柯理六个月，以后视情况再说。六个月期满后，香港站会议于1848年8月再度呈报伦敦会，表示鉴于柯理的印刷与铸字专业技能、他在华的工作经验，以及让纪斐兰专心学习中国语文与传教士工作等原因，建议继续雇用柯理[④]。同时纪斐兰也写信给梯德曼，表示自己对于印刷确实不如柯理专业，身为传教士也无法分心于英华书院的事务，因此乐于接受布道站关于留用柯理而自己转往广州的决议[⑤]。伦敦会在1848年11月初答复香港站与纪斐兰，同意暂时继续雇用柯理，但是否长期（permanent）

① LMS/CH/SC, 5.0.A, Thomas Gilfillan to A. Tidman, Hong Kong, 29 August 1848.

② 关于柯理担任美国长老会外国传教部在华印刷所主任的详情，参见本书《美国长老会中文印刷出版的开端》《澳门华英校书房》《宁波华花圣经书房》各章的讨论。

③ LMS/CH/SC, 4.5.C., J. Cleland to A. Tidman, 29 September, 26 November & 30 December 1847.

④ Ibid., 5.0.A, J. Legge to A. Tidman, Hong Kong, 29 August 1848.

⑤ Ibid., 5.0.A, Thomas Gilfillan to A. Tidman, Hong Kong, 29 August 1848; LMS/Candidates' Papers/Answer to Printed Paper, 'Thomas Gilfillan.'

雇用他则留待日后再定。[①]

伦敦会没有解释不长期雇用柯理的原因，有可能是觉得柯理离开长老会也许还有隐情，不必急于一时决定，也可能是伦敦会十余年来已为台约尔铸造中文活字投入许多经费，不愿意再花大笔薪水雇用西方的专业印工。不论原因为何，柯理在不愉快地离开长老会以后，为了生活急于谋求工作而接受了伦敦会的暂时性任命，但是他对于缺乏尊重和保障的身份和薪水都不满意，也因此成为两年后他和伦敦会之间争议的导火线。

在身份方面，柯理原本希望能和原来在长老会时一样视同传教士的身份，以便和传教士平起平坐，例如参加布道站会议等，但伦敦会香港站担心这可能会引起长老会的不快而导致伦敦会的尴尬，因此劝他接受只以世俗雇员的身份担任英华书院主任[②]。可是，如此一来柯理虽然仍得以出席布道站会议，却因不具有传教士身份而没有投票权，同时凡是需要伦敦方面决定的建议事项如添购印刷机，以及英华书院需要从英国运补铸字金属或印刷器材等事，都得通过传教士转达给伦敦会，这和他在长老会时的身份地位差别极大，当时他不但出席布道站会议，也有投票权，而且还能轮流担任会议的主席，也直接和长老会外国传教部（Board of Foreign Missions of the Presbyterian Church in the United States of America）的秘书写信往来，讨论事情或要求运补物资等等。

在薪水方面，柯理既是临时人员，按月支薪75元，全年即为900元（约200镑），多于他在宁波比照已婚传教士的700元年薪，但香港西人的生活费远高于宁波，而且伦敦会香港布道站的已婚传教士年薪300镑，约合1 350元，单身传教士年薪200镑，约合900元，这个数目和已婚且有孩子的柯理相同，因此柯理的生活相当拮据。香港站传教士在1849年的一

---

① LMS/UG/OL, A. Tidman to Legge, London, 4 November 1848; ibid., A. Tidman to T. Gilfillan, London, 4 November 1848.

② LMS/CH/SC, 4.5.C., J. Cleland to A. Tidman, September 29 & December 30, 1847.

次会议中通过，建议伦敦会给柯理传教士的身份，并提高他的年薪至250镑，结果伦敦会的答复根本不提身份问题，至于薪水则说高度评价柯理的服务，但不打算给予高于200镑的年薪①。同情柯理的香港站传教士干脆主动从布道站经费中提拨100元补助他，理雅各在向梯德曼解释这项开支时说：

> 我们了解柯理先生为了使每月75元的津贴能够收支平衡，不得不勒紧他的裤带（说得白一点）。这是相当辛苦的，再考虑到柯理先生对本会的贡献，这样是不公平的。②

担任英华书院主任三年后，柯理终于在1851年初完成了最重要的大小两副中文活字的铸造，他觉得这是为自己争取权益的最好时机，并决定以自己的去留作为争取的筹码。1851年2月中，柯理书面呈报香港布道站，先说明活字已经完成，接着要求四件事：（一）他的年薪从200镑提升到250镑，否则他无法再为伦敦会工作；（二）授予他视同传教士的身份；（三）或雇用他担任英华书院主任，月薪100元或年薪250镑，订明雇用期一年至五年皆可，其间他愿意教导中国青年学习印刷与铸字技能；（四）伦敦会负担日后他离职时与家人返回美国的船费。这四项要求经香港站与广州站的传教士联席会议决定转报伦敦会，并建议将他的年薪提升为250镑，雇用期限四或五年，以便中国青年有较多时间充分学会印刷与铸字的技能。③

结果伦敦会秘书梯德曼回信表示，理事们讨论时认为其他都不重要，薪水才是“真正的问题所在”（being apparently the real question at

① LMS/CH/SC, 5.0.A., B. Hobson to A. Tidman, Hong Kong, August 28, 1849; LMS/BM, 26 November 1849.

② Ibid., 5.1.C., J. Legge to A. Tidman, Hong Kong, 28 January 1850.

③ Ibid., 5.2.A., J. Legge to A. Tidman, Hong Kong, 21 February 1851.

issue)，因此除了同意提高柯理的年薪至250镑外，根本不回应他的另三项要求[①]。柯理和香港传教士应该清楚知道了伦敦会的意旨，因此也不再提他的身份和雇用期限两者，只专就日后他和家人离职返美的船费问题再度请示伦敦会[②]，却仍然遭到拒绝，伦敦会只答复说，万一柯理因健康问题必须返回美国时会考虑这个问题。[③]

柯理在接连遭到伦敦会的拒绝后，在1852年1月提出辞呈。传教士问他最长可以留到何时，以便安排接任人选；他答以第二年(1853)的9月[④]。传教士的想法是选拔中国青年向柯理学习，准备接任英华书院的主任，若此法不可行，再请求伦敦会从英国派专业印工前来接任。事实上在柯理提出辞呈时，一名中国青年李金麟已经向他学了四个月、每天下午四小时的印刷[⑤]。李金麟是新加坡华人，原来就读于马六甲英华书院，1845年前来香港追随理雅各继续求学，同年理雅各返英时携李金麟等三名学生同行，1848年回到香港，担任布道站学校的助理教师，1851年奉传教士之命学习印刷，时年二十三岁[⑥]。传教士对他将来的成就有高度的期望，但柯理辞职时应传教士要求评论李金麟，说他灵巧而聪明(handy & clever)，却缺乏干劲与决心(energy & determination)；李金麟反驳说是柯理没有全心教导自己，并认为自己对印刷有兴趣也有能力学好；传教士的决定则是将在六个月后让李金麟不必再兼任老师工作，而全天学习印刷与铸字，等到柯理于1853年9月离职后即由李金麟接任[⑦]。

事情的发展却让李金麟来不及全面学习印刷与铸字的技能了。原来

---

① LMS/BM, June 9, 1851; LMS/UG/OL, A. Tidman to J. Legge, 24 June 1851.

② LMS/CH/SC, 5.2.B., J. Legge to A. Tidman, Hong Kong, 8 September 1851.

③ LMS/BM, 22 December 1851; LMS/UG/OL, A. Tidman to J. Legge, 19 December 1851.

④ LMS/CH/SC, 5.2.C., J. Legge to A. Tidman, Hong Kong, 23 January 1852.

⑤ Ibid., 5.2.C., B. Hobson to A. Tidman, China, 23 February 1852.

⑥ Ibid., 4.4.E., J. Legge to A. Tidman, Hong Kong, 16 August 1845; ibid., 5.2.C., B. Hobson to A. Tidman, China, 23 February 1852.

⑦ Ibid., 5.2.C., B. Hobson to A. Tidman, China, 23 February 1852.

是柯理不甘于伦敦会拒绝给他及家人返美的船费，决定多方采取行动争取，首先是在辞职后两次越过传教士直接写信给梯德曼，第一封信还动之以情，表示自己尽心尽力铸造小活字，原来极为良好的视力大受损害，希望伦敦会同情而补助船费；第二封信却语带威胁表示若伦敦会还是不肯补助，他有可能得缩短自愿留任的十八个月期限而提前返美①。伦敦会在收到柯理这两封信后，为免他中途离去造成英华书院的困扰，终于决定补助50镑旅费，大约相当于他期望的半数②。此外，柯理又设法让香港的报纸显著刊登宣扬他印刷铸字功劳的报道③，此举加上他自行越级向伦敦会争取补助的行动，都让理雅各等传教士很不以为然，而改变了原来同情他的态度，在1852年9月4日的布道站会议中决议，柯理的雇用期限整整提前一年在当月底结束。尽管李金麟尚未学成，传教士仍决定英华书院的管理分成两部分，印刷由李金麟接手，铸字则交给由铸字工匠改当分书人的黄木负责，并请新到的传教士湛约翰管理英华书院全盘事务。④

1852年9月23日柯理离职返美，结束了他在中国前后八年的印工生涯。这段其间他先后担任长老会澳门华英校书房与宁波华花圣经书房，以及伦敦会英华书院的主任，主持西式活字印刷在华初期的三家重要印刷出版机构，尤其在英华书院的五年中，将台约尔开其端的两副活字铸造完成至实用的地步，是他在技术上的主要成就，后来这两副活字又被美华书馆的姜别利复制而推广应用，因此柯理也可说是西式活字技术在华初期承前启后的一名重要人物，只是他和长老会与伦敦会的关系都以争议

---

① LMS/CH/SC, 5.2.C., R. Cole to A. Tidman, Hong Kong, 25 February 1852; ibid., 5.2.D., R. Cole to A. Tidman, 24 March 1852.

② LMS/BM, 28 June 1852.

③ LMS/CH/SC, 5.3.A., J. Legge to A. Tidman, Hong Kong, 23 August 1852. 理雅各没有指出这家报纸的名称，但经查显然是《德臣西报》(*The China Mail*，又译“《中国邮报》”“《德臣报》”等)，因为1852年8月19日该报刊登一篇署名Philomathes的读者投书，介绍英华书院当年印刷出版的Edward T. R. Moncrieff所著《算法全书》，事实大部分篇幅都在大事揄扬柯理的铸字成就。

④ Ibid., 5.3.A., J. Legge to A. Tidman, Hong Kong, 23 September 1852.

不快而告终，不利于这两会及后人对他成就的评价。

柯理离职后，英华书院也不再有西方专业印工的主任，传教士们也很满意于李金麟和黄木两人月薪合计只有柯理的三分之一，布道站因此可以每月省下60元[①]。不料事情很快又有了变化，李金麟的肺部生病，医生认为只有返乡疗养才有希望延长生命，于是传教士在1854年10月送他上船回新加坡，他负责英华书院印刷部门不过一年而已。[②]

失望的传教士立即在新的人选上获得更好的补偿。在湛约翰于1853年9月报道李金麟离职的同一封信上，也介绍了将接替其职的华人黄胜（1825—1902）[③]，接着在同年10月10日的布道站会议中通过这项人事案的决议[④]。黄胜是广东香山人，1841年入澳门马礼逊纪念学校就读，翌年随校迁至香港，1847年初与同学容闳和黄宽随同教师鲍留云（Samuel R. Brown, 1810—1880，又译勃朗、布朗等）前往美国马萨诸塞州孟松学校（Monson Academy），但黄胜因病于1848年秋间辍学回华。黄胜是基督徒，在孟松时加入当地的公理会教会，回到香港后很自然地加入以公理会基督徒为主的伦敦会香港教会，他在香港德臣西报（*The China Mail*）印刷厂工作了一年半，又担任法院的翻译，在1850年代具有黄胜这样条件和经历的华人少之又少，难怪湛约翰会说黄胜是香港布道站觅才的唯一人选了。[⑤]

究竟黄胜只是接掌李金麟留下的印刷部门，还是兼管铸字部门而成为名副其实的英华书院的主任呢？一开始传教士只说他是李金麟的继任

---

① LMS/CH/SC，当时黄木月薪15元，李金麟担任学校助教的月薪12元，传教士表示将增加至15元。

② Ibid., 5.3.C., J. Chalmers to A. Tidman, Hong Kong, 26 September & 26 October 1853. 湛约翰在1855年1月报道李金麟于前一年在新加坡病卒（ibid., 5.4.B., J. Chalmers to A. Tidman, Hong Kong, 12 January 1855）。

③ Ibid., 5.3.C., J. Chalmers to A. Tidman, Hong Kong, 26 September 1853. 关于黄胜生平，参见苏精，《清季同文馆及其师生》（台北：上海印刷厂自印体，1985），页260—266，《黄胜：楚才晋用的洋务先驱》。

④ Ibid.

⑤ Ibid.

者，并未提及铸字部门的黄木[①]。但即使如此，黄胜也很快地兼管了铸字的工作，湛约翰在1855年1月报道前一年的布道站工作时说：

> 去年（1854）印刷与铸字的工作是由黄胜掌管，并在湛约翰先生的监督之下；不但完成了比过去任何一年都多的工作，也较少需要湛约翰关注及此。如果阿胜得以像目前如此勤奋工作的话，我们认为可以将印刷与铸字的全盘经营（entire management）都托付给他，而不再需要欧洲籍的主任了。[②]

湛约翰这一整段文字的内容，既然先已明确地说黄胜掌管了印刷与铸字两部门，又说期望将两者的全盘经营都托付给他，则湛约翰所谓的全盘经营，指的应该就是包含黄胜的日常工作和湛约翰的监督业务两个层次而言。尽管直到英华书院出售为止，传教士始终没有卸下监督的责任，但黄胜从1853年10月任职或至迟从1854年开始，确实就是印刷与铸字都管的英华书院主任，传教士也都称呼他为Superintendent[③]。黄胜连续担任这项工作到1864年8月将满十一年时，才应上海道台丁日昌之聘，前往上海就任广方言馆的英文教习，两年半后于1867年初辞卸教席，仍回英华书院担任主任一职，又将近六年后，因接受中国政府委派他带领第二批留美幼童出洋，自1873年1月1日起离开英华书院，而同月底英华书院即告出售，因此黄胜也是英华书院最后一位主任。合计他两度在英华书院工作超过十六年半，而且他在上海广方言馆执教期间，传教士也没有为英华书院另觅主任。

---

① 1867年时，监督英华书院的传教士滕纳两度提到黄木，先说他是黄胜的助手（LMS/CH/SC., 6.5.A., F. S. Turner to J. Mullens, Hong Kong, 25 April 1867）；又说黄胜和黄木分别是第一和第二助手（ibid., 6.5.A., F. S. Turner to J. Mullens, Hong Kong, 28 October 1867）。

② Ibid., 5.4.B., J. Chalmers to A. Tidman, Hong Kong, 12 January 1855.

③ 唯一的例外是最后一位监督英华书院的传教士艾德理（Ernst J. Eitel），他都称呼黄胜为Foreman（领班）。

从英华书院的管理而言，黄胜担任主任期间最值得注意的是他和传教士间的关系。到1850年代为止，基督教传入中国已经半个世纪，这五十年间的中国信徒在信仰虔诚和生活实践各方面，经常让传教士感到失望，即使是在布道站范围之内并在传教士日常监督之下，也常有信仰不真诚、生活不规矩或工作不得力的现象。就以跟随理雅各多年、浸淫基督教环境已久的李金麟而言，理雅各在谈论任命他负责印刷部门时就说，以往让自己失望的中国青年如此之多，自己也只能抱着担心（trembling）与希望交织的心情看待李金麟的新职，并期待湛约翰的积极监督足以确保（secure）李金麟会勤奋于自己的职责[①]。因此，黄胜长期担任香港布道站重要部门之一的英华书院主任，他和传教士之间的关系（或者说传教士对他的态度）就格外值得注意，这种关系或态度也必然是英华书院经营管理方面非常重要的元素。

在柯理和李金麟的时期，传教士对英华书院采取集体监督的方式，并以布道站会议作为讨论决定英华书院事务的场合。这种监督方式在黄胜时期有所改变，由传教士推举一人负责监督，大多数事务都由这名传教士决定即可，重大事项才到布道站会议讨论，黄胜时期的英华书院经历四名负责的传教士：湛约翰、理雅各、滕纳（Frederick S. Turner, 1834—?）与欧德理（Ernst J. Eitel, 1838—?）。但是，同样重要的是理雅各个人的影响力，他是建立香港布道站的资深传教士，加上在汉学研究方面的成就，因而成为到1870年代初期为止香港布道站实际上的领导人物，不论英华书院由他负责与否，他的意见都有关键性的影响力，对于黄胜的态度也是如此。

四名负责的传教士对于黄胜都相当倚重与信任。湛约翰在前述1854年的布道站工作中，称赞黄胜掌管英华书院第一年的产量多于以往

① LMS/CH/SC, 5.3.A., J. Legge to A. Tidman, Hong Kong, 23 September 1852.

各年，也让才到中国亟需专注学习语文的湛约翰自己不必多费心思于书院的事务，并期盼黄胜的表现可以落实不再需要西方专业印工的想法[①]。湛约翰在1859年调往广州后，负责监督英华书院的理雅各对黄胜更是信任和赞誉有加，而且是在这年以前就已如此。1858年理雅各在英国期间，写信给梯德曼要求新建英华书院房舍，其中提到黄胜如下：

> 过去五年中，印刷与铸字的管理并没有严重干扰了本会香港传教士的其他工作，在湛约翰的监督之下，印刷与铸字是由一名有良好教育和优良素质的华人黄胜负责。香港各界对于黄胜的好评，可以从本年初他被列为陪审团成员可以见得，香港政府以往不曾将此种信任的象征赋予任何中国人。[②]

1859年3月间，理雅各在伦敦参加一项支持中国传教事业的大规模群众集会，轮到他演说时，特别当众介绍了足以作为中国信徒楷模的黄胜。理雅各先提到陪审员一事，他说香港总督包令（John Bowring）亲口告诉他，当立法会成员讨论陪审员候选名单时，看到都是西方人的名单中出现一个中国人名时，都大吃一惊，但是因为包令自己和许多成员都认得也了解黄胜，因此获得一致通过。理雅各又提第二件事，香港最高法院首席大法官派人和理雅各商量，愿以120元的月薪请黄胜担任法院翻译，并说知道黄胜有个大家庭，负担较重，因此他“不应该拒绝这项重要而可敬的职务”；理雅各将此事转告在英华书院月薪只有30元的黄胜后，没想到他竟然立即就婉谢而宁愿留在布道站工作，让理雅各大为感动。[③]

1861年，理雅各结报香港布道站前一年度包含英华书院在内的经

① LMS/CH/SC, 5.4.B., J. Chalmers to A. Tidman, Hong Kong, 12 January 1855.
② Ibid., 6.1.B., J. Legge to A. Tidman, 27 Montpelier Square, Brompton, 19 June 1858.
③ *The Missionary Magazine and Chronicle*, April, 1859, pp.74–75.

费，再度提到黄胜：

> 黄胜仍担任书院的主任，并持续展现我在英国期间经常提到的令人激赏的性格，在香港欧洲居民的眼界中，没有中国人能如此与众不同，此间都普遍欣赏他的杰出。[①]

结果在这一年中，理雅各觉得应该在黄胜的薪水之外，再给予100元的津贴以回报黄胜对于布道站的贡献，并在结报1861年布道站经费时，强调自己认为这么做是正确的[②]。理雅各没有请求伦敦方面的事先同意，就给予黄胜金钱的奖励，这和前文所述在1849年补助柯理100元的作法一样，都是传教士在经费方面少见的主动积极作为。

理雅各非常关爱与尊重黄胜，当黄胜于1864年被丁日昌聘往上海广方言馆任教而离开英华书院时，理雅各相当不舍，但也十分谅解黄胜的决定，理雅各报道自己失去黄胜的感受：

> 我们在相互敬爱与尊重的心情中道别，他的离开让我增加了许多工作负担，至于他，我相信他是为了承担〔国民的〕责任而去的。[③]

这最后一句应是对于丁日昌给黄胜每月200元的高薪而言的，结果黄胜在领到第一个月薪水后，立即奉献了50元请理雅各做为传教用途。[④]

理雅各在1867年返回英国后，英华书院由传教士滕纳接手监督，虽然不见他对黄胜个人有所品评，但滕纳几次在布道站会议或写给梯德曼的书信中，陈述并赞同黄胜关于英华书院的各项意见，例如英国圣经公会补助印刷圣经费用的成本分析、英华书院是否该迁往广州为宜，以及建议

---

① LMS/CH/SC, 6.3.B., J. Legge to A. Tidman, Hong Kong, 14 February 1861.

② Ibid., 6.3.D., J. Legge to A. Tidman, Hong Kong, 27 January 1862.

③ Ibid., 6.4.C., J. Legge to A. Tidman, 14 February 1865.

④ Ibid., enclosure, Wong Shing to J. Legge, Shanghai, 7 November 1864.

使用自动上墨机与电镀铜版等新式机器[①]，这些都可以显示滕纳是相当地重视黄胜的意见。

1872年开年起，传教士欧德理接手监督英华书院，不久黄胜宣布自己将离职带领第二批幼童赴美。欧德理对此有些紧张，因为他本来不懂印刷，而英华书院也无人可以取代黄胜的工作，欧德理无奈地说，自己除了加紧熟悉英华书院所有各项细节外，也将会极度（sorely）怀念黄胜[②]。同年12月间，欧德理再度提及黄胜的意见对自己极有帮助，但黄胜将于明年1月1日离职，“我担心明年我会更感到自己的实务经验不足。”[③]

以上的讨论都显示黄胜和监督英华书院的传教士一直维持良好的关系，他个人也受到传教士的尊重，这是有助于英华书院经营管理的积极因素。黄胜刚接任时，由于柯理和李金麟引起的管理纷扰，及英华书院印刷成本不能降低的问题，以致伦敦会对英华书院的印象不佳，因而拒绝拨款建造新的房舍，加以当时上海的墨海书馆正处于兴盛时期，对照之下更显得英华书院的不如。梯德曼在1854年10月间写给湛约翰的一封信中，数说英华不如墨海之余，甚至表示伦敦会正考虑在适当时候将英华的印刷出版事工全部转移到上海，这样湛约翰与理雅各也可以心无旁骛地专注于更直接的传教工作[④]。1865年，将接替梯德曼担任伦敦会秘书的穆廉斯前来中国实地视察后，在其报告中墨海书馆与英华却是和1854年梯德曼的评价相反的景象，墨海书馆显得老旧落后而且生产品质不佳，英华则是有效率和有价值的伦敦会资产[⑤]。英华书院从1854年遭到严厉批评，到1865年获得称誉有加，前后十一年间会有如此巨大的转变，主要是执行的主任和监督的传教士双方关系良好而共同努力的结果。

---

① LMS/CH/SC, 6.5.A., Frederick S. Turner to J. Mullens, Hong Kong, 25 April & 28 October 1867.

② Ibid., 7.2.A., Ernst J. Eitel to J. Mullens, Hong Kong, 19 March 1872.

③ Ibid., 7.2.D., Ernst J. Eitel to J. Mullens, Hong Kong, 11 December 1872.

④ LMS/CH/GE/OL, A. Tidman to J. Chalmers, London, 23 October 1854.

⑤ Joseph Mullens, *Report of the China Mission of the London Missionary Society*, pp.33–34.

二、经费

香港布道站的传教士都会在每年年初结报前一年的收入与开支账目，在该站的讲道、学校、印刷等主要事工中，英华书院的经费收支数目一直最大，但可能是这些收支账目表由伦敦会的会计部门抽出另存，或根本是伦敦会对经费保密的缘故，在现存公开的伦敦会档案中，仅有1846年、1868年以及1872年1至6月等两年半的账目，以下根据历年各传教士书信的内容及这两年半的账目讨论英华书院的经费。

英华书院的经费有四个来源：（一）伦敦会的拨款，这是维持英华书院正常运作的经费基础，主要支应工资、纸张、铸字原料及房舍修缮等项需求；（二）出售活字与出版品，此项来源和伦敦会拨款互为消长，当活字收入增加，即减少对伦敦会经费的依赖，后来并取代伦敦会拨款成为英华书院经费的主要来源；（三）英国圣经公会与小册会的补助，用于印刷圣经与传教小册；（四）代印书刊，例如代印马礼逊教育会（Morrison Education Society）出版的《遐迩贯珍》月刊等收入。

英华书院的铸字重于印刷，大部分的经费也用于铸字工作，但中文活字和西方拼音文字不同，需要长期进行铸造和持续投资。从1846年接收新加坡转来的铸字工作后，同年因为有美国长老会宁波布道站付清先前购买活字的718.2元，英华书院得以有近300元的盈余[①]。但此后直到1852年为止的六个年度，英华书院都是支出远多于收入，例如1849年的收入353.65元，支出却高达2 055.58元，相对于此，布道站办的寄宿学校和日间学校支出合计才1 068.89元[②]；又如1851年英华书院的收入873.68元，支出却也有1 810.34元之多[③]。在这种情形下，伦敦会对于必须

① LMS/CH/SC, 4.5.A., W. Gillespie to A. Tidman, Hong Kong, 26 December 1846.
② Ibid., 5.1.C., J. Legge to A. Tidman, Hong Kong, 28 January 1850.
③ Ibid., 5.2.C., J. Legge to A. Tidman, Hong Kong, 29 January 1852.

不断拨款进行并非直接传教工作的铸字不免相当勉强，梯德曼向理雅各抱怨英华书院的开支过大，并说：“这确实已成为本会无法承受的一个重担了。”[①]

理雅各不得不屡次向梯德曼表示，活字的铸造顺利，不久完工后即可解除伦敦会长期以来的负担，还可望销售得利以回馈伦敦会[②]。1849年理雅各要求伦敦会供应4 000磅原料，以备铸造三副小活字和部分大活字，分别供应英华本身、墨海书馆及美部会广州布道站印刷所。理雅各表示，单是出售大活字的收入几乎就抵得全部4 000磅原料的成本了，因为出售活字的利润很高，每磅重的铸字原料成本10分钱，铸成大活字后每磅售价60分钱、小活字更是1.25元[③]。一年多以后活字铸成，理雅各又说，只要出售一副小活字的收入便抵得英华书院一年的全部费用还有余。[④]

果然，1851年初理雅各宣布活字铸造完成后，从1853年起转亏为盈了，1850年代每年都有数百元的盈余，理雅各在1856年初向梯德曼报道前一年布道站收支情形时说：

> 我们要相当满意地提醒您注意，收入超过支出630.55元，这个数目等于是12 000元本金的5个百分点利息收入。今年的情形可能还要好得多，而且值得注意的是本站的英华书院并没有从事英文印刷，所有的获利全部来自中文活字。为了准备这些活字，伦敦会多年来承担了大笔经费，如今看来，这些经费并不是轻率浪掷的（ill-advised）。[⑤]

---

① LMS/UG/OL, A. Tidman to J. Legge, London, 23 November 1850.

② LMS/CH/SC, 5.0.C., J. Legge to A. Tidman, Hong Kong, 29 January & 29 March 1849; ibid., 5.1.C., J. Legge to A. Tidman, Hong Kong, 28 January 1850; ibid., 5.2.A., J. Legge to A. Tidman, Hong Kong, 29 January 1851.

③ Ibid., 5.0.C., J. Legge to A. Tidman, Hong Kong, 29 March 1849.

④ Ibid., 5.2.A., J. Legge to A. Tidman, Hong Kong, 29 January 1851.

⑤ Ibid., 5.4.C., J. Legge and J. Chalmers to Tidman, Hong Kong, 8 January 1856.

理雅各的满意是有道理的，因为活字利润在进入1860年代后进一步增加，每年为1 000至2 000元，最多的1866年多达2 346.16元[①]，这连带使得香港布道站也大受其惠，减少了动用伦敦会经费的数目，有数年甚至活字盈余一项即可支应布道站所有支出。但1867年以后，除了一年（1872）以外[②]，英华书院的活字盈余大为降低，主要有两个原因：第一是美国长老会上海美华书馆占去不少市场；第二是监督英华书院的传教士规定，英华书院每年必须缴纳500元房租给伦敦会，此后书院在账目上每年凭空少了500元的盈余。[③]

在印刷方面，英华书院的主要财源是英国圣经公会与宗教小册会的补助款，此外还有一些为人代工印刷的收入，以及伦敦会自己少量的印刷经费。相对于出售活字的可观盈余，英华书院在印刷方面利润极为有限，滕纳在1867年说明英华书院印刷收入的情形：

> 英华书院几乎全是以圣经公会与小册会的经费而印刷的。我们偶尔为其他传教会代印，以伦敦会经费印的则有何进善的《马太福音注释》、圣诗及一些传教单张，但超过四分之三的工作是为圣经公会印刷，今年我们为两会印刷的材料与人工成本约达7 000元至7 500元，其中我们收取百分之十作为英华书院的利益，也就是大约有750元的进账，此外还有大约100元零星代印的收入，合计印刷收入不到900元。[④]

---

① LMS/CH/SC, Reports, 1.1., J. Legge to J. Mullens, Hong Kong, 30 January 1867.

② 1872年，北京的总理衙门订购大小各一副活字，督导英华书院的欧德理计算这笔生意的成本利益，成本为2 000元，售价则是3 873元，利润达1 873元（Ibid., 7.2.B., E. J. Eitel to J. Mullens, Hong Kong, 23 May 1872）。

③ LMS/CH/SC, 6.5.B., F. S. Turner to J. Mullens, Hong Kong, 28 January 1868. 这项房租规定始于1867年起监督英华书院的滕纳，接着从1870年起监督书院的艾德理也继续实行，这项规定等于是保证英华书院每年必有至少500元的盈余缴给伦敦会。

④ Ibid., 6.5.A., F. S. Turner to J. Mullens, Hong Kong, 28 October 1867.

在印刷成本以外加收百分之十的利润，是理雅各多年来的作法，他认为英华书院既然是传教印刷所，只要能弥补折旧耗损即可，不必计较从两会的补助款中获得利润①。但经手负责印刷的黄胜则认为百分之十过低，伦敦会应有合理的利润才是，他告诉1867年接替理雅各监督英华书院的滕纳，百分之十很难弥补折旧耗损，更谈不上利润，若不是有来自铸字的收益，英华书院的印刷恐怕是亏损的；滕纳也认同黄胜的意见，觉得应该让圣经公会多负担一些②。于是从1868年起，滕纳提高了两会补助款中加收的百分比作为英华书院的利润，但提高多少并不清楚，他只说提高后印刷圣经的收支大致可以相抵③。此外，他还建议伦敦会每年固定补助英华书院500元的印刷出版经费，却遭到了拒绝。④

关于英华书院一年的收支情形，伦敦会档案中有一份滕纳编制的1868年经费收支账目如下：

表7-1　英华书院1868年经费收支账目

收　　入		支　　出	
印刷收入	$7 696.07	纸　张	$3 088.79
出售油墨、活字、纸张	1 622.16	缝　线	144.30
出售出版品	259.41	工　资	3 374.50
运费及包装	318.75	房　租	758.00
		运费及包装	355.53
		杂　支	324.52

① LMS/CH/SC, 6.4.A., J. Legge to A. Tidman, Hong Kong, 12 January 1863; ibid., 6.5.A., F. S. Turner to J. Mullens, Hong Kong, 25 April 1867.

② Ibid., 6.5.A., F. S. Turner to J. Mullens, Hong Kong, 25 April 1867; ibid., 6.5.A., F. S. Turner to J. Mullens, Hong Kong, 28 October 1867.

③ Ibid., Report, 1.1., F. S. Turner to J. Mullens, Hong Kong, 25 January 1869.

④ Ibid., 6.5.C., F. S. Turner to J. Mullens, Hong Kong, 5 April 1869; LMS/CH/GE/OL, J. Mullens to F. S. Turner, London, 2 July 1869.

续　表

收　　入		支　　出	
		房屋修缮	1 095.48
		在伦敦付款	553.96
		盈　余	201.31
合　计	$9 896.39	合　计	$9 896.39

资料来源：LMS/CH/SC, Report, 1.1., F. S. Turner to J. Mullens, Hong Kong, January 25, 1869.

从上表可知，1868年英华书院的收支金额各将近10 000元。在收入方面，以包含圣经公会和小册会补助款为主的印刷收入最多，活字其次。支出方面则以工资和纸张两项费用最多，都超过3 000元，工资中包含黄胜和黄木两人合计660元的薪水，其次房屋修缮也占1 095元，这项支出由英华书院自行负担，但很不合理的是房租支出的758元中，已包含滕纳规定英华书院每年必须缴纳给伦敦会的房租500元，换言之，伦敦会作为房东坐收租金之利却不负责修缮，结果造成英华书院这年的盈余仅有201元而已。

第三节　工匠与技术

一、工匠

施敦力于1846年离开新加坡前，在当地雇用的五名工匠中，两名华人工匠都随着到了香港，三名外人工匠至少也来了一人。到香港后，英华书院同时要进行大小两副活字的铸造和印刷工作，势必要增加人手，1852年初柯理应传教士要求评论工匠的技术与工作态度时，至少有八名工匠[1]。但1852年以后传教士没有再提起过工匠的人数，而当时活字已经铸造完成，不至于再加这方面人手；印刷方面较有可能新添工匠，尤其是1854年前后因为太平天国兴起，英国基督徒认为中国基督教化的机会就在眼前，于是由圣经公会发起"百万新约送中国"运动，英华书院也承担百万新约中的部分印刷，一度增雇工匠分成三班日夜赶工[2]，但百万新约运动热潮过后即难以为继，1862年10月王韬参观英华书院，见到工匠为数"大略不下七八人"[3]。再从表7-1英华书院1868年收支账目中的工资金额推估，在黄胜和黄木两人之外，大约就是十人上下。

1852年初柯理对工匠的评论很值得注意，他说：

刻字工：两人，都非常有效率。较年长的一名正前往新加坡，但随时都可能回港，再过六个月他就能刻完英文活字的字范，大小几种都已接近完成，从他的字模中铸出活字的工作很顺利；较年轻的一名是非常出色的工匠，稳健踏实，只要督导的传教士熟悉中国文字笔画的匀称，这名工匠的工作就不会有什么差错。

字模兼铸字工：一人，他的能力高强，在中国没有人能做得和他一样好的铸字工作，技术可以信赖，也不需要再教他什么了，唯一的缺点是他的不良生活习惯，但这并不妨碍他的日常工作。

排版工：两人，其中一名动作迅速而熟练，是英华书院重要的一员，总是令人非常满意，他原是布道站寄宿学校的学生。[4]

压印工：一人，需要经常监督他，但除了粗心大意以外，是个勤奋善良的压印工。

---

① LMS/CH/SC, 5.2.C., B. Hobson to A. Tidman, Hong Kong, 23 February 1852.

② Ibid., 5.3.E., J. Chalmers to A. Tidman, Hong Kong, 21 July 1854. 关于"百万新约送中国"运动，参见苏精《百万新约送中国：十九世纪的一项出版大计划》，《上帝的人马》，页203—222。

③ 参见王韬《王韬日记》（北京：中华书局，1987），页197，1862年10月15日。

③ 作者按，柯理并没有评论另一名排版工。

装订工：不止一人，工作论件计酬，通常不需要监督他们的工作。①

从柯理的评论可知，这些在十九世纪中叶参与西式印刷中文的工匠，不论是技术或工作态度都还令人满意，但是他们绝大多数都成了无名氏，传教士提过名字的只有从新加坡转来的阿朝（A Chau）与黄木两人，而在香港雇用的工匠则完全不知姓名。阿朝先前已由台约尔雇用数年，担任从字范翻铸成字模的工作，当施敦力登船离开新加坡时，因为行李过多，临时留下三十几箱印刷设备，即由阿朝留在新加坡照料，随后再另船押送到香港②；阿朝在英华书院应该仍继续在铸字部门工作，但他是上述柯理评论的刻字工或字模兼铸字工则难以确定，香港的传教士也没有再提起他的名字。

更值得注意的是黄木。他在新加坡布道站的印刷所先后担任装订和铸字工作，施敦力到香港时，黄木是唯一携家带眷随来的工匠③，到香港后也担任铸字工作，后来改为分书人，并如前述于柯理离职后和李金麟分别负责铸字和印刷部门。黄胜担任英华书院主任后，黄木屈居其下，仍获得相当的尊重，传教士有时分别称黄胜和他为第一、第二助手，偶尔还将他和黄胜并称④，他的月薪25元也仅次于黄胜的30元。1873年伦敦会出售英华书院给王韬等人成立的中华印务总局，在买卖合约上签字的除了双方当事人理雅各、欧德理和陈言以外，还有双方见证人各一，而中华印

---

① LMS/CH/SC, 5.2.C., B. Hobson to A. Tidman, Hong Kong, 23 February 1852. 柯理的评论收在合信检讨英华书院与中文印刷的这封长信中。

② 关于阿朝在新加坡的情形，参见LMS/UG/SI, 2.3.C., Copy of letter of A. Stronach to The Treasurer, Singapore, July 1, 1845; ibid., 2.3.C., A. Stronach to A. Tidman & J. J. Freeman, Singapore, 5 July 1845; ibid., 2.4.A., A. Stroanch to A. Tidman & J. J. Freeman, Singapore, 6 January 1846.

③ 黄木在新加坡的情形，参见LMS/UG/SI, 2.3.C., A. Stronach to A. Tidman & J. F. Freeman, Singapore, 7 January 1845; ibid., 2.3.C., Copy of letter of A. Stronach to the Treasurer, Singapore, 1 July 1845; ibid., 2.3.C., A. Stronach to A. Tidman & J. J. Freeman, Singapore, 8 December 1845; ibid., 2.4.A., A. Stronach to Tidman & J. J. Freeman, Singapore, 1 May 1846.

④ 1865年伦敦会秘书穆廉斯（Joseph Mullens）来华视察该会业务的报告书中，就说理雅各主持英华书院，有"两名优秀的基督徒主管"帮忙（J. Mullens, *Report of the China Mission of the London Missionary Society*, p.33）。

务总局的见证人正是黄木,他签下的名字是黄恶木[①]。其实在成交之前,传教士已经获知黄木将投入中华印务总局成为领班[②]。成交以后,在中华印务总局创办的《循环日报》上,也出现他以黄广征或黄穆之名代表总局出售活字与书籍的广告[③]。因此,黄木不但见证了西式活字印刷中文从传教士过渡到中国人之手的英华书院买卖,他自己根本就是经历了这种过渡的人物。

除了上述1852年柯理对工匠的评论外,传教士几乎不曾提到工匠们的工作或生活状况,就十九世纪初中期在华传教士经常提到印刷工匠的各种麻烦事故而言,这应该可以视为传教士对英华书院的工匠是满意的。唯一例外是最后一位负责监督的德籍传教士欧德理,他在1872年初接事后不到一个星期,就查到一名压印工为谋私利,在夜班时间内以英华书院的设施为一家中国人戏院印刷戏票,欧德理将压印工送进官里追究,又查出他在前一年已经多次如此。欧德理因此规定所有的印件上机前,必须有他的签字盖章才能付印,他甚至干脆取消了夜班的工作,以免再度发生类似的弊病。此外,两名偷懒的排版工经欧德理屡次警告不听后,遭到开除的结果。除了有过必惩,欧德理又恩威并济,提高每名工匠的工资,黄胜的薪水也从30元提高至40元,但欧德理也要求工匠在上班时间必须全心贯注。欧德理得意地表示,自己接管英华书院之初,亏损208.44元,经过四个月后转亏为盈,变成获利308.21元,他说这些利润并非提高印刷价格的缘故,而是努力争取传教界的印件,以及他严格整顿英华书院纪律的结果。[④]

---

① LMS/CH/SC, 7.3.A., E. J. Eitel to J. Mullens, Hong Kong, 5 February 1873. 黄恶木可能是从Wong A-Mu直接音转过来的。

② Ibid., 7.3.B., E. J. Eitel to F. S. Turner, Hong Kong, 9 January 1873.

③ 例如《循环日报》,1874年2月5日与3月12日。王韬记载:"书院中圣会长老为黄木先生广征,司理教事。"(王韬日记,页197,1862年10月15日)

④ LMS/CH/SC, 7.2.B., E. J. Eitel to J. Mullens, Hong Kong, 17 May 1872; ibid., 7.2.C., E. J. Eitel to J. Mullens, Hong Kong, 3 July 1872.

并不是每名工匠都有问题而需要以纪律整顿。1872年底欧德理报道，新加坡政府向香港一家承印政府印件的罗朗也（Noronha）印刷厂订购中文活字，罗朗也并不生产中文活字，却企图勾结英华书院的一名铸字领班，私下利用英华的字模铸字后卖给新加坡政府，那名领班立即将罗朗也的企图报知欧德理，经过一番交涉后，英华书院也终于获得新加坡政府的这笔订单，欧德理并没有举出铸字领班的姓名，但可能就是黄木。[①]

1873年香港布道站出售英华书院给中华印务总局，除了黄胜先一步离职前往北京再转往美国，黄木进入中华印务总局担任领班外，其他的工匠何去何从呢？买卖双方的合约中详细地罗列买卖的各项条件，其中第十条规定，英华书院雇用的学徒、压印工、装订工及铸字工等等，全部由中华印务总局承受。因此，这些中国西式活字印刷初期的工匠，得以继续奉献于这项事业，未因书院易手而星散四方。

二、技术

（一）活字

西方活字印刷术有三要项：活字、印刷机与油墨，其中又以活字为首要，若应用于中文印刷，则活字的角色与地位更为突出，因为相对于西方拼音文字只需铸造一百四五十个左右的活字，即足以包含必要的字母、数字与符号等等，而中文字数多达数万，单是常用者已有六千字上下，再按照西方活字工序逐一打造钢质字范，翻制成铜质字模，再铸出铅、锑、锡合金活字，需要的时间、成本与功夫远非西方活字所能比拟。这正是明末天主教传教士无意引介西方活字印刷术来华的主因，加上他们得以比较顺利地在华传教，也便于充分利用中国传统的木刻印刷出版图书，更没有必要以西方印刷术用于中文。

---

① LMS/CH/SC, 7.2.D., E. J. Eitel to J. Mullens, Hong Kong, 23 December 1872.

十九世纪初来华的基督教传教士则不同。他们既无法进入中国，即使利用木刻印刷也受制于掌握技术与价钱的中国人，尤其传教士成长于印刷文化之中，视印刷品为日常生活环境中理所当然之事，此种态度和先前仍相当习于抄写复制的天主教传教士大为不同。现实遭遇和心理认知让基督教传教士觉得应以西方印刷术出版中文书刊才是，于是伦敦会传教士台约尔从1833年起按照西方工序铸造中文活字，他在1843年病逝以后，又由其他传教士接力在新加坡与香港铸造。

作为中国第一家铸造西式中文活字的印刷所，英华书院不免会面临诸多困难，除前文所述的管理与工匠的问题，还有铸字的数量、作法、原料、字形等等，都会影响到铸字的进展，而且伦敦会和传教士之间对这项工作也有不同的意见和讨论。

一个基本的问题是铸字的数量。铸造几万个不同的汉字是当时难以想象的事，台约尔逐字计算了圣经等十四种基督教书刊后，认为一副活字应该包含3 232个不同的汉字，先打造这些汉字的字范并翻制成字模后，再按每字常用的频率，从字模铸出数量不等的活字，3 232个汉字合计应铸出13 000至14 000个之间的活字[①]。铸字数量确定了，台约尔开始打造尺寸不同但字数一样的大小两副活字，但是直到他在1843年病逝以前，大活字只完成1 540字，还不到他预定3 232字的半数，至于较晚开铸的小活字更仅完成300个而已[②]。此后由他在新加坡的同工施敦力兄弟两人相继督工打造，直到1846年6月施敦力连同台约尔完成的活字全部带到香港为止，包含已从字范翻铸成字模的3 591字，另外他说还有待新增约

① Samuel Dyer, *A Selection of Three Thousand Characters* (Malacca: The Mission Press, 1834), preface; LMS/UG/PN, 3.4.A., S. Dyer to John Clayton, Penang, 20 April 1832.

② LMS/UG/SI, 2.3.C., A. Stronach to A. Tidman & J. J. Freeman, Singapore, 7 January 1845. 伦敦会先后各传教士称呼这大小两副活字的英文名称并不一致，大活字有Double Pica或Two Lines Pica或Three Line Bourgeois三种说法，小活字则有Small Pica或Three Line Diamond两说。到1860年代英华书院这两副活字被美华书馆电镀复制后，美华书馆称大活字英文名称为Double Pica，小活字为Three Line Diamond。

700字，其中也已完成了300字的字范①。但是，施敦力并没有说明合计的这3 891字全是大字或包含小字在内。

香港的传教士接手铸字后，很快地超出了台约尔的预定铸字数量。纪理斯裨在1846年12月底报道，为数4 000字的大字字范与字模都已接近完成，而小字只完成约400字的字范而已②。到1849年1月，理雅各表示大字已经完成了，但他没有说明字数多少；事实上这年内工匠在检字排版时发现缺字，又新增加了100个大字③。1851年1月，理雅各宣称："雕刻字范和翻制字模的工作现在都已结束，铸字也已完成。"④

事情的发展很快就证明了理雅各的说法经不起考验。在华传教士从1847年起在上海共同修订圣经新约，因为上帝或神的译名争论而延宕下来的印刷出版，在1850年8月决议由出版者自行决定译名后获得权宜解决。英华书院也开始排印伦敦会采用的上帝译名版本，问题却立即浮现，有如理雅各所说，台约尔当初主要是依据马礼逊的圣经内文决定一副活字应有的字数，但是上海的修订版新约内文却至少有1 000个马礼逊不曾用过的字，英华书院也必须铸出这些新增的中文字才能排印⑤。合信进一步具体地说，英华书院为此在1851年内花费477.96元新打造了1 138个字范，等到旧约修订完后，恐怕还会再增加1 000个新字⑥。1851年5月，卫三畏在英文月刊《中华丛论》(*The Chinese Repository*)撰文介绍英华书院的活字，表示当时完成的大小活字各是4 700字。⑦

---

① LMS/CH/SC, 4.5.A., A. Stronach to A. Tidman & J. J. Freeman, Hong Kong, 22 June 1846.

② Ibid., 4.5.A., W. Gillespie to A. Tidman, Hong Kong, 26 December 1846.

③ Ibid., 5.0.C., J. Legge to A. Tidman, Hong Kong, 29 January 1849.

④ Ibid., 5.2.A., J. Legge to A. Tidman, Hong Kong, 29 January 1851.

⑤ Ibid., 5.2.C., J. Legge to A. Tidman, Hong Kong, 29 January 1852.

⑥ Ibid., 5.2.C., B. Hobson to A. Tidman, China, 23 February 1852. 合信这封信写于广州。

⑦ *The Chinese Repository*, 20:5(May 1851), pp.282–284, S. Wells Williams, 'Specimen of the Three-Line Diamond Chinese Type Made by the London Missionary Society. Hongkong, 1850. pp.21.'

1857年，督导英华书院的湛约翰终于开列了精确的活字数目给梯德曼，包含大、中、小三种活字[①]，大字和中字各有5 584个，小字只有592个。也就是说，从1851年到1857年的六年中，大小活字各增加了约900字。

这却不是最后的结果，因为这些活字不久再度面临一次新的考验。1860年起，理雅各开始在英华书院印刷他的译作《中国经典》(*The Chinese Classics*)，这部非传教性的巨著包含不少英华书院活字没有的汉字，必须新铸才能排印，理雅各在1861年向梯德曼报道这件事，还技巧地说作为伦敦会财产的英华书院活字，因这些增添的字而变得更有价值了[②]，不过理雅各没有说明究竟为了印他的书而确实增加了多少活字。1865年，将接任伦敦会秘书的穆廉斯到中国实地视察后，在其报告中表示英华有两副优良的活字，每副各有6 000个字范与字模。[③]

至于这一副6 000个字模按照每字常用频率铸出数量不一的活字后，合计会有多少个活字呢？ 1872年欧德理说明总理各国事务衙门订购的活字时，表示大小两副各是242 000个活字，再搭配各232 000个圈点等符号活字，即一副活字共有472 000个活字。[④]

从上述可知，英华书院的活字从最初台约尔预计的3 232字，到1865年时的6 000字，而一副活字的数量也从台约尔估算的1 3000至14 000个，大幅成长至472 000个之多，可说是一直在因应现实的需要而不断增加当中，尤其1850年代初印刷修订本圣经，以及1860年代初开印《中国经典》时，都有显著的增加。即使是1865年以后应该也是随时需要便零

---

① LMS/CH/SC, 6.1.A., J. Chalmers to A. Tidman, Hong Kong, 14 October 1857. 湛约翰此处所称中字即以往所指的小字，由于从1850年起为印刷圣经中表示章节的数字，新铸了一种作为注解用的更小的活字，而将以往的小字改称为中字。本文为免前后称谓混乱，此处以下将中字仍称为小字，而批注用的小字则称为更小的小字。

② Ibid., 6.3.B., J. Legge to A. Tidman, Hong Kong, 14 February 1861.

③ LMS/HO/Odds, box 8, Deputation Letters, No. 10, Joseph Mullens, 1865–1866, China & South India, J. Mullens to A. Tidman, Near Penang, 23 December 1865.

④ LMS/CH/SC, 7.2.B., E. J. Eitel to J. Mullens, Hong Kong, 12 May 1872.

星新添，因为在欧德理结报的英华书院1872年前半年经费中，就有一笔“雕刻字范与铸字”（type-cutting & casting）费用35.18元。[1]

了解了英华书院活字不断“成长”的历程后，接着应探讨这些活字是如何铸造的，包含其工序与原料等。新加坡时期的施敦力约翰有如下的一段描述：

> 字范工匠正在刻制小活字，他几乎每天完成一个，由我和我的中文老师检视并认可后，我付给他每个半元，和台约尔时一样。这些字范再由一名熟练的工匠查理士（Charles）加以琢磨、修整和锻炼，接着以字范敲捶出字模后，小心存放一旁，等候有暇时铸字。台约尔留下了关于每个字模应铸出多少活字的详尽规定或指南，铸字是全部工序中最简单的事，而打造字范及敲捶字模则是最需要技术与经验的活儿，才能带动工作快速前进并准确维持品质。[2]

施敦力·约翰描述的是台约尔留下的工序，这也应该是施敦力兄弟铸字的工序，至少也应是英华书院初期遵循的工序，因为正是施敦力亚力山大将铸字工作迁移到香港的，他将铸字一切安排妥当，并督导了一段时日的工作后才离开了香港。到了柯理负责英华书院以后，有无改变并无可考，此后的黄胜或传教士都没有记下铸字工序的细节。

在原料方面，英华书院铸造的虽是中文活字，原料却全都来自英国为主的西方，即使是在本地收购废弃不用的活字作为重新镕铸的原料，也都是英文活字，从新加坡时期就已经如此。施敦力·亚力山大在1845年7月从新加坡报道，他以108元收购了960磅的旧英文活字，重新镕铸成大

① LMS/CH/SC, 7.2.C., E. J. Eitel to J. Mullens, Hong Kong, 3 July 1872.
② LMS/UG/SI, 2.3.B., J. Stronach to A. Tidman & J. J. Freeman, Singapore, 2 January 1844.

活字供应买家[①]。1846年1月，亚力山大再度报道又以28.9元购买了80⅔磅的纯铜，捶打成翻铸字模用的铜版。[②]

迁到香港后，英华书院经常通过伦敦会向英国订购活字原料，例如1849年曾一次要求4 000磅的铅锑锡铸字合金，理雅各说明需要这么多数量的原因，是准备同时铸造三副小活字，供应英华书院本身、上海墨海书馆及美部会广州布道站印刷所各一副，每副需要1 000磅的原料，而美部会广州印刷所又订购一些大活字以补足从前向台约尔订购的一副，需要600磅的原料[③]。又如1864年理雅各向爱丁堡一家公司(Marr & Co.)订购一吨的铸字金属，准备铸造用于印刷其《中国经典》的活字。[④]

1872年5月，欧德理发出一笔历来最大的铸字金属订单，多达四吨(8 960磅)，原来是北京的总理衙门经由海关总税务司赫德，向英华书院订购大小两副活字。当时书院仅有不到一吨的铸字金属库存量，欧德理又在香港收购旧活字仍大为不足，赶紧发电报向伦敦的原料供货商(Austin Wood & Co.)订购，并要求分成四批交汽船经由苏伊士运河尽速送来[⑤]。不巧正逢英国矿工罢工，当第一批于1872年8月底运到前，英华书院已先因短缺原料不得不停工几个星期，再向上海美国长老会的美华书馆商借一些原料赶工续铸，欧德理才得以在这年8月底报道，总理衙门订购的第一副活字已经铸成了。[⑥]

技术方面又一个重要问题是活字的字形。中国木刻图书一向注重字形的美观，但最早印刷出版中文书的基督教传教士——英国浸信会的马士曼远在印度，欠缺中国图书文化的环境背景，因此不曾领会到中文字形

---

① LMS/UG/SI, 2.3.C., A. Stronach to A. Tidman & J. J. Freeman, Singapore, 5 July 1845.

② Ibid., 2.4.A., A Stronach to A. Tidman & J. J. Freeman, Singapore, 6 January 1846.

③ LMS/CH/SC, 5.0.C., J. Legge to A. Tidman, Hong Kong, 29 March 1849. 这些铸字合金在翌年(1850)1月中运抵香港(ibid., 5.1.C., J. Legge to Tidman, Hong Kong, 29 January 1850)。

④ Ibid., 6.4.B., J. Legge to A. Tidman, Hong Kong, 11 July 1864.

⑤ Ibid., 7.2.B., E. J. Eitel to J. Mullens, Hong Kong, 17 May 1872.

⑥ Ibid., 7.2.D., E. J. Eitel to J. Mullens, Hong Kong, 30 August 1872.

的重要性，他的中文产品既不讲求字形，也不脱“洋相”气息[1]。伦敦会的中国传教士则有不同的想法与作法，马礼逊、米怜等先来的传教士都感受到中文字形的重要性，马礼逊最初印的几种书极为讲究字形和版面之美，后来因顾虑篇幅太大不便秘密传播及成本过高，才不再一意追求美观。

1830年代西式中文活字萌芽，两种彼此竞争的中文活字有非常不同的字形。先着手铸造的台约尔做为马礼逊的中文学生，也相当注意字形的重要性，他在讨论如何解决必须雕刻为数庞大的中文字范时，曾提出分别打造部首偏旁再拼合成字的权宜做法，以节省成本和时间[2]，但他唯恐如此做会影响到字形的匀称美观，因此实际并未采行，而是每字都铸造全形的活字。他的大活字以1827年马六甲英华书院刻印的马礼逊译本圣经字形作为蓝本，是典型的中国人书法，至于小活字虽然不知字形蓝本出自何处，但毫无疑问也是中国人的书法。

较晚进行的巴黎铸字工匠李格昂及指点他中文的汉学家包铁，并未察觉到字形美观的必要，只求减少铸造的成本和时间，而采取类似台约尔先前议而未行的拼合式活字，只有少数无法拆解的字才铸造全字，大多数的字都由部首与偏旁分为两个活字拼合而成。一个部首活字可以和数百个偏旁拼合成字，而不顾两者的比例大小与笔画匀称，结果许多拼合而成的字形都显得机械生硬而不自然，看起来相当的“洋相”。[3]

李格昂的巴黎中文活字字形不佳，但他是专业铸字工匠，又采取拼合式的活字，因此铸造的进度很快，他的第一个客户美国长老会在澳门的华英校书房，在1844年时已能以3 876个活字拼合出22 841个汉字，可以

---

① 例如马士曼译印的中文圣经，在版框上方附有英文书名及罗马字母章节。

② LMS/CH/GE/PE, box 1, Samuel Dyer, ‘Brief Statement Relative to the Formation of Metal Types for the Chinese Language.’ 此文又刊登于*The Chinese Repository*, 2: 20 (February 1834), pp.477–478.

③ 关于李格昂的巴黎中文活字及其在华英校书房的情形，参见本书《美国长老会中文印刷出版的开端》、《澳门华英校书房1844—1845》两章。

应付印刷各种中文图书的需要[1]。相对于此，台约尔只能在传教之余督工逐一打造全字，又同时进行大小两副活字，进度相当缓慢，如前文所述到1843年他病逝前只完成大活字1 540字、小活字300字而已，结果麦都思于1844年在上海的墨海书馆开始以大活字印刷时，就得迁就数量很有限的活字而经常改换文本的用字遣词，或者临时以木刻活字填补缺字[2]，而且台约尔大活字所占平面空间比巴黎活字多一倍，印刷时得多费纸张与成本，在市场上很难与巴黎活字竞争。

台约尔的铸字工作移到香港的英华书院后，有专业印工柯理负责其事并加速生产，也逐渐显现出相对于巴黎活字的优势。1845年3月号的《中华丛论》刊登一篇没有署名的评论，表示不太认同拼合活字的效用，对于巴黎活字的字形更无好感，还特地刊出这副活字和台约尔的大活字各一页样张作为比较，认为："许多以拼合活字排成的字很不优美，无法让中国人感到悦目，在这方面台约尔的活字是近于完美的。"[3]等到比巴黎活字更小的英华书院小活字数量达到可以实用的程度时，更加获得赞美肯定，例如负责美部会广州布道站印刷所的卫三畏就屡次称道："就形式的对称和风格的美观而言，这两副活字超越了迄今任何中国人或外国人所造的活字。"[4]"柯理先生的小活字是所有人铸造过最美观的一副，也最为实用。"[5]甚至连正在使用巴黎活字的美国长老会宁波布道站的传教士兰金（Henry V. Rankin，又译蓝亨利），也赞扬英华书院的小活字字形，说

---

① 参见本书《澳门华英校书房1844—1845》一文。

② LMS/CH/CC, 1.1.A., W. H. Medhurst to A. Tidman, Shanghai, 1 May 1844.

③ *The Chinese Repository*, 14:3(March 1845), pp.124–129, 'Characters formed by the Divisible Type Belonging to the Chinese Mission of the Board of Foreign Missions of the Presbyterian Church in the United States of America. Macao, Presbyterian Press, 1844.'

④ S. W. Williams, 'Specimen of the Three-Line Diamond Chinese Type Made by the London Missionary Society.'

⑤ BFMPC/MCR/CH, 199/8/8, S. W. Williams to W. Lowrie, Canton, 22 May 1851. 卫三畏还有称赞这副小活字的另两封信，见ibid., 199/6/8, S. W. Williams to W. Lowrie, Canton, 28 March 1850; ibid., 199/8/9, S. W. Williams to W. Lowrie, Canton, 22 August 1851.

以这副活字印的书远胜于他在中国所见的任何书。[①]

不计先前台约尔尝试以铸版造活字的五年多时间，单从1833年他开始打造字范起算，十余年间历经槟榔屿、马六甲、新加坡及香港四地，也历经台约尔、施敦力兄弟、香港传教士、柯理、黄木及黄胜等多人经手铸造或督导，并由伦敦会投注大量经费于此，英华书院的两副活字才能达到实用的程度，也获得世人的称赞，并在1857年时累积到5 584个字的规模，这可以说是得来非常不易的技术成就。不料这种成就却在1858年和1859年两年间，被美国长老会宁波华花圣经书房及稍后上海美华书馆的主任姜别利，以取巧的方式每个字只买一个活字，全部到手后以电镀的技术加以复制，并作为美华书馆的活字产品公然出售[②]，和英华书院立于竞争对手的地位，后来还成为英华书院关门的原因之一。姜别利的行为是当时铸字业者常见的手法，不算是欺骗或仿冒，因此英华书院的传教士也没有抗议，而且复制别人的活字后若再进一步加以改善，甚至还能获得人们的掌声，但是这对被人复制掠美的原创者而言，长期付出的智慧、技术、资金与时间一旦付诸流水，无疑是不公平的遭遇。

（二）印刷机与油墨

活字固然是英华书院技术上的重点，其他方面仍有值得注意之处。在印刷机方面，英华书院先后有五台手动印刷机，却不曾像墨海书馆一样有过滚筒印刷机。

第一台印刷机有如前述自1816年在马六甲启用，也是伦敦会传教士最早用以印刷中文的印刷机，相当具有历史性，但是在1846年运到香港时已经使用了三十年，印刷的品质很不好，理雅各在1848年抱怨已经不堪再用，产品的内容文字几乎难以辨识，要求伦敦会为英华书院添购一台

---

① BFMPC/MCR/CH, 191/3/213, H. V. Rankin to W. Lowrie, Ningpo, 3 March 1852.

② 姜别利购买英华书院的活字并电镀复制的经过，参见本书《宁波华花圣经书房1845—1860》及《姜别利与上海美华书馆》两章。

大型的司密斯(Smith)印刷机或哥伦比亚(Columbia)印刷机[1]。理雅各的要求获得伦敦会同意,但直到1851年7月机器才运到香港,理雅各在这年8月报道说机器的操作极为良好。[2]

1854年7月间,湛约翰呈报伦敦会,香港布道站会议通过请伦敦会同意新建印刷所,以及添购一台比原有更大型的印刷机,并建议转请圣经公会负担印刷机购买费用[3]。当时正值圣经公会发起的"百万新约送中国"运动高潮期间,英华书院也日夜加班全力印制这项运动需要的新约,但第一台老印刷机只能用于不需讲究品质的印件,只有第二台印刷机可用,显得缓不济急,所以传教士建议由圣经公会出资购买新印机。不料,伦敦会以英华书院的表现远不如姊妹印刷所墨海书馆,认为不值得再花钱为英华书院新建房舍与添购印机,甚至也不同意转请圣经公会考虑。[4]

湛约翰于1858年再度请求新建印刷所及添购印刷机,并请当时在英国的理雅各就近争取。由于五年来英华书院在湛约翰监督与黄胜管理下成果显著,活字销售也年年有余,伦敦会终于同意从英华书院的盈余中拨出600镑新建房舍,另以100镑添购英华书院的第三台印刷机。[5]

1861年初,理雅各结报前一年布道站的经费时,说明为了印刷圣经和传教小册而以150元添购了一台印刷机[6]。但英华书院本就以印刷圣经和小册为主,而且不久前才新增了第三台印刷机,何以又很快就需要第四台机器?这应当是理雅各回到香港以后,从1860年起开始

---

① LMS/CH/SC, 5.0.B., J. Legge to the Directors, Hong Kong, 24 November 1848.

② LMS/UG/OL, A. Tidman to J. Legge, London, 17 February 1849 & 23 October 1850; LMS/CH/SC, 5.2.B., J. Legge to A. Tidman, Hong Kong, 22 July & 21 August 1851. 理雅各未说明印刷机的品牌。

③ LMS/CH/SC, 5.3.E., J. Chalmers to A. Tidman, Hong Kong, 21 July 1854.

④ LMS/BM, October 23, 1854; LMS/CH/GE/OL, A. Tidman to J. Chalmers, London, 23 October 1854.

⑤ LMS/CH/SC, 6.1.C., J. Chalmers to A. Tidman, 13 January 1858; ibid., 6.1.B., J. Legge to A. Tidman, 19 June 1858; LMS/BM, 12 July 1858.

⑥ Ibid., 6.3.B., J. Legge to A. Tidman, Hong Kong, 14 February 1861.

在英华书院印刷他翻译的巨著《中国经典》，原来的印刷机忙不过来的缘故。

英华书院第五台也是最后一台印刷机购于1863年，理雅各在结报这年布道站经费时表示，从英国买来一台新颖而优良的印刷机，但他没有说明购买的原因。①

1873年英华书院出售时，印刷机也由买方中华印务总局承受，合约中注明有两台印刷机分别属于理雅各和圣经公会。前者用于印刷理雅各的《中国经典》，他同意纳入书院的整体交易中，但买方必须以他订定的价格承印尚未印完的《中国经典》。后者也纳入交易，不过双方言明若圣经公会要求返还，则买方必须照办，或请公正第三方鉴定价值后由买方付钱②。但是，理雅各和圣经公会这两台印刷机，究竟是上述五台中的哪两台并不清楚。

同样令人遗憾的是英华书院虽然先后有五台印刷机，传教士却从来不曾说明究竟都是何种厂牌和型式的印刷机，也未曾具体谈论或比较这些印刷机的性能，对于以铸字为重的英华书院而言，这些印刷方面的文献缺陷或许不是什么太严重的现象，但还是在传教士致力以西法印刷中文的发展过程中，留下了一个模糊的问号。

在西方活字印刷术的活字、印刷机与油墨等三要项中，令人有些惊奇的是英华书院在油墨方面也有值得一提的成就。十九世纪初中叶对华传教士使用西方印刷术，油墨都得从英国或美国运来，有时候难免会因船运问题而接济不上，除了麦都思有能力自制外，其他传教士都只能设法借用周转。英华书院在1854年正值“百万新约送中国”运动的印刷高峰期，

---

① LMS/CH/SC, 6.4.B., J. Legge to A. Tidman, Hong Kong, 24 February 1864.

② Ibid., 7.3.A., E. J. Eitel to J. Mullens, Hong Kong, 5 February 1873, ‘Agreement concerning the sale of the plant, stock and good will of the London Missionary Society’s Printing Office situated in Victoria Hong Kong Aberdeen Street No. 22.’ 没有史料显示圣经公会后来对这台印刷机有所要求。

却发生了油墨短缺的问题，负责监督的湛约翰一面紧急从印度采购，同时在这年3月间写信给伦敦会秘书梯德曼，要求尽速供应200至300磅的油墨，并以快船或最好以海陆联运方式经地中海运来，以免新约的印刷半途中断，湛约翰还说明当时英华书院每月的油墨用量约36磅，用尽后只能向香港其他印刷所商借。①

湛约翰发信后又再度函催，经过半年却始终没有收到梯德曼的回音，向香港本地其他印刷所借用也到了无可再借的窘境，英华书院不得已只能尝试自行研制，湛约翰在1854年9月写信告诉梯德曼，终于成功自行制成油墨的消息②。又三个星期后，伦敦会运补的油墨终于抵港，湛约翰即写信告诉梯德曼，这些迟来的油墨已经不是那么急需了，因为"现在我们能以一半的成本制造出同样适合我们需要的油墨"③。虽然这件事只能算是西方印刷术来华过程的一个插曲，湛约翰也没有说明是自己或黄胜或两人共同研制的，以及研制方法过程的详情，但湛约翰与黄胜都没有如麦都思一般的印刷专业背景，两人却能在接管英华书院后不到一年时间，便自行研制油墨成功，可说是一件很有意义的插曲。

第四节 产品与传播

一、印刷

基督教在华印刷所从最早的马六甲英华书院起，都会定期向所属传教会结报印刷出版情形，包括产品名称、作者、页数、部数等等，大部分的

---

① LMS/CH/SC, 5.3.D., J. Chalmers to A. Tidman, Hong Kong, 11 March 1854.
② Ibid., 5.3.E., J. Chalmers to A. Tidman, Hong Kong, 17 September 1854.
③ Ibid., 5.3.E., J. Chalmers to A. Tidman, Hong Kong, 10 October 1854.

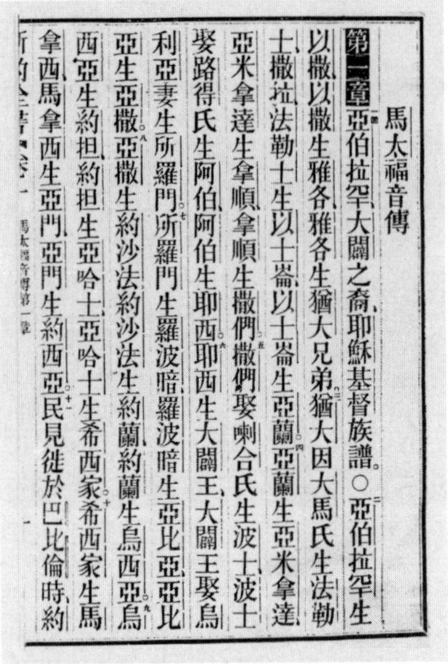
馬太福音傳
第一章亞伯拉罕、大闢之裔、耶穌基督族譜。○亞伯拉罕生
以撒、以撒生雅各、雅各生猶大兄弟、猶大因大馬氏生法勒
士、撒拉、法勒士生以士崙、以士崙生亞蘭、亞蘭生亞米拿達、
亞米拿達生拿順、拿順生撒們、撒們娶喇合氏生波士、波士
娶路得氏生阿伯、阿伯生耶西、耶西生大闢王、大闢王娶烏
利亞妻生所羅門、所羅門生羅波暗、羅波暗生亞比亞、亞比
亞生亞撒、亞撒生約沙法、約沙法生約蘭、約蘭生烏西亞、烏
西亞生約担、約担生亞哈士、亞哈士生希西家、希西家生馬
拿西、馬拿西生亞門、亞門生約西亞、民見徙於巴比倫時、約
新約全書卷一　馬太福音傳第一章　一

图7-1　英华书院大中文活字印的圣经

印刷所还同时结报产品分发传播的情形。只有香港的英华书院是个例外，负责督导的几位传教士都未定期结报过印刷出版或分发传播的情形，这或许是因为英华书院一向是铸字重于印刷，所以每位传教士都详细报道铸字及其销售的成果，而不觉得有必要多提印刷出版。

（一）传教出版品

英华书院当然有不少的印刷出版品，1868年初滕纳在写给穆廉斯的信中，检附一份当时英华书院的产品目录，共有44种书[①]。这并不是完整的历年出版目录，因为其中不含已无库存的绝版书，也不含非传教性的产品，英华书院一些著名的出版品如《遐迩贯珍》《智环启蒙塾课》《中国经典》等等都不在其中。这份目录的内容只有中英文书名和作者而已，连各书的篇幅和出版年份都没有，虽然很简略，还是显示了以下值得注意的讯息：

第一，作为当时西式活字印刷术在中国的重镇之一，英华书院竟然也使用中式木刻印刷。目录中就包含三种木刻出版品：韩山文（Theodore Hambrg）的《耶稣信徒受苦总论》、叶纳清（Ferdinand Genähr）的《圣经史记撮要》与《真道衡平》。英华书院的传教士似乎从未提过曾以木刻印书，而且理雅各屡次在比较西式和木刻印刷时总是极力为西式印刷

① LMS/CH/SC, 6.5.B., F. S. Turner to J. Mullens, Hong Kong, 28 January 1868, enclosure, ‘List of Tracts, generally on hand at the London Mission Society’ s Printing-office, Hongkong.’

辩护，因此目录中出现木刻书相当令人意外[①]。此外，伦敦的大英图书馆（The British Library）收藏一种木刻本《麦氏三字经》，封面有咸丰癸酉年（1856）及英华书院藏版等字样，显示英华书院至少以木刻印过4种书。

第二，英华书院的产品大部分为伦敦会传教士的作品，但不限于香港布道站的传教士。在目录所列的44种书中，伦敦会传教士的作品有31种，占全部的十分之七，其中香港传教士有14种，以理雅各9种最多，湛约翰3种，合信与中国人牧师何进善各1种；其他17种为上海和厦门的伦敦会传教士麦都思、美魏茶、慕维廉、艾约瑟（Joseph Edkins, 1823—1905）、施敦力兄弟等人的作品。

第三，英华书院代印伦敦会以外的传教士作品不少，在目录中有13种，其中德国传教会的传教士就占了10种，计叶纳清5种、罗存德（Wilhelm Lobscheid）3种、韩山文和韦腓立（Philip Winnes）各1种。早在1851年时理雅各曾报道，英华书院正在代印美国浸信会传教士和德籍传教士各一种作品，那两名传教士对于英华书院的要价都很满意，而英华书院也有利可图，理雅各说："不久我们就会垄断了中国南方所有传教小册的印刷工作。"[②]这当然是过于乐观的想法了。

第四，英华书院出售产品是以开数和页数计价。目录中有28种书为十二开本，都按每10 000页售价3.5元计；有11种为十八开本，按每10 000页售价2.6元计；前述的3种木刻书也按每10 000页售价3.5元计。但目录中的圣经1种为八开本，没有列出价格，何进善的《马太福音注释》两册，每册5分钱。目录中还注明，英华书院接受委托代印，每种书需印2 000部（册）以上，印费照上述的开数和页数计价。

---

① 据A. Wylie, *Memorials of Protestant Missionaries to the Chinese*，《耶稣信徒受苦总论》44叶，初版于1855年，曾再版，应即英华书院此书；《圣经史记撮要》原名《圣经之史》77叶，1850年出版，1861年改名《圣经史记撮要》再版；《真道衡平》53叶，1863年出版。

② LMS/CH/SC, 5.2.B., J. Legge to A. Tidman, Hong Kong, 22 April 1851.

在英华书院的传教性出版品中，唯一被传教士谈论得较多的是圣经。在滕纳于1868年检附的目录中，圣经只列出一种，其实英华书院从1851年起到1869年间印过10种版本的圣经，平均不到两年就印一种，每种2 000至10 000部，不可谓少。不过，香港传教士和伦敦会总部之间，对于印刷圣经的成本和品质却有些争议，从而引起长达数年的一场风波，其中又牵涉到实际付钱的英国圣经公会。

1849年10月，理雅各代表香港布道站写信给伦敦会秘书梯德曼，要求向圣经公会申请补助新约印刷费，理雅各并附有详尽的木刻和活字印刷的比较说明，表示以英华书院的小活字印刷新约，印1 000部则每部成本6.4分钱，若印10 000部则更降低至4.2分钱，而木刻为每部8分钱，以小活字印刷价廉物美得多①。梯德曼果然向圣经公会申请并获得250镑补助费，分别给予英华书院和墨海书馆各100和150镑，梯德曼通知理雅各时特别提到，依据理雅各自己先前的说明，这100镑应该足以印出6 000至7 000部的新约②。

没想到1852年10月理雅各寄送印成的新约样书和账单给梯德曼，并请他转向圣经公会结报时却表示，英华书院只印出5 000部，而且还超支了77.34元。理雅各的理由是换用了不同开数的纸张，而且纸张的价钱在过去两年中大涨所致，他告诉梯德曼，这些新约的品质超越了姊妹印刷所墨海书馆的印本，不论用纸或版面都胜一筹，“我想您会同意这些是历来最美观的中文圣经印本。”③他进一步告诉梯德曼，英华书院下一次印刷圣经要使用更好的纸张，过去传教界认为印刷圣经的成本越低越好的观念是错误的，“中国人认为有价值的书一定要以较好的纸

---

① LMS/CH/SC, 5.0.C., J. Legge to A. Tidman, Hong Kong, 29 October 1849.

② LMS/UG/OL, A. Tidman to J. Legge, London, 23 November 1850.

③ LMS/CH/SC, 5.3.A., J. Legge to A. Tidman, Hong Kong, 23 August 1852.

张来印。”[1]两个月后，理雅各再度重申圣经用纸和印刷品质的重要性，认为只求成本低廉必然会牺牲品质和美观，如果中国人已经体会到圣经内容的珍贵，是应该尽可能地供应他们低廉的圣经，可是中国人对于圣经的内在荣耀还无动于衷，那就先以外在的活字、纸张等上乘品质来吸引他们。[2]

理雅各此种品质应重于成本的说法，若不是在找理由为自己没能达成先前保证的低廉成本而辩护，便是完全地不合时宜。十九世纪初中叶英国以中上阶层为主的传教界，急于为其国内的劳工阶层及海外的异教徒提供基督教的福音，在工业革命的生产机器支持下，大量印刷的圣经与传教小册有如排山倒海一般，传教界对于占世界人口三分之一的文明中国，更恨不能达到人手一卷圣经在手的盛况，因此当时传教界关注的是产量的最大化而非印刷的品质，马礼逊从最初的注重品质改为降低标准，主要的考量之一正是企图以有限的经费生产更多的书供应中国人。鸦片战争后中国开放，此种需要尤为明显，伦敦会在深感英华书院铸字经费负担沉重时，依然勉强地继续支应，也是期待中文活字完成后，可以大量生产成本低廉的圣经与传教小册，积极辅助中国传教事业的进行。

在此种情况下，伦敦会对于理雅各不能以低价生产预定数量的圣经感到失望，也无法接受他所提应以品质美观为重的说法。梯德曼在1853年1月回信给理雅各，对他造成的错误表示失望，而且梯德曼还得面对圣经公会提出更正说明，因为他先前就是根据理雅各的错误估计向圣经公会申请补助的。[3]

相对于令人失望的英华书院，上海的墨海书馆另有一番不同的景象。1852年2月，麦都思寄送一部以英华书院小活字印的新约给梯德曼，并表

---

① LMS/CH/SC, 5.3.A., J. Legge to A. Tidman, Hong Kong, 23 August 1852.

② Ibid., 5.3.B., J. Legge to A. Tidman, Hong Kong, 28 October 1852.

③ LMS/BM, 18 January 1853; LMS/UG/OL, A. Tidman to J. Legge, London, 24 January 1853.

示印了10 000部，每部的成本是4便士[①]。梯德曼收到后在同年4月20日的伦敦会理事会议中展示，当日的会议纪录如下：

> 国外秘书〔梯德曼〕展示一部修订本中文新约，以小而美观的金属活字双面印在纸上，售价大约4便士。他同时说明全本圣经可以同样方法印成八开本一册，成本2先令，这是本会传教士台约尔的天才和劳苦令人喜悦的成果。相对于此，五册厚重的马礼逊博士中文圣经也展示在桌上，作为修订本改善的证明。[②]

这些"小而美观的金属活字"是英华书院铸造的，会议纪录对此却完全不提，而且梯德曼还特地以马礼逊的圣经来对照衬托墨海书馆印本的可贵，显示他十分肯定墨海书馆的成就，也可见英华书院和墨海书馆在他心目中的高下地位[③]，因此湛约翰在1854年要求伦敦会拨款新建英华书院房舍及添置印刷机时，便遭到了伦敦会的拒绝[④]。梯德曼在通知湛约翰这项决定时，毫不客气地写道：

> 我们不认为有任何正面的理由继续经营香港的英华书院，即使维持现有的状况也不必，因为所有它能做的事都可以在上海以同样的效能但更经济地完成。〔……〕我们认为就整体而言，与其多花经费于扩大英华书院的经营，更值得考虑的是在未来适当时日将香港的工作全都转移到上海可能会更好些，如此你和理雅

---

① LMS/CH/CC, W. H. Medhurst to A. Tidman, Shanghai, 17 February 1852.

② LMS/BM, 20 April 1852.

③ 1855年12月底，类似上述1852年在理事会议中展示新约的场景再度上演。这次梯德曼展示的是墨海书馆印成的全本圣经，并且宣称每部成本不超过2先令。理事会随即通过一项善颂善祷的决议，感谢上帝的恩典保全麦都思及他在上海翻译的同工，才能达成此种恒久性的成果（LMS/BM, 31 December 1855）。接着理事会又设法将此本圣经呈献给维多利亚女王（Queen Victoria），由艾伯特王子（Prince Albert）代表接受，也献给坎特伯里大主教（Archbishop of Canterbury）等人（LMS/BM, 22 January, 11 February & 28 April, 1856）。

④ LMS/BM, 23 October 1854.

各也可以心无旁骛地专注于更直接的传教工作。[①]

梯德曼的话相当直率而严厉，理雅各和湛约翰又联名回信给梯德曼，他们虽然只能接受伦敦会拒绝为英华书院新建房舍与新添印刷机，却对于梯德曼批评英华书院效能不彰感到不服气而有所辩解：

> 关于效能的问题，我们要毫不迟疑地说，英华书院印刷的优良是公认的事。几个月前麦都思博士在写给理雅各博士的一封信中就说：“每次翻看你们那版面有格线的八开本新约，都会让我掉泪。每当我退还墨海书馆给我看的样张，有时会冲口而出：丢脸可悲啊（abomination of desolation）。”[②]

从1849年因理雅各印刷圣经的估计错误而起的风波，延续了五年终于在1855年初理雅各和湛约翰这封信后结束了。梯德曼没有继续指责香港传教士和英华书院的原因，肯定不会是接受了理、湛两人援引麦都思的话为自己辩护的缘故，而是英华书院从1853年起转亏为盈，伦敦会不必再年年投入经费于这个梯德曼称为“无法承受的重担”了[③]。伦敦会虽然不是营利事业，但是传教组织的经营毕竟也必须计较现实的金钱盈亏，长期入不敷出不仅无从发展，连

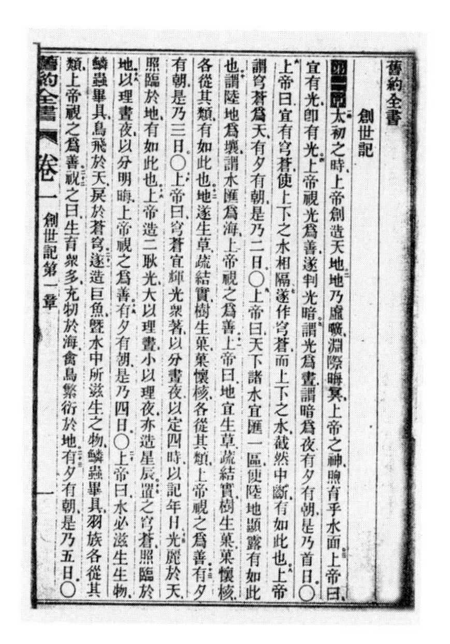
舊約全書
創世記
第一節太初之時、上帝創造天地、地乃虛曠、淵際晦冥、上帝之神、煦育乎水面、上帝曰、
宜有光、卽有光、上帝視光爲善、遂判光暗、謂光爲晝、謂暗爲夜、有夕有朝、是乃首日、○
上帝曰、宜有穹蒼、使上下之水相隔、遂作穹蒼、而上下之水、截然中斷、有如此也、上帝
謂穹蒼爲天、有夕有朝、是乃二日、○上帝曰、天下諸水宜匯一區、使陸地顯露、有如此
也、謂陸地爲壤、謂水匯爲海、上帝視之爲善、上帝曰、地宜生草、蔬結實、樹生菓、菓懷核、
各從其類、有如此也、地遂生草、蔬結實、樹生菓、菓懷核、各從其類、上帝視之爲善、有夕
有朝、是乃三日、○上帝曰、穹蒼宜輝光、衆著、以分晝夜、以定四時、以記年日、光麗於天、
照臨於地、有如此也、上帝造二耿光、大以理晝、小以理夜、亦造星辰、置之穹蒼、照臨於
地、以理晝夜、以分明晦、上帝視之爲善、有夕有朝、是乃四日、○上帝曰、水必滋生生物、
鱗蟲畢具、鳥飛於天、戾於蒼穹、遂造巨魚、暨水中所滋生之物、鱗蟲畢具、羽族各從其
類、上帝視之爲善、祝之曰、生育衆多、充牣於海、禽鳥繁衍於地、有夕有朝、是乃五日、○
舊約全書 卷一 創世記第一章

图7-2　英华书院小中文活字印的圣经

① LMS/CH/GE/OL, A. Tidman to J. Chalmers, London, 23 October 1854.

② LMS/CH/SC, 5.4.B., J. Legge & J. Chalmers to A. Tidman, Hong Kong, 12 January 1855.

③ LMS/UG/OL, A. Tidman to J. Legge, London, 23 November 1850.

存在都困难了。

梯德曼不只关切英华书院的盈亏，他也希望书院产品能广为流通，尤其盼望中国人能购买书院出版的圣经，这也是西方传教界长久以来的期待，而非总是大量免费地分发给中国人。但是，直到1850年代为止，在中国现场的传教士却很清楚这种期待并不切实际，理雅各在1852年10月的一封信中回应梯德曼的上述期待：

> 我是可以从我们的华人教会成员收到30部圣经的价钱，此外我们再也无从预计会有华人付钱买圣经。〔……〕我可以保险地说，从来就没有中国人为了圣经付过一块钱。他们会花一点钱购买其中夹杂着基督教文献的通书，以及像合信医生《全体新论》《天文略论》之类的通俗与科学性的书，但是他们从来不想要也不会买圣经和纯粹基督教的书。我这么露骨地说出这些真相(the truth)，可能会让您及关切圣经在华流通的朋友们感到失望。[①]

理雅各不是唯一说出这些"真相"的传教士，他举以为例的合信就有类似的表示，1851年8月合信报道他在广州传教三年来的经验，谈到中国人对传教书的态度：

> 在医院中，病人当然会礼貌地接受这些书，有时候或许也仔细地阅读了；但是，我们有证据显示，在街道上和店铺中，这些书经常被人撕得粉碎，或当作废纸，更经常被人拒绝接受。[②]

（二）非传教产品

在英华书院的非传教性出版品中，《遐迩贯珍》和《中国经典》可说

---

① LMS/CH/SC, 5.3.B., J. Legge to A. Tidman, Hong Kong, 28 October 1852. 理雅各特地在the truth底下划一道黑线以强调自己说的话。

② Ibid., 5.2.A., B. Hobson to A. Tidman, Canton, 20 August 1851.

是在当时和后来都受人瞩目的两种代表性产品。

1.《遐迩贯珍》

《遐迩贯珍》是马礼逊教育会(The Morrison Education Society)出版、英华书院代印的月刊,从1853年8月创刊至1856年5月停刊,其间有两期是两个月合刊,一共出版32期,每期印刷3 000部,宗旨在向中国人传播中外新闻时事与各类知识。以往关于《遐迩贯珍》的论著已多,并有专书详细讨论[①],本文不需赘述,以下的讨论集中于两件事:第一,向来未见研究者深入论述的《遐迩贯珍》的起源;第二,伟烈亚力误导后人已久的《遐迩贯珍》创刊主编是谁的问题。

《遐迩贯珍》创刊于1853年8月,但其起源则在此两年半以前。1851年2月21日,伦敦会香港与广州两个布道站的传教士举行联席会议,出席者理雅各、合信、贺旭伯(Henri J. Hirschberg,传教医生)及柯理四人。会上讨论的议题之一是创办中文刊物,出席者一致认为应该办一种有如报纸或杂志的定期刊物,向中国人传达教会史、一般历史、科学、地理等各类讯息,并夹杂基督教的知识,或其他能引起中国人兴趣的各项内容。接着又讨论了刊物的形式,例如刊期、每期印刷部数、由谁编印及经费等问题,估计若以八页的大八开本小册形式印5 000部,每期的成本将是25元等。传教士希望一旦创刊,中国人会愿意购买,同时也希望能获得在华西人的支持。讨论到最后,传教士觉得一时恐怕难以实现编印这样的期刊,决定暂时搁置,但应就这件事征询伦敦会的意见,并决议伦敦会如果认同此事,要求拨款50镑让传教士以六个月为期尝试编印一种月刊或双月刊,每期印5 000部。[②]

传教士将上述的会议纪录呈报给伦敦会,梯德曼回信表示伦敦会非

① 参见沈国威等《遐迩贯珍(附解题·索引)》(上海:上海辞书出版社),2005。
② LMS/CH/SC, 5.2.A., Legge to Tidman, Hong Kong, 21 February 1851.

常注意这件事，却不认为应当拨款让传教士进行尝试，但曾转请小册会考虑支持，只是遭到了婉拒，小册会的答复是愿意补助100镑协助香港布道站分发传教小册[1]。梯德曼并没有说明伦敦会和小册会不愿拨款的原因，但是从小册会虽然拒绝补助50镑办杂志，却宁可补助多一倍的钱用于分发传教小册，显然是传教士构想中的新闻性、知识性期刊太过于世俗化，传教在其中只居于附属的性质而不能获得两会的认同。

尽管没能获准创办杂志并借新闻和一般知识向中国人传教，传教士对此却念念不忘，并经常借机抒发此种看法。最积极的一位是合信，他很可能就是在上述布道站会议中提议创办期刊的人。合信早在1849年译印的《天文略论》中引介天文地理知识，在字里行间又随时提醒中国读者，万物皆出于上帝创造，应该敬拜上帝之理。第二年合信构想编印《全体新论》时也明白表示：

> 我希望准备一种带有许多图像的生理学入门书，展示造物主上帝的力量、智慧、恩典与合一性，我认为这样的书有助于〔我们〕无法以一般途径接触的特定阶层。[2]

《全体新论》在1851年出版后，合信寄书给梯德曼，并说：

> 我努力让书的内容涉及伟大的真理，即我们的也是唯一的创造者就是荣耀而永恒的上帝。〔……〕本书是个实验，试试像这样主题的书会有多少人想要。神圣的圣经和我们所有的传教小册总是被人蔑视或漠视，原因是他们认为其中没有什么内容或不适合中国人，所以便说是毫无用处。如今，有意思的一项观察是《全体新论》这样不同主题而且是大多数人认为很实际并

---

① LMS/UG/OL, A. Tidman to J. Legge, London, 24 June 1851.

② LMS/CH/SC, B. Hobson to A. Tidman, Canton, 18 July 1850.

且有趣的主题的书，能否获得较好的接受。[①]

事实的发展证明合信的实验是成功的，他在1851年和1852年不止一次描述《全体新论》大受中国人欢迎，并被人翻刻的情形[②]。1854年初，合信报道前一年在他的医院中分发了超过10 000部传教小册给病人时说：

> 但是，没有人会主动要这些书，如果送人，是会被人接受，却没有人会来索取。相反的，关于医药、地理、博物史、通书，以及符合大众兴趣的一般书，经常有人来要，这也提供了同时附赠圣经或传教小册的好机会。[③]

从以上这些情形判断，如果是由充分体验到可借一般知识作为传教媒介的合信，在1851年初的上述布道站会议中提议创办新闻性、知识性的期刊，应该不是一件令人意外的事。何况，他在一年后的1852年2月又曾提及："希望在不久的将来，中国会有人以此种方式〔活字〕印刷与出版期刊和报纸，帮助人们免于无知。"[④]合信的期待在一年多以后实现了，《遐迩贯珍》由传教士、商人和外交官组成的马礼逊教育会承担起出版任务，这应该就是由伦敦会的传教士转请教育会办理的。接下来的问题是谁来主编这份月刊呢？

《遐迩贯珍》上并没有刊载主编的姓名，但自从伟烈亚力在1867年出版的《基督教新教传教士在华名录》(*Memorials of Protestant Missionaries to the Chinese*)书中，认定《遐迩贯珍》于1853年创刊时由麦都思主编，第二年由奚礼尔(C. B. Hillier)继任，1855年再由理雅各接手到停刊为

---

① LMS/CH/SC, B. Hobson to A. Tidman, Canton, 27 October 1851.

② Ibid., 5.2.A., B. Hobson to A. Tidman, Canton, 26 December 1851; ibid., 5.2.C., B. Hobson to A. Tidman, Canton, 21 August 1852.

③ Ibid., 5.3.D., B. Hobson to A. Tidman, Canton, 20 January 1854.

④ Ibid., 5.2.C., B. Hobson to A. Tidman, China, 23 February 1852.

止[1]。这种说法已成定论，因为1853年时伟烈亚力与麦都思正在伦敦传教会的上海布道站共事，伟烈亚力是墨海书馆的主任，麦都思则是督导墨海书馆工作的传教士，两人既有这样密切的关系，后人无从怀疑伟烈亚力说法的权威性与正确性。[2]

不过，《遐迩贯珍》的内容和创刊当时相关文献的记载却都足以显示，本刊的创刊主编并不是麦都思，而是另有其人。

先从内容方面考察，《遐迩贯珍》创刊后四个月的1853年11月号有《援辨上苍主宰称谓说》一文，是主编答复读者来函质问为何本刊只以"上帝"称基督教敬奉的主宰，而不使用"神"译名的说明。这是1840年代后期基督教传教士共同翻译中文圣经，却因上帝或神的译名之争而分裂的后遗症，进入1850年代后，分裂的双方持续争辩，坚持己见并批判对方，而麦都思正是主张"上帝"译名为是的阵营领袖，并就此发表了大量的论著，其主张也始终毫不退让。

但是，在这篇《援辨上苍主宰称谓说》中，《遐迩贯珍》的主编却说自己对于译名之争的是非没有意见，又说自己只是权宜"暂用"中国人常见的上帝一词而已，并且无意因此引发争论：

> 此论余固不敢秉笔而判之，〔……〕至余是编，握管暂用上帝二字，亦因汉文习见，〔……〕岂故有意与别说为分道之驰？〔……〕且篇内以此号见称，初亦无关轻重，不过使众人共识吾意所指。[3]

这种宁可置身事外，唯恐涉入争端的中立态度和说法，岂有可能出自

---

① A. Wylie, *Memorials of Protestant Missionaries to the Chinese*, p.120.

② 王韬于1883年在香港刻印的《弢园文录外编》一书，卷七《论日报渐行于中土》一文说："《遐迩贯珍》刻于香港，理学士雅各、麦领事华陀主其事。"但似乎没有引起太多注意，研究者还是沿用伟烈亚力的说法，认为麦都思是《遐迩贯珍》的创刊主编。

③ 《遐迩贯珍》1853年11月1日第4号，叶10—11，《援辨上苍主宰称谓说》。

身为争论一方领袖的麦都思笔下？

《遐迩贯珍》是相当具有时效的新闻性与知识性杂志，尤其在最初的一年多，每期刊登许多上个月各地发生的时事消息，这些消息和其他文章大多由主编从英文译成中文，经中文教师润饰后，再发给香港的英华书院排印，而当时人在上海的麦都思传教、翻译、印刷圣经及其他事务非常忙碌，加上当时沪港两地行船一趟需要十几天才能抵达，麦都思真有可能从上海编译在香港印刷出版的中文月刊文稿吗？而且还能在第一年中（也就是伟烈亚力指称麦都思主编的期间）只有一期是两个月合刊，其他都准时出版，甚至合刊这期的时事消息"近日杂报"，还以远多于平常的篇幅作为弥补。

很有意思的是1854年3、4月合刊的这一期内容当中，就隐藏着究竟《遐迩贯珍》创刊主编是谁的线索。在这期英文目次下方，主编刊登一段小启，说是无法避免的情况导致3月号未能如期出版，但希望篇幅增加的"近日杂报"多少是个弥补。主编没有说明什么是"无法避免"的情况。但是在这期中文内容的最后，主编终究还是表明了未如期出版的原因：

> 上月因公北驶，束装匆忙，行橐未携笔墨，是以兹编第三帙未及译出付梓。兹为补出所译"近日杂报"，自上年12月至本年3月初旬，总于兹帙汇而镌之，阅者览而别焉可也。[①]

这段文字第一句话的"因公北驶"就显示了麦都思不是主编。1854年初的几个月他果真从上海"因公北驶"的话，不论是为了他所属的伦敦传教会或英国政府的事，他自己或上海布道站的传教士不可能都没有报道或记录。早在1845年，麦都思曾私自违反英国领事的规定而潜入安徽

① 《遐迩贯珍》1854年4月1日第3、4号，叶15。

境内，长达四十天，对外虽然保密，对伦敦会及其传教士却有详细的报道。到1854年时他若从上海“因公北驶”，则和1845年私自违规的情况完全不同了，但是他自己、其他传教士、英国政府官员及上海的报纸，在那段期间却都没有他北驶的相关记载。

从上述《遐迩贯珍》的内容可知，麦都思不会是《遐迩贯珍》的主编，那么究竟是谁呢？谜底正是麦都思的儿子麦华陀（W. H. Medhurst, Jr., 1823—1885），他从1850年8月起担任由香港总督兼任的英国对华贸易监督的中文秘书，在《遐迩贯珍》创刊的前一个月（1853年7月），麦华陀进一步又任贸易监督的代理秘书兼注册官（Acting Secretary and Registrar），直到1855年4月初才离开香港前往福州担任领事。他在香港的这些职位都非常便于取得香港政府的涉华资料，其内容也确实体现在《遐迩贯珍》丰富而实时的相关报道和统计数字当中。

所谓“因公北驶”，指的是1854年2月间，即将卸任的英国对华全权大臣、香港总督兼贸易监督文翰（Samuel G. Bonham）决定再度往北方一行，这年2月25日他的座船“相遇号”（*the Encounter*）抵达上海，当地《北华捷报》（*North-China Herald*）在报道中列举四名随员名单，名列第二的正是麦华陀，这项报道又表示，文翰突然到访出乎上海所有人意料之外[1]，可见文翰此行是临时决定的，这也正是麦华陀在上述《遐迩贯珍》的一段文字中，说自己“束装匆忙，行橐未携笔墨”的缘故。《北华捷报》稍后又报道，文翰一行在上海停留超过一个星期，在同年3月4日乘英国海军汽船“火蜥蜴号”（*the Salamander*）离沪南下。

《北华捷报》还有另一篇关于《遐迩贯珍》的报道，就是1853年8月1日《遐迩贯珍》创刊后，《北华捷报》随即于同月20日刊出一篇不署名的长篇介绍，以《一份中文月刊》（*A Chinese Monthly*）为题，内容长达2 500字左

① *North China Herald*, 25 February 1854.

右。在这篇介绍将结束前，作者表示《遐迩贯珍》将为中国人打开西方文明之窗，其主编也将因此而大有功劳于中国人，紧接着这位作者又说：

> 主编并没有说出自己是谁，但我可以肯定地向本报的读者稍稍透露一点，这份刊物展现的对中国研究的品味和天分，是来自于他的家学渊源。①

麦氏一家的中国研究是从麦都思才开始的，对他自己而言，根本谈不上什么家学渊源，但对于他的儿子麦华陀而言，可就是家学渊源其来有自了。《北华捷报》上述报道的作者肯定知道麦华陀就是《遐迩贯珍》的主编，却宁可留一手而不愿指名道姓，所幸并不是每位作者或每家报纸都如此有所保留，例如香港出版的英文报《中国之友与香港公报》(*The Friend of China and Hongkong Gazette*)在《遐迩贯珍》创刊后的第三天(1853年8月3日)，刊登了一篇没有标题的评介，其中关于该刊主编的部分就十分明确：

> 尽管没有印在该刊上，全权钦差大臣的中文秘书麦华陀先生和他的妹夫、警务署长、立法局成员奚礼尔先生是现任的主编，由一些华人学者协助。②

此篇评介不仅明指麦华陀是《遐迩贯珍》的主编，还说奚礼尔也从一开始就是主编。这有可能是以麦华陀为主，而奚礼尔协助，也可能是两人共同主编，不论究竟如何，都和伟烈亚力所说奚礼尔是继麦都思之后担任主编有很大的不同。

2.《中国经典》

理雅各的《中国经典》是英华书院另一种受人瞩目的非传教性产品。本书的翻译工作相当艰巨，从1860年起边译边印刷出版，费时十三年，到

---

① *North China Herald*, 20 August 1854.

② *The Friend of China and Hongkong Gazette*, 3 August 1853.

1873年理雅各离开香港结束传教士生涯前，由英华书院为他印成5卷、8大册，合计超过4 000页，而且本书每页都是中英文夹杂，两种文字又各大小不一，这些都是理雅各和英华书院面临的巨大挑战。理雅各在第一卷付印前已经盘算过，自己必须有较多的时间和充裕的经费，才可望实现印刷出版的工作。

理雅各决定先解决经费的问题。身为传教士的他经济颇为拮据，他说当1852年第一任妻子过世时，自己是负债的，又形容接下来许多年的窘境是个"忧郁的回忆"(a melancholy retrospect)[①]，自己难以负担印刷出版《中国经典》的庞大费用，他也了解伦敦会不可能补助出版完全不是传教性质的本书，因此只能寻求他人解囊相助。西方社会向来有作者寻求王公贵族赞助文学艺术的传统(patronage)，作者则在出版时题献给赞助者以表感谢，到十九世纪时，新兴的工商业巨子也加入赞助者之列，而理雅各请求赞助的对象是英商怡和洋行(Jardine, Matheson & Co.)的约瑟夫・查甸(Joseph Jardine, 1822—1861)。查甸认为"我们在中国赚了钱就应该协助这样的事才对"，承诺负担全部15 000元的估计费用。[②]

经费有了着落，理雅各接着请求伦敦会同意将译印《中国经典》列为他的分内工作之一。1858年6月他回到英国期间写信给梯德曼，先表明已经获得查甸赞助，不需伦敦会负担一分钱，接着很技巧地强调，本书出版后将有助于传教士了解中国人的思想与文化，对于传教工作即大有裨益[③]。伦敦会的理事会开会讨论他的请求时，他也当面陈述相同的说法，果然打动了伦敦会的理事们，同意理雅各可以兼顾传教与译印《中国经典》[④]。理事会的决定对本书的重要性并不亚于查甸的赞助经费，因为

---

① LMS/CH/SC, 6.4.E., J. Legge to A. Tidman, Hong Kong, 31 January 1866.

② Ibid., 6.1.B., J. Legge to A. Tidman, 27 Montpelier Square, Brompton, 17 June 1858. 在《中国经典》第1卷的序言中，理雅各所记查甸此言的内容有些不同。

③ Ibid., 6.2.B., J. Legge to A. Tidman, 27 Montpelier Square, Brompton, 17 June 1858.

④ LMS/BM, 12 July 1858; LMS/CH/GE/PE, box 8, A. Tidman to J. Legge, London, 14 July 1858.

如此理雅各都需要长达十余年才能完成5卷8大册的出版，如果伦敦会不同意，更不知何时才能完成了。

理雅各回到香港后，英华书院从1860年开印《中国经典》第1卷，并在第二年出版，理雅各将书题献给查甸表示感谢，但查甸已在本书出版之前过世，其弟罗伯特·查甸（Robert Jardine, 1825—1800）仍继续捐助，到1865年时查甸兄弟的捐助达到9 365.25元[①]，此后也持续捐助，直到1870年才可能因为已经达到当初承诺的15 000元的金额而停止。当时《中国经典》只出版到第3卷第2册《书经》，但销售的情况良好，例如《书经》在伦敦上市后，六星期内即售出60部[②]，而中国海关总税务司赫德也承诺购买全书60套[③]，日本政府则购买10套等等[④]，理雅各从本书的收入大为增加，继续支应尚未出版的部分不至于太困难，他在1866年初写给梯德曼的信中，就坦言因为继承了长兄的遗产以及来自《中国经典》销售的收入，“我现在过得好多了。”[⑤]

理雅各译印《中国经典》，有两名中国人分别在印刷与翻译方面相助，前者是黄胜，后者为王韬，两人也获得理雅各在不同卷的序言中致谢。黄胜是英华书院的主任，《中国经典》既是书院的主要产品之一，又是理雅各的作品，自然全力以赴，而理雅各在第1卷序言提到黄胜时，称他是“我杰出的朋友”[⑥]，于公两人是上司下属的关系，而且十九世纪的传教士称呼中国助手为朋友并不多见，但黄胜如前文“管理”一节所述受到理雅各的相当信任与尊重，连1867年底王韬前往英国协助理雅各翻译一事，也是当时回英的理雅各获得罗伯特·查甸同意负担王韬的费用后，写信

① LMS/CH/GE/PE, box 8, J. Legge to Robert Jardine, Hong Kong, 30 November 1865.
② Ibid., box 8, Letters written by Dr. Legge in Hong Kong, 7 April 1866.
③ Ibid., box 8, a copy of letter from Robert Hart to W. Muirhead, n. p., n. d.
④ Ibid., box 10, J. Legge to his wife, n. p., 29 January 1867.
⑤ LMS/CH/SC, 6.4.1., J. Legge to A. Tidman, Hong Kong, 31 January 1866.
⑥ J. Legge, The Chinese Classic(London: Trübner & Co., 1861), Preface, p.xi.

到香港请黄胜代为联系并安排一切，包含王韬的酬劳、安家、行程与行李等等[1]。理雅各记下给予王韬的条件包含：（1）往还英国的旅费；（2）供应在英期间的食宿；（3）给予在中国的家庭每月25元；（4）在英期间每月酬劳10元；（5）如果王韬持续协助翻译有成，在回华时可获得100镑的额外酬劳。[2]

1870年理雅各为了在英华书院续印《中国经典》，和伦敦会约定再到香港布道站工作三年，王韬也一起回到香港继续协助翻译。从这年起查甸不再协助经费，理雅各必须自行负担每月约105元的相关费用，包含给予王韬的20元酬劳，理雅各有些舍不得（grudge），因为有时候整个星期都用不着王韬，但突然又会急需他的协助，"只有第一流的中国学者对我才有价值，而我在此地找不到可以比得上他的人。"[3]在这种情形下，理雅各再舍不得也只能继续付出这20元，直到完成《中国经典》第4、5两卷的出版并在1873年最后一次离开香港为止。

二、活字

英华书院的活字产品只有大小两种，另一种更小的小字只有几百个字而已，但这些活字已足以使英华书院成为1850与1860年代主要的中文活字供应者。这些活字的顾客依使用的先后顺序可分为四类对象：传教团体、报纸杂志、外国政府团体，以及中国政府与人民。这是自然而且很有意义的传播顺序：台约尔觉得有必要而致力于铸造中文活字，当然最

---

① LMS/CH/GE/PE, box 8, J. Legge to Edward Whittall, Hull, 7 June 1867. 黄胜和理雅各始终保持密切联系，黄胜几个儿子留学英国，也由他亲自带往苏格兰请理雅各担任监护人代为照顾，黄胜及其子写给理雅各的几封信，收在LMS/CH/GE/PE, box 8, 'Letters from Chinamen.'

② Ibid., box 8, 'Memorandum of My Agreement with Wang Taou,' Dollar, 23 December 1868.

③ Ibid., box 10, J. Legge to his wife, Hong Kong, 20 December 1870; H. E. Legge, James Legge: Missionary and Scholar, p.43.

能引起传教界的同感需要而率先订购与使用；其次，鸦片战争以后主要在香港和上海出版的英文报纸，经常会在内容中穿插中文的人名、地名或事物等字词；接着，外国政府团体也因为涉华事务或汉学研究书刊的用途而采购中文活字；最后，连原本习于木刻的中国官民，或感于学习西方长技的必要，或觉得有商业上的利益可图，也逐渐有人利用西式的中文活字，展开了中国图书文化的新时代。

（一）传教团体

台约尔自1833年开始铸字不久就有顾客上门了。他在1835年1月报道正在铸造四副活字：美部会新加坡布道站、麦都思主持的伦敦会巴达维亚布道站、台约尔自己的伦敦会槟榔屿布道站各一副，第四副还在等待顾客中①。台约尔转到新加坡铸字后，又新增了两名顾客：美国浸信会曼谷布道站与美国长老会澳门布道站②。以上包括台约尔自己的槟榔屿（后来转到新加坡）布道站在内，共有四个对华传教会的五个布道站订购活字，它们也随着铸字进度陆续收到完成的部分。

但是，直到英华书院接手铸字以前，铸成的小活字数量太少，还派不上用场，大活字数量较多，也只有3 000多字，除非传教士的中文达到像麦都思一样运用自如的程度，可以随时改变文本的用字遣词以适应活字的有无，否则使用起来非常不便。事实上连麦都思也经常面临没有字词可换的窘境，只好临时刻木活字代用，或者从郭实腊寄存的一些金属活字中选用，但手工雕刻的木活字与铅铸活字的字形不可能一致，两种材质吃墨的状况也大为不同，而郭实腊的活字字形相当粗劣，以这些活字混杂排

---

① LMS/UG/PN, 3.7.A., S. Dyer to W. Ellis, Penang, 9 January 1835. 最初的这三名顾客中，美部会新加坡站在1842年关闭，并将印刷材料出售给当时转到新加坡传教的台约尔（ABCFM/Unit 3/ABC 16.2.4, vol. 1, Alfred North to Rufus Anderson, Singapore, 19 September 1842），活字可能包含在内；伦敦会巴达维亚站也在1843年结束，活字等印刷机具由麦都思一并迁往上海；至于伦敦会槟榔屿站的活字，则随着台约尔转往新加坡，并在1846年由施敦力迁至香港。

② LMS/CH/SC, 4.5.A., A. Stronach to A. Tidman & J.J. Freeman, Hong Kong, 22 June 1846. 长老会澳门站印刷所“华英校书房”于1845年迁往宁波。

印，效果非常不好，例如墨海书馆于1844年至1845年印的第一种书《真理通道》，每页总会夹杂一个到数个木活字或郭实腊活字所印的字，字形和铅活字格格不入，笔画特别粗黑而墨色凝滞，非常突兀难看。

到1850年为止，墨海书馆的所有中文产品及夹杂中文的英文产品，版面大致都如同上述碍眼，完全谈不上美观吸引人，而且每页容纳大活字字数有限，导致用纸增加，印刷成本提高，都是不利于西式活字传播利用的因素。从1851年起情况不同了，活字的字数增加，又有小活字可以使用，字形也美观得多，墨海书馆和英华书院产品的外貌才大为改观，而且每书用纸减少，成本降低，英华书院的活字从此才具备了和中国传统木刻竞争市场的条件。

铸字工作转到香港后，墨海书馆持续是英华书院活字最主要的顾客，此外又新增加两个传教界的顾客：美部会广州布道站与美国长老会宁波布道站。美部会广州站先在1848年订购一副大活字①，等到英华书院的小活字字数达到实用数量后，主持美部会广州站印刷所的卫三畏大为称赞其美观，于1851年通过广州站会议购买一副小活字，并补足先前所购大活字续增的部分②。这两副活字连同广州站的印刷所都设在广州十三行地区，不料在第二次鸦片战争期间，十三行于1856年12月中发生大火，活字与印刷所全部焚毁。③

至于长老会宁波站，已如前文所述于1858年和1859年两年间，由主持其华花圣经书房及稍后上海美华书馆的姜别利，以取巧方式每个字只买一个活字，到手后以电镀技术复制并公开出售，夺取英华书院原来的市

---

① LMS/CH/SC, 5.0.C., J. Legge to A. Tidman, Hong Kong, 29 January & 29 March1849.

② ABCFM/Unit 3/ABC 16.3.8, vol. 3, S. W. Williams to R. Anderson, Canton, 27 December 1851; ABCFM/Unit 3/ABC 16.3.11, vol. 1, 'Records of the Mission of the ABCFM, Boston, in China,' 23 December 1851, 24 March 1852, 23 November 1853, 3 January & 10 March 1855.

③ ABCFM/Unit 3/ABC 16.3.8, vol. 3, S. W. Williams to J. C. Brigham, Macao, 26 January 1857; ibid., S. W. Williams to R. Anderson, Macao, 13 February 1857.

场。1867年起监督英华书院的传教士滕纳很快便了解了此种形势，他写信告诉伦敦会秘书穆廉斯，书院铸字一向有盈余，但未来的利润不可能和过去相提并论，因为美华书馆已以更便宜的价格出售字模与活字，英华书院的市场势必会萎缩[①]。事实上，英华书院活字最后一个来自传教界的顾客就是美华书馆。

（二）报纸杂志

鸦片战争后在香港和上海出版的报纸，虽是以英文读者为对象，但为了让文义更为清楚确定，仍有必要穿插使用中文字词，而且还历经三个阶段：从初期的专用木刻活字，过渡到混用木刻与西式活字，最后到以西式活字为主。香港的《德臣西报》是经历此种演进的典型，这份报纸创刊于1845年2月20日，三个月后的5月22日版面出现了木刻活字的"广恒"、"碎银"、"见证人"、"钱"等中文字词[②]；到6月6日版面又有木刻长条的"港府告示招人包卖槟榔等物"公告[③]，此后也陆续出现活字或长条的木刻中文；到了1848年11月2日，刊登"港督德各船只到港停泊章程"的公告，则是第一次以英华书院的大活字排印[④]，接着有一段时期《德臣西报》时而木刻活字，时而英华书院的活字，甚至两种活字在一则新闻或广告中同时夹杂出现[⑤]。等到英华书院的小活字在1850年增加到可以实用的数量后，《德臣西报》即大量购用，只有不在英华小活字内的字才用木刻，有如理雅各在1850年底检寄好几份他没指名的一种香港报

---

① LMS/CH/SC, 6.5.A., F. S. Turner to J. Mullens, Hong Kong, 25 April 1867.

② *China Mail*, 20 February 1845, 'Particulars of an Assay of Sundry Foreign Coins by the Shroff, or Native Banking House 广恒 Kwanghang, which Took Place at the Spanish Factory, Canton, on 1843.7.13.'

③ Ibid., 5 June 1845, 'Government Notification, the exclusive right of dealing in Paun, Betel, and Betel leaf, in Hong Kong.'

④ Ibid., 2 November 1848.

⑤ 例如1850年6月13日刊登理雅各投书，讨论圣经中译的上帝或神的译名问题，其中"神"字有时用木刻活字，有时用英华书院的小活字（*China Mail*, 13 June 1850）。

纸给梯德曼,并告诉梯德曼一个好消息:该报已经购买了大量的英华书院活字。[①]

从1850年代后期起,英文报为兼顾中文读者而附带出版中文报纸,如《孖剌报》(*The Daily Press*)于1857年开办《香港船头货价纸》[②],《北华捷报》于1861年附办《上海新报》。既然是中文报纸,对中文活字的需求自然远大于只是夹杂中文的英文报纸,这为英华书院的活字开拓了一个新的市场。理雅各于1863年1月报道前一年英华书院的盈余将近2,000元,其中主要是出售活字的利润,理雅各并说由于中国与外国间的商贸往来日趋拓展,在华的英文报附带出版中文报纸成为一种必要的事,对于英华书院活字的需求也因而增加[③]。《德臣西报》还和英华书院订立合同,以较低的优惠价格长期购买活字,大字每磅40分钱,小字每磅50分钱;后来伦敦会于1873年出售英华书院给中华印务总局时,合约中还订明,买方必须以同样的价格继续供应活字给《德臣西报》[④]。当时《德臣西报》自1871年起附办有中文的《中外新闻七日报》,并于第二年改为《香港华字日报》[⑤],因此和英华书院订立的供应活字合同,主要应该是给附办的《中外新闻七日报》和其后的《香港华字日报》使用的。

至于中文杂志,《遐迩贯珍》和上海墨海书馆印的《六合丛谈》两种,当然都以英华书院的活字印刷。此外即使是伦敦会的传教士,若没有印刷机、活字和油墨在手,便只能使用木刻,例如1862年麦嘉湖(John

---

① LMS/CH/SC, 5.1.D., J. Legge to A. Tidman, Hong Kong, 26 December 1850. 理雅各没有说出报纸名称,但应该就是《德臣西报》。

② 关于《香港船头货价纸》,参见卓南生《中国最早的中文日报——〈香港中外新报〉及其前身〈香港船头货价纸〉》,《近代中国报业发展史(1815—1874)》(台北:正中书局,1998),页116—178。

③ LMS/CH/SC, 6.4.A., J. Legge to A. Tidman, Hong Kong, 12 January 1863.

④ Ibid., 7.3.A., E. J. Eitel to J. Mullens, Hong Kong, 5 February 1873.

⑤ 关于《中外新闻七日报》与《香港华字日报》,参见卓南生《以华人主持为号召的中文日报——〈香港华字日报〉及其前身〈中外新闻七日报〉》,《近代中国报业发展史(1815—1874)》,页180—210。

Macgowan)在上海创刊的《中外杂志》月刊和1865年湛约翰等人在广州创刊的《中外新闻七日录》周刊,都是木刻印刷。

(三)外国政府

当英华书院的铸字达到实用的程度后,外国政府与团体也注意到了这项成就,最早的一位顾客来自十九世纪汉学研究的领先国家法国,其皇家印刷所早有几副木制中文活字,1840年代也有一副巴黎铸字工匠李格昂打造的西式中文活字[①]。但是,法兰西学院(Institut Royal de France)的东方学教授兼皇家印刷所的主管莫勒(Jules Mohl, 1800—1876)[②]在1857年写信给伦敦会秘书梯德曼,询问英华书院的活字事宜,梯德曼辗转要求香港的湛约翰回答;湛约翰回复了一份活字样本和价格,并说明英华书院是当时中国唯一铸造西式活字的机构[③]。莫勒买了一批数目不详的活字,这笔生意仍由梯德曼居间转交。[④]

1860年,莫勒又购买一批数量不多只值7.5元的活字,这次由理雅各经手[⑤]。莫勒等候许久没有收到,写信给理雅各,表示皇家印刷所原有的中文活字已经磨损得厉害,希望理雅各尽快协助[⑥]。结果原来是邮误导致装活字的包裹在英格兰和苏格兰来回绕圈后又回到了香港,理雅各赶紧再寄给梯德曼转交。[⑦]

---

① 法国皇家印刷所的木刻中文活字,参见Imprimerie Nationale, *Le Cabinet des Poinçons de l'Imprimerie Nationale*(Paris, 1948 & 1963),关于李格昂的中文活字,参见他自己编印的三次宣传小册:*Caractères Chinois, Gravès sur Acier par Marcellin Legrand*(Paris, 1836);*Specimen des Caractères Chinois, Gravès sur Acier et Fondus par Marcellin Legrand*(Paris, 1837);*Spécimen de Caractères Chinois, Gravès sur Acier et Fondus en Types Mobiles par Marcellin Legrand*(Paris, 1859)。

② 莫勒最初在法兰西学院向第一位汉学教授雷慕萨(Jean-Pierre Abel Rémusat, 1788—1832)学习,后来转而研究波斯学,他先后担任法国亚洲学会(Société Asiatique)的秘书和会长职务。

③ LMS/CH/SC, 6.1.A., J. Chalmers to A. Tidman, Hong Kong, 14 October 1857.

④ Ibid., 6.1.B. J. Chalmers to A. Tidman, Hong Kong, 14 December 1858.

⑤ Ibid., 6.2.C., J. Legge to A. Tidman, Hong Kong, 14 April 1860.

⑥ LMS/CH/GE/PE, box 10, J. Mohl to J. Legge, Paris, 25 July 1860.

⑦ LMS/CH/SC, 6.3.B., J. Legge to A. Tidman, Hong Kong, 14 January 1861.

俄国人很快地赶在法国人之后购买活字，而且手笔更大得多。第二次鸦片战争以后，俄国政府派遣海军上将普提雅廷（Evfimiy V. Poutiatine）为全权代表来华谈判，1857年11月抵达香港后，在1858初和英华书院达成交易，普提雅廷要买的不是活字，而是可以铸造无数活字的字模，而且大小两副字模全数都要[①]。普提雅廷一次付清2 000元价款，要求尽速完成以便他完成谈判任务后带回俄国，英华书院制作不及，还以本身的部分字模凑数交货，事后再自行从字范翻铸弥补[②]，理雅各和湛约翰两人一再提醒梯德曼注意这笔交易带来的可观利润，却没有考虑俄国人在字模到手后重复铸造活字，不论自用或出售，都可能妨碍了英华书院更多的利益。

紧接在俄国之后购买英华书院活字的是荷兰。1858年，荷兰东印度殖民部的日文与中文翻译官霍夫曼（Johann J. Hoffmann, 1805—1878）获得其部长赞同购买一副小活字5 503个，交由阿姆斯特丹（Amsterdam）的铸字匠N. Tetterode以电镀方式翻铸成字模，并在1860年出版字样[③]；后来继续添购，增加至6 581个，也都电镀翻铸字模，还于1864年出版第二次字样[④]。霍夫曼使用从这些荷兰字模铸出的中文活字排印他自己的中文和日文的著作，为此他还自创一套这些活字的编号方法，便于不识中文的印刷厂排版工检索这些中文活字。但是，令人惊讶的是英华书院的传教士并未报道荷兰购买活字的事，恐怕也不知道自己的活字已被荷兰人翻铸了字模。[⑤]

---

① LMS/CH/SC, 6.1.B., J. Legge to A. Tidman, 27 Montpelier Square, Brompton, 19 June 1858.

② Ibid., 6.2.C., J. Legge to A. Tidman, Hong Kong, 28 January 1860.

③ Johann J. Hoffmann, *Catalogus van Chinesche Matrijzen en Drukletters*. Leiden: A. W. Sythoff, 1860.

④ Johann J. Hoffmann, *Chinese Printing-Types Founded in the Netherlands*. Leiden: A. W. Sythoff, 1864.

⑤ 倒是美国长老会上海美华书馆的主任姜别利，曾在1861年报道荷兰人购买英华书院活字翻铸成字模的事，还称赞荷兰人以字模铸出的活字印成的中文字样很美观（BFMPC/MCR/CH, 191/5/217, W. Gamble to W. Lowrie, Shanghai, 4 October 1861.）。

第四个购买英华书院活字的外国政府是英国殖民地新加坡。1872年新加坡政府通过香港殖民地政府采购大批的活字而非字模，金额大约将近2 000元，当时负责英华书院的传教士欧德理说，这笔生意将可带来约800元的利润，他为此发电报向英国采购铸字金属原料①。不过，这笔生意来不及完成，因为英华书院在1873年初出售给中华印务总局，买卖合同中约定由买方承受这笔交易，并还给英华书院已经为此付出的各项费用。②

（四）中国官民

以上英华书院活字的三类使用者都是外国人，等到1860年代中国政府与人民也陆续成为英华书院活字的顾客，代表着开始有中国人认同与接受此种西式印刷方法。英华书院和中国人最初的几笔生意不见得最后都成交，其进行过程也并非很顺利，但是要长期习于木刻的中国人改用西方印刷技术而没有波折跌宕，恐怕是一种过分的期待，重点应在于这些交易是西式印刷和传统木刻在中国社会此长彼消的开端，在近代中国图书文化的改变过程中具有划时代的意义。

令人有些惊讶的是第一位中国人顾客竟然是太平天国的干王洪仁玕。1861年1月中，理雅各写信告诉梯德曼，干王有信给黄胜，要买一台印刷机和大小两副活字，并附带给太平天国管理苏州关卡的官员的指令，要求该名官员在印刷机和活字送到苏州时付款③。洪仁玕想买印刷机和活字不会是突然之举，他在1854年从香港到上海企图前往南京期间，就住在伦敦会上海布道站约半年左右，应当见识过墨海书馆西式印刷的情况。但是，洪仁玕因为找不到前往南京的机会而在1855年初回到香港，不久就进入伦敦会布道站担任老师与传道人，三年后于1858年离港前往

---

① LMS/CH/SC, 7.2.D., E. J. Eitel to J. Mullens, Hong Kong, 23 December 1872.
② Ibid., 7.3.A., E. J. Eitel to J. Mullens, Hong Kong, 5 February 1873.
③ Ibid., 6.3.B, J. Legge to A. Tidman, Hong Kong, 14 January 1861.

南京。他在布道站工作的三年间，势必也见识到了英华书院的铸字和印刷情形，才会在成为干王后写信给黄胜购买机器和活字。

对于洪仁玕的订单，理雅各显得意外而又兴奋，他说："别人供应枪弹与火药给叛乱者，我很乐意供应他们别的东西。"[①]理雅各回信告诉洪仁玕，他必须在机器和活字从香港起运前付清价款，同时自行负担运到苏州途中的风险；理雅各同时又嘱咐黄胜开始铸造洪仁玕所订的两副活字。在收到订单的一年后，理雅各在1862年1月底报道，干王要的两副活字已经铸成过半了，但是一直没有收到他的回音，理雅各认为以当时的局势判断，英华书院成为太平天国铸字厂的希望不大[②]。此后理雅各或其他传教士再也没有提起这件事。

第一位和英华书院做成活字生意的中国人来自官宦人家。1864年2月理雅各报道，广东巡抚的一名儿子到英华书院来参观，接连看了三四天的印刷与铸字工作，也购买了为数不多的大活字，声称将用于印刷衙门各项告示[③]。虽然理雅各没有指出广东巡抚的姓名，但当时的巡抚正是郭嵩焘，因此到英华书院参观并购买活字的应当就是他的三名儿子之一，又因这些活字准备用于公务印刷，很可能此行出于郭嵩焘指示或同意的。有意思的是理雅各告诉郭嵩焘之子，有了西式活字还得配合印刷机才行；对方却坚持以中国木刻使用的墨水和毛刷搭配活字不会有问题；理雅各认为对方终会发觉不可能如此而感到失望。[④]

理雅各何以有把握木刻用的墨水和毛刷不能搭配西式活字？原来他自己早有经验了。早在1851年，理雅各就企图折衷中西印法而如此尝试

① LMS/CH/SC, 6.3.B, J. Legge to A. Tidman, Hong Kong, 14 January 1861.
② Ibid., 6.3.A., J. Legge to A. Tidman, Hong Kong, 27 January 1862.
③ Ibid., 6.4.B., J. Legge to A. Tidman, Hong Kong, 24 February 1864.
④ Ibid.

过，还认为可以节省印刷成本而获得较多的利润，只是他觉得中国毛刷不太合用，特地向伦敦订购为数一打的刷子备用[1]。结果理雅各的实验失败了，第一，金属活字吃墨不匀导致版面浓淡不一；第二，原本整齐排版而固定的活字容易被刷得动摇不牢；第三，有些活字上的细微笔画还被刷得受到损害[2]。有了先前失败的经验，理雅各在告诉梯德曼关于广东巡抚之子的事时，有些担心其在重蹈了自己的覆辙之后，会失去了使用西式活字的念头。[3]

在同一封信中，理雅各又谈到另一位中国人顾客。原来是一名住在广州的翰林写信给理雅各，询问英华书院可否出售全副的字模给他[4]。虽然这件交易似乎没有实现，否则理雅各不可能对如此大笔的买卖和利润没有进一步的交代，但是接连有巡抚之子和翰林对英华书院的活字感兴趣，让理雅各大为兴奋，他说：

> 这显示中国人正屈服于加诸他们的外国知识和实务的压力，这也证明我们的传教工作展现的影响力，即使不是直接的性质，但其效果会更为有利而广泛，在未来的中国，依照我们西方模式运作的印刷所，将扮演一个重要的角色，这是台约尔的积极进取带来的结果。[5]

就是理雅各这样的信念，为英华书院的活字带来一个更引人瞩目的中国顾客——上海道台丁日昌。1865年理雅各因健康问题前往华北与

---

① LMS/CH/SC, 5.2.B., J. Legge to A. Tidman, Hong Kong, 22 April 1851. 理雅各不是第一位想要如此折衷中西印法的人，早在1834年时马礼逊就要其子马儒翰尝试同样的印法，马儒翰也同意进行实验，但并没有下文（Wellcome, Western 5829, Robert Morrison to his son John, Macao, 24 March 1834; Wellcome, Western 5827, John R. Morrison to his father, Canton,1 April 1834）。

② LMS/CH/SC, 5.2.C., B. Hobson to A. Tidman, China, 23 February 1852. 理雅各自己没有说明实验的结果，合信则在此信中代他承认失败并说明原因。

③ Ibid., 5.2.B., J. Legge to A. Tidman, Hong Kong, 22 April 1851.

④ Ibid., 6.4.B., J. Legge to A. Tidman, Hong Kong, 24 February 1864.

⑤ Ibid.

日本，当年9月在上海停留期间和丁日昌有些往还，理雅各向丁日昌介绍自己的《中国经典》一书，同时介绍印刷此书所用的英华书院活字，获得丁日昌的赞赏，结果两人订约买卖大小两副活字的字模。理雅各很清楚，身为当时中国自强运动执行者之一的丁日昌只要有意，在字模到手后便可以成为中国活字的供应者，对英华书院将极为不利，因此这项交易的风险远大于几年前卖字模给俄国人，但理雅各宁可冒此风险，他乐观地认为，丁日昌愿意购买，明显是中国官员真心重视西方知识和实用的一个指标。①

理雅各认为很有意义的这桩交易，却因丁日昌从上海道台升任两淮盐运使而变得有些复杂。在他调职前，英华书院已经收到货款1 524元，足够大小两副字模的成本还有余，而大活字字模也已在丁日昌升迁以前完成交货。但理雅各说丁氏的新职包含黄河河工在内，万一有个闪失就可能落职获罪，因此在香港代理丁氏银钱事务的行号先求自保，坚持要先获得丁日昌通知才肯付清待结的钱给英华书院，也才愿意代为收受小活字字模转交给丁日昌。理雅各在1867年1月报道，自己为此直接写信给丁日昌交涉②。但不久理雅各回英国，其他传教士也没有再提起这件事，究竟丁日昌如何决定，他是否还要小活字的字模，以及他收到的大活字字模有无派上用场，可能都成了难以踪迹的谜。

1872年5月，英华书院收到了一笔大订单，北京的总理各国事务衙门经由总税务司赫德购买两副活字，还先付了约半数价款2 000元，但要求英华书院代为从英国进口整套印刷机具③。承办的传教士欧德理制作了一份成本利润估计表：

---

① LMS/CH/SC, 6.4.E, J. Legge to A. Tidman, Hong Kong, 31 January 1866.
② Ibid., Reports, 1.1., J. Legge to J. Mullens, Hong Kong, 30 January 1867.
③ Ibid., 7.2.B., E. J. Eitel to J. Mullens, Hong Kong, 12 May 1872.

成　本		收　入	
工资	604元	240 000个大活字	2 743元
铸字金属	906元	240 000个小活字	968元
新购铸字工具	258元	232 000个大活字圈点符号	116元
其他	207元	232 000个小活字圈点符号	46元
合计	2 000元	合计	3 873元
利润	1 873元		

说明：此表成本合计应为1 975元，欧德理或者算错或者取其整数而计为2 000元。

欧德理和工匠约定，如果在1873年1月15日前完成工作，工匠可得25元奖金，否则罚款25元，此项奖金不含在工资604元中，但列入成本合计的2 000元内①。这些活字在1872年底铸造完成，由黄胜带往北京解交总理衙门，欧德理在1873年1月2日报道，黄胜已经离开香港了，又说这笔交易加上代理赫德进口印刷机具的利润共是2 432.58元。②

英华书院最后一位顾客是由中国人组成的公司"中华印务总局"，他们不仅要买活字，更要买下整个英华书院，而且买卖双方的谈判顺利，1873年1月中开始进行，半个月后达成协议成交，由中国人接手管理西式中文印刷的重镇英华书院。

第五节　出售的原因与经过

出售英华书院并不是临时决定的，从1866年起，传教士和伦敦会之

① LMS/CH/SC, 7.2.B., E. J. Eitel to J. Mullens, Hong Kong, 17 May 1872.
② Ibid., 7.3.A., E. J. Eitel to J. Mullens, Hong Kong, 2 January 1872.

间就持续讨论英华书院何去何从的问题，包括出售在内，其原因如下：

一、技术与成本不如美华书馆

如前所述，美华书馆以电镀技术复制英华书院的两副活字，加上本身的四副活字，大小俱备的六副活字与低廉的电镀生产成本，让只有两副活字并继续以传统手工铸字的英华书院瞠乎其后。传教士当然了解此种情况，1867年和1868年间他们在布道站会议纪录和个人书信中，几次向伦敦会说明美华书馆在活字生产与价格上的优势，也表达只有充实扩大英华书院设施才能维持竞争力[①]。督导英华书院的滕纳特地检送美华书馆的活字目录给穆廉斯，并承认："现在我们已在为中国铸造活字的工艺上被年轻的竞争者远远超越了。"[②]

二、墨海书馆结束的连带效应

姊妹印刷所墨海书馆在1866年结束后，英华书院不但成为伦敦会在中国唯一的印刷出版机构，也是英国传教界在华唯一较有规模的印刷出版机构。英国圣经公会在墨海书馆关闭后，就希望英华书院能接下所有中文圣经的印刷出版工作，但英华书院一向是铸字重于印刷，当时负责的理雅各认为必须充实设备、扩大规模，并由英国派来专业印工主持，否则无法承担所有中文圣经的生产任务[③]。曾经负责英华书院但已调往广州布道站的湛约翰，也呼应理雅各的主张，并建议伦敦会尽早决定是出售或加强英华书院。[④]

---

① LMS/CH/SC, 6.5.A., F. S. Turner to J. Mullens, 8 March & 25 April 1867; ibid., 6.5.B., F. S. Turner to J. Mullens, 28 January 1868. 其中1867年3月8日滕纳的信是香港与广州两布道站的联席会议纪录。

② Ibid., 6.5.B., F. S. Turner to J. Mullens, 28 January 1868.

③ Ibid., 6.4.E., J. Legge to J. Mullens, Hong Kong, 25 April 1867.

④ Ibid., 6.4.D., F. S. Turner to A. Tidman, Canton, 13 December 1866, enclosure, 'Minutes of a Meeting Held at the Residence of Legge, Hong Kong, 5th December 1866.'

三、伦敦会对英华书院盈亏的态度

英华书院的盈余绝大多数来自出售活字，但活字的销售并不稳定，大都是被动等待顾客上门，从1853年到1866年虽然年年有盈余，数目却多少不一。负责英华书院多年的理雅各在1867年初回英，改由滕纳接手，这年却转为亏损900元[①]，但滕纳却要求伦敦会拨款修缮印刷所，穆廉斯大为不快地在回信中直言，理雅各以往给了伦敦会许多利润，而滕纳不但没有盈余，居然还指望伦敦会拨款为英华书院换新屋顶[②]。在接下来的数年中，英华书院的盈余依旧不稳定，遇到如总理衙门的大笔订单时盈余很可观，否则就很有限。

从1866年到1872年间，传教士与伦敦会讨论过英华书院多个可能的去向。传教士最初希望能派一名英国专业印工前来主持，以减轻他们的工作负担[③]，但专业印工高出黄胜数倍的薪水却是伦敦会最不可能接受的一种方式。滕纳接受黄胜的建议，主张将英华书院迁移到广州以减轻工资的负担，但伦敦会认为广州工资也会逐年提高而不可行，反而要求滕纳加强管理以降低成本[④]。滕纳又建议干脆请圣经公会接办英华书院，但圣经公会一向不直接经营印刷所，其驻华代表伟烈亚力也只表示会继续支持和补助英华书院[⑤]。最后一任监督英华书院的欧德理则主张续办英华书院，他会尽力加强管理整顿，提高工作效率[⑥]。伦敦会一度还希望总税务司

---

① LMS/CH/SC, 6.5.A., F. S. Turner to J. Mullens, Hong Kong, 28 October 1867.

② LMS/CH/GE/OL, J. Mullens to F. S. Turner, London, 10 December 1867.

③ LMS/CH/SC, 6.4.E., J. Legge to J. Mullens, Hong Kong, 22 August 1866; ibid., 6.4.D., F. S. Turner to J. Mullens, Canton, 13 December 1866.

④ Ibid., 6.5.A., F. S. Turner to J. Mullens, Hong Kong, 28 October, 1867; LMS/CH/GE/OL, J. Mullens to F. S. Turner, London, 26 February 1868.

⑤ Ibid., 6.5.A., F. S. Turner to J. Mullens, Hong Kong, 8 March, 25 April, 1867; ibid., 7.2.C., E. J. Eitel to J. Mullens, Hong Kong, 28 June 1872.

⑥ Ibid., 7.2.C., E. J. Eitel to J. Mullens, Hong Kong, 28 June & 3 July, 1872.

赫德能接办英华书院，赫德没有意愿，表示只买活字而不谈其他。[①]

1872年3月间，伦敦会觉得不宜再拖延不决，于是由穆廉斯写信给理雅各和督导英华书院的欧德理，表示长期以来英华书院是个沉重的负担，虽然大致总是收支相抵，但每当需要修理房舍时，却耗费大笔金钱而得不到明显的回报，因此若有其他方式让圣经和小册的印刷有效进行，伦敦会将很乐于完全摆脱英华书院的负担，最好是香港布道站能以有利的价格将书院卖掉。[②]

四个月后，欧德理报道了第一个询价的可能买家，对方来自上海，同意以合理的价格继续为圣经公会和小册会印刷。欧德理和理雅各商量后报价10 000墨西哥银元，包含印刷与铸字机具1 000元、两副铸成的活字4 000元、两副字范与字模5 000元；但是对方没有回音[③]。1872年底欧德理又报道，已将出售英华书院的详细信息告知本地两家西方人经营的印刷所，正等待回应中。[④]

谁都没有想到竟然冒出了一家还在筹组中的中国人公司——中华印务总局（The Chinese Printing Company）[⑤]。1873年1月15日欧德理报道，一家中国人公司前来探询出售的细节，但尚未承诺买下[⑥]。同月28日他再度报道，买卖以10 000元成交了，将在2月1日生效，买家就是中华印务总局。[⑦]

---

① LMS/CH/SC, 7.2.D., E. J. Eitel to J. Mullens, Hong Kong, 11 December 1872.

② LMS/CH/GE/OL, J. Mullens to J. Legge, London, 27 March 1872; ibid., J. Mullens to E. J. Eitel, London, 27 March 1872.

③ LMS/CH/SC, 7.2.C., E. J. Eitel to J. Mullens, Hong Kong, 19 July 1872; ibid., 7.2.D., E. J. Eitel to J. Mullens, Hong Kong, 11 December 1872.

④ Ibid., 7.2.D., E. J. Eitel to J. Mullens, Hong Kong, 11 December 1872.

⑤ 关于王韬等人组成的中华印务总局及其编印的《循环日报》，参见卓南生《中国人自办成功的最早中文日报——〈循环日报〉》，《近代中国报业发展史（1815—1874）》一书，页212—241，以及苏精《从英华书院到中华印务总局》，《马礼逊与中文印刷出版》，页259—272。

⑥ LMS/CH/SC., 7.3.A., E. J. Eitel to J. Mullens, Hong Kong, 15 January 1873.

⑦ Ibid., 7.3.A., E. J. Eitel to J. Mullens, Hong Kong, 28 January 1873.

欧德理接着叙述买卖谈判的经过详情。代表买方出面谈判的是陈言(Chun-a-yin),他表示为了出版一家中文报纸,希望购买英华书院全部生财机具与存货,并希望能租用书院的房舍。理雅各和欧德理同意以每年500元出租房舍,条件是礼拜日不得工作,所办报纸也不能有非难基督教的内容。陈言对此条件无法接受,于是提议连房舍一齐买下,但要求增建一层楼。两名传教士认为这将妨碍布道站房舍的采光与通风,因此没有接受。最后陈言决定买下生财机具与存货后迁移到他处开业,却又发生了另一件争议,陈言拒绝以原来的价格生产圣经公会与小册会的印件,但这却是传教士坚持的条件,否则难以对伦敦会及圣经公会与小册会交代,双方经过一些争论与折衷后,陈言终于也同意了。

主要的争议都解决后,双方起草合约,主要内容如下[①]:

一、英华书院所有机具、存货、生意及权利买卖价格为10 000墨西哥银元。

二、陈言于1873年2月1日或以前交付1 000墨西哥银元给欧德理作为保证金,并于同年2月1日接管英华书院所有机具、存货及生意。

三、除保证金外,陈言须在1873年3月1日前交付4 000墨西哥银元给欧德理,并在同年4月1日前交付其余5 000墨西哥银元。

四、如陈言未在1873年4月1日前付清10 000墨西哥银元,本合约即告失效,所有已付金额没收,同时理雅各与欧德理有权重新拥有英华书院机具、存货、生意及权利。

五、除英华书院的机具、存货、生意及权利外,陈言并将拥有黄胜所有的三副字模,并在1873年3月1日或以前交付1 700墨西哥银

① LMS/CH/SC, 7.3.A., E. J. Eitel to J. Mullens, Hong Kong, 5 February 1873.

元给黄胜。[1]

六、若陈言未能在1873年4月1日或以前将所有机具存货迁离英华书院，须付每月50墨西哥银元房租，并不得在礼拜日工作。租用期间陈言需付治安、照明、水、消防费用及政府税收。

七、所有截至1873年2月1日尚未完成的印刷工作，由陈言接续完成，并付给欧德理先前已付出的印刷成本。

八、新加坡政府订购的活字，由陈言继续完成与收费，但退还给欧德理先前已付出的成本，包含向伦敦订购铸字金属的费用。

九、所有欧德理先前所订书面与口头合约，包括和《德臣西报》订立供应活字合约，以及和印刷与铸字工匠所订合约，均由陈言继续执行。

十、陈言同意以英华书院原订价格继续承印英国圣经公会与小册会印件，但圣经公会每次印件至少为5 000部，小册会每次印件至少为2 000部，少于以上部数，陈言可以拒印或自行订价承印；若两会印件所用纸张每两百张价格涨至50分钱以上，陈言可按比例提高两会印件价格；两会印件完成后交货递送费用由两会负担。

1873年1月31日，买卖双方代表人陈言、理雅各、欧德理，及双方见证人D. Petri和黄木等，在包含上述内容的合约上签字，第二天交易生效，英华书院结束了从1846年或者说1843年以来三十年的历史，伦敦会也结束了从马礼逊以来超过六十年的中文印刷事业。

---

① 黄胜于1867至1868年间获得滕纳同意，并付200元给英华书院后，自行复制英华书院所有活字字模，但一直未曾使用。陈言与欧德理谈判买卖期间，陈言同意在购买英华书院的10 000元外，再付1 700元向黄胜收购这些字模并纳入合约。欧德理于合约签字生效后仍争取伦敦会利益，并请求香港最高法院首席大法官（Chief Justice）司马理（John Smale）调解，结果黄胜同意自1 700元中分出700元给予伦敦会，参见LMS/CH/SC, 7.3.B., E. J. Eitel to J. Mullens, Hong Kong, 9 May 1873, enclosure: ‘Correspondence explaining the reason for which Mr. Wongshing pays over to the L. M. S. the sum of seven hundred dollars’。

结　语

1873年英华书院的出售，象征传教士引介西式活字印刷术来华行动的结束，从此展开的是主要由中国人自行使用与推广的本土化阶段。买下英华书院的中华印务总局继续使用原来的活字，也供应香港本地市场的需要；在上海方面，美华书馆的活字供应更广大的中国市场北方及海外地区。除了中华印务总局和美华书馆这两个机构以外，最迟从1875年起，拥有铸造活字和电镀铜版技术与资金的中国人，也创业加入了生产活字与出售印刷机的生意[①]。此后约三十年间，西式活字、传统木刻和照相石印三种技术相互竞逐中国的图书生产市场，照相石印倏然兴起也随即衰退，西式活字则不断扩大市场范围，超越并取代传统木刻，成为二十世纪中文印刷的主流技术。

① 关于中国人的铸造西式活字，已知最早的报道见于1874年8月5日《申报》刊登《论铅字》一文，作者表示自己所见无锡徐雪村（寿）与慈溪钱裁棠两人铸造的活字，与西人所铸毫无差别，只是尚未用于实际排印而已。一年后的1875年8月11日起，有人在《申报》上连日刊登广告，声明已铸有大小五种活字出售，还附有字样为证，并可代客翻铸铜铅书版，以及出售印刷机等等，刊登广告者署名为“上海洋泾浜四马路南昼锦里口朝东第一石库门善善堂张”。

第八章
美国长老会中文印刷出版的开端

绪　论

上海的美华书馆为美国长老教会的外国传教部（Board of Foreign Missions of the Presbyterian Church）所办，从1860年代到二十世纪初年的半个多世纪中，是中国规模最大的西式印刷出版机构，不仅致力于基督教书刊的印刷出版，也在汉学、西学以至日文的印刷出版与传播方面有显著的成果，同时美华书馆生产的各种活字供应中国内外的需要，是导致西式中文活字取代传统木刻印刷的重要因素，因此美华书馆和近代中国印刷出版与思想学术的发展有非常密切的关系。

美华书馆的成就并不是一蹴而及的，从1830年代长老会准备进行中国传教，一开始就决定以印刷出版作为一个重要的部门，经过长达三十年的波折、迁徙与努力，历经发轫萌芽、暂居澳门、迁移宁波三个过渡时期，最后才在上海建馆后达到巅峰，必须先探讨先前萌芽和成长的历程，才可全面深入地了解美华书馆的茁壮与发展。本文先讨论长老会中文印刷出版的开端（1836—1844），以下各篇再接续探讨澳门华英校书房（1844—1845）、宁波华花圣经书房（1845—1860），以及上海美华书馆（1860—1869）等时期，直到1869年主持美华书馆的姜别利（William Gamble, 1830—1886）辞职离去为止。自他离职以后到书馆关门结束（1932）的六十余年间，美华书馆规模不断扩大，产量也持续提升，但从印刷技术的观点而言，并没有再出现重大的创新或变革。

第一节　关键性的人物

印刷出版一向是基督教用以协助传教的重要手段。十六世纪的宗教改革能获得相当程度的成功，一个重要的因素是印刷出版推波助澜的传播力量；此后的数百年间，印刷出版也一直是传播基督教的利器。十九世纪初年基督教传到中国后也是如此，刚开始时还因为中国政府禁止传教，传教士不能公开口传福音，所以格外倚重文字书刊，印刷出版甚至成为首要不可或缺的传教活动。

在长老会开始中文印刷出版前，先到中国的伦敦传教会和美部会在这方面的工作都已进行多年，而且这两会都是传教士抵达中国后，体认到有此需要而发动中文印刷出版，再进一步获得所属传教会的支持。他们在技术上最初都使用中国传统的木刻方法，后来才兼用西式印刷术。长老会的情形则有不同，他们在1836年宣布要开创中国传教事业时，中文印刷出版就是计划中非常重要的一部分，并且从开头就是要使用铸造的金属活字，而非中国传统的木刻。

要制订这样与众不同的计划和方法，其人必有独到的见识，在长老会中主导策划与负责推动中文印刷出版工作的人物是娄睿（Walter Lowrie, 1784—1868）。

娄睿出生于苏格兰爱丁堡，八岁（1792）随亲移民美国，定居宾夕法尼亚州巴特勒郡（Butler County, Pennsylvania），十八岁领洗成为基督徒，一度有志成为牧师而攻读神学与拉丁文、希腊文及希伯来文；娄睿自二十七岁（1811）起从政，先后担任宾州议会众议员（1811—1812）、参议员（1813—1819）、联邦参议员（1819—1825），及联邦参议院秘书（1825—

1836)。[1]

娄睿和中国的因缘起于自学中文。1824年他在联邦参议员任内时遇到过一些在华盛顿特区的华人,便决定自行从书上学习中文,期望有朝一日能向华人或到中国传播基督教福音,他为此每天早晨提前两小时起床研究,数年后达到可以翻译浅易中文的程度。[2]

1836年是娄睿一生事业非常重要的转折点,他在这年主动放弃了优渥的国会生涯,投入向印第安人与海外异教徒传播基督教福音的使命,应聘担任长老教会匹茨堡大会(Synod of Pittsburg)成立的西部外国传教会(Western Foreign Missionary Society)的通讯秘书(corresponding secretary)一职[3]。娄睿在1836年12月上任后,即代表该会宣布1837年新增五个传教地区的计划,并特地声明以中国为优先进行的最重要目标,计划派遣传教士、医生、教师各两人,印铸工匠三人(印刷工、铸字工各一人,主任一人),合计九人组成中国布道团,同时订购巴黎铸字匠李格昂正打造中的整套中文活字,预计一年后可以完成[4]。娄睿在计划中还表示:

---

① 关于娄睿的生平,参见John D. Wells, *Hon. Walter Lowrie* (New York: 1869); John C. Lowrie, *Memoirs of the Hon. Walter Lowrie* (New York: The Baker and Taylor Co., 1896); James A. Kelso, ed., *The Centennial of the Western Foreign Missionary Society 1831–1931* (Pittsburgh: 1931), pp.193–213, Robert E. Speer, 'Walter Lowrie.'

② D. Wells, *Hon. Walter Lowrie*, p.7; J. C. Lowrie, *Memoirs of the Hon. Walter Lowrie*, p.25; R. E. Speer, 'Walter Lowrie,' p.203. 但这些关于娄睿的传记都没有他学习中文的详情。

③ *Foreign Missionary Chronicle*, 4:9(September 1836), pp.142–143; 4:10(October 1836), p.173. 长老教会的组织分四个层级,全国性者称为总会(General Assembly),大区域者为大会(Synod),小地区者为中会(Presbytery),单一教会则称为小会(Session);西部外国传教会是区域性的匹茨堡大会所创,也是当时长老会数个区域性大会成立的传教会之一,后来才都并入总会办的美国长老会外国传教部。但有人不了解长老会的组织,而错误地宣称美国长老会(The Presbyterian Church in the U. S. A.)于1831年在匹茨堡举行会议时创立美国西部外方传道会(The Western Foreign Missionary Society of the United States),见冯锦荣《姜别利(William Gamble, 1830—1886)与上海美华书馆》,复旦大学历史系、出版博物馆编《历史上的中国出版与东亚文化交流》(上海:上海百家出版社,2009),页274—276;及冯锦荣《美国长老会澳门'华英校书房'(1844—1845)及其出版物》,珠海市委宣传部、澳门基金会、中山大学近代中国研究中心编,《珠海、澳门与近代中西文化交流》(北京:社会科学文献出版社,2010),页267—285。

④ *Foreign Missionary Chronicle*, 4: 10(October 1836), pp.172–173; *Fifth Annual Report of the Western Foreign Missionary Society* (1837), p.19.

“本会通讯秘书已经掌握了中国的书写文字，中国传教士可以在他的指导下立即开始学习中文。”[①]1837年12月9日第一批两名对华传教士自纽约启程[②]，距娄睿宣布中国传教计划正好一年。

西部外国传教会在1837年一度改名为长老会外国传教会（Presbyterian Foreign Missionary Society），但随即在同一年因为美国长老会的总会（General Assembly）成立直属的外国传教部以统一事权，并合并西部外国传教会在内的数个区域性传教会，而娄睿在外国传教部成立后的第一次会议中又被任命为通讯秘书[③]，领导该部的日常业务，又由于通讯秘书是该部执行委员会（Executive Committee）的当然委员，娄睿因而实际执掌美国长老会的外国传教事业长达三十年之久，其间中国传教事业及中文印刷出版一直是他最关切与努力的主要事务之一。

从娄睿在三十年间和在华传教士的大量通信内容，可以清楚地理解他对于中文印刷出版始终秉持的两个原则：第一，他坚持以铸造的金属活字印刷中文必然胜于中国传统木刻的信念；第二，他不但主持策划其事而且亲自处理原料、工具与中文活字的订购查验等等事务。

在坚持信念方面，直到1850年代为止，仍有来华传教士在报道中文木刻的简便易行而且代价低廉时，对于西式印刷是否适合中国之用有所疑问，这些报道和疑问都动摇不了娄睿认为西式活字印刷才是长远之道的观念。例如1849年时担任宁波华花圣经书房主任的传教士露密士（Augustus W. Loomis, 1803—1897）写长信给娄睿，讨论西式印刷和木刻的比较，特别是木刻成本低廉的优势，并大量摘引美以美会福州传教士怀德（Moses C. White）等人的同样说法，认为木刻优于西式印刷[④]。娄睿则

① *Foreign Missionary Chronicle*, 4: 10 (October 1836), p.174.
② Ibid., 6:1 (January 1838), p.22.
③ Ibid., 5:12 (December 1837), p.188.
④ BFMPC/MCR/CH, 190/3/101, Augustus W. Loomis to W. Lowrie, Ningpo, 28 January 1849.

回信表示，露密士的信是历来所见关于木刻印刷写得最详尽而清楚的文献，娄睿也对木刻印刷的成本和中国人工的低廉大感惊讶，但是他紧接着又表示："这种情况并不会改变我们对于建立印刷所的重要性的看法。" ①

在亲自处理印刷事务方面，娄睿和姜别利的来往书信很明显地展现出娄睿此种态度。姜别利来华后经常写信给娄睿要求购买机器、纸张、油墨、各种零件等等，娄睿几乎是有求必应，而且尽可能地不假手他人办理，简直如同是姜别利在美国的代理人一般。不仅如此，娄睿写给姜别利的信也多于写给其他传教士的信，这在一般传教会的秘书中是绝无仅有的现象，因为传教的首要工作在口头宣讲，印刷毕竟是辅助性的部门，印工的地位也低于传教士；何况娄睿领导长老会外国传教部，又曾任联邦参议员和参院秘书等高级职务，却愿意持续对社会地位远低于自己的姜别利鼓励、关照和协助有加，这种难得的事只有从娄睿自己对中国传教、中文印刷和中文活字的执著与热爱才能解释。

正是娄睿长期一贯的信念和作为，促使长老会的中文印刷出版事业萌芽后三十年左右，历经澳门华英校书房与宁波华花圣经书房两个时期，终于在1860年从宁波迁到上海的美华书馆时期发展到巅峰，成为中国规模最大的西式印刷出版和供应中文活字的机构，而西式活字印刷也终于在十九世纪末期取代木刻成为中文印刷的主流技术。

最后的成功并不表示过程都是顺利而没有困难波折的，先不论十九世纪前期在华传教遭遇的政治与文化冲突等困境，单是在印刷出版的领域就有连串的难题横亘当前，中文活字的取得、印工的人选以及印刷出版的环境，都和人在美国的娄睿原来的了解或想象有意料之外的出入，以下是1844年长老会终于在中国建立印刷所之前，娄睿就必须先解决的一些问题。

---

① BFMPC/MCR/CH, 235/79/20, Walter Lowrie to Ningpo Mission, New York, 22 June 1849.

第二节　中文活字的问题

首先是活字的问题。既然一开始就决定以西法印刷中文，则西式的中文活字是必要的先决条件。可是，当1836年底娄睿宣布长老会将展开中国传教时，雪兰坡传教士马士曼的中文活字早已停用，广州美部会传教士卫三畏得自东印度公司澳门印刷所的中文活字仍在零星使用中，此外世上没有一副可实际用于印刷的西式中文活字。正在打造中的则有两副：其一由伦敦会传教士台约尔在马来半岛的槟榔屿和马六甲进行；其二为法国铸字师傅李格昂在巴黎打造。台约尔从1833年起雇用几名华人工匠开始铸字行动，但他是传教士，主要工作在讲道、办理学校、分书、访问华人等事，铸字并不是他的专长，因此进度很慢，结果李格昂比他晚了三年多才着手打造，却后来居上超前了。

李格昂和法国汉学家包铁合作，于1834年发表初步的计划书（*Caractères Chinois Gravés sur Poinçons d'Acier*），准备依照西式活字印刷术的工序，打造一副最常用的2 000个中文活字，以后再按顾客需求增加字数[①]。到1836年李格昂编印的宣传小册中，说明打造的活字目标从原订的2 000个字，大量增加至8 848个活字，凡是无法拆解拼合的汉字才打造全字，若是可以拆解拼合的汉字则分别打造部首偏旁与其他部分的活字，一个部首活字可以拼合数个以至数百个汉字，如此以8 848个活字可拼合成

① 巴黎活字初步计划书的内容，附在李格昂1836年编印宣传巴黎活字的小册之后（M. Legrand, *Caractères Chinois, Gravès sur Acier par Marcellin Legrand*。裨治文将计划书主要内容译成英文刊登于*The Chinese Repository*, 3:11（March 1835）, pp.520–521, 'Chinese Metallic Types: Proposals for Casting a Font of Chinese Types by Means of Steel Punches in Paris.'

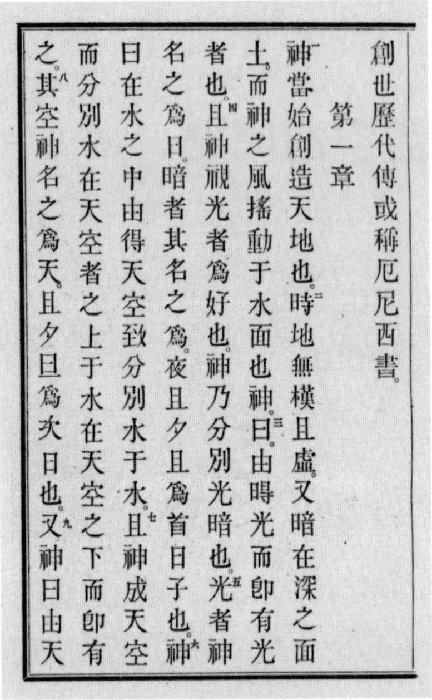

創世歷代傳或稱厄尼西書。
第一章
神當始創造天地也。時地無模且虛。又暗在深之面
土。而神之風搖動于水面也。神曰由晹光而卽有光
者也。且神視光者爲好也。神乃分別光暗也。光者神
名之爲日。暗者其名之爲夜。且夕且爲首日子也。神
曰在水之中由得天空致分別水于水。且神成天空
而分別水在天空者之上于水在天空之下而卽有
之。其空神名之爲天。且夕旦爲次日也。又神曰由天

图8-1　巴黎铸字匠李格昂的拼合式中文活字（1837）

30 000个汉字，足以节省打造数万个中文活字的大量成本与时间。[①]

娄睿从当时在巴黎的长老会牧师贝尔德（Robert Baird, 1798—1863）处获得李格昂打造中文活字的讯息[②]，也因此如前文所述，他在接任西部外国传教会通讯秘书后宣布中国传教计划的同时，也宣布订购李格昂的巴黎活字，整副活字的字模价格为4 218.75元[③]，而娄睿代表的西部外国传教会也成为李格昂巴黎活字的第一位顾客。

事情却没有如想象的顺利，在娄睿发出订单和500元定金后，迟迟未能如期在一年后收到活字。原来是李格昂认为9 000个字范的成本极巨，只有一名订户不敷成本，因此直等收到来自法国皇家印刷所的第二份订单后才积极打造[④]；而且是李格昂

① M. Legrand, *Caractères Chinois* (1836), p.4.

② *Twelfth Annual Report of the American Tract Society* (1837), pp.108-109.

③ *Foreign Missionary Chronicle*, 4: 10 (October 1836), p.173.

④ *Fifth Annual Report of the Western Foreign Missionary Society* (1837), p.19. 十九、二十世纪之际的美国长老会外国传教部秘书Robert E. Speer在*Presbyterian Foreign Missions*（Philadelphia: Presbyterian Board of Publication and Sabbath School Work, 1901）书中表示，李格昂打造这套活字需要的15 000元，由法王菲力普（Louis Philippe）和大英博物馆（British Museum）各给予5 000元，尚缺5 000元由美国长老会国外传教部分担（p.124）。但Speer此说既无资料来源，真实性也极为可疑：第一，李格昂于1836、1837及1859年三度出版其活字的宣传小册，都未说明获得法王与大英博物院赞助，这完全不合欧洲中古世纪以来凡获王室或达官贵人赞助（patronage）必定题献（dedication）感谢的作法，何况真有法王与大英博物院的赞助，李格昂岂会不大作宣传以抬高这副活字的声誉，极可能是Speer将皇家印刷所的订单过度解释成法王的赞助了。第二，大英博物院的赞助可能性更低，当时伦敦传教会的台约尔也在打造中文活字，伦敦会还广为宣传争取支持，大英博物院何以反而赞助法国人的同一件事？第三，直到1838年，美国长老会国外传教部第一次年报还为李格昂未获（转下页）

陌生的中文，字数之多又远非拼音文字可比，铸造相当耗费功夫与时日，无法按期完成。

由于巴黎活字的打造延宕，这副活字的价值与实用性也在美国引起一些批评，因此长老会外国传教部的机关刊物《外国传教纪事》(*The Foreign Missionary Chronicle*)1839年10月号刊登一篇文章，为订购巴黎活字之举辩护，文中先援引伦敦传教会传教士麦都思的说法为证，因为麦氏出身专业印工，又亲到巴黎检视这副活字并给予赞许；其次，又将巴黎活字和台约尔的中文活字并置比较，显示巴黎活字小于台约尔活字，同样空间大小的纸面，容纳前者的数目是后者一倍，若用以排印马礼逊的中文圣经，前者只需后者一半纸张即可，大为经济有利，文章最后并附有一页以巴黎活字排印的马礼逊圣经旧约《创世纪》样张[①]。这篇辩护文章没有署名，但只有娄睿既有中文能力又有一些活字在手，因此他应该就是此文的作者。非常有意思的是此文所附的《创世纪》样张，是仿照李格昂1836年宣传巴黎活字而印的小册所附《创世纪》样张重新排印的[②]，娄睿更正了李格昂的三个错误，自己却新增了两个错误，也承袭了李格昂的三个错误。

大约从1839年的年中开始，娄睿终于陆续收到了李格昂寄来的字模，他在1840年5月报道，已经收到2 276个字模，这些字模铸出的活字足以拼合成12 658个字[③]。又整整一年后，娄睿在1841年5月再度报道，连同去年到手的字模合计已经超过3 000个，这个数目和其他传教会对华传

(接上页)得应有的鼓励而代为不平(*Annual Report of the Board of Foreign Mission of the Presbyterian Church in the United States of America*(1838), p.17)，果真有来自法王和英人的赞助，美国长老会岂能有不平之鸣?

① *Foreign Missionary Chronicle*, 7:10(October 1839), pp.314–317. 此文的简略内容及《创世纪》样张后来又刊登于1841年的美国长老会外国传教部第四次年报(*The Fourth Annual Report of the Board of Foreign Missions of the Presbyterian Church*, pp.31–32)。

② Marcellin-Legrand, 钢新刻汉字 *Caractères Chinois, Gravès sur acier par Marcellin-Legrand.*(Paris, 1836),《创世历代传或称厄尼西书》.

③ *The Third Annual Report of the Board of Foreign Missions of the Presbyterian Church*, 1840, p.14.

教士曾经使用过的3 326个中文字相比，只差270个字而已，补足后将可拼合成超过14 000个中文字，娄睿因此十分自信地宣称，就传教的需要而言，这个数量是绰绰有余了[①]。至于巴黎活字的字形笔画是否匀称合宜，拼成的字形是否呆板怪异，有无中国人难以接受的“洋相”等品质上的问题，这时候显然根本不在娄睿考虑的范围之内。

第三节　印工人选的难题

娄睿面临的第二个难题是印工的问题。在长老会最初的中国传教计划中，传教士、医生、教师、印工四类人员合计九人，其中印工占三人最多，可见得对于印刷出版的重视与期待。外国传教部的执行委员会也的确在计划宣布后不久，便于1837年初任命了一名印工Nesbit，双方约定这名印工先在美国学习中文，等巴黎活字全部到齐后，由他携带活字与印刷机到中国设立印刷所[②]；不料活字迟迟未到，拖延了两年后，Nesbit也萌生退意，借故毁约推却了这项工作。

出乎娄睿意料之外的是再也难以觅得愿意为中国传教奉献心力的基督徒印工，1840年4月号的《外国传教纪事》上还特地刊登一则“中国布道团欠缺印工”的消息，说明执行委员会已费了几个月时间寻觅印工却无所获的窘境，而当时已有相当数量的巴黎活字到手，对于如此重要的中文印刷出版工作因印工问题耽误进度深感困窘与遗憾。[③]

① *The Fourth Annual Report of the Board of Foreign Missions of the Presbyterian Church*, 1841, p.10.

② *Foreign Missionary Chronicle*, 5: 8 (August 1837), p.114.

③ Ibid., 8:4 (April 1840), p.127.

又延宕了两年之后,好不容易终于有人应征了,一名来自印第安纳州印第安纳波利斯(Indianapolis, Indiana)的印工柯理愿意承担协助中国传教的任务,他大约在1842年初获得任命,随即在纽约以数月工夫熟练了从中文字模铸出活字的技术,并且结婚成家后,再于1843年10月6日和其他中国传教士联袂从纽约启航来华,成为长老会中文印刷出版的第一位专业印工。①

第四节　想象与实际的落差

第三个问题是中文传教书刊印刷出版想象与实际的落差。在长老会派出传教士以前,娄睿只能从其他的间接管道获得中国传教的二手讯息,例如创刊于1833年的《外国传教纪事》,直到1838年刊登本会最早的两位对华传教士寄回的信件内容前,五年间刊登了22篇关于中国传教的文章、信件与消息,全是转载长老会以外的其他来源,大多数为传教士所撰,少数是摘自各传教会的年度报告。有17篇的内容涉及了印刷出版和分发书刊的工作,其中3篇只是非常简略的叙述,另2篇包含审慎保留或负面的看法,其他12篇都对印刷出版显示积极正面的态度,还不乏大肆张扬印刷出版与分书成果丰硕,广受中国人欢迎的内容。例如有多达7篇是高唱"中国已经开放"("China Opened")论调的郭实腊书信。以下是《外国传教纪事》转载《纽约观察家》(*New York Observer*)刊登郭实腊的两篇作品,其一是他在1833年第三次航行中国沿海的日志片段:"我们能够给予

① *Foreign Missionary Chronicle*, 8:4 July 1842, p.201; *The Fifth Annual Report of the Board of Foreign Missions of the Presbyterian Church*, 1842, p.12; A. Wylie, *Memorials of Protestant Missionaries to the Chinese*, pp.134–135. 伟烈亚力的书中说,柯理应征长老会印工前,曾经营一家地方性报纸。

这些本地人的最好礼物，就是给他们一本书，他们都视为宝贵的纪念品珍重收藏，准备让他们所有的亲朋好友阅览。”[①] 其二是郭实腊写于1833年11月28日的一封信：“圣经和传教小册迄今分发得很成功，我见过的亚洲任何地方没有像中国有如此广大的需求和如此难以数计的读者。”[②]

如前文所述，基督教本来就以印刷出版为重要的传教工具，而正要开始对华传教的长老会娄睿等人及东来前的传教士，受到《外国传教纪事》转载的这些乐观言论的影响，都不会怀疑印刷出版中文书刊的可行性和必要性。等到长老会自己的传教士东来之后，却很快地发觉实际情况和原来所知有不小的落差。最先来的两名传教士欧尔（Robert W. Orr, 1808—1857）和米契尔（John A. Mitchell, 1805—1838）在1838年4月5日抵达目的地新加坡，欧尔随即在同月24日写信向娄睿报告：

> 关于印刷出版，我要谦卑地提点意见，借着中文图书或小册为媒介影响中国人的期望，我认为在英国和美国是被过分地高估了，同时许多各处巡回的传教士所说动人无比的描述，很可能都是出于他们的期待与臆测而非事实。以去年美国传教小册会（American Tract Society）的年报上刊登帝礼士（Ira Tracy）先生关于在清明节分发小册的信为例，同一位先生现在说他相信那些〔印书的〕钱还不如丢到海里来得好些，大批一年多前在此地印好的小册，现在搁在伶仃岛的仓库中，没有人分发，也没有地方可分发。[③]

① *Foreign Missionary Chronicle*, 1:10 (January 1834), p.159.

② Ibid., 2:6(September 1834), p.299.

③ BFMPC/MCR/CH, 189/1/11, Robert W. Orr to Walter Lowrie, Singapore, 24 April 1838. 帝礼士是美部会（American Board of Commissioners for Foreign Missions）在新加坡的传教士，负责印刷出版工作；欧尔所指的美国传教小册会1837年年报刊登帝礼士的一封信，是帝礼士描述自己在1836年的清明节当天，在新加坡的华人公墓分发麦都思所撰规劝华人不要迷信的《清明扫墓之论》一书，大受华人欢迎与专心阅读的情形，见*Twelve Annual Report of the American Tract Society* (1837), pp.104–105。

一个多月后，欧尔再度提笔表示，他严肃而郑重地相信，美国并没有正确地了解中国传教的情势，他不认为值得花钱运来印刷机，至少几年内是如此，因为美部会在新加坡的印刷所现成的约有10万部，既没有需求，印出的书无从分发，也几乎停止了印刷。伦敦会在马六甲有个中文印刷所，美国浸信传教会在曼谷也有中文印刷所，欧尔觉得这些印刷所已经生产了比需求多出一倍的数量。他自己相信，最有希望的传教工作是设立学校教育华人而非印刷出版[①]，他并进一步认为美国公众被郭实腊夸大不实的说法给误导了[②]。到新加坡一年多以后，欧尔再度就印刷与分书的情形告诉娄睿："我一年前写的那些是真的，现在依然是真的。"[③]

欧尔再三在信中强调的"真相"，显示中文传教书刊的分发传播，远不如郭实腊宣传的顺畅和广受中国人欢迎，因此长老会有无必要介入生产已经饱和甚至过剩的市场，成为比前述的活字和印工两项波折更为根本性的严重问题。娄睿对欧尔所说的情形大感意外，于是干脆自己写信到新加坡，向主持美部会印刷所的专业印工诺斯（Alfred North, 1807—1869）探询究竟。诺斯回复了一封长信，直言自己认为长老会没必要派遣美国印工到新加坡的一些理由，例如中文木刻印刷简单容易，不需用到专业的美国印工，传教士即可轻易管理木刻印刷，因为主要的工作不在技术，而是交代印刷的数量与发放工资之类，因此一名会计可能是最好的印刷所主管。诺斯认为长老会与其花1 000元年薪雇用一名美国印工，还不如花100元购买其他传教会印刷所印好的现成书刊经济省事得多；关于铸造与使用西式的中文活字，诺斯认为这完全是美国人一厢情愿的幻想，他说自己的一名同工也曾尝试使用活字印刷中文，发觉没有实用性而放

① BFMPC/MCR/CH, 189/1/20, R. W. Orr to the Executive Committee of the General Assembly's B. F. M., Singapore, 1 June 1838.

② Ibid., 189/1/31, R. W. Orr to W. Lowrie, Singapore, 17 October 1838.

③ Ibid., 189/1/45, R. W. Orr to W. Lowrie, Singapore, 17 August 1839. 密契尔抵达新加坡前已经生病，抵达半年后即身故，他写回美国的信件中没有涉及印刷出版。

弃，徒然留下许多活字架布满蜘蛛网等。诺斯建议长老会至少不必急于一时，必可避免许多烦恼，如果娄睿还是认为长老会需要有个自己的中文印刷所才像样的话，诺斯建议干脆购下美部会的印刷所，美部会则转向长老会购买现成的产品即可，“我们会感激你们让我们省下许多麻烦。”①

在欧尔和诺斯之后，还有一位对娄睿更有力的说服者，就是他的第三子，对华传教士娄理华（Walter M. Lowrie, 1819—1847）。1842年5月底娄理华自美抵达澳门，不满半年即在写给父亲的信中说：

> 我很高兴见到执行委员会6月6日的来信中，提到印刷机无法在那时起的一年内准备妥当。如果它目前已在此地，只会让我们尴尬，因为派不上任何用场，没有中文圣经可印，所有的传教士都嘲笑马礼逊的圣经是中文翻译的说法。在传教小册和其他宗教书方面，我毫不夸张地说，有数百箱还搁在新加坡和此地的趸船中，因为没有人分发，更正确地说是没有机会分发。至于郭实腊以及和他同类型的人说的有关在华分书的利益，以我们目前所见的书而言，最好就别提了，我也许更该说最好就别信了。②

娄理华担心父亲和执行委员会误以为他灰心丧志才写得这么悲观，特地紧接着强调绝非如此，自己完全是据实而言③。接下来的几个月中，娄理华又在给父亲的信中说：“关于印刷出版，我必须说至少在未来的几年内，中文木刻印刷会远比金属活字便宜得多。”④“他〔柯理〕真来的话，

① BFMPC/MCR/CH, 189/1/338, Alfred North to W. Lowrie, n.p., n.d. 诺斯此信没有写上发信地点和时间，但信纸上有娄睿亲笔注明‘A. North, Printer, 1841— ’。关于诺斯及美部会的新加坡印刷所，参见苏精《新加坡坚夏书院》，《基督教与新加坡华人1819—1846》，页98—130。

② Ibid., 189/1/279, Walter M. Lowrie to W. Lowrie, Hong Kong, 16 November 1842.

③ Ibid. 娄理华原本立志前往非洲西部传教，在执行委员会一再以中国情势需人孔急加以劝说后，他才改往中国，见W. Lowrie, ed., *Memoirs of the Rev. Walter M. Lowrie*（New York: Board of Foreign Missions of the Presbyterian Church, 1850）, pp.19, 40, 52, 56, 57.

④ BFMPC/MCR/CH, 189/1/196, W. M. Lowrie to W. Lowrie, Macao, 8 December 1842.

至少好几年不可能有多少事可做，这也许不是我们愿意见到的。”[①]

尽管娄理华说了这么多，娄睿仍然不为所动，而且很可能是身为儿子最能了解父亲心志的缘故，娄理华终于也改变了对于中文印刷出版的态度，就在他表示即使柯理来华也不会有事可干之后，心念一转又接着说：

> 不过，让柯理尽早来此也许是好的，此地〔澳门〕的英文印刷主要都给了既有的四家印刷所，但还是有些中文印刷可做，而且会由于最近发生的一件意外而更多，一艘装载美部会所有木刻版的船只不久前从新加坡来此途中遇难，丧失了所有刻板；如果他们有意重印小册，他们肯定会发觉用我们的活字会比重刻木板便宜。[②]

从此以后娄理华改以积极的态度看待父亲坚持的西式中文活字印刷，例如他非常认真仔细地向中文老师请教巴黎活字的字形优缺点，再逐一在信中转告给父亲，还要求父亲购买安全牢靠的保险箱交给柯理带来，以便存放巴黎活字的字模，以免遭到华人宵小强盗的偷抢变卖。[③]

在巴黎活字外，娄理华又向伦敦会订购一副台约尔的活字，价格500元。原来台约尔向他建议以同等重量交换彼此的活字，但是由于台约尔活字较大较重，可以换得数量较多的巴黎活字，娄理华认为不公平而没有立即同意，而借住在娄理华的澳门住所治病的台约尔，旋即在1843年10月24日过世，娄理华也改向料理台约尔后事的伦敦会传教士施敦力兄弟订购台约尔的活字。[④]

---

① BFMPC/MCR/CH, 189/1/379, W. M. Lowrie to W. Lowrie, Macao, 29 March 1843.

② Ibid.

③ Ibid., 189/1/390, W. M. Lowrie to W. Lowrie, Macao, 29 April 1843.

④ Ibid., 189/1/438, W. M. Lowrie, ‘Annual Report of the Chinese Mission for the Year Ending October 1843,’ Macao, 24 October 1843.

结　语

就在娄理华积极处理中文活字的时候，印工柯理也携带印刷机和活字于1843年10月初从纽约搭船东来了，经过四个多月航程后于1844年2月抵达香港，这象征着长老会中文印刷出版筹划准备阶段的结束与实际运作阶段的开始。从1836年底娄睿宣布进行中国传教与中文印刷出版以来，到1844年初为止的七年多期间，长老会的中文印刷出版由娄睿一手筹划，虽然遭遇到活字和印工的一些困难，也面临包括儿子在内的传教士不同的意见，娄睿始终没有改变初衷，一往直前的准备以西方的活字印刷术进行中文印刷出版。

第九章

澳门华英校书房（1844—1845）

绪 论

鸦片战争结束后，英美为主的各国基督教传教团体借着中国战败开门的机会，大举发展在华传教事业。战争前无法在中国本土口说言教的传教士，只能以印刷出版作为穿透中国社会的必要工具，战争后传教士可以在中国本土直接面对中国人传教，印刷出版似乎不再具有必要性了。但是中国广土众民，即使来华的传教士人数持续增长，相对于广大的中国人民仍然微不足道，而且战争后中国开放外人居住的沿海地方无几，各传教团体为了以人数有限的传教士发挥最大的力量，影响通商口岸及内地为数更多的民众，于是尽量利用各种设施和方法协助最主要的口头传教。在这种情势下，印刷出版即使已不再是不可或缺，却仍是非常重要的传教工具，也是传教士扩大影响范围与强化讲道效果的利器，并且和学校教育、医疗治病、慈惠救济等，共同成为鸦片战争以后基督教在华传教的四大辅助事业。美国长老会外国传教部就是在如此的时机和情势下，结束了鸦片战争前在东南亚华人中的尝试性传教活动，进入中国本土建立布道站和华英校书房。

位于澳门的华英校书房存在的时间很短，从1844年2月机器抵达香港而于同年6月间在澳门开印，到1845年7月迁往宁波为止，为期还不到一年半，其间印刷机实际运作更只有一年左右。但是，华英校书房的意义在于美国长老会的中文印刷出版工作从此具体落实，而且是中国第一家完全的西式中文活字印刷所，此后又经宁波华花圣经书房的过渡后，在上海美华书馆期间成为十九世纪中后期中国规模最大的西式印刷出版机构。探讨华英校书房的建立与经营，不仅可以了解美华书馆成长发展的初期状况，更有助于了解鸦片战争后西式中文活字印刷进入中国的经过。

第一节 印刷所的建立

1844年2月19日，载有柯理夫妇、长老会传教医生麦嘉缔（Divie Bethune McCartee, 1820—1900）和印刷机与活字字模的船只“女猎人号”（the *Huntress*）抵达香港，先已在澳门的同会传教士娄理华前往迎接，同月23日一起回到澳门。接着要决定的是印刷所应该设于何处的问题。既是传教印刷所，自然应处于中国社会当中，中国鸦片战争失败后虽然开放五口让外国人通商居住，但中外关系尚未稳定，《南京条约》中也没有关于传教的明文规定，娄理华一度还认为传教士不无在五口遭到驱离而居无定所的可能，所以直到1843年10月他还基于安全与交通便利的考虑，主张长老会应在香港设立包含印刷所在内的布道站，理由是印刷机与活字都无法随时携带变换地点，若设于通商口岸，一旦局势有变很难及时处理；至于澳门，他担心天主教当局若不友善，随时可能采取对基督教印刷所不利的行动。[1]

娄理华的想法很快地随着现实情势的发展而转变。一方面，各传教会前往五口的传教士并没有遭遇阻碍困难，因此香港虽然在中外新局面下具有交通与汇款的枢纽地位，但在当地设立布道站和印刷所的必要性消失了；另一方面，娄理华认为只要审慎而为，应该不至于招来澳门当局

① BFMPC/MCR/CH, 189/1/438, Walter M. Lowrie to Walter Lowrie, Macao, 24 October 1843.

的反对[①]，尤其当他偕同柯理等人从香港抵达澳门时，海关并未刁难印刷机和活字字模，也只象征性地课征5元的税款而已，让娄理华印象深刻[②]。所以在和弟兄们讨论后，决定先建立澳门、厦门及宁波三处长老会的布道站，其中澳门是临时性质，由娄理华留在当地，便于接待后续抵华的传教士与收受转汇经费，而柯理和印刷所也暂时落脚澳门。[③]

从1844年3月中旬起，柯理在娄理华的协助下忙于建立印刷所。这是一件繁复费时的工作，其中最重要也最麻烦的是从为数多达3 876个字模逐一铸出活字[④]，而且还得按照一定的顺序排列安置。娄理华在这年4月底报道，字模已经整理妥当，柯理即将进行铸字，问题是每一字必须依常用程度铸造数量不等的活字以符合实际的需要，伦敦会的台约尔先已解决过这个问题，并将结果在1834年出版《重校几书作印集字》(*A Selection of Three Thousand Characters*)一书[⑤]。娄理华说台约尔生前承诺送他一部，但是台约尔还不及实现便过世了，而柯理不识中文，娄理华只好费了整整一个月功夫自行研究决定每个字的数量，交

---

① BFMPC/MCR/CH, 189/1/438, W. M. Lowrie to W. Lowrie, Macao, 24 October 1843.

② Ibid., 189/1/553, W. M. Lowrie to W. Lowrie, Macao, 2 March 1844.

③ Ibid., 189/1/571, W. M. Lowrie to W. Lowrie, Macao, 2 & 12 March 1844.

④ 经统计柯理铸完活字后编印的《新铸华英铅印》(*Specimen of the Chinese Type Belonging to the Chinese Mission of the Board of Foreign Missions of the Presbyterian Church in the U.S.A*. Macao: Presbyterian Mission Press, 1844)，当时华英校书房的字模，含部首、全字、左右拼合字、上下拼合字等在内，共有3 876个，但此后仍有增加，例如1845年12月柯理又收到娄睿寄来的192个字模(BFMPC/MCR/CH, 189/2/88, R. Cole to W. Lowrie, Ningpo, 18 December 1845)，而1849年歌德(Moses S. Coulter)从纽约出发到宁波担任华花圣经书房主任时，也携带168个巴黎活字字模(ibid., 235/79/16, W. Lowrie to Moses S. Coulter, New York, 24 February 1849)。有人错误地认为华英校书房在1844年4月1日收到纽约运来的“最后”一批323个字模(冯锦荣《姜别利与上海美华书馆》，页280；冯锦荣《美国长老会澳门华英校书房及其出版物》，页279)，其实冯锦荣所引的资料来源G. McInoth, *The Mission Press in China*一书并没有说这323个字模是“最后”一批(p.6)。

⑤ 台约尔为了确定一副实际可用的中文活字，究竟应包括多少个字，每字应铸出多少个活字，花费两年多时间，逐字计算14种书，得到的结果是一副中文活字应有3 232字，每字按常用频率决定铸造数量后，总数应在13 000至14 000个活字(S. Dyer, *A Selection of Three Thousand Characters*, preface)。

给柯理如数铸造。[①]

铸好的活字必须按一定顺序放置，以便检字排版，数量很有限的拼音文字对此已相当讲究，而多达数千的中文活字更不容混乱，若顺序安排不当，排版工忙于穿梭往返活字阵中，徒费时间和体力而且事倍功半。娄理华和柯理在澳门当地订制了26个活字架，在活字房中沿三面墙壁排成U形，开口处供出入，相对的左右两列，一列放置全字的12个活字架，按照部首顺序与笔画多少排列，但挑出最常用的250个全字，集中置于这列一端的4个架上；另一列放置左右拼合的10个活字架，按笔画排列，同样挑出常用的字集中置于这列一端的4个架上，正和上述常用的全字相对；当头一列则放置上下拼合的4个活字架，也按笔画排列，由于上下拼合字数量最少，不再挑出常用字。这样的安置将常用字环绕在居中工作的排版工左右和前方，在移动三步的范围内可取得全部五分之四的活字，而排版工距离最远端的罕用字也不过12英尺，可望在最短的时间和距离内进行最有效率的检字排字。[②]

活字有了着落，华英校书房也大致就绪了，于是从1844年6月17日起开始排印工作[③]。长老会各地布道站都在每年10月撰写年度报告（前一年10月初至当年9月底），寄回美国汇编出版，以便赶上每年5月举行的外国传教部年会，娄理华在1844年的年报中提到华英校书房的建立情形：

---

① BFMPC/MCR/CH, 189/1/588, W. M. Lowrie to W. Lowrie, Macao, 29 April 1844. 娄理华没有说明自己是如何研究决定每一字应铸造的活字数量。

② Ibid., 189/1/612, Richard Cole to W. Lowrie, Macao, 17 September 1844;《新铸华英铅印》, pp.iv–v。

③ Ibid., 189/1/612, R. Cole to W. Lowrie, Macao, 17 September 1844. 有人错误指称华英校书房正式运作的日期为1844年6月18日（冯锦荣《姜别利与上海美华书馆》，页280；冯锦荣《美国长老会澳门华英校书房及其出版物》，页279）；但是，他所根据的两项资料来源：G. McIntosh, *The Mission Press in China*清楚地说校书房在6月17日开工（p.6），而长老会外国传教部1845年年报则只说1844年6月开工，并没有日期（*The Eighth Annual Report of the Board of Foreign Missions of the Presbyterian Church*（1845），p.21）。

印刷所已经就绪，整副活字已经铸好，并安置在活字架上。少有人能理解这些事前的准备要耗费多少工夫，但也许可以从需要整整三个月才能完成的事实得到一些印象。[①]

第二节　管理与经费

华英校书房是临时性的长老会澳门布道站的一部分，布道站常驻的两名成员就是娄理华与柯理，而校书房不只是由职称为印工（printer）[②]的柯理经营管理而已，娄理华的角色更为重要。娄理华是娄睿之子，身份已经特殊，又是长老会中国传教事业的重要人物，他也深刻了解父亲在筹划长老会中文印刷的主导角色，因此他非常关注华英校书房的事务，但他介入校书房管理更主要的缘故是中文的因素。一家已经建立的中文印刷所负责人如果不识中国文字，经营管理不一定会有严重的问题，例如后来的姜别利接掌宁波华花圣经书房就是明显的实例。但是才刚刚成立的华英校书房情形完全不同，事事都会牵涉到中国语文，铸造与安排活字、订制设备家具到雇用工匠等都不例外，初到的柯理必须仰赖娄理华才能进行工作。即使是华英校书房开工印刷以后，如铸造活字和操作印刷机等技术性工作固然是由柯理负责，但选定拟印书种、校对已排印的样张、鉴定个别的拼合活字、结报经费等，都由娄理华处理。娄理华至少两度在书信

---

① BFMPC/MCR/CH, 189/1/649, W. M. Lowrie to W. Lowrie, Macao, 3 October 1844.

② 长老会外国传教部的档案与出版品都称柯理为printer，而不是有人所说的印务总监（printing superintendent）（冯锦荣《姜别利与上海美华书馆》，页279;《美国长老会澳门华英校书房及其出版物》，页278）。事实直到1847年柯理辞去宁波华花圣经书房职务后，改由传教士管理印刷所，但传教士并非印工，才改称印刷所主管一职为superintendent of the press，也非printing superintendent。参见本书第十章《宁波华花圣经书房（1845—1860）》一文，页330，注③。

中表示：

> 由于初到此地者完全束手无策，柯理先生和麦嘉缔医生必须每件事都找我，我已有六个星期没读什么书了。[①]
>
> 我必须帮忙刚来不久的柯理先生和麦嘉缔医生的所有计划，协助柯理先生的印刷所需要的时间非常多，几个月来我每天耗费八到十小时或更多在研究中文和编制印刷所的字表。[②]

娄理华积极参与华英校书房管理的另一个原因，是他察觉柯理的态度和情绪性格都有些问题，因此不放心让柯理独自经营才成立的校书房。最初娄理华到香港迎接柯理和麦嘉缔回到澳门不久，写信告诉娄睿：

> 我不满意来此途中见到柯理先生的一切，以我对他的所有了解，我不认为让他单独处理我们的事务是适当的，即使只有六七个月而已。[③]

原来是柯理未依娄睿的指示撰写自己来华途中的日志，也没在行程中完成注记活字字模的工作，而他在通过澳门海关时，提交的行李机具等报关单混乱又错误，以致必须解开一些包装接受查验[④]。接下来约半年期间，娄理华又在写给娄睿的信中，几次提到自己如何面对柯理夫妇的不当言行和喜怒不定的情绪：

> 我已厌倦于再规劝他们，现在我就默默地让事情顺其自然，〔……〕我想只有长期而痛苦的经验才能教会他们。[⑤]

---

① BFMPC/MCR/CH, 189/1/577, W. M. Lowrie to W. Lowrie, Macao, 1 April 1844.

② Walter Lowrie, ed., *Memoirs of the Rev. Walter M. Lowrie*, p.277, Letter to Rev. Levi Janvier, dated Macao, 18 August 1844.

③ BFMPC/MCR/CH, 189/1/553, W. M. Lowrie to W. Lowrie, Macao, 2 March 1844.

④ Ibid., 189/1/577, W. M. Lowrie to W. Lowrie, Macao, 1 April 1844; ibid., 189/1/561, Richard Cole to W. Lowrie, Macao, 8 March 1844.

⑤ Ibid., 189/1/607, W. M. Lowrie to W. Lowrie, Macao, 9 August 1844.

我必须保持警觉而不吭声地听他的一些怪异言词(oddities)。[①]

他经常表示对您十分敬畏(actual fear),但这随他的心理状态而定,当他愉快而妻子身体也好时,他会亲切而善意地提到您,但当他低落而妻子有病时,他的畏惧压制了他的善意(his fears master his affection),让我见了有时真觉得痛苦。[②]

由于柯理的这些问题,娄理华每次讨论长老会设立布道站和部署传教士时,都主张要有传教士和柯理及印刷所在一起。但娄理华身为长老会方才开展的中国传教事业的重要人物,不能为此长期滞留在澳门,于是1845年1月娄理华离开澳门北上宁波时,便请在香港的哈巴安德(Andrew P. Happer, 1818—1894)改到澳门照料华英校书房[③],而哈巴安德才于两个多月前的1844年10月底抵达中国,他在1845年4月初到澳门常驻后,还以为自己会因华英校书房的缘故,必须留在当地至少一年半之久[④]。不料柯理不稳定的性格又起,很快地自己径行决定将华英校书房迁往宁波,并在1845年5月就开始安排,而于7月初经香港迁往宁波,完全出乎哈巴安德、宁波布道站的弟兄以及纽约的娄睿等所有人的意料之外[⑤],事实上柯理的性格进一步导致他到宁波后于1847年辞去在长老会的工作。

在经费方面,除了先前在美国订购巴黎活字、印刷机及柯理来华旅费以外,在澳门开办华英校书房的费用究竟若干?娄理华结报的1843年10月至1844年9月中国传教事业费用中[⑥],华英校书房的部分包含七

---

① BFMPC/MCR/CH, 189/1/577, W. M. Lowrie to W. Lowrie, Macao, 1 April 1844.

② Ibid., 189/1/255, W. M. Lowrie to W. Lowrie, Macao, 16 September 1844. 此信年份不知何故被人改为1842年,档号也改为较前,但1842年柯理尚未来华,而信中谈论柯理在澳门的事甚多,且内容呼应柯理1844年9月17日信的内容,故此信时间应为1844年9月16日方是。

③ Ibid., 189/1/673, W. M. Lowrie to W. Lowrie, Macao, 7 November 1844.

④ Ibid., 190/2/60, Andrew P.Happer to W. Lowrie, Macao, 29 January 1846.

⑤ Ibid., 190/2/97, Divie B. McCartee to W. Lowrie, Ningpo, 2 July 1845; ibid., 235/79/1, Mission Letter, 29 September 1845.

⑥ Ibid., 189/1/641, W. M. Lowrie, Report of the Funds of the Chinese Mission, during the year ending Oct. 1, 1844.

项支出：（一）校书房附属设备如活字架、油墨台，及各种附件等，112.25元；（二）制造油墨的糖蜜和胶等原料，8.58元；（三）装订用压纸机及运费等，245元；（四）各种中西纸张，86.79元；（五）中国工匠工资79.15元；（六）修理等各项杂支，30.27元；（七）铸字费用22.94元；以上合计为652.26元。至于房屋的租金，是校书房连同娄理华、柯理合在一笔为500元，很可能是都在同一个屋檐下的缘故。此外，表中还有柯理个人的三项费用：第一是他7¼个月的薪水543元，即年薪900元，这和已婚传教士的待遇相同（单身的娄理华为600元）；第二是他的中文教师工资17.5元；第三是他居留澳门的许可费2元。

建立印刷所固然需要经费，开工以后更有赖金钱维持。哈巴安德结报的1844年10月至1845年9月费用中[①]，列出华英校书房迁往宁波以前，在澳门九个月（1844年10月至1845年6月）的费用是1 436.43元，这个数目是建立费用的两倍以上，但哈巴安德没有和娄理华一样开列校书房的各项开支数目；而同期柯理个人的费用是730.75元，其中薪水675元、中文教师工资19.75元、医疗36元。

柯理迁到宁波以后，配合当地布道站的年度报告也编制了1844年10月至1845年9月的印刷所支出表[②]，将在澳门的前九个月和在宁波的后三个月混杂一起，合计是1 580.37元，比哈巴安德结报的多出143.94元，很可能就是迁到宁波后的开支。在表中柯理逐笔开列金额，共50笔，数目较大的为纸张657元（42%）、中国工匠工资357.80元（23%）、所印书的装订196.93元（12%），以上三项最主要的支出，合计超过全部费用的四分之三；其他如铸字材料38.40元、刻金属活字32.03元、柯理中文教师协助

① BFMPC/MCR/CH, 189/2/47, A. P.Happer, Treasurer's Report, Macao, 8 November 1845, 'Paper A.'

② Ibid., 190/2/111, 'Abstract of Expenses of the Printing Office from Oct. 1, 1844 to Sept. 30, 1845.' 柯理将起迄时间误写成'Oct. 1, 1845 to Sept. 30, 1845'，由于此表系列入宁波布道站1845年年报内，而且表中提及各书为1844至1845年间所印，可以确定应为1844至1845方是。

印刷所的额外工资35.75元，以及其他零星支出。其实，华英校书房需要的原料和工具，除了在澳门当地补充以外，娄理华和柯理也经常要求娄睿在美国订购运来，例如油墨或制造油墨用的糖蜜、印刷中文书版面栏格用的铜尺、铸字金属等等，但这些都没有出现在华英校书房的支出账目上。

娄理华结报了1844年度的费用后不久，又呈报了澳门布道站1845年度（1844年10月至1845年9月）的估算（estimate），包含华英校书房的金额480元[①]。这和一年后哈巴安德和柯理结报的1845年度九个月（1 436.43元）和全年（1 580.37元）实际支出差距极大，显示方才开办的华英校书房发展非常迅速，连娄理华也预料不到会有如此大的经费需求。

华英校书房的开办费和维持费都由长老会外国传教部负担，但是华英校书房很快地也有其他四个来源的收入：

（一）代印其他传教会的中文书刊。早在1844年4月间校书房还在预备期间，美国浸信传教会的传教士已要求能尽快为他们代印新约中的《以弗所书》[②]，3 000部的代价是32.97元，这是华英校书房收到的第一份订单，接下来的一年中又陆续为浸信会代印了45.80元的文件。[③]

（二）接受美国圣经公会和美国宗教小册会的补助。这两个团体不派遣自己的传教士，而以补助各传教会印刷出版传教书刊为主，圣经公会在1845年补助华英校书房印刷《路加福音》和《使徒行传》两书各327.95元和364.58元[④]，小册会则补助300元印刷已故伦敦会传教士米怜的《张远两友相论》与《乡训》两种[⑤]，但这4种书中，只有《路加福音》一

① BFMPC/MCR/CH, 189/1/647, W. M. Lowrie, 'Estimates for the Year Ending Oct. 1, 1845,' made out November 8, 1844.

② Ibid., 189/1/587, W. M. Lowrie to W. Lowrie, Macao, 8 April 1844.

③ Ibid., 189/2/47, A. P.Happer, Treasurer's Report, Macao, 8 November 1845, 'Paper A.'

④ Ibid.

⑤ 笔者没能在长老会的档案中查知小册会补助的金额，但小册会1844年的年报说明补助长老会外国传教部的中国部门300元（*Nineteenth Annual Report of the American Tract Society* (1844), p.101）。

种来得及在迁往宁波前出版。

（三）代印在华外国人的文件。对华英校书房而言，这是和传教无关却很有利润的零星代工（job work），原来澳门英美商人经常请当地美部会印刷所的卫三畏代印各种英文的商业表单、通告等文件，卫三畏在1844年11月离华返美后，华英校书房得以承接了不少这些印件。娄理华和柯理一再提到此种代工的利润很高，尤其是本就熟悉英文印刷的柯理对此有些趋之若鹜，还表示后悔来华前没在美国备办足够的英文印刷符号、花边、界栏等等，因此他特地开列一长串的清单注明规格型号，请娄睿赶紧照购运来，以便和澳门另外两三家西式印刷所竞争这些代工生意[①]。娄理华的态度则比较保守，认为华英校书房毕竟是传教印刷所，尽管这些代工利润优厚，仍应在无碍印刷传教书刊的情况下才不妨代工，不过他还是决定这方面生意上门时由柯理自行考虑接受与否[②]，结果到1845年6月底华英校书房离开澳门前，此种外快收入累积已有124.50元。[③]

（四）杂项收入。在前述娄理华结报的1843年10月至1844年9月费用中，有一笔出售铸字金属的收入70元[④]；而哈巴安德结报的1844年10月至1845年9月费用中，也有一笔出售三磅重的活字收入，只有1元而已[⑤]，但娄睿和哈巴安德都没有注明出售的对象。

---

① BFMPC/MCR/CH, 189/1/681, R. Cole to W. Lowrie, Macao, 28 November 1844.

② Ibid., 190/3/1, W. M. Lowrie to W. Lowrie, Macao, 11 January 1845.

③ Ibid., 189/2/47, A. P.Happer, Treasurer's Report, Macao, 8 November 1845, 'Paper A.'

④ Ibid., 189/1/641, W. M. Lowrie, Report of the Funds of the Chinese Mission, during the year ending Oct. 1, 1844.

⑤ Ibid., 189/2/47, A. P.Happer, Treasurer's Report, Macao, 8 November 1845, 'Paper A.'

第三节　工匠与技术

华英校书房的排印工作，英文印件由柯理自己动手检字排版，中文则由中国工匠承担，其中排版工两名——谢玉（Chea Geck）、阿辉（A Hue），压印工两名——阿素（Asut）、阿阔（Akow）。到1844年11月底，因为工作大增而新添两名压印工，共六名中国工匠。①

这些工匠中很特别的是1843年和柯理同船来华的谢玉。他本是安南（Cochin-China）的华人②，少时到新加坡，跟随长老会第一位中国传教士欧尔。1840年底欧尔写信告诉娄睿，因自己健康不佳正安排回美国，并将带一名年约二十岁前途有望的华人青年同行，到美国接受教育③。这位青年就是谢玉，他在1841年7月抵达美国后的情形不详，当1842年和1843年间柯理在纽约学习中文活字铸造技术时，谢玉跟着他学了一些印刷的知识技能，并在1843年10月和柯理同船离开美国。到达澳门一个多月后，谢玉在1844年4月初写了一封书法熟练而通顺达意的英文信给娄睿，感谢娄睿在他留美期间以仁慈与同情相待，并向对方家人与朋友致意，也说明自己很高兴能回到祖国，和柯理一起筹设校书房，谢玉随函附寄了一些扇子，请娄睿按照他开列的名单转赠给朋友。④

① BFMPC/MCR/CH, 189/1/681, R. Cole to W. Lowrie, Macao, 28 November 1844. 虽增加两人，但柯理只提到其中之一的名字为阿廷（A Tim）。

② Robert E. Speer, ed., *A Missionary Pioneer in the Far East: A Memorial of Divie Bethune McCartee* (New York: Fleming H. Revell Company, 1922), p.45; *Nineteenth Annual Report of the American Tract Society* (1844), p.108. 不过，美国宗教小册会的年报将谢玉的英文名字Chea Geck误拼成Chua Gek.

③ BFMPC/MCR/CH, 189/1/97, Robert W. Orr to W. Lowrie, Singapore, 30 December 1840.

④ Ibid., 189/1/582, Chea Geck to W. Lowrie, Macao, 4 April 1844.

谢玉到澳门之初的身份是布道站的仆人，第一个月工资5元，第二个月改为协助开办华英校书房，工资提高为8元，娄理华说谢玉的表现很好，值得从第三个月起再提高至10元，几个月后或许更高。但谢玉自己负担吃穿的费用，他也已穿起中国服装和留起发辫。娄理华特地告诉娄睿，谢玉的名字广东话发音Yuk，比起Geck听起来悦耳得多，布道站仆人也都叫他Yok或Yuk，传教士决定以后也改称他为A Yuk。①

谢玉的工资远远高于其他工匠。柯理在1844年9月报道，谢玉每月工资已经升到了12.5元，而另一位十八岁的排版工阿辉才2.5元而已，至于两名压印工兄弟，哥哥阿素每月4.5元，弟弟阿阔也只有2.5元②。也就是说，其他三人工资加起来才等于谢玉一人的四分之三而已。相差如此悬殊，显然传教士和柯理十分看重具有相当美国社会经验、英文能力和印刷技能的谢玉，引为得力助手，而其他工匠都是新手的缘故。又过了两个月的1844年11月，柯理再度报告工匠的待遇，谢玉的工资不变，其他三人则各提高0.5元，阿辉的每月工资成为3元，阿素为5元，阿阔3元，柯理补充说以后还会逐步提高，至于新增的阿廷工资则是2.5元。③

在前述柯理结报的1844年10月至1845年9月的印刷所支出表中，中国工匠全年的工资为357.8元，加上过年时购买礼物赠送工匠的23.1元，合计380.9元，占印刷所全年的支出将近四分之一。④

谢玉以外的中国工匠出身背景都无可考，即使他们有过传统木刻甚至活字印刷的经验，以华英校书房使用铸造的活字、印刷机与油墨的技术，和中国的木刻、逐字雕刻的活字、刷印和水墨完全不同，这对中国工匠和柯理双方都是前所未有的挑战。这些中国工匠并没有留下自己面对西

① BFMPC/MCR/CH, 189/1/577, W. M. Lowrie to W. Lowrie, Macao, 1 April 1844.

② Ibid., 189/1/612, R. Cole to W. Lowrie, Macao, 17 September 1844.

③ Ibid., 189/1/681, R. Cole to W. Lowrie, Macao, 28 November 1844.

④ Ibid., 190/2/111, 'Abstract of Expenses of the Printing Office from Oct. 1, 1844 to Sept. 30, 1845.'

方印刷术的所见所思，而柯理则在来华七个月后写给娄睿的一封信中，描述自己如何教导这些可能是中国第一批的西方印刷术工匠：

> 当我应允负责印刷所时，我是承担了一项我自觉资格不足的责任，也相当程度地预期会面临困难。但是，这些困难迄今远超过我所担心的程度，首先是对中文书写与口语的无知，其次是中国人对以金属活字印刷他们语文的无知。我们既无法雇到至少懂得使用活字和印刷机压印原理的人手，只能雇用全然不知这些方法的成人或少年，并教会他们相关的每一件事，也就是说我们在使役他们前得先造就他们。我既无法告诉他们或向他们解释一件事该如何做，我只有每件事都亲自动手一遍又一遍地做，直到他们学会为止，此外别无他法可达到教导他们的目的。接着，在他们初期的尝试中，我得花费比前一阶段更多的心力和时间去改正他们所做的。这需要不小的耐心与毅力，我相信您会理解这些。由于我面临的这些情势，我不能不尽全部的时间和注意力在印刷所的机械操作方面，以期能越快教会一批可用的人手越好，也因此导致我没能读多少中文，您知道整个白天劳累工作后，完全无法在夜晚读书。[①]

柯理描述的以手代口的反复示范，以及更费心费时的改正工匠的尝试错误，不只显示了他遭遇的高难度挑战，也同样是对于中国工匠的艰巨考验。柯理相信娄睿能够理解自己付出的大量耐心与毅力，其实中国工匠势必也要付出同等的心力，才能学会中国前所未有的这些新技术。尽管教和学双方都面临困难，但遍查在华英校书房时期柯理和娄理华写给娄睿的书信报告，其中不曾抱怨过华人工匠的学习态度和技术能力，反而

① BFMPC/MCR/CH, 189/1/612, R. Cole to W. Lowrie, Macao, 17 September 1844.

有如上述的主动为他们加薪，这种情形应该可以说明，经历了困难的教导和学习过程后，教学双方对于成果都觉得可以接受或甚至是满意的。

有一项技术问题柯理必须仰赖娄理华及其中文教师才能解决，就是巴黎活字的鉴定与改善。这副拼合式的活字有不少字形显得不匀称、不雅观与机械呆板等“洋相”，而指点设计的包铁和执行打造的李格昂并不觉得这些是问题，订购的娄睿审视后也不认为有问题，在中国传教现场面对华人读者的娄理华则有不同的看法。早在华英校书房开办的将近一年前，他已在1843年4月细心地考虑及此，并向自己的中文教师展示娄睿寄来的巴黎活字样张，要求中文教师表示意见，结果得到的是有些好、有些不好、有些“中中”（也不是好，也不是不好）的回应。[①]

华英校书房开办后，娄理华又在1844年7月写信告诉娄睿，许多活字字形很差，需要改造，甚至应该要求李格昂负起责任重新打造，娄理华还觉得可以废除上下拼合的活字不用，因为这部分的活字数量不多，不如全部改为全字较好。[②]

两个月后，娄理华在1844年9月写了一封长达两千多字的信给娄睿[③]，专门讨论巴黎活字的问题与改善之道。娄理华说以这些活字印成的书读者对象是中国人，所以应从对象的立场来看这些活字的问题，而中国人对于字体书法的观点早已成熟。娄理华认为《康熙字典》的字形虽非上乘，至少是个中庸的标准（a fair standard），以此衡量巴黎活字，可见这副活字有四个缺点：（一）直竖笔画比水平笔画过于粗重；（二）笔画结束时拖曳得过长；（三）每字各笔画间的大小长短位置常不匀称自然；（四）以同一个部首活字拼合数十甚至数百字，例如人部有六百余字，其笔画从一画至二十画，而巴黎活字都以同一大小与形状的

① BFMPC/MCR/CH, 189/1/390, W. M. Lowrie to W. Lowrie, Macao, 29 April 1843.
② Ibid., 189/1/596, W. M. Lowrie to W. Lowrie, Macao, 4 July 1844.
③ Ibid., 189/1/255, W. M. Lowrie to W. Lowrie, Macao, 16 September 1844.

人部活字拼合，造成许多华人看来可笑怪异的字形。娄理华认为上述缺失的改善之道，是先请有学问的华人逐字评论优缺点，参照英美熟悉中文的人意见后，再请李格昂改正或重新打造，必要时派人从中国前往巴黎照料其事；当下则由柯理进行局部改善，例如在有些部首的字模上修整，或者在铸出活字后随手磨去笔画过长或过粗的部分等等，娄理华觉得局部改善的效果还不错。

1844年9月娄理华写上述这封长信时，李格昂还没完成全副巴黎活字，而华英校书房却已经开办，印书时难免会遇上缺字的情形，正好当时也在澳门的美部会传教士波乃耶（Dyer Ball, 1796—1866），雇有一名能雕刻金属活字的华人工匠，因此华英校书房必要时就请那名华人刻工解决燃眉之急。有意思的是娄理华和柯理都知道娄睿必然会亲自比对手上的巴黎活字字样和华英校书房的出版品，因此两人在寄送校书房的出版品给娄睿时，都会特别指出那些雕刻应急的活字，以免娄睿从手上的字样对不出那些字时会感到莫名其妙。①

第四节　产品与产量

华英校书房存在时间短，印刷机运作时间更短，产品也只有5种：传教性3种、非传教性2种，合计印25 400部（册）、1 127 000页，都是巴黎拼合活字生产的初期作品，有其特殊的历史意义。

对任何一家传教印刷所而言，圣经都是首要的目标，华英校书房也

① BFMPC/MCR/CH, 189/1/612, R. Cole to W. Lowrie, Macao, 17 September 1844; ibid., 189/1/617, W. M. Lowrie to W. Lowrie, Macao, 26 September 1844.

不例外。印刷机和活字抵达中国才一个月，娄理华就告诉娄睿说，希望能印麦都思在1836年修订的新约或至少其中的《四福音书》[①]。但是，也许是华英校书房才准备开办中，经费、工匠和活字都还没齐全上手，即使是《四福音书》恐怕也会是过大的负担，这个想法并没有得到娄睿的回应。

不过，华英校书房也很快就有圣经的订单上门了。美国浸信传教会的传教士要求尽快为他们印刷新约中的《以弗所书》[②]，于是校书房在1844年6月17日开工排印此书。娄理华在同年7月4日报道说，《以弗所书》已经完成排版，却尚未上机付印，因为不熟悉中文书的柯理没有料到，中文书每页的版面通常会以界栏匡住文字的部分，只好暂时停工，赶紧以每12英尺1元的代价就地订做金属界栏备用，柯理还因这项"意外"耽搁了第一种产品的出版而有些沮丧[③]。这个小波折相当有意义，显示西方活字印刷术在中国开端的时刻，中国工匠固然得学习陌生的西方技术，西方印工也不能完全忽视了中国的图书文化。

1844年8月30日《以弗所书》终于问世了，每部11页，浸信会传教士订购了3 000部，娄理华和柯理顺便加印2 000部自用，也省下了自己的排印费用，只负担加印的纸张和一些人工、油墨、装订成本而已[④]。他们在分发本书给中国人以前，急着先寄100部给娄睿，并表示将再寄上400部，请娄睿转送给美国的各长老教会，一同见证分享长老会中文印刷出版历经八年努力后的第一种成果。[⑤]

《以弗所书》虽然最早开工排印，但因上述意外耽搁的结果，若以完工出版时间而言，落在了另一种书《新铸华英铅印》之后。《新铸华英铅

① BFMPC/MCR/CH, 189/1/575, W. M. Lowrie to W. Lowrie, Macao, 18 March 1844.

② Ibid., 189/1/587, W. M. Lowrie to W. Lowrie, Macao, 8 April 1844. 娄理华没有说明是哪位浸信会传教士提出的要求，也没有说明要印的是麦都思、马礼逊或浸信会传教士自己的版本。

③ Ibid., 189/1/596, W. M. Lowrie to W. Lowrie, Macao, 4 July 1844.

④ Ibid., 189/1/255, W. M. Lowrie to W. Lowrie, Macao, 16 September 1844; ibid., 189/1/612, R. Cole to W. Lowrie, Macao, 17 September 1844.

⑤ Ibid.

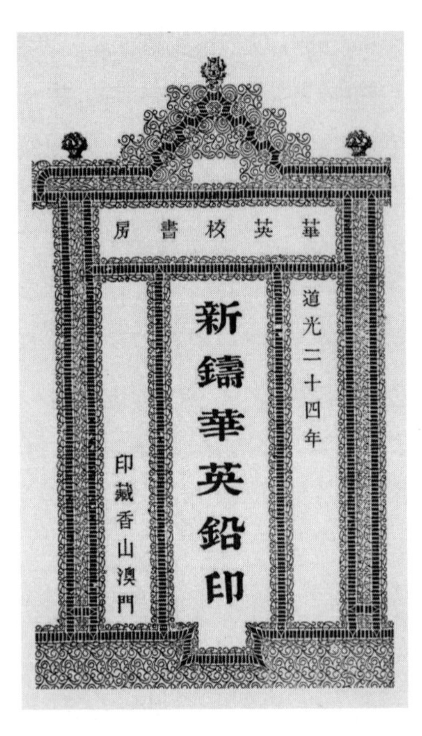

图9-1 华英校书房活字样本的中文封面
（哈佛大学哈佛燕京图书馆藏品）

印》自1844年6月20日开始检字排版，到8月28日印成，即比《以弗所书》晚三天开工，却早两天问世[①]。《新铸华英铅印》的内容是华英校书房所有巴黎活字的样本：全字2 021个（含214个部首）、左右拼合字1 378个、上下拼合字477个，合计3 876个字。西方的每家印刷所都会将拥有的各种字体印成样张，以便洽谈印件的顾客选择自己想用的字体。而《新铸华英铅印》虽然是模仿此种做法，其目的与对象却有不同，一则是借陈列华英校书房的活字，展现长老会中文印刷出版的"实力"，再则更实际而重要的是给予没有西式活字印刷经验的中国排版工匠明确的指引，让他们从张贴在各个活字架上的样张按图索骥，很快地在正确的位置找到需要的活字[②]。《新铸华英铅印》有44页篇幅，印500部[③]，是西式活字印刷术（尤其是拼合活字）在中国发展初期的重要文献。

以上两种书在1844年8月底完成后，接着9月初又开始两种新书的排印：《拼合活字可排字表》（*Characters formed by the Divisible Type* [...] ）与《路加福音》，因为这两书的篇幅都数倍于《新铸华英铅印》与《以弗所书》，无法在短期内完成，因此开工不久即插印一种只有4页篇幅的《十诫

① BFMPC/MCR/CH, 189/1/612, R. Cole to W. Lowrie, Macao, 17 September 1844.
② 《新铸华英铅印》, p.iii, 'Introductory Remarks.'
③ BFMPC/MCR/CH, 189/1/612, R. Cole to W. Lowrie, Macao, 17 September 1844.

注解》,印5 000部,在1844年9月出版[1],是为华英校书房第3种产品。

第4种产品《拼合活字可排字表》的缘起,是前文所述娄理华为了鉴定巴黎活字的优缺点和改善,决定印出这副活字所能拼成的全部中文字,作为评鉴的依据。正如柯理说的:“可知道这副活字可以拼成多少字,还缺多少字,多少字是完美可用的,多少字是有缺失需要另外打造的。”[2] 正巧娄睿也有同样的建议,因此着手进行[3]。但逐一拼凑成字相当费时,进度缓慢,1844年9月6日开始排印,到同年11月底柯理报道只进行了大约一半,估计要到1845年1月中才能完成[4]。结果全字加拼合字总共22 841字,110页篇幅、四开本,印400部[5]。由于本书的出版,整副巴黎活字的成品展现在世人面前,这是连打造这副活字的李格昂也没做过的事,颇引起关心中文印刷的传教界注意。美部会传教士裨治文主编的英文月刊《中华丛论》很快地刊登了一篇没有署名的评论,文中对于拼合活字在印刷中文上的效用持相当保留的态度,对于这副活字的字形美感也无好评,还特地刊出这副活字和台约尔活字的样张各一页作为比较,认为:“许多以拼合活字排成的字很不优美,无法让中国人感到悦目,在这方面台约尔的活字是近于完美的。”[6]

最后的第5种产品是《路加福音》,由美国圣经公会补助经费,1844

---

① BFMPC/MCR/CH, 189/1/649, W. M. Lowrie to W. Lowrie, Macao, 3 October 1844.

② Ibid., 189/1/681, R. Cole to W. Lowrie, Macao, 28 November 1844.

③ Ibid., 189/1/255, W. M. Lowrie to W. Lowrie, Macao, 16 September 1844; ibid., 189/1/612, R. Cole to W. Lowrie, Macao, 17 September 1844.

④ Ibid., 189/1/681, R. Cole to W. Lowrie, Macao, 28 November 1844.

⑤ Ibid., 189/1/681, R. Cole to W. Lowrie, Macao, 28 November 1844. 柯理此信说印400部,华英校书房迁到宁波后,宁波布道站的1845年年报也说本书印400部(ibid., 190/2/110, Report of the Ningpo Mission for the Year Ending October 1, 1845),但长老会外国传教部的1845年年报误为500部(*The Eighth Annual Report of the Board of Foreign Missions of the Presbyterian Church* (1845), p.21)。

⑥ *The Chinese Repository*, 14:3(March 1845), pp.124–129, 'Characters formed by the Divisible Type Belonging to the Chinese Mission of the Board of Foreign Missions of the Presbyterian Church in the United States of America. Macao, Presbyterian Press, 1844.'

年9月7日开工，只比《拼合活字可排字表》晚了一天，大约在1845年1月底或2月初完成，68页篇幅[①]，印14 500部，远多于华英校书房其他4种产品的印量。本书和同时生产的《拼合活字可排字表》篇幅都比前3种大得多，华英校书房因而增加两名压印工，合计四名压印工分成两班赶工，一班从黎明工作到中午，另一班接着做到入夜。柯理在写给娄睿的信中说："我们努力以现有的一台印刷机达到相当于一又二分之一台的程度。虽然还不到增购另一台印刷机的时机，但我们手头的工作足够两台印刷机忙上半年之久。"[②]一个多月后，娄理华在1845年1月告诉娄睿，可能不久后就需要另一台印刷机了，因为看来一二甚或三台都不足以应付校书房很可能即将到来的工作量。[③]

华英校书房印刷出版的3种传教书《以弗所书》《十诫注解》和《路加福音》，娄理华、柯理和娄睿在来往书信中都没有提到其译者、修订者或作者。到1844年为止，娄理华和其他长老会传教士都还没有中文译著，而娄理华曾经严厉批评马礼逊翻译的圣经有缺陷，让中国人难以了解[④]，也如前文所述表达过希望印刷麦都思修订的新约[⑤]，并且麦都思也有关于十诫的作品[⑥]，因此这3种书有可能都是麦都思的作品。不过，《以弗所书》是浸信会传教士委托代印，不无可能是委托者自己的译本，甚至

---

① 柯理和娄理华的书信都只说本书印14 500部而未提页数，而长老会外国传教部的1845年年报记为每部44页、14 500部、总页数806 000页（*The Eighth Annual Report of the Board of Foreign Missions of the Presbyterian Church*（1845），p.21），但这三个数目彼此矛盾不合。根据宁波布道站1845年年报，本书篇幅为68页、14 500部、总页数986 000页（BFMPC/MCR/CH, 189/2/110, Report of the Ningpo Mission for the Year Ending, 1 October 1, 1845），再依伟烈亚力（A. Wylie）所编中国海关参加1876年美国费城世界博览会展览书目（*Catalogue of the Chinese Imperial Customs Collection*（Shanghai: 1876），收录本书，记为33叶（p.1），等于66页，当为不计封面和封底的缘故，是则与宁波站1845年年报所记的68页符合。

② BFMPC/MCR/CH, 189/1/681, R. Cole to W. Lowrie, Macao, 28 November 1844.

③ Ibid., 190/3/1, W. M. Lowrie to W. Lowrie, Macao, 11 January 1845.

④ Ibid., 189/1/472, W. M. Lowrie to W. Lowrie, Macao, 5 April 1843.

⑤ Ibid., 189/1/575, W. M. Lowrie to W. Lowrie, Macao, 18 March 1844.

⑥ A. Wylie, *Memorials of Protestant Missionaries to the Chinese*, p.29,《神天十条圣诫注解》。

是英国浸信传教会印度传教士马士曼的早年译本[1]。因此,除非华英校书房这3种久已不见踪影的书能重现人间,其译者、修订者或作者究竟是谁恐怕是个难解的谜。

至于非传教性的《新铸华英铅印》和《拼合活字可排字表》两种,也没有注明作者或编者,问题却较为单纯,前一书或如伟烈亚力的认定是娄理华所编[2],但也可能是娄理华和柯理合作成书;而后一书则可以确定是他们共同的作品。1844年9月娄理华告诉娄睿,为了找出巴黎活字的缺点,“柯理先生和我正在准备一本书,其中将印上我们能拼成的每个字。”[3]接下来讨论内容的编排与印刷时,娄理华都用“我们”而非“我”;而柯理同样地在提及此书的每封信中也都使用“我们”一词。

第五节　成果与反应

华英校书房存在不到一年半,印刷机仅运作了一年左右,而完成的产品也只有5种。但是,存在时间长短和产品种数多少的量化尺度,不一定能合理衡量一家印刷出版机构的成果和意义,至少不应是仅有的标准。究竟华英校书房是否已达成预订的目标?有无形成自己的特色?中国人对于华英校书房产品的反应如何?这三者应该是看待与检验其成果与意义更有效的标准。

首先,华英校书房是否达成预订的目标?娄睿主导下的美国长老会

---

① 马士曼于1822年在印度雪兰坡(Serampore)出版全本圣经中文译本(A.Wylie, *Memorials of Protestant Missinaries to the Chinese*, p.2,《神天十条圣诫注解》)。

② Ibid., p.132.

③ BFMPC/MCR/CH, 189/1/255, W. M. Lowrie to W. Lowrie, Macao, 16 September 1844.

中文印刷出版工作，从一开始就是要以铸造的中文金属活字印书协助传教事业。从1836年着手筹备到1844年成立华英校书房的八年间，甚至校书房开办以后，确实遭遇从活字、工匠到语文各方面的困难，但华英校书房终究能完全以西式活字印刷术进行生产，而且印的不只是实验性寥寥数页的小册，还包含篇幅已达数十上百页的书，实用性相当明显。所以1844年9月中柯理写信向娄睿报告，已印成两种书并进行排印另两种书时会说："您或许会认为所有这些只是小事，但这是个开始，而且我们希望您会认为，这是以金属活字印刷中文的计划终底于成的具体事证。"[①]四个月后的1845年1月间，娄理华也在给娄睿的信中说："华英校书房迄今完全符合所有合理的期望，要斩钉截铁地说它是成功的或许还过早了些，然而一切都朝此方向发展。"[②]因此1845年长老会外国传教部的年报得以宣称："以金属活字印刷中文的理论已付诸实践，并经历考验。〔……〕布道站拥有的活字能印刷两万个中文字以上，这个数目应付所有实务目的绰绰有余，将是中国基督教化的一项媒介。"[③]可以说，华英校书房已经达成了娄睿代表的长老会中文印刷出版的预订目标。

其次，华英校书房有无自己的特色？鸦片战争以后最早在中国建立的两个西式中文印刷所，是上海的伦敦会墨海书馆和澳门的长老会华英校书房[④]。两者都成立于1844年，墨海书馆的印工和机具在1844年1月运抵上海，同年5月间开印，都比1844年2月抵达香港、同年6月开印的华英校书房早了一个月左右。但是，墨海书馆虽然也以活字印刷为主，但初期数年使用铸造的活字和雕刻的活字混合印刷的方式，其次也兼用木刻，甚

---

① BFMPC/MCR/CH, 189/1/612, R. Cole to W. Lowrie, Macao, 17 September 1844.

② Ibid., 190/3/1, W. M. Lowrie to W. Lowrie, Macao, 11 January 1845.

③ *The Eighth Annual Report of the Board of Foreign Missions of the Presbyterian Church* (1845), p.21.

④ 伦敦会在新加坡的印刷铸字设施到1846年才迁到香港的英华书院，而美部会在新加坡的坚夏书院在鸦片战争结束前已经停办，至于战争期间及战后都在澳门的美部会印刷所，则专门印刷出版英文书刊。此外，美国浸信传教会在曼谷的布道站也有中文印刷设施，但情况不明。

至偶尔还用石印和铅版。而华英校书房从一开始就专用金属铸造的中文活字，即使遇缺字也是雕刻金属活字应急备用，并未为了省钱省事而使用木活字。因此华英校书房的第一项特色，就是中国第一家专以西式印刷术生产中文产品的印刷所。第二项特色则是使用巴黎拼合活字，但这却是个利弊互见的特色，虽然拼合方式大幅度减少了活字的数量与成本，让华英校书房（或者说长老会）在铸造活字印刷中文方面后发先至，超越了其他传教会，但许多拼合而成的字形却显得不自然与呆板，即使娄理华很快便发觉这项困扰的问题，却也只能进行很有限度的改善，直到迁往宁波以后，陆续重新订制字形过差的巴黎活字，并添购与新铸其他活字，才大为解决了这项困扰。

第三，中国人对于华英校书房产品的反应如何？华英校书房存在期间，娄理华、柯理或其他传教士写给娄睿的书信中，都没有出外分发印成的书给中国人的记载。娄理华其实很在意中国人对华英校书房产品的反应，包含对巴黎活字字形的观感，1844年10月间，娄理华在一封信中表达自己对于拼合活字的信念之后，接着描述了中国官员参观华英校书房的事：

> 两广总督耆英手下的一些官员，最近到澳门期间，接受邀请参观华英校书房，他们看了一些印刷成品，表达高度的满意，随后又派人询问柯理先生能否为广东当局铸造一副活字。我们当然给予肯定的答复。虽然接着没有进一步的消息，但如果不出几年他们拥有一副完整的活字和必要的印刷组件，我们将不会太惊讶，耆英是个具有宽广而自由观点的人，有可能会赞助将西方科学与技术引入中国的行动。[①]

广东官员想向传教士订购活字的念头是否出自耆英本人，后来何以

---

① BFMPC/MCR/CH, 189/1/649, W. M. Lowrie to W. Lowrie, Macao, 3 October 1844.

又没下文，娄理华都没有说明，他自己很可能也不知道，但他一直担心巴黎活字的字形问题，却有一批中国官员表达高度满意，事后还派人询问订购事宜，可见满意之说并非礼貌客套之词而已，这对娄理华无疑是极大的鼓舞。

广东官员却不是娄理华获得中国人反应的唯一来源，他改驻宁波以后，比较勤于分书给华人。1845年6月间，一批当地的下级官员和文人前来拜访，双方热络互动之际，娄理华给对方一些书，包含华英校书房以拼合活字印的产品，那些官员和文人对活字的美观与清晰大为赞许，娄理华在日志中表示，另外有些中国学者在翻阅华英校书房印的书时，也有类似的说法①。宁波布道站1845年的年报也表示，经常听到中国文人打开书后惊呼（exclaim）："这些书印得多美好啊！（'How beautifully they are printed!'）"②不论上述这些中国人的反应是出于真心诚意、礼貌客套、惊讶意外或其他缘故，这些赞赏对于初展身手的华英校书房、顾虑拼合活字字形的娄理华、甚至因购买了不尽理想的拼合活字而多少有些尴尬的娄睿而言，都是非常正面有利的事。在长老会外国传教部1846年的年报中，就引用娄理华记载的这些中国人的反应为这副活字辩护，表示尽管这副活字受到批评，印成的书却赢得中国学者的肯定和赞同，并说中国的知识分子才是这副活字适当的裁判者等。③

以上的讨论显示，华英校书房即使存在期间很短，也只有五种产品，但作为中国第一家专以西式印刷术生产中文图书的印刷所，已经落实了长老会预订的目标，并自此踏上从澳门经宁波到上海的具体成长与发展

① BFMPC/MCR/CH, 190/2/100, 'Journal of W. M. Lowrie.' 官员和文人拜访娄理华的事，记载于这批日志中的1845年6月16日；同时也收在W. Lowrie, ed., *Memoirs of the Rev. Walter M. Lowrie*, p.309.

② Ibid., 190/2/110, Report of the Ningpo Mission for the Year Ending October 1, 1845.

③ *The Ninth Annual Report of the Board of Foreign Missions of the Presbyterian Church* (1846), p.32.

之路。尽管拼合活字有待改善与补充，但印成的书却没有遭到预计中可能会有的排斥。

结　语

从长老会或基督教在华传教的立场看，华英校书房已有初步的成果，只待进一步发挥协助传教的功能。从近代中文印刷的发展角度看，华英校书房是西方印刷术来华的先锋之一，即将与中国传统木刻进行印刷技术之争。虽然1845年中柯理将印刷所迁往宁波，中断了澳门华英校书房的历史，但华英校书房的关门并非停办消失，而是更换地方与名称，继续下一阶段在传播基督教福音与改变中文印刷技术两方面更积极的角色。

第十章
宁波华花圣经书房(1845—1860)

绪　论

相对于短暂一年多的澳门时期，华英校书房在1845年迁到宁波并改名为华花圣经书房后，延续营运到1860年才再度迁往上海。华花圣经书房在宁波的十五年多期间，由于内部与外在环境各项条件的互相激荡影响，一方面有中国情势与中外关系的发展，在华传教界彼此的互动演变，以及西方印刷技术接连推陈出新等外在因素，另一方面出于长老会外国传教部与宁波布道站传教士的主动意愿与需求，促使华花圣经书房在经营管理、技术应用、产品与产量，乃至传播与影响等各方面，陆续发生极大的变化，这些演变在近代中文印刷出版、基督教在华传播，以及中外文化交流的发展过程中都极具意义。

第一节　迁移宁波与沿革

鸦片战争结束后，中国开放五口通商，并割让香港岛予英国，基督教各传教会都在考虑如何就这六个地方建立布道站与部署传教士。美国长老会外国传教部也不例外，并交由最了解中国情势的在华传教士讨论决定，纽约的执行委员会只提供建议，并陆续派遣传教士来华增援。1844年3月12日，娄理华函报娄睿，弟兄们最新的决定是除了在澳门设置临时布道站以外，建立三个布道站：香港、厦门与宁波，其中宁波作为长老会在华的主要据点，并配置较多的传教士。选择香港是基于安全、交通与通汇的方便，厦门则是先已有长老会弟兄在当地落脚，至于选择宁波作为主要据点的四个理由是：人口众多、居民善良、社会安定、周围环境有益健康，娄理华认为宁波显得比其他地方是更为宽广而有效的传教区域。[①]

计划已定，先前和柯理一起同船抵达中国的传教医生麦嘉缔随即北上，于1844年6月20日抵达宁波，开启了长老会在当地的传教事业[②]。到翌年（1845）4月初为止，陆续有袆理哲（Richard Q. Way, 1819—1895）、露密士、克陛存（Michael S. Culbertson, 1819—1862）三名传教士及其家人前来，到了1845年4月11日娄理华抵达后，宁波布道站共有五名传教士。他们在学习语文及与中国人交往外，进行讲道、教育和医疗三项主要工作，长老会成为当时在宁波人数最多、设施最完备的基督教传教团体[③]，但初期并未购置房地，除娄理华租住于城内佑圣观，其他分别于姚江北岸英国领事馆附近租住民房。

宁波既然作为长老会在华的主要据点，附设印刷所是顺理成章的事，在纽约的执行委员会和在华传教士也都赞同，但是印刷所的搬迁与安置费时费事，因此暂时仍在澳门，等候中外局势全盘稳定，宁波当地安全确认无虞再说，并没有预订的时间表[④]。不料，柯理却径自在1845年5月底通知宁波的弟兄，已进行安排华英校书房迁移宁波一事。麦嘉缔赶紧回信表示不宜，因为英人续占或交还舟山群岛问题未定，宁波安危难料等，

---

① BFMPC/MCR/CH, 189/1/571, W. M. Lowrie to W. Lowrie, Macao, 12 March 1844. 稍后由广州取代香港。

② Ibid., 189/1/625, Divie B. McCartee & R. Q. Way to the Board of Foreign Missions of the Presbyterian Church, [Ningpo], 1 October 1844.

③ 美国长老会以外，1845年底前在宁波派驻传教士的团体还有美国浸信传教会（American Baptist Board of Foreign Missions）、英国浸信传教会（Baptist Missionary Society），以及独立的英国女性传教士阿德希（Mary A. Aldersey, 1797—1868）；1848年英国圣公会传教会也派人常驻。

④ BFMPC/MCR/CH, 189/1/691, A. P.Happer to W. Lowrie, Hong Kong, 4 December 1844; ibid., 189/1/694, W. M. Lowrie to W. Lowrie, Macao, 5 December 1844; *The Eighth Annual Report of the Board of Foreign Missions of the Presbyterian Church* (1845), p.21.

但已来不及阻止柯理的行动，而纽约的娄睿接获麦嘉缔报告后也感到错愕，担心宁波布道站无法安置贸然而至的印刷所①。柯理的唐突之举，直到1847年他辞职离开长老会时所写的一封信才显露了端倪，原来他对娄理华离开澳门后接手照料华英校书房的传教士哈巴安德颇为不悦，认为哈巴才抵达中国不久，却对柯理妻子的健康问题没有根据地说三道四，柯理还为此写信警告哈巴。②

1845年7月5日，柯理夫妇带着两名工匠及机具、活字从香港乘船出发，中途遇上台风，同月15日才抵达舟山，三天后改搭中国帆船于19日抵达宁波。布道站弟兄先已租下同在江北岸的一大间外国商行，供柯理一家居住兼做印刷所之用，每年租金300元，但距离弟兄们的住处约半英里远，袆理哲说："迫于没有其他更适合作为印刷所的房子，我们只能租下这间商行。"③又说这房子在夏天非常舒适，是一间设备齐全的中国房子，"柯理先生说很适合印刷所之用。"④

1845年9月11日，宁波布道站在柯理住处举行年度会议，决议事项之一是将印刷所名称从"华英校书房"改为"华花圣经书房"（Chinese and American Sacred Classic Book Establishment）⑤。至于华花圣经书房开工的日期，根据克陛存于1845年8月30日写给娄睿的信中表示，柯理仍在忙于建立印刷所，本地雇用的工匠对这项工作很陌生，有些零件也在迁移过程受损或遗失了，希望印刷所可在一两个星期内完成安置后开工⑥，

---

① BFMPC/MCR/CH, 190/2/97, D. B. McCartee to W. Lowrie, Ningpo, 2 July 1845; ibid., 235/79/1, Mission Letters, New York, 29 September 1845 & 25 February 1846.

② Ibid., 190/3/40, R. Cole to the Executive Committee, Hong Kong, 18 October 1847, enclosure: R. Cole to A. P.Happer, Macao, 26 November 1844.

③ Ibid., 190/2/98, Robert Q. Way to W. Lowrie, Ningpo, 31 July 1845.

④ Ibid.

⑤ Ibid., 190/2/106, Minutes of the Annual Meeting of the Ningpo Mission, 10–13 September 1845. G. McIntosh, *The Mission Press in China*一书将中英文名称误为"花华圣经书房"及The Chinese and American Holy Classic Book Establishment(p.10)。

⑥ Ibid., 190/2/102, Michael S. Culbertson to W. Lowrie, Ningpo, 30 August 1845.

因此应当是在1845年9月10日前后开张的。[①]

华花圣经书房在商行中不到一年时光，其他传教士住处邻近的卢家祠堂有意出租，空间比商行更宽敞，租金也没有比现在更多，于是经1846年2月的布道站月会通过，租用卢家祠堂作为印刷所与柯理的住家[②]，而柯理妻子开办的女生寄宿学校也暂时设在其中，一年多后才另迁他处[③]。1846年4月9日，华花圣经书房乔迁到卢家祠堂，费了一星期时间才安顿下来，并加盖了柯理住家的二楼[④]。本是一个中国人家族怀先追远之地的卢家祠堂，从此变成视祭拜祖先为迷信的基督教华花圣经书房所用，直到1860年底迁往上海为止。这年华花圣经书房还印刷出版了一种劝人不可拈香拜祖的出版品——倪维思（John L. Nevius, 1829—1893）的《祀先辨谬》。

卢家祠堂距离江岸约100码远，其间还隔有一排沿岸的传教士住房和道路，祠堂前方是一口池塘和稻田，祠堂四周绕以98×158英尺长的高墙，墙外有大片的空地，墙内的数栋房屋组合类似四合院。作为华花圣经书房的正屋长宽95×49.8英尺，各房间分设印刷室、铸字室、装订室等，另外几栋房屋分别是主任宿舍、工匠宿舍、书库等。[⑤]

---

① 祎理哲在1855年撰写的《美国长老会宁波布道站历史》一稿，却说华花圣经书房是1845年9月1日开工的（Ibid., 191A/4/78, R. Q. Way, 'History of the Ningpo Mission of the Presbyterian Church in the United States of America.'），G. McIntosh, *The Mission Press in China*一书也沿用祎理哲的说法（p.8）。

② Ibid., 190/2/157, W. M. Lowrie, Minutes of the Mission Meetings, April 25, 1846.

③ 柯理妻子卡洛琳（Caroline H. Cole, 1808—1876）婚前自1830年起在家乡新泽西州（New Jersey）的New Brunswick办有一间女子学校，直到1843年与柯理结婚来华为止，卡洛琳生平见Walter Hubbell, *History of the Hubbell Family*（New York: J. H. Hubbell & Co., 1881），pp.182-183。宁波布道站在1845年9月13日的年度会议中，授权卡洛琳招收四名女生开办女生寄宿学校（BFMPC/MCR/CH, 190/2/106, Minutes of the Annual Meeting of the Ningpo Mission, 10-13 September 1845）。

④ BFMPC/MCR/CH, 190/2/164, Report of the Publishing Committee, Ningpo, 30 September 1846; ibid., 190/2/167, Third Annual Report of the Ningpo Mission, October 1, 1846; ibid., 190/2/157, W. M. Lowrie, Minutes of Mission Meeting, Ningpo, 25 April 1846; ibid., 190/3/104, D. B. McCartee to W. Lowrie, Ningpo, 2 March 1849.

⑤ Ibid., 191/3/255, H. V. Rankin to W. Lowrie, Ningpo, 27 July 1853; ibid., 192/4/259, H. V. Rankin to the Members of the Shanghai Mission, Ningpo, 30 March 1860; ibid., 192/4/260, H. V. Rankin to the Executive Committee of the B. F. M. P.C., Ningpo, 30 March 1860.

华花圣经书房搬入卢家祠堂不到一年，轮值撰写布道站每月通讯的传教士露密士在1847年初报道，卢家主动接洽将祠堂典让给布道站，为期三十年，索价3 000元，露密士说明典让几乎等于出售，而该祠堂是一个大家族祭拜祖先之所，若非家族中落已甚，不可能会出此下策。[①]结果双方为此洽谈了两年之久，终于在1849年1月中达成协议，典期四十年，直到1888年为止，价钱3 304串钱，折合约2 230元，期满后卢家若要赎回，需偿付同等价钱以及华花圣经书房增建或修理的费用，到1853年时这些增修费用已累计到接近典价的2 000多元。[②]

第二节　管理与经费

一、管理

华花圣经书房的管理方式，由“出版委员会”（Publishing Committee）掌握出版业务，而印刷所主任（superintendent of the press）[③]负责印刷技术与书房日常事务。这样的管理方式一方面是出版与印刷双轨进行，另一方面则是以出版监督控制印刷的两级制。

1845年9月10日布道站举行年度会议，也是印刷所迁到宁波后的第一次年会，通过的决议之一是设置出版委员会，负责以下五项工作：

（一）选择拟出版的书；

① BFMPC/MCR/CH, 190/3/22, Andrew W. Loomis to W. Lowrie, Ningpo, 4 February 1847.

② Ibid., 190/3/101, A. W. Loomis to W. Lowrie, Ningpo, 28 January 1849. 露密士说通常1 420文钱至1 440文钱折合1元，但此件交易是以1 480文钱折合1 000元计算。1853年时传教士说典价是2 235元（Ibid., 191/3/255, H. V. Rankin to W. Lowrie, Ningpo, 27 July 1853）。

③ 最先主持华花圣经书房的柯理，职称是印工（printer），并无印刷所主任之名，他辞职后由传教士露密士接掌华花圣经书房。露密士并非印刷出身，不能称为印工，从此改称印刷所主任。以下为行文方便，将实为主任而无其名的柯理一并称为主任。

（二）决定印量、版式与费用；

（三）校对排印中的书；

（四）管理本站以外对象的赠书；

（五）建议印刷所各相关事项。

年会中同时任命柯理、娄理华和克陞存为出版委员会成员[①]。此后出版委员会一直存在，人数也始终维持三人，都由印刷所主任以及两名宁波布道站的传教士组成，这两名传教士分别担任委员会的司库与秘书。在1848年该委员会年报中，十分清楚地描述了出版委员会的运作情形：

> 华花圣经书房的事务由布道站任命的出版委员会管理。委员会订每个月第一个星期三集会，必要时得临时召集。每月定期会议时，由主任就前个月华花圣经书房的工作或相关重要事务提出报告，其次由司库报告该月经费支出情形。接着进行审查或推荐拟出版的书，处理来自其他方面的印刷订单并决定接受与否，以及其他事务。每次会议纪录由委员会秘书记载于纪录簿。[②]

出版委员会既掌握出版政策，也决定出版的内容，而且华花圣经书房的主任必须定期向委员会报告工作情形，因此出版委员会的地位高于华花圣经书房，并可监督控制书房。这很可能有如本书“华英校书房”一章所述，娄理华鉴于柯理在澳门时期的工作态度与情绪问题，因此不愿让他单独全盘负责，所以订出这样的一套制度。由于柯理也是委员会成员之一，已获得相当程度的尊重，而且他的中文水平始终不见提高，在选择书

① BFMPC/MCR/CH, 190/2/106, Minutes of the Annual Meeting of the Ningpo Mission, 10 September 1845.

② Ibid., 190/3/135, Report of the Publishing Committee of the Ningpo Mission of the BFMPC for 1847–1848.

种、内容版式与校对等方面都必须由传教士承担，因此这套制度实施后顺利无碍。直到十余年后姜别利于1858年来华担任华花圣经书房主任不久，曾对这项制度产生疑虑，担心一旦自己和出版委员会之间对事意见不合，后果将会如何？姜别利私下写信向娄睿反映，说他不是要争取选择与决定出书的权力，那的确该由出版委员会掌握，他在乎的是华花圣经书房的"实质利益"（practical interests），他认为这是身为华花圣经书房主任应该要掌握的权力与承担的责任[①]。姜别利说的"实质利益"应该是指收支盈亏或产销分发等方面，但他并没有具体举例，而且他也承认迄至当时华花圣经书房的运作一切都好，只是面对此种自己陌生的"新"制度，他在求好心切之下不免有些多余的顾虑。

娄睿并未回应姜别利的疑虑。不过，第二年（1859）宁波布道站自订的"长老会宁波布道站规则"（Regulations of the Presbyterian Mission, Ningpo）[②]，印刷所部分第五条关于出版委员会的职责，共有六项：

（一）选择拟出版的书；

（二）决定印量、版式与费用；

（三）校对排印中的书；

（四）向布道站定期会议报告计划出版书单；

（五）决定以圣经公会与小册会经费所印的书赠予其他传教会或个人事宜；

（六）决定为其他传教会或个人代印传教性质的书。

比较1859年和1845年两次关于出版委员会职责的规定，并无明显的差异。第一至第三项的内容和文字都相同，1859年的第五项则近似1845年的第四项内容，只是文字较为详尽，至于第1859年的四项与第六项为

---

① BFMPC/MCR/CH, 199/8/16, William Gamble to W. Lowrie, Ningpo, 15 December 1858.

② Ibid., 192/4/239, Regulations of the Presbyterian Mission, Ningpo, 1 October, 1859.

新增的两项规定，但第四项可视为是第一项职责的延伸，而第六项也不是全新的规定，因为如“华英校书房”一章所述，华英校书房早就为其他传教会和个人印刷出版传教图书，改为华花圣经书房后也行之多年。倒是1845年所订第五项“建议印刷所各相关事项”的广泛概括性的职责，不见于1859年的出版委员会职责中，不过这应当不会有太大的影响，因为一年后华花圣经书房就迁往上海了。

出版委员会在体制上虽然可以监督控制华花圣经书房，但委员会每月才开一次会，三名委员中由传教士兼任的两人都有传教专责工作，也还兼任布道站其他固定职务或临时任务①，而华花圣经书房的主任本就管理书房事务，又兼出版委员会委员，是布道站唯一能专注于印刷出版的人。他既代表华花圣经书房，又执行出版委员会的决策，因此其专业技能、想法和言行对华花圣经书房的经营和发展特别重要，却长期没有明文订定其职责，到1859年的“长老会宁波布道站规则”印刷所部分，才有第二条至第四条的明确规范②，包含以下七项：

（一）保管维护所有活字与印刷器材；

（二）管理工匠并拟定其工资与工时；

（三）照料印刷所与铸字房日常事务；

（四）运用印刷所经费；

（五）在年度会议时提出印刷所报告；

（六）登记印刷所所有信件内容或摘要、概算、重要记事、通知、年度报告，以及可供了解印刷所运作情形的所有资讯；

（七）编制每年印刷出版目录，包含书名、作者姓名、印量等。

---

① 例如娄理华1846年一度同时兼任布道站司库与出版委员会委员，负担过重，其他传教士才同意他免兼司库一职（ibid., 190/2/156, W. M. Lowrie to W. Lowrie, Ningpo, 30 September 1846.）。

② Ibid., 192/4/239, Regulations of the Presbyterian Mission, Ningpo, 1 October, 1859.

当印刷所主任由传教士担任时，这七项可能就是他的全部工作；但由专业印工担任时，他还得负责铸造活字、修补改善字模、指导训练华人印工操作等等技术。

华花圣经书房存在的十五年多期间，历经五名主任：

柯　理，约两年两个月（1845.7—1847.8）

露密士，约一年九个月（1847.9—1849.5）①

歌　德，约三年三个月（Moses S. Coulter, 1849.9—1852.12）

祎理哲，约五年十个月（1852.12—1858.9）

姜别利，约两年三个月（1858.10—1860.12）

在五人中，柯理和姜别利是专业的印工；露密士和祎理哲是传教士；歌德的身份很特别，既不是专业印工，也非传教士，而是在美国学习印刷与铸字六星期后，来华担任华花圣经书房的主任。柯理、姜别利和歌德三人都领取传教士的薪水，也能和传教士一般支领子女加给，房租都由布道站经费支付，他们和传教士同样出席布道站各项会议，并参与轮流担任主席。

华花圣经书房在宁波的初期，柯理显得很正常，相当关注他情绪问题的娄理华在1845年底报道布道站工作进行顺利，所有人都安好，还特别提到柯理的兴致很好（in good humor）②。但接着柯理的情绪又显得有些不稳定，怀疑接受他委托将信件带回美国的第一位美国来华外交代表顾盛（Caleb Cushing）没有尽责将信送交给娄睿，于是严辞批评顾盛使华是严重妨碍了传教工作；又如柯理接连开列长串清单要求娄睿在美采购，其中包含无关印刷的物品，甚至要两个烹调用的火炉，分别

① 露密士因病在1849年5月30日离开宁波前往舟山修养，旋又返美，由传教医生麦嘉缔暂时照料华花圣经书房事务三个月，到歌德于同年8月底抵达宁波为止（ibid., 190/3/124, A. W. Loomis to W. Lowrie, Ningpo, 1 September 1849）。

② Ibid., 190/2/132, W. M. Lowrie to W. Lowrie, Ningpo, 31, December 1845.

给妻子和英国浸信传教会的宁波传教士胡德迈（Thomas H. Hudson），还说娄睿的妻子必然十分了解柯理妻子想要的是怎样的火炉[①]。1846年中，又有同站的传教士报道柯理和同工相处有些问题，任意曲解同工对他的善意等。[②]

1846年12月间，娄睿写了一封信给柯理，内容让柯理大为不满，认为是毫无原因就剥夺了他作为主任的职权[③]。柯理转而以娄理华和自己的妻子卡洛琳（Caroline H. Cole）为发泄怒气的对象。娄理华在1847年6月间前往上海参与在华传教士共同修订中文圣经，柯理一再发信向娄理华抱怨并要求调查此事。到同年8月间情况进一步恶化，柯理扬言回美，再也不管华花圣经书房事务，而经常遭受他以粗暴语言对待的卡洛琳，因恐惧自己会遭到不测而避居其他传教士家中。传教士们发信请娄理华赶回宁波处理，不幸娄理华在途中竟被中国海盗杀害。柯理曾在妻子离家后表示悔过并恳求她回家，也曾在教会中当众自承罪恶愿意受罚，最后则在9月离开宁波到香港，获得伦敦传教会香港布道站雇用，担任其印刷所英华书院主任。1847年10月20日柯理从香港写信辞去华花圣经书房的职位[④]。这桩很不愉快甚至间接导致娄理华被害的"柯理事件"过后，宁波布道站的传教医生麦嘉缔撰写一篇报告，从医学观点追溯柯理的

① BFMPC/MCR/CH, 190/2/122, R. Cole to W. Lowrie, Chusan, 15 November 1845; ibid., 190/2/88, R. Cole to W. Lowrie, Ningpo, 18 December 1845.

② Ibid., 190/2/148, A. W. Loomis to W. Lowrie, Chusan, 6 July 1846.

③ 长老会外国传教部现存的档案中并无这封信，此处是依据柯理妻子于1847年8月28日写给外国传教部执行委员会信的内容（ibid., 190/3/42, Caroline H. Cole to the Executive Committee, Ningpo, 28 August 1847）。

④ 关于"柯理事件"的详细经过，参见ibid., 190/3/34, R. Cole to W. M. Lowrie, Ningpo, 6 August 1847; ibid., 190/3/35, M. S. Culbertson to W. Lowrie, Ningpo, 11 August 1847; ibid., 190/3/36. W. M. Lowrie to R. Cole, Shanghai, 13 August 1847; ibid., 190/3/41, Caroline H. Cole to W. Lowrie, Ningpo, 28 August 1847（同日两封）; ibid., 190/3/39 & 40, R. Cole to the Executive Committee, Hong Kong, 18 & 20 October 1847; ibid., 190/3/48, 'Fourth Annual Report of the Ningpo Mission from October 1846 to October 1847;' ibid., 235/79/4, W. Lowrie to Ningpo Mission, New York, 25 January 1848.

家族病史与他时好时坏的言行等现象，认为柯理是忧郁症（atrabilious or melancholic）的患者，他的心理处于一种称为"道德异常"（moral insanity）的疾病状态。[①]

柯理离开宁波后，露密士被传教士推选为华花圣经书房的主任，他在任一年多期间曾一再要求娄睿派遣专业印工来华。娄睿虽然也很焦急，却难以找到有意愿的印工，不得不另觅途径，仿照在印度的长老会传教士先例，由愿意献身传教工作的大学毕业生接受短期的印刷训练后前往担任印工[②]。娄睿在1848年8月底写信告诉宁波布道站，已成功说服刚从学院毕业准备入神学院进修当传教士的歌德，接受类似的安排来华，娄睿描述歌德具有机械和语言天赋，"他将是你们所要的人。"[③] 另一方面，在歌德于1849年2月底启程来华时，娄睿指示他抵达宁波接掌华花圣经书房后的优先顺序，首先是熟悉各项印刷运作，其次才学习中国语文，最后再研读神学，娄睿特地举了长老会在印度两名先任印工再成为传教士的先例，以鼓励志在当传教士的歌德。[④]

歌德不是专业印工，也不是传教士，担任华花圣经书房的主任却相当称职，娄睿也十分满意[⑤]。不料任满三年以后，歌德却在1852年9月递出辞职函，原因是他已从经验中深切了解，自己完全无法兼顾印刷工作和研读神学，而且体验到印刷对自己的挑战越来越大，因为他来华前不过学习印刷六个星期而已，而华花圣经书房是已有相当规模的印刷所，自己有限的印刷知识与技术很难应付裕如，尤其他志在成为传教士的初衷未变，但自己的现况无法多读神学，因此要求或者让他辞职，不然就先给他两年进

① BFMPC/MCR/CH, 190/3/56, D. B. McCartee's paper on Cole's Melancholic, Ningpo, 27 October 1847.

② Ibid., 235/79/9, W. Lowrie to Ningpo Mission, New York, 28 July 1848.

③ Ibid., 235/79/10, W. Lowrie to Ningpo Mission, New York, 28 August 1848.

④ Ibid., 235/79/16, W. Lowrie to Moses S. Coulter, New York, 24 February 1849.

⑤ Ibid., 235/79/46, W. Lowrie to Missions at Ningpo and Shanghai, New York, 26 June 1851.

修神学成为传教士[①]。歌德辞职时已经生病，因此娄睿尽管有印度的先例而不尽同意他说的印刷与神学不可得兼之词，却也无法要他勉为其难[②]。不幸歌德随即在1852年12月病死于宁波，布道站一面推选祎理哲接下华花圣经书房主任一职，同时报请娄睿尽快派来专业印工，娄睿也再度陷入找不到人的困境，“关于华花圣经书房，我们真感到困窘，几乎不可能找到一名虔诚的专业印工，我们已经尝试多年了”。[③]

意外的是祎理哲原以为自己只是暂时代理主任，并认为自己完全不懂印刷技艺，因此“对于我将得花费许多时间和力量在这上头感到遗憾”[④]，结果他竟然在职达五年十个月，成为华花圣经书房先后五名主任中任期最长的一位。祎理哲上任半年多以后，华花圣经书房一切如常，同站的传教士孟丁元（Samuel N. D. Martin）写信给娄睿，大力称赞祎理哲的表现，进一步畅谈管理印刷所和管理学校的原则没什么两样，而布道站人手有限，一名具有多方面才能的传教士比单一功能的专业印工重要得多，结论是：“关于华花圣经书房，我相信即使派一名专业印工来此，也比不上现在我们的管理更令人满意。”[⑤]

赞许祎理哲的不只孟丁元而已，宁波布道站还有两名传教士也同声表示，既然“我们”能办好华花圣经书房，“不希望”（do not wish）娄睿再派专业印工来接手。祎理哲只好告诉娄睿，这种说法只是一部分人的意见，也不是正确的判断，希望娄睿继续寻觅专业印工，“早日派来一名印工才符合华花书房的利益”。[⑥]

---

① BFMPC/MCR/CH, 191/3/226, Moses S. Coulter to the Members of the Ningpo Mission, Ningpo, 28 September 1852.

② Ibid., 235/79/69, W. Lowrie to Ningpo Mission, New York, 29 January 1853.

③ Ibid., 235/79/70, W. Lowrie to Ningpo Mission, New York, 4 March 1853.

④ Ibid., 191/3/231, Richard Q. Way to W. Lowrie, Ningpo, 6 November 1852.

⑤ Ibid., 191/3/254, Samuel N. Martin to W. Lowrie, Ningpo, 16 July 1853.

⑥ Ibid., 191A/4/44, Annual Report of the Press for the Year Ending September 30th 1854, R. Q. Way's notes.

娄睿的确没有放弃为华花圣经书房找印工的希望。这回他找到了一名在神学院读了一学期的梅理士（Charles R. Mills），读大学前学过一些印刷的知识，娄睿基于歌德六星期短促的学习无法应付华花圣经书房需要的前车之鉴，同意提供梅理士500元的一年生活费，希望他这段时间学好印刷技术，特别是关于铸版的技术，以备将来传授给中国工匠；娄睿并将这项人事安排通知宁波的传教士。[1]

就在梅理士准备动身来华前不久，娄睿在1856年8月1日写信通知宁波布道站：

> 在宁波及附近服事基督的工作很明显地获得极大的激励，基督一再地增长此种激励，一位虔诚的信徒姜别利先生已获得任命负责华花圣经书房。[2]

从此后的发展而言，娄睿这封信中宣布的不但对华花圣经书房、此后的美华书馆，以及长老会中文印刷出版事业是极为重要的一件事，也是对近代中文印刷出版的变化与发展非常关键的一项人事任命。1858年6月15日姜别利乘船到达香港，再经上海而于8月初转抵宁波[3]，并在同年10月1日接掌华花圣经书房，直到1860年底迁往上海为止。他虽是华花圣经书房最后一

---

① BFMPC/MCR/CH, 235/79/97, W. Lowrie to Charles R. Mills, New York, 17 April 1855; ibid., 235/79/101, W. Lowrie to Ningpo Mission, New York, 14 August 1855.

② Ibid., 235/79/110, W. Lowrie to Ningpo Mission, New York, 1 August 1856.

③ 有人认为姜别利抵达香港后，改循陆路北上，到10月才抵达宁波（冯锦荣，《姜别利与上海美华书馆》，页296）。这是完全错误的说法。事实是姜别利搭乘的船（the N. B. Palmer）于1858年6月中到香港后，停留了整整一个月才继续前往终点站上海，上海的《北华捷报》（*North-China Herald*）1858年7月31日刊登了这艘船于7月26日抵埠的消息以及包含姜别利在内的乘客名单。姜别利在上海停留一星期后，于8月初转搭其他船只抵达宁波，宁波布道站让他先熟悉环境和华花圣经书房的运作，并学习一些宁波方言以便和工匠沟通，直到同年的10月1日他才从原来的主任祎理哲手中接下华花圣经书房；而姜别利在途经香港、上海期间和抵达宁波后，都写了信向娄睿报告自己的见闻和行事作为，尤其详细说明了参观伦敦会在香港的英华书院和上海的墨海书馆两家印刷所的情形（ibid., 199/8/12, William Gamble to W. Lowrie, Hong Kong, 2 July 1858; ibid., 199/8/15, W. Gamble to W. Lowrie, Shanghai, 31 July 1858; ibid., 199/8/35, W. Gamble to W. Lorwie, Ningpo, 30 August 1858; ibid., 191A/4/177, Report of the Press for the Year ending September 30th 1858）。

位主任,却也是上海美华书馆的第一位主任,两者之间彼此衔接没有中断。

从以上的讨论可知,主持华花圣经书房的主任一职,其人选相当难觅。当时的美国专业印工少有人愿赴海外到中国协助传教工作,而且这不是短暂一两年的现象,而是从1830年代长老会宣布开拓中国传教事业起,二十年间娄睿就经常为没有合适的人选而烦恼,为此还尝试以大学毕业生接受短期印刷训练后担任其事,却没有成功。由传教士担任华花圣经书房的主任,在一般行政管理上尚无困难,至于印刷专业技术方面却无能为力①,而在十九世纪中叶工业革命的巨大浪潮中,印刷技术的进步几于日新月异,不懂印刷的传教士最多也只能守成维持现状,不利于进一步的发展。所幸祎理哲有自知之明,而娄睿也没有听信孟丁元的说辞,终于努力找到了专业印工出身的姜别利来华任事,并从华花圣经书房延续到美华书馆共十一年之久。姜别利在技术上屡有创新,同时致力培育中国工匠,促使美华书馆发展成十九世纪中后期中国规模最大、技术领先的印刷出版机构。

二、经费

要完整精确地了解华花圣经书房的经费收支相当困难,虽然宁波布道站及其出版委员会各有一名传教士兼任司库,但这些司库记账方法和形式各自不同,繁简差别很大,对各款项所属科目的认定也有出入,相当缺乏一致性,偶尔还连账目都残缺不全,例如1854年时祎理哲报道,未能找到前任露密士和歌德两人合计长达六个年度的美国小册会补助款的账目。②

---

① 最明显的例子如祎理哲接掌华花圣经书房后,曾经请示娄睿,有些机器设备如自动上墨机、铸版机及装订工具等,运到宁波已久,因无专业印工根本无人会用,恐怕日久锈蚀,是否予以出售处理(ibid., 191/3/267, R. Q. Way, Report of the Publishing Committee for the year ending September 30th 1853)。

② Ibid., 191A/4/44, Annual Report of the Press for the Year ending September 30th 1854.

在收入方面，华花圣经书房有三个来源：（一）长老会外国传教部的拨款；（二）美国圣经公会与美国小册会的补助；（三）接受委托代印传教或一般书刊文件。有这些财源的支持，华花圣经书房的经费显得相当充裕，传教士不曾抱怨经费不足，外国传教部的执行委员会还曾经如下文所述主动增加华花圣经书房的经费。

（一）长老会外国传教部的拨款

外国传教部的年度为每年10月至次年9月，通常由宁波的传教士在每年9月举行的布道站年度会议中，讨论通过下一年的估算，包含传教士薪水、子女津贴、房租或建筑费、中文教师工资、华花圣经书房、各学校、医药、巡回传教等等十余项经费，呈报外国传教部核定增减后，由娄睿通知布道站执行。例如1845年9月布道站通过1846年华花圣经书房的估算为1 000元①，此后多年因为柯理离职没有专业印工的缘故，华花圣经书房的估算都少于1 000元，最低的1850年甚至只有600元②，1854年也不过900元③。但姜别利的到职使得宁波的传教士和娄睿都信心大增，1859年通过及核定的估算提高为2 000元④，更难得的是华花圣经书房最后一年（1860）的估算，宁波布道站提出3 000元⑤，已经比1859年又增加了1 000元，没想到外国传教部核定时再度主动增加1 000元成为4 000元⑥。这一方面是准备让专业印工的姜别利大显身手，同时长老会的克陛存和美部会的裨治文两人合译的中文圣经陆续

---

① BFMPC/MCR/CH, 190/2/106, Minutes of the Annual Meeting of the Ningpo Mission, 11 September 1845.

② Ibid., 190/3/132, Michael S. Culbertson, Estimate of Expenses for the Year Beginning October 1st 1849.

③ Ibid., 191/3/268, R. Q. Way, Annual Meeting, September 23rd 1853, Minutes.

④ Ibid., 235/79/125, W. Lowrie to Ningpo Mission, New York, 29 April 1858.

⑤ Ibid., 191A/4/225, H. V. Rankin, 'Abstract of the Minutes of the Annual Meeting of the Ningpo Mission, Oct. 1859.'

⑥ Ibid., 235/79/172, W. Lowrie to Ningpo Mission, New York, 28 May 1859.

完成，即将大举印刷的缘故。

其实，估算的金额只是华花圣经书房经费的一部分而已，在宁波布道站的各项经费中，华花圣经书房是唯一不完全仰赖外国传教部拨款的生产部门，原因有二：首先是华花圣经书房另有其他财源，其次是娄睿经常主动或应华花圣经书房主任的要求，从美国购运活字、机器设备、用品原料等等来华，这些每年都有的费用都出自外国传教部而非华花圣经书房。例如柯理曾报道在1846年度内收到娄睿寄运的物品，计有192个活字字模、一台铸字机、制造油墨用的两罐糖蜜和一桶黏胶、2 000磅铸字金属、6个铜制字盘、一部车床，以及活字和铜尺等等[①]。再如姜别利在1860年报道，当年他收到从美国运来的物品，包含电镀活字机器、油墨原料、铸字材料、1 000余磅及两桶铸字金属、4桶油墨、一包小活字等等，合计753.88元[②]。至于华花圣经书房主任的薪水和房租等待遇，虽然列在宁波布道站的估算中，却不计入华花圣经书房的经费，而是列在传教士的薪水、房租和子女津贴项目之下。

（二）美国圣经公会与美国小册会的补助

这是金额仅次于长老会自行拨款的重要财源。华花圣经书房在第一年（1845）印刷出版的书中，《使徒行传》由圣经公会补助经费，《张远两友相论》与《乡训》两种则由小册会补助[③]，这三种书原由两会补助澳门的华英校书房，但直到迁往宁波后才付印。1847年，圣经公会大手笔共补助10 000元给长老会在内的美国各在华传教会印圣经，不料却因英美传教士共同修订中文圣经引发上帝或神的译名争议，耽误了这笔补助款的支用[④]。直到争议解决后，圣经公会于1851年补助长老会在内的四个美国

① BFMPC/MCR/CH, 190/2/164, Report of the Publishing Committee [for 1846].
② Ibid., 199/8/14, Annual Report of the Ningpo Press for 1859–1860.
③ Ibid., 190/2/110, Report of the Ningpo Mission for the Year ending October 1, 1845.
④ *Thirty-Second Report of the American Bible Society* (1848), p.75.

在华传教会各1 000元印圣经[①],此后也陆续补助。

在小册会方面,从1847年至1852年的六年中,担任华花圣经书房主任的露密士和歌德两人不知何故都未提及该会的补助,也未留下结报的账目,直至祎理哲接下主任职务后,经娄睿要求注意圣经公会和小册会补助款的结报[②],才从1854年起逐年向两会结报使用情形。但在华花圣经书房的账目中,除了给一个当年两会补助款已用掉的金额总数外,几乎都未提两会补助数目究竟多少,也无使用情形的明细[③]。华花圣经书房账目中唯一提到小册会补助数目的是1854年的1 000元,另一年(1859)的1 200元则是娄睿在写给宁波布道站的信中提到的[④]。至于每年补助款的使用情形,在华花圣经书房的账目中也只有1854年有比较详细的说明:祎理哲表示以小册会补助的1 000元印了7种小册,每种各1 000至6 000部不等,合计26 000部,将近120万页,耗费428.75元,还用不到1 000元补助款的半数;祎理哲接着说明圣经公会的补助款,却说自己"无从知道手头有多少该公会的补助款"[⑤],只列举当年印了《创世纪》2 000部、《出埃及记》500部与《利未记》500部,共用去297.35元。

下表是现存的宁波布道站档案中,仅知的1854年至1859年六年间华花圣经书房使用两会补助款的金额:

---

① *Thirty-Fifth Report of the American Bible Society* (1851), p.88. 但笔者在宁波布道站现存档案中没有见到关于这笔钱的资料。

② BFMPC/MCR/CH, 235/79/82, W. Lowrie to Ningpo Mission, New York, 28 November 1853.

③ 所以会有如此情形,可能和结报两会补助款的方式有关,祎理哲与娄睿商定的方式是祎理哲直接向两会结报,但信先寄给娄睿,也不封口,娄睿看过后再转给两会(ibid., 235/79/82, W. Lowrie to Ningpo Mission, New York, 28 November 1853; ibid., 191/3/267, R. Q. Way, Report of the Publishing Committee for the Year ending September 30, 1853.);结果祎理哲和娄睿可能都没有抄录结报的副本,以致现存的宁波布道站档案中欠缺这些史料。

④ Ibid., 235/79/172, W. Lowrie to Ningpo Mission, New York, 28 May 1859.

⑤ Ibid., 191A/4/44, Annual Report of the Press for the Year ending September 30, 1854.

表10-1 华花圣经书房使用美国圣经公会与美国小册会补助款

年　度	美圣经公会补助款	美小册会补助款
1854	297.35	428.75
1855	830.89	554.25
1856	323.37	823.99
1857	318.50	702.32
1858	45.00	2 299.83
1859	1 748.56	316.97
合　计	3 563.67	5 126.11

资料来源：1854—1859年宁波布道站出版委员会司库年报。

从以上这些数字可知，在这六年中，华花圣经书房逐年使用两会补助款的金额波动很大，没有什么规律性。若就两会比较，华花圣经书房使用美国小册会补助款的总数多于美国圣经公会者，而两会对比最悬殊的是1858年小册会约2 300元对比圣经公会的45元。娄睿不可能会忽略这种现象，他早就批评华花圣经书房重小册而轻圣经的做法不当，并曾以1856年的出版委员会年报为例，指出当年度华花圣经书房印刷25种书，其中圣经各书合计93万余页，而同一年印祎理哲自己再版的《地球说略》一书，9 000部、每部112页，就多达100万页有余，远超过圣经的数量[①]。不料两年后，娄睿又见到1858年度华花圣经书房使用小册会2 300元和圣经公会45元补助款的强烈对比，他在写给宁波布道站的信中，以惊叹号和较重的话表达自己的感受：

> 发现只印了这么少数的圣经，我们非常失望，我们真不知道有什么好理由可说，去年〔1858〕本会收到圣经公会大笔补助款

① BFMPC/MCR/CH, 235/79/116, W. Lowrie to Ningpo Mission, New York, 30 January 1857.

印刷圣经，而你们的年报却显示只用了45元！我们要提醒出版委员会这个问题，希望以后你们最大部分的工作用于印刷圣经或你们最需要的圣经各书；你们已大量印刷的小册无疑都是好书，但是没有一种能和《创世纪》或新约的任一部分相提并论。[①]

娄睿写这封信时，祎理哲已经将华花圣经书房移交给姜别利管理，因此娄睿同一天又写信给姜别利，希望在新的一年中有所弥补[②]。娄睿在接到姜别利的1859年年报以前，又在三封信中不忘叮咛此事："我们已接受圣经公会大笔补助在中国印刷圣经，所以才会给华花圣经书房大笔的估算。"[③]"华花圣经书房不只是宁波的，也是全中国的，〔……〕我们已从圣经公会收到大笔补助，我们希望尽可能迅速印刷圣经。"[④]"如果我们像去年一样浪费一整年没有印刷圣经，我会非常难过。"[⑤]姜别利果然没有让娄睿失望，华花圣经书房在1859年共印刷7 398 560页，其中圣经5 595 400页（75.6%），费用1 748.56元，而小册是1 431 760页（19.4%），费用316.97元，其他371 400页(5%)是临时代工印刷[⑥]。有了这种和1858年度强烈对照的绩效，娄睿得以兴奋地告诉宁波的弟兄们：

我们全然确信为中国设立华花圣经书房的重要性，圣经公会已备好提供协助，我为此和布理翰博士〔Dr. John C. Brigham，圣经公会秘书〕面商，他建议不论我们需要多少，都由他们负担华人助手分发及印刷圣经的所有费用。[⑦]

---

① BFMPC/MCR/CH, 235/79/163, W. Lowrie to Ningpo Mission, New York, 29 January 1859.

② Ibid., 235/79/164, W. Lowrie to W. Gamble, New York, 29 January 1859.

③ Ibid., 235/79/172, W. Lowrie to Ningpo Mission, New York, 28 May 1859.

④ Ibid., 235/79/134, W. Lowrie to Ningpo Mission, New York, 14 September 1859.

⑤ Ibid., 235/79/140, W. Lowrie to W. Gamble, New York, 25 October 1859.

⑥ Ibid., 192/4/242, Report of the Press for the Year ending October 1, 1859.

⑦ Ibid., 235/79/155, W. Lowrie to Ningpo Mission, New York, 24 February 1860.

（三）代印传教或一般书刊文件

代印包含两种情形：一是代印其他传教会的中文传教书刊，一是代印在华外国人的一般书刊文件。长老会的传教士提到这两件事时都是分开说的，这么做从传教印刷所的立场是很自然的，但是在记账时大多数的传教士却不知何故又将两者混在一起。

华花圣经书房从一开始就代印其他传教会的中文传教书刊，而且也和华英校书房时期一样，第一份订单就来自美国浸信传教会的传教士。粦为仁（William Dean, 1807—1895）请华花圣经书房印刷两种小册：他的中文教师撰写的《奉劝真假人物论》，以及1845年宣扬道光皇帝下令不禁人民信教的《朝廷准行正教录》，各1 000部，1845年底印成[①]，付给华花圣经书房的代印费共是50.38元[②]。此后浸信会传教士叔未士（J. Lewis Shuck, 1812—1863）、高德（Josiah Goddard, 1813—1854）等人又持续请华花圣经书房代印小册和圣经旧约等等，单是1849年内就有五笔账款，合计超过200元。[③]

委托华花圣经书房代印的还有英国浸信传教会、英国圣公会传教会、美国圣公会传教会及美部会等传教会在宁波、上海和福州各地的传教士[④]，连伦敦会的香港传教士理雅各在其印刷所英华书院建立前，也于

---

① BFMPC/MCR/CH, 190/2/122, R. Cole to W. Lowrie, Chusan, 15 November 1845; ibid., 190/2/88, R. Cole to W. Lowrie, Ningpo, 18 December 1845; ibid., 190/2/145; ibid., 190/2/167, Third Annual Report of the Ningpo Mission, October 1, 1846; ibid., 190/3/46, Report of the Publishing Committee, October 1, 1847. 伟烈亚力将《奉劝真假人物论》一书归在粦为仁名下（A. Wylie, *Memorials of Protestant Missionaries to the Chinese,* p.86），但柯理在几封信中都肯定说是粦为仁的中文教师所撰。

② Ibid., 190/2/164, Report of the Publishing Committee [for 1846].

③ Ibid., 190/3/132, M. S. Culbertson, Annual Report of the Treasurer of the Ningpo Mission for the Year ending September 30, 1849.

④ Ibid., 190/3/132, M. S. Culbertson, Annual Report of the Treasurer of the Ningpo Mission for the Year ending September 30, 1849; ibid., 190/3/73, M. S. Culbertson to W. Lowrie, Ningpo, 1 March 1848; ibis., 190/3/134, Six Annual Report of the Ningpo Mission, B. F. M. P.C., October 1, 1848 to October 1, 1849.

1846年委托华花圣经书房代印，费用31.81元。[①]

华花圣经书房和各传教会来往的方式，除了委托代印，在1850年代还有更简单而价钱较便宜的“买卖交易”，即由其他传教会的传教士购买华花圣经书房先已印好的书。例如上海的美国圣公会传教会文惠廉（William J. Boone, 1811—1864）于1847年向华花圣经书房购买现成的6 000部书[②]，但文惠廉也曾在1850年委托华花圣经书房代印上海方言的马太福音书。购买现成的库存书分担的印刷成本比委托代印者少，价钱随之低廉得多，例如1853年出版委员会的年报中，记载为其他传教会代印13 350部、510 700页，收入440.79元，而出售现成的库存书则有4 450部、161 080页，收入只有33元。[③]

但是，宁波布道站传教士处理华花圣经书房和其他传教会来往账目的方式几乎人人不同，有的传教士将委托代印和买卖交易收入分开列举（1853年），有的将两者合而为一（1855至1858年），更多的人则将华花圣经书房和其他传教会的来往收入，以及代印非传教书刊文件的收入，全都混杂在一起给个总金额（1849、1850、1859、1860年）等，不一而足。

在代印非传教性一般书刊文件方面，当初柯理急于迁移印刷所到宁波，而当地的传教士并不以为然的理由之一，就是他们认为宁波开埠后一直没有多少外国人常住，印刷所零星代印的收入比不上许多外人聚居的澳门或广州，或许会增加布道站负担印刷所的经费[④]。宁波的传教士可能过虑了，当地的外人虽然不多，华花圣经书房还是有些生意上门，第一位顾客是英国驻宁波首任领事罗伯聃（Robert Thom, 1807—1846），他在

① BFMPC/MCR/CH, 190/2/168, Treasurer's Report of the Receipts, Expenses of the Ningpo Mission for the year Oct. 1, 1845 to Oct. 1, 1846.

② Ibid., 190/3/46, Report of the Publishing Committee, October 1, 1847. 此项报告没有说明购买的书名和价钱。

③ Ibid., 191/3/267, R. Q. Way, Report of the Publishing Committee for the Year ending September 30, 1853.

④ Ibid., 190/2/97, D. B. McCartee to W. Lowrie, Ningpo, 2 July 1845.

书房迁往当地两三个月后，就委托代印自己编选的中英对照《正音撮要》(*The Chinese Speaker*)一书，在1846年8月印完，罗伯聃给付的代价是259.75元，这也是华花圣经书房历年单笔金额最高的代印收入，柯理表示印此书的利润约100元。[①]

除了罗伯聃个人以外，英国领事馆也是华花圣经书房代印的主要顾客，以1856年度为例，在华花圣经书房的25种印刷出版品中，有6种是零星代印，其中3种是英国领事馆的英文文件：提货单(bills of lading)300份、船只执照(ship's papers)130份、出港许可证(port clearance)480份，另外3种代工则是为外国商人印的提货单和中文名片[②]。但这6种代印的收入都没有出现在这一年华花圣经书房的收入账目中，应该是被并入"为其他传教会代印"项下了。宁波海关是华花圣经书房代印的另一个公共机构，但代印次数不如英国领事馆频繁。此外，华花圣经书房又为一些外国商行和个别商人代印保险单、提货单、传单或通知单等等，这些零星代印的数量虽然大都会出现在华花圣经书房的每年印刷出版目录中，但收入金额都记载得很含混，甚至没有记载。

表10-2　华花圣经书房历年代印收入

年　度	金　额(元)	年　度	金　额(元)
1845	0	1849	288.19
1846	357.44	1850	332.25
1847	191.30	1851	393.84
1848	207.56	1852	418.22

① BFMPC/MCR/CH, 190/2/88, R. Cole to W. Lowrie, Ningpo, 18 December 1845; ibid., 190/2/153, R. Cole to W. Lowrie, Ningpo, 19 August 1846; ibid., 190/2/162, W. M. Lowrie, Report of the Treasurer of the Ningpo Mission for the Year ending October 1, 1846; ibid., 190/2/168, Treasurer's Report of the Receipts, Expenses of the Ningpo Mission for the Year Oct. 1, 1845 to Oct. 1, 1846.

② Ibid., 191A/4/96, Report of the Press for the Year ending September 30, 1856.

续 表

年 度	金 额(元)	年 度	金 额(元)
1853	473.79	1858	129.82
1854	557.90	1859	73.12
1855	396.38	1860	118.55
1856	194.41	合 计	4 529.67
1857	396.90		

资料来源：宁波布道站出版委员会司库各年度年报。
说明：1845年度迁到宁波后仅两个多月，并忙于准备开工，没有代印收入。

表10-2显示华花圣经书房代印收入，开始的1846年由于罗伯聃一书而金额较高，此后从1847年起逐年递增，至1854年达到最高，此后又降低，何以如此并不清楚，祎理哲在1854年的出版委员会年报中，也只说当年代印收入较往年高，而没有说明原因[①]。他恐怕也难以说明原因，因为代印都出于委托者，华花圣经书房是处于被动的地位。1859年代印收入只有73.12元，为历年最低，这年是姜别利到职的第一年，可能是他如前文所述忙于印刷美国圣经公会补助的圣经，没有太多时间接受委托代印的缘故，但即使如此，这年华花圣经书房还是代印了37万余页。[②]

在经费支出方面，表10-3是华花圣经书房历年结报的支出费用，显示1840年代华花圣经书房的开支上下波动不一，1845年因建立伊始，购置较多的相关设备，花费较多；而柯理在1847年离职后，由传教士管理，印刷活动较为缩减，开支因而降低。进入1850年代以后，华花圣经书房的业务比较稳定，加上长老会的克陛存和美部会的裨治文两人合译的中文圣经陆续完成付印，于是华花圣经书房的经费支出呈现持续增长的趋

① BFMPC/MCR/CH, 191A/4/44, Annual Report of the Press for the Year ending September 30, 1854.

② Ibid., 192/4/242, Report of the Press for the Year ending October 1, 1859.

势，只有1853年由于歌德在前一年底病卒，毫无印刷经验的祎理哲初掌华花圣经书房，开支相对减少，第二年随即恢复常态增长。

表10–3　华花圣经书房历年支出费用

年　度	合　计	工　资	纸　张	装　订	其　他
1845	1 581	381	657	201	342
1846	975	382	329	85	179
1847	1 175	532	317	193	133
1848	801	—	—	—	—
1849	466	441	0	0	25
1850	726	354	238	80	54
1851	1 060	421	436	110	93
1852	1 120	—	—	—	—
1853	812	302	351	113	46
1854	1 168	340	630	163	35
1855	1 267	299	674	248	46
1856	1 469	330	905	181	53
1857	1 810	523	1 019	232	36
1858	2 317	477	1 332	449	59
1859	2 108	458	1 099	366	185
1860	2 947	607	1 669	423	248
总　计	21 802	5 847	9 656	2 844	1 534

资料来源：宁波布道站各年度报告、出版委员会及司库各年度报告。

说明:(1) 1845年包含迁到宁波前在澳门的费用。(2) 1848与1852两年分别根据宁波布道站1848年年报(BFMPC/MCR/CH, 190/3/87, Annual Report of the Ningpo Mission of the B.F.M.P.C. for 1847–1848)，及1852年宁波布道站司库年报(ibid., 191/3/237, Report of the Treasure of the Ningpo Mission for the Year ending Sept. 30th 1852)，两者都未分细目。

华花圣经书房各年支出的金额不论增减多寡，都以纸张、工资和装订三项为最大宗，除了大部分时间在澳门的第一年(1845)以外，三项合计都占各年度支出总额至少80%以上，从1850年起又增加至90%以上。

纸张、工资和装订这三项中，又以纸张的费用最多，平均接近华花圣经书房支出总数的一半，1856年甚至高达62%，这是因为纸张都非宁波当地生产，全数自福建海路运来，价格本就不低，而1855年起海盗极为猖獗，纸张供应稀少，价格随之高涨，第二年仍然如此。[①]

工资的支出次于纸张，1849年因为没有纸张和装订的花费，工资几乎占了华花圣经书房开支的全部。进入1850年代后，工资占书房支出的比重有降低的趋势，一个重要原因是1849和1850两年有些工资较高的工匠因赌博被开除或病卒，新雇的人手工资较低所致。

又次于工资的是装订，这项工作从一开始就是包给布道站以外的华人做，1856年时改为在华花圣经书房内自设装订部，雇用五名工匠，传教士认为如此可以直接管理，降低费用，并成为布道站学校学生的新出路[②]，而当年度的装订费金额和比重果然明显减少，但此后再度升高。

姜别利到职后，非常注意成本和效率的关系，他教导中国工匠使用闲置多年的机器，工资也从按月支领改为论件计酬，同时实施夜间加班，提升印刷机的产能，结果1859年华花圣经书房支出2 108元，印刷将近740万页，平均1分钱可印32页（都以八开本计）。对照由传教士管理的前一年（1858），支出2 317元，印刷约617万余页，平均1分钱可印22页（也以八开本计）。两相比较，1859年支出减少而产量提升，大幅度降低了约三分之一的生产成本，等于是一整年省下900元。[③]

---

① BFMPC/MCR/CH, 191A/4/74, Report of the Press for the Year ending September 30, 1855; ibid., 191A/4/89, R. Q. Way to W. Lowrie, ingpo, 23 June 1856.

② Ibid., 191A/4/96, Report of the Press for the Year ending September 30, 1856.

③ Ibid., 192/4/242, Report of the Press for the Year ending October 1, 1859; ibid., 199/8/25, W. Gamble to W. Lowrie, Ningpo, 29 October 1859.

第三节　工匠与技术

一、工匠

1845年7月印刷所迁到宁波时，随行的工匠只有排版工谢玉和压印工阿素两人，柯理势必得在宁波另找当地工匠，在这年9月布道站的年度会议中，决议华花圣经书房的工匠人数限制为五人：三名排版工和两名压印工[①]。1845年年底柯理报道已经用满了五人，谢玉非常得力也很专注于工作，因此他的每月工资从12.5元再度提高至16元，阿素也从在澳门时的5元提升至9元，几乎增加一倍，柯理却又认为阿素的工资过高，一旦训练出宁波本地人，工资只要6元即可，将会辞退阿素[②]。不过，阿素的工作表现应该很好，所以在1846年2月的布道站每月会议中有一项特别的决议：只要阿素永久（permanently）留在华花圣经书房，他可以获得每月9元的“永久工资”（permanent wages）。[③]

相对于柯理经常提及澳门工匠的名字，他和传教士几乎不曾提到宁波本地工匠的名字，唯一的例外是最先雇用的阿松（Asung）。他原是布道站学校的助手，1845年9月传教士认为不再需要他帮忙教学，要他到华花圣经书房担任排版工，每月工资2.5元[④]，第二年他和另一名排版工的工资都提高至3.5元，至于两名压印工则分别是4元和3元。[⑤]

---

① BFMPC/MCR/CH, 190/2/106, Minutes of the Annual Meeting of the Ningpo Mission, 10 September 1845.

② Ibid., 190/2/88, R. Cole to W. Lowrie, Ningpo, 18 December 1845.

③ Ibid., 190/2/157, W. M. Lowrie, Minutes of the Mission Meetings, 25 February, 1846.

④ Ibid., 190/2/157, W. M. Lowrie, Minutes of the Mission Meetings, 26 September, 1845.

⑤ Ibid., 190/2/164, Report of the Publishing Committee [for 1846].

由于华花圣经书房开工后的印刷数量持续增加，工匠人数的限制到1847年初时放宽了，增加一名排版工和一名协助排版的童工，再加上一名外包的装订工，合计是七人①。从1847年到1855年之间，华花圣经书房的工匠人数维持在五到九人之间。1856年，传教士变更原来装订外包的做法，改为在华花圣经书房内增设装订室，新雇了五名装订工，加上当年原有的八名排版和压印工，达到历年最多的十三人。②

华花圣经书房的工匠不少来自宁波布道站的男生寄宿学校，在1850年的寄宿学校年报中，提到有四名毕业的学生进入华花圣经书房工作③。到1860年讨论华花圣经书房是否要迁移到上海时，宁波的传教士表示反对，理由之一是进入华花圣经书房工作是寄宿学校学生毕业后的出路之一，迁走后不利于毕业的学生就业。④

华花圣经书房的工匠每天工作八小时，正常的工作量为每天印刷1 500张纸，在没有足够的工作可做时，印刷工匠必须协助折纸或装订等事⑤。到1858年时，布道站会议决议工匠每天工作增加一小时，工资却减少1 000文钱⑥，但是传教士没有说明何以会有这项不利于工匠的双重措施。传教士原来可说是相当关注工匠的劳动条件与环境，例如1846年起每年暑天有一星期的休假，1848年增为寒暑天各一星期，1849年更延长为寒暑天各休假十天⑦。再如华花圣经书房所在的卢家祠堂，室内地面原

---

① BFMPC/MCR/CH, 190/3/46, Report of the Publishing Committee, 1 October, 1847.

② Ibid., 191A/4/96, Report of the Press for the Year ending September 30, 1856.

③ Ibid., 190/3/162, R. Q. Way, Sixth Annual Report of the Boys Boarding School ending October 1st 1850.

④ Ibid., 192/4/259, H. V. Rankin to the Members of the Shanghai Mission, Ningpo, 30 March, 1860.

⑤ Ibid., 190/3/135, Report of the Publishing Committee of the Ningpo Mission for 1848.

⑥ Ibid., 191A/4/177, Report of the Press for the Year ending September 30, 1858.

⑦ Ibid., 190/2/164, Report of the Publishing Committee [for 1846]; ibid., 190/3/135, Report of the Publishing Committee of the Ningpo Mission for 1848; ibid., 199/8/7, Report of the Publishing Committee for the Year commencing Oct. 1, 1849 & ending September 30, 1850.

为石板与灰泥，天气潮湿的日子工匠站在地面工作相当不适，传教士认为工匠多病与此有关，因此改铺上较干燥的木板地面。[①]

传教士当然不会忽略工匠的信仰问题，规定工匠每天上工前必须参加早晨礼拜，每逢礼拜日也得参加两次礼拜仪式，也欢迎但不强迫工匠参加查经班。华花圣经书房存在的十余年间，已知仅有1855年受雇的一名工匠在当年领洗成为基督徒，同时另有一名申请领洗，但传教士没有说明结果如何[②]，1857年时有一名新雇的工匠本来即是基督徒[③]。不过，有些矛盾的报道是1860年传教士争议华花圣经书房应否迁到上海时，宁波的传教士曾表示“几乎所有的工匠都是我们教会的成员”[④]，担心这些工匠一旦随华花圣经书房而去，宁波教会将大有损失，若不随去则如何安顿这些留下的基督徒工匠是个难题。

传教士相当苦恼的是工匠的生活和工作的纪律问题，这也是传教士在书信报告中提到工匠时占较多篇幅的部分。1848年初的一个礼拜日午后，华花圣经书房主任露密士发觉布道站雇用的华人聚赌，立即开除了一名中文教师，其他人则遭到警告再犯将不轻饶[⑤]。事后华人改在夜晚传教士入睡后聚赌，1848年3月11日深夜被露密士查获，出版委员会采取行动，开除一名参与的外包装订工，至于两名排版工和一名压印工则罚款并立据不再犯，出乎传教士意外的是三名工匠竟表示宁可离职也不接受惩处，原来是先已有人怂恿他们前往上海工作，工资较多而且自由，因此不顾传教士软硬兼施的警告与劝说而离开了华花圣经书房。其中让传教士最感痛心的就是最资深也最高薪的谢玉，传教士说他是被高于一般工

① BFMPC/MCR/CH, 199/8/7, Report of the Publishing Committee for the Year commencing Oct. 1, 1849 & ending September 30, 1850.

② Ibid., 191A/4/74, Report of the Publishing Committee for the Year ending September 30, 1855.

③ Ibid., 191A/4/125, Report of the Press for the Year ending September 30, 1857.

④ Ibid., 192/4/259, H. V. Rankin to the Members of the Shanghai Mission, Ningpo, 30 March 1860.

⑤ Ibid., 190/3/74, A. W. Loomis to W. Lowrie, Ningpo, 1 April 1848.

匠数倍的每月16元工资所害，事实上只要1.5元即可温饱，而染上赌瘾的谢玉竟然还欠债累累，连衣服都典当一空①。1855年，再度发生华花圣经书房工匠聚赌的事件，结果又开除了五名参加工匠中的四人。②

工匠因行为不检遭到开除不只一两次，这也不是他们离职的唯一原因。1853年有葡萄牙船只到宁波贸易，三名华花圣经书房的工匠也涉入买卖而影响到印刷工作，传教士要他们选择和葡萄牙人买卖或回书房专心工作，结果工匠宁要前者而抛弃了印刷③。还有一个名为丁兴(Ding Sing)的少年工匠，毕业于布道站寄宿学校，曾以仆人名义随书房主任歌德遗孀赴美，在美期间由娄睿送他去学习印刷④，回华时娄睿又写信给宁波弟兄，称赞丁兴的技术学得相当不错，交代传教士要雇用他在华花圣经书房工作⑤。丁兴赴美期间，由传教士资助他父亲的生活，1854年丁兴回华后在华花圣经书房的工作每月工资4元，仅仅六星期后另有6元工资的船舱仆人的工作机会，丁兴即不告而别，让传教士大失所望⑥。相形之下，1847年一名压印工(应该就是阿素)随柯理前往香港伦敦会英华书院工作，因未依约在三个月前通知传教士，缴付26.25元罚金后才离职显得是照规矩行事了⑦。1851年有一名工匠领班(foreman)经常借故请假，上班期间也不时偷懒睡觉，传教士罚金无效，要他离职或降级，他选择降级为一般工匠，而工作情形竟也变得正常了。⑧

---

① BFMPC/MCR/CH, 190/3/74, A. W. Loomis to W. Lowrie, Ningpo, 1 April 1848; ibid., 190/3/135, Report of the Publishing Committee of the Ningpo Mission for 1848.

② Ibid., 191A/4/74, Report of the Publishing Committee for the Year ending September 30, 1855.

③ Ibid., 191/3/267, R. Q. Way, Report of the Publishing Committee for the Year ending September 30, 1853.

④ Ibid., 235/79/78, W. Lowrie to Ningpo Mission, New York, 1 August 1853.

⑤ Ibid., 235/79/82, W. Lowrie to Ningpo Mission, New York, 28 November 1853.

⑥ Ibid., 191/3/263, H. V. Rankin to W. Lowrie, Ningpo, 3 December 1853; ibid., 191A/4/44, Annual Report of the Press for the Year ending September 30, 1854.

⑦ Ibid., 190/3/135, Report of the Publishing Committee of the Ningpo Mission for 1848.

⑧ Ibid., 191/3/194, Report of the Treasurer of the Ningpo Mission for the Year ending September 30, 1851.

1858年姜别利接下华花圣经书房后，锐意改革的项目之一是工匠支薪的方式。他发觉那年两名排版工合计检排了168 228个字，工资合计为144千文钱，若以木刻工匠10个字9文钱的工资计算，则168 228个字约151千文钱，等于是活字排版只比木刻版便宜7千文钱，约合7元左右，相差无几。姜别利观察与探询的结果，工匠情愿不按月领薪，而以每排版1 000字200文钱计价，则16万余字只需34千文钱而已，等于是原来两名排版工四分之一的工资而已，姜别利立即将新法付诸实施，也获得其他传教士的赞扬。①

姜别利还有一项原来管理的传教士完全无能为力的新猷，就是教导工匠使用机器，例如华花圣经书房早在1848年即有一部新式自动上墨机（self-inking machine），却一直无人能用而生锈，姜别利加以整修后教导华人工匠操作②。使用机器加上前述的论件计酬与夜间加班到十时等新措施，华花圣经书房的产量从原来每天3 000页迅速倍增到6 000页。③

二、技术

作为西式中文印刷初期的代表性印刷所，华花圣经书房最显而易见的表征是其机器和活字两者。

1844年由柯理带到澳门，第二年转往宁波的印刷机是一台中型的华盛顿手动印刷机（medium Washington printing press）④，为纽约著名的印

① BFMPC/MCR/CH, 199/8/18, W. Gamble to W. Lowrie, Ningpo, 11 October 1858; ibid., 191A/4/197, H. V. Rankin to W. Lowrie, Ningpo, 5 May 1859.

② Ibid., 199/8/23, W. Gamble to W. Lowrie, Ningpo, 31 August 1859.

③ Ibid., 199/8/23, W. Gamble to W. Lowrie, Ningpo, 31 August 1859; ibid., 199/8/28, W. Gamble to W. Lowrie, Ningpo, 1 December 1859.

④ 有人再三推测柯理带来的可能是一台"哥伦比亚式手摆全铁印刷机"（Columbian iron hand press），并附图加注说明此种印刷机的来历与特征（冯锦荣，《姜别利与上海美华书馆》，页279, 281；冯锦荣，《美国长老会澳门华英校书房及其出版物》，页278—279, 283），但事实却是华盛顿印刷机，见姜别利编制的华花圣经书房财产清单（BFMPC/MCR/CH, 199/8/37, Inventory of Stocks & Fixtures in the Printing Establishment of the Presbyterian Ningpo Mission, 15 October, 1860）。

刷机具制造厂侯伊公司（R. Hoe & Co.）的产品，自1830年代中期开始制造，七种型式总计生产超过六千台[①]，是十九世纪美国最通用的铁制手动印刷机之一，也散布于中国在内的全世界各地。

华花圣经书房成立一年多后，出版委员会在1846年9月提议请求外国传教部增购一台印刷机，却没有在宁波布道站的年度会议中获得通过[②]。但不久后机会就来了，因为当时各国在华传教士即将进行共同修订中文圣经的工作，宁波的传教士预期修订完成后必然大量印刷分发，因此在1846年12月推派娄理华执笔写信给娄睿，要求未雨绸缪购运一台超大型（super

图10–1　华盛顿中型印刷机

(Catalogue of R. Hoe & Co., 1873, p. 31)

---

① Robert Hoe, *A Short History of the Printing Press* (New York: Robert Hoe, 1902), p.9.

② BFMPC/MCR/CH, 190/2/160, W. M. Lowrie, Minutes of the Second Annual Meeting of the Ningpo Mission held September 1846.

royal)的华盛顿印刷机、一台自动上墨机及相关附件，准备印刷至少10 000部修订后的新约之用[①]。外国传教部的执行委员会相当重视这件事而通过照办，由娄睿在1847年7月通知宁波布道站[②]，一台印刷机也在1848年初运到了宁波，不是传教士要求的超大型机器，而是和原有一样的中型华盛顿印刷机及一台自动上墨机。不料这时修订圣经的工作已陷入上帝或神的译名争议僵局，不知何日才能完成，而且新印机运到时，柯理已经离职，接任的华花圣经书房主任露密士在1848年4月初报道说，修订本新约既未完成，华花圣经书房也没了专业印工，所以并未启用新的印刷机。[③]

传教士无法组装机器，便让新印刷机继续闲置，娄睿也只能无奈地说，有机器在手上随时备用总算是好事[④]。直到短期学过印刷的歌德来华接掌华花圣经书房后，才在1850年完成新印机的架设并在这年12月启动，而且还动得"令人惊叹"(admirably)[⑤]。这新旧两台印刷机在1851年度的生产量是280万余页，1852年度进展到332万余页，增加了52万页。[⑥]

1854年宁波布道站的年度会议决议，请执行委员会为华花圣经书房添购印刷机，希望是一台每天产能10 000页的滚筒印刷机，而不是两台和原有同型而产能1 500页的手动印刷机，理由是新旧共四台手动印机合计的产能也不过6 000页，还得增加工匠人数，而滚筒印刷机产能高，并且不需要太多人力，还可能减少不必要的工匠[⑦]。不过，这个决议却不是出于

---

① BFMPC/MCR/CH, 190/2/176, W. M. Lowrie to W. Lowrie, Ningpo, 5 December 1846.

② Ibid., 235/79/1, W. Lowrie to Ningpo Mission, New York, 28 July 1847.

③ Ibid., 190/3/74, A. W. Loomis to W. Lowrie, Ningpo, 1 April 1848.

④ Ibid., 235/79/ 9, W. Lowrie to Ningpo Mission, New York, 28 July 1848.

⑤ Ibid., 199/8/7, Report of the Publishing Committee for the Year commencing Oct. 1, 1849 & ending September 30, 1850; ibid., 191/3/194, Report of the Publishing Committee for the Year ending September 30, 1851.

⑥ Ibid., 191/3/194, Report of the Publishing Committee for the Year ending September 30, 1851; ibid., 191/3/239, Ninth Annual Report of the Ningpo Mission to the Executive Committee of the B. F. M. P.C. adopted Oct. 1, 1852.

⑦ Ibid., 191A/4/32, R. Q. Way to W. Lowrie, Ningpo, 14 November 1854.

宁波布道站的主动，而是在上海参与修订圣经的克陛存所主张。当时新约已经修订完成，继续修订旧约的传教士却因为译名问题分裂成两个团体，克陛存认为华花圣经书房手动印机的生产速度太慢，根本不足以因应需要，他在上海见识到竞争对手伦敦会墨海书馆两台滚筒印刷机的巨大生产能力："伦敦会以牛拉动的〔滚筒〕印刷机，印得比我们快上十倍。"①他认为华花圣经书房与其增加两台同样手动的机器，不如购置滚筒印刷机才有竞争力，所以接连从上海写信向娄睿建议②，同时请宁波的弟兄们共襄盛举提出同样的要求。

克陛存提高竞争力的想法不错，问题是当时华花圣经书房并没有专业印工，歌德也已病卒，既然传教士们连手动印机都无法组装，又如何能处理和操作更为复杂的滚筒印刷机呢？所以执行委员会和娄睿都没有就他们的要求有所回应也就不足为奇了。此后华花圣经书房就以两台机型相同但新旧有别的印刷机同时生产，直到1859年姜别利来华半年多后，在写给娄睿的一封信中，提到可能很快会需要一台新印刷机，他还强调手动印机最适合人工便宜的中国③。但是执行委员会决定尽快为华花圣经书房购置一台侯伊公司的滚筒印刷机，以期大量印刷克陛存和裨治文翻译的圣经在中国分发流通，娄睿在给姜别利的信中郑重地宣称："华花圣经书房不只是宁波的，而是为全中国而设立的。"④

执行委员会和娄睿的意志虽然很坚定，但购置滚筒印刷机的事却有些耽搁。1858年姜别利初到中国，途经上海时，获悉也是印工出身的美国监理会（Methodist Episcopal Church in the Southern States of America）

---

① BFMPC/MCR/CH, 191/5/105, Michael S. Culbertson to W. Lowrie, Shanghai, 18 August 1854.

② Ibid., 191/5/105, M. S. Culbertson to W. Lowrie, Shanghai, 18 August 1854; ibid., 191/5/108, M. S. Culbertson to W. Lowrie, Shanghai, 1 November 1854.

③ Ibid., 199/8/20, W. Gamble to W. Lowrie, Ningpo, 14 March 1859.

④ Ibid., 235/79/134, W. Lowrie to Ningpo Mission, New York, 14 September 1859.

在上海的传教士秦右（Benjamin Jenkins）一年多前向侯伊公司购得一台滚筒印刷机，却因印刷经费不足始终不曾开动，1858年时有意连同另外的华盛顿印机、活字等等一并出售[①]。华花圣经书房若能购下秦右的滚筒印刷机，可获得一些折旧的优惠价钱和省下自美送来的运费。克陛存因为此事关系到自己所译圣经的出版流通而十分积极，多次居间接洽联系，姜别利也前往上海实地检视这部印机，终因价钱未能谈妥，机型也未必适用而作罢[②]。1859年10月底娄睿通知姜别利，新滚筒印刷机将在11月中购妥，并交船运来中国[③]。可是，当时宁波和上海两布道站之间正为华花圣经书房是否要迁移上海争论不休，执行委员会决定此事确定后再运来印机[④]，等到华花圣经书房迁往上海的事尘埃落定，宁波就此错过了滚筒印刷机，只能以两台手动印刷机结束华花圣经书房的时期。[⑤]

手动印刷机都需要两人一组才能顺利操作，一人压印及换纸，另一人上墨。侯伊公司在1840年代初生产一种自动上墨的机器，可省下上墨的人力并加快上墨及印刷速度。柯理曾在1845年要求娄睿供应一台此种机器[⑥]，不知何故没有实现。1846年底娄理华请求添购超大型印刷机时，

---

① BFMPC/MCR/CH, 199/8/15, W. Gamble to W. Lowrie, Shanghai, 31 July 1858.

② Ibid., 191/5/147, M. S. Culbertson to W. Lowrie, Shanghai, 30 July 1859; ibid., 191/5/149, M. S. Culbertson to W. Lowrie, Shanghai, 19 August 1859; ibid., 191/5/150, M. S. Culbertson to W. Lowrie, Shanghai, 5 October 1859; ibid., 199/8/28, W. Gamble to W. Lowrie, Ningpo, 1 December 1859.

③ Ibid., 235/79/140, W. Lowrie to W. Gamble, New York, 25 October 1859.

④ Ibid., 235/79/147, W. Lowrie to Ningpo Mission, New York, 17 January 1860. 关于华花书房是否要迁移上海的争论，参见本书《华花圣经书房迁移上海的经过》一章的讨论，以及两布道站档案中1859至1860两年间的许多相关信函。

⑤ 1858年，在宁波的英国籍女性独立传教士阿德希将自己的一台小型印刷机赠给华花圣经书房，用于印刷宁波方言拼音文字（ibid., 191A/4/177, Report of the Press for the Year ending September 30, 1858），此事经长老会外国传教部年报报道（*The Twenty Second Report of the Board of Foreign Missions* (1859), p.81），冯锦荣也加以引用（冯锦荣，《姜别利与上海美华书馆》，页296）；但此事还有下文，姜别利在1860年2月写信给娄睿，说阿德希觉得“有人比华花圣经书房更值得拥有她的印刷机”，于是向书房索回印刷机改赠他人了（ibid., 199/8/32, W. Gamble to W. Lowrie, Ningpo, 14 February 1860）。

⑥ BFMPC/MCR/CH, 190/2/122, R. Cole to W. Lowrie, Chusan, 15 November 1845.

也连带要一台自动上墨机，于1848年初和印刷机一起送达了宁波，却从此闲置，即使印刷机在1850年底启用，自动上墨机仍继续束诸高阁。直到姜别利来华后才在1858年10月报道说，费了好一番功夫将这部早已生锈的机器清理完成，将在数日内启用[①]。两个月后他再度报道，自动上墨机运作得很顺利，不但省下一个人力，印刷产量还从每天1 500页增长到2 000页，以前总认为以中国人的体能状况，一名工匠无法同时操作印刷机和自动上墨机，而他教导工匠学会使用后，“即使柔弱的人也可以轻易操作。”[②]姜别利进一步说，守旧的中国工匠最初还认为新事物不见得有益而不愿学习，学会后却相当喜爱这部省力方便的机器。[③]

在上述的印刷机和自动上墨机以外，华花圣经书房还有四种用途不同的机器：

（一）石印机一台，原是上海的不知名人士所有，1850年时定价150元出售，当时正代管华花圣经书房事务的麦嘉缔闻讯，从宁波写信给在上海的克陛存，要求买下准备用于印刷地图、数学公式符号等[④]。石印机购入后却未见传教士报道过使用情形，但1852年度的宁波布道站账目中，有一笔3元的石印油墨支出[⑤]，也许这部机器多少是在使用中。但是1854年9月的布道站年度会议中，不知何故却通过了一项出售石印机的决议[⑥]，实际上并没有卖成，因此直到姜别利到职后编列的华花圣经书房

---

① BFMPC/MCR/CH, 199/8/18, W. Gamble to W. Lowrie, Ningpo, 11 October 1858.

② Ibid., 199/8/16, W. Gamble to W. Lowrie, Ningpo, 15 December 1858; ibid., 199/8/21, W. Gamble to W. Lowrie, Ningpo, 9 May 1859.

③ Ibid., 199/8/23, W. Gamble to W. Lowrie, Ningpo, 31 August 1859.

④ Ibid., 199/5/4, M. S. Culbertson to W. Lowrie, Shanghai, 24 August 1850; ibid., 191/3/194, Report of the Treasurer of the Ningpo Mission for the Year ending September 30, 1951.

⑤ Ibid., 191/3/237, Report of the Treasure of the Ningpo Mission for the Year ending September 30, 1852.

⑥ Ibid., 191A/4/39, Abstract of the Minutes of the Annual Meeting of the Ningpo Mission for the Year ending September 30, 1854.

财产清单中，仍包含这台石印机和几方大小尺寸不一的印石和油墨。[①]

（二）铸字室中有一台才获得专利的新式铸字机（type casting machine），工匠操作时可节省四分之三以上的力气，1845年由专利权所有者纽约的印刷机具厂商哈格（William Hagar）捐赠，价值500元。[②]

（三）电镀室中有一台铸字机（molding press），为1859年娄睿购运给姜别利在电镀活字时使用，为另一家印刷机具厂商菲乐摩公司（Filmer & Co.）的产品，价值150元。[③]

（四）在装订室有一台改良的立式压纸机（standing press），价值213元。[④]

以上这些机器都附有配合的相关设备材料。综合而言，华花圣经书房应该就是当时拥有最多最先进的西方印刷机具的中文印刷出版机构。

不过，机器固然是西方印刷术的重要表征，铸造的金属活字的重要性则更有过之。华花圣经书房最大的特点在于不仅拥有从华英校书房时期以来的巴黎活字，又新增了柏林铸造的活字、伦敦会戴尔的大活字，以及柯理在香港英华书院铸造的小活字，华花圣经书房是当时唯一拥有这四种中文活字的印刷所。

巴黎活字在华英校书房时期已由柯理开始有限度的局部改善，迁到宁波后安定下来，娄理华决定进行全面性的改善，经1845年9月的布道站年度会议决定，所有传教士都要参与其事，每人就着《拼合活字可排字表》逐字审视，以三个月为期，找出自己认为有缺陷需要改善的字，交给

---

① BFMPC/MCR/CH, 199/8/37, Inventory of Stocks & Fixtures in the Printing Establishment of the Presbyterian Ningpo Mission, October 15th 1860.

② *The Foreign Missionary Chronicle*, 13:10 (October 1845), p.309, 'Printing Press for China.'

③ BFMPC/MCR/CH, 199/8/26, W. Lowrie to W. Gamble, New York, 26 August 1859.

④ Ibid., 199/8/37, Inventory of Stocks & Fixtures in the Printing Establishment of the Presbyterian Ningpo Mission, 15 October , 1860.

由娄理华、克陛存和柯理三人组成的出版委员会做最后的决定①。娄理华认为最好废除数量不多而且字形大多难看的上下拼合字，他又估计整副巴黎活字需要改造的应不致超过500字②，结果柯理根据出版委员会的决定，整理出三批要求新铸与重铸的字模清单寄给娄睿，再转给巴黎的李格昂照办，共147个字和一些部首，还请中文教师以毛笔正楷书写这些中文字，以期娄睿和李格昂易于辨识遵循③。这样在宁波、纽约、巴黎之间往返联系寄运，自然相当费时费事，尤其新铸和重铸都有，甚至还有一些重复打造的字要退货给李格昂，事情有些复杂而时间也随之拖长，还好李格昂承诺继续善后。④

在1847年8月娄理华遇害而柯理也在次月离职后，其他传教士或华花圣经书房主任的信件中，几乎没有再提到改善巴黎活字的事，这件需要耐心和中文修养的工作极可能就此中断了。不过，1849年歌德来华接掌华花圣经书房时，娄睿交给他168个巴黎活字字模随身带来，并说这些都是先前娄理华和柯理要求重铸或改善的字模⑤。三年后(1852)，歌德编印华花圣经书房的《中文活字样本》(*Specimen of the Chinese Type*)一书，包括全字2 265个(含部首214个)、左右拼合字1 447个、上下拼合字495个，合计4 207个字，另附在宁波雇用中国刻工打造的1 031个字⑥。这部1852年的《中文活字样本》可说是1844年华英校书房所印《新铸华英铅

---

① BFMPC/MCR/CH, 190/2/106, Minutes of the Annual Meeting of the Ningpo Mission, 11 September 1845.

② Ibid., 190/2/132, W. M. Lowrie to W. Lowrie, Ningpo, 31 December 1845.

③ Ibid., 190/2/88, R. Cole to W. Lowrie, Ningpo, 18 December 1845.

④ Ibid., 190/2/88, R. Cole to W. Lowrie, Ningpo, 18 December 1845.

⑤ Ibid., 235/79/16, W. Lowrie to M. S. Coulter, New York, 24 February 1849.

⑥ *Specimen of the Chinese Type: Including also those cut at Ningpo, belonging to the Chinese Mission of the Board of Foreign Missions of the Presbyterian Church in the U.S.A.*(Ningpo: Presbyterian Mission Press, 1852.)在1859年李格昂出版的宣传其巴黎活字的小册中，表示这副活字包含4 220个字模(Marcellin Legrand, *Spècimen de Caractères Chinois*(*Paris: Marcellin Legrand*, 1859), p.viii。

印》的增订与修订本，其中的全字比1844年的全字多244个，左右拼合字多69个，上下拼合字多18个，合计多出331个字。

娄睿对于巴黎活字的爱好始终一贯，即使华花圣经书房后来又拥有柏林活字、台约尔大活字以及香港小活字，他最关切的还是巴黎活字。在不长于印刷的传教士管理华花圣经书房期间，娄睿没有多谈巴黎活字的事，等到姜别利来华后，娄睿屡次在给布道站的公函和给姜别利个人的信中提起这副活字，他一再告诉宁波布道站的弟兄们，巴黎活字的字体大小适中最合用①，并谆谆嘱咐姜别利维护这副活字的完善非常重要，又建议姜别利搁置上下拼合字不用，但要仔细检查左右拼合字，再逐渐以全字取代之。娄睿说："这会花你相当多的时间，但可是一件大事。"②当姜别利写信告诉娄睿，没有人喜欢拼合字，因为许多字字形不匀称，娄睿回信承认从华英校书房时期起，有些在华西人就不喜欢巴黎活字，甚至还有人特地从中国写信给美国小册会反对这副活字，连美部会的出版品中都有不利于这副活字的批评③。娄睿没有说明写信给小册会的是谁，但他耿耿于怀的美部会出版品，应该是指1845年裨治文主编的《中华丛论》刊登的那篇负面评论。④

尽管娄睿相当关爱巴黎活字，但实际决定以什么活字印书的还是华花圣经书房的主任或出版委员会的传教士，而巴黎活字在华花圣经书房中使用了十五年后，也面临其他中文活字的竞争。姜别利到中国后写给娄睿的信中一再表示，柯理在香港打造的活字和巴黎活字的大小近似，

---

① BFMPC/MCR/CH, 235/79/124, W. Lowrie to Ningpo Mission, New York, 17 March 1858; ibid., 235/79/134, W. Lowrie to Ningpo Mission, New York, 14 September 1859.

② Ibid., 235/79/136, W. Lowrie to W. Gamble, New York, 15 September 1859.

③ Ibid., 235/79/144, W. Lowrie to W. Gamble, New York, 10 December 1859.

④ *The Chinese Repository*, 14:3(March 1845), pp.124–129, 'Characters formed by the Divisible Type Belonging to the Chinese Mission of the Board of Foreign Missions of the Presbyterian Church in the United States of America. Macao, Presbyterian Press, 1844.'

但中国人都认为香港活字的字形远胜于巴黎活字[①]。1860年10月，姜别利在华花圣经书房最后一年的年报中明白地说，由于柏林活字的字体比巴黎活字大些，而且笔画较粗而清楚，因此这年大多数的小册都以柏林活字印刷[②]。出版委员会的传教士兰金也在1859年8月写信告诉娄睿，柏林活字远比巴黎活字令人满意，姜别利已将柏林活字准备妥当，即可用于印刷圣经，而“巴黎活字应搁到一旁彻底整修。”[③]1860年3月兰金再度写信给娄睿，说自己虽然不喜欢也是拼合方式的柏林活字，但仍然很感恩华花圣经书房能有这套活字，“因为它们远胜于巴黎活字，而且印起来相当顺手。”[④]兰金紧接着又说，华花圣经书房的小册都改以柏林活字而非巴黎活字印刷了。

柏林活字的来历相当曲折。打造这副活字的柏林铸字匠贝尔豪斯（Augustus Beyerhaus），既不懂中文，也不如巴黎的李格昂有汉学家指导协助，而是靠自己的摸索尝试而成。贝尔豪斯先是辗转奉普鲁士国王之命，为郭实腊在华雇人雕凿的4 000个品质低劣的铜字模进行改善，贝尔豪斯因此对中文活字感到好奇，自行打造一些中文字范并翻制字模，铸出活字后寄给郭实腊，郭实腊送给娄理华再转寄给娄睿[⑤]。当时娄理华在澳门和卫三畏同住一屋，娄理华向父亲郑重称道卫三畏的中文印刷知识与经验[⑥]，因此卫三畏肯定知道或见过贝尔豪斯的活字，不久卫三畏在返美途中，从巴黎和贝尔豪斯信函联系，了解他有意打造一套中文活字，但缺

① BFMPC/MCR/CH, 199/8/12, W. Gamble to W. Lowrie, Hong Kong, 2 July 1858; ibid., 199/8/18, W. Gamble to W. Lowrie, Ningpo, 11 October 1858.

② Ibid., 199/8/14, Annual Report of the Ningpo Press for 1859-1860.

③ Ibid., 191A/4/220, H. V. Rankin to W. Lowrie, Ningpo, 3 August 1859.

④ Ibid., 192/4/257, H. V. Rankin to W. Lowrie, Ningpo, 16 March 1860.

⑤ Ibid., 189/1/619, W. M. Lowrie to W. Lowrie, Macao, 24 September 1844. 郭实腊铸造中文字模一事，见Samuel W. Williams, ‘Movable Types for Printing Chinese,’ *The Chinese Recorder*, 6:1 (January-February 1875), p.26.

⑥ BFMPC/MCR/CH, 189/1/196, W. M. Lowrie to W. Lowrie, Macao, 8 December 1842.

人赞助[①]。卫三畏回美后即找上娄睿，商订由双方各出一半费用向贝尔豪斯订制字模，而娄睿要求以拼合字方式打造，以节省经费和时间，估计约需4 100个活字，共可拼出约20 000个字，两年完成，费用529英镑（2 562元），卫三畏个人与长老会外国传教部各付一半，字模为双方共有财产，但由长老会管理，铸出一副活字给卫三畏[②]。卫三畏为此到处演讲并发动捐款，演讲内容结集成后来非常著名的《中国总论》（*The Middle Kingdom*）一书。[③]

1846年5月，娄睿将需要的活字清单寄到柏林，同年10月贝尔豪斯将已经铸好的300个活字样本寄给娄睿[④]。但贝尔豪斯乏人指导协助中文，而且没有中文活字经验，开价较低，以致请不起一流铸字匠相助，主要都得他自己动手，因此开工后进度相当迟缓。娄睿曾请托美国驻普鲁士使节丹拿逊（A. J. Donelson）约见贝尔豪斯当面催促[⑤]，又交代一度在柏林的长老会印度传教士阿乐曼（J. F. Ullman）访查贝尔豪斯的信用，阿乐曼回报其人在柏林是受到尊重的基督徒与聪明的工匠，只是有时候自己"承诺的超过做得到的"，但贝尔豪斯告诉阿乐曼，既已订约铸字，保证完工并不要求涨价，只是延后完成[⑥]。娄睿认为既然如此，其活字又胜于巴黎活字，因此愿意等待，即使卫三畏对贝尔豪斯感到非常失望，一再建议娄睿最好解约放弃，因为当时柯理在香港英华书院铸造的字体较小、字形更美，而且都是全字的活字已达到可以实用的程度，卫三畏觉得没有必要

① Frederick W. Williams, *The Life and Letters of Samuel Wells Williams* (New York: G. P.Putnam's Sons, 1889; Wilmington, Delaware: Scholarly Resources, 1972, reprint), pp.143–144, 146.

② ABCFM/ABC 16/Unit 3/16.3.3, vol. 1, Samuel W. Williams to Rufus Anderson, New York, 13 December 1845; BFMPC/MCR/CH, 199/8/11, S. W. Williams to W. Lowrie, Canton, 18 August 1854; ibid., 199/8/26, W. Lowrie to W. Gamble, New York, 26 August 1859.

③ S. Wells Williams, *The Middle Kingdom*. New York: Wiley & Putnam, 1848.

④ BFMPC/MCR/CH, 190/2/172, Augustus Beyerhaus to W. Lowrie, Berlin, 22 October 1846.

⑤ Ibid., 235/79/5, W. Lowrie to A. J. Donelson, New York, 25 February 1848.

⑥ Ibid., 235/79/37, W. Lowrie to S. W. Williams, New York, 27 November 1850.

再等候遥遥无期的柏林活字。但是娄睿逐一检视陆续收到的活字后，发觉品质一贯良好，并且全部都是较难施工的全字，可见贝尔豪斯没有为了求快而先挑笔画少的拼合字进行打造[①]，娄睿因此爱才惜字，宁可让贝尔豪斯有机会成就自己的一副活字。

1853年8月，娄睿写信给宁波布道站，提及已经收到了柏林活字三分之二的字模，而且即将全部到齐[②]。不过，娄睿并没有向从前的巴黎活字一样分批寄运来华，因为华花圣经书房没有专业印工，管理书房的传教士不可能从字模铸出活字，直到1858年姜别利来华时才交给他带来，并特别订制了一个有64个小抽屉的保险箱，专门放置柏林活字的字模，随船一起来华。[③]

姜别利到宁波后，在繁忙的华花圣经书房事务中，抽空以一年时间铸出全副柏林活字，到1859年7月底完成[④]。姜别利不只铸字而已，同一年还编印了柏林活字的样本（*Specimen of the Chinese Type*）一书，包含全字2 711个、三分之二大小的拼合字1 290个、一半大小的拼合字20个、三分之一大小的拼合字109个、数字和句读符号17个，加上部首214个，合计一副柏林活字是4 361个字[⑤]。柏林活字的字形和笔画还算匀称而清楚，相当接近中国人熟悉的文字样貌，也没有巴黎活字中一些显得怪异或滑稽"洋相"的活字，而且这是在遥远的中国境外，由不懂中文也没有汉学

① BFMPC/MCR/CH, 199/8/8, S. W. Williams to W. Lowrie, Canton, 22 May 1851; ibid., 199/8/9, S. W. Williams to W. Lowrie, Canton, 22 August 1851; ABCFM/Unit 3/ABC 16.3.8, vol. 3, S. W. Williams to R. Anderson, Canton, 27 December 1851.

② Ibid., 235/79/78, W. Lowrie to Ningpo Mission, New York, 1 August 1853.

③ Ibid., 235/79/123, W. Lowrie to Ningpo Mission, New York, 1 March 1858.

④ Ibid., 199/8/22, W. Gamble to W. Lowrie, Ningpo, 12 July 1859; ibid., 191A/4/220, H. V. Rankin to W. Lowrie, Ningpo, 3 August 1859.

⑤ *Specimen of the Chinese Type Belonging to the Chinese Mission of Board of Foreign Missions of Presbyterian Church in the U.S.A.* Ningpo: Presbyterian Mission Press, 1859. 同时姜别利还编印了《柏林活字拼合字总表》（*Characters formed by the Berlin Fonts*）一书，见BFMPC/MCR/CH, 199/8/14, Annual Report of the Ningpo Press for 1859–1860，但此书是否流传至今，尚待考察。

家协助的铸字匠作品，实在不是一件容易的事，难怪娄睿会订制保险箱珍重存藏，而兰金也为了有这副远胜于巴黎活字的柏林活字而感恩。

在巴黎和柏林两副活字以外，华花圣经书房还有两副都是伦敦会铸造的大小活字。先购得的是台约尔的大活字，1843年台约尔完成1 540字后病逝，还不到预计3 232字的一半，娄理华随即于台约尔过世后向在新加坡接续铸字的施敦力约翰与亚力山大兄弟订购一副[①]。1846年6月，亚力山大奉伦敦会的指示，将新加坡的铸字工作带到香港，移交给当地的伦敦会英华书院，同时将已经铸成的一些台约尔大活字寄给宁波华花圣经书房[②]，在同年7月中送抵宁波，以重量1 197磅计价，每磅60分钱，共718.2元[③]。但是，这批台约尔活字和巴黎与柏林活字不同，后两者都是获得字模，华花圣经书房可以随时从字模铸出数量不限的活字，并且可以拼合出两万个以上的汉字，而华花圣经书房购得的台约尔活字只是活字而无字模，而且合计只有3,591个活字也实在不足，排印时经常会遇到缺字，必须请工匠临时雕刻金属活字应急。1854年袆理哲应娄睿要求编制台约尔大活字的字表，曾说明这副大活字对华花圣经书房用处不大，因为字数不足，每个字却又太大，排印后占太多版面并不经济，只适于印篇幅很短的“小”册，或者用于印刷有正文有注释的书，作为排印正文大字之用，如麦嘉缔的《三字经新增注解》。[④]

---

① 关于订购台约尔活字的经过，参见BFMPC/MCR/CH, 189/1/438, W. M. Lowrie, Annual Report of the Chinese Mission for the Year Ending October 1843, Macao, 24 October 1843; LMS/UG/SI, 2.3.B., John Stronach to Arthur Tidman & J. J. Freeman, Singapore, 14 June 1844; ibid., 2.3.C., Alexander Stronach to A. Tidman & J. J. Freeman, Singapore, 7 January 1845.

② LMS/CH/SC, 4.5.A., A. Stronach to A. Tidman & J. J. Freeman, 22 June 1846.

③ BFMPC/MCR/CH, 190/2/160, W. M. Lowrie, Minutes of the Second Annual Meeting of the Ningpo Mission held September 1846. 娄理华和施敦力之间为这些活字的数量与交易方式有些争议，施敦力开列的重量为1 270磅，柯理收到后称量为1 197磅，即照此数计价；娄理华又认为当初说的是以双方的活字互相铸造一副交换，施敦力则坚持是现金买卖，娄理华只好筹款付清（ibid., 190/2/150, W. M. Lowrie to W. Lowrie, Ningpo, 21 July 1846）。

④ Ibid., 199/8/8, R. Q. Way to W. Lowrie, Shanghai, 3 May 1854.

另一副伦敦会英华书院的小活字，每个字尺寸只有大活字的四分之一，比巴黎活字还小，原是台约尔生前因大活字太占版面，缺乏市场竞争力而采取的弥补措施，但是台约尔只完成约300个小活字而已。1847年柯理从华花圣经书房离职转任香港英华书院印刷所主任后，加紧赶工打造小活字。1850年初英华书院的传教士理雅各报道，去年一整年打造了2 410个小活字[①]，连同以往打造的合计已超过4 500个字，不仅数量上已达到可实际用于印刷的程度，其经济与美观也引起许多人的重视，除了香港当地的报纸订购使用[②]，卫三畏也在接连写给娄睿的三封信中，检附这副活字的样本或印成的书，并大加称赞其美观匀称，例如："目前在上海和香港都经常有人使用这两副活字，〔……〕柯理先生的小活字是所有人铸造过最美观的一副，也最为实用。"[③]连长老会宁波布道站的兰金也向娄睿赞扬这副活字，他检附英华书院印的样张并说：

> 这些字范和字模都是柯理打造的，他在这件事上的成功为自己赢得很大的声誉，以这副活字印的粦为仁和高德的《出埃及记》注解远胜于我在中国所见的任何书。[④]

令人意外的是以娄睿喜爱与重视中文活字印刷的程度，对于受到大家如此赞扬的这副小活字却似无动于衷，完全没有回应卫三畏和兰金的说法，更没有购买的意愿。此种情形的唯一解释，是柯理在1847年离开华花圣经书房的举动和间接导致娄理华的遇害，让娄睿实在无法谅解，即使这副小活字明显优于巴黎和柏林两副活字，娄睿似乎都可以置之不

---

① LMS/CH/SC, 5.1.C., J. Legge to A. Tidman, Hong Kong, 28 January 1850.

② Ibid., 5.1.D., J. Legge to A. Tidman, Hong Kong, 26 December 1850.

③ BFMPC/MCR/CH, 199/8/8, S. W. Williams to W. Lowrie, Canton, 22 May 1851. 卫三畏称赞这副活字的另两封信见ibid., 199/6/8, S. W. Williams to W. Lowrie, Canton, 28 March 1850; ibid., 199/8/9, S. W. Williams to W. Lowrie, Canton, 22 August 1851.

④ Ibid., 191/3/213, H. V. Rankin to W. Lowrie, Ningpo, 3 March 1852.

顾了。

1858年姜别利来华，先抵达香港停留期间参观英华书院，又在给娄睿的信中赞扬这副活字[1]；姜别利抵达宁波后，不但在信中表扬台约尔、卫三畏和柯理三人的成就，还进一步为柯理抱屈：

> 他从未因建立及经营华花圣经书房获得应有的荣誉，从他离开以后华花圣经书房即没什么作为，而同一时间被认为中国最上乘的香港伦敦会活字却是他的作品。[2]

娄睿实在难以苟同柯理对华花圣经书房也有杰出贡献的说法，因此回信直批：

> 你对于柯理先生在中文金属活字印刷贡献良多的说法是个大错误，如果不是娄理华在中国的话，柯理先生永远也开办不了印刷所，他对于将活字安置在现在的活字架时完全帮不上忙，当所有活字架都安排妥当后，柯理先生又说活字无法检排，直到娄理华拿起检字盒（composing stick）开始检排，柯理才承认是没问题的。[3]

半年多以后，姜别利眼见宁波布道站传教士之间有些不合，再度写信给娄睿："就我所知，宁波布道站的历史从头至尾就是架吵和激烈的争论，这里是怎么回事？"[4] 娄睿又再次"纠正"姜别利：

> 你错误地说异议从一开始就存在〔传教士之间〕。在最初的几年中，当克陛存、露密士、麦嘉缔、歌德和娄理华在布道站的

① BFMPC/MCR/CH, 199/8/12, W. Gamble to W. Lowrie, Hong Kong, 2 July 1858.
② Ibid., 199/8/16, W. Gamble to W. Lowrie, Ningpo, 15 December 1858.
③ Ibid., 235/79/167, W. Lowrie to W. Gamble, New York, no day February 1859.
④ Ibid., 199/8/25, W. Gamble to W. Lowrie, Ningpo, 29 October 1859.

期间，没有其他更团结也更有效率的布道站了，唯一的困难就是柯理先生的问题，他和整个布道站争吵，而且〔……〕[①]

尽管娄睿无法原谅柯理，也不能接受姜别利的说法，却还是保持一贯的精明，当姜别利告诉他有意就英华书院的小活字每一字订购一个并翻铸成字模时，娄睿表示十分赞同这个想法。虽然他怀疑英华书院是否会愿意接受姜别利的订单[②]，因为通常购买整副活字都是按每一字的常用频率配购不同的数量，姜别利每一字只买一个活字的特殊买法不可能用于实际印刷，显然是另有目的，没想到英华书院的理雅各居然接受了，姜别利也在1859年3月收到香港寄来的第一批小活字[③]。在此以前的1858年底，他已就先前路经香港时取得的小活字，以电镀方式实验复制并获得成功，兰金兴奋地向娄睿报道这件中文印刷史上的创举，并说虽然这只是个实验，但结果令人十分满意，只要花费很有限的钱购买香港小活字，一字一个活字，加上必要的黄铜和一些相关器材，姜别利即可翻铸整副小活字的字模。[④]

1860年5月姜别利报道，向美国订购的电镀器材大部分已经收到，只缺一些水银和锯子，希望娄睿尽快催促供应商送来，以便年度结束前即可有成果回报[⑤]。果然，姜别利在1860年8月再度向娄睿报道：

我们制造伦敦会的活字字模的工作正顺利地进展，虽然不如我原来预期般快速，这是由于我从美国带来的小电池不够大，我

① BFMPC/MCR/CH, 235/79/150, W. Lowrie to W. Gamble, New York, 26 January 1860. 此信在“而且”以下，因负责抄写娄睿信件存档的人无法辨识其字迹而断断续续留下空白，以致无法解读。现存长老会外国传教部档案中此种现象并不罕见。

② Ibid., 199/8/18, W. Gamble to W. Lowrie, Ningpo, 11 October 1858; ibid., 199/8/16, W. Gamble to W. Lowrie, Ningpo, 15 December 1858; ibid., 235/79/167, W. Lowrie to W. Gamble, New York, no day February 1859.

③ Ibid., 199/8/20, W. Gamble to W. Lowrie, Ningpo, 14 March 1859.

④ Ibid., 191A/4/173, H. V. Rankin to W. Lowrie, Ningpo, 8 December 1858.

⑤ Ibid., 199/8/30, W. Gamble to W. Lowrie, Ningpo, 8 May 1860.

必须制造一个大电池，以及一些始料不及的耽误，但是我们仍然得以每星期制造两百个字模，这将让我们很快地完成一整副。[①]

到当时为止，由于英华书院方面的问题，姜别利只收到5 000个小活字中的3 000个，因此没能如预期很快地完成全副的电镀，姜别利在华花圣经书房1860年度的年报中说已完成了900个字模，并希望一年内结束这项工作[②]。不过，华花圣经书房在这一年底迁移到上海，暂时中断了电镀字模，直到1863年才终于在上海全部完成。[③]

在仿制伦敦会小活字的同时，姜别利在打造中文活字上也有一项创新的技术。他雇用中国工匠在裁切如同金属活字的黄杨木字坯上刻出阳文，排版后以蜡版打出阴文字样，将蜡版字样涂上石墨，放入置有铜片的电池中导电，即在蜡版字样表面镀出金属阳文，逐字锯开后，嵌于条状黄铜中即成阴文字模[④]。姜别利此法省却了西方传统铸字工序中必须先打造钢质字范的程序，而且以此法造字模的成本极低，姜别利估计包含所有人工和材料在内，每个字模成本只要8分钱，若一副活字有5 000个不同的字，其字模成本合计不过400元而已[⑤]，相对于代价2 500元以上的巴黎或柏林活字字模，此法仅约六分之一的代价；同样重要的是写工和刻工都是中国人，因此字形之美为巴黎或柏林活字无法相提并论。后来在上海的同工传教士惠志道（John Wherry, 1837—1918）认为，虽然姜别利没有申请这项从黄杨木刻字电镀的专利权，但这项技术无疑是制造中文活字的一项革命性新发明[⑥]。姜别利对这项创新也相当满意，认为是自己到

① BFMPC/MCR/CH, 199/8/34, W. Gamble to W. Lowrie, Ningpo, 11 August 1860.

② Ibid., 199/8/14, Annual Report of the Ningpo Press for 1859-1860.

③ Ibid., 199/8/54, Annual Report of the Press for the Year ending October 1, 1863.

④ John Wherry, *Sketch of the Work of the Late William Gamble, Esq., in China* (Londonderry: A. Emery, 1888), p.4.

⑤ BFMPC/MCR/CH, 199/8/34, W. Gamble to W. Lowrie, Ningpo, 11 August 1860.

⑥ J. Wherry, *Sketch of the Work of the Late William Gamble*, p.4.

中国后两年间的两大技术贡献之一[①]，稍后美华书馆关于上海活字的创制及其他活字的改善工程，都应用了这项创新技术，才得以在短短数年中全部顺利完成。

姜别利另一项技术贡献是活字架的安排顺序。令人惊讶的是姜别利抵达宁波还不到四个星期，都还未接掌华花圣经书房，却已发掘出为期提升工作效率，书房中应该改善的一些问题，第一项就是中文活字架的排列与检字排字效率两者间的关系[②]。西方拼音文字在这方面的问题较小、也早已有妥当的结论，而中文字数极多，问题十分复杂。早在华英校书房建立之初，娄理华和柯理也已经研究处理过活字架的安排问题；姜别利认为应该彻底探讨，究竟每一字应准备多少个活字最为适合，可因此减少活字架所占的空间，再依照每字的常用频率合理安排在活字架上的位置，以减少印前检字排字和印后归字的时间，俾能提高效率、扩大产量而降低成本。[③]

姜别利为此自掏腰包雇用三名中国文人计算中文字数与使用频率，他们根据一种姜别利形容是"简单、正确而快速的方法"[④]，计算华花圣

① BFMPC/MCR/CH, 199/8/36, W. Gamble to W. Lowrie, Ningpo, 15 October 1860.

② Ibid., 199/8/35, W. Gamble to W. Lowrie, Ningpo, 30 August 1858.

③ Ibid. 田力在其博士学位论文《美国长老会宁波差会在浙东地区早期活动（1844—1868）》（杭州：浙江大学，2012）中说，姜别利"发明了按部首排列的汉字字盘"（页112）。但是中国人的活字早已按部首排列，姜别利是将西方活字惯用的安排方式应用于中文，按照常用频率安排活字的位置，越常用的字越靠近检排活字的工匠，越罕用的则离工匠越远。

④ Ibid. 199/8/21, W. Gamble to W. Lowrie, Ningpo, 9 May 1859. 有人在讨论姜别利调查中文字使用频率时，说姜别利"不懂得中文"（冯锦荣，《姜别利与上海美华书馆》，页298）。这是错误的说法。姜别利初到宁波时，布道站特意让他先学习两个月语文再接掌华花圣经书房（ibid., 199/8/35, W. Gamble to W. Lowrie, Ningpo, 30 August 1858），但此后他忙于书房事务而少有时间学习（ibid., 199/8/18, Gamble to Lowrie, 11 October 1858），不过仍自认"每天有一点儿进步"（ibid., 199/8/19, Gamble to Lowrie, 31 January 1859），到1859年5月时他自觉在口语外应多了解书面文字才能更有助于工作，于是开始加强学习（ibid., 199/8/21, Gamble to Lowrie, 9 May 1859），他在1859年11、12月间两次告诉娄睿，自己正非常专心地学习中国语文（ibid., 199/8/27, Gamble to Lowrie, 1 November 1859; ibid., 199/8/28, Gamble to Lowrie, 1 December 1859）。迁到上海后，1863年时姜别利希望传教士能协助校对工作，他说自己实在无暇及此，而且他不熟悉中文，校对时只能照本逐字比对（ibid., 199/8–, W. Gamble to W. Lowrie, Shanghai, 8 April, 1863），既然能照本逐字比对，总是多少懂得中文才行，因此姜别利的中文程度尽管不如以宣讲教义为职责的传教士，但绝不至于"不懂得中文"。

经书房历年印刷出版书的内容，两个月后已经算了约35万个字[①]；从1859年12月起计算的人力改为两人，酬劳也改由华花圣经书房的经费负担[②]；到1860年2月中，姜别利报道算过的字数累计已超过100万字，但其中不同的字还不到5 000个[③]。姜别利以这些字和柏林活字对照，发现有些常用字并没有包含在柏林活字当中，而柏林活字却又包含许多罕用字，甚至还有在这5 000个以外的字，以及一些错字等，姜别利因此告诉娄睿，如果早有人如此彻底统计中文字数与使用频率，至少柏林活字的价格可以降低而用处会大为提升[④]。到1860年8月，算过的字数进一步达到了150万字[⑤]。这年底书房移到上海，第二年（1861）姜别利即根据这些计算的结果编印成《两种字表》（*Two Lists of Selected Characters Containing All in the Bibles and Twenty Seven Other Books*）一书[⑥]，这两种字表包含的字相同，都是28种基督教中文书内容的5 150个字，加上伦敦会活字中特有的850个字，合计6 000个字。第一表按部首和笔画排列，每字注明出现的次数（即使用频率），第二表按出现次数多少排列，分15组，最常用的一组为出现10 000次以上的13个字，如不、之、人、以等，最罕用的一组为出现25次以下的3 715个字，如亶、僮、幂、伎等。姜别利表示这些统计显示两个重要事实：第一，选取5 000至6 000个常用的字，即可应付各项实用性的需要；第二，少数的常用字占一般书内容的大部分字数，而大多数的中文字都是罕用字，例如那13个最常用字出现次数超过所有次数的六分之一，而"之"字的出现次数还多于第14、15两组合计4 262个罕用字总共出现

---

① BFMPC/MCR/CH, 199/8/22, W. Gamble to W. Lowrie, Ningpo, 12 July 1859.

② Ibid., 199/8/28, W. Gamble to W. Lowrie, Ningpo, 1 December 1859.

③ Ibid., 199/8/32, W. Gamble to W. Lowrie, Ningpo, 14 February 1860.

④ Ibid.

⑤ Ibid., 199/8/34, W. Gamble to W. Lowrie, Ningpo, 11 August 1860.

⑥ W. Gamble, *Two Lists of Selected Characters Containing All in the Bibles and Twenty Seven Other Books*. Shanghai: Presbyterian Mission Press, 1861. 此书在1865年重印，笔者根据的为1865年版。

的次数。[①]

姜别利将上述结果应用在活字架的安排上，以活字的常用频率决定活字位置距离排版工的远近，最常用的活字都置于排版工伸手可及而不需移动脚步的地方，他认为如此可以加快检字排版的速度，至少三倍于原有的方式，排版的成本当然也随之大幅降低。[②] 其实，胸有成竹的姜别利没有等候计算字数的工作结束才动手改革活字架，而早在计算字数达到35万字时，他已经根据上述原则对活字在架上的排列着手进行改革。[③] 改了半年以后，兰金对于新方式的效果有相当生动的描述：

> 柏林活字依据姜别利先生的好主意实施新的安排后，一名少年站在定点，不需移动一步，便可以在两天内排完一组活版，归字的时候也一样。这名少年刚进入华花圣经书房几个月，也才开始排版而已，不久以后他将会在一天之内就完成这件事；在此同时，那些排版工熟手从原有散漫排列的巴黎活字架上检字，至少需要三天才能完成同样的工作。[④]

以上讨论的这些机器、活字和相关的新技术，构成十九世纪四五十年代一家西式中文印刷所非常明显突出的表征，也充分显示了华花圣经书房在中文印刷西化初期的重要角色。在机器方面，华花圣经书房一直使用手动印刷机而无滚筒印刷机，以至于在产量上不如伦敦会的墨海书馆，在影响中国人对西式印刷技术的观感印象程度上也不如墨海书馆，但这和华花圣经书房位于宁波而非当时已是中外交通枢纽的上海大有关系。等到1858年迎来专业而且进取创新的主任姜别利，华

---

① W. Gamble, *Two Lists of Selected Characters*, ‘Introduction,’ pp.iii–iv.

② Ibid., p.iv; BFMPC/MCR/CH, 199/8/14, Annual Report of the Ningpo Press for 1859–1860.

③ BFMPC/MCR/CH, 199/8/22, W. Gamble to W. Lowwrie, Ningpo, 12 July 1859.

④ Ibid., 191A/4/234, H. V. Rankins to W. Lowrie, Ningpo, 17 December 1859.

花圣经书房得以迅速居于蓄势待发的有利状况，在1860年移到上海后，很快就超越了当地的墨海书馆与香港的英华书院，成为最具代表性的西式中文印刷与出版机构。

第四节　产品与传播

一、产量与产品

（一）产量

研究华花圣经书房应当统计其历年产量与产品，但令人意外的是这却是件非常困难的事，原因如下：

首先，华花圣经书房每位主任对产量和产品各有不同的认知和计算方式。以最基本的页数产量为例，华花圣经书房生产的主要是线装书，有的主任即以叶数计算产量，有的人则换算成英文书的页数计算，一叶等于两页，两者相差一倍之多。金多士（Gilbert McIntosh，又译“麦根陶”“麦金托什”）在其《在华传教印刷所》（*The Mission Press in China*）书中，记载1846年华花圣经书房的产量是635 400页[①]，这是根据当年宁波布道站年报中的数字而来[②]，年报中同时以叶数和页数记载每一书的篇幅，却只以叶数表示所有书的总叶数636 400叶，金多士一时不察，记载的页数产量就少了一半，麦氏进一步抄错数字，又少了1 000叶（2 000页）。

事情却没有如此轻易就结束了，因为1846年在布道站年报以外，还

① G. McIntosh, *The Mission Press in China*, p.12. 编者按，金多士此于与2017年12月由中央编译出版社出版，书名为《在华传教士出版简史》。

② BFMPC/MCR/CH, 189/2/167, Third Annual Report of the Ningpo Mission, 1 October, 1846.

有出版委员会年报[①]。两者的记载不仅形式有别，竟然连内容也不相同，布道站年报记载这年印刷14种书，出版委员会年报则是15种，而前者14种中有1种不见于后者，后者15种中则有2种不见于前者，再加上其中《真神总论》的再版在这两种年报所记的篇幅分别是6叶和7叶，印2 000部，页数即相差2 000叶（4 000页）。这些问题还不是将金多士记载的数字简单地乘以二即可解决的，因为其中夹杂着一些以页数计的英文产品，而更复杂的是有的书房主任或传教士根本不说明自己是以叶数或页数计算，导致情形越发困难棘手。[②]

出版委员会年报和布道站年报记载不一的情形并不罕见，1849年是另一个事例。这年的出版委员会年报说印21种书、1 347 270叶，含920页的英文印件[③]，换算成页数应为2 693 620页；但这年的布道站年报却记载印26种书、2 594 700页，另有1 220页的英文印件[④]。两种年报的落差为5种、98 920页，英文页数也明显不同。

布道站和出版委员会两种年报的差异已令人无所适从，却还有让情势更为复杂的第三种报道华花圣经书房产量的文献，就是长老会外国传教部的年报。这份文献是分布在各国的布道站将年报寄回美国后，由纽约的执行委员会汇编而在第二年出版，既是汇编，则其内容应和布道站年报相同，事实上却经常因为编辑者更改内容而产生明显的

① BFMPC/MCR/CH, 190/2/164, R. Cole, Report of the Publishing Committee [for 1846].

② 金多士一书除了1846年度的错误，其他数字差距较大的年度，如1847年主要也是因为叶数和页数的问题，将产量3 639 384页误成1 819 092页（p.14），又如1849年的1 724 700页（p.16），则是没有计入英文印刷1 220页及为其他传教会代工印刷870 000页两项（BFMPC/MCR/CH, 190/3/134, Sixth Annual Report of the Ningpo Mission, B.F.M.P.C., Oct. 1, 1848 to Oct. 1, 1849）。

③ BFMPC/MCR/CH, 199/8/5, Report of the Publishing Committee for the Year commencing Oct. 1st 1848 & ending September 30th 1849. 这份年报是华花圣经书房主任歌德补抄寄给娄睿的，原来的一份在邮寄途中遗失了。

④ Ibid., 190/3/134, Sixth Annual Report of the Ningpo Mission, B.F.M.P.C., Oct. 1st 1848 to Oct. 1st 1849.

差异，上述华花圣经书房1846年和1849年两年的产量正是如此。在外国传教部1847年的年报中，华花圣经书房1846年的产量是14种、1 210 000页，而1850年的年报中，华花圣经书房1849年的产量则是26种、2 697 680页[①]，都和布道站及出版委员会年报不同。三种年报竟有三种不同的数字，如此混乱的现象令人无从解释。

另一个困扰的问题是书名。传教士编写的布道站年报和出版委员会年报，都是以娄睿等英文读者为对象，绝大多数的年报只附英译的书单，而编写的人对于各书名的英译既不一致，也总是加以简化，以至于同一书可能有不同的译名，或不同的书译名却相同或非常类似，令人难以确定究竟是同一书或不同的书。例如在1849年的出版委员会年报中，两种书英译书名都是*Jesus the Only Saviour*，各是5叶与8叶，显然是两种书，有一种注明是美国浸信会叔未士的书，中文原名为《独耶稣救魂灵》，另一种则没有注明是谁的书，究竟是麦都思的《救世主只耶稣一人》，或是裨治文的《耶稣独为救主论》？恐怕是个无解的疑问。又如在1855年和1858年两年的出版委员会年报中，一书的英文译名是*Natural and Revealed Theology*；而在1858年的华花圣经书房库存书目中，一书的译名是*Elements of Christian Theology*；以及1859年的华花圣经书房年报中，一书的译名是*Evidences of Christianity*，这三种不同的译名，其实指的都是丁韪良《天道溯原》一书。不幸的是此种书名和译名前后歧异不一的现象很普遍，即使少数年报附加中文书单也是简化的书名，例如华花圣经书房至少印过七种的三字经，分别是麦都思、麦嘉缔、娄理安（Reuban Lowrie, 1827—1860）和叔未士四人的作品及其增订版，除非书单上有比较清楚的说明，否则单从“三字经”这样的书名根本无法分辨这7种书。

---

① *The Thirteenth Annual Report of the Board of Foreign Missions of the Presbyterian Church* (1850), p.45.

再者，出版委员会年报是华花圣经书房产量与产品最重要的资料来源，其内容却时有缺漏不全。例如1853年11月兰金写给娄睿的一封信中，附有印过的一些宁波方言的书单，其中有3种就不见于当年或以前的出版委员会年报[①]。又如姜别利在1859年编辑的华花圣经书房历年书目[②]，收录144种书，其中至少5种不见于历年的出版委员会年报。这些缺漏即使根据伟烈亚力编撰的《来华基督教传教士纪念集》(*Memorials of Protestant Missionaries to the Chinese*)书目核对也无法解决，因为伟烈亚力的书目就有阙误，例如华花圣经书房于1847年和1848年间代印叔未士的《三字经》《怕死否》《真神十诫》和《真神总论》4种书[③]，但伟烈亚力的书目却记载这四种书都初印于上海而非宁波。[④]

出版委员会年报缺漏的书或许只算少数，更严重的是1852年的年报和书单都阙如，这是因为华花圣经书房主任歌德病死，无人执笔而从缺，结果这年究竟印了几种书和其作者、书名、页数、部数等都无法知悉，差幸这年的宁波布道站年报还载有书房的印刷总页数。

此外，华花圣经书房各主任在出版委员会年报中的记载方式也各有不同，有人将代工印刷的印件不论多少只合列一种，有人则逐件列举；也有人将一书多册只算一种，有人则按册数计种，没有一致的作法，因此增加研究者统计和分析上的极大困难。

以上都是计算华花圣经书房产量和编制其书目的各种障碍，也相当难以克服超越，历来不乏研究者为期精确完整而奋力计算与制表，却一直

---

① BFMPC/MCR/CH, 191/3/262, H. V. Rankin to W. Lowrie, Ningpo, 5 November 1853. 这三种书为《Lu Hyiao-ts》(A story of Frank Lucas)、《Ih-pe Tsiu》(A story of cup of wine)及《Se-lah teng Han-nah》(A story of Sarah and Hannah)。

② Ibid., 199/8/24, A Catalogue of All the Books, Tracts, &c., Printed at the Presbyterian Mission Press Ningpo from Its Arrival in China February 23rd 1844 until October 1st 1859.

③ Ibid., 199/8/3, A. W. Loomis to W. Lowrie, Ningpo, 9 June 1848; ibid., 199/8/2, A. W. Loomis to W. Lowrie, Ningpo, 17 June 1848.

④ A. Wylie, *Memorials of Protestant Missionaries to the Chinese*, p.92.

没有可观的结果[①]。既然另起炉灶重新计算只会治丝益棼而无济于事,还不如就以1859年姜别利编制的《长老会印刷所历年书目》(A Catalogue of All the Books, Tracts, & c. Printed at the Presbyterian Mission Press Ningpo from Its Arrival in China February 23rd 1844 until October 1st 1859)为本[②],比较有可能对华花书房的产量与书目获致简明的梗概印象。

《长老会印刷所历年书目》起源于1859年9月间,娄睿写信要求姜别利编制,并注明版次、印量、部数、页数、作者等项内容[③]。1860年2月中,姜别利将编成的书目寄给娄睿[④]。书目中收录到1859年10月1日为止的华英校书房和华花圣经书房产品,除了娄睿要求的各项讯息,姜别利还加注传教士们就每种书检讨适用与否的简要评语,并附有历年产量的统计数字。虽然这份书目也有问题,有些数字和出版委员会的年报等记载互有出入[⑤],但仍不失为大致呈现华花圣经书房历年产量与产品轮廓的重要史料。以下撷取这份书目的产量统计,加上书目未涵盖的1860年数字胪列如下表:

---

① 近十余年来论及华花书房产量与书目的论著不少,但只有田力的博士学位论文《美国长老会宁波差会在浙东地区早期活动(1844—1868)》及其《华花圣经书房考》(《历史教学》2012年第16期,页13—18)两文,是利用华花书房的相关档案进行考证,相当难得,只是考证的结果依旧有些问题。以下只举1847与1858两年为例:(1)1847年宁波布道站年报与出版委员会年报两者所载华花书房产量都是56 934部、1 819 692叶(即3 639 384页),但外国传教部年报则记为61 434部、4 365 560页,田力采用后者的数字,却未察知后者数量增加,主要是将前两者统计中《路加福音注释》一书的印量500部自行改为5 000部所致,但柯理于1846年6月23日写给娄睿的信已说明此书印量确是500部。(2)1858年华花书房的产量,在出版委员会年报、外国传教部年报,以及姜别利于1859年编的华花书房历年书目(A Catalogue of All the Books, Tracts, &c. Printed at the Presbyterian Mission Press Ningpo...)三者中,都同样记为151 340部、6 175 460页,但田力先误以为1858年的出版委员会年报"不存于档案中",又错误地说外国传教部年报和姜别利编的历年书目两者的统计数字不同。

② BFMPC/MCR/CH, 199/8/24, A Catalogue of All the Books, Tracts, &c. Printed at the Presbyterian Mission Press Ningpo from Its Arrival in China February 23rd 1844 until October 1st 1859.

③ Ibid., 235/79/136, W. Lowrie to W. Gamble, New York, 15 September 1859.

④ Ibid., 199/8/32, W. Gamble to W. Lowrie, Ningpo, 14 February 1860.

⑤ 例如这份书目记载1846年华花书房的产量为54 096部、1 211 984页,但1846年的出版委员会年报则记为87 796部、587 384叶(即1 174 768页),而同一年的宁波布道站年报记为87 350部、672 400叶(即1 344 800页),至于外国传教部年报则记为87 350部、1 210 000页。

表 10–4 《长老会印刷所历年书目》中的产量统计

年　度	部　数	页　数	年　度	部　数	页　数
1844	5 500	342 000	1853	82 750	2 840 800
1845	46 900	3 419 000	1854	84 700	4 012 800
1846	54 096	1 211 984	1855	112 018	4 602 018
1847	52 700	3 638 384	1856	135 258	5 559 970
1848	168 663	3 994 354	1857	110 800	4 505 600
1849	85 770	2 694 540	1858	157 340	6 175 460
1850	66 400	3 000 000	1859	54 700	7 398 560
1851	57 860	2 808 160	1860	230 261	9 301 750
1852	116 349	3 326 198	合　计	1 613 105	69 831 758

说明:(1) 长老会每年度涵盖的时间从前一年10月1日至当年9月30日。(2) 1844年为澳门华英校书房的产量,1845年兼含迁至宁波前后的产量。(3) 1860年产量取自BFMPC/MCR/CH, 199/8/14, Annual Report of the Ningpo Press for 1859–60.

表10–4的数字尽管不一定都精确,仍显示几个值得注意的现象:

第一,从1844年到1860年的将近十七年期间(即短暂一年多的澳门华英校书房和近十五年半的宁波华花圣经书房两个时期),共印刷了约160万部、7 000万页左右的书、小册和单张散页等产品,平均每年将近10万部、410万页左右。

第二,每年印刷的页数虽有高低起伏,但大致呈现逐渐成长的趋势,而几次明显的增减都有迹可循:1846年低至121万页,是宁波布道站特意降低产量的结果,并已先在1845年的年报中预告,明年将置重于改善巴黎活字与印刷所各项安排,也不会再有澳门期间日夜赶工的情形①。其次,1849年产量比1848年减少三分之一,主要是华花圣经书房主任露密士生

① BFMPC/MCR/CH, 190/2/110, Report of the Ningpo Mission for the Year ending October 1, 1845.

病，长期不在宁波，而代理其职的麦嘉缔本身医疗业务繁忙，只能偶尔到华花圣经书房照料的缘故[1]。再者，1851年产量减少，是因为这年开始印刷罗马字拼音的宁波方言书，但中国工匠不熟悉字母，排检速度缓慢，以致总页数产量不多，第二年（1852）熟悉后产量才增加；但又因华花圣经书房主任歌德于1852年底病卒，不熟悉印刷的传教士祎理哲继任，所以1853年产量再度降低，但此后数年间管理得宜，产量随之增长并连年稳定，只有1857年因大部分的产品印量都小，年产量也明显缩减[2]，但1858年随即恢复。

第三，华花圣经书房最后三年的页数产量明显增加，尤其专业印刷的姜别利到职后改善管理，教工匠学会使用机器，同时将按月支薪改为论件计酬，激励产量提升，年产量大幅度增长至900余万页。不过，这样的产量和伦敦会上海墨海书馆1859年的近3 200万页产量仍相去甚远[3]，其间的巨大差距是机器和人力之别造成的结果，墨海书馆三台滚筒印刷机的惊人产量，是华花圣经书房两部手动印刷机无法望其项背的。

第四，印刷的部数和页数两者并不一定成正比例，如果一年中的产品大都篇幅短小，会出现部数多而页数不见得多的现象，若是产品大都页数很多，则部数再少，页数仍可能很可观，最显著的是1859年的情形，这年生产54 700部是历年中极低的部数，但739万多页却是历年第二大产量，仅次于1860年而已。之所以会有这种现象，是因为姜别利遵照娄睿的要求，在1859年大量印刷圣经新约，每部多达570页，单是这项即多达541万多页，超过这年其他产品的总页数的2.5倍[4]，也比绝大多数其他年度的页数产量还多。

---

① BFMPC/MCR/CH, 199/8/5, Report of the Publishing Committee for the Year commencing Oct. 1st 1848 & ending September 30th 1849.

② Ibid., 191A/4/125, Report of the Press for the Year ending September 30th 1857.

③ LMS/CH/CC, 2.2.C., W. Muirhead to A. Tidman, Shanghai, 12 October 1859, enclosure, A. Wylie, 'Chinese Printing done at the London Mission Printing Office during the Past 12 Months.'

④ BFMPC/MCR/CH, 192/4/242, Report of the Press for the Year ending October 1st 1859.

在产品的种数方面,《长老会印刷所历年书目》收录了153种。不过,这和部数、页数的产量一样,并不是精确的数字,原因如下:

第一,收录不完整。以出版委员会年报对照《历年书目》,则华花圣经书房从1851年起陆续印制的12种中文或英文年历,都未收入《历年书目》,麦嘉缔陆续编写的医药传单5种也未收入,书目中又将不同作者编写的一些传教单页并计为一种;如果年历、医药传单和传教单页都因为是零星散页而不收,则《历年书目》已收入的也有8种同样是传教单页。其他未收的书还有哈巴安德《幼学四字经》、宁波布道站图书馆目录(*Catalogue of the Mission Library*)等。

第二,计算方式不一。麦嘉缔编印四年的《平安通书》,各年的内容不同,在"历年书目"中只计一种,但他的《初学编》一书两册,却计为两种,而丁韪良(William A. P. Martin, 1827—1916)的《天道溯原》和孟丁元的《天道镜要》都各有三册,却又各计为一种而已。此外,华花圣经书房许多产品都是传教士修订增删前人的作品而成,《历年书目》对此种修订本的计算方式不一,对于修订摘录他人作品最多的麦嘉缔,其修订本在《历年书目》中都照计种数,共有8种,但其他人的修订本则不一定计入种数,例如叔未士修订米怜的《张远两友相论》和麦都思的《三字经》两书,就只算是原书的再版而不计种数。

第三,圣经的种数与版次。路加福音书是华花圣经书房最早(1845)印的圣经,后来的十五年间又印过5次路加福音书(不含上海与宁波方言本),包括1848年为美国浸信传教会代印的版本,及1851年以后印的委办本,单行或者和其他书合订成新约都有。但是,尽管各版本的版式和内容文字歧异,这6个版本的路加福音书在《历年书目》中只合算一种书而已。不只路加福音书,其他圣经各书也如此计算。

根据以上的讨论,将《历年书目》收录的153种书,加上至少20种未收的书,合计为173种以上,再加上《历年书目》未涵盖在内的1860年所印的37种，则华花圣经书房的产品不下210种。若要进一步从印刷制作的观点，将《历年书目》中45种书的116次再版或多版都并计种数，则产品总计甚至达到326种以上。此一算法并非全无道理，因为活字印书的一项特点是印完后通常即拆版归字，再版时得重新检字、排版、校对、印刷与装订，其成本、工序与时间都和初版约略相当，因此视同新书并不为过，而且再版的版式装订很少和初版完全一致，再版的内容通常也会有增删修订，甚至如祎理哲《地球图说》不仅更改书名为《地球说略》，内容篇幅也增订达数倍之多。

在篇幅大小方面，华花圣经书房各种产品的页数多寡非常悬殊，从单页传单到500余页的新约都有。各种产品的印量多少也差距极大，中文书有少到只印34部的《耶稣教要理问答》(1847)，最多的是31 000部的《朝廷准行正教录》(1846)，但大部分产品的印量介于1 000部至10 000部之间，印1 000部以下者大多是传播范围比较有限的学校用书和方言书；英文书的印量也少，大都在100部至500部之间，只有两种超过500部。

（二）产品

华花圣经书房既是传教印刷出版机构，其产品自然是以传教性质为主，分为圣经和小册两类。圣经是所有传教印刷出版机构最重视的产品，从华花圣经书房的名称即可知其宗旨用心，在将近十五年半期间，华花圣经书房印过圣经各书52种。其间影响书房印刷圣经的一个重要因素，是在华传教士共同修订圣经的工作，由于应采用上帝或神的译名而引发争议，甚至导致分裂而延宕了修订和印刷。

从1847年7月开始，传教士代表在上海集会修订新约，译名争议随之而起，到了1850年8月，争议双方决定由印行者自行选择使用“上帝”或“神”的译名，算是权宜解决了争议。在长达数年的等待中，华花圣经书房因应宁波布道站本身及其他传教会的需要，已先印过多种圣经版本，其中有华花圣经书房主动印的，也有接受委托代印的；主动印者如麦都思的《使徒行传》等书和郭实腊的《创世纪》等书，代印者则有美国浸信传教会高德的旧约、英国浸信传教会胡德迈的路加福音、英国圣公会传教会麦嘉祺（Thomas McClatchie）的上海方言本路加福音和美国圣公会传教会文惠廉的上海方言本马太福音等等。译名争议在1850年8月暂时解决后，华花圣经书房开始印刷以“神”为译名的修订本新约各书，其中的四种福音书还不只再版而已，但华花圣经书房没有印过全本的新约。

共同修订旧约的工作继新约完成后展开，不料到1851年2月时分裂成两个团体各自进行，主张以“神”为译名的团体由长老会的克陛存和美部会的裨治文两人主译。华花圣经书房也从1852年起陆续印刷两人修订后的旧约，只是他们修订的进度非常缓慢，印刷也随之拖延多年，直到1861年裨治文过世后，才由克陛存于1862年3月完成旧约翻译，结束了长达十余年的修订工作，但华花圣经书房已先于1860年底从宁波迁往上海，由后续的美华书馆完成旧约的印行。

译名之争是基督教来华以后，传教士之间互相批判最激烈、涉及人数也最广泛的一次争论，长老会在内的各传教会对译名的立场也都非常明确而且坚持，因此当宁波布道站在1854年9月底的年会中通过决议，华花圣经书房可以印刷“神”或“上帝”译名的出版品，并要求在纽约的执行委员会同意这项决议时①，真是大出娄睿等人的意料之外。主导这项决议的丁韪良说明，不论使用“神”或“上帝”的译名，实在没有必要完全排除另一种称呼，如同英文中的God、deity和Jehovah一般，而且既然有半数的在华传教士使用“上帝”译名，这些传教士又不限于一个国家或一个宗派，岂能说他们全错而不和他们来往，又岂能因此指责他们传授给华人的

---

① BFMPC/MCR/CH, 191A/4/39, Abstract of the Minutes of the Annual Meeting of the Ningpo Mission for the Year ending September 30, 1854.

道理是错误的，何况两种译名通用既可让传教士扩大选用书刊的范围，也可以在讲道和著述各方面都能获得更好的益处等等。①

丁韪良的理由冠冕堂皇，还得到在宁波的英国圣公会传教会禄赐悦理（William A. Russell）的附和保证②。只是当1854年丁韪良提出此议时，译名之争的双方虽已停止你来我往的公开批判，但传教界的裂痕犹新，因此通用两种译名的主张未免稍急，而且丁韪良此议是在宁波布道站年会时有些反对的传教士缺席情况下通过的，因此没有能说服娄睿和执行委员会，而反对的宁波布道站传教士和上海、广州布道站都写信向娄睿抗议③，娄睿也断然表示无法同意通用译名④。结果又引起丁韪良和他同在宁波布道站的兄弟孟丁元的抱怨，孟丁元说向异教徒传播福音的传教士，还得听从执行委员会的权威决定一个词可用或不可用，是令人相当遗憾的事，他自己一向使用"神"的译名，但相信传教士应该有权自行决定用什么名称。⑤

丁氏兄弟勇于挑战权威还不只上述而已，他们在负责的布道站学校中使用的不是华花圣经书房印的圣经，竟是译名争议对手伦敦会的版本，理由是麦都思等人翻译的伦敦会版本虽有缺点，却远胜于其他版本，包括克、裨两人的本以及浸信会高德的译本在内⑥。这两个译本都是华花圣经书房的产品，但丁氏兄弟说的优缺点不是印刷品质的高下，而是翻译的问题，克、裨两人的名词翻译令人难以接受，有许多误用与罕用的字词，连有

① BFMPC/MCR/CH, 191A/4/26, W. A. P.Martin to the Secretaries of the B.F.M.P.C., Ningpo, 12 October 1854.

② Ibid., 191A/4/27, William A. Russell's note, dated Ningpo, 17 October 1854.

③ Ibid., 191A/4/29, John W. Quarterman to W. Lowrie, Shanghai, 10 October 1854; ibid., 191/5/107, M. S. Culbertson to W. Lowrie, Shanghai, 18 October 1854; ibid., 191A/4/39, 'Abstract of the Minutes of the Annual Meeting of the Ningpo Mission for the Year ending September 30, 1854,' appendix: R. Q. Way's notes.

④ Ibid., 235/79/94, W. Lowrie to Ningpo Mission, New York, 12 February 1855.

⑤ Ibid., 191A/4/58, Samuel N. Martin to W. Lowrie, Ningpo, 1 June 1855.

⑥ Ibid., 191A/4/58, Samuel N. Martin to W. Lowrie, Ningpo, 1 June 1855; ibid., 191A/4/62, S. N. Martin to W. Lowrie, Ningpo, 29 July 1855.

学问的人也得借助字典才能解读，非常不便于阅读，孟丁元甚至指责克、禅译本没有一项优于其他版本的长处，“唯一的特点就是和伦敦会版本不同”（It is [...] without securing one advantage, except that of being different from the London Society's version.）[①]。丁氏兄弟却不是唯一批评克、禅译本的自家人，兰金也认为两人的版本问题很多，虽然译文比较忠实，但欠缺清晰和可读性，尤其名词翻译方面实在很差，而且就因为如此，当时华花圣经书房印的10 000余部的克、禅译本，宁波布道站仅仅留下500部准备在本地分发之用[②]。如果连自家人的态度都如此，恐怕难以期待其他人会努力传播流通华花圣经书房印的圣经了。

小册通常指圣经以外的所有传教出版品，内容包罗广泛，如讲解经义、圣歌咏唱、祈祷仪注、传记楷模、进德劝善等类，因此撰写与印刷出版的种数通常远多于圣经各书，篇幅则大都短小，自单张至数十页为常。但华花圣经书房的小册显得很特殊，篇幅在100页以上者多达23种，最大的一种是代印监理会上海传教士戴查理（Charles Taylor）的《耶稣来历传》，328页，华花圣经书房的一名工匠专门为这部上海方言的“巨著”检字排版，费了一整年功夫才告完成（1854），被兰金形容是一种“解脱”（relief）[③]。华花圣经书房超过200页的小册也有6种：麦嘉缔的《初学编》、娄理华的《路加福音书注释》、麦嘉缔修订米怜的《新增圣书节解》、哈巴安德的《马太福音书问答》，以及英国圣公会传教会的郭保德（Robert H. Cobbold）从英文译成罗马字拼音的宁波方言书两种：《旅人入胜》（*Pilgrim's Progress*）和《*Jih Tsih Yüih Le*》（*Line upon Line*）。[④]

---

① BFMPC/MCR/CH, 191A/4/58, Samuel N. Martin to W. Lowrie, Ningpo, 1 June 1855.

② Ibid., 191A/4/20, H. V. Rankin to W. Lowrie, Ningpo, 1 August 1854; ibid., 191A/4/23, h. v. Rankin to W. Lowrie, Ningpo, 8 September 1854.

③ Ibid., 191A/4/23, H. V. Rankin to W. Lowrie, Ningpo, 8 September 1854.

④ 《旅人入胜》即班扬（John Bunyan）的《天路历程》，*Line upon Line*则是英国儿童福音图书作家莫蒂梅（Favell L. Mortimer）于1837年出版的作品。

若以个别作者而言，宁波布道站的第一位传教士麦嘉缔是华花圣经书房最多产的作家，前述姜别利编的《长老会印刷所历年书目》中，收录麦嘉缔的24种作品与51种再版，加上未收的5种医药传单，以及《历年书目》未涵盖在内的1860年有2种作品与5种再版，合计多达31种作品与56种再版，即使不计再版也远远多于其他作者。不过，麦嘉缔约三分之一的作品是从先前米怜、麦都思、郭实腊等人旧作改写修订而成的，这是当时许多传教士常见的写作方式。至于麦嘉缔的作品文体，白话与浅近文言都有，经中文教师润饰甚或两人口授笔述后都相当通顺可读，其中几种著名的小册屡次修订或改名后再版，较多者如《悔改信耶稣说略》13版共103 000部、《耶稣教例言》10版共95 000部、《鸦片六戒》9版共81 000部、《耶稣教要诀》8版共67 000部等，每种初版的印量约4 000或5 000部，以后逐版增加，这4种书都曾达到一版20 000部的印量，这也是华花圣经书房所有传教小册中的最高印量，其他作者的书能有此印量的不过3种而已[①]。麦嘉缔这些书以后还由上海的美华书馆持续印行，因此他不但是华花圣经书房最为人知的作家，也是十九世纪中期作品最畅销的在华基督教传教士之一。

华花圣经书房后期的年轻作家中，丁韪良是最有生产力的一位。他在1850年抵达宁波，两年后开始有著作问世，到1860年为止共有10种书（16个版本），包含传教与非传教书、圣经与小册，及汉字与罗马字拼音的宁波方言书都有。其中颇为当时及后世所重的《天道溯原》一书，1855年初版6 000部，即受到传教士与中国人的重视，于是1858年再版时印量大增到16 800部，1860年第三版也有7 000部。最值得注意的是丁韪良不顾前文所述执行委员会的禁令，在书中体现了自己主张的通用“神”与“上帝”的译名，更进一步使用了天主教的“天主”之名，在作为本书导论的

① 这三种书是丁韪良的《三要录》和《救世要论》，以及麦都思的《三字经注》，都在1860年时印20 000部（BFMPC/MCR/CH, 199/8/4, Annual Report of the Ningpo Press for 1859–1860）。

"天道溯原引"中,两度特地声明:"吾教翻译圣经,或称曰神,或称曰天主,或称曰上帝","所以称之曰神,〔……〕又别之曰上帝,或称天主。"[①] 华花圣经书房的出版委员会三名成员中,传教士卦德明(John W. Quarterman, 1821—1857)和袆理哲(华花圣经书房主任)两人都反对通用译名,还扬言将予以抵制,结果并没有采取行动,反而通过了印刷丁韪良此书。[②]

罗马字拼音的宁波方言书是华花圣经书房特有的一类产品。丁韪良说他自己是此种书的发起人,从1851年初起策动长老会与英国圣公会在宁波的传教士共同合作,研订一套以罗马字母书写宁波方言的系统,目的在于用数量非常有限的字母表达方言,并使传教士和本地民众能快速掌握此种字母工具,以摆脱长期学习汉字读写的困难[③]。传教士发觉这套新工具很有效,宁波的老妪孩童都可在短期内学会,传教士更有高度意愿推广,于是同一年(1851)华花圣经书房便有三种拼音的方言作品问世:郭保德的宁波方言拼音法(16页)、麦嘉缔的十诫概要单张及丁韪良的一份单张[④]。很有意思的是传教士在这一年的布道站年报和出版委员会年报中,表示工匠们不熟悉罗马字母的检排,要花许多时间才能完成少量的工作,加上这些拼音方言作品的篇幅和印量都很小,导致这年华花圣经书房的页数总产量小于前一年,更有意思的莫过于因是罗马字母的缘故,这3种方言书在年报中都列入英文产品而非中文产品[⑤],以后才发觉不妥而改列为中文产品。

---

① 丁韪良,《天道溯原》(宁波:华花书局,1860),"天道溯原引",叶1、5。

② BFMPC/MCR/CH, 191A/4/29, John W. Quarterman to W. Lowrie, Shanghai, 10 October, 1854; ibid., 191A/4/39, Abstract of the Minutes of the Annual Meeting of the Ningpo Mission for the Year ending September 30, 1854, appendix: R. Q. Way's notes. 另一名出版委员会成员是赞同通用译名的兰金。

③ W. A. P.Martin, *A Cycle of Cathay* (New York: Fleming H. Revell, 1900, 3rd edition), pp.54−57.

④ BFMPC/MCR/CH, 191/3/194, Eighth Annual Report of the Ningpo Mission of the B.F.M.P.C. from Oct. 1, 1850 to September 30, 1851; Report of the Publishing Committee for the Year ending September 30, 1851.

⑤ Ibid.

罗马字母拼音方言运动在宁波传教社群中加速进行，1853年11月金兰检寄已经出版的此类图书给娄睿，共是23种，还有2种正在印刷中[①]。虽然其中15种的篇幅是单张到十几页而已，但也有5种是160页以上的大书。两年间有如此多的出版品可说是成果丰富，主要有两个原因：第一是长老会和英国圣公会的传教士合作，甚至共同翻译的结果，长老会的作者有麦嘉缔、丁韪良及其中文教师，圣公会则有郭保德、岳（Frederick F. Gough）与禄赐悦理，尤其禄赐悦理对此最富热忱，从1851年起写给圣公会秘书的信中，经常畅谈拼音方言对于传教和中国是多么重要，而他自己也花费了许多时间和功夫致力于此等[②]；第二个原因是扩大使用生产的工具，当时华花圣经书房有两台印刷机，一台专印克陛存和裨治文翻译的圣经，一台用于印刷各种小册，而传教士正热衷的拼音方言作品迅速增加，一台印刷机应付不及，于是他们打破华花圣经书房西式印刷的常态，改以中国传统的木刻进行印刷，在上述25种产品中，就有超过半数的14种是出于木刻，成为华花圣经书房历史的“插曲”和其产品中的“异类”。

丁韪良等传教士如火如荼进行罗马字母拼音方言的运动，甚至进一步想以此取代中国传统文字的企图，引起有些传教士的不安。麦嘉缔和祎理哲都有拼音方言书的作品，但他们都反对以罗马字母拼音取代中国文字，更反对丁韪良等年轻传教士在布道站年会中，挟人数优势通过在学校中以罗马字母拼音取代中国文字教学的决议，因此分别写信给娄睿表达抗议[③]，加上娄睿也觉得放任地域性的拼音方言书大量出现，很可能

① BFMPC/MCR/CH, 191/3/262, H. V. Rankin to W. Lowrie, Ningpo, 5 November 1853.

② CMS/Sec. I/Pt 10/213/C CH M 2, William A. Russell to Henry Venn, Ningpo, 1 May 1851, 6 June 1852, 6 December 1852, 21 February 1854; CMS/Sec. I/Pt 10/224/C CH O 72, W. A. Russell to H. Venn, Ningpo, 24 July 1851.

③ BFMPC/MCR/CH, 191/3/204, D. B. McCartee to W. Lowrie, Shanghai, 17 October 1851; ibid., 191A/4/39, Abstract of the Minutes of the Annual Meeting of the Ningpo Mission for the Year ending September 30, 1854; ibid., 191A/4/24, D. B. McCartee to W. Lowrie, Ningpo, 5 October 1854.

会妨碍汉字圣经和小册的印刷和通行，于是他和执行委员会决定约束这项拼音方言运动，除了指示寄宿学校中的拼音字母教学每天以两小时为限[①]，也限制华花圣经书房每年印刷拼音方言书的费用不得超过一百元[②]。娄睿告诉宁波的传教士：

> 我已仔细检读你们以罗马字母印刷的书和小册，我要强调的是你们花了太多工夫和金钱在这项实验上，汉字印刷必须是当前的优先工作，执行委员会从来没有想过会有这么多书以此种形式问世，在此同时你们却只印刷了少数的汉文书，以《旅人入胜》为例，宁波附近只有几百人能读，如果翻译并印成汉字，可能有数十万人能读。[③]

100元的上限让传教士无法快速扩大拼音方言书的印刷出版，却没有对继续印刷此种书带来太多不便，因为丁韪良针对娄睿的指责回信说明，并没有抱怨100元不够印刷之用[④]。兰金还报告美国有人捐款250元指定专印方言书，而英国圣公会的宁波布道站也分担了印刷费[⑤]，华花圣经书房甚至还因代人印刷此种方言书而有些外快收入。[⑥]

在姜别利所编《长老会印刷所历年书目》中，字母拼音的宁波方言书是37种，1860年又新增5种，合计华花圣经书房的此种产品为42种[⑦]。应该是传教士自知读者有限的缘故，这些拼音方言书的印量都不大，其中25种都印不到1 000部，最多的是祎赐悦理和兰金合译的马可福音2 000

---

① BFMPC/MCR/CH, 235/79/94, W. Lowrie to Ningpo Mission, New York, 12 February 1855.

② Ibid., 235/79/85, W. Lowrie to Ningpo Mission, New York, 10 March 1854.

③ Ibid., 235/79/89, W. Lowrie to Ningpo Mission, New York, 3 August 1854.

④ Ibid., 191A/4/56, W. A. P.Martin to W. Lowrie, Ningpo, 31 May 1855.

⑤ Ibid., 191A/4/46, H. V. Rankin to W. Lowrie, Ningpo, 11 January 1855.

⑥ Ibid., 191A/4/74, Report of the Publishing Committee for the Year ending September 30, 1855.

⑦ 田力认为华花书房出版的字母拼音宁波方言书应为52种（田力《华花圣经书房考》，页17）。

部，而兰金的《宁波土话初学》，两次合计也只印了2 400部。1860年底华花圣经书房迁往上海时，由于宁波传教士再三要求留下书房，执行委员会和娄睿为了安抚他们失去印刷所的情绪，指示留下一台印刷机、一套英文活字和一名工匠，让他们可以继续印刷拼音方言书之用。①

除了上述圣经和各类传教小册，华花圣经书房还有一些非传教性的中英文产品。所谓非传教性产品颇难定义，除了英国驻宁波领事罗伯聃的书和代工印刷的表格单据散页以外，所有华花圣经书房的产品多少都有传教的内容，也都直接或间接以传教为目的而印刷出版。在此种情况下，非传教性产品指的为不全部是传教的内容，或不直接以传教为目的者，如通书年历、语文学习、史地、数理、活字样本与字表，以及宁波布道站给美国长老教会的公开信、布道站图书馆藏书目录等等。

通书年历包含麦嘉缔编印四年的《平安通书》与12种中英文年历。鸦片战争后，不少传教士觉得许多中国人家户必备的通书可能是一种有效的传教媒介，于是编印了各种载有基督教教义和科学知识的通书，借以传教并破除中国人的一些迷信。麦嘉缔的《平安通书》是其中之一②，从1850年至1853年编印四次，每次60到90页的篇幅，印3 000部到4 500部送给华人，四年共印了13 700部③。1854年以后麦嘉缔不知何故没有继续编印通书，由华花圣经书房改印单张或两页的年历，中英文都有，但不知

① BFMPC/MCR/CH, 235/79/184, W. Lowrie to Ningpo Mission, New York, 30 September 1860. 华花圣经书房迁离宁波一个月后，兰金报道留下的一台印刷机由传教士单福士（J. A. Danforth）负责管理（ibid., 192/4/304, H. V. Rankin to W. Lowrie, Ningpo, January 15, 1861），几个月后单福士前往北方一行，南返后却精神异常，在1862年中被强制送回美国（ibid., 191A/4/257, M. S. Culbertson to W. Lowrie, Shanghai, June 25, 1862），到当时为止没有他进行印刷的报道，此后宁波布道站也没有以这部机器印刷拼音方言或其他书的讯息。

② 关于各次《平安通书》的内容，参阅庄钦永《麦嘉缔（Divie B. McCartee 1820—1900）〈平安通书〉及其中之汉语新词》，关西大学文化交涉学教育研究中心、出版博物馆编《印刷出版与知识环流：十六世纪以后的东亚》（上海：上海人民出版社，2011），页372—401。

③ BFMPC/MCR/CH, 199/8/24, A Catalogue of All the Books, Tracts, &c., Printed at the Presbyterian Mission Press Ningpo [...]

是否麦嘉缔所编。

语文学习的书包含罗伯聃的中英对照官话《正音撮要》(1846)，男生寄宿学校的英文读本*First Reading Book*（1848），郭保德的宁波方言拼音小册*Spelling Book in the Ningpo Dialect*（1851），以及兰金编写的学习罗马字拼音书《宁波土话初学》(1854, 1857, 1860)等。兰金是宁波布道站最热衷于拼音宁波方言的传教士，甚至承认自己因而在学习汉字方面落于其他传教士之后，但他表示绝不会为此感到后悔①。兰金不但自己编写几种方言图书，也和禄赐悦理合译方言圣经，在学校中推行罗马字拼音，并几次在写给娄睿的信中大力宣扬和辩护此种方法的长处与重要性，又自费从美国订购一副活字捐赠给华花圣经书房，专供排印此种图书之用。②

在史地书中，最为人知的是袆理哲的《地球图说》及其改名增订本《地球说略》。本书原是为布道站寄宿学校学生编写的教科书，1845年传教士开办学校时，议定由麦嘉缔编写一种地理书备用③，后来改由袆理哲编写，1847年的初版只有36页，供年纪较大的学生学习之用④。袆理哲说学生经由此一“小书”(a little work)，对地球上不同国家和中国的情况已有良好的了解，他也很快地产生扩充此书内容和篇幅，供一般读者阅览的念头⑤。1849年《地球图说》再版，篇幅增至54页；1852年印第三版，大量增加内容，扩充至203页⑥；到1856年时改名《地球说略》，篇幅又增加至

---

① BFMPC/MCR/CH, 191A/4/9, H. V. Rankin to W. Lowrie, Ningpo, 29 March 1854.

② Ibid., 191/3/216, M. S. Coulter to W. Lowrie, Ningpo, 4 May 1852.

③ Ibid., 190/2/170, R. Q. Way to W. Lowrie, Ningpo, 15 October 1845.

④ Ibid., 190/3/48, Fourth Annual Report of the Ningpo Mission from October 1846 to October 1847. 到1848年时，也就是男生寄宿学校开办三年后，传教士报道四名程度较好的学生开始读英文本地理教科书（ibid., 190/3/79, R. Q. Way to W. Lowrie, Ningpo, 1 July 1848; ibid., 190/3/88, Third Annual Report: The Boys Boarding School of Ningpo Presbyterian Mission, Oct. 1st 1848.）。

⑤ Ibid., 190/3/26, R. Q. Way to W. Lowrie, Ningpo, 8 April 1847; ibid., 190/3/50, The Second Annual Report of the Ningpo Boy's Boarding School for the Year ending October 1st 1847.

⑥ Ibid., 199/8/5, Report of the Publishing Committee for the Year commencing Oct. 1st 1848 & ending September 30th 1849; ibid., 191/3/267, Report of the Publishing Committee for the year ending September 30th 1853.

244页，以大量的地图和插图配合文字，论述地球圆形与转动的道理、各大洲与各国的形势、物产与人文等等。[①]

史地类还有丁韪良以罗马字母拼音的宁波方言编写的2种：一是4册本的西方史地*Di-li shü*（地理书，1852），第1册地理导论，第2册西方各国概述，第3册希腊，第4册罗马，合计185页，前3册木刻，第4册活字排印；二是*Di gyiu du*（地球图，1853），木刻10张地图，与排印的"地理问答"合订。[②]

华花圣经书房产品的特色之一，是有些书附有颇多科学性或宗教性的插图，前者如《地球图说》与《地球说略》，后者如卦德明的《圣经图记》等。这些木刻或铜版插图的技巧、风格与内容都显示，除了极少数的例外（如《地球说略》最后的"天下至高山总图"与"天下大江总图"），都不是中国工匠的作品。原来这些图版是娄睿在美国大批订购，于1848年初运抵宁波备用的[③]。华花圣经书房也在同年编印一份所藏图版目录（*Specimen Book of Cuts*），而且在这一年为浸信会的叔未士代印《画经比喻讲》一书时，让叔未士从图版目录中选用了不少插图，甚至一页还不只一幅。此书印成后由传教士送往美国，娄睿看到后特地为此写信给宁波布道站表示"遗憾"（sorry），他说购运这些插图到宁波的目的，虽然并不排除给他人使用，但总希望能优先用在长老会传教士的作品上，而且每张插图都应附有比较详尽的文字说明，以期提高中国读者的理解和兴趣，不料却给其他传教会的作者捷足先登，同时一页超过一幅势必无法有详尽的说明，娄睿说早知如此就不必费事运送这些插图了[④]。一个月后，娄睿又问

---

① BFMPC/MCR/CH, 191A/4/96, Report of the Press for the Year ending September 30th, 1856; ibid., 191A/4/125, Report of the Press for the Year ending September 30th, 1857.

② Ibid., 191/3/262, H. V. Rankin to W. Lowrie, Ningpo, 5 November 1853.

③ Ibid., 190/3/73, M. S. Culbertson to W. Lowrie, Ningpo, 1 March 1848.

④ Ibid., 235/79/28, W. Lowrie to Ningpo Mission, New York, 27 June 1850. 娄睿未指出叔未士此书的书名，但应该就是《画经比喻讲》，据伟烈亚力的书目，此书中有些"美国木刻插图"（A. Wylie, *Memorials of Protestant Missionaries to the Chinese*, p.92）。

宁波的传教士，能否在当地找到中国艺术家制作图版[1]。传教士似乎没有回应这个问题，但是此后华花圣经书房的产品的确陆续利用了这些图版。

传教士除了利用图版丰富著作的内容，也注意到封面的美化设计，形成华花圣经书房产品的又一项特色。中国传统木刻书的外表一向简单，封面和书名叶的形式风格也少有变化。初期基督教的中文书刊也照样模仿，但华花圣经书房的产品封面和书名叶比较活泼而多元，利用美国运来的现成图版、花边装饰和不同字体的变化设计，编排出引人瞩目的新鲜风格形式，而且不只注重传教小册和非传教性图书的封面设计，还进一步设法以装饰性的边栏和不同字体的变化来衬托庄严的圣经。以下举《地球说略》和《圣山谐歌》两种书为例，说明华花圣经书房产品的封面设计。

《地球说略》的书名叶在相当繁复的花边围栏中有两幅图版，上方一幅有地球仪、望远镜、墨水盒和图书，下方一幅则是三桅大帆船泊靠港口，码头堆满商品的画面，这样的安排企图对中国读者传达的讯息，显然是当时的天下在科学考察和知识累积下，已是各国商贸往来互利的世界，也是这两幅图版之间的书名《地球说略》所要述说的内容。有意思的是书名叶上方的作者姓名不是祎理哲三个汉字，而是当时很少中国读者能懂的R. Q. W.三个英文缩写字母，内页“地球说略引”才署名为“合众国士人祎理哲”。

《圣山谐歌》是传教士应思理（Elias B. Inslee）的罗马字母拼音的宁波方言圣诗集。横式书名页的四周也是优美繁复的花边框栏，栏内再分三栏，正中玫瑰花枝图案下是书名、一台钢琴居中，下为“咸丰八年仲秋月宁波华花书房刊”牌记，左右两栏则对称配置“声音”“功夫”“轻重”“分明”四个关键词，形成一幅非常优雅和谐的画面，并且和贯串全书的70首圣诗曲谱和音符相得益彰，而包含乐理和曲谱的本书不仅是十九世纪中文西方音乐的重要文献，也形同一件赏心悦目的艺术品。

---

① BFMPC/MCR/CH, 235/79/32, W. Lowrie to Ningpo Mission, New York, 25 August 1850.

图 10-2　祎理哲《地球说略》封面
（哈佛大学哈佛燕京图书馆藏品）

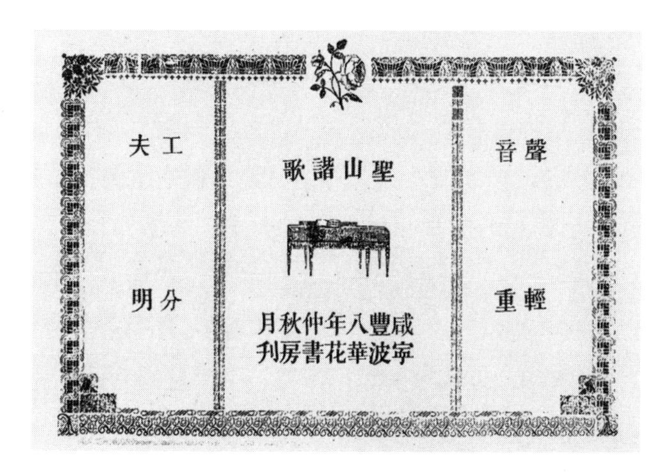

图 10-3　应思理《圣山谐歌》封面
（哈佛大学哈佛燕京图书馆藏品）

二、传播与反应

（一）传播

华花圣经书房在约十五年半期间，印刷出版不下210种、326版本、约160万部、7 000万页左右的产品，即使扣除其中居少数的代印图书或文件，仍是极为可观的数量。究竟传教士自己如何看待华花圣经书房这些产品？这些产品又如何传播？在何处传播？中国人有什么反应？都是值得探讨的问题。

首先应了解的是传教士对于分发传播书刊的观念。鸦片战争以前，传教士分发书刊是只恨其少而不厌其多，总是想尽办法要送书给华人，这一方面是初期传教士受到先前天主教传教士的影响，认为中国人重视读书，平均识字程度很高，另一方面基督教传教士无法在中国本土公开传教，只能期待大量分发的文字内容多少能影响中国人，因此不免高估了印刷出版的效用。鸦片战争以后，传教士已累积三十余年的分书经验，也能在中国本土公开传教与分发书刊了，他们的想法和做法也出现相当程度的改变，主要是他们已经了解中国人识字率高的说法完全不符实际情况，中国人接受甚至争抢传教书刊的现象，只是出于礼貌或好奇新鲜的心理而已，既然传教士得以公开活动了，他们觉得还是应该回归正常的传教方式，以当面口头说教为主，而以印刷出版书刊与医药治病等方式为辅。尽管还有较早来华的传教士如麦都思、郭实腊等人，继续大量地分发书刊给华人，但较晚来华者已经修正想法，例如长老会的传教士就认为印刷出版与分发书刊当然非常重要，却不能取代口头说教，1844年10月娄理华向娄睿报道澳门华英校书房已经开始印刷生产的好消息，同时很冷静地说：

我们以极大的兴趣期待运用这项工具让中国基督教化，但是毫无疑问印刷的重要性次于口头宣讲福音，也永远不能取代口头宣讲的地位，不过印刷确是一种非常有价值的辅助。[①]

娄理华在写完这封信的三个月后，于1845年1月北上改驻宁波，而华英校书房也在同年7月迁往宁波。这年（1845）的宁波布道站年报报道：

我们尚未准备进行全面分发小册，甚至也不有求必应地给予小册。经验显示许多索书者没有阅读能力，也有许多人虽读而并不懂其义。〔……〕因此我们的作法是除非在交谈中激起人们想读我们的书的好奇心，或者确信对方会仔细阅读，否则我们不会送书。〔……〕我们毫不保留地相信，我们在中国的努力不会是透过书而是经由口头宣讲福音而达成目的，书是一项有价值的助力，但是它不会取代传教士的地位。[②]

整整一年后，宁波布道站的1846年年报又表示：

地球上其他异教徒世界中，似乎罕有只凭阅读便可有效被引领到真理知识的情形，中国人的学术或教育也不可能让我们期待会有比较好的结果，所以我们不认为有必要大量分发图书，我们一贯的作法是不送书，除非有证据显示对方识字，我们还经常不得不在对方极力索书时予以拒绝。〔……〕我们认为目前不要大量分发是很要紧的，因为等我们有了更好的书要给他们，或者我们有能力随书更好地口头宣讲时，他们就不会那么想要书了。[③]

传教士再三强调没有必要大量分书，还希望美国长老会的会众相信

① BFMPC/MCR/CH, 189/1/649, W. M. Lowrie to W. Lowrie, Macao, 3 October 1844.
② Ibid., 190/2/110, Report of the Ningpo Mission for the Year ending October 1, 1845.
③ Ibid., 190/2/167, Third Annual Report of the Ningpo Mission, 1 October, 1846.

这是正确的作法。1846年初,宁波布道站印发一封公开信给美国所有的长老教会,说明中国的传教现状,其中包含上述关于分书的观念和作法,宁波布道站的传教士当然也知道许多人会认为这样过于消极,但是他们坚持这才是正确的方式,因此在公开信中希望长老会的会众能越早理解越好①。没有必要大量分书成了宁波布道站始终一贯的原则,直到1859年5月姜别利仍在信中告诉娄睿,宁波布道站很少分发圣经,因为传教士认为除非附带有足以向中国人说明其内容的注解,单是分发圣经没什么用处②。若以同一时期的伦敦会上海布道站相对照,伦敦会传教士非常积极分发墨海书馆的出版品,他们的书信中也不断出现大量分书的记载,相形之下,长老会宁波布道站的传教士分发华花圣经书房的产品显然大为消极保守,即使传教士书信中不乏印刷生产的记载,却较少关于分书流通的活动,更没有大量分发的情形。

宁波布道站的传教士的保守原则反映的第一个明显现象,就是非常依赖其他地区的长老会及其他传教会的传教士消化华花圣经书房的产品。表10-5是华花圣经书房历年分书数量的统计。

表10-5　华花圣经书房历年出版品分发统计

年　度	总部数	总页数	宁波分发部数	宁波分发页数	送往外地部数	送往外地页数
1845	—	—	—	—	—	—
1846	—	—	—	—	—	—
1847	46 259	—	30 979	—	15 280	—
1848	88 570	2 122 906	48 024	780 454	40 546	1 342 452
1849	82 105	1 844 808	26 437	624 852	55 668	1 219 956

① *The Foreign Missionary Chronicle*, 14:10(October 1846), pp.292–297, 'China Missions: A Circular from the Missionaries at Ningpo.'

② Ibid. 199/8/21, W. Gamble to W. Lowrie, Ningpo, 9 May 1859.

续 表

年 度	总部数	总页数	宁波分发部数	宁波分发页数	送往外地部数	送往外地页数
1850	24 023	922 286	10 658	484 294	13 365	437 992
1851	35 290	1 507 806	9 956	497 428	25 334	1 010 378
1852	73 603	—	16 098	—	57 507	—
1853	31 258	1 225 703	19 157	594 159	12 101	631 544
1854	54 668	2 627 810	15 344	697 862	39 334	1 929 948
1855	76 378	3 474 049	38 557	1 142 937	37 791	2 331 112
1856	51 452	2 147 511	29 757	1 172 652	21 695	974 859
1857	80 372	2 366 190	26 352	864 000	54 020	1 502 190
1858	90 383	2 618 857	16 861	852 207	73 522	1 766 650
1859	110 877	7 352 378	—	3 202 586	—	4 149 792
1860	—	9 191 519	—	3 461 367	—	5 730 152

资料来源：宁波布道站与华花圣经书房历年度报告。

表内显示华花圣经书房产品的分发几乎没有规律可言，各年之间忽多忽少不一，但不论如何，每年送往外地的数量都占相当大的比例。以部数而言，已知数量的十二年中，有七年送往外地分发者多于宁波本地；以页数而言，已知数量的十二年中，有十年是送往外地者多于宁波本地，其中有几年两者间的差距甚至多达数倍，而历年分发合计，送往外地者也远多于宁波本地。这还是宁波对外联系不便，都得经过上海转运，而寄往厦门者又得再经香港转运，运费负担相当沉重的结果，若宁波可和各地直接来往交通，则寄送外地的华花圣经书房产品应该还会更多。

所谓外地，根据传教士历年的报道，包含上海、福州、厦门、广州、日本、曼谷及美国的加州。送往沿海四个通商口岸容易理解，也占较多的数量。至于日本方面，华花圣经书房自1859年开始寄书给日本的长老会和美国圣公会布道站，1860年度的华花圣经书房年报显示，这年寄给日本的长老会布道站28 960页、美国圣公会布道站68 750页的书①。曼谷方面只在1850年时寄送一次给当地的长老会布道站5 832部、190 232页②。美国加州则是从1850年代初期前往当地淘金的华工日增，长老会于是在旧金山等地的华人中传教，包括曾在宁波的露密士、柯理的妻子等人都参与其事，宁波布道站也从1852年起开始寄送图书备用，这年是2 901部③，到1860年时则有73 960页④。凡寄给外地长老会布道站的自然都是免费，至于其他传教会的布道站，则代印、出售和赠送者都有。

送往外地的书都由各地传教士收受处理，只有一种情形例外，就是宁波布道站将书交给从宁波到沿海各地或各地来宁波做生意的华人船只。1847年传教士第一次尝试此种作法，对象是从宁波前往北方港口的一艘船，船长回到宁波后表示他带往北方的书很受欢迎，很快就被人索取一空，他希望下次出航时能再度装载一些华花圣经书房的书⑤。于是1848年传教士扩大办理，一共将9 882部书、275 424页交给南来北往的不同船只，特别是船上水手曾在宁波接受传教士医疗照顾者，都很乐意为传教士带书前往各地作为回报⑥。1849年继续此种分书方式，计8 930部书、249 680页⑦。这年以后却停止了此种传播的方式，传教士不曾说明原因，也许是认为华人船长和水手究竟如何处理带走的书，传教士完全没有把握。

---

① BFMPC/MCR/CH, 199/8/14, Annual Report of the Ningpo Press for 1859–1860.

② Ibid., 199/8/7, Report of the Publishing Committee for the Year Commencing Oct. 1, 1849 & Ending September 30, 1850.

③ Ibid., 191/3/239, Ninth Annual Report of the Ningpo Mission to the Executive Committee of the B. F. M. P.C. Adopted Oct. 1, 1852.

④ Ibid., 199/8/14, Annual Report of the Ningpo Press for 1859–1860.

⑤ Ibid., 190/3/87, Annual Report of the Ningpo Mission of the B.F.M.P.C. for 1847–1848.

⑥ Ibid.

⑦ Ibid., 199/8/5, Report of the Publishing Committee for the Year commencing Oct. 1st 1848 & ending September 30th 1849; ibid., 190/3/134, Sixth Annual Report of the Ningpo Mission, B.F.M.P.C., Oct. 1, 1848 to Oct. 1, 1849.

就单一地区而言，宁波自然还是华花圣经书房产品最主要的分发地。布道站和书房位于城外江北岸，城内则有教堂，每逢礼拜即是分发图书的场合。传教士也经常在沿街道宣讲福音时分书，或在各处庙宇、渡口、茶室人多处发放，遇见从各地来宁波的商人、水手和赶考的士子，传教士还会多发一些，请他们带回家分给亲朋好友。当地官员因事访问布道站时，传教士也会趁机赠送图书[①]。有时候传教士到宁波邻近的四乡巡回传教，也会携带图书随时分发，例如英国人交还舟山群岛前，定海是长老会宁波布道站的一个据点，露密士常驻当地，他的日志中经常记载各处分书的情形[②]，交还舟山群岛后传教士不能常驻定海，仍利用前往休假时分书。

传教士分书时会带着华人助手帮忙，华人助手偶尔还会两人一组前往宁波以外的乡村分发[③]。在西方的传教团体都会雇用专门巡回各地售卖圣经与传教书刊的人（colporteur），传教士来华后也一样。例如伦敦会上海布道站就从1847年起雇有此种深入内地分书的华人[④]，但长老会宁波布道站直到1859年才由兰金提到雇有此种专人[⑤]，而娄睿也到1860年时才通知宁波布道站，美国圣经公会愿意支付所有雇用华人分发圣经的费用。[⑥]

宁波布道站的传教士对分发书刊抱有比较保守的态度，除了造成送往外地的书多于宁波本地分发的现象，又导致另一个明显的问题，就

① BFMPC/MCR/CH, 190/2/167, Third Annual Report of the Ningpo Mission [for 1846]; ibid., 190/3/22, A. W. Loomis to W. Lowrie, Ningpo, 4 February 1847; ibid., 190/3/87, Annual Report of the Ningpo Mission of the B.F.M.P.C. for 1847–1848; ibid., 191/3/239, Ninth Annual Report of the Ningpo Mission to the Executive Committee of the B.F.M.P.C. adopted Oct. 1, 1852.

② Ibid., 190/2/130, Journal of the Rev. A. W. Loomis, December 1845.

③ Ibid., 190/3/87, Annual Report of the Ningpo Mission of the B.F.M.P.C. for 1847–1848.

④ LMS/CH/CC, 1.1.C., W. H. Medhurst, William Lockhart & William C. Milne to the Directors, Shanghai, 10 April 1847.

⑤ BFMPC/MCR/CH, 191A/4/220, H. V. Rankin to W. Lowrie, Ningpo, 3 August 1859; ibid., 192/4/256, H. V. Rankin to W. Lowrie, Ningpo, 5 March 1860.

⑥ Ibid., 235/79/155, W. Lowrie to Ningpo Mission, New York, 24 February 1860.

是华花圣经书房持续性的库存累积。书房在1845年7月从澳门迁到宁波，从1845年10月到1846年9月是在宁波第一个完整的年度，这年留下39 697部没有分发出去的库存书，下一年（1847）库存书增加6 249部，达到45 928部[①]，1848年库存再度增加到62 821部[②]。当时负责华花圣经书房的露密士发觉供求失调的问题，曾经表示："我们手上正累积各种图书，除非其他布道站协助我们〔分发〕，否则我们必须大幅度减少印刷，或者提高〔在宁波〕分发的数量。[③]"这是必然简明的道理，事实却不容易做到，尤其当供求问题又牵涉到雇用工匠的问题时更显得复杂，1849年1月初克陛存写信给娄睿抱怨：

> 我们的另一个困难是印得比能够有效分发的多，我相信我们手上现有至少够一整年用的书，露密士先生说是两年，然而我们必须继续印刷，否则我们的工匠将有半数时间没活儿可做。[④]

1851年度的出版委员会年报再度提到供过于求与工匠雇用间的难题：

> 我们当然不愿意在手上堆积如此多的书，但是却无可选择，我们有印刷机，也雇用着工匠，我们不可能让两者闲着没事可做，也不可能在机器闲着时辞退工匠，等到我们需要时再雇用他们，我们只好让两者都继续工作。[⑤]

在传教士担任华花圣经书房主任期间，库存书累积的问题一直存在。1858年专业印工姜别利接掌书房后，很快地察觉这个问题，就职十天后写给娄睿的一封信中，说自己正在盘点库存，也希望能尽快消化掉这些存

① BFMPC/MCR/CH, 190/3/46, Report of the Publishing Committee, 1 October, 1847.
② Ibid., 190/3/87, Annual Report of the Ningpo Mission of the B.F.M.P.C. for 1847–1848.
③ Ibid., 190/3/74, A. W. Loomis to W. Lowrie, Ningpo, 1 April 1848.
④ Ibid., 190/3/100, M. S. Culbertson to W. Lowrie, Ningpo, 4 January 1849.
⑤ Ibid., 191/3/194, Report of the Publishing Committee for the Year ending September 30, 1851.

书，因为实在多得令人受不了，他准备编印一份库存目录寄给所有在华传教士，如有可能还希望在各通商口岸设置书库，便于增进流通[①]。又两个多月后，姜别利编成库存目录寄给娄睿，共46种书、155 378部、9 738 618页[②]，圣经、小册和西学书都有，其中库存量达到10 000部以上的6种，最多的是《鸦片六戒》20 100部。姜别利说："我必须承认这些书让我感到非常挫折，若印成的书只能堆积库中等候随时可能发生的火灾，那有什么用处呢？"[③]姜别利进一步主张，在各通商口岸建立书库，并觅人作为华花圣经书房的代理，同时每年编印书房出版品目录、活字样本与代印价格，寄给所有各宗派在华传教士以广招徕，否则华花圣经书房的产品既难以流通，工匠照领工资却没多少活儿可做，姜别利说："一直以来都是如此，这也是造成活字印刷的成本原应是木刻印刷的五或六分之一，结果却和木刻一样多的缘故。"[④]1859年5月，姜别利又在一封信中告诉娄睿：

> 毛病在于分发不足而非印得不够，我来到这儿以后觉得相当愚蠢的一件事，就是印得比分发快得多，我们有一大堆存书，10英尺高、5英尺平方大小，必然是耗费大量金钱印的，现在却只能付之一炬，据说是因为其中有些用词不当的缘故，实在说一本书若不能很快流通，就会陈腐无用，只合烧毁。[⑤]

对于姜别利最后说印成的书若不立即流通会陈腐无用，娄睿不以为然地回信告诉姜别利，有些经典作品如米怜的《张远两友相论》已经出版了二三十年，仍然通行于世，宁波传教士的错误是忽略印刷圣经，而过于

① BFMPC/MCR/CH, 199/8/18, W. Gamble to W. Lowrie, Ningpo, 11 October 1858.

② Ibid., 199/8/–, List of Books Remaining in Depository of Presbyterian Mission Press, Ningpo, 1 October 1858.

③ Ibid., 199/8/16, W. Gamble to W. Lowrie, Ningpo, 15 December 1858.

④ Ibid.

⑤ Ibid., 199/8/21, W. Gamble to W. Lowrie, Ningpo, 9 May 1859.

重视自己的创作，祎理哲的《地球说略》、丁韪良的《天道溯原》和《喻道传》等3种书各印10 000部，合计就占了450万页庞大数量，难怪会造成大量的库存书[1]。姜别利虽然同意娄睿说得有道理，也觉得自己前一封信指责印得比分发快是有些过分，至少在圣经方面的确是印得相当不足[2]，不过，他不久后又说："我们有大批不宜分发而乱七八糟堆在仓库角落的书，都是不佳的圣经译本和文笔不好的旧版书。"[3] 同时，担任宁波布道站秘书的兰金也两度出面解释姜别利的说法，表示姜别利抱怨的大量库存书中，许多是1848年以前布道站成立初期印的书，有些书内使用"上帝"一词，在长老会接受"神"的译名后已不适合分发而一直尘封在库中，还有些书是初期传教士中文程度还不足时的作品，词不达意而品质不佳，后来也不再分发。[4]

在姜别利编制《长老会印刷所历年书目》期间，又请"最有能力评鉴"的几位传教士就书目中的85种汉字书分别加注评语[5]，结果扣除14种没有评语的，在71种汉字书中，被评为标准或优秀(standard)者8种、受欢迎(popular)者2种，评语中性者14种，其他竟有多达47种被认为需要修订，或者获得程度不等的负面评语，例如陈旧(old)、不适当(not advisable)、没有价值(worthless)、文体不佳无吸引力(style bad, unattractive)等等，正如姜别利信中告诉娄睿："大部分都被认为不值得重印，也有许多是需要修订的。"[6] 他也再度强调应该编印华花圣经书房印刷出版书目，寄给所有的基督教在华传教士，以增进书房产品销售的可

---

① BFMPC/MCR/CH, 199/8/26, W. Lowrie to W. Lowrie, New York, 26 August 1859.

② Ibid., 199/8/28, W. Gamble to W. Lowrie, Ningpo, 1 December 1859.

③ Ibid., 199/8/32, W. Gamble to W. Lowrie, Ningpo, 14 February 1860.

④ Ibid., 191A/4/234, H. V. Rankin to W. Lowrie, Ningpo, 17 December 1859; ibid., 192/4/256, H. V. Rankin to W. Lowrie, Ningpo, 5 March 1860.

⑤ Ibid., 199/8/32, W. Gamble to W. Lowrie, Ningpo, 14 February 1860.

⑥ Ibid.

能性。姜别利的确在华花书房迁往上海后(1861)编印了这种书目[①],不过令人难以理解的是其中虽然排除了不少上述获得负面评语的书,却仍包含一部分在内,例如原来被认为"文体不佳无吸引力"的米怜《乡训》,以及被认为"不适当"的天主教传教士马若瑟(Joseph H. M. de Prèmare, 1666—1736)的《真神总论》等书,或许是这些都已经过修订了。

(二)反应

中国人对于华花圣经书房这些产品的反应究竟如何?在内容方面,传教士当然很希望书中的基督教义能对中国人产生影响,但正如传教士认为图书只是辅助传教的工具,没有一位宁波的中国人主要因为阅读这些书而成为基督徒。不过,传教士至少能肯定地报道有些中国人确实认真读了他们的书,例如他们曾遇见一名中国人,能够重述并解释几乎《马太福音》的全部内容;也有些中国人向传教士索取麦嘉缔的《平安通书》,传教士以为他们只是出于喜欢书中的插图,不料对方却和传教士侃侃谈论书中的许多内容;还有从杭州等地到宁波的人,向传教士索书时还指明特定的书名,传教士认为这显然是华花圣经书房的产品声名远播的缘故,这些实例都让传教士觉得意外而大受鼓舞。[②]

华花圣经书房的产品中最受中国人欢迎的很可能是祎理哲的《地球图说》。从1847年到1856年的十年间共印四版、13 200部,1847年本书只印200部,此后越印越多,1849年再版印1 000部,1853年三版又印3 000部,到1856年时改名《地球说略》,印量大幅度增至9 000部,达到初版印量的45倍,更惊人的是第四版的9 000部于1857年印刷完成出版后快速传播,在1858年和1859年两年间发行多达5 364部,库存剩3 636部[③],也

① *A Descriptive Catalogue of the Publications of the Presbyterian Mission Press*. Shanghai: 1861.

② BFMPC/MCR/CH, 191/3/194, Eighth Annual Report of the Ningpo Mission of the B.F.M.P.C. from Oct. 1, 1850 to September 30, 1851.

③ Ibid., 192/4/242, Report of the Press for the Year ending October 1st 1859.

就是说这9 000部的百分之六十在印成后的两年期间已流通开来，尤其本书是华花圣经书房产品中唯一出售而非赠送的中文书，在十九世纪中叶的中国能如此畅销，和其内容正好符合当时中国人的需求肯定有密切的关系。因此尽管如前文所说，娄睿曾严词指责华花圣经书房只顾印本书而忽略了圣经，但在中国现场的传教士，比较能感受到再度在对外战争中挫败的中国人渴求天下新知的心理[1]，因而把握时机大量印刷本书，结果将一本学校教科书造就成在中国与日本同时广泛受人欢迎的畅销书[2]，如同1861年姜别利在《美华书馆出版品提要目录》(*A Descriptive Catalogue of the Publication of the Presbyterian Mission Press*)中说，中国人喜欢购买此书，在日本也很有销路[3]。同一年的美华书馆年报也提及日本人翻印此书，在江户的书店出售[4]。《地球说略》的畅销除了内容受人欢迎，每部售价80文钱应该也是重要的因素，伦敦会上海传教士慕维廉同时于1856年在墨海书馆出版的《大英国志》，篇幅约是《地球说略》的2.5倍，售价500文钱却是《地球说略》的六倍多[5]，即使从1865年起《地球说略》的售价为每百部12.2元[6]，即每部约120文钱，仍只是《大英国志》的四分之一左右。

至于中国人对华花圣经书房的印刷的反应，虽然传教士一直担心中国人会不喜欢书房所用的拼合式活字字形，进一步会连带抵制书房的产

---

① 《地球说略》被魏源在《海国图志》书中整段收录达34次之多，参见邹振环，《晚清西方地理学在中国》(上海：上海古籍出版社，2000)，页86。

② 华花圣经书房迁到上海改为美华书馆后，《地球说略》的销售趋缓而成为畅销书，从1861年到1868年间，除1862年没有纪录外，各年的发行数目为1861年580部、1863年128部、1864年151部、1865年391部、1866年90部、1867年216部、1868年614部，共2 170部，而1868年度结束时库存的《地球说略》也只剩下4部而已(BFMPC/MCR/CH, 200/8/190, Annual Report of the Presbyterian Mission Press at Shanghai, for the Year Ending 30th September, 1868)。

③ *A Descriptive Catalogue of the Publications of the Presbyterian Mission Press*. 无页次。

④ BFMPC/MCR/CH, 199/8/44, Annual Report of the Press or 1860－1861.

⑤ Ibid., 192/4/259, H. V. Rankin to the Members of the Shanghai Mission, Ningpo, 30 March 1860.

⑥ Ibid., 199/8/–, Annual Report of the Presbyterian Mission Press at Shanghai, from October 1st 1864 to October 1st 1865.

品，但此种疑虑从未成为事实，除了如本书“澳门华英校书房”一章所述，再三有中国官员和文人称赞书房产品的现象以外，还有一名张姓宁波官员喜爱巴黎活字字形，请求传教士为他代印一种史书稿本，最初只是希望“印三四部”，一两天后改为“印五十部”。传教士为此召开会议讨论，赞成代印者举出四项理由：正好以此测试巴黎活字印刷一般书的能力，也可以博得中国人对西式印刷的赞扬，还能驳斥那些认为巴黎活字无法取悦中国人的在华西人，何况当时华花圣经书房没有重要待印的书，不会因代印此书而误事；反对者也有三项理由：此事和传教工作无关，该书内容有一些中国寓言传说，恐怕引人误会宁波布道站同意这些内容，而且代印该书估计需时八月，其间若有紧急印件将极为不便。传教士讨论后投票表决，赞成者娄理华等四人，反对者祎理哲一人，于是通过决议如果张姓官员愿意照付印资，华花圣经书房将为他印书①。娄理华写信告诉娄睿说，对方没有回音，他也不认为对方真的会印，因为以西式印法只印50部在成本上是完全不合算的事。

这件事例非常有意义，中国传统木刻印刷的特性是“一板多刷、每刷少量”，也就是刻板完成后可以长期保存，随时取出刷印，每次只印当时需要的部数即可，以免多印占空间与积压资金，张姓宁波官员正是基于他熟悉的这些木刻印刷模式，请求传教士以西式活字代印自己的书。他完全不理解西式活字印刷通常是“一版一刷，一刷多量”，一书排版完成上机印刷前要估计所有可能的需求量，因为印完后即拆版归字，若要重印或再版都得重新排字，因此每书印量总是数百或成千上万部以降低单位成

---

① BFMPC/MCR/CH, 190/2/144, W. M. Lowrie to W. Lowrie, Ningpo, 30 May 1846; ibid., 190/2/157, Minutes of the [Monthly] Mission Meetings: September 26, 1845 September 30, 1846. 讨论本案的会议在1846年4月25日举行。在芮哲非（Christopher A. Reed）的《谷腾堡在上海：中国印刷资本业的发展1876—1937》（*Gutenberg in Shanghai: Chinese Print Capitalism, 1876–1937*）（Honolulu: University of Hawai'i Press, 2004）书中，一共四次谈论这件事（pp.43–44, 73, 83, 84），但芮哲非都错误地认为传教士拒绝为张姓官员印书。

本,若一版只印五十部则每部成本极高,所以娄理华不认为张姓官员会坚持要印。这件事例充分显示在西式活字印刷术刚传入中国的初期,中国人不了解新旧两种印刷术的不同特性与原则,因而导致了一些“误会”。

结　语

当华花圣经书房于1845年在宁波建立时,很快地在先前澳门一年多的经验基础上展开印刷出版工作,并进行到1860年迁往上海为止。其间主要由于人事的问题,导致在管理及产量有高低起伏的现象,但大致上仍朝着正面稳定的方向前进,尤其最后两年多姜别利主持期间,在管理、技术、生产各方面有快速明显的发展。

就作为传教印刷出版机构而言,华花圣经书房200余种、300余版本的产品,以及160余万部、7 000万页数的产量,不仅供应长老会自己各布道站之用,还有余力供应各在华传教会的需求或为他们代工印刷,因而在整个基督教中国传教事业中承担重要的角色,发挥以印刷出版辅助传教的积极功能,可说是已经达到长老会建立中文印刷所的目的。

就中文印刷技术而言,十九世纪初期传教士应用西方技术印刷中文的愿望与尝试,到中期时的长老会华英校书房、华花圣经书房,和伦敦会的英华书院、墨海书馆等机构获得具体而成功的实现,其中又以长老会的态度和作法最为积极,并在姜别利负责华花圣经书房期间运用先进的电镀技术,初步掌握了大量、快速而便宜的中文活字生产方法,不仅奠定后来上海美华书馆的发展基础,更是此后数十年间西式中文活字逐渐取代木刻,成为中文印刷主流技术的关键因素,在近代中文印刷发展史上有非常重大的意义。

第十一章
华花圣经书房迁移上海的经过

绪　论

美国长老教会创办的宁波华花圣经书房是上海美华书馆的前身，从1845年起在宁波经营十五年余，到1860年12月迁移上海并改名为美华书馆，随即迅速发展成中国规模最大的西式印刷出版机构。1860年底的迁移是华花圣经书房蜕变成美华书馆的关键，历来关于华花圣经书房或美华书馆的论著涉及此次迁移时，都根据金多士在其《在华传教印刷所》（*The Mission Press in China*）书中的说法，认为当时担任华花圣经书房主任的姜别利鉴于上海已是中国商业与传教的中心，比宁波更适合华花圣经书房的发展，因而将书房迁至上海。[①]

金多士的说法相当笼统简略，在他以后的论者往往又自行演绎，例如有人指称迁移上海之举是出于姜别利的建议，并获得宁波传教士的支持等[②]。事实上，华花圣经书房迁移的原因并非上海的商业与传教地位，至少这不是直接或主要的原因，而且迁移上海根本不是出于姜别利的提议。早在姜别利来华的六年前，上海和宁波两地的传教士已开始讨论书房迁移上海的可能性；姜别利来华后，对于迁沪之议最初保持中立，后来才转为赞同并本于职责而执行迁移行动。

华花圣经书房与美华书馆在十九世纪中国的印刷出版与西学汉学的传播中都有重要的地位，但是，作为这两家印刷所发展关键的迁移上海之举，却从来没有相关的研究。为免随着时日淹久而真相湮没，或以讹传讹

① G. McIntosh, *The Mission Press in China,* p.22.

② 冯锦荣，《姜别利与上海美华书馆》，页297。

导致错误失实，本文以美国长老会外国传教部的档案中，包括姜别利在内的上海、宁波两地的传教士与外国传教部通讯秘书娄睿之间的来往信函作为史料来源，讨论与厘清华花圣经书房迁移上海的原因与经过。

第一节　初期的迁移讨论

华花圣经书房迁移上海的讨论和争议分为前后两个回合：第一回合在1852年和1853年，其间长老会在上海和宁波两地的传教士最初意见接近，都赞同迁移，结果却没有成功；第二回合从1858年至1860年，两地传教士为争取迁移和保留华花圣经书房而各持其见，你来我往争论，结果是华花圣经书房迁往上海。

传教士开始讨论将华花圣经书房迁至上海的可能性，起因是他们认为书房在宁波的位置所在潮湿不利于健康的缘故。

华花圣经书房的前身是澳门的华英校书房，1845年7月迁到宁波之初，暂租江北岸一家空置的外国商行[①]，翌年4月间改租也在江北岸的卢家祠堂安顿下来[②]。卢家祠堂距离江岸约100码远，其间隔有一排沿着江岸的传教士住房和道路，祠堂前方是一口大池塘和稻田，祠堂四周绕有 98×158英尺的高墙，墙外还有大片的空地；墙内的数栋房屋组合类似四合院，作为华花圣经书房的正屋长宽95×49.8英尺，其他房间分设印刷室、铸字室、装订室等，另外几栋房屋作为书房主任宿舍、工匠宿舍

① BFMPC/MCR/CH, 190/2/98, Richard Q. Way to Walter Lowrie, Ningpo, 31 July 1845.

② Ibid., 190/2/157, W. M. Lowrie, Minutes of the Mission Meetings, 25 February 1846; ibid., 190/2/164, Report of the Publishing Committee, Ningpo, 30 September 1846; ibid., 190/2/167, Third Annual Report of the Ningpo Mission, 1 October 1846.

与书库等。[①]

华花圣经书房第一位主任是从华英校书房时期以来的专业印工柯理，他在1847年9月辞职后，由传教士露密士负责，两年后新的书房主任歌德于1849年9月自美抵达宁波到职。歌德不是专业印工，也非按立过的传教士，而是大学毕业后准备进入神学院学习当传教士之际，被外国传教部的通讯秘书娄睿说服，学习印刷与铸字六星期后，来华担任华花圣经书房的主任，业余进修神学[②]。歌德的工作相当称职，不料任满三年后却在1852年9月递出辞呈，原因是他深感自己无法兼顾印刷工作和研读神学，因此要求辞职或者给他两年时间进修神学成为传教士。[③]

歌德辞职时已经积劳成疾，宁波布道站于1852年9月底的年度会议上讨论本案，决定先和上海布道站商量华花圣经书房迁沪事宜，再报请外国传教部决定歌德和书房的去留问题[④]。歌德随即前往上海异地疗养，因不见效果仍回宁波，并等待船期返美，不幸病情加重而于1852年12月病死[⑤]。在歌德病死前一个多月，宁波传教士祎理哲于1852年11月初写信告诉娄睿，上海和宁波两地布道站的传教士都认为，派来接替歌德的印工最好连同华花圣经书房都改往上海，由于卢家祠堂过于接近稻田和静止不流动的大池塘，因此非常潮湿，华花圣经书房主任居住的房屋有害健康（unhealthy），不适合传教士长期居留。[⑥]

---

① BFMPC/MCR/CH, 191/3/255, Henry V. Rankin to W. Lowrie, Ningpo, 27 July 1853; ibid., 192/4/259, H. V. Rankin to the Members of the Shanghai Mission, Ningpo, 30 March 1860; ibid., 192/4/260, H. V. Rankin to the Executive Committee of the B. F. M. P.C., Ningpo, 30 March 1860.

② Ibid., 235/79/9, W. Lowrie to Ningpo Mission, New York, 28 July 1848; ibid., 235/79/10, W. Lowrie to Ningpo Mission, New York, 28 August 1848; ibid., 235/79/16, W. Lowrie to Moses S. Coulter, New York, 24 February 1849.

③ Ibid., 191/3/226, M. S. Coulter to the Members of the Ningpo Mission, Ningpo, 28 September 1852.

④ Ibid., 191/3/227, Henry V. Rankin to W. Lowrie, Ningpo, 2 October 1852.

⑤ Ibid., 191/3/234, R. Q. Way to W. Lowrie, Ningpo, 12 December 1852.

⑥ Ibid., 191/3/231, R. Q. Way to W. Lowrie, Ningpo, 6 November 1852.

袆理哲寄出上述的信后，上海布道站的传教士克陛存也在1853年1月初写信给娄睿，讨论华花圣经书房迁沪之议。克陛存分析迁到上海的正反理由，益处如下：第一，上海比宁波或其他通商口岸易于接近内地；第二，印刷所迁到上海后易于接到更多其他传教会的订单而降低印刷所的成本；第三，上海比宁波易于接收从美国运来的油墨、铸字金属等材料。另一方面，克陛存提到不宜迁移的理由：第一，华花圣经书房已在宁波建立多年，也有专用房舍，迁到上海只会增加开支；第二，宁波布道站是长老会在华布道站中最为强大的一个，应该最有条件附设印刷所；第三，上海已有一家传教印刷所，即伦敦传教会的墨海书馆[①]。克陛存自己到上海前原在宁波布道站将近七年，他在同一封信里也谈到华花圣经书房屋舍确实非常潮湿，不利于健康，露密士和歌德都身受其害，所以即使不迁到上海，也应该进行改善才是。克陛存最后表示，长期看来上海是最适合印刷所之地，但不必急于一时。[②]

以上袆理哲和克陛存的两封信先后寄达了娄睿手中，他在1853年3月4日同一天分别回信。给袆理哲的答复包含在给宁波布道站的公函中，娄睿对迁移之说表示意外，也提出一连串的问题：

> 对我们来说，华花圣经书房迁往上海是个新鲜的问题，今天以前我们不知道有所谓华花书房屋舍不利于健康的说法，希望你们就此说得详细些，这些害处能够改善吗？屋舍能出售吗？能卖得多少价钱？这些房舍怎么会变成有害的状况？如果迁移到上海会有什么好处？这些都是需要好好考虑的重要问题。[③]

① BFMPC/MCR/CH, 191/5/65, Michael S. Culbertson to W. Lowrie, Shanghai, 14 January, 1853.
② Ibid.
③ Ibid., 235/79/70, W. Lowrie to Ningpo Mission, New York, 4 March 1853.

在上海方面，因为当时长老会布道站只有克陛存和怀特（Joseph K. Wight）两名传教士，因此娄睿的回信是写给两人，其中关于迁移华花圣经书房的部分很短，却也是连串的问号：

> 宁波弟兄们的意见是华花圣经书房应该迁到上海。上海有什么胜于宁波的优点？你们能在没有印工的情形下管理书房吗？在上海购置书房土地和建筑的费用会是多少？①

娄睿发出上述两封信后，又在一个多月后给上海布道站的另一封信中提及迁移的事：

> 关于华花圣经书房迁离宁波，目前我们无法表示意见。迁移一事无疑各有利弊，但是目前你们上海布道站的人力太少了，我们想找个印工主持华花圣经书房又非常地困难。我们也是最近才听说宁波的房舍有害健康的说法，我们不知详情，如果真有致病的因素存在，也没人提到如何消除的具体办法，在宁波增建房舍的费用要比上海便宜，目前整件事情还无法决定。②

1853年6月1日，上海的怀特回复娄睿前信的三个问题：第一，关于上海胜于宁波的优点，怀特认为在于和中国内地的联系交通，便于订单和图书的转运，而且不仅内地，上海对中国沿海各地与美国的交通也一样方便；第二，上海传教士能否在没有印工的情况下经营印刷所，怀特坚定地答复不可能，还说若娄睿无法送来专业印工，他宁可多用木刻印刷；第三，关于在上海购置土地和建筑的费用，怀特说上海布道站还有充分的空地，只是他希望用于兴建学校和教堂，至于印刷所房屋的建筑费用应该不

① BFMPC/MCR/CH, 232/61/19, W. Lowrie to M. S. Culbertson & Joseph K. Wight, New York, 3 March 1853.

② Ibid., 232/61/21, W. Lowrie to Shanghai Mission, New York, 28 April 1853.

至于超过1 000元，但这不含土地与印工的住处。[①]

宁波布道站直到1853年7月底才决议由传教士兰金执笔答复娄睿的信，内容分为两部分：华花圣经书房的房舍状况与迁移上海的问题。在房舍状况部分，兰金先回顾华花圣经书房屋舍先租后典的经过与费用，再说明屋舍位置与屋况，“虽然大家认为不至有害健康，却也没有人认为很有益”，可以肯定的是不像布道站的其他房屋那样舒适宜人，若花大笔经费和功夫也许可以改善，却不可能达到整年都适合居住的程度，最主要的缺点就是太接近大池塘和经常有水灌溉的稻田，尤其在长期连绵的雨季非常有害健康。传教士们想过为华花圣经书房主任另觅住处，可是主任若住得离书房太远会产生许多问题；传教士也探询过让售卢家祠堂典权的可能性，但没有结果；兰金的结论是华花圣经书房的屋舍并没有亟需处理的急迫性。[②]

其次，关于迁到上海的问题，兰金说在前一年（1852）的布道站年度会议中，大家已郑重考虑过迁移的利弊，传教士们赞成与反对迁移的都有，但是目前并没有需要迁移的充分理由，而且中国当下的情势也不适合迁移，甚至连考虑都不必，何况宁波布道站有足够的人手能有效地管理书房，除非能从美国派来一名专业印工，“否则我们不会想要将繁重的印刷所管理加诸于上海的弟兄”。[③]

兰金代表宁波布道站回复娄睿的这封信很清楚地显示，宁波的传教士们改变了十个月前主张迁移华花圣经书房到上海的态度，原本认为有害健康的房舍，在委婉的修辞下变成“不至有害、只是无益”模棱两可的非急迫性问题。这和传教士对攸关自己利害的问题总是积极争取的态度大不相同，迁移上海也变得不再有充分的理由，并认定宁波布道站比上海

① BFMPC/MCR/CH, 191/5/72, J. K. Wight to W. Lowrie, Shanghai, 1 June 1853.
② Ibid., 191/3/255, H. V. Rankin to W. Lowrie, Ningpo, 27 July 1853.
③ Ibid.

的弟兄更有人力经营华花圣经书房等等。

究竟什么因素导致宁波的传教士们改变主意呢？兰金信中提到的中国局势确是个原因，从1852年10月到他提笔作复的1853年7月这十个月期间，太平天国势力大盛，攻下武昌后东向占领南京建都，进行北伐之外，继续在江南扩充疆域，上海已经受到威胁，此刻当然不是讨论华花圣经书房迁沪的适当时机。甚至就在兰金写完信后不久，小刀会占领了上海县城，接着在小刀会和清军交战期间，长老会的上海传教士都不得不从设在远离租界的南门外布道站离开，避居租界内其他传教会的布道站内①，更不必谈华花书房迁沪的事了。

除了中国局势的大环境因素，应该还有兰金没提的另一个重要因素，就是宁波布道站很意外地有了一位相当能干称职的华花圣经书房主任祎理哲。他在1844年到宁波传教，创办男生寄宿学校并担任主任，到1852年布道站年度会议时辞去学校主任一职，却又被推举暂时接下歌德辞职出缺的华花圣经书房主任，当时祎理哲表示自己完全不懂印刷，却得耗费大量时间和精力在这方面而感到遗憾②。没想到他接任后表现杰出，书房事务井井有条，同站的传教士孟丁元在1853年7月中写信给娄睿，大力称赞祎理哲的表现，并进一步说布道站人手有限，一名具有多方面才能的传教士比单一功能的专业印工重要得多，因此“关于华花圣经书房，我相信即使派一名专业印工来此，也比不上现在我们的管理更令人满意。”③赞许祎理哲的不只孟丁元一人而已，另外两名传教士也同声表示，既然“我们”能办好华花圣经书房，“不希望”娄睿再派专业印工来接手④；再加上祎理哲接下

① BFMPC/MCR/CH, 191/5/82, J. K. Wight to W. Lowrie, Shanghai, 1 November 1853; ibid., 191/5/85, M. S. Culbertson to W. Lowrie, Shanghai, 19 November 1853.

② Ibid., 191/3/231, R. Q. Way to W. Lowrie, Ningpo, 6 November 1852.

③ Ibid., 191/3/254, Samuel N. Martin to W. Lowrie, Ningpo, 16 July 1853.

④ Ibid., 191A/4/44, Annual Report of the Press for the Year Ending September 30th 1854, R. Q. Way's notes.

华花圣经书房前已另有住处，不用住进祠堂中的主任宿舍，这正是兰金在回复娄睿的信中，表示华花圣经书房的屋舍没有必要急迫性改善的原因。

既然中国局势的发展让上海的前途有些不确定，同时华花圣经书房的问题至少已经暂时有解，而且娄睿确实也无法找到印工前往上海，在这些情况下一动显得不如一静，迁移上海的事就此暂时平息下来。

第二节　再度讨论与决定迁移

华花圣经书房迁移上海一事再度成为传教士讨论以至争议的问题，是中国的局势、基督教在华传教的情势和华花圣经书房的发展都再度变化的结果。

1856年第二次鸦片战争爆发，1858年各国与清政府分别签订《天津条约》，中国进一步增开口岸供外国人通商居住，传教士可自由建立教堂与医院，中国政府必须保护传教士与中国教民等。条约获得咸丰皇帝批准后，上海的克陛存迅速将这个他称为“开启中国传教史新纪元”的消息通知娄睿：“这个条约使得整个中华帝国对我们开放，并保证保护基督教传教士与信徒，我相信这些是我们所能期望的一切内容。”[①] 克陛存接着讨论自己的动向，希望能继续留在上海进行多年的修订圣经工作，以期早日完成付印后在开放的中国广为流通。

在华传教士代表从1847年7月起在上海组成委员会，开始合作修订圣经，因采用“上帝”或“神”的译名没有共识而形成争议。1850年8月新约完成修订后，委员会决议由印行者自行决定译名，勉强搁置了争议并

① BFMPC/MCR/CH, 191/5/136, M. S. Culbertson to W. Lowrie, Shanghai, 12 July 1858.

继续修订旧约。1851年2月伦敦会传教士退出合作自行修订，争议双方分裂成两个修订委员会互相较劲竞争。其中原来的委员会在伦敦会代表退出后补充缺额继续修订，克陛存即是因而中途加入的长老会代表，不料因代表们或病或返美等各种因素，实际上只有他和美部会的裨治文两人积极参与，以致进度相当缓慢，到1858年7月克陛存写上述信件时已将近七年半，只完成了旧约的一半[①]。另一方面，伦敦会传教士的修订却进行得相当迅速，在退出合作的第二年（1852）即完成旧约，随即在1853年付印，英国圣经公会也接二连三补助伦敦会印刷出版中文圣经，伦敦会的上海墨海书馆在1854年同时进行新旧约4种版本共130 000部的印刷[②]，从1855年10月至1856年9月又印了95 000部圣经。[③]

伦敦会圣经修订迅速又大量生产，无疑给竞争对手克陛存、裨治文和他们所属传教会巨大的压力，当克、裨两人修订的圣经也有部分陆续完成后，他们也开始关注印刷出版的问题。克陛存于1854年写信告诉娄睿，伦敦会以牛拉动的印刷机产能，是华花圣经书房两台手动印刷机的十倍，华花圣经书房根本无法大量生产[④]。娄睿回信要求克陛存亲自查看墨海书馆的印刷机状况，克陛存随即详述墨海机器的运作情形，说明墨海有两台滚筒印刷机，每台每天可印出10 000纸的产量[⑤]，而华花圣经书房两台手动印刷机每台每天只有1 500纸的产量，相去极为悬殊。

克陛存感到焦虑的还不只华花圣经书房的机器问题而已，同样让他觉得烦恼的是宁波布道站的弟兄对印刷圣经显得不太在乎，却非常热衷于印刷罗马字母拼音的宁波方言图书。这种1851年起宁波布道站的传教士丁韪良等人创制的宁波方言拼音系统，目的在教导当地人迅速学会

① BFMPC/MCR/CH, 191/5/136, M. S. Culbertson to W. Lowrie, Shanghai, 12 July 1858.
② LMS/CH/CC, 1.4.C., Alexander Wylie to Arthur Tidman, Shanghai, 21 June, 1854.
③ Ibid., 2.1.B., Griffith John to A. Tidman, Shanghai, 5 October 1856.
④ BFMPC/MCR/CH, 191/5/105, M. S. Culbertson to W. Lowrie, Shanghai, 18 August 1854.
⑤ Ibid., 191/5/117, M. S. Culbertson to W. Lowrie, Shanghai, 25 April 1855.

后用于阅读和书写，传教士发现效果非常好而大力推行，到1853年11月时华花圣经书房印成的这类图书已有23种，正在印刷的2种[①]。克陛存认为华花圣经书房的人手本已不足，却忙于印刷这些只限宁波当地使用的图书，而耽误了印刷他修订的可供全中国到处使用的汉字圣经，因此写信向娄睿抱怨，并为此和宁波的弟兄有些争辩。[②]

娄睿在接到克陛存的抱怨信函前，已注意到华花圣经书房偏重生产拼音宁波方言图书而忽略生产圣经的现象，于是限制宁波布道站的传教士每年用于印刷拼音方言书最多为100元，并一再提醒他们应以用途较广的汉字印刷为主[③]。又如1856年度华花圣经书房的年报中，列举全年印刷圣经93万余页，而同年单是印刷祎理哲《地球图说》第二版一种非传教性图书即多达100余万页，远远超过圣经，娄睿认为很不合理，要求以后圣经印刷应占各类产品中的最大量才是。[④]

以上这些由于传教士间的竞争压力导致的种种问题，在中国局势因战争而难以推广传教事业的时候，显得并不十分严重，因为既然没有太多的机会分发流通圣经，则修订和印刷出版也不会是急迫性的问题。可是一旦中国因《天津条约》而加快对外开放，情况立即大为不同，各传教会都想借着克陛存称为“中国传教史新纪元”的大好机会开创新局面，于是尽速完成圣经修订并大量印刷出版成为长老会亟欲解决的问题，而华花圣经书房何去何从也再度成为传教士关注的焦点。

这次提出将华花圣经书房迁移到上海的人，正是专责修订圣经的克陛

---

① BFMPC/MCR/CH, 191/3/262, H. V. Rankin to W. Lowrie, Ningpo, 5 November 1853.

② Ibid., 191/5/93, M. S. Culbertson to W. Lowrie, Shanghai, 2 February 1854; ibid., 191/5/105, M. S. Culbertson to W. Lowrie, Shanghai, 18 August 1854; ibid., 191/5/108, M. S. Culbertson to W. Lowrie, Shanghai, 1 November 1854; ibid., 191A/4/20, H. V. Rankin to W. Lowrie, Ningpo, 1 August 1854; ibid., 191A/4/46, H. V. Rankin to W. Lowrie, Ningpo, 11 January 1855.

③ Ibid., 235/79/85, W. Lowrie to Ningpo Mission, New York, 10 March 1854; ibid., 235/79/89, W. Lowrie to Ningpo Mission, New York, 3 August 1854.

④ Ibid., 235/79/116, W. Lowrie to Ningpo Mission, New York, 30 January 1857.

存。1858年7月12日，就在他通知娄睿《天津条约》已经获得皇帝批准的同一封信中，克陛存认为新条约改变了中国传教的整体面貌，传教计划必须大幅度调整，要新建布道站和需要更多的人手，同时要生产更多的书，“我认为我们可以在上海和宁波各设立一个印刷所而占得优势。”[①]接着在同月底的另一封信中，克陛存除了重申中国开放和传教计划必须随之改变，以及自己愿意全力修订圣经以应付即将出现的大量需求外，他又将上海和宁波各设立一个印刷所的主张修正为“华花圣经书房可以搬到上海来”。[②]

娄睿收到克陛存的上述建议后，于1858年10月28日写信告诉宁波布道站的传教士，华花圣经书房迁移到上海可能是因应中国局势变化的必要措施，但在此种变化明朗之前，没有必要仓促做成迁移的决定，因此希望宁波布道站的传教士提供华花圣经书房的大小和建造费用等资料。[③]

宁波布道站秘书兰金于1859年3月2日回信，除了提供娄睿要求的资料外，可能是由于娄睿表示不会仓促决定的缘故，兰金并没有强烈地回应，只说外国传教部以往已经花费数千元在华花圣经书房的屋舍上，他无法想象在当前经费紧缩的时刻会不顾这些费用，而将书房迁移到根本不适合作为传教之地的上海，何况宁波和上海、香港、福州等地的定期交通便利、费用低廉，与其迁至上海，还不如在以后适当时机迁至杭州或南京较好。[④]

娄睿收到兰金的上述信件后，在1859年7月30日再度写信给到宁波布道站的传教士，内容相当有意思，娄睿一面同意兰金所说迁往上海必须考虑费用问题；一面又提出警告，表示非常不满华花圣经书房印了太多

---

① BFMPC/MCR/CH, 191/5/136, M. S. Culbertson to W. Lowrie, Shanghai, 12 July 1858.

② Ibid., 191/5/137, M. S. Culbertson to W. Lowrie, Shanghai, 31 July 1858.

③ 长老会外国传教部现存档案中并没有娄睿此信，但宁波传教士兰金1860年3月30日给娄睿的信中引述此信的内容（Ibid., 192/4/260, H. V. Rankin to the Executive Committee of the B.F.M.P.C., Ningpo, 30 March 1860）。

④ Ibid., 191A/4/191, H. V. Rankin to W. Lowrie, Ningpo, 2 March 1859.

的小册，却只印少数的圣经，要求宁波布道站的传教士以后不可重蹈覆辙，只顾印其他书而忽略了圣经印刷，否则这将会是决定要华花圣经书房迁往上海的决定性因素（a decided bearing）[①]。娄睿指的是根据1858年度华花圣经书房的年报，这年印刷20种书、150 340部、6 175 460页，其中小册18种（90%）、147 540部（98%）、6 138 169页（99%），而圣经只有拼音宁波方言而非汉字的2种（10%）、2 800部（2%）、37 300页（1%）而已[②]，小册和圣经间的差距实在过于悬殊，难怪会招致娄睿的严重不满和警告，甚至扬言宁波布道站很可能会因此而失去华花圣经书房。

另一方面，克陛存进一步施加压力要求迁移华花圣经书房到上海。他在写于1859年4月底的一封信中，向娄睿强烈抱怨自己不得不以木刻印刷的苦衷，他说伦敦会墨海书馆在过去的两三年间印了多达十万部的新约和三四万部的旧约，而他在1858年11月将修订完的新约全稿送到宁波印8 000部，却必须等到1860年2、3月才能全部印完，依照如此缓慢的进度，华花圣经书房岂不是要长达十年才印得完全本圣经？克陛存认为个中原因在于宁波的弟兄只顾大量印自己创作的神学与传教作品，而忽视印刷与流通圣经的重要性。克陛存说："这整件事真是烦恼着我。"（The whole subject is positively distressing to me.）又表示："我们必须有更多的印刷机" 或者 "华花圣经书房应该尽速迁移到上海来。" [③]

既然增加印刷机也是可能的选项，娄睿指示克陛存考虑购买上海的美国监理会传教士秦右的一台滚筒印刷机。这台印刷机大约在1856年时从美国购得，因印刷经费不足始终不曾开动，到1858年时有意出售[④]，

---

① 长老会外国传教部现存档案中同样没有娄睿此信，但兰金1860年3月30日给娄睿的信中又引述此信的内容（Ibid., 192/4/260, H. V. Rankin to the Executive Committee of the B.F.M.P.C., Ningpo, 30 March 1860）。

② Ibid., 191A/4/177, Report of the Press for the Year ending September 30, 1858.

③ Ibid., 191/5/144, M. S. Culbertson to W. Lowrie, Shanghai, 30 April 1859.

④ Ibid., 199/8/15, W. Gamble to W. Lowrie, Shanghai, 31 July 1858.

华花圣经书房若能购下这台滚筒印刷机，可省下一些折旧的价钱和自美送来的运费。克陛存对于购买这台机器相当积极，又认为成交后不该送往宁波，应是将华花圣经书房迁来上海合并一处才对：

> 如果华花圣经书房不到上海来，其他的传教会印刷所将会在此〔成立〕，那我们就失去了手上握有印刷机该有的影响力，在上海设立一家真正有效率的印刷所，对于传教事业在印刷方面能够发挥的力量不会是微不足道的，宁波就无法具有同样的影响力。①

购买监理会的滚筒印刷机并没有成功。克陛存和上海布道站的传教士都不了解印刷与印刷机，他们为此请教华花圣经书房的主任姜别利，还请他到上海一趟实地察看这部机器。姜别利反对购买，他认为手动印刷机性能胜于滚筒印刷机，一台滚筒印刷机的价钱可买六台手动印刷机，而滚筒印机一旦故障势必全面停工，一台手动印机出差错不会影响其他印机，何况他认为监理会的滚筒印刷机不但价格高，更重要的是尺寸型号太大，和中国生产的纸张尺寸大小无法配合②。不过，没买成监理会的机器并没有关系，因为执行委员会已经表明，将从美国购运一台滚筒印刷机来华印刷圣经。③

姜别利的印刷专业知识打消了克陛存购买监理会印刷机的念头，但上海之行却改变了姜别利对于华花圣经书房是否迁到上海的态度。他自1858年7月来华，半年后在1859年1月收到娄睿来信提到正慎重考虑华花圣经书房迁移上海的事以后，才第一次表达自己对此事看法。姜别利觉得这应该就事论事，不必顾虑双方传教士的意愿和说法，因为上海和宁

---

① BFMPC/MCR/CH, 191/5/147, M. S. Culbertson to W. Lowrie, Shanghai, 30 July 1859.
② Ibid., 191/5/149, M. S. Culbertson to W. Lowrie, Shanghai, 15 August 1859.
③ Ibid., 235/79/134, W. Lowrie to Ningpo Mission, New York, 14 September 1859.

波利弊互见，他自己并没有偏好上海或宁波，只是认为上海会有较多的英文印刷可以补贴印刷所的费用，从美国来的材料物资也没有转运的麻烦和耽搁，而且当时上海布道站的传教士之一娄睿五子娄理安，对印刷的兴趣比宁波布道站的传教士大得多；至于宁波的好处则是工资便宜，也有现成宽敞的房屋可用，而且留在宁波可省下一笔迁移费用等等。[①]

等到姜别利前往上海察看监理会印刷机，并和上海的传教士多次讨论后，他改变了原来中立的态度，并在回宁波后于1859年11月1日写信告诉娄睿："我必须要说，我现在十分确信上海才是最适合印刷所的地方。"[②]姜别利又认为，上海工资较高，但也有较多的英文印刷收入可以支应，而迁到上海虽然得新建厂房，但宁波的房屋缺点是并不适合印刷所之用，若要因应未来发展必须耗费大笔金钱才能改善，因此姜别利建议不如买下华花圣经书房所在的卢家祠堂予以拆除，可用的建材运到上海，在上海布道站的空地上建造一家印刷所，不用的建材则在宁波就地出售，如此可省下不少迁移和建屋的费用。[③]

早在姜别利写这封信的一个月前，克陛存在1859年10月5日先写信告诉娄睿：

> 他〔姜别利〕并非反对购置滚筒印刷机，只说华花圣经书房必须大修才能装设此种机器。他现在的看法是赞成迁移到上海，因为他明白了印刷所在上海的影响力远大于宁波；同样明显的是若另一家竞争性的印刷所在此成立，将大为限制了我们印刷所的活动，此地只要有一家印刷所就会完全比下我们的〔宁波〕印刷所，奇怪的是宁波的弟兄不了解或不能感受到此一事实的重要

① BFMPC/MCR/CH, 199/8/19, W. Gamble to W. Lowrie, Ningpo, 31 January 1859.
② Ibid., 199/8/27, W. Gamble to W. Lowrie, Ningpo, 1 November 1859.
③ Ibid.

性，他们认为没有此种威胁，他们错了，上海必须有也将会有一家印刷所，供应扬子江广大流域所有美国传教士的需要。[①]

从1858年中起，克陛存就像这样一次又一次强势表达华花圣经书房应该迁移到上海的必要性和远景，现在他又争取到了姜别利的专业支持，对宁波的弟兄的批评也更为尖锐凌厉。相对于克陛存不断的“攻势”，宁波布道站的传教士却仅只表达过一次意见，就是前文所述兰金于1859年3月2日写给娄睿的回信，而且兰金信中还客气保守地说，因为娄睿来信只要求提供华花圣经书房的大小和建造费用资料，并未问到关于迁移书房的意见，因此兰金表示自我节制不必多说（I forbear.）。[②]

在外国传教部执行委员会一直未能决定是否迁移华花圣经书房的情况下，克陛存的积极强势和宁波布道站的节制保守已是强烈的对比，此时只需要一个新的因素出现便足以打破僵局，这就是姜别利所提的问题：即使留在宁波也得大修房屋才能装设新印刷机。执行委员会原来担心迁到上海需要花钱建印刷所而犹豫不决，现在既然连不迁也得花钱大修宁波的房屋，这可就容易做出决定了。1859年10月25日娄睿通知姜别利，将在三星期内购得滚筒印刷机，随即船运来华，又说迁移上海一事仍然未决，还有待两地的弟兄提供进一步资料[③]。娄睿写此信时，尚未收到前述1859年10月5日和11月1日克陛存和姜别利提到需大修宁波房屋的两封信，等到11、12月间收到后情势很快便急转直下，1860年1月2日娄睿通知宁波布道站：

执行委员会了解当新印刷机抵达时，华花圣经书房需要翻修，因此认为最好现在就决定印刷所的最后归宿，所以执行委员

① BFMPC/MCR/CH, 181/5/150, M. S. Culbertson to W. Lowrie, Shanghai, 5 October 1859.
② Ibid., 191A/4/191, H. V. Rankin to W. Lowrie, Ningpo, 2 March 1859.
③ Ibid., 235/79/140, W. Lowrie to W. Gamble, New York, 25 October 1859.

会已经决定，印刷所尽快设法迁移到上海。姜别利先生觉得现有房屋的大部分材料最好运到上海用于建筑新印刷所或者出售，如果这件事有利可行，我们将感到高兴。[1]

半个月后，娄睿又写信给宁波布道站的弟兄，比较详细地说明决定迁移的理由。第一，此举和个别的传教士无关，而是为了占领上海这个重要的中枢据点（the central position），主要的考虑在于究竟是上海还是宁波和广大的扬子江流域关系最密切，也最便于供应传教书刊给这片广大的地区，长老会对此若迟不决定，其他的传教会很有可能捷足先登在上海设立了印刷所。其次，要考虑的是宁波华花圣经书房所在屋舍有害健康的问题，露密士不得不返美，歌德不幸病逝，连姜别利最近也生病了。第三，华花圣经书房需要大修才能容纳滚筒印刷机，也是需要考虑的问题等[2]。在第一个也是最重要的理由中，娄睿的用字遣词非常类似克陛存过去几封信中的说法，可以印证克陛存再三积极争取，已经对娄睿及执行委员会的决定产生明显的影响。

第三节　决定迁移后的争议

娄睿说明的理由再怎么堂皇充分，宁波布道站的传教士对于即将失去华花圣经书房都感到震惊意外，他们在1860年3月12日召开的布道站月会中决定力争挽回，并推举麦嘉缔和兰金两人为专案小组成员，一面和上海布道站联系，一面向执行委员会争取。于是在接下来的几个月中，在

---

① BFMPC/MCR/CH, 235/79/146, W. Lowrie to Ningpo Mission, New York, 2 January 1860.
② Ibid., 235/79/147, W. Lowrie to Ningpo Mission, New York, 17 January 1860.

宁波和上海两个布道站与执行委员会之间，频频出现关于华花圣经书房迁移上海的来往争议。

1860年3月30日，宁波的专案小组由兰金执笔写了将近三千字的长信给上海布道站。他先以很长的篇幅说明华花圣经书房的屋况与先租后典的经过，其次论述书房不必迁到上海而且上海也不宜书房的一些理由，前者如宁波对上海及沿海各口岸交通频繁便利，只要在上海建一书库即可随时供应当地的需要，后者如上海工资和物价都高，印刷成本随之增加，上海布道站位于远离租界的南门外，既不安全而地价又高，去黄浦江码头也有段距离，运书送货徒增费用等等；接着兰金又说，华花圣经书房雇用的工匠几乎全是宁波当地基督徒，也是布道站学校学生的出路之一，果真迁离将对宁波布道站造成损害；最后，兰金要求上海布道站回答八个相关问题，例如一旦姜别利返美，传教士能否承担印刷所的责任？上海布道站打算在何处建立印刷所及如何处理其土地与建筑费用？上海传教士的薪水及子女加给是多少？伦敦会墨海书馆的工资、装订与纸张费用，以及财产设备价值如何？若华花圣经书房确定迁移，上海布道站是否愿意留下一台印刷机给宁波？[①]

兰金提出这些质疑似乎理所当然，但是兰金写得混杂交错，欠缺明显的条理顺序与堂皇的气势，尤其在论述书房不必迁到上海，而且上海也不宜书房的一些理由时更是如此，例如娄睿是以上海位居中心作为最主要的迁移理由，兰金对此并不以为然，但他没有就此作为这封信的内容重点，一直写到信的后半段才提起，而且他举例每周宁波有三至四班往返上海船只、从宁波运书到上海费用低廉、宁波和沿海各地船运频繁等事例，都在说明宁波的交通便利，而没有针对上海中心地位的说法予以反驳，因

① BFMPC/MCR/CH, 192/4/259, Divie B. McCartee & H. V. Rankin to the Members of the Shanghai Mission, Ningpo, 30 March 1860.

此缺乏说服力，也许是他知道难以反驳才转移了焦点。

上海布道站的回信由克陛存执笔，从费用、商业和传教三方面依序论述，篇幅比兰金的来信更长。在费用方面，克陛存认为迁到上海固然要花钱建屋，但宁波现有的房屋必须大改造才能装设新的印刷机，和新建相差已经有限，何况上海有较多的英文印刷收入可以弥补经费的支出，而且墨海书馆的工资实际上比华花圣经书房低，装订和纸张则两地不相上下，墨海印新约的成本还低于华花。在商业方面，华花圣经书房既是印刷出版业，就该位于商业中心并依照商业法则经营，如同立足于纽约的每家出版社一样，上海比宁波容易接收美国物资，也容易运书进入中国内地，这两方面宁波都靠上海转运，因此绝对不是兰金说的只要建一书库即可解决。在传教方面，克陛存重申若其他传教会在上海新设印刷所，必然压缩了宁波华花圣经书房的发展等；至于留下一台印刷机给宁波，或是姜别利一旦返美的经营，克陛存认为都不是问题，唯一还值得考虑的是书房迁到上海南门一带是否安全，但英法双方不久前已经承诺协防上海县城。[1]

宁波布道站在1860年5月7日收到上海布道站的回信，同日即召开会议讨论本案，出席的五名传教士中，三人赞成请求执行委员会重新考虑华花圣经书房迁移上海之举，一人反对，姜别利表示中立而弃权[2]。第二天，会议主席单福士（J. A. Danforth）和兰金分别为此写信给执行委员会。单福士表达与会者三点意见：（一）新印刷机若用人力拉动而非牛，则无须花钱改造华花圣经书房现有的房屋；（二）上海布道站所在的南门比宁波现址更有害健康，而且距离江边码头过远不利转运；（三）上海布道站的传教士人手不足，经营会成问题。因此单福士希望执行委员会至少

① BFMPC/MCR/CH, 191A/5/271, M. S. Culbertson & S. R. Gayley to the Ningpo Mission, no day, 1860.

② 这项会议纪录附在兰金于1860年5月8日写给执行委员会的信中（Ibid., 192/4/260, H. V. Rankin to the Executive Committee of the B.F.M.P.C., Ningpo, 8 May 1860）。

延迟数月,让各方面将迁移的事讨论得更为清楚再说。[①]

单福士的信不到一千字,已经分成三点叙述,兰金的信长达四千五百多字,却不分项,和他先前写往上海布道站的信同样缺乏条理和组织结构,其内容大致在反驳克陛存的各项主张和辩护宁波的优点,例如华花圣经书房改造房屋一事,兰金表示姜别利认为多年以后产量扩张三倍时才需要扩张,又说若为了迎接即将运来的新印刷机而真的改造房舍,他乐于自掏腰包付这笔钱,执行委员会不必额外负担。关于上海的中心地位说,兰金继续不表示认同,但仍然没有写出否认此说的具体理由,只是重复宁波的交通如何便捷。至于克陛存主张出版业应设于商业中心,兰金说纽约远大于费城,但"长老会却很有智慧地将出版社设在费城而非纽约"。兰金在信中还时常不能专注于争论的焦点,而牵扯蔓延到其他无关的事务,以至于拖长篇幅而没有重点,例如克陛存表示,其他传教会若在上海新设印刷所将压缩华花圣经书房的发展空间,兰金则反驳说,即使书房迁到上海也无法阻止其他印刷所的影响力,他举例说墨海书馆所印以"上帝"译名的圣经,其需求量就超越华花圣经书房以"神"译名的版本,而且需求量还日见增加等等。[②]

兰金这封信除了寄给娄睿,也寄给上海布道站,克陛存见后当然不悦,因为执行委员会已经授权上海布道站购买土地,准备建屋安置迁移后的华花圣经书房,克陛存也已和地主磋商购买南门外布道站邻近的一块土地。既然宁波传教士要求执行委员会重新考虑迁移问题,他写信给娄睿说只好暂时中止磋商,直到接获执行委员会进一步的决定再说;克陛存又告诉娄睿,美国圣公会传教会已经在上海新建了一家印刷所,虽然目前印的是罗马字母拼音的上海方言图书,但克陛存不忘提醒娄睿:"他们

① 这项会议纪录附在兰金于1860年5月8日写给执行委员会的信中(Ibid., 192/4/260, H. V. Rankin to the Executive Committee of the B.F.M.P.C., Ningpo, 8 May 1860)。

② Ibid.

要扩大其印刷所将是轻而易举的事！我也相信他们将会如此做。”[①]

克陛存又以上海布道站的名义致函宁波布道站表示极度遗憾，认为重新考虑是否迁移徒然延误了已在进行中的计划，要求宁波布道站的弟兄撤回此议[②]。宁波布道站为此又召开会议讨论，结果四名传教士拒绝了上海布道站的要求，只有姜别利表示中立。兰金在回复上海布道站的信中说，姜别利明确地拒绝自己的名字和争论任何一方联结在一起，因此对宁波布道站的所有相关行动一概维持中立[③]。至于兰金自己，不但拒绝撤回请执行委员会重新考虑的要求，还要再接再厉继续奋斗，于是他在1860年5月25日再度写信给执行委员会，表示反对迁移的理由是如此地确实有据（so valid），他决定以更有系统的方式（a more systematic manner）再度表达反对的种种理由，于是他将前信那些散漫欠缺组织的内容重新整理，逐一加上便于阅读的标题，成为又一封将近四千字的长信，并请宁波其他四位传教士在信末各自加上几句支持的话以壮声势。[④]

很难理解究竟兰金为何如此坚持挽留华花圣经书房。但就在他发出上述1860年5月25日那封信的同一天，姜别利也给娄睿写信，叙述兰金对宁波布道站弟兄宣读了那封信的内容，姜别利听完后觉得兰金只顾及眼前的中国情势，而没有放眼未来的发展，姜别利说兰金挽留书房所展现的强烈情绪并不令人讶异，因为兰金近来对印刷极感兴趣，并尽量地利用这项工具，尤其在印刷罗马字母的宁波方言书方面更是如此。[⑤]

不论兰金坚持的原因为何，宁波和上海两个布道站总不宜为华花圣经书房而争论不休，娄睿也终于在1860年9月底通知宁波布道站，执行委

---

① BFMPC/MCR/CH, 191/5/167, M. S. Culbertson to W. Lowrie, Shanghai, 14 May 1860.

② Ibid., 191/5/169, Shanghai Mission to the Ningpo Mission, Shanghai, 15 May 1860.

③ Ibid., 192/4/274, Extracts from the Minutes of the Ningpo Mission, 28 May 1860.

④ Ibid., 192/4/272, H. V. Rankin to the Executive Committee of the B.F.M.P.C., Ningpo, 25 May 1860.

⑤ Ibid., 199/8/31, W. Gamble to W. Lowrie, Ningpo, 25 May 1860.

员会已经将数月以来争论迁移与否的所有信件都摊在桌上检视与讨论，并在1860年9月3日达成决议：

> 在考虑过宁波和上海布道站传教士们为滚筒印刷机从宁波移至上海的赞成与反对信件后，执行委员会仍然认为上海是最适合滚筒印刷机的地方，因此也不改变前此将华花圣经书房迁移上海的决定。但是，鉴于中国的混乱状态，上海布道站的弟兄应延后印刷所的兴建，直到中国情势稳定，不至于毁坏或伤害印刷所建筑为止。此外，同意将一台手动印刷机与足够数量的英文活字留在宁波，由宁波布道站用于印刷宁波方言。[①]

这项决议的主要内容是：（一）迁移上海的决定不变，（二）在中国局势稳定前暂停在上海兴建新印刷所房舍；（三）留下一台印刷机给宁波布道站。娄睿在通知函中又强调，执行委员会是全体一致通过这项决议的，相信宁波与上海两地的弟兄会真诚地实现这项决议。于是在两地布道站与传教士之间你来我往约半年之久的争辩终于结束，而上溯自1852年以来的华花圣经书房迁移上海的问题，经过长达七年多的讨论也终于尘埃落定，接下来就是如何执行搬迁的问题了。

第四节 准备迁移

在争议是否迁移的期间，上海布道站也一直在讨论与准备华花圣经书房迁来后的安顿事宜，包括位于何处与兴建房舍两个问题，而当时人在

---

① BFMPC/MCR/CH, 235/79/184, W. Lowrie to Ningpo Mission, New York, 30 September 1860.

宁波的姜别利也参与这些讨论和准备。

长老会上海布道站建立于1850年，到1860年时包括三个部分，除位于城内大东门和小南门之间的教堂外，克陛存住在虹口，怀特和后来的传教士则住在南门外，这里是布道站的主体。最初的计划是华花圣经书房也安置于南门外，但宁波布道站的传教士强烈表示地点不当，姜别利也一再反对，认为是“一个不明智的地点”(a very unwise location)[①]，既远离租界，一旦局势有变，安全堪虑，而且和租界之间隔着上海县城，不利于和位于租界内的其他印刷所竞争英文印刷生意，加上距离外船码头约三英里之遥，不便在码头到南门间运书和材料，也增加费用成本等。姜别利认为这些缺点完全抵销了迁移到上海的好处，他主张印刷所应该位于租界内才是。[②]

上海布道站虽然驳斥了宁波布道站的传教士的反对，却不能不尊重将来执掌印刷所的姜别利意见[③]，于是只得另觅地点，正好克陛存虹口住宅隔邻一亩半的土地有意出售，克陛存认为面积虽小，但两块土地合并后可提高价值，地上还有现成的一栋40 × 28英尺的两层楼房屋，加上自己住宅一楼的房间，应该足以在觅得更合适的土地前应付印刷所的需要，于是在1860年9月间以550两银代价购下[④]。几乎同一时间，上海布道站也开始谈判购买小东门外一块更合适的土地，面积三亩多，面临黄浦江畔的主要大街，后有运河，克陛存称为“一块漂亮的地皮”(a beautiful lot)[⑤]，到1860年12月初完成交易，代价是2 125两银，准备作为印刷所永久性的地址[⑥]。于是

---

① BFMPC/MCR/CH, 199/8/33, W. Gamble to W. Lowrie, Ningpo, 12 June 1860.

② Ibid., 192/4/282, W. Gamble to W. Lowrie, Ningpo, 13 July 1860.

③ Ibid., 191/5/172, Charles R. Mills to W. Lowrie, Shanghai, May no day, 1860. 这封信中完全未提宁波布道站由兰金执笔的反对意见，却说姜别利“强烈”(strongly)反对在南门安置印刷所。

④ Ibid., 191/5/157, M. S. Culbertson to W. Lowrie, Shanghai, 18 February 1860; ibid., 191/5/180, M. S. Culbertson to W. Lowrie, Shanghai, 29 September 1860.

⑤ Ibid., 191/5/183, M. S. Culbertson to W. Lowrie, Shanghai, 20 October 1860.

⑥ Ibid., 191/5/187, Samuel R. Gayley to W. Lowrie, Shanghai, 6 December 1860.

在华花圣经书房迁到上海的前夕,暂时性和永久性的地址都解决了。

早在地址有着落的几个月前,姜别利已经关切到印刷所的建筑问题,这当然是因为直接关系到他将来经营印刷所的缘故。1860年5月间,他写信告诉娄睿,关于建造一栋简单、便宜并能在需要时扩充而又不至失去原貌的房舍,自己心中已有具体构想,将把设计图和估价送请娄睿核定[①]。姜别利请出身房屋建筑业的宁波布道站传教士应思理,根据姜别利的设计构想画成十六分之一比例尺的图样,为长宽200 × 30 英尺的两层楼建物,姜别利详细注明每个部分的用途,并说完成后虽然比当前需要的还大,但仍然不如伦敦会墨海书馆的建筑,至于建筑费用估计需要4 603 672文钱,折合4 074.04元,加上从美国订制的门、窗、玻璃等建材,合计为4 670元[②]。姜别利将图样和估价同时送往纽约和上海。

姜别利过于乐观了,克陛存和娄睿都不同意如此宏大昂贵的建筑。克陛存希望姜别利能缩小房屋空间或降低建筑成本[③],娄睿的回信则干脆地说:

> 建筑估价如此之大,我们宁可将印刷所留在宁波,以避免这样的花费。你的计划不会太大了吗?目前在宁波的华花圣经书房空间不过4 171平方英尺,你送来的两层楼房却要12 000平方英尺,我们在上海肯定不要拥有三倍于在宁波的空间。[④]

娄睿举纽约一家为长老会印刷的大印刷厂为例,说该厂拥有滚筒印刷机在内的十几台机器,每天印量多达100万张纸,空间也不过就是12 000平方英尺,上海当然没有必要建造同样空间的印刷所;娄睿接着

① BFMPC/MCR/CH, 199/8/31, W. Gamble to W. Lowrie, Ningpo, 25 May 1860.

② Ibid., 199/8/29, W. Gamble to W. Lowrie, Ningpo, 25 June 1860.

③ Ibid., 191/5/175, M. S. Culbertson to W. Lowrie, Shanghai, 16 July 1860; ibid., 192/4/282, W. Gamble to W. Lowrie, Ningpo, 13 July 1860.

④ Ibid., 235/79/185, W. Lowrie to W. Gamble, New York, 18 September 1860.

指出只要合理缩小姜别利计划的空间，建筑费用即可降低至2 170元甚至1 638元，几乎只是姜别利估价的三分之一而已；娄睿最后告诉姜别利，将会找人画出一份适当的设计图寄来，请他和上海布道站照办[①]。娄睿的确寄来了设计图，但一时却派不上用场，因为如前文所述，执行委员会在1860年9月3日达成印刷所迁移上海的最后决议文内，指示暂时搁置建造印刷所，“鉴于中国的混乱状态，上海布道站的弟兄应延后印刷所的兴建，直到中国局势稳定，不至于毁坏或伤害印刷所建筑为止。”[②]

就在华花圣经书房迁到上海的事尘埃落定，即将展开迁移行动时，突然又发生了预料不及的风波。姜别利在1860年10月15日写信给娄睿，声称已决定离华返美，但没有说明原因，返美后是否再度来华也不确定，只说“留给上帝决定”[③]。姜别利并将此事分别告知宁波与上海布道站。上海布道站的传教士大为意外，认为既然姜别利并非因为紧急事故亟需返美，希望他至少延后到完成印刷所搬迁，并在上海顺利展开经营后再离开。姜别利回答若有他合意的安排就可以留下，并应上海布道站传教士的邀请专程到上海面商此事。他要求两个条件：第一，改变自己在上海布道站的身份，不再视同传教士，而单纯是负责印刷所与其他俗世事务（secular business）的一般人员（secular employè）；第二，自己的年薪从600墨西哥银元提升为1 800银元。姜别利还扬言，若上海布道站拒绝将这两项条件转报给执行委员会，他将立即搭乘一艘正要从上海起航的船只返美。[④]

姜别利要求的1 800元比克陛存800元薪水多出一倍以上，而且克陛存领的是已婚传教士年薪，而姜别利还是单身。对于这项如同要挟般的条件，亟需他执行迁移任务的上海布道站的传教士却别无选择，只有同

---

① BFMPC/MCR/CH, 235/79/185, W. Lowrie to W. Gamble, New York, 18 September 1860.

② Ibid., 235/79/184, W. Lowrie to Ningpo Mission, New York, 30 September 1860.

③ Ibid., 199/8/36, W. Gamble to W. Lowrie, Ningpo, 15 October 1860.

④ Ibid., 191/5/185, M. S. Culbertson to W. Lowrie, Shanghai, 20 November 1860. 这封信由克陛存和另一位传教士甘磊（Samuel R. Gayley, 1828—1862）共同署名。

意转报到纽约。在写给娄睿的信中，克陛存大力赞扬姜别利的经验和服务，请求执行委员会接受他的要求，“因为我们别无他法留住姜别利先生负责印刷所”，克陛存又说，姜别利要求的薪水是位于纽约的美国圣经公会印刷所主任的年薪，“最好是照付，以免失去一名如此适合担任这项工作的人”。①

撰写上封信的同一天，克陛存又写了一封注明“不公开”(private)的信给娄睿，分析姜别利行为的心理因素：

> 我们非常遗憾，姜先生趁着我们不能没有他的时刻要求1 800元薪水作为他服务的代价，最让我们难过的是他如此做法涉及的罪恶。但是，我可以确定他现在的提议并不在于强迫(forcing)我们接受他的条件，至少我认为他的目的不在于此。我觉得他这么做的真正原因是他突然感到很想要回美国，却又觉得这么做会使印刷所进退两难而良心不安，于是借此将责任推到我们身上，如果上海布道站拒绝他的提议，我毫不怀疑他会十分高兴；我也认为如果执行委员会拒绝以他要求的条件雇用他，他也会相当高兴，因为如此他就可以返美了。②

克陛存说姜别利真正的动机不在金钱，姜别利过去的表现也足以显示他不是这样的人，而且他的机械天赋、解决困难的能力和工作的干劲，的确是当前极为需要的人才，等到姜别利完成印刷所及中文活字的相关建设后，只要一名可靠而照既定规矩行事的中庸之才即可应付印刷所需要，因此克陛存希望至少能够留下姜别利一两年，更希望姜别利能改变心意主动留下。克陛存又表示姜别利其实也很挣扎于去留之间，因此自己

① BFMPC/MCR/CH, 191/5/185, M. S. Culbertson to W. Lowrie, Shanghai, 20 November 1860.

② Ibid., 191/5/184, M. S. Culbertson to W. Lowrie, Shanghai, 20 November 1860.

在和姜别利谈话时总是小心不刺激他的情绪，也建议娄睿不必采取刺激姜别利心理的措施，或许可礼遇性地邀他返美面商，动之以情请他留下到印刷所上轨道为止。[1]

对于姜别利的意外举动，娄睿和执行委员会的决定应该会让姜别利甚至克陛存都感到意外。1861年2月23日娄睿通知姜别利，完全接受他提出的条件，关于姜别利要求自己是印刷所主任而非传教士的身份，娄睿表示虽然执行委员会和传教士都宁愿他维持原有的助理传教士身份，但既然他自己希望只是一名印刷所主任，执行委员会也只好同意；至于他要求的1 800元年薪，鉴于他正进行中的电镀和改善活字以及电镀铜版等工作非常重要，执行委员会也"欣然"(cheerfully)予以同意[2]。娄睿不只是通知姜别利上述的决定内容而已，更语气婉转地对他多所肯定和鼓励有加，可说是慰勉和期许备至了。

当娄睿的通知在1861年5月送达姜别利和上海布道站时，华花圣经书房迁到上海已有半年之久，因此姜别利的返美风波除了引起一阵紧张，实际上并没有延误了迁移的行动。但是，究竟姜别利何以会在迁移行动的关键时刻有上述令人意外之举呢？在风波期间他不曾有所说明，直到事隔一年后的1861年11月间，他才在一封信中告诉娄睿自己开价1 800元高薪的原因：第一，他始终认为印刷所主任和传教士之间有别，印刷所主任本来就应居于生意立场(business character)，他认为这是自己从一开始就该有的身份；第二，先前上海布道站和宁波方面争论迁移问题时，宁波布道站的传教士曾经说过姜别利将返美一段时间，上海布道站的传教士则说没有他也可以将印刷所管理好，后来却又反对他返美，姜别利认为

---

① BFMPC/MCR/CH, 191/5/184, M. S. Culbertson to W. Lowrie, Shanghai, 20 November 1860.

② Ibid., 235/79/193, W. Lowrie to W. Gamble, New York, 23 February 1861. 有人说1860年11月长老会因姜别利的卓越表现而决定以"传教士之任"聘他担任华花圣经书房的印务总监(冯锦荣,《姜别利与上海美华书馆》,页300)，是颠倒史实的错误说法。

上海布道站的弟兄出尔反尔，是不想在他离去后接下管理印刷所的麻烦，他认为上海布道站的弟兄相当自私，所以才故意为难他们，他根本没有贪图高薪之意，他也告诉娄睿自己不会支领1 800元。[①]

不论姜别利说明的两个原因是否充分，他引起的风波总算没有耽误了迁移的计划，却留下了一个后遗症，就是他在风波期间虽然继续工作，却中断了1858年来华后经常给娄睿写信的习惯，而且长达半年之久，因此没有留下华花圣经书房迁到上海的详情，也没有谈起迁移的确切日期。其他传教士不巧也都没有提过华花圣经书房在哪一天抵达上海，1860年12月6日传教士甘磊（Samuel R. Gayley, 1828—1862）写给娄睿的信中，提到“印刷所即将开工”[②]；另一位传教士梅理士则在同月22日给娄睿的信中说：“姜别利先生和印刷所全部机件都在此地，姜先生正迅速将虹口的印刷所安排就绪当中”。[③]

结 语

华花圣经书房迁移上海之举，历经两个阶段共七年多在宁波、上海和纽约三地之间的讨论、争议与决定后终于实现了。这项迁移的原因和经过，绝对不是一般所谓姜别利鉴于上海的发展性而搬迁如此简化的过程，牵涉所及也绝对不限于姜别利一人和华花圣经书房一家印刷所的迁移行动而已。事实上这项迁移关系着长老教会在中国传教事业的布局，也牵涉到基督教各宗派扩充在华势力的合作与竞争，而中国内部和对外关系

① BFMPC/MCR/CH, 191A/5/227, W. Gamble to W. Lowrie, Shanghai, 6 November 1861.
② Ibid., 191/5/187, S. R. Gayley to W. Lowrie, Shanghai, 6 December 1860.
③ Ibid., 191/5/189, C. R. Mills to W. Lowrie, Shanghai, 22 December 1860.

的演变也是决定书房迁移与否的关键因素。可以说，宁波华花圣经书房迁移到上海，是十九世纪中叶中外关系发展的过程中，美国长老会外国传教部的一项审时顺势之举，也正因为如此，华花圣经书房迁移后改名的美华书馆，能在几年内快速成长为中国规模最大也最重要的西式印刷出版机构。

第十二章
姜别利与上海美华书馆

绪　论

美国长老会的中文印刷出版机构，历经澳门华英校书房和宁波华花圣经书房两个时期后，终于在1860年底迁至上海，展开了近代中国印刷出版史上具有非常重要角色与功能的美华书馆时期。从1860年直到1932年初出售结束前的七十一年间，美华书馆再没有离开过上海，只是先后在四个地点建馆营业，迁沪初期在虹口，1862年移到小东门外，1875年再乔迁至北京路，又于1903年在北四川路兴建印刷厂房，至1920年出售北京路房地以购置圆明园路基督教协进大楼用地。其间由姜别利担当主任负责馆务的最初九年（1860—1869），是美华书馆最重要的一段时期，他在这九年中延续并完成了从宁波时期开始的各项重要技术建设，也培育了从印刷、装订到铸字各部门的中国工匠，因而奠定了美华书馆坚实的基础，美华才能在他离职后即使多数时间没有专业的印工负责，却能又持续经营了六十余年，并在中文印刷从木刻改变成西式技术的过程中，扮演中国规模最大的西式印刷机构兼中文活字主要供应者的关键角色。

美华书馆于1860年底从宁波迁至上海是一个相当有利的时机。正逢《天津条约》与《北京条约》签订后，中国同意增开沿海与内地口岸城市供外国人居住，外国人可以购置土地建造教堂在内的屋宇，又给予外国人四处旅行游历的权利，并重申保护传教士与中国教徒等。这些比以前大为扩展的传教区域、行动与自由，都意味着需要有更多传教书刊的支持落实，因为即使来华的基督教传教士人数增加（1842年—1857年十五年间新来142人，1858年—1867年九年间再度新增150

人[①]），但传教士分散在中国的广土众民中仍有如沧海一粟，因此各传教会的传教士都积极利用印刷出版、医药治病、学校教育及慈善救济等事工协助，以弥补人力的不足。而太平天国运动结束后，传教情势更是豁然开朗，美华书馆在这前后迁至已是沿海各地与长江流域交通联系枢纽的上海，极便于在长老会本身的印刷以外，又掌握为其他传教会代工印刷的许多机会。

传教书刊是美华书馆的主要产品，却不是唯一的产品。1860年代的上海已发展成外国人在华商业贸易和聚居的中心，上海的常住外国人从1850年的210人，增加至1870年的2 773人（不含法租界）[②]，外商公司商号在1859年时已超过八十家[③]，加上各国领事馆、海关、各类公用事业与文化休闲社团等等，都有不少的文件表格及报纸期刊需要印刷；此外，随着《天津条约》和《北京条约》签订后络绎不绝来华和前往日本的传教士、外交官与汉学家，也常有中国语文等著作需要出版。当美华书馆刚迁到上海时，当地只有三家西式的印刷机构：伦敦传教会的墨海书馆、北华捷报馆、规模较小的望益纸馆（J. H. de Carvalho）。前两者都在本业的传教书刊和报纸以外又代客印刷，其中墨海书馆和美华书馆完全是同一性质，但墨海书馆1858年10月至1859年9月的年产量3 100余万页[④]，而同一时期美华的前身华花圣经书房产量还不到740万页[⑤]，但进入1860年代后墨海书馆急遽衰落，其主任伟烈亚力在1860年离职后再也没有专人负责，1863年全年的产量竟然只有95万页而已，虽然1864年回升至570

---

① K. S. *Latourette, A History of Christian Missions in China*, p.406.

② H. Lang, *Shanghai Considered Socially* (Shanghai: American Presbyterian Mission Press, 1875, 2nd ed.), p.25.

③ *The Hongkong Directory, with List of Foreign Residents in China* (Hongkong: Printed at the Armenian Press, 1859), pp.76–81, 'List of Foreign Residents and Mercantile Firms at Shanghai.'

④ LMS/CH/CC, 2.2.C., W. Muirhead to A. Tidman, Shanghai, 12 October 1859, enclosure, A. Wylie, Chinese Printing done at the London Mission Printing Office during the past 12 months.

⑤ G. McIntosh, *The Mission Press in China*, pp.17, 18, 20.

余万页，但旋即在1866年结束了营业[①]。墨海书馆的衰退和关门，让才迁至上海的美华书馆少了一个实力强劲的竞争对手。纵使上海的西式印刷业发展很快，到1866年时已有六家在市场上竞争[②]，但美华书馆发展迅速，不仅规模最大，又独特地具备中日英文铸字等技术，足以供应其他印刷业者需要的活字。

迁移到上海的时机、中国传教的新情势，以及非传教书刊印刷的需要，都是非常有利于美华书馆发展的外在环境。本章的内容在论述从1860年到1869年的九年间，在这样的外在环境下姜别利如何主持经营美华书馆，面临的困难及其成就，并依序就馆址与馆舍、管理与经费、工匠与技术、产品与传播等四方面进行考察分析。

第一节　馆址与馆舍

美华书馆迁到上海后的首要之务，是要有适当可用的馆舍建筑作为经营发展的基础。在沪初期，美华书馆暂时安顿于虹口克陛存住所旁边新购的一处房地上。相对于繁华的英租界，当时的虹口是僻静得多的乡村地区，最主要的传教力量是美国圣公会传教会，由文惠廉主教在此购置大批房地产[③]；其次，英国圣公会传教会在虹口也有房地，1855年美国长老会上海布道站以4 000元向英国圣公会买下一处房地，作为克陛存的住

① LMS/CH/CC, 3.2.A., William Muirhead to the Directors of LMS, Shanghai, 8 January 1864; ibid., 3.2.B., W. Muirhead to Arthur Tidman, Shanghai, 7 January 1865; ibid., 3.2.C., W. Muirhead to J. Mullens, Shanghai, 15 August 1866. 关于墨海书馆的结束，参见本书第六章第四节“墨海书馆的结束”（页222—227）。

② BFMPC/MCR/CH, 197/7/314, John Wherry to Walter Lowrie, Shanghai, 5 June 1866.

③ 文惠廉在虹口购地一处38华亩4厘5毫，另一处2华亩3分8厘，见蔡育天编，《上海道契》，卷26、页28—29，美册道契第52号（一）、第54号（一）。

宅，正和美国圣公会的房地为邻[①]。1860年，长老会上海站又以550两银购买紧邻克陛存住宅的一亩半土地和地上40×28英尺的两层楼房屋，装修后连同克陛存住宅的一楼房间都作为美华书馆的馆舍。[②]

不过，上海布道站的传教士和姜别利都认为虹口房地不适合美华书馆。传教士们在美华迁来上海以前的讨论中，认为这处房地虽然远离太平军和清军的战火线而显得安全，但是距离南门的长老会布道站约四英里远，来往联系非常不便，而且虹口的美国圣公会布道站规模庞大，美华书馆与之毗邻而空间非常有限，实在无法展现本身的主体性与重要性，只因长老会外国传教部的执行委员会指示，中国情势不稳定，上海站应延后兴建永久性的馆舍，而虹口现成房屋只要略予装修即可使用，因此上海布道站决定就让美华书馆暂时在此安顿。[③]

姜别利很快地感受到这处房地实在很难适合美华书馆之用。虽然两户房屋合计约略4 000平方英尺，大小相当于宁波华花圣经书房，但华花只有两台印刷机，而美华到上海后不满一年已增加到五台，加上随时将运到上海的滚筒印刷机，空间更加拥挤，不得不将装订部设到南门布道站空余的房间，姜别利和一部分工匠也住在南门布道站，于是美华书馆如同分为相距约四英里的虹口和南门两部分，生产和管理效率大受影响，而且虹口这两户房屋情况都不好，纸张的重量曾压垮二楼地板，墙壁又渗水，随时可能倒塌，还得紧急向伦敦会的墨海书馆借地方

---

① BFMPC/MCR/CH, 191/5/116, M. S. Culbertson to W. Lowrie, Shanghai, 3 February 1855; ibid., 191/5/121, Annual Report of the Shanghai Mission, Sept. 30, 1854 to Oct. 1, 1855; CMS/Sec. I/Pt. 10/221/C CH O 49, John Hobson to Henry Venn, Shanghai, 3 February 1855.

② Ibid., 191/5/157, M. S. Culbertson to W. Lowrie, Shanghai, 18 February 1860; ibid., 191/5/180, M. S. Culbertson to W. Lowrie, Shanghai, 29 September 1860.

③ Ibid., 191/5/187, S. R. Gayley to W. Lowrie, Shanghai, 6 December 1860. 甘磊此信说虹口房地距离南门布道站4英里远，但姜别利在1861年10月时说是3英里（ibid., 191/5/217, W. Gamble to W. Lowrie, Shanghai, 4 October 1861），两个月后克陛存又说是3、4英里（ibid., 191A/5/233, M. S. Culbertson to W. Lowrie, Shanghai, 7 December 1861）。

存放纸张等。[①]

于是美华书馆迁到上海后不久，姜别利就一再要求上海布道站在新购的小东门外土地上兴建新馆舍。但是，当时美国正因为南北内战影响长老会的收入，娄睿严格要求海外各布道站撙节经费，同时上海也因为中国内战而有大批难民涌入，导致地价和建筑材料在内的各种物价节节上涨，大费成本。尽管如此，姜别利仍以美华书馆迁沪是为了便于发展，扩大影响力，若因虹口馆舍种种困难不便无法达成目的，则完全失去了迁至上海的意义，因此他振振有词地要求上海布道站，尽快出售虹口的克陛存和美华书馆两处房地，得款在小东门外兴建克陛存的住宅和美华的馆舍[②]。姜别利又在接连写给娄睿的信中要求同意建馆，并表示经费根本不必纽约的外国传教部执行委员会为难，可以在上海就地借款，以小东门土地作为抵押，他认为美华书馆在上海代工印刷英文的收入可观，相信很快就能还清借款，伦敦会的墨海书馆就是如此建成的先例，因此没有理由说美华书馆不能比照办理。[③]

娄睿并没有回应姜别利的贷款建议，上海布道站却接受了他出售虹口房地在小东门建屋的要求。克陛存后来在娄睿质疑此举是否适当时说明，姜别利的要求是有其道理，而且姜别利越来越不能忍受虹口馆舍导致美华书馆经营的困难不便，最后甚至可能会辞职而去。尽管克陛存认为

---

① BFMPC/MCR/CH, 191/5/203, W. Gamble to W. Lowrie, Shanghai, 18 May 1861; ibid., 191A/5/249, M. S. Culbertson to W. Lowrie, Shanghai, 17 May 1862; ibid., 191A/5/243, M. S. Culbertson to W. Lowrie, Shanghai, 20 February 1862.

② Ibid., 191A/5/229, M. S. Culbertson to W. Lowrie, Shanghai, 22 November 1861; ibid., 191A/5/249, M. S. Culbertson to W. Lowrie, Shanghai, 17 May 1862; ibid., 191A/5/259, M. S. Culbertson to W. Lowrie, 17 July 1862.

③ Ibid., 199/8/42, W. Gamble to W. Lowrie, Shanghai, no day [received in New York on 2 November 1861]; ibid., 191/5/217, W. Gamble to W. Lowrie, Shanghai, 4 October 1861. 姜别利自己也以贷款方式在上海购置不少土地，经查《上海道契》中所载至少有11笔，最大的两笔都超过3华亩，价格各1万两银以上，他表示这些土地转手之间自己获利颇丰，多到他主动将所领的薪水退还给布道站司库（ibid., 199/8/55, W. Gamble to W. Lowrie, Shanghai, 6 October 1863; ibid., 196/7/93, W. Gamble to W. Lowrie, Shanghai, 7 January 1865）。

在虹口房地价格不断上涨时急于出售相当可惜，最终还是同意了姜别利的要求，在1861年底卖得6 750两银，加上可续住半年而省下的房租，合计约7 000两银，折合约9 300元，同时又有同孚洋行（Olyphant & Co.）行东欧立芬（Robert M. Olyphant, 1824—1919）与屡次捐助中国传教的纽约慈善家连纳斯（James Lenox, 1800—1880）两人合捐5 000元，指定作为美华的建馆专款，总共是14 300元，解决了小东门美华馆舍与克陛存住宅的建筑经费问题。[①]

上海布道站在市廛繁华的小东门外有两处相连接的土地。当1860年太平军第一次攻打上海时，这一带由法国人防卫，也随即要求纳入法租界范围，华人地主为免纳入后被外人以极少的代价永租，纷纷先以低于市价求售。克陛存等人即趁此时机买进，1860年12月先以2 125两银买进美华书馆的用地，1861年4月再以2 276元购入旁边较小但价格较高的教堂用地，两者合成东西约320英尺、南北约80英尺的一片长方形土地，面积25 609平方英尺（约0.59英亩或3.57华亩），以东面临黄浦江畔的街道，西接华人房地，南临小东门运河，北面为小东门街[②]。在这片土地上，居中坐落的为美华书馆，西边是教堂，东边靠近江畔则是克陛存的住宅。1861年7月，教堂先行动工，为长宽 30 × 39 英尺的二层楼建筑，二楼作为姜别利寓所，可就近管理美华书馆[③]。1861年12月，克氏住宅和美华书馆

① BFMPC/MCR/CH, 191A/5/233, M. S. Culbertson to W. Lowrie, Shanghai, 7 December 1861; ibid., 191A/5/243, M. S. Culbertson to W. Lowrie, Shanghai, 20 February 1862; ibid., 191A/5/249, M. S. Culbertson to W. Lowrie, Shanghai, 17 May 1862; ibid., 191A/5/252, M. S. Culbertson to W. Lowrie, Shanghai, 3 June 1862.

② Ibid., 191/5/187, S. R. Gayley to W. Lowrie, Shanghai, 6 December 1860; ibid., 191/5/198, M. S. Culbertson to W. Lowrie, Shanghai, 23 April 1861; ibid., 199/8/76B, W. Gamble, 'Plan of the American Presbyterian Mission Ground, Shanghai, October 21, 1865.'

③ 长老会小东门教堂的土地与建筑费有别于美华书馆，先由克陛存在上海募款1 900余元，又在纽约募款1 500余元，共3 450元。（ibid., 191/5/172, Charles R. Mills to? [suppose W. Lowrie], Shanghai, May, no day 1860; ibid., 191/5/198, M. S. Culbertson to W. Lowrie, Shanghai, 23 April 1861; ibid., 191/5/216, 'Annual Report of the Shanghai Mission for the Year ending September 30th 1862; ibid., 191A/5/243, M. S. Culbertson to W. Lowrie, Shanghai, 20 February 1862.）

同时动工，克氏住宅长宽 33 × 33 英尺，附有 24 × 16 英尺的中式厢房；而美华书馆为长宽 120 × 30 英尺的两层楼建筑，附建 50 × 18 英尺的一间中式房屋作为装订部[①]，合计 8 100 平方英尺，虽然小于姜别利在 1860 年迁到上海前要求的 12 000 平方英尺，却大于娄睿送来设计图的 6 000 多平方英尺[②]。姜别利非常满意地表示，美华的新馆舍是"一栋坚固而宽敞的建筑，在各方面都符合当前和未来的需要"。[③]

1862 年 5 月底，小东门新馆尚未全部完工，但已大致就绪，而虹口房屋出售后可以续用半年的期限已届，于是美华书馆在 6 月初离开暂居了一年五个多月的虹口而迁入新馆[④]。此后直到 1875 年 10 月迁往北京路为止，美华书馆在小东门外经营了十三年又四个多月，其中在 1869 年 9 月底以前，姜别利就在这里完成各号中文活字与电镀铜版的实验与生产，并供应中国西式印刷业的需要，同时他也在这里教导训练中国工匠使用西式印刷的各项技术。著名的《教务杂志》在 1869 年 11 月号刊登姜别利辞职的消息时，评论说由于他成功的经营，美华书馆成为可能是东方规模最大的印刷所，也是各样设备最完整的印刷所，举凡图书生产过程中涉及的每件事，除了造纸和制造印刷机两者外，美华书馆都能包办[⑤]。可以说，1860 年代屹立在上海小东门外的美华书馆，就是中国最具有代表性的西式印刷重镇。

---

① BFMPC/MCR/CH, 191A/5/238, M. S. Culbertson to W. Lowrie, Shanghai, 9 January 1862.

② Ibid., 199/8/29, W. Gamble to W. Lowrie, Ningpo, 25 June 1860; ibid., 191/5/203, W. Gamble to W. Lowrie, Shanghai, 18 May 1861.

③ Ibid., 199/8/45, Report of the Press for the Year ending October 1, 1862.

④ Ibid., 191A/5/252, M. S. Culbertson to W. Lowrie, Shanghai, 3 June 1862; ibid., 199/8/45, Report of the Press for the Year ending October 1st 1862.

⑤ *The Chinese Recorder*, 2:6(November 1869), p.175.

第二节　管理与经费

一、管理

在制度方面，美华书馆迁到上海后的管理比华花圣经书房简化单纯，在布道站之下并未设置出版委员会，而是美华书馆就由主任姜别利负责经营，有事则由他提报到布道站的每月或年度会议讨论议决，另由布道站年度会议任命两人，稽核美华书馆的年度经费收支情形。例如1862年9月底上海布道站举行美华书馆迁到上海后的第一次年度会议，姜别利在会中宣读美华书馆年度报告并获得决议通过，出席的传教士随即一致通过作为美华书馆规则（regulations or rules concerning the press）的四项决议：

（一）上海布道站有责任印刷执行委员会指示付印的任何印件；

（二）本传教会其他布道站要求印刷并由其自行负责的任何印件，只要情况许可，上海布道站认为都有责任为其印刷；

（三）上海布道站可为其他传教会的布道站印刷如同前条情况的印件；

（四）上海布道站可自由印刷本站认为无损于传教的任何英文、中文或日文的代工印件。[①]

在同一次会议中，还通过姜别利提案为美华书馆的馆舍和机器投保10 000元的火险，又任命丁韪良和陆佩（John S. Roberts）两人稽核美华书馆当年度的经费收支[②]。1863年5月间，姜别利决定遵照娄睿的指示，尽快完成铸字和电镀铜版两项重要工作，因此在布道站月会中提请其他传教

① BFMPC/MCR/CH, 191A/5/272, Annual Report of the Twelfth Annual Meeting of the Shanghai Mission of the American Presbyterian Board, September 30, 1862.

② Ibid.

士能够分担照料印刷事务，传教士们觉得本身的传教事务十分繁忙而无法兼顾，因此决议让姜别利在上海雇用一名助理史密斯（Smith），为期一年，月薪65元，从美华书馆的代工收入中支出。[①]

上海布道站不设出版委员会的原因不见记载，但显然是传教士人数有限的缘故，不像宁波布道站因是长老会在华的首要布道站，人数较多，有必要分设出版、学校等委员会各司其事。当美华书馆在1860年底迁到上海时，上海布道站有四名传教士：克陛存、甘磊、梅理士和范约翰（John M. W. Farnham, 1829—1917）等，这也是上海布道站传教士人数最多的时候，四个月后甘磊于1861年4月改往芝罘，从此上海站经常就只有三名传教士，而且来去不定[②]。在这种情况下，有事由姜别利和传教士一起集会讨论即可，没有必要再设出版委员会。

布道站会议形式上是多数决的合议制，每位传教士地位平等，但克陛存因其人格特质以及比其他传教士资深得多的缘故，实际上是上海站的领导人物。美华书馆迁移上海主要是克陛存出面争取的结果，他的意见对于迁移后的重大馆务也很有影响力，最显著的例子是馆舍建筑，当姜别利一再要求上海站出售虹口房地以兴建新馆时，克陛存却主张缓办，至少等到可以卖得8 000元时再说，以至于姜别利非常不满，写信向娄睿抱怨克陛存明知美华书馆的空间非常逼仄不利，却不愿放弃自己舒适的虹口住宅搬到

---

① BFMPC/MCR/CH, 191A/5/292, W. A. P. Martin to W. Lowrie, Shanghai, 22 May 1863; ibid., 191A/5/293, J. M. W. Farnham & W. Gamble to W. Lowrie, Shanghai, 18 June 1863. 丁韪良在信中肯定地指出这位助理姓史密斯，也简略地描述其家庭背景。冯锦荣却错误地说布道站决议为姜别利雇用的这名助理，就是1864年11月间自美抵达上海的传教士惠志道（John Wherry, 1837—1918）（冯锦荣，《姜别利与上海美华书馆》，页305、316）。事实上惠志道是上海站的传教士而非姜别利的助理，惠氏来华后固然曾协助美华书馆的中文校对工作，也在姜别利辞职后接长美华书馆，但惠氏和1863年雇用姜别利助理一事毫无关系；何况惠氏是神职的传教士，姜别利则只是助理传教士，到上海后又已自愿放弃此一身份，而专任世俗雇员（secular employee）性质的美华书馆主任，因此惠志道根本不可能担任姜别利的助理。

② 除甘磊前往烟台，梅理士也于1862年7月离沪北上，陆佩（John S. Roberts）则于同月自宁波调来上海，克陛存于1862年8月因霍乱过世，丁韪良于1862年10月自美回华在沪，至1863年6月改往北京，惠志道于1864年11月自美抵达上海后，陆佩又于1865年4月离沪返美。

布道站在南门的空房，以便兴建美华新馆，“我觉得克陛存先生完全控制了上海布道站，而且就我看来，我也觉得他是以一种自私的态度施展此种权力。”[1]后来克陛存拗不过姜别利的再三要求，又担心姜别利会愤而抛下美华离去，才勉强同意以6 750两银的价钱出售虹口房地。[2]

到1862年7月间，上海站只有克陛存、范约翰两名传教士，加上姜别利共是三人，克陛存为了争取从宁波调来一名传教士，曾经向娄睿表明自己领导上海站的苦心不易，他说范、姜两人的许多观点和自己差别极大，他们也相当坚持已见，幸好大家都还能在异中求同，维持布道站的和谐局面。[3]

1862年8月克陛存因霍乱猝死，上海布道站以资深传教士为中心的运作方式从此不再。此后的两三年间，各有主见的二至三名年轻传教士和姜别利还能就各自负责的讲道、学校、印刷等部门相安无事，有如姜别利以下的描述：

> 我们在上海布道站行事本的是各自独立的原则，例如美华书馆由我负责，一切就由我自行决定，没有人会加以干涉，我需要经费，就能得到经费，我需要获得授权，布道站就授权给我，没有人会过问美华的究竟，一切随我主意，上海站其他部门也是如此。[4]

不幸到1860年代中期时，上海站成员各自为政与各取所需的情形变质，竟演变成互相批评甚至对立互控的状况，主要是范约翰与其他成员相处不睦的恶劣关系，而导火线则是范约翰从事土地房屋投资并和华人发生纠纷，在1862年和1863年间陆续被华人告进官府，由上海道台知会美国驻上海总领事西华（George F. Seward, 1840—1910）处理，

---

① BFMPC/MCR/CH, 191A/5/234, W. Gamble to W. Lowrie, Shanghai, 22 December 1861.
② Ibid., 191A/5/233, M. S. Culbertson to W. Lowrie, Shanghai, 7 December 1861.
③ Ibid., 191A/5/260, M. S. Culbertson to W. Lowrie, 17 July 1862.
④ Ibid., 200/8/126, W. Gamble to W. Lowrie, Shanghai, 24 February 1868.

因此上海站其他成员对范约翰很不以为然，认为他有损传教士形象，陆佩在1865年初写信向执行委员会检举，指责范约翰为自己牟利而荒废传教工作[①]。执行委员会指示非上海布道站的两名传教士麦嘉缔和葛霖（David D. Green, 1828—1872）进行调查，但调查报告既未涉及范约翰与华人间的纠纷，更未向总领事馆求证，只表示范约翰已对自己投资土地房屋的错误行为感到后悔，因此本案应到此为止。报告还指责检举者未先请求以传教士为主的在华长老教会调查，即径向执行委员会检举为不当。[②]

在案件调查期间，检举人陆佩已经因病返美，上海站就是范约翰、姜别利以及刚到上海还不满一年的惠志道三人，这样未尽全力的调查报告表面上结案，实际上却扩大了上海布道站成员间的裂痕，范约翰一人对上姜别利、惠志道两人，上海站的内讧从过去的暗中较劲变成公开争吵。在此后四年间，双方不断在写给执行委员会的信中抨击对方种种不是，也在布道站会议时互相掣肘杯葛，范约翰在人数上落单不利，于是主张姜别利从1860年迁到上海之际已自愿放弃助理传教士身份，只是上海站雇用的世俗雇员而已，根本没有资格参加布道站会议[③]。但姜别利多年来在没有传教士反对的情况下，不仅都参加会议，更轮值担任主席并经常被选任各项专案的委员，所以他对范约翰否定自己的资格之举大感愤怒，甚至举拳相向扬言要打倒（knock down）范约翰，范约翰则招来警察以策安全，并

① 陆佩的检举信已不见于长老会现存档案中，但惠志道和姜别利都明白提及是陆佩检举的（ibid., 196/7/184, J. Wherry to D. B. McCartee & D. D. Green, Shanghai, 16 September 1865; ibid., 196/7/187, W. Gamble to D. B. McCartee, Shanghai, 20 September 1865）。

② Ibid., 196/7/201, D. B. McCartee & D. D. Green to W. Lowrie, Ningpo, 23 October 1865. 上海美国总领事馆所存范约翰与华人间纠纷文件的英文译本十件，见ibid., 200/8/152, 'Transcript of correspondence on the South Gate property — Shanghai — Sent by United States Consul General.'

③ Ibid., 199/8/110, J. M. W. Farnham to J. Wherry, Shanghai, 18 June 1868. 关于姜别利放弃传教士身份，坚持自己只是布道站的世俗雇员一事，参见本书《华花圣经书房迁移上海的经过》一章最后一节所述。

抵制所有姜别利出席的会议等等，双方争得不可开交。[①]

1868年7月，范约翰向姜别利所属的宁波长老教会牧师雷音百（Joseph A. Leyenberger, 1834—1896）申诉，要求调查姜别利不合基督徒品格的行为，雷音百则劝阻范约翰，理由是不宜让大多数为华人的宁波教会处理传教士之间的争端[②]。姜别利知悉范约翰的申诉后，也不甘示弱于1869年初向长老会的上海中会（Presbytery of Shanghai）检举范约翰诽谤、殴打华人、毁坏华人祖坟等六项行为[③]。1869年4月12日、13日两天，上海中会讨论姜别利控诉范约翰的案件，决议判定其中五项已超过一年时效而不予受理检举，唯一还在时效内的诽谤姜别利行为，则因姜别利自己也有过失而不能成立。[④]

姜别利对于前述陆佩检举范约翰的调查结果已经深感不公，也不止一次写信向娄睿抗议[⑤]；而这一次姜别利自己提出检举，不仅提出相关人证，还特地前往总领事馆抄录范约翰与华人土地房屋买卖纠纷的所有文件，并经过总领事西华的认证，不料又遭遇到上海中会决议不受理与不成立的结果。姜别利实在无法接受，随即在1869年4月19日向执行委员会递出辞职函，他在函中直言："我采取这项行动的原因，是我在上海站的一名同工近来对我的态度，让我无法维持自尊，也无法再和他共事。"[⑥]姜别利在辞函中也

① BFMPC/MCR/CH, 199/8/110, J. M. W. Farnham to J. Wherry, Shanghai, 18 June 1868; ibid., 195/9/53, J. Wherry to J. C. Lowrie, Shanghai, 19 April 1869; ibid., 195/9/57, copy letters between J. Wherry & J. M. W. Farnham, in April 1869, no. 4, 'J. M. W. Farnham to J. Wherry, Shanghai, 27 April 1869.'

② Ibid., 199/8/113, J. M. W. Farnham to the Pastor of the First Presbyterian Church, Ningpo, Shanghai, 17 July 1868; ibid., 199/8/114, J. A. Leyenberger to W. Gamble, Ningpo, 1 October 1868.

③ Ibid., 199/8/116, W. Gamble to John Wherry, Moderator of the Presbytery of Shanghai, Shanghai, 18 February 1869.

④ Ibid., 195/9/46, J. M. W. Farnham, 'Copy of the Minutes of the Shanghai Presbytery,' Shanghai, 24 August 1869; ibid., 195/9/53, J. Wherry to J. C. Lowrie, Shanghai, 19 April 1869; ibid., 195/9/54, W. Gamble to J. C. Lowrie, Shanghai, 19 April 1869.

⑤ Ibid., 197/7/486, W. Gamble to J. C. Lowrie, Shanghai, 21 August 1866; ibid., 200/8/252, W. Gamble to J. C. Lowrie, Shanghai, 6 December 1868.

⑥ Ibid., 195/9/54, W. Gamble to J. C. Lowrie, Shanghai, 19 April 1869.

表示，不能接受上海中会以技术性理由（technical grounds）搁置对检举内容的实质裁判，因此他声言将上诉到费城大会（Synod of Philadelphia）。[①]

姜别利提出辞呈后并未立即离职，而是直到长老会当年度结束，姜别利才于1869年10月1日将美华书馆的门钥、现金和账簿移交给惠志道接管[②]，离开了为期八年又十个月多的美华书馆主任职务，而美华书馆馆史上最重要的奠基时期也到此结束。可以说，上海布道站传教士的各自为政，让姜别利得以在美华书馆的经营上充分发挥自己的技能长才，但从各自为政陷入冲突内讧后，却导致姜别利辞职离华的结果。也就是说美华书馆的管理没有问题，反而是上海布道站的问题波及美华书馆，让美华失去了专业能干的奠基者。

二、经费

从1860年到1869年间，美华书馆的经费有四项来源：（一）长老会外国传教部的拨款；（二）美国圣经公会与美国小册会的补助；（三）代印传教或非传教书刊文件；（四）出售活字与其他印刷材料。在这四项经费来源中，前两项来自美国的供应，后两项则来自中国本地，这段时间由于在华传教情势的开展和上海远胜于宁波的经营环境，来自本地的后两项财源所占的比重也逐年增长。

（一）长老会外国传教部的拨款

上海布道站的传教士依照外国传教部的规定，每年编报下一年度的经

① 由于上海中会之上的长老会中国大会（Synod of China）直到姜别利辞职后一年才在上海成立，所以他声称将要上诉到费城大会，但他离职后是否真提出了上诉还有待考证。

② Ibid., 195/9/140, W. Gamble to J. C. Lowrie, Shanghai, 1 October 1869. 上海站的内讧并没有因姜别利辞职而停止，在内讧中占得上风的范约翰将不满的对象转向惠志道，当面辱骂他只是姜别利的“工具”（tool），只会“打小报告”（tale-bearing），范约翰又经常借种种事端让惠志道难堪等等，惠志道不堪其扰只好向执行委员会报告自己的遭遇并请求调离上海（ibid., 195/9/115, J. Wherry to J. C. Lowrie, Shanghai, 19 August 1869; ibid., 195/9/126, J. Wherry to J. C. Lowrie, Shanghai, 17 September 1869）。

费估算，送请在纽约的执行委员会核定，但美华书馆第一年（1860年10月至1861年9月）的经费6 000元，是迁到上海前就经执行委员会核定再通知上海布道站的。上海布道站从第二年（1861年10月至1862年9月）起才逐年编报美华书馆的估算，每年都是5 000元，这也是上海站各项估算（传教士薪水、学校、医药、修缮、印刷等等）中金额最大的一项，将近占上海布道站所有经费估算的一半，也远高于华花圣经书房时期的估算数目。尽管在现存的长老会档案中，不知何故从1867年度起不复见上海站每年的经费估算表，但随着美华书馆逐年发展，至少应该也有5 000元才是。执行委员会通常是照上海布道站编报的金额核给，但有意思的是执行委员会都将印刷圣经和小册的经费分别开列，而非如华花圣经书房时期将两者合并给个总数，其用意相当明显，是要上海的传教士别再和宁波一样，只关注小册（尤其是他们自己的作品）的印刷，而忽略了更重要的圣经印刷。

不过，美华书馆因为另有三项财源的缘故，实际上不会用到执行委员会的全部拨款。另一方面，这项拨款只是执行委员会准备让美华书馆在上海使用的经费，主要用于工资、纸张和装订三项，此外如添购印刷机、铸字原料与设备、英文活字、油墨，以及外国纸张等，都由执行委员会另外拨款在美国购买运来。例如从1860年至1869年间，执行委员会为美华书馆添购了每台约300至400元的手动印刷机六台，约1 500元的滚筒印刷机一台；又如1863年间购运了价值4 000元的纸张给美华书馆[①]，1866年时又应姜别利要求运来价值800元的英文字模和铸字器材[②]，1868年姜别利为准备印刷卫三畏的中英文字典，请娄睿购买500磅重的英文活字与200磅重的铸字金属原料等等，都是执行委员会在美国为美华书馆花费的较大笔开支。[③]

① BFMPC/MCR/CH, 199/8/51, W. Gamble to W. Lowrie, Shanghai, 19 August 1863.
② Ibid., 197/7/381, W. Gamble to W. Lowrie, Shanghai, 24 December 1866.
③ Ibid., 200/8/126, W. Gamble to W. Lowrie, Shanghai, 24 February 1868.

（二）美国圣经公会与美国小册会的补助

从1860年到1869年间，美国圣经公会与美国小册会继续补助美华书馆，尤其是收入没有受到美国南北内战影响的圣经公会更是大手笔，1861年6月娄睿通知上海布道站，圣经公会已经拨出5 000元补助款，需要的话可以再增加5 000元[①]。翌年（1862），很可能是克陛存和裨治文进行多年的圣经译本终于全部完成的缘故，圣经公会大幅度提高补助金额至12 375元，1863年原因不明地减为7 375元，但随即在1864年与1865年连续两年又提高至各15 000元，1866年和1867年两年则分别是10 000元和11 000元[②]。虽然这些补助金额都包含长老会在中国、印度和暹罗三地的印刷工作在内，但印度的长老会布道站另有英国殖民地政府的拨款补助，而暹罗的长老会传教事业规模远不如在中国与印度两者，有时候娄睿在谈论圣经公会补助款的书信中还会遗漏未提暹罗，因此可以推论中国（即美华书馆）至少应该获得其中的三分之一以上。

相对于圣经公会，来自小册会的补助金额少了许多，各年已知金额如 下：1861年1 000元、1862年1 200元、1863年2 100元、1864年2 700元、1865年2 000元、1866年2 200元、1867年2 400元[③]。以上这些金额也都包含了中国、印度和暹罗三地在内，但娄睿曾两度提及中国所占的金额，一次是他在1863年12月通知姜别利，小册会补助中国1 000元[④]；另一次在1864

① BFMPC/MCR/CH, 232/63/54, W. Lowrie to Shanghai Mission, New York, 12 June 1861. 圣经公会和小册会的会计年度是每年5月至次年4月，与长老会从10月至9月不同，娄睿通知函中没有说明是哪个年度，此处及下文关于两会补助款的讨论都只能以“年”而非“年度”为准。

② Ibid., 232/63/152, W. Lowrie to Shanghai Mission, New York, 5 June 1863; *The Twenty-Fifth Annual Report of the Board of Foreign Missions* (1862), p.73; *The Twenty-Sixth Annual Report of the Board of Foreign Missions* (1863), p.55; *The Twenty-Seventh Annual Report of the Board of Foreign Missions* (1864), p.53; *The Twenty-Eighth Annual Report of the Board of Foreign Missions* (1865), p.45; *The Twenty-Ninth Annual Report of the Board of Foreign Missions* (1866), p.47; *The Thirtieth Annual Report of the Board of Foreign Missions* (1867), p.49. 至于1868与1869两年的金额待考。

③ 这些金额的出处都同前注，而1868与1869两年的金额也一样待考。

④ BFMPC/MCR/CH, 232/63/175, W. Lowrie to W. Gamble, New York, 19 December 1863.

年3月通知上海布道站，下一年（1865）小册会补助中国的金额仅有500元，所以娄睿建议上海布道站以美华书馆代工印刷的部分盈余，补足1 000元用于印刷小册，他也承认不论是500元或1 000元，对于广大的中国实在不足，但美国内战期间长老会自己的经费缩减，无法增拨小册印刷费。[①]

美华书馆每年的年报都报道了以两会补助款印成的页数，例如最早一年（1861）以圣经公会补助款印成616万余页，以小册会补助款印成438万余页，两者合计占了这一年美华书馆印刷总页数1 174万余页的九成之多[②]。又如最后一年（1869）以圣经公会补助款印成557万余页，以小册会补助款印成282万余页，两者合计也占了这年美华书馆印刷总页数1 516万余页的五成五[③]，所占比例虽然大幅降低，但仍超过半数以上，显示两会补助款一直占美华书馆直接印刷成本的最主要部分。

但是，美华书馆的年报从来没有提及两会补助的金额究竟是多少，在现存长老会外国传教部档案中，也不见这段时间姜别利结报两会补助款的纪录[④]。姜别利曾三度报道以小册会补助款所印页数的成本：1864年印143万余页的成本750元、1865年印165万余页的成本700元、1866年印295万余页的成本1 204元。[⑤]

（三）代印传教及非传教书刊文件

美华书馆从宁波迁到上海的理由之一，是上海有较多的代工印刷机会和收入，可以减轻长老会外国传教部的经费负担，并扩大美华书馆

① BFMPC/MCR/CH, 232/63/198, W. Lowrie to Shanghai Mission, New York, 23 March 1864; ibid., 232/63/175, W. Lowrie to W. Gamble, New York, 19 December 1863.

② Ibid., 199/8/44, Annual Report of the Press for 1860−1861.

③ Ibid., 196/9/397, J. Wherry, Books Printed at the Presbyterian Mission Press Shanghai, 1868−1869.

④ 也许是姜别利将账单寄给娄睿后，直接转给两会而没有存底。

⑤ BFMPC/MCR/CH, 199/8/−, Report of the Press at Shanghai for the Year ending Oct. 1, 1864; ibid., 196/7/104, Annual Report of the Presbyterian Mission Press at Shanghai, from October 1, 1864 to October 1, 1865; ibid., 196/7/240, Annual Report of the Presbyterian Mission Press at Shanghai, from October 1, 1865 to October 1, 1866.

的效能和影响力。结果正有如预期，姜别利在迁到上海半年后的1861年6月写信给娄睿，表示手上已经开始累积代印的订单，因而要求娄睿紧急购运一批英文活字等材料，以备开展代印工作。姜别利又说明英文代印的利润很可观（very profitable），他为此新雇一名学过英文的教会学校毕业生，专做英文检字排版的工作，但不久后发觉一名不够，又增雇了相同资格的两名少年，姜别利同时要求娄睿再采购一批准备用于代印的活字器材。[①]

初到上海时，美华书馆局促在虹口条件较差的临时馆舍中，无法大显身手，稍后又忙于搬入小东门外的新馆舍，但即使如此，1862年的代印收入也有673.05元[②]，这比起华花圣经书房在十五年间只有一年（1854）的代印收入超过500元，美华书馆确实已显得“有利可图”。等到在小东门外安顿下来后，1863年的代印收入随即大幅成长数倍至2 780.07元[③]，主要是印了三名传教士的著作：在日本的鲍留云的《东洋初学土话》（*Colloquial Japanese*）、北京丁韪良的《常字双千认字新法》（*The Analytical Reader*）、上海传教医生韩雅各（James Henderson, 1830—1865）的《上海卫生》（*Shanghai Hygiene*）等书[④]；同时，美华书馆又为上海的丰裕洋行（Fogg & Co.）代印商业表单，每个月也多了将近100银两的收入。[⑤]

---

① 199/8/无编号, W. Gamble to W. Lowrie, Shanghai, 18 June 1861; ibid., 199/8/42, W. Gamble to W. Lowrie, Shanghai, no day [received in New York on 2 November 1861]; ibid., 199/8/44, Annual Report of the Press for 1860–1861.

② Ibid., 199/8/45, Report of the Press for the Year Ending Oct. 1, 1862.

③ Ibid., 199/8/54, Annual Report of the Press for the year ending October 1, 1863.

④ 这三种书都出版于1863年：Samuel R. Brown, *Colloquial Japanese, or Conversational Sentences and Dialogues in English and Japanese*; W. A. P.Martin, *The Analytical Reader: A Short Method for Learning to Read and Writing Chinese*; James Henderson, *Shanghai Hygiene, or Hints for the Preservation of Health in China*. 其中丁韪良的书是以长老会外国传教部的经费印成，出售的收入也归外国传教部（ibid., 199/8/53, W. Gamble to W. Lowrie, Shanghai, 19 September 1863.），因此严格地说不算是代印。

⑤ BFMPC/MCR/CH, 199/8/47, W. Gamble to W. Lowrie, Shanghai, 19 February 1863.

不过，接下来的1864年与1865年两年，美华书馆的代印收入却陡然降至各328元与675.5元[①]。原来是娄睿于1863年1月间来函，表示宁可姜别利暂时放弃代印，以便集中力量早日完成铸造活字；而姜别利在检讨后也觉得，自己从宁波时开始翻铸香港小活字，以及从黄杨木刻铸更小的活字以来，已历经四年而尚未能完成这两项重要的基础工作，因此决定全力投入以期早日完成[②]。不久他又收到了娄睿的来信转告执行委员会的决议，为因应圣经公会给予的15 000元大笔补助款，指示他以柏林活字和巴黎活字印刷四种圣经版本，共7 000部[③]。铸造活字和印刷圣经这两件要事同时并举，让姜别利无法再分心于其他，因此他在1863年10月写信告诉娄睿："我已经放弃了英文商业印刷，因为我无法在做这件事时，还能妥善照料其他更为重要的事。"[④] 此后直到1865年初，姜别利才又提及英文代印的事，即皇家亚洲文会北中国支会的会报（*Journal of the North China Branch of the Royal Asiatic Society*），他同时提到让人使用美华的印刷机和活字印刷日报，每月收费100元。[⑤]

等到铸造活字和印刷圣经两件事都完成后，美华书馆也恢复了代工印刷，1866年的这项收入还只有1 123.70元，但从1867年起的三年都极为可观并逐年增加，分别达到4 240.51元（1867）、5 187.92元（1868）、

---

① BFMPC/MCR/CH, 196/7/59, Press Receipts & Expenditures, 1863–1864. 据同一年度上海站司库报告则为$335.00（ibid., 191A/5/328, Annual Report of Shanghai Mission Treasury from Oct. 1, 1863 to Oct. 1, 1864）; ibid., 196/7/104, Annual Report of the Presbyterian Mission Press at Shanghai, from Oct. 1, 1864 to Oct. 1, 1865.

② Ibid., 232/63/131, W. Lowrie to Shanghai Mission, New York, 22 January 1863; ibid., 199/8/48, W. Gamble to W. Lowrie, Shanghai, 5 May 1863.

③ Ibid., 232/63/138, W. Lowrie to W. Gamble, New York, 17 April 1863. 此信字迹难以辨识，但娄睿在一个多月后的另一封信中重复了前信的主要内容（ibid., 232/63/152, W. Lowrie to Shanghai Mission, New York, 5 June 1863）。

④ Ibid., 199/8/55, W. Gamble to W. Lowrie, Shanghai, 6 October 1863.

⑤ Ibid., 196/7/93, W. Gamble to W. Lowrie, Shanghai, 7 January 1865. 姜别利没有说明是中文或英文日报。

5 374.05元(1869)[①],其产品包含图书、杂志和商业表单,语文则中、英、日文都有,如平文(James C. Hepburn, 1815—1911)的《和英语林集成》(*A Japanese and English Dictionary*)、伟烈亚力的*Notes on Chinese Literature*及*Memorials of Protestant Missionaries to the Chinese*、日本作者的《英和对译袖珍辞书》(*An English-Japanese Dictionary*)增订本,以及西学书如丁韪良的《格物入门》、艾约瑟的《重学》等等。

(四)出售活字与其他印刷材料

出售活字是美华书馆在代印以外新增的自筹财源。直到1865年7月间,姜别利才报道了第一笔活字生意,即出售给上海道台丁日昌[②],而这年度的活字收入是681.12元[③]。1866年美华书馆又卖了活字给上海本地的一些私人印刷所,收入403.85元[④]。接着从1867年起的三年间,美华书馆的活字收入快速增长,从1 357.69元(1867)增长到2 354.44元(1868)[⑤],随着又大量增加至5 992.11元(1869)[⑥],增加的幅度相当惊人,而且包含中英日三种语文的活字,出售的地区也从中国拓展至日本、美国及欧洲。

此外,美华书馆有许多从美国运来的印刷器材如纸张、油墨等,抵华后往往并不合用,姜别利于是设法就地变卖以免闲置浪费,从1861年至

① BFMPC/MCR/CH, 196/7/240, Annual Report of the Presbyterian Mission Press at Shanghai, from Oct. 1 1865 to Oct. 1, 1866; ibid., 197/7/387, Annual Report of the Presbyterian Mission Press at Shanghai, from Oct. 1, 1866 to Oct. 1, 1867; ibid., 200/8/190, Annual Report of the Presbyterian Mission at Shanghai, for the Year ending 30 September 1868; ibid., 195/9/131, Presbyterian Mission Shanghai in a/c Current with the Presbyterian Mission Press for the Year ending Sept. 30, 1869.

② Ibid., 196/7/169, W. Gamble to W. Lowrie, Shanghai, 20 July 1865.

③ Ibid., 196/7/104, Annual Report of the Presbyterian Mission Press at Shanghai, from Oct. 1, 1864 to Oct. 1, 1865.

④ Ibid., 196/7/240, Annual Report of the Presbyterian Mission Press at Shanghai, from Oct. 1, 1865 to Oct. 1, 1866.

⑤ Ibid., 197/7/387, Annual Report of the Presbyterian Mission Press at Shanghai, from Oct. 1, 1866 to Oct. 1, 1867; ibid., 200/8/190, Annual Report of the Presbyterian Mission Press at Shanghai, for the Year Ending 30th September 1868.

⑥ Ibid., 195/9/133, Presbyterian Mission Shanghai in a/c Current with the Presbyterian Mission Press for the Year Ending September 30, 1869.

1869年间此种收入累计达到2 354元，其中九成是纸张，最大一笔有1 349元，是1865年美国运来价值2 500元的纸张，却在航程中受到海水浸湿，运到后由姜别利折价转售他人所得，他还要求船运公司出具损坏证明文件并寄给娄睿，以便能在美国获得保险赔偿。[①]

上述美华书馆的四种经费来源中，代印书刊和出售活字的收入逐年畅旺，使得美华书馆在中国本地自筹财源的比重增加，对长老会外国传教部拨款的依赖性也随着降低。姜别利在1868年4月写信告诉接任外国传教部秘书的娄睿长子娄约翰（John C. Lowrie, 1808—1900），表示美华书馆过去半年的开支约6 000元中，只有1 000元是取自外国传教部的拨款，其他5 000元都来自代工印刷或出售活字[②]。四个月后，姜别利再度告诉娄约翰，当年美华书馆只动用了约2 500元的外国传教部拨款，其他8 500元都来自其他财源[③]。结果在1868年度的美华书馆年报中，姜别利表示主要由于代印的大笔收入所致，美华书馆动用的执行委员会拨款还不到核定的半数。[④]

在支出方面，美华书馆历年的支出数目如表12-1：

表12-1　美华书馆历年支出费用（元）

年度	支出	工资（%）	纸张（%）	装订（%）	其他（%）
1861	5 849	837（14）	4 059（70）	317（5）	636（11）
1862	7 404	1 205（16）	5 055（68）	488（7）	656（9）

① BFMPC/MCR/CH, 196/7/126, W. Gamble to W. Lowrie, Shanghai, 8 April 1865; ibid., 196/7/137, W. Gamble to W. Lowrie, Shanghai, 8 May 1865; ibid., 196/7/104, Annual Report of the Presbyterian Mission Press at Shanghai, from Oct. 1, 1864 to Oct. 1, 1865.

② Ibid., 200/8/140, W. Gamble to J. C. Lowrie, Shanghai, 17 April 1868.

③ Ibid., 200/8/187, W. Gamble to J. C. Lowrie, Ningpo, 11 August 1868. 姜别利写此信时正在宁波度假，因此发信地点为宁波。

④ Ibid., 200/8/190, Annual Report of the Presbyterian Mission Press at Shanghai, for the Year Ending 30 September 1868.

续 表

年度	支出	工资(%)	纸张(%)	装订(%)	其他(%)
1863	5 441	2 601(48)	133(2)	601(11)	2 106(39)
1864	4 853	2 062(42)	763(16)	485(10)	1 543(30)
1865	6 806	2 251(33)	1 506(22)	808(12)	2 241(33)
1866	6 282	2 275(36)	1 788(29)	821(13)	1 398(22)
1867	10 127	4 363(43)	2 690(27)	1 219(12)	1 855(18)
1868	12 584	3 232(26)	3 785(30)	1 607(13)	3 960(31)
1869	14 858	3 922(26)	2 270(15)	2 470(17)	6 196(42)
合计	74 204	22 748(31)	22 049(30)	8 816(12)	20 591(27)

资料来源：美华书馆各年度报告。

说明：美华书馆在1861、1862两年购买大批纸张，因此1863、1864年纸张费用大为减少(BFMPC/MCR/CH, 199/8/55, W. Gamble to W. Lowrie, Shanghai, October 6, 1863)。

上表显示几点特征：第一，美华书馆的支出从1861年度不到6 000元，逐渐攀升到1869年度接近15 000元，九年间增加了2.5倍，可见其馆务发展相当迅速，而且规模之大，远非华花圣经书房时期每年从数百元至2 000余元的小本经营可比。第二，华花圣经书房时期合占支出八九成以上的工资、纸张和装订三项，到美华书馆时期仍然合占最多的比例，但比重已有明显的下降，还不到全部支出的七成五，原因是纸张从以前占支出的五成减少至三成，甚至还略低于工资。第三，其他支出从1863年起显著增加的主要原因，是姜别利从这一年起积极进行铸字工作的缘故，等到1865年完成字模的铸造后开始出售活字，也需要添购活字金属原料，美国运来的有所不足，姜别利除了在中国采购，甚至还远从英国进口锑原料。①

① BFMPC/MCR/CH, 200/8/252, W. Gamble to J. C. Lowrie, Shanghai, 16 December 1868.

第三节　工匠与技术

一、工匠

1860年代美华书馆的中国工匠是中文印刷西化初期的参与者，但是他们似乎都没有留下自己撰述的相关文献，所幸在姜别利和其他传教士的书信报告中，多少还可以见到这些工匠的身影踪迹。

1860年底，几名工匠跟随姜别利从宁波迁到上海[①]。到1863年，这些宁波工匠除了一名外都已离职。唯一留下的是姜别利称为蒋（或江、姜）先生（Mr. Tsiang）的领班，姜别利在1867年说这名领班非常优秀（very worthy man），已经在馆工作了二十年以上[②]，因此蒋先生是早自1845年华英校书房迁到宁波不久就进了华花圣经书房的[③]。1869年姜别利离开美华书馆后，接掌主任的惠志道对印刷并不内行，身体又多病，还得兼顾本来的传教工作，因此相当倚重蒋先生，惠志道在1870年8月报道，美华书馆业务顺利而令人满意，与其说是在他自己不如说是在蒋先生的监督管理之下。[④]

还有一名宁波工匠虽然离开了美华书馆，却没有离开上海布道站，那

---

① 随姜别利迁到上海的宁波工匠人数不详，但华花圣经书房1858年的年报说雇有八名工匠（ibid., 191A/4/177, Report of the Press for the year ending September 30, 1858），到1860年迁移前，人数即使增加，应该也不可能太多，何况并非所有工匠都随着前往上海。

② Ibid., 197/7/387, Annual Report of the Presbyterian Mission Press at Shanghai, from October 1, 1866 to October 1, 1867.

③ 在宁波布道站男生寄宿学校的1850年报告中，有四名毕业的学生进入华花圣经书房工作，其中一人的姓名为Tseang Tsing，或许就是这位蒋先生。（ibid., 190/3/162, R. Q. Way, Sixth Annual Report of the Boys Boarding School ending October 1st 1850.）

④ Ibid., 196/9/330, J. Wherry to J. C. Lowrie, Shanghai, 11 August 1870.

是转而传教的鲍哲才。他从宁波布道站的寄宿学校毕业后，进入华花圣经书房担任排版工，到上海后被姜别利称赞是“我们最好的排版工”（our best compositor）[①]；1863年初丁韪良报道任命鲍哲才为教会长老时，也称赞他是好学生和“无可挑剔”（blameless）的基督徒[②]。鲍哲才开始传教工作后，每天轮流在美华书馆旁的教堂和城内的教堂讲道，听众就包括美华书馆的工匠和姜别利在内[③]，又经过传教士三年的教导后，鲍哲才在1866年获得按立为牧师。[④]

美华书馆正要在上海大展宏图，宁波工匠却几乎全数离职，姜别利自然得招募新手，到1863年时美华书馆不计装订部在内已有二十五名工匠，姜别利觉得特别的是美华迁到上海已满三年，却没有雇用过一名上海本地人，大多数工匠来自南京[⑤]。这可能是两个原因所致：一是姜别利到上海初期对本地人的印象很差，曾相当严厉地批评上海人愚笨无用，又说传教士和其他外人都认为一个宁波人抵得六个上海人[⑥]；二是上海的装订工匠索求高价，让姜别利舍上海人不用。第一次在1861年要求两倍于为本地人装订的价钱，姜别利干脆自行训练因太平军战乱到上海的难民，教他们学习线装书的装订技术，成本既低廉，又能让约二十名男女难民获得生计[⑦]；第二次在1865年，美华生产一批西式两面印刷的新约，上海装订工要求每部以20分钱计价，姜别利又决定自己训练工匠，将西式装订的工序分成两段，先教女工学会西式折纸和缝线技术，再教男工学习较费

---

① BFMPC/MCR/CH, 199/8/50, W. Gamble to W. Lowrie, Shanghai, 15 July 1863.

② Ibid., 191A/5/285, W. A. P.Martin to J. C. Lowrie, Shanghai, 8 January 1863. 鲍哲才是后来创办商务印书馆的鲍咸恩和鲍咸昌兄弟的父亲。

③ Ibid., 199/8/52, W. Gamble to W. Lowrie, Shanghai, 4 August 1863.

④ Ibid., 197/7/410, J. M. W. Farnham to J. C. Lowrie, Shanghai, 15 February 1867.

⑤ Ibid., 199/8/54, Annual Report of the Press for the Year Ending October 1, 1863; ibid., 199/8/55, W. Gamble to W. Lowrie, Shanghai, 6 October 1863.

⑥ Ibid., 199/8/–, W. Gamble to W. Lowrie, Shanghai, 18 June 1861.

⑦ Ibid., 199/8/44, Annual Report of the Press for 1860–1861; ibid., 191A/5/239, J. M. W. Farnham to W. Lowrie, Shanghai, 9 January 1962.

力的裁切和压平等功夫，结果姜别利说每部成本只要2或3分钱而已，而且见到此书的人都对其装订大为称赞，姜别利也得意地寄送一部给娄睿品评。[①]

除了装订的工匠，美华书馆还有排印和铸字两部门的工匠。在排印部门中，姜别利较常提到的是新增而利润高的英文工作，但当时有能力从事英文检字排版的华人工匠实在凤毛麟角，姜别利在上海最先雇用的一名华人英文排版工每月工资50元，虽然低于一般澳门土生华人70元上下的工资，却已相当于在美国的排版工最高工资[②]，而且1863年时美华书馆工匠每月的平均工资才8 000文钱（约8元）[③]，这名华人英文工匠的工资显得特别昂贵。但姜别利对他的工作很不满意，说他的产量还不及美国排版工的一半，因此姜别利一度建议娄睿从美国雇用一名排版工来华，他甚至说没有中国人能够胜任英文排版的工作。[④]

尽管姜别利看低了中国人，他还是在1861年先后雇用了三名中国少年学习英文排印，他们都毕业于美国圣公会上海布道站的寄宿学校，能说能读英文，姜别利和三人订立五年的学艺合约，亲自教他们排印技巧，第一年给予每月工资3 000文钱，以后逐年提高为4 500、5 000、6 000文钱，至第五年为7 000文钱[⑤]。三名少年学习不到两年，姜别利认为他们手艺已经熟练，足以应付工作需要，于是在1863年2月解雇了原来那名高价的华人英文排版工[⑥]。此后姜别利没有再提到这三名少年，直到1868年2月

① BFMPC/MCR/CH, 196/7/137, W. Gamble to W. Lowrie, Shanghai, 5 May 1865; ibid., 196/7/169, W. Gamble to W. Lowrie, Shanghai, 20 July 1865.

② Ibid., 199/8/42, W. Gamble to W. Lowrie, Shanghai, no day [received in New York on 2 November 1861]; ibid., 199/8/−, W. Gamble to W. Lowrie, Shanghai, 5 November 1862.

③ Ibid., 199/8/55, W. Gamble to W. Lowrie, Shanghai, 6 October 1863.

④ Ibid., 199/8/45, W. Gamble to W. Lowrie, Shanghai, 5 November 1862.

⑤ Ibid., 199/8/42, W. Gamble to W. Lowrie, Shanghai, no day [received in New York on 2 November 1861].

⑥ Ibid., 199/8/47, W. Gamble to W. Lowrie, Shanghai, 19 February 1863.

一位名贵增(Kwe-tseng)的英文排版工因天花死亡，姜别利说他是一名优秀勤奋的青年工匠，从学徒做起，在美华书馆工作有年[①]，因此贵增很有可能就是最初的那三名少年之一。

铸字是美华书馆很重要的一项工作，尤其姜别利在1863年决定加速铸造香港字和上海字两套活字，这年铸字房有八名工匠，包含六名成人和两名学徒[②]，其中姜别利经常提起的是从宁波时期就开始从黄杨木刻字的王凤甲(Wong Fong-dzia)。1860年底王凤甲并没有随着姜别利迁到上海，而是将近一年后才于1861年9月从宁波到沪，加入美华书馆继续刻字。他的手艺让姜别利赞不绝口，说是字形之美无与伦比，唯一的问题是王凤甲的身体情况不好，刻字速度较慢，每天只能刻成七个字，而每月工资12元，以致每个字的成本比姜别利预期的高，每个字模的成本也从预计的6至8分钱提高至10分钱，不过姜别利也说明，这只是从前打造钢质字范的成本的一小部分而已。[③]

上海字完成后，姜别利又请王凤甲刻一套更小的活字，字数不多，只选刻最常用的五百个字而已[④]。1866年1月王凤甲过世，在死前两个星期受洗成为基督徒，姜别利在报道他的死讯时说：

> 这个人有些令人非常惊叹的事，他就在需要他做这件事〔刻上海字〕的关键时刻出现，所有人都说从来没有见过像他做得那么美好的事，在中国的确没有人能超越他的手艺了，他在身体不

---

① BFMPC/MCR/CH, 200/8/126, W. Gamble to W. Lowrie, Shanghai, 24 February 1868; ibid., 200/8/190, Annual Report of the Presbyterian Mission Press at Shanghai, for the Year Ending 30 September 1868.

② Ibid., 199/8/52, W. Gamble to W. Lowrie, Shanghai, 4 August 1863; ibid., 199/8/51, W. Gamble to W. Lowrie, Shanghai, 19 August 1863. 冯锦荣在其《姜别利与上海美华书馆》文第308页谓：“1865年初，美华书馆内正式设立铸字部门(Type-founding Department)。”并注明其资料出处为1865年长老会外国传教部年报第35页。经笔者查证外国传教部的年报并无此种说法。

③ Ibid., 191/5/217, W. Gamble to W. Lowrie, Shanghai, 4 October 1861.

④ Ibid., 196/7/169, W. Gamble to W. Lowrie, Shanghai, 20 July 1865.

适的情况下还能完成上海字的刻工。[①]

王凤甲是唯一获得姜别利赞叹不止的美华书馆工匠，也可能是仅有获得姜别利如此大为推崇的华人。其实，姜别利虽然曾经看轻了上海人与中国人，但他带领美华书馆工匠数年后改变了态度，1867年时美华书馆有四十五名工匠，姜别利称赞他们是“非常聪明而勤劳的一群人”（The workmen are a very intelligent and industrious class of men.）[②]。1868年美华增建装订部房屋，计入装订工后人数达到六七十人之间，姜别利说美华书馆的管理很上轨道，又说“中国人比欧洲人容易训练和管理得多”（The Chinese are much easier train and controul than Europeans.）。[③]

美华书馆的工匠至少在生活纪律方面远胜于华花圣经书房的同行，姜别利和传教士从来没有提起过他们有赌博或怠工种种不良行为，尤其美华书馆处于极为繁华的小东门外，在1860年代因太平军战事而畸形发展的情势中，周遭充斥着声色赌各种不良行当，而美华书馆数十名工匠没有受到诱惑进入歧途，是相当不容易的事。这些工匠每天晚上要参加领班蒋先生带领的祈祷聚会，礼拜天也要参加美华书馆旁边教堂的礼拜仪式，由传教士或鲍哲才主持。姜别利也参加这些礼拜，但他的上海话和工匠沟通印刷专业没有问题，却没有流利到可以讲道传教的程度，而工匠中信仰基督的也不多，姜别利在1868年报告只有两名工匠是基督徒而已[④]。惠志道则在1870年报告，工匠中已有五名基督徒，但其中一两人显得并不虔诚。[⑤]

---

① BFMPC/MCR/CH, 199/8/63, W. Gamble to W. Lowrie, Shanghai, 25 January 1866.

② Ibid., 197/7/387, Annual Report of the Presbyterian Mission Press at Shanghai, from October 1, 1866 to October 1, 1867.

③ Ibid., 200/8/252, W. Gamble to J. C. Lowrie, Shanghai, 16 December 1868.

④ Ibid., 200/8/126, W. Gamble to W. Lowrie, Shanghai, 24 February 1868.

⑤ Ibid., 196/9/348, Report of the Presbyterian Mission Press at Shanghai for the Year Ending September 30, 1870.

美华书馆的工匠，不论铸字、印刷与装订，入馆初期都由姜别利亲自个别教导相关的技术，因而耗费了他大量的时间，但他认为必须如此，因为对中国工匠而言，美华书馆的西式印刷是全新的事物[①]。姜别利认为真正困难的是有些工匠学会新技术后不能长期在馆，或是被教会调任他职，或是被其他印刷机构挖角离去，有如他在1863年7月中在写给娄睿的一封信中的抱怨：

现在我要谈谈雇用工匠的大困难，我必须训练每个进美华的人，但是训练完后他们可能就离开了，我们最可靠的工匠，如果是基督徒的话，肯定会被布道站叫去当助手，哲才是我们最好的排版工，被叫去了布道站，还有屈先生（Cü Sen Sang）本来由我训练照顾一般事务的，也被浸信会要去了。缺乏熟练的工匠可用和难以留住受过训练的工匠，正是为什么我没能达成什么成就的原因。[②]

除了教会来挖角，刚开始建立西式印刷所的中国官府也看上美华书馆现成的人才，姜别利在1869年3月报道：

值得一提的是中国政府开办了一家印刷所，使用和我们一样的金属活字和电镀铜版，他们雇用来负责的那个人是美华书馆训练出来的。我希望他们会成功，虽然我觉得如果他们不是暗中来挖走我们的人，我会比较高兴些。[③]

尽管姜别利对中国官府的做法不以为然，也只能无奈地接受。不久，姜别利辞去美华书馆主任的消息传开后，预定接任的惠志道就表示，美华

---

① BFMPC/MCR/CH, 199/8/–, W. Gamble to W. Lowrie, Shanghai, 8 April 1863.

② Ibid., 199/8/50, W. Gamble to W. Lowrie, Shanghai, 15 July 1863.

③ Ibid., 195/9/40, W. Gamble to J. C. Lowrie, Shanghai, 20 March 1869.

所有工匠都出于姜别利的教导训练，他的辞职恐怕会让有些工匠也想要离开，事实上已有两三人跳槽到上海道台开办的印刷所了[①]。从另一个角度看，美华书馆等于是为中国人自己刚在萌芽的西式印刷事业训练人才，十九世纪末年美华书馆的员工离馆自行开办商务印书馆的情形也与此相似，可以说美华书馆是中国西式印刷出版初期的人才泉源之一。

二、技术

姜别利从宁波时期开始实验与新创的各种新技术，在迁到上海后的数年间陆续完成付诸实用，美华书馆的中文印刷技术因此遥遥领先当时其他印刷机构，也因此得以扩大生产规模，提升印刷品质与降低生产成本，奠定了美华书馆在此后数十年间是中国最大的印刷机构与活字供应者的地位。

（一）印刷机

中文活字可由姜别利在上海打造，印刷机却非得从美国运来不可。宁波的华花圣经书房在迁往上海的前夕，拥有侯伊公司制造的两台中型华盛顿手动印刷机，价值各两百元[②]；而纽约的执行委员会在1860年9月最后确定印刷所搬到上海时，已决定购运都是侯伊公司的一台滚筒印刷机、两台手动印刷机和搭配的自动上墨机来华，所以执行委员会又决议将一台印刷机和若干英文活字留在宁波，供印刷罗马字拼音的宁波方言书之用[③]。因此，姜别利在1860年12月只带着一台中型的华盛顿手动印刷机抵达上海。

执行委员会交运新购滚筒和手动印刷机的船只，还比姜别利稍早抵达了上海，等到1861年1月初姜别利打开从船上卸下的货物柜时，令所有

---

① BFMPC/MCR/CH, 195/9/126, J. Wherry to J. C. Lowrie, Shanghai, 17 September 1869.

② Ibid., 199/8/37, W. Gamble, 'Inventory of Stocks & Fixtures in the Printing Establishment of the Presbyterian Ningpo Mission, October 15th 1860.'

③ Ibid., 235/79/184, W. Lowrie to Ningpo Mission, New York, 30 September 1860.

人吃惊与不解的是虽有两台手动印刷机在内，但期盼已久的滚筒印刷机却不见踪影。克陛存随即写信给娄睿询问究竟，同时表示美华暂时就以三台手动印刷机（即宁波带来的一台和新运到的两台）进行印刷，有些遗憾的是新到的两台印刷机并非都是预期的中型，而是中型与超大型各一，超大型机器使用时需要两名工匠才行。[①]

娄睿收到克陛存的信后进行调查，原来是他手下承办人员和侯伊公司间的联系发生了问题，那名承办人已经离职，而侯伊公司坚称当初获得的指示，就是所有机器都交船运到中国，但滚筒印刷机除外[②]。娄睿于1861年4月1日写信告诉上海布道站，滚筒印刷机将于翌日送上来华的快船[③]。结果不知何故又延宕了一年，直到1862年5月初克陛存才报道，载运机器的船只总算到达了上海。[④]

可是一波三折仍然没有结束，这回是侯伊公司疏忽没有附来组装说明书和传动机件，前者由姜别利自行解决完成了组装，但缺乏后者却无法发动机器。姜别利设法在上海购得一副破旧的转轮（tread-mill），修理后居然可以派上用场，他终于在1862年11月5日写信告诉娄睿，滚筒印刷机终于要在第二天开动加入生产了。[⑤]

滚筒印刷机开动后，两个问题也随之而生：成本与纸张。和伦敦会墨海书馆一样，美华书馆利用牛作为这部滚筒印刷机的动力，两头牛轮班拉动转轮，转轮上的皮带再发动印刷机，因此得雇用一名工匠照料牛、一名工匠在机器印刷时上纸，再一名领班照料整件事，这些工匠和牛合计每个月成本约30元。为了这笔钱，姜别利认为滚筒印刷机必须每天印到8 000张纸，成本才能低到和手动印刷机一样。困难的是中国生产的纸张

① BFMPC/MCR/CH, 191/5/191, M. S. Culbertson to W. Lowrie, Shanghai, 5 January 1861.
② Ibid., 232/63/44, W. Lowrie to Shanghai Mission, New York, 1 April 1861.
③ Ibid.
④ Ibid., 191A/5/245, M. S. Culbertson to W. Lowrie, Shanghai, 3 May 1862.
⑤ Ibid., 199/8/– , W. Gamble to W. Lowrie, Shanghai, 5 November 1862.

太薄易裂,每令纸内又夹杂太多破碎的纸张,因此机器经常得停下来排除纸张产生的问题,以致产量难以达到上述的要求。①

姜别利一面希望娄睿能从美国购运纸张来华使用,一面尽力设法提高产量,滚筒印刷机开动半年后,姜别利在1863年4月中报道,机器运转得不错,每天已可印到6 000张纸②。但是,同年9月底姜别利撰写年度报告时,发现滚筒印刷机既难以适用中国纸张,而中国工匠的工资相对于机器又非常低廉,使用机器并不划算,他认为这部机器对执行委员会而言是个"非常昂贵的试验"(a very expensive experiment),在他看来则是个"完全的失败"(an entire failure)③。姜别利接着在美华书馆1863年度的报告中对此有进一步的说明:

> 滚筒印刷机在本年度内运转了好几个月,但未在经济方面实现对它的期望,目前它也已停工了好一段时间。中国纸张既薄易碎,工匠缺乏技术,加上我们必须使用的动力不够稳定,都使得其印刷成本高于手动印刷机。如果使用外国纸和爱力森(Ericsson)引擎的话,它的运转毫无疑问会好得多,但即使如此,在一个工资不到美国的四分之一而燃料却高达美国四倍的国家中,令人怀疑滚筒印刷机是否可印得和手动印刷机一样便宜。侯伊公司的中型手动印刷机搭配自动上墨机最适合我们的需要。除了滚筒印刷机本身的价钱以外,我们在上海又为了转轮和牛花费370元。④

1865年11月,姜别利写信告诉娄睿,上海布道站已经授权给他,尝试

---

① BFMPC/MCR/CH, 199/8/46, W. Gamble to W. Lowrie, Shanghai, 17 January 1863.
② Ibid., 199/8/−, W. Gamble to W. Lowrie, Shanghai, 8 April 1863.
③ Ibid., 199/8/53, W. Gamble to W. Lowrie, Shanghai, 19 September 1863.
④ Ibid., 199/8/54, Annual Report of the Press for the Year ending October 1st 1863.

在上海出售这台滚筒印刷机，如果不成，即送回美国换来四台搭配自动上墨机的中型手动印刷机[①]。姜别利会一次要求四台印机，一者他认为当时北京各宗派传教士丁韪良等修订的官话圣经即将完成，接下来势必会大举印刷这个版本以应华北的传教需要，因此美华书馆也要有较多的印刷机以提高产量；再者每台侯伊公司的中型华盛顿手动印刷机价格200元，四台共800元，搭配的自动上墨机每台100元，四台共400元，两项合计1 200元，约略接近滚筒印刷机的价格1 375元。[②]

姜别利于1866年1月再度在信中告诉娄睿，没有机会在上海将滚筒印刷机脱手，希望娄睿要求侯伊公司回收，因为机器的状况"完好"（in perfect condition），并换来他要的上述四台手动印刷机，如此长老会外国传教部只损失两者的价差175元加上运费而已[③]。1866年12月，姜别利终于告诉娄睿，已将滚筒印刷机送上回美国的船只，而且"虽然不能说是最科学的，但确是以最牢靠的方式打包的"[④]，姜别利并要娄睿转告侯伊公司小心拆卸，因为箱内充满各式各样的零件。按照姜别利的说法，可见侯伊公司应当是同意了回收这部在上海水土不服的滚筒印刷机，而美华书馆在姜别利主持期间，再也没有滚筒印刷机的踪影，直到他离职四年后才于1873年再度从美国运来一台加入生产。[⑤]

姜别利在宁波时就不主张使用滚筒印刷机，但是西方国家到1860年前后，包含滚筒印刷机在内的各种动力印刷机（power press）已经非常普及，取代传统手动印刷机的趋势也很明显。伦敦会在上海的墨海书馆早从1840年代就兼用了滚筒和手动两种印刷机，同样在上海的

---

① BFMPC/MCR/CH, 196/7/215, W. Gamble to W. Lowrie, Shanghai, 24 November 1865.

② Ibid.

③ Ibid., 199/8/63, W. Gamble to W. Lowrie, Shanghai, 25 January 1866.

④ Ibid., 197/7/381, W. Gamble to W. Lowrie, Shanghai, 24 December 1866.

⑤ J. L. Mateer, *Annual Report of the Presbyterian Mission Press at Shanghai for the Year Ending December 31, 1874* (Shanghai, 1874), p.9.

美国监理会传教士秦右，1856年左右也拥有一台始终未派上用场的滚筒印刷机，因此姜别利宁可使用手动而非动力印刷机似乎显得反其道而行。

其实，姜别利自有道理。他到宁波以后，华花圣经书房的产量随之增加，但他并没有追随潮流要求购买动力印刷机，反而在经过考虑后认为手动印刷机更适合需要，他在信中告诉娄睿，除非工作量多达既有的四倍，就不需要动力印刷机①。不久，姜别利再度表示，华花圣经书房很快就需要增添印刷机，但他认为手动印刷机最便宜也最适合中国，因为中国人工非常低廉，根本没有必要多花钱装设动力印刷机，因为一台动力印刷机的价钱可买六台手动印刷机，但六台手动印刷机的产量合计高于一台动力印刷机，产品的品质也较好，而且一台手动印刷机故障，还有五台可继续工作，若仅有一台动力印刷机而发生故障，所有工作都得停顿下来②。因为姜别利曾表达过这些意见，加上美华书馆使用滚筒印刷机在成本和纸张上的不愉快经验，所以他在1866年初将滚筒印刷机打包送回美国时就告诉娄睿："过去我尽力阻止它被送来，等到它送来以后我又尽力使它合用，但我这两次尽力都没有用处。"③

滚筒印刷机不合用，姜别利即专用手动印刷机，除了从宁波带来的一台及刚到上海时美国运来的两台，到上海后还不满一年已增加到五台，包含不知向谁借用的一台④。由于美华书馆的传教和非传教书刊产量持续增加，姜别利此后几次请求娄睿多送中型的华盛顿手动印刷机，并且保证

---

① BFMPC/MCR/CH, 199/8/16, W. Gamble to W. Lowrie, Ningpo, 15 December 1858.

② Ibid., 199/8/20, W. Gamble to W. Lowrie, Ningpo, 14 March 1859; ibid., 191A/4/220, H. V. Rankin to W. Lowrie, Ningpo, 3 August 1859. 第二封信是姜别利授权传教士兰金将自己的意见转达给娄睿。

③ Ibid., 199/8/63, W. Gamble to W. Lowrie, Shanghai, 1825 January 1866.

④ Ibid., 199/8/44, Annual Report of the Press for 1860–1861. 姜别利在年报中也说，借用的一台印刷机刚刚归还原主了。

美华书馆代印非传教性书刊的利润肯定会超过购买印刷机的费用[1]。姜别利在职期间最后一次要求增购印刷机是1868年1月初，由上海布道站的秘书惠志道代表向执行委员会请求，表示既有的七台无法应付工作，美华书馆已有好一段时间不得不拒绝或推辞许多代印工作，姜别利早在两年前的1866年2月间已获得上海布道站授权为浸信会代印一版新约，却迟迟无法开印。另一方面美华书馆的产品供不应求，以第二版官话福音书3 000部为例，先印的马太福音在印马可和路加福音期间已经全部卖完了，因此希望执行委员会为美华书馆增购三台中型华盛顿手动印刷机，同时搭配自动上墨机[2]。结果执行委员会同意添购两台，虽然没有完全达到上海布道站的目标，已经足以让姜别利感到满意了[3]，因此在他1869年10月离职前，美华书馆就以九台华盛顿手动印刷机（八台中型、一台超大型）进行工作。

（二）活字

相对于花钱就买得到的印刷机，更重要也更能展现技术能力的是中文活字。刚迁到上海时，美华书馆随时可用的有巴黎和柏林两副活字，香港小活字已电镀复制了相当数量的字模，而台约尔大活字数量不全而有待补充，至于从黄杨木刻字铸造的上海活字则是刚刚经过实验证明可行而已。此外，和活字相关的新活字架设计已经完成，但中文字常用频率的计算还在继续当中。

美华书馆在上海的初期，由于虹口的临时馆舍空间不足也不理想，铸

---

① BFMPC/MCR/CH, 199/8/59, W. Gamble to W. Lowrie, Shanghai, 21 May 1864; ibid., 199/8/–, Report of the Press at Shanghai for the Year Ending Oct. 1, 1864; ibid., 196/7/210, W. Gamble to W. Lowrie, Shanghai, 8 November 1865; ibid., 199/8/63, W. Gamble to W. Lowrie, Shanghai, 25 January 1866; ibid., 197/7/367, W. Gamble to W. Lowrie, Shanghai, 8 November 1866; ibid., 197/7/529, W. Gamble to W. Lowrie, Shanghai, 26 November 1867.

② Ibid., 199/8/107, J. Wherry to John C. Lowrie, Shanghai, 15 January 1868.

③ Ibid., 200/8/187, W. Gamble to J. C. Lowrie, Ningpo, 11 August 1868. 姜别利写此信时正在宁波度假。

字工匠又未全部随着迁到上海，而姜别利住在相当一段距离的南门外，来往很费时间，加上现成已有巴黎和柏林两种活字可用，因此姜别利说自己是以较多的时间心力在印刷工作上，铸字方面则没有下太多功夫，香港小活字持续有所进展中，但上海活字因迁移而停顿将近一年，直到原来的刻工王凤甲于1861年9月从宁波来到上海，才恢复了黄杨木刻字的工作①。等到小东门外的新馆舍于1862年中落成，美华书馆乔迁后空间大为宽敞，姜别利也住到书馆旁边的教堂楼上，铸字的环境条件好转，尤其姜别利在读过娄睿于1863年1月间写给上海布道站的公函②，其中以极大的篇幅期勉他集中心力早日完成各种活字后，他终于下定决心照办，并在同年5月5日撰写一封长信向娄睿报告自己的想法和决定如下。

姜别利认为对美华书馆而言，最重要的两件事莫过于：一、香港与上海两副活字的完成及其他活字的改善；二、铸造用于印刷圣经与传教书刊的电镀铜版。前者正为当时的美华所需，而且完成后即可一劳永逸；后者则免于排版与校对，可视需要决定印量，不仅印刷成本减少，美华书馆的管理也将成为易事，甚至可交给中国人自行经营，不致他个人万一发生不测，将导致美华书馆窒碍难行。姜别利决意自己专心致力于铸造活字与电镀铜版，以期早日完成，至于印刷工作则拟请上海布道站其他传教士代为管理。③

虽然传教士弟兄都乐于见到姜别利早日完成活字和电镀铜版，却没人愿意放下自己分内的直接传教任务来承担不熟悉的印刷工作，结果折中的办法是在1863年5月的布道站会议中决议，就地在上海为姜别利雇用一名助理分劳，专责印刷部门的业务，为期一年，月薪65元，从美华书

① BFMPC/MCR/CH, 191/5/217, W. Gamble to W. Lowrie, Shanghai, 4 October 1861.
② Ibid., 232/63/131, W. Lowrie to Shanghai Mission, New York, 22 January 1863.
③ Ibid., 199/8/48, W. Gamble to W. Lowrie, Shanghai, 5 May 1863.

馆代印收入中支付[①]。不过，这名助理只在美华书馆工作了很短的期间，姜别利在1863年8月报道，由于不论印刷或铸字都进行得很顺利，预定从10月起解雇助理，过了两个月后姜别利再度报道助理已经离职了[②]，终究还是由他自己负起印刷与铸字的双重责任，从1863年的下半年起加紧进行铸字工作，在五年中陆续完成大小六副活字的新创、改善与增补。

最先完成的是香港活字。姜别利在1863年10月编报的美华书馆年度报告中，宣布已经完成香港活字，超过5 000字，即将用于排印一版圣经[③]；不过，在1864年7月间的一封信中，他告诉娄睿又从黄杨木新刻了大约800字，再翻制成字模，将整副香港活字凑成6 000字。[④]

其次完成的是上海活字。这也是姜别利和娄睿最在意的一副活字，不仅因为字体小于香港活字，用于排印更为经济的缘故，更重要的是这副活字完全出自姜别利的创作，不同于香港活字是复制别人的产品。如前文所述，宁波刻工王凤甲于1861年9月到上海后展开上海活字的打造工作，每天从黄杨木刻成七个字，交由其他工匠电镀翻铸成字模[⑤]。一年半后，姜别利在1863年5月下定决心加速铸造活字时，已经刻成的字超过2 000个，其中的500至600个也已电镀翻铸成字模[⑥]，姜别利下定决心后随即增加翻铸字模的人手，因此五个月后（1863年10月）刻成的字增加到2 900个，其中的2 000个已翻铸成字模，并已将最常用的1 000个字铸出活字备用[⑦]。娄睿鉴于这副活字进度大增，可望不久后完工，于是

① BFMPC/MCR/CH, 191A/5/291, John S. Roberts to J. C. Lowrie, Shanghai, 20 May 1863; ibid., 191A/5/292, W. A. P.Martin to W. Lowrie, Shanghai, 22 May 1863; ibid., 191A/5/293, J. M. W. Farnham & W. Gamble to W. Lowrie, Shanghai, 18 June 1863.

② Ibid., 199/8/52, W. Gamble to W. Lowrie, Shanghai, 4 August 1863; ibid., 199/8/55, W. Gamble to W. Lowrie, Shanghai, 6 Octobe 1863.

③ Ibid., 199/8/54, Annual Report of the Press for the Year ending October 1, 1863.

④ Ibid., 199/8/58, W. Gamble to W. Lowrie, Shanghai, 21 July 1864.

⑤ Ibid., 191/5/217, W. Gamble to W. Lowrie, Shanghai, 4 October 1861.

⑥ Ibid., 199/8/48, W. Gamble to W. Lowrie, Shanghai, 5 May 1863.

⑦ Ibid., 199/8/55, W. Gamble to W. Lowrie, Shanghai, 6 October 1863.

在1864年间命名为“上海活字”，以相对于既有的香港、柏林和巴黎等活字[1]。到了1865年7月间，姜别利报道上海活字已经全部刻完，字模则还有1 500个待铸[2]。三个月后，姜别利在美华书馆的1865年度报告中说，上海活字已经非常接近完成，只剩极少数字模待铸而已，他肯定地说这副活字有6 000个全字和1 400个拼合字，合计7 400个活字[3]；在拼合字部分包含1 291个三分之一的活字、109个三分之二的活字，可拼合出19 000个字，连同6 000个全字，共可印出约25 000个字，是当时世上所有的西式中文活字中，能印出最多字的一副[4]。姜别利并没有提过上海活字完成的确切时日，但最可能的应当就是他编写1865年度报告后到这年年底前的三个月间。

姜别利接着关注的是打造新创的一副小活字，比上海活字更小，只适合作为注释用途，因此姜别利预计这副活字的数量不必太多，只要求王凤甲从黄杨木刻出500个最常用的字，再电镀翻铸字模。[5]

至于柏林活字，姜别利在1864年7月间已打算进行改善，包括重铸一些字形不佳的拼合字及新增常用的全字，他告诉娄睿已经想出一种便宜的方式，能以“只是从黄杨木刻字再加一点点而已”的成本改善柏林活字[6]。这项工程从上海活字完成后开始，原本只想局部改善，着手后却大为扩充，全字从原来的2 711个大幅度提升到6 000个，等于是新铸一幅活字的规模了，而且字形比原来美观得多，只是改善的进度因工程扩大而延

---

① BFMPC/MCR/CH, 199/8/59, W. Gamble to W. Lowrie, Shanghai, 21 May 1864.

② Ibid., 196/7/169, W. Gamble to W. Lowrie, Shanghai, 20 July 1865.

③ Ibid., 199/8/−, Annual Report of the Presbyterian Mission Press at Shanghai, from October 1st 1864 to October 1st 1865.

④ W. Gamble, ‘Specimen of a New Font of Chinese Movable Type Belonging to the Printing Office of the American Presbyterian Mission.’ *Journal of the North-China Branch of the Royal Asiatic Society*, new series, no. 1(December 1864), p.145.

⑤ BFMPC/MCR/CH, 196/7/169, W. Gamble to W. Lowrie, Shanghai, 20 July 1865.

⑥ Ibid., 199/8/58, W. Gamble to W. Lowrie, Shanghai, 21 July 1864.

后，直到1868年底或1869年初才告成。[①]

接下来是台约尔活字。令人讶异的是在姜别利写给娄睿的书信和美华书馆的年报中，都没有关于改善或添补台约尔活字的经过。姜别利仅有一次提到这副活字是在美华书馆的1865年度报告中，表示美华有大约1 000磅重的台约尔活字，但无法使用，因为字数不多，也没有字模可铸出活字，他表示很希望能拥有这副包含约6 000个字的活字字模[②]。此后姜别利的书信和美华书馆年报中再也没有出现过台约尔活字，但是1867年出版的《美华书馆汉文、满文与日文活字字样》（*Specimens of Chinese, Manchu and Japanese Type, from the Type Foundry of the American Presbyterian Mission Press*）[③]，台约尔活字却赫然居首，还列出字模和活字的价钱，可见当时姜别利已经将这副活字添补到可以出售的程度了，究竟他从何处取得台约尔活字呢？

只有将长老会和伦敦会两个传教会的档案联结起来，才能回答这个问题。在伦敦会华中部分的档案中，有一封上海布道站的传教士慕维廉于1866年8月间写给该会秘书穆廉斯的信，说明自己结束墨海书馆的各项措施，包含出售大批的活字，慕维廉提到姜别利选购了大约100元价值的台约尔活字[④]。再根据先前1857年10月间，伦敦会香港布道站传教士湛约翰写给当时该会秘书梯德曼的另一封信，说明英华书院活字的种类、数量与售价，湛约翰说若每个字只买一个活字，则台约尔活字整副5 584个活字的价钱正好约100元[⑤]。很显然，姜别利是再度以几年前自己在宁波时向英华

① BFMPC/MCR/CH, 200/8/190, Annual Report of the Presbyterian Mission Press at Shanghai, for the Year Ending 30th September, 1868.

② Ibid., 199/8/–, Annual Report of the Presbyterian Mission Press at Shanghai, from October 1st 1864 to October 1st 1865.

③ *Specimens of Chinese, Manchu and Japanese Type, from the Type Foundry of the American Presbyterian Mission Press*.(Shanghai: 1867.)

④ LMS/CH/CC, 3.2.C., William Muirhead to Joseph Mullens, Shanghai, 15 August 1866.

⑤ LMS/CH/SC, 6.1.A., John Chalmers to Arthur Tidman, Hong Kong, 14 October 1857.

书院的理雅各购买香港活字的前例，趁着慕维廉于1866年出售墨海书馆活字的机会，就台约尔活字每个字只买一个活字，再以电镀方式翻铸成字模，并从字模铸出活字出售。如此一来，在1867年的《美华书馆汉文、满文与日文活字字样》中会出现台约尔活字待价而沽，也就不足为奇了。

巴黎活字是美华书馆这六副活字中最早开始使用的一副，却也是字形最不美观的一副，虽然娄睿一直觉得不错，在华的传教士和姜别利却都不喜爱，也认为中国人难以接受①。尽管如此，姜别利还是进行了改善巴黎活字的行动，在1863年中就原来几百个拼合而成却字形不佳的字，改铸为全字的字模。②

到1867年时，虽然还有柏林活字仍在改善当中，但《美华书馆汉文、满文与日文活字字样》的出版，可视为自1863年以来姜别利加速铸造活字基础建设大功告成的象征。从大到小的六种中文活字依序排列，充分显示了大小俱备、任凭顾客选择的实用性和气派，这种前所未见的新气象不只展现美华书馆在技术上独占鳌头的地位，更重要的意义是从1830年代初台约尔开始打造以来，西式的中文活字到此已经准备妥当，就要和中国传统木刻展开竞争了。

(三) 电镀铜板

活字以外，姜别利在中文印刷技术的又一项创举是电镀铜版。这种技术的原理和电镀个别的活字一样，但因为是用于电镀完成排版的一页或数页，因此技术难度较高，但圣经之类的经典或再三重印的畅销书一经电镀铜版，即可不断重复用于印刷，并大量节省重复排版的时间、费用和校对的问题，因此1840年代以后的西方印刷出版业者普遍采用此法。姜别利在1858年到中国之初，从香港写给娄睿的第一封信中，即已提到有

---

① 关于传教士和姜别利对巴黎活字的批评，参见本书第九章《澳门华英校书房（1844—1845）》与第十章《宁波华花圣经书房（1845—1860）》内容。

② BFMPC/MCR/CH, 199/8/54, Annual Report of the Press for the Year ending October 1st 1863.

意进行电镀铜版[①]，此后他和娄睿两人也常在来往书信中讨论此事，也采购了相当数量的电镀材料与工具。他们的首要目标自然是中文圣经，但先决条件是必须有中文圣经的定本，因为电镀铜版后不可能再修订内容，若要更动文本就只有花钱费工重镀，而在华传教士自1840年代后期因为名词争议导致分裂后，长老会克陛存和美部会裨治文两人的圣经译本直到1862年才全部译完，但传教士们对译本的评价不一，经过姜别利屡次要求，才在1866年1月间收到娄睿来信同意将新约电镀铜版，并告诉他美国圣经公会拨款1 000元补助这项工作。[②]

因为电镀铜版有些类似中国的木刻雕版，姜别利在回复娄睿同意电镀铜版的信中，特别谈论了电镀铜版比起西式活字更易被中国人接受的可能性：

> 从各方面考虑后，我认为我们生产电镀铜版会比中国人生产雕版大为便宜。果真如此的话，我毫不怀疑一段时间后他们将会放弃木刻印刷方法，改用我们的电镀铜版，至少总会有些人采用我们的电镀铜版来经营印刷生意，因为中国的图书销售缓慢，他们以木刻印刷时每次都只印一至两百部，并将雕版保存留待以后再印，因此他们总是说，我们的活字印刷方法尽管精巧，对他们而言却不实用，因为只为重印少数几百部而重新排版根本不划算。[③]

既然是经过多年讨论与要求的结果，姜别利应当会很快进行电镀铜版的工作，但是1866年与1867年间美华书馆的印刷与铸字工作十分忙碌，姜别利于1867年4月写信告诉娄睿，他的时间都被其他事务占满了，

---

① BFMPC/MCR/CH, 199/8/12, W. Gamble to W. Lowrie, 2 July 1858.
② Ibid., 199/8/63, W. Gamble to W. Lowrie, Shanghai, 25 January 1866.
③ Ibid.

以至于电镀铜版还停留在训练工匠的阶段[①]。又过了整整一年，他才在1868年4月一封报道美华书馆各部门都非常忙碌的信中，简略提到终于开工电镀铜版但还没有产品的消息[②]。接着美华书馆1868年度年报一开头就宣称："在美华书馆的历史上，刚结束的这一年将以成功开始电镀铜版作为标志。"[③]又说："一旦金属版可以生产得像木刻版一样便宜，中国人可能会接受我们的方法，同时放弃他们的方法。"[④]

1869年3月20日，姜别利和惠志道在同一天分别报道了新约完成电镀铜版的消息，姜别利寄送一部以此法印成的新约给接替娄睿担任长老会外国传教部秘书的娄约翰，并特别声明这是以电镀铜版在中国生产的第一种产品[⑤]。惠志道则在信中说，这一版新约的印量为1 000部，印刷的品质看起来相当好。[⑥]

第一种电镀铜版的产品问世后两个月，姜别利在1869年5月中又报道了各种产品电镀铜版进展很快的消息[⑦]，但是稍早前他已经在4月间因为和范约翰严重不和而提出辞职，并在同年10月1日离开美华书馆，他也没有再提到最后几个月在职期间进行电镀铜版的情形。不过，接手管理美华书馆的惠志道编报的1868年10月至1869年9月印刷书单显示，前述的新约完成后，姜别利在离职前的半年中，又以电镀铜版的方式接连印了10种圣经摘句与4种小册，合计为14种，篇幅从6页至114页不等[⑧]，这份书单足以印证姜别利上述各种产品电镀铜版进展快速的说法。姜别利离

① BFMPC/MCR/CH, 197/7/429, W. Gamble to W. Lowrie, Shanghai, 8 April 1867.

② Ibid., 200/8/140, W. Gamble to John C. Lowrie, Shanghai, 17 April 1868.

③ Ibid., 200/8/190, Annual Report of the Presbyterian Mission Press at Shanghai, for the Year ending 30th September, 1868.

④ Ibid.

⑤ Ibid., 195/9/40, W. Gamble to J. C. Lowrie, Shanghai, 20 March 1869.

⑥ Ibid., 195/9/38, J. Wherry to J. C. Lowrie, Shanghai, 20 March 1869.

⑦ Ibid., 195/9/80, W. Gamble to J. C. Lowrie, Shanghai, 18 May 1869.

⑧ Ibid., 196/9/397, J. Wherry, Books Printed at the Presbyterian Mission Press Shanghai, 1868–1869.

职后第一年(1870)中，美华书馆又以电镀铜版方法印了10种产品，包含宾为霖(William C. Burns)的《天路历程》，两册合计为232页[①]，这种情形足以说明，虽然姜别利离职了，但他引介传授的电镀铜版印刷技已在美华书馆和中国留了下来。

第四节　产品与传播

一、印刷

(一)产量与产品

美华书馆从1860年12月迁移到上海后，就由姜别利经营管理，直到1869年10月1日他离职为止，在这段接近完整的九年期间，美华书馆的产量如下表所示，已知共印刷出版365种书刊，其中传教性书刊299种、非传教性书刊66种，这些数目都包含一书的不同版本与单行的圣经各书在内，合计1亿3 500万余页，平均每年度生产约40.5种、1 500万余页。

表12-2　美华书馆产量(1861—1869)

年　度	传教性(种)	非传教性(种)	种数小计	页　数
1861	33	6	39	11 743 096
1862	24	6	30	8 396 570
1863	33	5	38	13 760 200
1864	38	4	42	8 095 600
1865	22	11	33	13 660 600

① BFMPC/MCR/CH, 194/10/194, J. Wherry, Books printed for the American Tract Society.

续 表

年 度	传教性(种)	非传教性(种)	种数小计	页 数
1866	35	12	47	17 190 110
1867	27	10	37	21 374 350
1868	40	5	45	25 698 221
1869	47	7	54	15 160 150
合计	299	66	365	135 078 897

资料来源：美华书馆各年度报告。
说明:(1) 凡跨两年以上才印完者，只列入完成的年度中统计，不重复计算。(2) 种数不计入代印各公司行号的表单文件散页。

以各年度而言，1862年生产30种最少，页数839万余页也是次少，但是姜别利在1862年度的年报中说明，这是因为从虹口迁入小东门外的新馆舍时，馆舍尚未完工，迁入后又费了许多时间安排印刷机和活字等项所致[①]。至于1864年生产42种，但页数仅有809万余页最少，姜别利在1864年度的年报中也特别说明，当年印刷的主要是版式较大的书，每页字数较多，以致页数减少。[②]

从1865年到1868年的四年间，美华书馆生产的页数以每年400万页左右的数量逐年递增，到了姜别利负责的最后一年(1869)，生产54种书最多，但页数反而降至仅有1 500万余页，比前一年(1868)减少达1 000万余页，似乎并不合理，这是两个原因所致：

第一，这是1869年以电镀铜版印书造成的效果。这种印法和木刻版印相同，铜版印刷完后保存起来，需要时再取出重印，视当时需求量印刷适当的部数，可有效控制印刷成本和库存，不必如一般活字印本通常印量多于需求，准备较多的库存应付市场不时之需，以免再版得重新排版和校

① BFMPC/MCR/CH, 199/8/45, Report of the Press for the Year ending October 1st 1862.
② Ibid., 199/8/–, Report of the Press at Shanghai for the Year ending Oct. 1st 1864.

对。既然有这样的优点，1869年美华书馆电镀铜版印的《新约全书》就只印了6 000部，低于过去数年印同一部书动辄10 000或20 000部，而同是1869年电镀铜版的另10种传教书，基于同理也只各印500部而已，这在美华书馆印刷的传教书是未曾有过的低印量，这10种书在前数年以活字排印总是印20 000或30 000部，相差达四十或六十倍，非常悬殊。

第二，美华书馆的传教书印量达到6 000部后，通常即一跃而至10 000部以上，很少有7 000至9 000部的印量。凡达到10 000部者便可说是印量大的书，在1868年的40种传教产品中，达到10 000部门槛的有23种，其中更有超过半数的13种多达30 000部；至于1869年的47种传教产品中，达到10 000部印量的只有11种，其中也只有4种达到30 000部；再加上1869年的产品中，篇幅不到10页者多达16种，而1868年篇幅不到10页者只有7种，此消彼长，这些都是造成1869年页数印量大减的缘故。

美华书馆年报中说明产量时，总是依照印刷收入的来源分别列举产量，从1861年至1866年的六年分为四个来源：补助印刷圣经的美国圣经公会、补助印刷小册的美国小册会、长老会外国传教部本身，以及付钱请美华代印非传教产品的个人与公司团体；从1867年起到1869年的三年又增列一项：请美华书馆代印传教书刊的其他传教会。

从1861年至1869年的九年中，有六年以圣经公会补助款印的页数多于其他来源，其中四年超过美华书馆总生产页数的一半，1864年至1866年的三年甚至多到四分之三以上。但在这九年中，也有三年是以小册会补助款印的页数多于其他来源，而且都超过美华书馆总生产页数的一半。至于为长老会、其他传教会、个人与公司团体印的页数都只占少数而已。这种以圣经或小册占产量绝大部分的情形，相当符合美华书馆作为基督教印刷出版机构的性质。不过，美华书馆印刷传教产品都是以接近成本计价，因此利润很低；至于代印的非传教产品数量虽少，因为是按照一般商业交易计价，所得的利润是美华书馆非常重要的经费来源。

表12-3　以收入来源统计的美华书馆产量(页)

年度	圣经公会	小册会	长老会	他会	一般代印	合计
1861	6 164 000	4 384 740	590 800	—	598 556	11 743 096
1862	2 608 800	5 501 600	0	—	286 170	8 396 570
1863	5 460 000	7 633 000	327 000	—	340 200	13 760 200
1864	6 064 000	1 435 000	300 000	—	296 000	8 095 600
1865	11 120 000	1 652 400	170 000	—	718 200	13 660 600
1866	13 318 000	2 952 400	471 660	—	458 000	17 190 110 [17 200 060]
1867	10 623 300	8 027 300	并小册会计	并一般代印计	2 723 750	21 374 350
1868	10 335 200	14 395 900	并小册会计	并小册会计	967 121	25 698 221
1869	5 571 000	2 829 250	5 200	4 332 000	2 422 700	15 160 150
						135 078 897 [135 088 847]

资料来源:美华书馆各年度报告。
说明:1866年报所记各收入来源产量若无错误,合计产量应为17 200 060页。

1. 传教性产品

美华书馆的出版品和华花圣经书房一样,包含传教性和非传教性两类,传教性出版品又包含圣经与小册两类。

关于圣经的印刷出版,美华书馆在内容和技术两方面都拥有比华花圣经书房好得多的条件。所谓较好的内容条件,指1860年代时已有多种圣经译本可印,而较好的技术条件当然就是拥有大小各种活字和电镀铜版,可视需要选用最合适的印刷方法。

圣经的印刷出版和圣经的翻译是分不开的。美华书馆印的第一种圣经译本,是华花圣经书房时期一直未能完成的裨治文与克陛存两人译本,在历经“上帝”或“神”的译名争议以及裨治文1861年过世后，终于由克陛存在1862年3月间告成，美华书馆也得以开始印刷华花圣经书房没有机会印的全本圣经。1862年5月克陛存写信告诉娄睿，翻译已经完成，美华书馆也将在下个月迁入小东门外的新馆舍，而滚筒印刷机也已运到了上海，可说是诸事具备，他并以柏林活字排印的旧约《创世纪》第一章的样张寄给娄睿，还期许自己即将见到辛苦完成的译本大量印刷流通①。不料三个多月后克陛存却染患霍乱猝死，来不及实现自己最后的愿望。

克陛存过世后，姜别利几次向娄睿建议，由中文程度最好的丁韪良和倪维思两人修订克陛存译稿后再印，以昭慎重；姜别利还提醒娄睿，在译名争议的余波荡漾中，有越来越多的传教士放弃美国圣经公会坚持的“神”版圣经，而使用“上帝”译名者已多达全部在华传教士的三分之二左右②。这种趋势对于印行“神”版圣经的美华书馆当然不利，不过很可能是由于姜别利的中文和神学修养都不如传教士的缘故，他所提修订译本内容的建议并没有获得接受。

美华书馆最初使用巴黎活字印刷裨、克两人译本，并已在宁波时印过了新约，迁到上海后于1863年10月间印完旧约，八开本，印3 000部，每部装订成四册，每册从300页到700多页③。姜别利本来就认为巴黎活字字形不好，印完后又觉得每册太过厚重，非常不美观，他说印完后自己还能感到一些满意，主要是一则总算完工脱手了，再则这是他第一次印成的全本圣经④，此后姜别利也不再使用巴黎活字印圣经。

在巴黎活字版完成以前，美华书馆已开始用字形较大但较美观的柏

① BFMPC/MCR/CH, 191A/5/245, M. S. Culbertson to W. Lowrie, Shanghai, 3 May 1862.

② Ibid., 199/8/51, W. Gamble to W. Lowrie, Shanghai, 19 August 1863; ibid., 199/8/55, W. Gamble to W. Lowrie, Shanghai, 6 October 1863; ibid., 191A/5/325, W. Gamble to W. Lowrie, Shanghai, 20 September 1864.

③ Ibid., 199/8/54, Annual Report of the Press for the Year ending October 1st 1863; ibid., 199/8/55, W. Gamble to W. Lowrie, Shanghai, 6 October 1863.

④ Ibid., 199/8/53, W. Gamble to W. Lowrie, Shanghai, 19 September 1863.

林活字印刷圣经，到1864年5月全本竣工，大八开本，新约印5 000部、旧约1 200部，每部装订成五册，虽然最厚的一册也将近700页。姜别利对柏林活字印本却有完全不同的态度，他不止一次在信中告诉娄睿说，这是在中国印过的最美好的圣经版本，每个人都非常喜欢，他打算以此版本专门供应中国基督徒使用，而不作一般分发之用，他准备送给所有各宗派的在华传教士每人一部①。姜别利唯一感到遗憾的是克陛存留下的译稿中，旧约的《耶利米哀歌》部分竟然失踪了，丁韪良也无意补译，姜别利无计可施，只好在印巴黎活字和柏林活字两种版本的圣经时，使用译名争议对手伦敦会版本的《耶利米哀歌》译文，篇幅虽然不多，这么做毕竟是一件尴尬的下策。②

柏林活字本印成后几个月，姜别利心目中印刷圣经最好的活字很快就有了变化，那就是他一手新创的上海活字。1864年9月，上海活字大约才完成一半，姜别利即写信告诉娄睿，美华书馆已经开始以上海活字排印新约，就印在不久前娄睿运来的美国纸张上，因此可以双面印刷，不同于中国纸张很薄只能印单面，姜别利相信以这样的活字和纸张印出来的品质，必能凌驾以往所有的中文圣经版本之上③。1865年7月，姜别利报告这部三十二开、印10 000部的新约正在装订中，他亲自教导没有西式两面印刷装订经验的美华书馆女工学会折纸和缝线、男工裁切，每部装订成本只要2、3分钱，比起送到外头装订每部20分钱便宜太多了④。不仅如此，这部新约由于上海活字较小，又是双面印刷，极为美观轻便，利于携带和阅读，因此非常受中国基督徒的欣赏欢迎⑤。至于旧约5 000部则迟了一年

① BFMPC/MCR/CH, 199/8/53, W. Gamble to W. Lowrie, Shanghai, 19 September 1863; ibid., 199/8/54, Annual Report of the Press for the Year ending October 1st 1863; ibid., 199/8/59, W. Gamble to W. Lowrie, Shanghai, 21 May 1864.

② Ibid., 199/8/59, W. Gamble to W. Lowrie, Shanghai, 21 May 1864.

③ Ibid., 191A/5/325, W. Gamble to W. Lowrie, Shanghai, 20 September 1864.

④ Ibid., 196/7/169, W. Gamble to W. Lowrie, Shanghai, 20 July 1865.

⑤ Ibid., 199/8/–, Annual Report of the Presbyterian Mission Press at Shanghai, from October 1st 1864 to October 1st 1865. 印在外国纸上的10 000部新约完成后，美华书馆随即又以中国纸开印数量多一倍的本书。

后在1866年印完，而《耶利米哀歌》部分也由麦嘉缔补译完成，总算免除了继续使用争议对手伦敦会版本的尴尬局面。[①]

美华书馆接着印的是前文讨论过的电镀铜版新约，十二开本、印6 000部，从1868年4月制作铜版开始，费了一整年功夫到1869年3月完成印刷，但直到姜别利离职前都没有以同样的方法印刷旧约。

以上美华书馆印的几种圣经都是裨治文和克陛存的译本，至于美华书馆印的第二种译本，是各宗派在北京的传教士共同翻译的官话圣经。美华书馆迁到上海时，正逢《天津条约》签订后中国全面开放传教，需要大量的圣经等出版品辅助，姜别利也注意到了官话圣经的必要性，他在1863年8月写信告诉娄睿，自己接到许多进驻北方的传教士来信，问他何时可以供应一般华人都能读能懂的官话圣经[②]。两个月后姜别利再度在信中告诉娄睿官话本的重要性，并进一步问道："有谁愿意进行翻译呢？"[③]因此，稍后丁韪良参加北京传教士组成的官话本翻译委员会，姜别利就非常关切翻译的进展情形，屡次在写给娄睿的信中讨论此事，并且极力赞成北京传教士采取天主教使用的"天主"一词，姜别利认为这正是自己在上海听到中国人指涉上帝或神时最常使用的称呼，而且许多传教士都说，上帝或神的译名之争根本只是争议双方个人意气的相持不下，因此他认为使用天主一词正可以消弭争议[④]。但是，美国圣经公会并没有放弃对"神"的立场而改用"天主"一词，结果美华书馆接到的第一笔官话本订单不是来自美国圣经公会，而是1864年苏格兰圣经公会（National

---

① BFMPC/MCR/CH, 196/7/240, Annual Report of the Presbyterian Mission Press at Shanghai, from October 1st 1865 to October 1st 1866.

② Ibid., 199/8/51, W. Gamble to W. Lowrie, Shanghai, 19 August 1863.

③ Ibid., 199/8/55, W. Gamble to W. Lowrie, Shanghai, 6 October 1863.

④ Ibid., 197/7/275, W. Gamble to W. Lowrie, Shanghai, 22 February 1866. 姜别利讨论官话本和名词争议的信件，又见于 ibid., 191A/5/325, W. Gamble to W. Lowrie, Shanghai, 20 September 1864.; ibid., 199/8/57, W. Gamble to W. Lowrie, Shanghai, 25 October 1864; ibid., 196/7/215, W. Gamble to W. Lowrie, Shanghai, 24 November 1865.

Bible Society of Scotland)驻华代表韦廉臣(Alexander Williamson, 1829—1890)预订的3 000部福音书,随后并追加到10 000部。①

为了印刷使用"天主"而非"神"译名的北京官话本,美华书馆所属的上海布道站特别在1866年7月的一次会议中通过决议,请求长老会外国传教部的同意。决议中很技巧地请求同意印一版部数较多的圣经,其中部分使用"天主",部分使用"神",意谓美华书馆并没有完全放弃长老会及美国圣经公会原来的立场,只因约三分之二的中国人都用也都懂官话,因此印行官话本圣经将可以达到最大的传播效果;同时,决议中又引英国圣经公会准许各传教会印刷"上帝"或"神"版并行为例,请长老会和美国圣经公会比照办理,同意印刷"天主"或"神"两种版本圣经。②

事实上,上海布道站通过的上述决议只是事后补办手续的性质,因为早在通过决议的一年以前,1865年度的美华书馆年报已经报道印刷官话本约翰福音7 000部、马太福音14 000部的消息。③到了1866年度的美华书馆年报中,姜别利甚至公然宣称,北京翻译中的官话圣经令人十分满意,也将会被华北地区的传教士普遍采用,虽然其他人对译名还有不同的意见,而且印行之初也会印上不同的译名,但是"只要传教士所属的本国传教会不阻挠的话,毫无疑问使用一个共同的版本终将促成在华传教士的和谐一致"。④

---

① BFMPC/MCR/CH, 199/8/57, W. Gamble to W. Lowrie, Shanghai, 25 October 1864; ibid., 197/7/381, W. Gamble to W. Lowrie, Shanghai, 24 December 1866. 有人说韦廉臣订的福音书可能是他自己的作品《桑榆再生记》一书(冯锦荣,《姜别利与上海美华书馆》,页313)。但这是不可能的事,基督教的福音书指的是圣经中的马太、马可、路加与约翰等四种福音书,而《桑榆再生记》是记述一名老人信教经过的传教小册(tract),和四福音的位阶与属性完全不同,姜别利的信清楚表明韦廉臣的订单就是福音书。

② Ibid., 197/7/327, John Wherry to J. C. Lowrie, Shanghai, 5 July 1866.

③ Ibid., 199/8/–, Annual Report of the Presbyterian Mission Press at Shanghai, from October 1st 1864 to October 1st 1865.

④ Ibid., 196/7/240, Annual Report of the Presbyterian Mission Press at Shanghai, from October 1st 1865 to October 1st 1866.

姜别利和上海的传教士对于官话本潜在的广大市场，和弥合传教士裂痕的可能性如此寄予厚望，这个版本也理所当然成了随后几年间美华书馆主要印刷的圣经，只是直到姜别利离职前，北京的官话本连新约都没有译完，更不论旧约。即使如此，先译成的《四福音书》与《使徒行传》，美华书馆已经印有八开本、12 000部（包含韦廉臣订的10 000部在内），以及十二开本、30 000部。[①]

除了印上述的裨、克两人译本和官话本以外，美华书馆又印过宁波、上海和杭州三种方言本的圣经各书，还印过一种中英文对照的马太福音书。此外，在1863年间娄睿要求美华书馆必须多印圣经，才好对持续补助印刷经费的美国圣经公会有所交代时，曾指示传教士可就一些主题从圣经中选辑相关的经文，印成小册分发给华人[②]。传教士随即照办，选择劝诫中国人酒、色、财、气，及五伦、五常等主题，汇辑成《圣书色戒撮要》《圣书五伦撮要》等10种经文小册，在1864年由美华书馆印行，每种印量10 000至20 000部，1866年再版时每种印量都是20 000部，到1869年时还进一步制成电镀铜版，便于以后随时印行。[③]

在传教小册方面，美华书馆1861年至1869年的年报中共收录214种（包含再版的书），但是其中只有51种是新的作品，还不到全部的四分之一，却有超过四分之三的163种是华花圣经书房旧书的重新排印本或修

---

① 详情参见1866年至1869年美华书馆的年报。

② Ibid., 232/63/152, W. Lowrie to Shanghai Mission, New York, 5 June 1863; ibid., 199/8/50, W. Gamble to W. Lowrie, Shanghai, 15 July 1863.

③ Ibid., 199/8/–, Report of the Press at Shanghai for the Year ending Oct. 1st 1864; ibid., 196/7/240, Annual Report of the Presbyterian Mission Press at Shanghai, from October 1st 1865 to October 1st 1866; ibid., 196/9/397, J. Wherry, ‘Books Printed at the Presbyterian Mission Press Shanghai, 1868–1869.’ 令人困扰的是这些经文小册是哪位传教士选辑的？姜别利在1868年的美华书馆年报中注明是克陛存，但娄睿于1863年指示辑印这些小册时，克陛存已在前一年（1862）过世；而伟烈亚力在其*Memorials of Protestant Missionaries to the Chinese*中，将这十种书分别归在广州的两名长老会传教士丕思业（Charles F. Preston）与江德（Ira M. Condit）名下（pp.226–227, 261），但伟烈亚力这么做的依据待考。

订本。好书重印是古今所有出版社常有的事,但重印书的种数多达新书的三倍有余恐怕不常见,美华书馆会有此种现象的原因,也许是迁到上海后的技术和生产能力大增,而作为书稿来源的传教士,中文创作能力没有对应的普遍提升所致,但这还有待进一步考索。

若论美华书馆的个别作者,和华花圣经书房时期一样,麦嘉缔是最多产的一位,美华书馆自1861年至1869年间共印了他的55种作品、合计814 660部,总页数达到1 572万余页之多,平均每种作品的印量将近15 000部,连同华花圣经书房时期所印,麦嘉缔无疑是十九世纪中叶中文著作印量最大的来华传教士之一。不过,美华书馆为他印行的这55种作品,若不计一书的不同版本,则只有23种,其中20种属于旧书重排或修订本,只有2种是全新的作品:《西士来意略论》(1864, 1865, 1867)、《花图单张》(1866, 1867, 1868),加上1种从《鸦片六戒》全新修订而成的《劝解鸦片论》(1862, 1864, 1865, 1867)。美华书馆在1868年也印行麦嘉缔妻子的插图本《旧约节录启蒙》,篇幅多至398页,印量1 000部,总页数达398万页。

美华书馆次多产的作者是倪维思。他于1854来华在宁波传教,到1861年转往山东登州前,已由华花圣经书房印行过2种出版品,从1861年到1869年间,美华书馆又印了24种他的作品,若不计一书的不同版本则是9种,包含上述的2种旧书。在倪维思的7种新书中,篇幅最大的是《神道总论》,456页、装订成三册,印1 000部,1864年印成。倪维思很注重中国传道人的教育训练问题,1862年他写信给长老会外国传教部的执行委员会,讨论建立神学院的计划①,同一年美华书馆也印行他的《宣道略论》一书,作为训练中国传道人的教科书,印1 000部,到1866年再版时书名改为《宣道指归》,仍印1 000部。美华书馆也为倪维思的妻子印行

① Helen S. C. Nevius, *The Life of John Livingston Nevius, for Forty Years a Missionary in China* (New York: Fleming H. Revell Company, 1895), pp.230–242. 现存的长老会外国传教部档案中未见这封长信。

她的两种作品:《官话耶稣教问答》和《官话浅白祷告文》(单张)共五个版本,主要供她在登州开办的女学堂使用。

美华书馆和华花圣经书房一样,传教小册的一大特色是方言书。从1861年到1869年间,美华书馆共印了50种这类小册(包含一书的重排与修订本在内),将近占全部小册数量的四分之一。但是,和华花圣经书房不同的是,宁波方言书不再一枝独秀了,美华书馆既然位于上海,本地方言的作品得地利之便而较前增加;同样明显的一个现象,是随着《天津条约》签订后中国北方开放传教的缘故,官话的作品增加得更快,这和前述官话圣经的勃然兴起是相同的情形,在美华书馆的50种方言小册中,官话占19种最多,其次是宁波方言18种,上海方言13种。

2. 非传教性产品

从1861年至1869年间,美华书馆共有66种已知的非传教性产品,若不是1863年和1864年两年姜别利为专心于活字而特意推辞这类生意,数量肯定不仅如此而已。以篇幅而言,这些非传教性书刊从单张的英文年历到700页的两种英日文字典都有;以语文而言,绝大多数(57种)是以外国读者为对象的英文或英中、英日文的双语书,但也有9种以中国人为对象的中文产品:三次历书(1861, 1862, 1867)、范约翰的《上海音韵改说字母中外字》(1863)、高第丕(Tarleton P. Crawford)妻子的《造洋饭书》(1866)、艾约瑟的《重学》(1867)、作者不明的《海宁塘末议》(1867)、丁韪良的《格物入门》(1868),以及林乐知(Young J. Allen)编的《中国教会新报》(1868—1869)等,其中的《海宁塘末议》(26页)应该是中国人委托美华书馆代印的。

表12-4 美华书馆非传教性产品目录(1861—1869)

	书 名	作 者	年度	备 注
1	(中文历书)	—	1861	
2	*Two Lists of Selected Characters.*	William Gamble	1861	

续 表

	书　名	作　者	年度	备　注
3	*List of Hongs at Shanghai.*	—	1861	
4	*A Descriptive Catalogue of the Publications of the Presbyterian Mission Press.*	William Gamble	1861	美华年报未录，据原书补列。
5	When Art Thow?	Paul Bag	1861	
6	*English Calendar*	—	1861	
7	*List of Chinese Characters formed by the Combination of the Divisible Type of the Berlin Font.*	W. Gamble	1862	
8	*A Collection of Phrases in the Shanghai Dialect.*	John McGowan	1862	
9	（中文历书）	—	1862	
10	English Calendar.	—	1862	
11	Chinese Book of English.	—	1862	
12	*Colloquial Japanese*《东洋初学土话》	Samuel R. Brown	1862	
13	*Primer of the Ningpo Colloquial Dialect.*《宁波土话初学》	Henry V. Rankin	1863	
14	*Shanghai Hygiene.*	James Henderson	1863	
15	*The Sixteenth Annual Report of the Chinese Hospital at Shanghai.*	James Henderson	1863	美华年报未录，据原书补列。
16	*The Analytical Reader.*《常字双千认字新法》	W. A. P. Martin	1863	
17	*First Class Book, Colloquial.*《上海音韵改说字母中外字》	J. M. W. Farnham	1863	中文书名一作《字解》。

续　表

	书　　名	作　者	年度	备　注
18	*A Grammar of the Chinese Colloquial Language Commonly Called the Mandarin Dialect.* Second edition.	Joseph Edkins	1864	
19	*Progressive Lessons of the Chinese Spoken Language.* Second edition.	Joseph Edkins	1864	
20	*The Seventeenth Annual Report of the Chinese Hospital at Shanghai.*	James Henderson	1864	
21	*Statistics of Protestant Missions in China December 31st 1863.*	[William Gamble]	1864	美华年报未录，据原书补列。
22	*Two Lists of Selected Characters.* Second edition.	W. Gamble	1865	美华年报未录，据原书补列。
23	*List of Chinese Characters in the Hong-kong Font of Type.*	W. Gamble	1865	
24	*The Eighteenth Annual Report of the Chinese Hospital at Shanghai.*	James Henderson	1865	
25	*Christian Missions.*	—	1865	
26	*Journal of the North-China Branch of the Royal Asiatic Society.* New series, No. 1 (December 1865).	—	1865	
27	Article on Shin and Shang-ti.	—	1865	
28	*Autobiography of the Chung-Wang.*	T. W. Lay	1865	
29	*Shanghai Tide Table.*	—	1865	
30	*Report and Rules of the North-China Branch of the Royal Asiatic Society.*	—	1865	

续 表

	书　名	作　者	年度	备　注
31	Printed Circular Covers	—	1865	
32	*Testimony of the Truth of Christianity, Given by Kiying.*	—	1865	
33	*Specimen Book*花图书	—	1866	
34	《造洋饭书》Cookery Book	Mrs. Crawford	1866	
35	*Journal of the North-China Branch of the Royal Asiatic Society.* New series, No. 2(December 1866).	—	1866	
36	*The First Annual Report of the Hankow Hospital, in connection with the Wesleyan Missionary Society.*	F. Porter Smith	1866	本书封面记为1865年出版。
37	*The Nineteenth Annual Report of the Chinese Hospital at Shanghai.*	James Gentle	1866	
38	*The Fourth Annual Report the Peking Hospital.*	John Dudgeon	1866	
39	Tariff of Warfage Dues.	—	1866	
40	上海医院述略	—	1866	
41	*A Few Thoughts in Reply to a Short Essay on the Question: 'What Term Can Be Christianized for God in China?'*	Tarleton Crawford	1866	
42	Calendars for 1866.	—	1866	
43	*Statistics of Protestant Missions in China for 1864.*	William Gamble	1866	
44	Ningpo Primer.	—	1866	
45	*Memorials of Protestant Missionaries to the Chinese.*	Alexander Wylie	1867	

续 表

	书　名	作　者	年度	备　注
46	《重学》	Joseph Edkins	1867	
47	*Notes on Chinese Literature.*	Alexander Wylie	1867	
48	《和英语林集成》*A Japanese and English Dictionary.*	James Hepburn	1867	
49	《语言自迩集》*A Progressive Course Designed to Assist the Students of Colloquial Chinese.*	Thomas F. Wade	1867	美华只承印本书中文部分。
50	《文件自迩集》*A Series of Papers Selected as Specimens of Documentary Chinese.*	Thomas F. Wade	1867	美华只承印本书中文部分。
51	*Translation Documentary Series.*	Thomas F. Wade	1867	美华只承印本书中文部分。
52	《海宁塘末议》	—	1867	
53	历书	—	1867	
54	*Specimens of Chinese, Manchu and Japanese Type.*	[William Gamble]	1867	美华年报未录，据原书补列。
55	*The Sixth Annual Report the Peking Hospital.*	John Dudgeon	1868	美华年报未录，据*The Chinese Recorder*, 1:3 (July 1868), pp. 51–52补列。
56	《宁波土话初学》*Primer of the Ningpo Colloquial Dialect.*	Henry V. Rankin	1868	
57	*A Grammar of Colloquial Chinese, as Exhibited in the Shanghai Dialect.*	Joseph Edkins	1868	

续 表

	书　名	作　者	年度	备　注
58	《格物入门》	W. A. P. Martin	1868	
59	《教会新报》	Young J. Allen	1868	
60	《英和对译袖珍辞书》*English and Japanese Dictionary*	A Student of Satsuma	1869	中文书名据美华1868年报补列。
61	*A Vocabulary of the Shanghai Dialect.*	Joseph Edkins	1869	
62	*Progressive Lessons of the Chinese Spoken Language.* Third edition.	Joseph Edkins	1869	
63	*Notes on Chinese Literature*	Alexander Wylie	1869	
64	Catalogue of Books relating to China	Alexander Wylie	1869	
65	Translation of the Sacred Edict	Wilson	1869	
66	《教会新报》	Young J. Allen	1869	

资料来源：美华书馆各年度报告。

说明:(1) 一书的不同版本各计一种，但本目录不收代印公司洋行的表单文件散页。(2) 除非知见书上载有年份，出版年均以美华书馆报告年份为准，跨年度印刷者列入印完出版的年份。

在这66种非传教书刊中，以语言文字类18种最多[①]，内容包含字书、

① 冯锦荣在其《姜别利与上海美华书馆》一文第309页，以甚多篇幅说1865年美华书馆代墨海书馆重印马礼逊中英文字典的第二部分《五车韵府》，并举惠志道所撰关于姜别利事略的小册*Sketch of the Work of the Late William Gamble*（1888）第5页的说法为证。冯氏的见解完全错误。惠志道很清楚说的是美华书馆于1874年印的卫三畏《汉英韵府》(*A Syllabic Dictionary of the Chinese Language*）一书，而非马礼逊的《五车韵府》；何况1865年时负责墨海书馆的伦敦传教会传教士慕维廉（William Muirhead），于这年底写信给同会秘书，谈论墨海书馆印刷《五车韵府》的详情（LMS/CH/CC, 3.2.B., W. Muirhead to A. Tidman, Shanghai, 8 December 1865），参见本书页208；而且姜别利早前于1863年写给娄睿的一封信中也提到："伦敦会上海站正在印刷马礼逊字典的又一版。"（BFMPC/MCR/CH, 199/8/53, W. Gamble to W. Lowrie, Shanghai, 19 September 1863.）。以上都足以说明没有所谓美华书馆代印《五车韵府》一事，更不必说《五车韵府》封面上印的正是墨海书馆而非美华书馆。

官话、上海与宁波方言，以及英、日文。每种书固然都有值得讨论的特殊性，但若就负责印制的姜别利和美华书馆而言，非常特别的可能是3种英日双语文的书：鲍留云的《东洋初学土话》(*Colloquial Japanese*)、平文的《和英语林集成》(*A Japanese and English Dictionary*)，以及日本萨摩学生的《英和对译袖珍辞书》(*An English and Japanese Dictionary*)增订本。

早在1848年初在宁波时，华花圣经书房就已收到娄睿从美国寄来的一箱日文活字，却一直没有机会用于印刷[①]，直到1860年迁往上海后，由于交通较为便利，在日本的传教士也开始有学习日文的著作准备问世，同时正逢日本社会向西方开放后兴起一股学习英文的热潮，这些因素造就了美华书馆的日文活字终于派上用场。

美华书馆在上海安顿后不到一年，姜别利告诉娄睿，已经开始电镀生产日文字模，以备大量铸造活字使用[②]。当时他已接到在日本的美国传教士鲍留云来信，请美华书馆代印一种英日双语的著作《东洋初学土话》，鲍留云要求以外国纸精印，代价不计。姜别利为此特地购入三十令英国纸张，并雇用一名澳门土生的葡人排版工[③]。结果篇幅300余页的《东洋初学土话》排印了一年半，直到1863年3或4月间才告印成，八开本、800部，代价是1 277.25元[④]，姜别利在1863年度的美华书馆年报中表示本书印得相当工整[⑤]。不过，由于这是美华书馆第一种日文产品，鲍留

---

① BFMPC/MCR/CH, 190/3/73, M. S. Culbertson to W. Lowrie, Ningpo, 1 March 1848; ibid., 190/3/135, A. W. Loomis, 'Report of the Publishing Committee of the Ningpo Mission of BFMPC for 1847–1848;' ibid., 199/8/37, W. Gamble, 'Inventory of Stocks & Fixtures in the Printing Establishment of the Presbyterian Ningpo Mission, October 15th 1860.'

② Ibid., 199/8/42, W. Gamble to W. Lowrie, Shanghai, no day [received in New York on 2 November 1861].

③ Ibid. 后来姜别利辞退这名排版工，改由三名教会学校毕业的中国学徒完成排版。

④ Ibid., 199/8/47, W. Gamble to W. Lowrie, Shanghai, 19 February 1963; ibid., 199/8/48, W. Gamble to W. Lowrie, Shanghai, 5 May 1863; ibid., 191A/5/305, J. S. Roberts to W. Rankin, Shanghai, 7 December 1863.

⑤ Ibid., 199/8/54, Annual Report of the Press for the Year Ending October 1st 1863.

云也没有亲自校对，以致书后所附的勘误表多达11页。

鲍留云的书为美华书馆带来后续的日文书生意。另一位在日本的传教士并且是鲍留云非常熟识的平文，在鲍留云的书印成几个月后，写信给姜别利，希望由美华书馆印制自己编纂中的日英文字典《和英语林集成》①。1866年10月，平文携带完稿从日本到上海，并留下来照料印制校对事宜，姜别利特地为此书新铸了一副片假名日文活字，以及一副搭配日文的英文新活字②。《和英语林集成》的篇幅是《东洋初学土话》的两倍以上，开印后美华书馆以每周40页的进度赶工，费了一整年功夫在1867年10月完工，704页、四开本、1 200部，代价是4 200元③。姜别利很重视也很满意这部字典的印制，认为此书是美华书馆1867年最重要的一项代印工作，并相信很快就会需要再版。④

姜别利非常赞扬平文编纂的勤奋和毅力，但两人之间却为了《和英语林集成》的印制费用有些争议。在付印前，平文先和纽约的娄睿通过信，也认为娄睿同意由美华书馆代印此书，平文只要自付纸张的费用即可。姜别利却认为平文必然误解了娄睿的意思，因为此书既是平文的私人著作，印成后出售所得也归他自己，则美华书馆不可能平白为他负担纸张以外的工资、排印及装订等成本⑤。后来平文告诉姜别利，已获得外国传教部执行委员会同意，由美华书馆以成本价格代印此书；等到印完后姜别利开出账单，平文却向他抱怨金额过高，姜别利则说明确实是以成本

① BFMPC/MCR/CH, 199/8/53, W. Gamble to W. Lowrie, Shanghai, 19 September 1863.

② Ibid., 197/7/367, W. Gamble to W. Lowrie, Shanghai, 8 November 1866.

③ Ibid., 197/7/429, W. Gamble to W. Lowrie, Shanghai, 8 April 1867; ibid., 197/7/520b, ‘Bill for Printing Japanese Dictionary by J. C. Hepburn.’ 在《和英语林集成》以外，美华书馆同时也印刷平文另一种日文的传教小册《真理易知》，译自麦嘉缔同名的作品，78页、八开本、2 500部，由美国小册会补助印费。

④ Ibid., 197/7/429, W. Gamble to W. Lowrie, Shanghai, 8 April 1867; ibid., 199/8/229, ‘Annual Report of the Presbyterian Mission Press at Shanghai, from October 1st 1866 to October 1st 1867.’ 这部字典的确于五年后（1872）由美华书馆为平文再版印刷。

⑤ Ibid., 199/8/53, W. Gamble to W. Lowrie, Shanghai, 19 September 1863.

计算金额，即每页6元，700页共4 200元，又说自己给上海的一家印刷同业Walsh & Co.看过印成的《和英语林集成》，对方表示全世界只有美华书馆才会以这样低的价格承印此书；姜别利进一步说，若以最近承印威妥玛《语言自迩集》的相同条件，则《和英语林集成》的承印价格每页至少应在10元以上。[①]

姜别利随即检附账单和《和英语林集成》寄给娄睿，并说平文以每部12元的价格出售此书，而且购买者非常踊跃，因此实在不应该有什么怨言，姜别利认为自己蒙受了不公平的抱怨：

> 我是应该关注弟兄们的愿望，但是我也必须忠于美华书馆的利益，两者兼顾永远不是一件容易的事。如果不是您的支持，我不会如此长久担任美华书馆的主任，弟兄们说美华书馆没有妥善经营，我知道有人甚至说美华书馆是个祸害（evil）而非好事。[②]

尽管有这件不太愉快的插曲，美华书馆第三件更大的日文生意很快地在1868年初上门了，而且是单纯的生意，和前两次因为托印者是传教士而必须给予优惠折扣有所不同。这笔生意由在长崎的美国传教士佛贝克（Guido H. F. Verbeck, 1830—1898）介绍，两名萨摩藩的日本人在1868年5月下旬造访美华书馆，和姜别利洽谈印制一部《英和对译袖珍辞书》增订本的事宜，他们准备留在上海照料印制及校对，还预付了一部分的印制费1 150元。[③]

美华书馆立即开始排印《英和对译袖珍辞书》的工作，有了前两种英日文书的经验，这部辞书的排印进展得很快，只费了九个多月时间

① BFMPC/MCR/CH, 197/7/523, W. Gamble to James C. Hepburn, Shanghai, 22 November 1867.

② Ibid., 197/529/7, W. Gamble to W. Lowrie, Shanghai, 26 November 1867.

③ Ibid., 200/8/126, W. Gamble to W. Lowrie, Shanghai, 24 February 1868; ibid., 200/8/150, W. Gamble to J. C. Lowrie, Shanghai, 25 May 1868. 但将近两个月后，姜别利在另一封信中说，日本人预付的金额是1 050元（ibid., 200/8/171, W. Gamble to J. C. Lowrie, Shanghai, 14 July 1868）。

即完成篇幅618页、大八开本，而印量多达2 400部的印刷装订，代价是8 000元[①]。1869年3月中，姜别利检寄一部刚出版的此书给外国传教部秘书娄约翰，姜别利说自己以这部辞书的印制成果为傲，也相信这会带给美华书馆极大的声誉。[②]

姜别利的自信并不过分，他在这部辞书出版后半年离开了美华书馆，而日本国内的英日文印刷也迅速崛起，但姜别利离开后的三年中，美华书馆至少又印制了平文字典再版在内的三种日文书[③]。至于美华书馆日文活字的生产情形，留待下文关于活字的产量与产品时再论。

在美华书馆的非传教性书刊中，数量次于语言文字类的是医学类的9种。其中最早的一种是1863年出版的韩雅各的《上海卫生》，韩雅各为伦敦传教会于1859年派遣来华的传教医生，第二年抵达上海后接掌为中国人服务的仁济医馆。本书的副书名是"在华保持健康的一些提示"(*Hints for the Preservation of Health in China*)，书内又说明旨在为西方人指点"什么是在上海保持健康的最佳方法"[④]，但出人意外的是韩雅各自己在上海只生活了五年，便于1865年病故了。除了此书，美华书馆还为韩雅各代印从1863年到1865年三年的仁济医馆年报，事实上美华书馆到1869年为止代印的9种医学书，除了《上海卫生》以外，其他8种都是上海、北京及汉口各教会医院的年报。

数量又次于医学类的是印刷出版与基督教在华两类，各7种。印刷出

---

① BFMPC/MCR/CH, 195/9/80, W. Gamble to J. C. Lowrie, Shanghai, 18 May 1869.

② Ibid., 195/9/40, W. Gamble to J. C. Lowrie, Shanghai, 20 March 1869.

③ 1870年底，暂时管理美华的传教士John Butler报道，美华正在印一种篇幅500页的日文字典，和一种有日文注释的中文日本史(ibid., 196/9/392, J. Butler to J. C. Lowrie, Shanghai, 10 December 1870)；1871年底，管理美华的传教士狄考文(C. W. Mateer)也两度报道，正在印制平文的字典(ibid., 194/10/174, C. W. Mateer to J. C. Lowrie, Shanghai, 10 November 1871; ibid., 194/10/240, C. W. Mateer to F. F. Ellinwood, Shanghai, 11 April 1872)。

④ James Henderson, *Shanghai Hygiene* (Shanghai: American Presbyterian Mission Press, 1863), p.2.

版类除了1种还待确定外[①]，其余6种都是姜别利的作品，加上基督教在华类中也有2种是他的作品，合计8种，虽然其中的活字样本、出版目录和基督教在华统计的篇幅都很有限，但以种数而言，在美华书馆全数66种的非传教性书刊中，姜别利确是最多产的一名作者。他最主要的作品是雇人计算中文字使用频率而编成的《两种字表》，在1861年和1865年各印一版。这项计算的结果产生巨大的影响，虽然姜别利主要依据基督教图书计算，并不能正确代表中文字的使用频率，但这是第一次有人如此大规模计算所得的结果，而且美华书馆是十九世纪后期中国最大的活字供应者，他的字表所定各活字铸造数量以及活字和字架的安排方式，长期通用于中国各地，其他中文铸字业者也一体模仿照用，直到二十世纪中期，还有印刷出版机构仍沿用他制订的方式[②]。在印刷业以外，许多西方人也以姜别利的字表作为学习中文字的依据，例如丁韪良在自己的著作《常字双千认字新法》中，承认自己选择应当学习的中文字时，主要是依据姜别利的字表，还以将近4页的篇幅几乎全文引述了姜别利字表中的导论内容。[③]

产量次于姜别利的非传教性作者是伦敦会传教士艾约瑟，有6种作品（含再版1种），其中5种关于官话与上海方言，1种是他在李善兰协助下译成的《重学》，1857年由金山士绅钱熙辅出资以木刻印刷，1867年美华书馆以活字重印，由伟烈亚力照料与修订，并撰有英文序言，印量500部。[④]

---

① 这种是1866年印的《花图书》(*Specimen Book*)，内容应该是印刷用的各种装饰图案与插图。

② 例如新华书店第一印刷厂也使用姜别利的字架，并沿用到1948年时才进行改革，见张静庐辑注，《中国现代出版史料（丙编）》(北京：中华书局，1956)，页438—449，邬万清，《改革新字架介绍》。

③ W. A. P.Martin, *The Analytical Reader*《常字双千认字新法》(Shanghai: Presbyterian Mission Press, 1863), pp.2−5.

④ BFMPC/MCR/CH, 199/8/229, Annual Report of the Presbyterian Mission Press at Shanghai, from October 1st 1866 to October 1st 1867.

从1861年到1869年间，美华书馆的非传教性书刊中，旨在向中国人传播西学的书只有2种，即上述艾约瑟的《重学》和1868年出版的丁韪良《格物入门》，印量同样是500部。此外，代印林乐知主编的《中国教会新报》（1868—1869）也算是兼顾西学的传教期刊。但是，就在前一个十年中，同样在上海的伦敦会墨海书馆，却有将近20种的西学书刊，数量之多是美华书馆无法相提并论的，而且美华所处的1860年代，中国已掀起学习西方技术的“自强运动”浪潮，同时美华书馆具备比墨海书馆更优越的印刷技术能力，何以没能在此种氛围和条件中生产更多的西学图书？

主要的原因应该是1860年代美华书馆所属的长老会上海布道站，和1850年代墨海书馆所属的伦敦会上海布道站，两个布道站各有不同的组织文化和人员条件所致。伦敦会上海站当时有超过十名的传教士，全都聚居在麦家圈的布道站中，彼此相处融洽，其中多数在上海长期工作或者到上海时已是资深的传教士，对中国语文有较好的掌握运用能力，比较了解中国社会文化，也相当愿意认识结交作为中国社会中领导阶层的士绅，双方共同合作传播西学，并且不拘使用活字或木刻技术出版西学图书。相对于此，1860年代的长老会上海站有非常不同的景象，传教士人数经常就是三名或最多四名，而且来去不定，只有两人（姜别利和范约翰）是长期在沪，传教士分别居住在南门外和小东门外两处，却又彼此意见不合，从各自为政发展到互相批评攻讦，辛苦调和其间的惠志道被范约翰排挤到只能离去。同时，姜别利的中国语文能力不足，和墨海书馆的伟烈亚力完全不同，范约翰则只会上海方言，不懂官话，也只出版了一种学习上海方言拼音的小学教科书。姜、范两人都没有积极结交中国士绅的能力与行动，范约翰甚至因房地纠纷被中国人以欺压之名告进官里。上述这些情况都是导致美华书馆没有出版太多西学图书的因素。

虽然如此，美华书馆1867年和1868年连续两年的年报所附产品目录中，却赫然出现墨海书馆出版的《几何原本》《谈天》《代数学》《代微积拾级》《植物学》等书名，还有库存和出售的数字纪录[①]。姜别利没有说明何以会有这个看来极为不寻常的现象，答案却不难索解，应该就是墨海书馆在前一年（1866）结束时，经负责墨海的慕维廉和姜别利谈妥，这几种还未售完的存书即转由美华书馆继续出售。事实双方关系一向和谐，姜别利来华之初路经上海，便往访墨海书馆；而美华搬到上海稍前，曾因印刷油墨不足不止一次由墨海书馆紧急给予接济；继而美华搬到上海初期，在虹口的馆舍出问题时也向墨海书馆借用空间存放纸张；到墨海书馆结束时出清存货，姜别利又购买了一批墨海书馆的活字等[②]。既有这些互通有无的先例，则慕维廉在墨海书馆结束后，将库存的西学书委托美华代售，或全部都让售给美华，应该是顺理成章的事。

（二）传播与反应

从迁至上海到姜别利离职时，美华书馆产品的传播分发数量见表12–5。表中显示，从1861年起的分发数量呈现稳定成长的趋势，只有1866年的数量比前一年略微减少，而到1868年时分发的部数已是1861年时的7.7倍之多。

表12–5　美华书馆出版品分发统计（1861—1869）

年　度	部　数	页　数	备　注
1861	41 341	3 284 950	
1862	107 825	5 509 364	
1863	147 290	7 381 512	
1864	213 949	11 713 638	

① BFMPC/MCR/CH, 199/8/229, Annual Report of the Presbyterian Mission Press at Shanghai, from October 1st 1866 to October 1st 1867; ibid., 200/8/190, Annual Report of the Presbyterian Mission Press at Shanghai, for the Year Ending 30th September, 1868.

② 192/4/182, W. Gamble to W. Lowrie, Ningpo, 13 July 1860; ibid., 243/191A/5, M. S. Culbertson to W. Lowrie, Shanghai, 20 February 1862; LMS/CH/CC, 3.2.C., W. Muirhead to J. Mullens, Shanghai, 15 August 1866.

续 表

年 度	部 数	页 数	备 注
1865	241 872	—	本年度起无页数统计
1866	237 761	—	
1867	290 473	—	
1868	316 810	—	
1869	—	—	本年度无分发统计

资料来源：美华书馆各年度报告。

美华书馆位于上海，其产品的传播则遍及中国各地、日本与大批华工聚居淘金的美国加州。进一步说，美华书馆是长老会的印刷出版机构，但其代印与传播的对象包含其他传教会及其传教士在内。1863年底，姜别利在印发给所有在华各宗派传教士的一份通函中说：

> 本书馆不只为单一传教团体印刷而已，而是要尽可能地成为全体基督教传教士所用。〔……〕既然小册会与圣经公会补助的目标，以及本书馆接受两会补助的目标，都在于尽量广泛地分发生命的食粮给步向毁灭的异教徒，则本书馆将竭尽所能地免费（运费除外）以小册与圣经送予希望获得供应的传教士，也将以成本价格供应已获得小册会与圣经公会补助款者。①

通函的内容显示，若是圣经公会与小册会出资印刷的传教产品，美华书馆对所有宗派的传教士有免费供应和按成本计价两种方式：凡已获得两会补助款者，按成本计算书价；未获得补助款者，则可以请求美华免费供应。如本章“管理与经费”一节所述，美华书馆以两会补助款印刷的产

① BFMPC/MCR/CH, 193/6/628, a printed circular, signed by W. Gamble and dated Shanghai, 31 December 1863.

品，占其年产量的大部分，在五成五到九成之间，若扣除非传教书刊的产量不计，则两会补助印刷的产品占美华全部产量的比例更高，因此美华书馆每年分送各地的产品数量很大，动辄一二十万部或数百万至千万页之多。

鉴于以前宁波华花圣经书房长期有库存书累积过多的教训，姜别利采取一些措施加快美华书馆产品的传播分发：

第一，编印目录分送各地传教士。在上海的第一年（1861），姜别利编印《美华书馆出版品提要目录》，收录55种书，分为圣经公会补助款印（1种）、小册会补助款印（48种）、长老会经费印（6种）三类，每种列举中英文与拼音书名、作者、内容提要，目录最后注明："各书都按成本出售，但希望获书用于免费分发者可向美华书馆主任申请赠送。"①1863年，姜别利又将修订过的出版目录寄给各传教士，还希望他们若有适合的书稿能交给美华书馆出版。②

第二，寄送样书给全体在华传教士。每当美华书馆出版一种新书，姜别利都会寄送给所有在华各宗派的传教士每人一部，吸引他们的注意力③。1864年时在华的传教士人数共185名④，他们每人都能获得美华书馆的所有新出版品，合计起来是相当可观的数目，姜别利这么做可说是大手笔，足以彰显他主动积极推广美华书馆产品的态度和作法。

第三，编印美华书馆年报展现经营实况。年报中包含馆舍、印刷、铸字、工匠、经费收支等各方面发展的讯息，其中占篇幅最多的是产品目录，不只是一年的目录，而是历年所印各书的印量、当年分发与库存的数量，

---

① BFMPC/MCR/CH, 199/8/39, *A Descriptive Catalogue of the Publication of the Presbyterian Mission Press* (Shanghai, 1861).

② Ibid., 193/6/628, a printed circular, signed by W. Gamble and dated Shanghai, 31 December 1863.

③ Ibid., 199/8/−, Annual Report of the Presbyterian Mission Press at Shanghai, from October 1st 1864 to October 1st 1865.'

④ Ibid., 199/8/−, W. Gamble, *Statistics of Protestant Missions in China for 1864* (Shanghai: American Presbyterian Mission Press, 1866).

让传教士对美华产品的现况都能一目了然，并按自己的需要请求美华供应。1865年底姜别利在寄送年度报告的通函中进行市场调查，请各传教士从目录中勾选希望下个年度再版印刷或获得供应的书名，以协助美华书馆能更有效率地掌握市场，生产合乎需要的出版品。[①]

姜别利的确非常注意市场的需求和反应，最明显的事例是他在印刷不同译名的圣经版本上采取的灵活主张。当他发觉各宗派的传教士大多数使用译名为上帝版的圣经，而非美华书馆所印美国圣经公会与长老会坚持的神版圣经，便请求娄睿准许美华书馆两种译名的圣经都印[②]，等到北京的各宗派传教士共同使用天主的名称新译圣经，姜别利又赞同这个可以免于上帝或神之争的新译名，加上北京译本使用的是北方广大民众通行的官话，而苏格兰圣经公会代表韦廉臣向美华预订印刷的也是北京译本，姜别利更把握这个推广美华产品的机会，极力向娄睿争取同意印刷。[③]

姜别利上述各种主动积极的措施，应该很有利于美华书馆传教性产品的传播；但是，美华书馆传教书的传播途径并不以中国人为直接对象，而是由传教士索取或订购后再分发给中国人。这样经过传教士的居间转折后，传播工作和效果变得复杂，有如1865年底长老会在宁波的传教士葛霖描述的实际情形：

> 关于圣经的分发，每位传教士各有他自己的方式，有人卖，有人送；有人大量分发，有人难得分发；何况，除了分发圣经，每位在华传教士还另有事要做，他难得有时间拟订分发圣经的计划，即使拟订了也难有时间着手实行；如果有人订出计划让他

---

① BFMPC/MCR/CH, 196/7/–, a printed circular, signed by W. Gamble and dated Shanghai, 1 November 1865.

② Ibid., 191A/5/325, W. Gamble to W. Lowrie, Shanghai, 20 September 1864; ibid., 199/8/57, W. Gamble to W. Lowrie, Shanghai, 25 October 1864.

③ Ibid., 196/7/215, W. Gamble to W. Lowrie, Shanghai, 24 November 1865.

照做，他或许能抽空进行，却得有些技巧和经验才能在中国做好圣经分发，目前传教士们正积极地进行这件事，但如果能有系统地作法，同样的人力和经验就可以做得更多更好。①

虽然葛霖是专对分发圣经而言，但在传教小册方面应该也是类似的现象，因此在姜别利想尽方法将美华书馆的产品送到传教士手中后，接下来传教士是如何将书送到中国人手上的方式和效果，就不是姜别利所能掌握的了，甚至连长老会上海布道站的情形也一样。因为如下文所说，承担生产的是美华书馆主任，而分发给中国人的工作却由传教士负责管理。

以下分别讨论长老会上海布道站分发美华书馆出版品，以及美华产品送往各地的长老会和其他传教会布道站的状况。

1. 长老会上海布道站

相当令人意外的是美华迁至上海后的将近四年间，长老会上海布道站的传教士虽然谈论了不少印刷出版的事，却没有提过他们在教堂或街头或下乡分发出版品的作法，只在美华书馆的1862年度年报中，姜别利很简略地提及，上海布道站当年分发了约50万页的圣经和小册②，但他没有说明这些产品是如何分发的。而在范约翰执笔的上海布道站1864年度年报中，也语焉不详地报道，说是由于传教士各项工作繁忙，不可能花太多时间到乡下各处巡回传教，最近才有一名本站的传教士前往杭州附近的地方讲道与分书。③

从1864年起情况不一样了，上海布道站在这年建立了一种分发书刊的新方式，即在美国圣经公会补助下长年雇用中国分书人，分书也因而继

① BFMPC/MCR/CH, 196/7/228, D. D. Green to the Secretary of the American Bible Society, Ningpo, 23 December 1865.

② Ibid., 199/8/45, Report of the Press for the Year ending October 1st 1862.

③ Ibid., 196/7/56, Sixteenth Annual Report of the Shanghai Mission, read and approved at the annual meeting, 16 November 1864.

讲道、学校和印刷之后，成为上海站的第四项主要工作部门[①]，上海站的传教士开始比较积极地谈论分发书刊的工作，而分书人也成为上海站分发书刊的主力。

1864年2月，上海站雇用第一位分书人，并逐渐增加到1868年的五人，另雇有一名书船的船夫[②]。但是，分书人及其工作并非由美华书馆主任指挥监督，而是由传教士负责管理，先是范约翰，1867年起改为惠志道。每名分书人的工资每月5元，旅行费用另支[③]。他们的工作便是带着美华书馆的出版品，在江苏和浙江北部巡回各地分送并介绍其内容。范约翰在第一次关于分书工作的报告中说，两名分书人在六个月内分发了11 000余部圣经，共285 682页，其中约半数是分送到家户，范约翰因此认为阅读这些书的人数相当可观[④]。到1865年9月底为止的一年中，四名分书人在1 534个地点共分发了929 649页的出版品，最远到达才由政府军从太平军手中收复不久的南京[⑤]。1866年，五名分书人合计分发了920 334页的圣经，访问4 600个家户，在其中的500家中畅谈基督教真理，在公共场合谈论的则有2 613次。[⑥]

从1865年起，长老会上海布道站的分书方式有一项重大的改变，即不再免费分送，而改以象征性的价格出售给华人。西方传教士来华前，都习于各自基督教国家内出售基督教书刊的方式，他们从十九世纪初年来

---

① 200/8/248, J. Wherry, Annual Report of the Shanghai Mission for the Year ending September 30th 1868.

② Ibid., 191A/5/312, J. M. W. Farnham to W. Lowrie, Shanghai, 20 February 1864; ibid., 200/8/212, J. Wherry, Report of the Colporteurs of the Shanghai Mission for the Year ending September 30th 1868.

③ Ibid., 191A/5/328, Annual Report of the Shanghai Mission for 1864.

④ Ibid., 196/7/56, Sixteenth Annual Report of the Shanghai Mission, read and approved at the annual meeting, 16 November 1864.

⑤ Ibid., 196/7/100, J. Wherry, Annual Report of the Shanghai Mission for 1865.

⑥ Ibid., 196/7/239, J. M. W. Farnham, Report of Colportage connected with the Shanghai Mission for the Year ending September 30, 1866.

华后也想推行同样的做法，以免华人总认为基督教书刊没有价值才会大量免费分送，但传教士历经五十余年一直无法有效实现改送为售的作法。1865年间，英国圣经公会驻华代表伟烈亚力却在一次历时几个月的旅程中，成功地将3万部圣经以成本三分之一的价格卖给华人，获得约250元至300元的收入[①]。伟烈亚力成功的事例传开后，长老会上海布道站决定进行同样的尝试，也以折合成本三分之一的低价出售，一开始还不敢全面实施，凡篇幅无几的小册都继续免费分送，遇到对分书人很友善的对象也不便要价，但传教士很快地发现售书相当顺利，甚至收入还足够分书人的旅费支出，于是全面实施改送为售的新法[②]。到1866年9月底为止的一年中，五名分书人合计出售了1 009 548文钱的书刊，折合超过100元，传教士认为这种方式让华人重视花钱买来的基督教书刊而认真阅读[③]。事实上不仅上海布道站售书成功而已，宁波布道站的传教士也在1865年底报道，当地一名中国分书人在过去的三个月中，以每部3分钱的价格卖出约11元的圣经新约，也就是将近370部的新约。[④]

虽然改送为售出乎意料地顺利，还是免不了会有些问题。惠志道发现分书人虽然受到许多中国同胞的欢迎，却有更多的同胞（尤其是知识分子）不喜欢他们，原因一则分书人受雇于洋人，再则他们为基督教工作。传教士认为分书人通常较为胆怯，担心来自同胞对自己的轻蔑态度，也经常被同胞怀疑他们售书是为自己牟利。但是传教士也发现，如果是洋人向中国人推介基督教书刊，则中国人购买的意愿很高，传教士认为这是由于英国圣经公会的代表伟烈亚力和苏格兰圣经公会的代表韦廉臣等

① BFMPC/MCR/CH, 196/7/93, W. Gamble to W. Lowrie, Shanghai, 7 January 1865.

② Ibid., 196/7/100, J. Wherry, Annual Report of the Shanghai Mission for 1865.

③ Ibid., 196/7/239, J. M. W. Farnham, Report of Colportage connected with the Shanghai Mission for the Year ending September 30, 1866.

④ Ibid., 196/7/228, D. D. Green to the Secretary of the American Bible Society, Ningpo, 23 December 1865.

人，不但中国学识淹博，而且在华经验丰富所致，因此惠志道建议美国圣经公会也能派遣专人驻华，增进圣经在中国的传播[①]。尽管许多传教士都提出和惠志道同样的建议，但直到1876年才有美国圣经公会的首任驻中国与日本代表古烈（Luther H. Gulick）来华。[②]

2. 各地的长老会及其他传教会布道站

美华书馆的产量大，并且逐年增加至超过2 000万页，而上海本地的分发量有限。不论是前述1862年美华书馆年报中提到的50万页，或1866年几名分书人分发的90余万页，都只占美华书馆产量的一小部分而已，因此还有赖各地的长老会及其他宗派的布道站分发，才能免于库存的大量累积。

但是，美华书馆的年报中关于送书往各地布道站的讯息不多也不规律，虽然每年多少都谈到了送书给各地布道站，却只有1861年、1862年和1864年三年的年报提供了如下表的确切数目。

表12-6 美华书馆出版品送往各地分发统计

布道站	1861	1862	1864
长老会广州	252 280页	35 825部、1 720 880页	141 127部、8 325 972页
长老会登州	828 980页	27 354部、1 283 110页	6 951部、250 878页
长老会宁波	—	10 126部、240 884页	2 289部、491 226页
长老会上海	—	约500 000页	—
长老会北京	—	—	10 298部、263 090页
长老会日本	177 100页	—	202部、66 770页

① BFMPC/MCR/CH, 200/8/212, J. Wherry, Report of the Colporteurs of the Shanghai Mission for the Year ending September 30th, 1868; ibid., 200/8/248, J. Wherry, Annual Report of the Shanghai Mission for the Year ending September 30th, 1868.

② Henry O. Dwight, *The Centennial History of the American Bible Society* (New York: The Macmillan Company, 1916), vol. 2, p.401.

续 表

布道站	1861	1862	1864
长老会加州	107 290页	—	15 602部、316 296页
美部会福州	189 800页	14 150部、511 630页	（并入其他各会计算）
美部会天津	449 748页	20 310部、1 059 412页	（并入其他各会计算）
美国圣公会上海	420 000页	—	（并入其他各会计算）
美以美会上海	125 200页	—	（并入其他各会计算）
其他各会	734 560页	—	26 895部、1 999 406页
合　计	3 284 950页	107 765部、5 509 364页	203 444部、11 713 638页

资料来源：美华书馆1861、1862、1864年报。

就以这三个年度而言，首先可知美华书馆送书到外地的数量快速增加，从1861年的300多万页提升到1864年的1 170多万页，是1861年的3.6倍。其次，外地接受美华书馆产品者仍以长老会所属的布道站为主，除原有的广州、宁波两地，随着1860年代传教事业的拓展，增加了登州、北京，及日本和华工人数大增的美国加州等地；至于其他传教会，则以在圣经翻译上和长老会密切合作的美部会为主，两会都使用神版的圣经，接受美华书馆的产品自然也多；此外，姜别利也表示送出不少产品给前往南京、汉口等长江上游分发的其他宗派传教士[①]。第三，长老会各布道站要求美华产品的数量各年差距极大，例如广州站从1861年的25万余页激增至1862年的172万余页，再进一步到1864年高达832万余页，姜别利当然注意到了这个惊人的现象，并称该布道站是美华书馆“最好的顾客”[②]，但他并没有说明广州站需求连年大增的原因；而宁波站虽然从1862年的24万余页增至1864年的49万余页，但在不久前的华花圣经书房期间，宁

① BFMPC/MCR/CH, 199/8/44, Annual Report of the Press for 1860-1861.

② Ibid., 199/8/45, Report of the Press for the Year ending October 1st 1862.

波始终是长老会分发数量最多的一个布道站，到美华书馆时期却大量减少，姜别利的解释是当地遭受到太平天国战事的干扰所致。①

由于上述只有三个年度的分发数目，实在不易了解整体的情形，下表加上美华书馆的产量和库存两项因素对照后，呈现出一幅虽然仍不完整但比较清楚的图像。

表12-7 美华书馆的产量、分发与库存页数

年 度	产 量	分 发	库 存
1861	11 743 096	3 284 950	—
1862	8 396 570	5 509 364	13 464 690
1863	13 760 200	—	20 118 826
1864	8 095 600	11 713 638	15 429 204
1865	13 660 600	—	262 679
1866	17 190 110	—	440 090
1867	21 374 350	—	—
1868	25 698 221	—	783 605
1869	15 160 150	—	—

资料来源：美华书馆各年度报告。

表12-7显示，当美华书馆初期几年的产量高低起伏不定时，分发的数量显得持续增加，但库存的情形却日益严重，1862年和1863年两年的库存量都超过了同一年的产量，而在1863年达到最严重的程度。随后的1864年则是关键的一年，分发量超过产量，库存量也明显地降低。紧接着从1865年起，美华书馆的产量稳定提高，虽然不知此后数年的分发数量，但库存量却以惊人的幅度大为降低，即使1868年又见升高，但数量仍控制在数十万页以内，相对于同期的产量逐年增加400万页左右的情况，

① BFMPC/MCR/CH, 199/8/45, Report of the Press for the Year ending October 1st 1862.

库存的问题应该不算严重了。

究竟姜别利在1865年采取怎样的措施，而能将库存量从多达1 500万页猛然减少至仅剩26万余页？令人惊奇的是在这年度的美华书馆年报和他写给娄睿的信件中，竟然都看不出任何端倪。或许是从前一年（1864）起，上海布道站和长老会其他布道站都建立起来的分书人制度发挥了作用，大幅度增加了分发的数量，又逢太平天国战事结束，各地恢复平静，更有利于分发工作的进展，因而加速消化了美华书馆的大量产品。不论原因为何，在宁波饱受库存积压之苦的华花圣经书房，搬到上海改名美华书馆以后，得以在数年之间解决了严重的库存问题，是非常有利的事。

以上讨论的是美华书馆的圣经和小册等传教产品的传播，至于非传教性的产品则是另一回事。这些书不以中国人为主要读者，也不用于大量分发。在66种非传教书中，印量超过1 000部者只有5种：1867年日历（3 500部）、萨摩学生《英和对译袖珍辞书》（2 400部）、1866年日历（2 000部）、韩雅各《上海卫生》（1 500部）、威妥玛《语言自迩集》（1 020部）等，其他各书印量都在100至1 000部之间。其中凡是以长老会外国传教部经费出版的书，例如丁韪良《常字双千认字新法》、范约翰《上海音韵改说字母中外字》，以及姜别利的各种作品等，即由美华书馆定价出售，收入也归长老会公款；若是代印的书，原则上当然是交给托印者自己发行，但在美华书馆的账目上可以见到一些出售代印书的收入，例如鲍留云的《东洋初学土话》，那是双方约定由美华代印也代售的所得，美华书馆并在上海的《北华捷报》刊登售书广告招徕生意。[①]

---

① 例如1864年1月2日的《北华捷报》，有美华出售鲍留云《东洋初学土话》、丁韪良《常字双千》等五种书的广告；五天后的《北华捷报》又刊登美华出售较多的七种书广告；但这些广告内代售的书有两种并非美华书馆所印。

二、铸字

活字和书刊的生产传播型态不同，书刊是先大量印刷复制生产，再设法分送或出售传播；活字则是一副字模和活字铸造完成后，等候顾客订购再复制生产。

美华书馆铸造的活字有汉文、满文、蒙文以及日文、英文五种字体。汉文活字的铸造已见于本文“工匠与技术”一节，以下论述另四种字体活字的铸造与生产传播，先是罕用或未曾用过的蒙文与满文，其次日文与英文，最后再讨论美华书馆最重要的汉文活字生产传播。

（一）蒙文活字

美华书馆五种活字字体中最不为人知的是蒙文活字，在已知的美华书馆相关文献中只有过惊鸿一瞥而已，姜别利在1868年度的美华年报中列举这年新铸的各种字模，其中竟然包含蒙文小字模45个，价值11.25元[①]，但是姜别利并没有说明铸造这些蒙文字模的缘由，也没有以这些字模生产活字使用或买卖的纪录。

（二）满文活字

美华书馆的满文与日文两种活字字体都来自美部会在广州的印工卫三畏。1845年，卫三畏自华返美途经巴黎时，从法国皇家印刷所取得满文与日文活字各一副，再由伦敦的铸字匠Richard Watts代为翻铸成字模[②]。卫三畏返美后和长老会的娄睿商定，合购贝尔豪斯在柏林铸造的汉文活字，又促成娄睿付费从他的满文和日文字模复制各一副，在1848年寄到宁波的华花圣经书房[③]。娄睿认为既然这是中国的统治王朝使用的

---

① BFMPC/MCR/CH, 200/8/190, Annual Report of the Presbyterian Mission Press at Shanghai, for the Year Ending 30th September, 1868.

② Frederick W. Williams, *The Life and Letters of Samuel Wells Williams*, pp.139, 141, 143.

③ BFMPC/MCR/CH, 199/8/13, S. W. Williams to W. Lowrie, n.p., 22 March 1846; *The Eleventh Annual Report of the Board of Foreign Missions of the Presbyterian Church* (1848), p.44.

文字，华花圣经书房应该不乏使用的机会，所以娄睿屡次表达早日印刷这种语文传教书的愿望[①]，但经历二十年之久，直到姜别利离开美华书馆为止，满文活字始终没有机会用于印刷。虽然如此，姜别利还是在1867年从满文活字翻制了一副字模，计106个，定价字模每个1元，活字则秤重计价每磅1元[②]，不过并没有买卖的纪录。

（三）日文活字

美华书馆的日文和满文活字字体的来源相同，前途发展却很不一样，如前文所述，日文活字在1860年代美华书馆印书时派上了用场，而且也有顾客上门购买。姜别利很早就未雨先绸缪，在1861年时从日文活字翻制了一套字模[③]；1865年又添制一套平假名的字模，接着为了印刷平文的《和英语林集成》，姜别利在1866年又打造了一副全新的片假名字模[④]。1867年是美华书馆建置活字最兴旺的巅峰，在这年建置的共4 800个各种语文字模当中，日文有五副：平假名两副、片假名三副，共391个字模。[⑤]

姜别利在1867年编印出版供顾客选择的《美华书馆汉文、满文与日文活字字样》中，列出了和中文数目一样多的六副日文活字，平假名和片假名各三副，字模每个定价都是1元，活字则以重量计价，每磅从1.8元至3.5元不等[⑥]。1868年姜别利又报道，美华书馆新建置了大小两副日文字

---

① BFMPC/MCR/CH, 235/79/11, W. Lowrie to Ningpo Mission, New York, 16 September 1848; ibid., 235/79/16, W. Lowrie to Moses S. Coulter, New York, 24 February 1849; ibid., 235/79/18, W. Lowrie to Ningpo Mission, New York, 30 April 1849.

② Ibid., 199/8/229, Annual Report of the Presbyterian Mission at Shanghai, from October 1st 1866 to October 1st 1867; W. Gamble, *Specimens of Chinese, Manchu and Japanese Type, from the Type Foundry of the American Presbyterian Mission Press* (Shanghai: 1867), no pagination.

③ Ibid., 199/8/44, Annual Report of the Press for 1860–1861. 姜别利未说明这套字模是片假名或平假名。

④ Ibid., 197/7/367, W. Gamble to W. Lowrie, Shanghai, 8 November 1866.

⑤ Ibid., 199/8/229, Annual Report of the Presbyterian Mission Press at Shanghai, from October 1st 1866 to October 1st 1867.

⑥ W. Gamble, *Specimens of Chinese, Manchu and Japanese Type, from the Type Foundry of the American Presbyterian Mission Press* (Shanghai: 1867).

模，各78个与85个。[①]

字模建置妥当，顾客也随即上门，捷足先登的是日本政府。1867年底或1868年初，日本政府通过法国领事向美华订购字模和活字各一副，姜别利在1868年1月中说，正在为日本政府铸造字模和活字[②]；但是一个多月后他又报道，日本局势不稳定，这项订单有可能因而中止[③]。姜别利并没有进一步说明结果究竟如何。到同一年的10月间，他又报道日本政府订购另一副字模，也收到了日本政府订购建立一间印刷所全部设施的费用5 000元，这无疑是一项金额可观而意义重大的订单，遗憾的是姜别利如何处理这次订单已经无从知悉。[④]

1869年，第二位顾客上门，那年3月才印完《英和对译袖珍辞书》的两名日本人，在5月间衔萨摩藩主之命再度前来上海，计划购买整套印刷所及铸字房设施，运回日本开办一份报纸。姜别利告诉对方，如此规模的价格大约要4 000元左右，只要对方先付全部价款，他可以满足他们所有的需要，对方则表示下一趟的日本来船会将钱送来。姜别利所以会要求对方先付款，是因为《英和对译袖珍辞书》的账目到当时尚未结清，姜别利只给日本人400部印好的辞书，留下2 000部作为抵押，等对方付清印费再交书[⑤]。再度令人遗憾的是姜别利又没留下这次订单的后续讯息。

和日文印刷一样，美华书馆的日文活字生意并没有因姜别利离职而马上断绝。至少在他离去后的五年内，相继接掌美华书馆的惠志道、狄考文（Calvin W. Mateer）和马约翰（John L. Mateer）兄弟，都报道过日文

---

① BFMPC/MCR/CH, 200/8/190, Annual Report of the Presbyterian Mission Press at Shanghai, for the Year ending 30th September, 1868. 姜别利未说明这套字模是片假名或平假名。

② Ibid., 199/8/105, W. Gamble to J. C. Lowrie, Shanghai, 16 January 1868.

③ Ibid., 200/8/126, W. Gamble to W. Lowrie, Shanghai, 24 February 1868.

④ Ibid., 197/7/515, W. Gamble to? [suppose W. Lowrie], Shanghai, 19 October 1868. 在长老会外国传教部的档案中，姜别利这封信不知何故已经不见踪影，因此无法知道详情，本文所述是根据档案目次的摘要内容。姜别利此后的信中也没有提及他如何处理这项订单。

⑤ Ibid., 195/9/80, W. Gamble to J. C. Lowrie, Shanghai, 18 May 1869.

活字的生意[①]，尽管他们的报道都很简略或语焉不详，但确实显示至少在1870年代中期以前，美华书馆的日文活字还陆续地传播到日本。

（四）英文活字

早自1844年华英校书房在澳门建立起，就拥有英文活字，后来也陆续从美国运来添加，搬到宁波后还曾在1848年由华花圣经书房印过一种所藏英文活字样本[②]。1858年姜别利来华后，曾报道华花圣经书房拥有各色各样合计不下六七百磅重的英文活字[③]。1860年华花圣经书房再度搬到上海前，姜别利编制了一份财产目录，其中包含尺寸大小不一的英文活字多达九种[④]。除了依娄睿指示留下一部分给宁波布道站，大多数英文活字都转移到了上海。

美华书馆迁移上海的着眼点之一是会有较多的英文代印，姜别利到上海不久也确认了事实果然如此，但他又认为美华既有的英文活字不足以应付即将增加的工作，于是在1861年开出长串的清单要求娄睿大量补充[⑤]。娄睿也同意照办，姜别利随后在1862年9月初表示，已经收到了美国运来的所有活字，还宣称有了这些新活字，保证大有利润的英文代印工作必能成功。[⑥]

美华书馆以这些活字印了不少英文和双语的产品，也赚得许多利润，

---

① BFMPC/MCR/CH, 195/9/238, John Wherry to John C. Lowrie, Shanghai, 11 February 1870; ibid., 194/10/240, C. W. Mateer to F. F. Ellinwood, Shanghai, 11 April 1872; ibid., 198/11/124, J. L. Mateer to F. F. Ellinwood, Shanghai, 26 March 1874.

② Ibid., 190/3/135, Report of the Publishing Committee of the Ningpo Mission of the BFMPC for 1847–1848. 这份样本的篇幅7页，只印12部而已，应该是供华花圣经书房内部使用，未公开发行。

③ Ibid., 199/8/16, W. Gamble to W. Lowrie, Ningpo, 15 December 1858.

④ Ibid., 199/8/37, ‘Inventory of Stocks & Fixtures in the Printing Establishment of the Presbyterian Ningpo Mission, October 15th 1860.’

⑤ Ibid., 199/8/–, W. Gamble to W. Lowrie, Shanghai, 18 June 1861; ibid., 199/8/42, W. Gamble to W. Lowrie, Shanghai, no day [received in New York on 2 November 1861]; ibid., 199/8/44, Annual Report of the Press for 1860–1861.

⑥ Ibid., 191A/5/269, W. Gamble to W. Lowrie, Shanghai, 3 September 1862; ibid., 199/8/45, Report of the Press for the Year ending October 1st 1862.

而且美华书馆拥有的英文活字逐年增加，到1866年时重量累积已达到2 521磅[①]，是宁波时期的数倍之多。但是直到这一年以前，姜别利并没有要铸造英文活字出售的企图，其原因应该就是他在上海的前五年专注于中文活字的铸造，没有多余的心力旁及英文活字。到1866年时情况已经不同，姜别利最关切的上海活字和香港活字都已完成，其他的中文活字也在陆续改善当中，他可以分心注意其他事务了，英文活字的铸造生产也因而成为他的新目标。

1866年5月，上海布道站的站务会议通过姜别利的提案，向外国传教部请购两副英文字模送到美华书馆，请购函由兼任上海布道站秘书的惠志道撰写，但很可能主要的内容是出自姜别利的意思。函中说明请购的理由是，在中国与日本还没有英文活字的铸造者，需要时都从欧美进口，而当时单是上海一地已有至少六家外国人印刷所，加上还有些也需要英文活字的中国人印刷所，英文活字市场的存在毫无疑问，美华书馆可以生产比进口者便宜而供应迅速的英文活字，甚至还能控制市场；其次，若在中国回收使用过的英文活字重新铸造，供美华书馆自用则成本低廉，若供应市场则利润极大，估计售价当为回收成本的三倍，而且生产英文活字不至于干扰了美华书馆原有中文活字的生产，反而能在中文活字的需求与生产出现空档时，让工匠们有事可做；美华书馆来年将开印部头甚大的平文《和英语林集成》一书，新增两副英文字模可随时生产充裕的活字备用，即使将校样远送至日本供作者校对，美华书馆的活字供应也不虞短缺，而作者不必亲至上海，省时省费也省事。[②]

请购案在获得纽约方面的答复前，平文比预期更早地在1866年10月携带语林集成完稿从日本到上海，并留下来照料印制及校对，姜别利为

---

① BFMPC/MCR/CH, 196/7/240, Annual Report of the Presbyterian Mission Press a Shanghai, from October 1st 1865 to October 1st 1866.

② Ibid., 197/7/314, J. Wherry to W. Lowrie, Shanghai, 5 June 1866.

此提前开印这部字典，也自己动手先打造一些英文字模应急[①]。不久，姜别利获知外国传教部同意了请购案，两副字模连同铸字机器的价格高达800元，远多于上海布道站原来只就字模估计的300元，姜别利非常兴奋与感动地向娄睿表示："我毫不怀疑美华书馆将供应中国全部印刷所需要的英文活字。"[②]又说："您最近为了美华书馆而花了大笔的钱，但我相信是值得的，您不必久等就能回收利润。"[③]

美国运来的两副英文字模在1867年抵达上海后，姜别利很快地翻铸了212个字模[④]。不过，接下来姜别很可能因为忙于制作电镀铜版的缘故，直到他辞职离开美华书馆前，都没有进一步生产英文字模的报道，而英文活字的生意也很有限，1867年铸造了184磅重的活字，其中的28磅出售；1868年更少，只铸造14磅，其中的12磅出售[⑤]；1869年的情形则未见报道。不过，他离职后第一年（1870），接替主持美华书馆的惠志道在这年度年报中说，铸字房是美华最忙碌的一个部门，也新铸了一副搭配中文活字使用的英文活字，并且生产了大批英文与中文活字，供应中国与日本的许多印刷所使用。[⑥]

（五）汉文活字

十九世纪科学技术发展迅速，随之而来的是进行仿制也变得方便低廉，活字字模的铸造正是如此，而且防不胜防，只要买来一副活字，便可以轻易以电镀技术翻制成字模，再从字模铸成活字出售得利，翻制者若进一

① BFMPC/MCR/CH, 197/7/367, W. Gamble to W. Lowrie, Shanghai, 8 November 1866.

② Ibid., 197/7/381, W. Gamble to W. Lowrie, Shanghai, 24 December 1866.

③ Ibid.

④ Ibid., 199/8/229, Annual Report of the Presbyterian Mission Press at Shanghai, from October 1st 1866 to October 1st 1867.

⑤ Ibid., 200/8/190, Annual Report of the Presbyterian Mission Press at Shanghai, for the Year Ending 30th September, 1868.

⑥ Ibid., 196/9/348, Report of the Presbyterian Mission Press at Shanghai for the Year ending September 30th 1870.

步改良原来字模的字形或其他缺陷，还可获得世人的赞美。如同姜别利在1866年底告诉娄睿，只要娄睿送一副英文活字到上海，自己可以毫不困难地以极低的成本翻制成字模：

> 铸字厂都是这么做的，只要一家铸字厂打造了一副新活字问世，其他铸字厂若希望也有一模一样的活字，就每个字母购买一或两个活字，然后电镀成字模。[①]

姜别利自己正是如此。本书“宁波华花书房”一章及本章前述，他于1858年来华途经香港时，见到伦敦会英华书院才完成不久的小活字，便每个字只买来一个活字，自己先后在宁波和上海两地电镀翻制，到1863年完成，于是伦敦会从1830年代起耗费将近二十年时间、大笔金钱和许多功夫才得完成的小活字，被姜别利轻易地仿制成为美华书馆的香港活字，并且公开出售。1866年到1867年间，姜别利又以同样的技术复制英华书院的戴尔活字，当然也一并公开出售。

自己既然仿制过他的人活字，姜别利对于出售美华书馆的汉文活字就显得谨慎保守；而且不仅他如此，娄睿也是一样。1859年9月间，娄睿在写给宁波布道站的一封公函中指示：“在本会的两副活字以及姜别利先生的香港活字完成以前，我们不铸造活字卖给其他传教会。”[②]有这样的既定政策，当1863年、1864年之交，美以美会（Methodist Episcopal Church）在福州新成立印刷所，负责其事的传教士保灵（Stephen L. Baldwin）希望向美华书馆购买汉文活字时，姜别利便以娄睿的上述指示为由予以婉拒[③]。姜别利担心的是买方会和自己一样，翻

① BFMPC/MCR/CH, 197/7/381, W. Gamble to W. Lowrie, Shanghai, 24 December 1866.

② Ibid., 235/79/134, W. Lowrie to Ningpo Mission, New York, 14 September 1859.

③ Ibid., 191A/5/310, W. Gamble to W. Lowrie, n.p., n.d.（此信底页有娄睿笔迹记为1864年2月14日，当是在纽约收信的日期。）

制买去的活字再回头和美华书馆竞争，如同他于1865年7月在一封信中告诉娄睿：

> 我迄今仍非常不愿出售活字，唯恐有些铸字厂取得我们的活字后，以电镀翻制字模，挡了我们卖字模的机会。只要我们卖成了一副字模，售价就大于铸造这些字模的成本。①

尽管有些犹豫，姜别利还是陆续出售了美华书馆的活字。在中国以外的顾客，最早的一位买家是代表美国东方学会（American Oriental Society）的耶鲁学院教授惠特尼（William D. Whitney），他在1865年中写信给姜别利，要买一部分的上海活字，当时这副活字还未完成，等到1865年完成后姜别利却迟迟没有供应对方，直到1869年3月间才寄出重180磅的活字，价款358元。②

中国境外的第二位顾客是巴黎的法国皇家印刷所。不过，令人不解的是姜别利告诉娄睿关于出售活字的疑虑，并对东方学会的买卖有些勉强的同时，却又主动去函法国皇家印刷所的主管莫勒，希望对方能购买美华书馆的上海活字字模③。很可能是姜别利借此展现这件买卖对美华书馆的特别意义，那就是三十年前（1836）娄睿为了开展长老会的中国传教事业，特地以4 000多元（后来涨至6 600元）向巴黎的李格昂购买汉文

---

① BFMPC/MCR/CH, 196/7/169, W. Gamble to W. Lowrie, Shanghai, 20 July 1865.

② Ibid., 196/7/169, W. Gamble to W. Lowrie, Shanghai, 20 July 1865; ibid., 199/8/−, Annual Report of the Presbyterian Mission Press at Shanghai, from October 1st 1864 to October 1st 1865; ibid., 195/9/40, W. Gamble to J. C. Lowrie, Shanghai, 20 March 1869; ibid., 195/9/80, W. Gamble to J. C. Lowrie, Shanghai, 18 May 1869; ibid., 195/9/131, Presbyterian Mission Shanghai in a/c Current with the Presbyterian Mission Press for the Year ending Sept. 30th 1869. 姜别利没有说明何以拖延了四年之久才寄交这批活字的缘故，但他对出售上海活字给东方学会显然是有些勉强，因为他在给娄睿的信中说完东方学会的订单后，紧接着就是上述一段唯恐被人仿制会妨害美华利益的话。本书作者认为，让姜别利态度勉强与疑虑的原因，就在于一整副上海活字有1 130磅重，价值1 800余元，但东方学会却只以358元购买了180磅重的活字，看起来有些类似姜别利自己只买一小部分的英华书院活字后加以仿制的作法。

③ Ibid., 196/7/169, W. Gamble to W. Lowrie, Shanghai, 20 July 1865.

活字，并且是李格昂的第一位顾客，而皇家印刷所则是李格昂的第二位活字顾客；三十年后，美华书馆已经发展到可以生产比李格昂活字更小、更好也更便宜的中文活字了，并愿意卖给法国人。姜别利的主动推销果然获得积极的回应，皇家印刷所在1867年发来订单，美华书馆随即以每月1 000个字模的进度生产，在翌年完成全副字模交货，价款1 800余元。①

相对于上述中国境外的两名顾客，美华书馆的活字在中国本土有较多的客户。值得注意的是姜别利对于出售活字给美国同胞显得消极，却很主动积极地争取中国人顾客，原因在于他并不担心还没有仿制能力的中国人会和自己竞争，他担心的是美华书馆无法和香港的伦敦会英华书院竞争。姜别利曾经通过在北京的同会传教士丁韪良等人，试图游说中国朝廷购买西式设备用于印刷《京报》，但没有成功；他随即又转以地方政府作为目标，成功地让自强运动执行人之一的上海道台丁日昌成为美华书馆活字的第一位顾客②，姜别利在1865年报道：

> 我们卖给上海道台丁大人一副数量不多的香港活字。丁大人在衙门中建立一家使用外国活字的印刷所，向香港的伦敦会英华书院订购两副字模：台约尔活字和香港活字各一副，每个字模价格25分钱，十分低廉。英华书院如此订价，我们也只能以同样的价格出售。③

伦敦会香港布道站负责和丁日昌做这笔生意的是传教士理雅各。1865年9月，理雅各前往日本及华北旅行途经上海时，和丁日昌有过来

① BFMPC/MCR/CH, 199/8/229, Annual Report of the Presbyterian Mission Press at Shanghai, from October 1st 1866 to October 1st 1867; Ibid., 199/8/105, W. Gamble to J. C. Lowrie, Shanghai, 16 January 1868.

② Ibid., 196/7/169, W. Gamble to W. Lowrie, Shanghai, 20 July 1865.

③ Ibid., 199/8/–, Annual Report of the Presbyterian Mission Press at Shanghai, from October 1st 1864 to October 1st 1865.

往，其间两人谈妥由丁日昌购买英华书院大小字模各一副（即台约尔活字与香港活字），理雅各明白出售字模可能导致对方用来铸出活字和自己竞争生意，但是他又认为这是让中国官员了解与接受西方技术的良机，因此宁愿冒着风险以低价出售字模给丁日昌[①]。而姜别利虽然觉得价格过低，但为了维持美华书馆活字的竞争力，也只能照英华书院的价格跟进，1865年度的美华书馆年报记载出售中文活字的收入为681.12元[②]，应该就包含丁日昌这笔生意在内。

从丁日昌开始，美华书馆的汉文活字陆续有了中国官商、海关与在华外人的顾客。1866年，江海关向美华书馆订购柏林活字和香港活字各一副，同年美华出售活字和印刷器材给上海各私人印刷所的收入为403.85元[③]，但姜别利没有说明这些印刷所是外国人或中国人开的。

为了便于向中国人销售，美华书馆大小六副活字的名称也得重新讲究。姜别利和娄睿等人惯于从大到小依序称为台约尔、柏林、巴黎、香港及上海等活字，或者依相对应的英文活字称为Double Pica、Double Small Pica、Two Line Brevier、Three Line Diamond（偶尔称为English）、Small Pica，以及最小的Ruby。本就习于活字印刷的西方人顾客并不难从英文名称了解其尺寸大小，所以姜别利在1867年编印英文的《美华书馆汉文、满文与日文活字字样》中，使用的就是上述的Double Pica等名。但中国人既不知Double Pica等英文名称之意，也难以从台约尔活字或上海活字等名称了解其大小与相互间的关系，因此姜别利得另外赋予新名，从1868年12月起在《中国教会新报》陆续重复刊登的美华书馆活字广告中，六副活字就以一号至六号字的新名称从大到小依序

① LMS/CH/SC, 6.4.1, James Legge to A. Tidman, Hong Kong, 31 January 1866.

② BFMPC/MCR/CH, 196/7/104, Annual Report of the Presbyterian Mission Press at Shanghai, from Oct. 1, 1864 to Oct. 1, 1865.

③ Ibid., 196/7/240, Annual Report of the Presbyterian Mission Press at Shanghai, from Oct. 1, 1865 to Oct. 1, 1866.

教會新報

美華書館告白

啓者本館現有新鑄大小中國鉛字計六號出賣每號印出字樣註明價目數目於左欲賜顧者一見便明其第一號每磅計洋銀六角計數二十九個第二號每磅計洋銀六角計數四十七個第三號每磅計洋銀壹員計數壹百零二個第四號每磅計洋銀壹員弍角五分計數壹百二十八個第五號每磅計洋銀壹員八角計數二百個第六號每磅計洋銀五員計數六百二十個另有第二號鉛字本館業已用過與新字相彷較新字之價格外公道每磅計洋銀五角計數四十二個倘蒙士商賜顧者可請至本館面議可也

倘有來買東洋鉛字外國鉛字暨零星大小等鉛字其價不在此例

同治七年　十一月　日　本館主人啓

第一號每磅計洋銀六角計數二十九個

我父在天者願爾名聖爾國臨格爾旨得成在地如在天焉我儕所需之糧今日賜我免我儕諸負如我免負我者尤毋導我於誘

另有二號每磅計洋銀五角計數四十二個

我父在天願爾名聖爾國臨格爾旨得成在地如在天焉我儕所需之糧今日賜我免我儕諸負如我免負我者尤毋導我於誘惑乃拯我出於惡蓋國也權也榮也皆歸爾

图12-1　美华书馆的活字广告与样本一
（台湾“中研院”人文社会科学研究中心图书馆藏品）

第二號每磅計洋銀六角計數四十七個

我在天願爾名爾國格爾旨
成在地如在天焉我儕所之
糧今日我免我儕如我免尤
母乃拯出惡於國也權也爾
歸爰及世世亞殿印叟兀瑋
丁主南偏兆努囊單兼張務

三號每磅洋銀一元計數一百零二個

我父在天者願爾名聖爾國臨格爾旨得
成在地如在天焉我儕所需之糧今日賜
我免我儕諸負如我免負我者尤毋導我
於誘惑乃拯我出於惡蓋國也權也榮也
皆歸爾爰及世世亞孟
自太初有上帝創造民物天地無不知無
不在無不能眞主宰至淸潔至矜恤

四號每磅洋一元二角五分數一百廿八個

我父在天者願爾名聖爾國臨格爾旨得成在
地如在天焉我儕所需之糧今日賜我免我儕
諸負如我免負我者尤毋導我於誘惑乃拯我
出於惡蓋國也權也榮也皆歸爾爰世世亞孟
慈悲眞活神可憐我罪人賜落來聖靈感化我
惡心我是無力量善事弗能行雖然改罰落求
天父賜福我許多罪愆求天父赦免救我出苦
楚靠着主耶穌靠耶穌功勞收我進天堂

五號每磅洋銀一元八角計數二百二個

我父在天願爾名聖爾國臨格爾旨得成在地
如在天焉我儕所需之糧今日賜我免我儕諸
負如我免負我者尤毋導我於誘惑乃拯我出
於惡蓋國也權也榮也皆歸爾爰及世世亞孟
慈悲眞活神可憐我罪人賜落來聖靈感化我
惡心我是無力量善事弗能行雖然改罰落求
天父賜福我許多罪愆求天父赦免救我出苦
楚靠着主耶穌等耶穌再降收我進天堂靠耶
穌功勞求聽我禱告

六號每磅洋銀五元計數六百二十個

[illegible]
一二三四五六七八
九十百正月日主〇
[illegible]

图 12–2　美华书馆的活字广告与样本二
（台湾“中研院”人文社会科学研究中心图书馆藏品）

排列，依重量计价：

一号字（即台约尔活字、Double Pica）：每磅29个，计洋银6角。

二号字（即柏林活字、Double Small Pica）：每磅47个，计洋银6角。

三号字（即巴黎活字、Two Line Brevier）：每磅102个，计洋银1元。

四号字（即香港活字、Three Line Diamond）：每磅128个，计洋银1元2角5分。

五号字（即上海活字、Small Pica）：每磅200个，计洋银1元8角。

六号字（Ruby）：每磅620个，计洋银5元。①

1867年度美华书馆出售的中文活字重1 307磅重，收入也大幅度增加至1 357.69元，姜别利因而在这年的美华书馆年报中特别表示，铸字是个花大钱的部门，但是令人欣慰的是现在中文活字出售数量很大，这个部门可望很快就赚回迄今所花的费用。②

接下来的发展也正如姜别利的预料，1868年美华书馆的活字收入再度大幅度增至2 354.44元，正在北京新建印刷所"美华活字书馆"的美部会，也向美华书馆购买了许多中文活字③。因为活字的需求量大增，姜别利鉴于过去都从美国进口铸造活字原料的成本较高，于是从1868年起改为自英国进口铸造活字原料之一的锑，配合中国本地出产的锡和铅两种原料，由美华书馆自行制造活字合金，成本得以便宜许多。④

1869年是姜别利在美华书馆的最后一年，而活字的销路更为畅旺，收入多达5 992.11元，是前一年的2.5倍，增加的幅度极为可观，其顾客包含在上海本地新开活字印刷所的一名中国人，以及在苏州地方开办活字

---

① 《中国教会新报》第1卷第16期（1868年12月19日），未编页次，《美华书馆告白》。

② Ibid., 197/7/387, Annual Report of the Presbyterian Mission Press at Shanghai, from Oct. 1, 1866 to Oct. 1, 1867.

③ Ibid., 200/8/190, Annual Report of the Presbyterian Mission Press at Shanghai, for the Year Ending 30th September 1868.

④ Ibid., 200/8/252, W. Gamble to J. C. Lowrie, Shanghai, 16 December 1868.

印刷所的官府[1]。美华书馆的汉文活字市场连年大有拓展的现象，说明了确有越来越多的中国人认识并接受以西式活字来印刷中文，连日本人也向美华书馆购买汉字活字。就在姜别利离职后五个月，惠志道在1870年3月报告："有日本人给我们一大笔中文活字订单，铸字房可要忙碌好一阵才能备妥这些活字。"[2]

结　语

姜别利在1869年10月离职后，在华传教界的主要刊物《教务杂志》随即在11月号上报道这项消息并加以评论，言简意赅地总结姜别利的成就和影响：

> 姜别利先生令人感念的是他成功经营了十二年的美华书馆，已经在他手中成长为可能是东方规模最大的印刷出版机构，各个部门都是最完备的，除了造纸和造印刷机以外，印制图书的每个必要的部门，全都具备了。美华书馆的活字部门成功生产中、日、英文各种活字，其电镀和印刷部门也向中国人和其他人展现了金属活字和铜版的优点。而且，姜别利始终如一的谦恭有礼，以及供应材料和印刷各部门所需人才的能力，毫无疑问是促成中国人接受外国印刷术最好的激励和鼓舞。[3]

---

① BFMPC/MCR/CH, 195/9/133, Presbyterian Mission Shanghai in a/c Current with the Presbyterian Mission Press for the Year ending September 30, 1869; ibid., 200/8/252, W. Gamble to J. C. Lowrie, Shanghai, 16 December 1868.

② Ibid., 195/9/252, J. Wherry to J. C. Lowrie, Shanghai, 12 March 1870.

③ *The Chinese Recorder*, 2:6(November 1869), pp.175–176.

姜别利离职后，美华书馆继续在他奠定的基础上成长，1886年姜别利在美国去世后，上海的《北华捷报》刊登他的老同事与好朋友丁韪良撰写的悼文“一位先驱印工”（A Pioneer Printer），具体列举了姜别利的六项成就：（一）创建美华书馆的主角；（二）引介电镀活字和电镀铜版技术来华；（三）建置两副新活字及改善其他活字；（四）以电镀铜版大量降低印刷成本；（五）确认汉字常用频率，便于印刷与学习中文；（六）设计新活字架，提高检字排字效率[①]。丁韪良的结论是这六项成就足以让姜别利成为有益于中国的功臣之一。

虽然姜别利以取巧方式复制英华书院活字之举，显得不尽光明磊落，但是美华书馆在他积极奠定技术性的基础下，得以迅速发展成为中国最先进也最具规模的印刷机构，而基督教传教士推动了数十年的西式活字印刷中文，也因他的努力而获得重大进展，增强了西式活字的技术、效率与经济等条件，终于在和木刻印刷的竞争中超越并取而代之，成为二十世纪中文印刷的主要方法。

---

① *North China Herald*, 13 August 1886, p.174, W. A. P.Martin, ‘A Pioneer Printer.’

表格目录

图片目录

引用档案缩写表

ABCFM　美部会档案（Papers of the American Board of Commissioners for Foreign Missions）

Unit 1　Official Letters from the Offices of the Board to Missionaries

ABC 2　Letters to Foreign Correspondence 1834－1919

2.01—Preliminary series

Unit 3　Letters from Missions in the Far East

ABC 16　Missions to Asia, 1827－1919

16.2.1—Mission to Siam, Singapore

16.2.4—Mission to Singapore: Letters, Reports, Tabular Views

16.3.3—Amoy Mission, Borneo Mission, Canton Mission, Siam Mission

16.3.8—South China Mission

16.3.11—South China, 1836－1918, Minutes.

BFMPC　美国长老会外国传教部档案（Presbyterian Church in the U. S. A., Board of Foreign Missions Archive）

MCR　Missions Correspondence and Reports Microfilm Series, 1837—1911

CH　China Letters, reel 189－248

例示：BFMPC/MCR/CH, 190/3/101, A. W. Loomis to W. Lowire,

Ningpo, 28 January 1849.

= BFMPC/MCR/China, reel 190/vol. 3/no. 101, A. W. Loomis to W. Lowrie, Ningpo, 28 January 1849.

CMS 圣公会传教会档案（Church Missionary Society Archive, Microfilm Series）

Sec. I East Asia Missions

Pt. 10 The China Mission, 1834−1914, reel 211−465

例示：CMS/Sec. I/Pt 10/213/C CH M 2, W. A. Russell to H. Venn, Ningpo, 1 May 1851.

= CMS/Section I/Part 10/reel 213/C CH M 2, W. A. Russell to H. Venn, Ningpo, 1 May 1851.

LMS 伦敦传教会档案（London Missionary Society Archives）

BM Board Minutes

CM Committee Minutes

CE Candidates Examinations

CP Candidates Papers

HO Home

CH China

GE General

OL Outgoing Letters

PE Personal

SC South China — Incoming Letters

CC Central China — Incoming Letters

NC North China — Incoming Letters

UG　Ultra Ganges

CM　Committee Minutes

OL　Outgoing Letters

MA　Malacca — Incoming Letters

PN　Penang — Incoming Letters

SI　Singapore — Incoming Letters

BA　Batavia — Incoming Letters

JO　Journal

例示：LMS/CH/SC, 1.4.A., R. Morrison to G. Burder, Canton, 29 January 1815.

= LMS/China/South China, box 1, folder 4, jacket A., R. Morrison to G. Burder, Canton, 29 January 1815.

EIC　英国东印度公司档案（East India Company Records）

G/12　China Records

R/10　Factory Records

例示：EIC/G/12/191, Canton Consultations, 28 December 1814.

= EIC/G/12/vol. 191, Canton Consultations, 28 December 1814.

NA　英国国家档案馆档案（National Archives）

FO　Foreign Office

WE　卫尔康医学史研究所档案（Wellcome Institute for the History of Medicine）

PJRM　Papers of John Robert Morrison

5827 Western MSS. 5827—Letters of John R. Morrison to his father

5829 Western MSS. 5829—Letters of Robert Morrison to his son

参 考 书 目

一、档案

伦敦传教会（London Missionary Society）档案——伦敦大学亚非学院图书馆（School of Oriental and African Studies Library, University of London）藏

马礼逊、马儒翰父子档案——卫尔康医学史研究所（Wellcome Institute for the History of Medicine）藏

美部会（American Board of Commissioners of Foreign Missions）档案——缩微版 Woodbridge, Conn. : Primary Source Media, [198-?].

美国长老会外国传教部（Board of Foreign Missions of the Presbyterian Church in the U. S. A.）档案——缩微版 Woodbridge, Conn. : Primary Source Media, [19-?].

圣公会传教会（Church Missionary Society）档案——缩微版 Marlborough, Wiltshire : Adam Matthew Publications, 1996-1997.

英国东印度公司（English East India Company）档案——大英图书馆（The British Library）藏

英国东印度公司广州商馆（Canton Factory）中文档案——英国国家档案馆（National Archives）藏

二、期刊

A Abelha da China.

Annual Report of the American Bible Society.

Annual Report of the American Tract Society.

Annual Report of the Board of Foreign Mission of the Presbyterian Church in the United States of America.

Annual Report of the British and Foreign Bible Society.

Annual Report of the Western Foreign Missionary Society.
British Periodicals（资料库 Chadwyck-Healey, UK）
China Mail.
Foreign Missionary Chronicle.
Monthly Review.
North China Herald.
Oriental Herald and Journal of General Literature.
Periodical Accounts relative to the Baptist Missionary Society.
Quarterly Review.
The Canton Miscellany.
The Canton Register.
The Chinese Recorder.
The Chinese Repository.
The Evangelical Magazine and Missionary Chronicle.
The Evangelist and Miscellanea Sinica.
The Friend of China and Hongkong Gazette.
The Journal of the Royal Asiatic Society of Great Britain and Ireland.
The Literary Gazette.
The Missionary Magazine and Chronicle.
The Missionary Register.
《上海新报》
《特选撮要每月纪传》
《遐迩贯珍》
《循环日报》
《杂闻篇》
《中国教会新报》

三、论著（1900年以前）

A Catalogue of the Library Belonging to the English Factory at Canton, in China.

Macao: Printed at the East India Company's Press, 1819.

Alexander Wylie, *Catalogue of the Chinese Imperial Customs Collection*. Shanghai: 1876.

Alexander Wylie, *Memorials of Protestant Missionaries to the Chinese*. Shanghai: American Presbyterian Mission Press, 1867.

A Memoir of the Serampore Translations for 1813. Kettering: J. G. Fuller, 1815.

A Report of the Anglo-Chinese College, from January 1830 to June 1831. Malacca: Printed at the Mission Press, 1831.

Brief View of the Baptist Missions and Translations. London: Button & Sons, 1815.

'Characters formed by the Divisible Type Belonging to the Chinese Mission of the Board of Foreign Missions of the Presbyterian Church in the United States of America. Macao, Presbyterian Press, 1844.' *The Chinese Repository*, 14:3(March 1845), pp. 124–129.

'Chinese Metallic Types: Proposals for Casting a Font of Chinese Types by Means of Steel Punches in Paris.' *The Chinese Repository*, 3:11(March 1835), pp. 520–521.

C. Silvester Horne, *The Story of the L. M. S., 1795–1895*. London: London Missionary Society, 1894.

Eliza A. Morrison, *Memoirs of the Life and Labours of Robert Morrison*. London: Longman, 1839.

Eliza J. G. Bridgman, ed., *The Life and Labors of Elijah Coleman Bridgman*. New York: Anson D. F. Randolph, 1864.

Evan Davies, *Memoir of the Rev. Samuel Dyer*. London, John Snow, 1846.

Frederick W. Williams, *The Life and Letters of Samuel Wells Williams*. New York: G. P. Putnam's Sons, 1889; Wilmington, Delaware: Scholarly Resources, 1972, reprint.

George Browne, *The History of the British and Foreign Bible Society*. London: British & Foreign Bible Society, 1859.

Gilbert McIntosh, *The Mission Press in China*. Shanghai: American Presbyterian

Press, 1895.

Helen S. C. Nevius, *The Life of John Livingston Nevius, for Forty Years a Missionary in China*. New York: Fleming H. Revell Company, 1895.

H. Lang, *Shanghai Considered Socially*. Shanghai: American Presbyterian Mission Press, 1875, 2nd ed.

Howard Malcom, *Travels in South-Eastern Asia*. Boston: Gould, Kendall & Loncoln, 1839.

James Henderson, *Shanghai Hygiene*. Shanghai: American Presbyterian Mission Press, 1863.

James Hepburn, *A Japanese and English Dictionary*. Shanghai: American Presbyterian Mission Press, 1867.

James Legge, *The Chinese Classic*. London: Trübner & Co., 1861. vol. 1.

James Thomas, 'Biographical Sketch of Alexander Wylie,' in A. Wylie, *Chinese Researches* (Shanghai, 1897), pp. 1–6.

J. L. Mateer, *Annual Report of the Presbyterian Mission Press at Shanghai for the Year Ending December 31, 1874*. Shanghai, 1874.

Johann J. Hoffmann, *Catalogus van Chinesche Matrijzen en Drukletters*. Leiden: A. W. Sythoff, 1860.

Johann J. Hoffmann, *Chinese Printing-Types Founded in the Netherlands*. Leiden: A. W. Sythoff, 1864.

John Clark Marshman, *The Life and Times of Carey, Marshman, and Ward*. London: Longman, 1859.

John C. Lowrie, *Memoirs of the Hon. Walter Lowrie*. New York: The Baker and Taylor Co., 1896.

John D. Wells, *Hon. Walter Lowrie*. New York: 1869.

John O. Whitehouse, *London Missionary Society Register of Missionaries, Deputations, etc., from 1796 to 1896*. London: London Missionary Society, 1896, 3rd ed.

John R. Morrison, *A Chinese Commercial Guide, Consisting of a Collection of*

Details Respecting Foreign Trade in China. Canton: Albion Press, 1834.

John R. Morrison, *The Anglo-Chinese Kalendar and Register, for the Year of the Christian Æra 1833.* Canton: Albion Press, 1834.

John Wherry, *Sketch of the Work of the Late William Gamble, Esq., in China.* Londonderry: A. Emery, 1888.

Joseph Mullens, *Report on the China Mission of the London Missionary Society.* London: 1866.

J. W. Maclellan, *The Story of Shanghai: From the Opening of the Port to Foreign Trade*. Shanghai: North China Herald Office, 1889.

Marcellin Legrand, *Caractères Chinois, Gravès sur Acier par Marcellin Legrand.* Paris, 1836.

Marcellin Legrand, *Spécimen de Caractères Chinois, Gravès sur Acier et Fondus en Types Mobiles par Marcellin Legrand*. Paris, 1859.

Marcellin Legrand, *Specimen des Caractères Chinois, Gravès sur Acier et Fondus par Marcellin Legrand*. Paris, 1837.

Report of the Medical Missionary Society in China for the Year 1847. Hong Kong: Printed at the Hongkong Register Office, 1848.

Richard Lovett, *The History of the London Missionary Society*, 1795–1895. London: Henry Frowde, 1899.

Robert Morrison, *A Grammar of the Chinese Language.*《通用汉言之法》Serampore: Printed at the Mission Press, 1815.

Robert Morrison, *A Parting Memorial.* London: Simpkin and Marshall, 1826.

Robert Morrison, *A View of China*. Macao: The East India Company's Press, 1817.

Robert Morrison, *Memoirs of the Rev. William Milne*. Malacca: The Mission Press, 1824.

Robert Morrison, *The Chinese Miscellany*. London: London Missionary Society, 1825.

Robert Morrison,《广东省土话字汇》*Vocabulary of the Canton Dialect*. Macao: East India Company's Press, 1829.

Robert Thoms, *The Chinese Speaker.*《正 音 撮 要》Ningpo: Presbyterian Mission Press, 1846.

Samuel Dyer, *A Selection of Three Thousand Characters.*《重校几书作印集字》 Malacca: The Mission Press, 1834.

Samuel Dyer, 'Brief Statement Relative to the Formation of Metal Types for the Chinese Language.' *The Chinese Repository*, 2: 20(February 1834), pp. 477–478.

Samuel G. Green,

The Story of the Religious Tract Society for One Hundred Years. London: Religious Tract Society, 1899.

Samuel R. Brown, *Colloquial Japanese, or Conversational Sentences and Dialogues in English and Japanese*. Shanghai: Presbyterian Mission Press, 1863.

Shanghai Almanac for the Year 1857. Shanghai: Printed at the N.-C. Herald Office, 1857.

Specimen of the Chinese Type Belonging to the Chinese Mission of the Board of Foreign Missions of the Presbyterian Church in the U.S.A.《新铸华英铅印》 Macao: Presbyterian Mission Press, 1844.

Specimen of the Chinese Type(Including Also Those Cut at Ningpo)Belonging to the Chinese Mission of the Board of Foreign Missions of the Presbyterian Church in the U.S.A. Ningpo : Presbyterian Mission Press, 1852.

Specimens of Chinese, Manchu and Japanese Type from the Type Foundry of the American Presbyterian Mission Press. Shanghai: 1867.

Statement Regarding the Building of the Chinese Hospital at Shanghai. Shanghai: 1848.

S. Wells Williams, 'Movable Types for Printing Chinese.'

The Chinese Recorder, 6: 1(January-February 1875), pp. 22–30.

S. Wells Williams, 'Specimen of the Three-Line Diamond Chinese Type Made by the London Missionary Society. Hongkong, 1850. pp. 21.'

The Chinese Repository, 20:5(May 1851), pp. 282–284.

S. Wells Williams, *The Middle Kingdom.* New York: Wiley & Putnam, 1848.

The Chinaman Abroad by Ong Tae-hae, in The Chinese Miscellany. Shanghai:

printed the Mission Press, 1849.

The Hongkong Directory. Hongkong: Printed at the Armenian Press, 1859.

The Jews at K'ae-Fung-Foo. Shanghae: Printed at the London Missionary Society's Press, 1851.

Thomas S. Raffles, *The History of Java*. London: John Murray, 1830, 2nd ed.

Typographus Sinensis, 'Estimate of the Proportionate Expenses of Xylography, Lithography, and Typography, as Applied to Chinese Printing.'

The Chinese Repository, 3:5(September 1834), pp. 246–252.

Walter Hubbell, *History of the Hubbell Family*. New York: J. H. Hubbell & Co., 1881.

Walter Lowrie, ed., *Memoirs of the Rev. Walter M. Lowrie, Missionary to China*. New York: Board of Foreign Missions of the Presbyterian Church, 1850.

W. A. P. Martin, *A Cycle of Cathay*. New York: Fleming H. Revell, 1900, 3rd edition.

W. A. P. Martin, *The Analytical Reader.*《常字双千认字新法》Shanghai: Presbyterian Mission Press, 1863.

W. Gamble, *A Descriptive Catalogue of the Publications of the Presbyterian Mission Press*. Shanghai: 1861.

W. Gamble, *List of Chinese Characters Formed by the Combination of the Divisible Type of the Berlin Font Used at the Shanghai Mission Press of the Board of Foreign Missions of the Presbyterian Church in the United States of America*. Shanghai: [Presbyterian Mission Press], 1862.

W. Gamble, 'Specimen of a New Font of Chinese Movable Type Belonging to the Printing Office of the American Presbyterian Mission.'

Journal of the North-China Branch of the Royal Asiatic Society, new series, no. 1(December 1864), p. 145.

W. Gamble, *Specimen of Chinese Type Belonging to the Chinese Mission of Board of Foreign Missions of Presbyterian Church in the U. S. A.* Ningpo: Presbyterian Mission Press, 1859.

W. Gamble, *Specimens of Chinese, Manchu and Japanese Type, from the Type*

Foundry of the American Presbyterian Mission Press. Shanghai: 1867.

W. Gamble, *Statistics of Protestant Missions in China for 1864*. Shanghai: American Presbyterian Mission Press, 1866.

W. Gamble, *Two Lists of Selected Characters Containing All in the Bibles and Twenty Seven Other Books*. Shanghai: Presbyterian Mission Press, 1861; 1865 reprint.

W. H. Medhurst, *An English and Japanese and Japanese and English Vocabulary*. Batavia: printed at the Mission Press, 1830.

W. H. Medhurst, *China: Its State and Prospects*. London: John Snow, 1838.

W. H. Medhurst, *Chinese and English Dictionary*. Batavia: Printed at the Mission Press, 1842.

W. H. Medhurst, *Chinese Dialogues, Questions, and Familiar Sentences, Literally rendered into English*. Shanghai: Printed at the Mission Press, 1844.

W. H. Medhurst, *English and Chinese Dictionary*. Shanghai: Printed at the Mission Press, 1847.

W. H. Medhurst, t al., *Documents Relating to the Proposed New Chinese Translation of the Holy Scriptures*. London: London Missionary Society, 1837.

W. H. Medhurst, tr., *Dictionary of the Favorlang Dialect of the Formosan Language, by Gilbertus Happart: Written in 1650*. Batavia: Printed at Parapattan, 1840.

William Canton, *A History of the British and Foreign Bible Society*. London: John Murray, 1904–1910.

William Ellis, *The History of the London Missionary Society*. London: John Snow, 1844.

W. Lockhart, *The Medical Missionary in China*. London: Hurst and Blackett, 1861.

W. Milne, *A Retrospect of the First Ten Years of the Protestant Mission to China*. Malacca: The Anglo-Chinese Press, 1820.

艾约瑟,《重学》(上海：美华书馆,1867)。

丁韪良,《天道溯原》(宁波：华花书局,1860)。

卦德明,《圣经图记》(宁波：华花圣经书房,1855)。

祎理哲,《地球说略》(宁波：华花圣经书房,1856)。
马礼逊、米怜译,《神天圣书》(马六甲：英华书院,1823)。
马礼逊,《耶稣基利士督我主救者新遗诏书》(广州,1813,大字8册本)。
马礼逊,《耶稣基利士督我主救者新遗诏书》(广州,1813,小字4册本)。
马礼逊,《耶稣救世使徒行传真本》(广州,1810)。
马礼逊,《英吉利国神会祈祷文大概翻译汉字》(马六甲：英华书院,1829)。
麦都思,《东西史记和合》(巴达维亚,1828)。
麦都思,《福音调合》(马六甲：英华书院,1835)。
麦都思,《妈祖婆生日之论》(新加坡：新加坡书院,1835)。
麦都思,《普度施食之论》(新加坡：新加坡书院,1835)。
麦都思,《清明扫墓之论》(新加坡：新加坡书院,1835)。
麦都思,《上帝生日之论》(新加坡：新加坡书院,1835)。
麦都思,《中华诸兄庆贺新禧文》(新加坡：新加坡书院,1835)。
米怜,《三宝仁会论》(马六甲：英华书院,1821)。
《清仁宗嘉庆皇帝实录》(台北：华文书局影印,1964)。
王韬,《漫游随录》(长沙：湖南人民出版社,1982)。
王韬,《弢园文录外编》(香港：弢园老民,1883)。
王韬,《王韬日记》(北京：中华书局,1987)。
《新约全书》(上海：美华书馆,1869,电镀铜版)。
应思理,《圣山谐歌》(宁波：华花圣经书房,1858)。

四、论著(1901年以后)

Ching Su, ‘The Printing Presses of the London Missionary Society among the Chinese.’ Ph.D. dissertation, University of London, 1997.

Christopher A. Reed, *Gutenberg in Shanghai: Chinese Print Capitalism, 1876–1937*. Honolulu: University of Hawai’i Press, 2004.

Christopher Hancock, *Robert Morrison and the Birth of Protestantism in China*. London: T & T Clark, 2008.

C. R. Boxer, ‘Some Sino-European Xylographic Works, 1662–1718.’ *Journal of the*

Royal Asiatic Society of Great Britain and Ireland (1947), pp. 199–215.
Elmer H. Cutts, 'Political Implications in Chinese Studies in Bengal 1800–1823.' *The Indian Historical Quarterly,* 34:2(June 1958), pp. 152–163.
Encyclopædia Britannica, 15th edition(2007), vol. 5, p. 965, 'Hoëvell, Wolter Robert, Baron van.'
Gilbert McIntosh, *A Mission Press Sexagenary.* Shanghai: [American Presbyterian Press], 1904.
Gilbert McIntosh, *Septuagenary of the Presbyterian Mission Press*. Shanghai: American Presbyterian Press, 1914.
G. Lanning & S. Couling, *The History of Shanghai.* Shanghai: Kelly & Walsh, 1921.
H. E. Legge, *James Legge, Missionary and Scholar.* London: The Religious Tract Society, 1905.
Henry O. Dwight, *The Centennial History of the American Bible Society.* New York: The Macmillan Company, 1916.
H. J. de Graaf, *The Spread of Printing: Eastern Hemisphere, Indonesia.* Amsterdam: Vangendt & Co., 1969.
Hosea B. Morse, *The Chronicles of the East India Company Trading to China 1635–1834.* Cambridge: Harvard University Press, 1926.
Imprimerie Nationale, *Le Cabinet des Poinçons de l'Imprimerie Nationale.* Paris, 1948 & 1963.
James A. Kelso, ed., *The Centennial of the Western Foreign Missionary Society 1831–1931.* Pittsburgh: 1931.
John Feather, *A History of British Publishing.* London: Routledge, 1988.
Jost Oliver Zetzsche, *The Bible in China: The History of the Union Version or The Culmination of Protestant Missionary Bible Translation in China.* Sankt Augustin: Monumenta Serica Institute, 1999.
J. S., Furnivall, *Netherlands India: A Study of Plural Economy.* Cambridge: Cambridge University Press, 1944.
Katharine S. Diehl, *Printers and Printing in the East Indies to 1850,* vol. 1, Batavia.

New York: Aristide D. Caratzas, 1990.

Kenneth S. Latourette, *A History of Christian Missions in China*. London: Society for Promoting Christian Knowledge, 1929.

Leonard Blusse, *Strange Company: Chinese Settlers, Mestizo Women and the Dutch in VOC Batavia*. Dordrecht: Foris Publications, 1986.

Louis J. Gallagher, *China in the Sixteenth Century: The Journals of Matthew Ricci: 1583–1610*. New York: Random House, 1953.

Michael Twyman, *Lithography 1800–1850*. London: Oxford University Press, 1970.

Michael Twyman, *Printing 1770–1970: An Illustrated History of Its Development and Uses in England*. London: The British Library, 1998.

Patrick Hanan, 'The Bible as Chinese Literature: Medhurst, Wang Tao, and the Delegates' Version.' *Harvard Journal of Asiatic Studies,* 63:1(June 2003), pp. 197–239.

Robert E. Speer, ed., *A Missionary Pioneer in the Far East: A Memorial of Divie Bethune McCartee*. New York: Fleming H. Revell Company, 1922.

Robert E. Speer, *Presbyterian Foreign Missions*. Philadelphia: Presbyterian Board of Publication and Sabbath School Work, 1901.

Robert Hoe, *A Short History of the Printing Press*. New York: Robert Hoe, 1902.

Robert Nieuwenhuys & E. M. Beekman,

Mirror of the Indies: A History of Dutch Colonial Literature. Amherst, MA: University of Massachusetts Press, 1982.

S. H. Steinberg, *Five Hundred Years of Printing*. London: The British Library, 1996, new edition, rev. by John Trevitt.

Susan R. Stifler, 'The Language Students of the East India Company's Canton Factory.' *Journal of the North-China Branch of the Royal Asiatic Society,* 69(1938), pp. 46–82.

包乐史、吴凤斌,《吧城公馆档案研究：18世纪末吧达维亚唐人社会》(厦门：厦门大学出版社,2002)。

蔡育天主编,《上海道契》(上海：上海古籍出版社,2005)。

陈辉,《麦都思〈朝鲜伟国字汇〉钩沉》,《文献》2006: 1,页175—182。
冯锦荣,《姜别利(William Gamble, 1830—1886)与上海美华书馆》,复旦大学历史系、出版博物馆编,《历史上的中国出版与东亚文化交流》(上海: 上海百家出版社,2009),页274—320。
冯锦荣,《美国长老会澳门'华英校书房'(1844—1845)及其出版物》,珠海市委宣传部、澳门基金会、中山大学近代中国研究中心编,《珠海、澳门与近代中西文化交流:"首届珠澳文化论坛"论文集》(北京: 社会科学文献出版社,2010),页267—285。
戈公振,《中国报学史》(北京: 生活、读书、新知三联书店,1955)。
宫坂弥代生,《美华书馆史考: 开设と闭锁・名称・所在地について》,小宫山博史编,《活字印刷の文化史》(东京: 勉诚出版株式会社,2009),页169—189。
罗渔译,《利玛窦书信集》(台北: 光启出版社,1986)。
沈国威等,《遐迩贯珍(附解题・索引)》(上海: 上海辞书出版社,2005)。
苏精,《基督教与新加坡华人1819—1846》(新竹: 清华大学出版社,2010)。
苏精,《马礼逊与中文印刷出版》(台北: 学生书局,2000)。
苏精,《清季同文馆及其师生》(台北: 上海印刷厂自印本,1985),页260—266,《黄胜: 楚才晋用的洋务先驱》。
苏精,《上帝的人马: 十九世纪在华传教士的作为》(香港: 基督教中国宗教文化研究社,2006)。
苏精,《中国,开门! ——马礼逊及相关人物研究》(香港: 基督教中国宗教文化研究社,2005)。
谭渊,《歌德笔下的"中国女诗人"》,《中国翻译》2009:5,页33—38。
田力,《华花圣经书房考》,《历史教学》2012:16,页13—18。
田力,《美国长老会宁波差会在浙东地区早期活动(1844—1868)》(杭州: 浙江大学博士论文,2012)。
邬万清,《改革新字架介绍》,张静庐辑注,《中国现代出版史料(丙编)》(北京: 中华书局,1956),页438—449。
吴桂龙,《王韬〈蘅华馆日记〉(咸丰五年七月初一~八月三十日)》,《史林》1996:3,页53—59。

西野嘉章编,《历史の文字——记载・活字・活版》(东京:东京大学总和研究博物馆,1996)。
尤思德著、蔡锦图译,《和合本与中文圣经翻译》(香港:国际圣经协会,2002)。
袁冰凌,《吧城公馆档案与华人社会》,载包乐史、吴凤斌校注,《吧城华人公馆(吧国公堂)档案从书。公案簿(第二辑)》(厦门:厦门大学出版社,2004),页1—15。
张陈一萍、戴绍曾,《虽至于死——台约尔传》(香港:海外基督使团,2009)。
张秀民、韩琦,《中国活字印刷史》(北京:中国书籍出版社,1998)。
张秀民著、韩琦增订,《中国印刷史〈插图珍藏增订版〉》(杭州:浙江古籍出版社,2006)。
庄钦永,《麦嘉缔(Divie B. McCartee 1820—1900)〈平安通书〉及其中之汉语新词》,关西大学文化交涉学教育研究中心、出版博物馆编,《印刷出版与知识环流:十六世纪以后的东亚》(上海:上海人民出版社,2011),页372—401。
卓南生,《近代中国报业发展史(1815—1874)》(台北:正中书局,1998)。
邹振环,《晚清西方地理学在中国:以1815至1911年西方地理学译著的传播与影响为中心》(上海:上海古籍出版社,2000)。

人名索引

【中文】

五画

六画

七画

八画

九画

十画

十一画

十二画

十三画

十四画

十五画

十六画

十七画

廿一画

【外文】

书名及主题索引

【中文】

二画

三画

四画

五画

六画

七画

八画

九画

十画

十一画

十二画

十三画

十四画

十五画

【外文】